정보통신 산업기사

10개년 영역별 연도별 기출문제 풀이

#정보통신산업기사
#2021년도 자격시험 대비
#2010-2020년
#영역별 #연도별 #기출문제풀이

동영상 10만원

온라인강의도 역시 유캠퍼스
WWW.UCAMPUS.AC

| 공학박사 기술사 김기남 교수 감수 | www.ucampus.ac | 유캠퍼스 김기남전기정보통신학원

Ucampus 정보통신산업기사
10개년 영역별 기출문제풀이

초 판	2020.07.13
2 판	2021.02.22
편 저 자	김기남고시연구회
발 행 인	이재선
발 행 처	(주)한국융복합기술
주 소	서울 영등포구 영신로 17길 3, 경산빌딩
대표전화	02) 836-3543~5
팩 스	02) 835-8928
홈 페 이 지	www.ucampus.ac
가 격	25,000원
I S B N	979-11-87180-50-0 [93560]

이 책의 저작권은 도서출판 nt미디어에 있으며, 무단복제 할 수 없습니다.

상담전화 02) 836-3543~5
홈페이지 www.ucampus.ac

[1과목] 디지털전자회로
1. 전원회로 ··· 6
2. TR 및 FET증폭회로 ·· 15
3. 궤환 및 연산증폭회로 ··· 27
4. 발진회로 ··· 35
5. 변복조회로 ··· 45
6. 펄스회로 ··· 57
7. 논리회로 ··· 69
8. 응용 논리회로 ·· 85

[2과목] 정보통신기기
1. 정보단말기기 ·· 98
2. 정보전송기기 ·· 105
3. 음성 및 영상 통신기기 ··· 121
4. 무선통신기기 ·· 133
5. 멀티미디어기기 ·· 148

[3과목] 정보전송공학
1. 신호변환방식 ·· 156
2. 전송매체 ·· 168
3. 전송방식 ·· 182
4. 통신 프로토콜 ·· 190
5. 네트워크 ·· 197
6. 전송제어 ·· 203

[4과목] 전자계산기일반
1. 자료의 구성과 표현 ·· 216
2. 컴퓨터의 기본구조와 기능 ····································· 227
3. 운영체제 ·· 231
4. 소프트웨어 일반 ·· 238
5. 마이크로프로세서의 구조와 기능 ·························· 242

[5과목] 정보설비기준
1. 전기통신사업법 ·· 252
2. 전기통신사업법 시행령 ··· 255
3. 정보통신공사업법 ·· 258
4. 국가정보화 기본법 ·· 264

[6과목] 최근년도 기출문제풀이
1. 2019년 1회 ··· 270
2. 2019년 2회 ··· 284
3. 2019년 4회 ··· 300
4. 2020년 1회 ··· 318
5. 2020년 2회 ··· 332
6. 2020년 4회 ··· 346

① 디지털 전자회로

1. 전원회로 ················
2. TR FET 증폭회로 ····
3. 궤환 연산증폭회로 ····
4. 발진회로 ················
5. 변복조회로 ··············
6. 펄스회로 ················
7. 논리회로 ················
8. 응용논리회로 ···········

······· **006**
······· **015**
······· **027**
······· **035**
······· **045**
······· **057**
······· **069**
······· **085**

정보통신산업기사 필기
영역별 기출문제풀이

① 전원회로

1 정류회로

01
다음 중 직류 전원회로의 구성 순서로 옳은 것은?
① 정류회로→변압회로→평활회로→정전압회로
② 변압회로→정류회로→평활회로→정전압회로
③ 변압회로→평활회로→정류회로→정전압회로
④ 변압회로→정류회로→정전압회로→평활회로

[정답] ②
직류 전원회로의 구성
① 정류회로 : 교류를 직류로 변환
② 평활회로 : 변환된 직류 속에 포함된 교류성분을 제거
③ 정전압 전원회로 : 안정된 직류전압 유지
∴ 직류 전원회로 : 변압회로 → 정류회로 → 평활회로 → 정전압회로

02
다음 중 직류 전원회로를 구성하는 회로가 아닌것은?
① 정류회로 ② 변조회로
③ 평활회로 ④ 정전압회로

[정답] ②
직류 전원회로 구성
정류회로 → 평활회로 → 정전압회로

03
다음 그림과 같은 회로의 기능은?

① 반파정류 ② 전파정류
③ 증폭   ④ 발진

[정답] ①
반파정류회로(Half-wave rectifier)
① 반파정류회로는 교류파의 반주기만 정류하는 회로이다.
② 정류회로 교류를 직류로 하기 위한 회로로서 한쪽 방향으로만 전류를 흘리는 다이오드를 사용해서 구성한다.

03
전파정류회로에서 실효값을 나타내는 식은?
① $\dfrac{V_m}{2}$ ② $\dfrac{V_m}{\sqrt{2}}$
③ $\dfrac{\sqrt{V_m}}{2}$ ④ $\dfrac{2}{V_m}$

[정답] ②
정류기의 특성비교

회로	평균값	실효값	파형률	파고율
반파정류	$\dfrac{V_m}{\pi}$	$\dfrac{V_m}{2}$	$\dfrac{\pi}{2}$	2
전파정류	$\dfrac{2V_m}{\pi}$	$\dfrac{V_m}{\sqrt{2}}$	$\dfrac{\pi}{2\sqrt{2}}$	$\sqrt{2}$

04
다음 중 단상에서 브리지 정류회로와 동일한 출력 파형을 얻을 수 있는 것은?
① 클리핑회로 ② 클램핑회로
③ 반파정류회로 ④ 전파정류회로

[정답] ④
브리지 정류회로
① 브리지 정류회로는 단상 전파 정류회로이다.
② 브리지 정류회로는 고압전파정류회로 가장 널리 이용되고 있다.

05
다음 중 단상 전파 정류회로의 무부하시 정류효율(η)은?
① 약 24[%] ② 약 36[%]
③ 약 52[%] ④ 약 81[%]

[정답] ④
① 정류효율은 교류를 직류로 변환할 때 효율을 나타낸다.
② 각 정류 방식의 비교

(전원 주파수 f)

방식\항목	맥동 주파수	맥동률	최대 정류 효율
단상 반파	f[60Hz]	121%	40.6%
단상 전파	$2f$[120Hz]	48.2%	81.2%
3상 반파	$3f$[180Hz]	18.3%	96.8%
3상 전파	$6f$[360Hz]	4.2%	99.8%

06
다음 중 전원주파수 60[Hz]를 사용하는 정류회로에서 60[Hz]의 맥동 주파수를 나타내는 회로 방식은?
① 3상 반파 정류
② 3상 전파 정류
③ 단상 반파 정류
④ 단상 전파 정류

[정답] ③
각 정류 방식의 비교

(전원 주파수 f)

방식 \ 항목	맥동 주파수	맥동률	최대 정류 효율
단상 반파	f[60Hz]	121%	40.6%
단상 전파	$2f$[120Hz]	48.2%	81.2%
3상 반파	$3f$[180Hz]	18.3%	96.8%
3상 전파	$6f$[360Hz]	4.2%	99.8%

07
60[Hz] 사인파가 단상 전파정류기의 입력에 공급된다. 출력주파수는 얼마인가?
① 240[Hz]
② 120[Hz]
③ 60[Hz]
④ 30[Hz]

[정답] ②
상용 전원주파수(60[Hz]) 정류시 출력주파수

단상반파 정류회로	단상전파 정류회로	3상단파 정류회로	3상전파 정류회로
60[Hz]	120[Hz]	180[Hz]	360[Hz]

08
전원 주파수가 60[Hz]인 정류회로에서 출력이 120[Hz]인 리플 주파수를 나타내는 회로방식은 무엇인가?
① 3상 반파정류회로
② 3상 전파정류회로
③ 단상 반파정류회로
④ 단상 전파정류회로

[정답] ④
상용 전원주파수(60[Hz]) 정류시 출력주파수

단상반파 정류회로	단상전파 정류회로	3상단파 정류회로	3상전파 정류회로
60[Hz]	120[Hz]	180[Hz]	360[Hz]

09
주된 맥동전압주파수가 전원주파수의 6배가 되는 정류 방식은?
① 단파전파정류
② 단상브리지정류
③ 3상반파정류
④ 3상전파정류

[정답] ④
각 정류 방식의 비교

(전원 주파수 f)

방식 \ 항목	맥동 주파수	맥동률	최대 정류 효율
단상 반파	f[60Hz]	121%	40.6%
단상 전파	$2f$[120Hz]	48.2%	81.2%
3상 반파	$3f$[180Hz]	18.3%	96.8%
3상 전파	$6f$[360Hz]	4.2%	99.8%

10
단상 반파 정류회로의 맥동률은 얼마인가?
① 0.48
② 1
③ 1.21
④ 0.5

[정답] ③
정류회로의 맥동율 = (리플전압 / DC전압) x 100%

구분	단상전파	단상반파
맥동률	0.482	1.21

11
전파 정류회로의 맥동률은 얼마인가?
① 약 0.482%
② 약 1.21%
③ 약 11.1%
④ 약 48.2%

[정답] ④

구분	단상전파	단상반파
맥동률	0.482	1.21

12
맥동률이 2.5[%]인 정류회로의 부하 양단 평균 직류전압이 220[V]일 경우 직류전압에 포함된 교류전압은 몇 [V]인가?
① 2.2[V]
② 3.3[V]
③ 4.4[V]
④ 5.5[V]

[정답] ④
맥동률(Ripple Factor)
정류된 직류출력에 포함되어 있는 교류분의 정도
$$\gamma = \frac{V_{\rm rms}(출력파형에 포함된 교류성분)}{V_{dc}(출력파형의 직류성분)}$$
$V_{rms} = \gamma \times V_{dc} = 0.025 \times 220 = 5.5[V]$

13 단상 전파정류기의 DC 출력전력은 반파정류기 전력의 몇 배가 되는가?

① 2
② 4
③ 8
④ 16

[정답] ②
단상 반파 정류회로
$I_{dc} = \dfrac{I_m}{\pi}$ 이므로 $P_{dc(반파)} = \left(\dfrac{I_m}{\pi}\right)^2 \times R_L$

단상 전파정류회로
$I_{dc} = \dfrac{2I_m}{\pi}$ 이므로 $P_{dc(전파)} = \left(\dfrac{2I_m}{\pi}\right)^2 \times R_L$
$\therefore P_{dc(전파)} = 4 \times P_{dc(반파)}$

14 다음 중 브리지 전파 정류회로의 특징으로 틀린 것은?

① 맥동(Ripple) 주파수는 전원주파수의 3배이다.
② 최대역전압(PIV)은 전원전압의 최대값[Vm]이다.
③ 변압기의 직류자화가 없어 변압기의 이용률이 높다.
④ 전원변압기의 2차측 권선의 중간탭이 불필요하며, 권선도 반이면 된다.

[정답] ①
브리지 전파 정류회로의 맥동(Ripple) 주파수는 전원주파수의 2배이다.

15 다음 중 중간 탭형 전파 정류와 비교했을 때, 브리지형 전파 정류회로의 특징이 아닌 것은?

① 고압 정류회로에 적합하다.
② 변압기 자기 포화 현상이 거의 없다.
③ 높은 출력 전압을 얻을 수 있다.
④ 소형 변압기를 전혀 사용할 수 없다.

[정답] ④
브리지형 전파 정류회로 변압기는 중간탭이 없어 소형변압기를 사용할 수 있다.

16 다음 중 전파정류회로의 특징이 아닌 것은?

① 정류 전류는 반파정류의 2배가 된다.
② 리플 주파수는 전원 주파수의 2배이다.
③ 리플률이 반파정류회로보다 적다.
④ 전원 전압의 직류 자화가 있다.

[정답] ④
전파정류회로
① 출력전압은 반파정류회로의 2배
② 리플율이 반파정류회로보다 적다.
③ 리플주파수는 전원주파수의 2배

17 다음 중 3상 반파 정류회로의 설명으로 알맞지 않은 것은?

① 변압기의 이용률이 좋다.
② 출력 전압의 맥동 주파수는 전원 주파수의 3배이다.
③ 부하 정류 전류는 다이오드 1개에 3배의 전류가 흐른다.
④ 직류분에 대한 맥동률은 작으나 전압 변동률은 단상보다 크다.

[정답] ④
각 정류 방식의 비교
(전원 주파수 f)

방식\항목	맥동 주파수	맥 동 률	최대 정류 효율
단상 반파	f[60Hz]	121%	40.6%
단상 전파	$2f$[120Hz]	48.2%	81.2%
3상 반파	$3f$[180Hz]	18.3%	96.8%
3상 전파	$6f$[360Hz]	4.2%	99.8%

18 다음의 회로에서 입력전압 $V_i = 100\sin wt$[V]일 때 출력전압 V_o의 크기는?

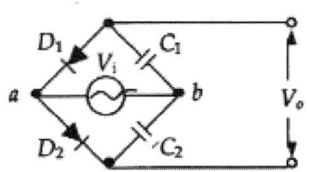

① 100[V]
② 141[V]
③ 200[V]
④ 282[V]

[정답] ③
전파 배전압 정류회로
① $V_i > 0$일 때는 D_2를 통하여 C_2에 V_i의 최대값 $V_m = -100$[V]까지 충전된다.
② $V_i < 0$일 때는 D_1을 통하여 C_1에 V_i의 최대값 $V_m = -100$[V]까지 충전된다.
③ 출력 V_o는 V_m의 2배인 $2V_m$의 전압을 얻을 수 있다.
$\therefore V_o = 2V_m = 2 \times 100 = 200$[V]

19 전원공급기를 처음 켰을 때 발생할 수 있는 서지전류로 인하여 발생되는 손상은 어떤 방법으로 막는 것이 바람직한가?

① 여러 개의 다이오드를 병렬로 연결하고 이들 각 다이오드와 직렬로 낮은 값의 저항을 연결한다.
② 여러 개의 다이오드를 직렬로 연결한다.
③ 여러 개의 다이오드를 직렬로 연결하고 마지막 다이오드에 낮은 값의 캐패시터를 연결한다.
④ 변압기의 1차측에 퓨즈를 직렬로 연결한다.

[정답] ①
다이오드 보호
① 다이오드를 병렬 연결 : 과전류 보호
② 다이오드를 직렬 연결 : 과전압 보호

20 다음 중 동일 규격의 다이오드를 병렬로 연결하면 회로의 특성은 어떻게 변하는가?

① 순방향 전류를 증가시킬 수 있다.
② 역전압을 크게 할 수 있다.
③ 필터회로가 불필요하게 된다.
④ 전원변압기를 사용하여도 항시 사용할 수 있다.

[정답] ①
다이오드를 병렬로 연결하면 순방향 전류용량을 증가시킬 수 있다.

21 다이오드를 사용한 정류회로에서 과부하전류에 의하여 다이오드가 파손될 우려가 있을 경우 이를 방지하기 위한 방법으로 가장 적합한 것은?

① 다이오드를 병렬로 추가한다.
② 다이오드를 직렬로 추가한다.
③ 다이오드 양단에 적당한 값의 저항을 추가한다.
④ 다이오드 양단에 적당한 값의 콘덴서를 추가한다.

[정답] ①
정류회로에서 다이오드 보호
① 다이오드를 병렬 연결 : 과전류 보호
② 다이오드를 직렬 연결 : 과전압 보호

2 평활회로

22 정류기의 평활회로에 사용되는 필터(Filter)로 적합한 것은?

① 대역필터　② 대역소자
③ 고역필터　④ 저역필터

[정답] ④
정류회로의 출력 전원은 직류 성분 이외에 고조파 성분을 포함한 맥류이기 때문에 교류 성분을 제거하여 직류 성분만을 얻는 평활회로가 필요하다. 평활회로는 적분회로로서 저역통과 필터(LPF)이다.

23 다음 중 정류기의 평활회로에 사용되지 않는 것은?

① 콘덴서　② 저항
③ 쵸크코일　④ 다이오드

[정답] ④
평활회로는 리플(ripple)을 최소화 시키는 회로이다.
콘덴서는 전압변동을 방지하고, 쵸크코일은 전류변동을 방지하는 역할을 한다. 다이오드는 정류회로에 사용된다.

24 RC 평활회로에서 시정수 RC = 1 이고 5[V]의 구형펄스를 입력했을 때 커패시턴스의 방전시 파형으로 맞는 것은?

① 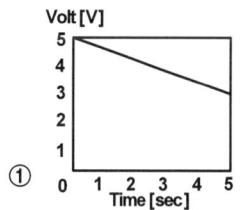　②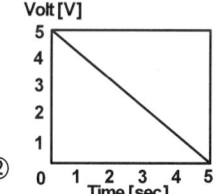
③ 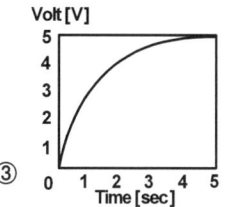　④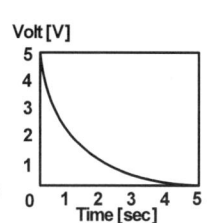

[정답] ④
$$V_0 = 5e^{-\frac{t}{CR}} = 5e^{-t}[V]$$

25

다음 그림과 같은 초크 입력형 평활회로에서 출력측의 맥동 함유율을 작게 하려고 할 때 적합한 방법은?

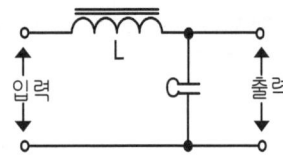

① L과 C를 모두 크게 한다.
② L과 C를 모두 적게 한다.
③ L를 크게 C를 작게 한다.
④ C를 크게 L과 작게 한다.

[정답] ①
L형 평활 회로의 맥동률
$r \propto \dfrac{1}{LCf}$

26

초크 코일과 콘덴서로 구성된 필터 회로에서 리플율을 감소시키는 방법으로 옳은 것은?

① 인덕턴스 L을 크게 한다.
② 캐패시턴스 C를 작게 한다.
③ 주파수를 낮춘다.
④ 부하저항 R을 작게 한다.

[정답] ①
필터회로

RC 평활회로	LC필터회로
$r \propto \dfrac{1}{RCf}$	$r \propto \dfrac{1}{LCf}$

27

다음 중 초크입력형 평활회로의 특징에 대한 설명으로 틀린 것은?

① 출력직류전압이 낮다.
② 전압변동률이 적다.
③ 첨두 역전압이 높다.
④ 부하저항이 적을수록 맥동이 적다.

[정답] ③

평활방식 항목	콘덴서 입력형(π형)	초크 입력형 (L형)
직류 출력 전압	높다	낮다
역전압	높다	낮다
맥동률	$r \propto \dfrac{1}{LCRf}$	$r \propto \dfrac{R}{LCf}$
전압 변동률	크다	작다

28

다음의 L 입력형 평활회로에서 리플을 조절할 수 있는 요소가 아닌 것은? (단, fi는 전원주파수이다.)

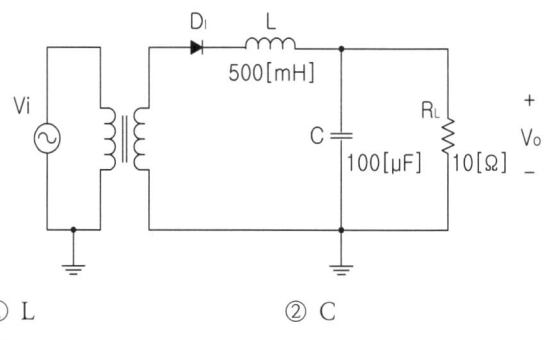

① L
② C
③ R_L
④ f_i

[정답] ③
$r \propto \dfrac{1}{LCf}$

29

다음 중 아래의 변형된 π형 평활회로에서 맥동률에 대한 설명으로 옳은 것은?

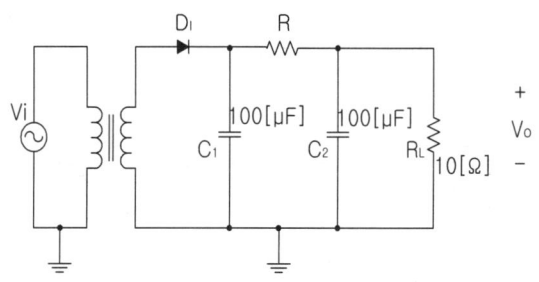

① C_1에 비례한다.
② R_L에 반비례한다.
③ R에 비례한다.
④ 입출력전압이득에 반비례한다.

[정답] ②
$r \propto \dfrac{1}{LCR_Lf}$

30

다음 중 콘덴서 입력형 평활회로의 특징에 대한 설명으로 틀린 것은?

① 용량 C가 클수록 정류기(다이오드)에 흐르는 전류의 크기는 감소한다.
② 용량 C가 클수록 정류기(다이오드)에 흐르는 전류의 시간이 짧아진다.
③ 정류기(다이오드)에 흐르는 전류는 펄스 파형이다.
④ 용량 C가 클수록 출력전압의 맥동률은 작아진다.

[정답] ①
$X_c = \dfrac{1}{j2\pi fC}$ 이므로 C가 클수록 임피던스가 작아져 정류기(다이오드)에 흐르는 전류의 크기는 증가한다.

31

다음 중 L형 평활회로와 비교한 C형 평활회로의 특성을 바르게 나타낸 것은?

① 직류 출력 전압이 낮다.
② 전압 변동률이 작다.
③ 최대 역전압(PIV)이 높다.
④ 시정수가 크며, 리플이 증가된다.

[정답] ③
콘덴서 입력형(C)과 쵸크 입력형(L)평활회로 비교

평활방식 항목	콘덴서 입력형(π형)	쵸크 입력형 (L형)
직류 출력 전압	높다	낮다
역전압	높다	낮다
맥동률	$r \propto \dfrac{1}{LCRf}$	$r \propto \dfrac{R}{LCf}$
전압 변동률	크다	작다

32

다음 중 정류회로에서 리플 함유율을 감소시키는 방법으로 적합하지 않은 것은?

① 입력전원의 주파수를 낮게 한다.
② 반파정류회로보다 전파정류회로를 사용한다.
③ 콘덴서입력형 평활회로에서 콘덴서 용량을 크게 한다.
④ 초크입력형 평활회로에서 초크의 인덕턴스를 크게 한다.

[정답] ①
정류회로의 리플율
$r \propto \dfrac{1}{L, C, f}$

33

다음 중 전원 정류회로의 리플 함유율을 적게 하는 방법으로 틀린 것은?

① 출력측 평활형 콘덴서의 정전용량을 작게 한다.
② 평활형 초크 코일의 인덕턴스를 크게 한다.
③ 입력측 평활형 콘덴서의 정전용량을 크게 한다.
④ 교류입력전원의 주파수를 높게 한다.

[정답] ①
정류회로의 리플율
$r \propto \dfrac{1}{L, C, f}$

34

정류회로에서 리플 함유율을 줄이는 방법으로 가장 이상적인 것은?

① 반파 정류로 하고 평활 회로의 시정수를 크게 한다.
② 브리지 정류로 하고 필터콘덴서의 용량을 줄인다.
③ 브리지 정류로 하고 필터콘덴서의 용량을 크게 한다.
④ 전파 정류로 하고 평활 회로의 시정수를 작게 한다.

[정답] ③
정류회로의 리플율
① $r \propto \dfrac{1}{L, C, f}$
② 반파정류회로보다 브리지 정류회로의 맥동률이 작다.

(전원 주파수 f)

항목 방식	맥동 주파수	맥 동 률	최대 정류 효율
단상 반파	f[60Hz]	121%	40.6%
단상 전파	$2f$[120Hz]	48.2%	81.2%
3상 반파	$3f$[180Hz]	18.3%	96.8%
3상 전파	$6f$[360Hz]	4.2%	99.8%

35

다음 중 다이오드를 사용한 정류회로에 대한 설명으로 틀린 것은?

① 평활형 초크 코일의 삽입장소에 따라 험(Hum)을 작게 할 수 있다.
② 다이오드 내부저항이 클수록 전압변동률이 나빠진다.
③ 3상 반파정류회로의 경우 출력측에 전원주파수의 3배 주파수가 나타난다.
④ 부하 임피던스가 낮을수록 리플함유율이 작아진다.

[정답] ④
부하임피던스가 높을수록 리플함유율이 작아진다.

36 다음 중 RC 필터 회로에서 리플 함유율을 작게 하려면?

① R을 작게 한다.
② C를 작게 한다.
③ R, C를 모두 작게 한다.
④ R과 C를 크게 한다.

[정답] ④
RC필터회로의 리플 함유율
$r \propto \dfrac{1}{RCf}$

3 정전압회로

37 정전압 전원장치에서 무부하시 직류출력전압이 150[V]이고, 부하시 직류 출력전압이 100[V]일 때 전압 변동률은?

① 50[%]   ② 30[%]
③ 20[%]   ④ 10[%]

[정답] ①
전압변동율

$\delta = \dfrac{\text{무부하시 출력전압} - \text{부하시 출력전압}}{\text{부하시 출력전압}} \times 100[\%]$

$= \dfrac{150-100}{100} \times 100 = 50[\%]$

38 직류 출력전압이 무부하일 때 300[V], 부하일 때 220[V]이면 정류기의 전압 변동률은 약 몇 [%]인가?

① 10.25   ② 22.45
③ 36.36   ④ 47.25

[정답] ③
전압변동율

$\delta = \dfrac{\text{무부하시 출력전압} - \text{부하시 출력전압}}{\text{부하시 출력전압}} \times 100[\%]$

$= \dfrac{300-220}{220} \times 100 = 36.36[\%]$

39 무부하일 때 출력이 50[V]인 직류전원장치가 있다. 1[kΩ] 부하저항을 연결했을 때 출력전압은 40[V]로 떨어졌다. 전압변동률은 백분율로 얼마인가?

① 10%   ② 15%
③ 20%   ④ 25%

[정답] ④
전압변동율

$\delta = \dfrac{\text{무부하시 출력전압} - \text{부하시 출력전압}}{\text{부하시 출력전압}} \times 100[\%]$

$= \dfrac{50-40}{40} \times 100 = 25[\%]$

40 전압 변동률이 15[%]의 정류 회로에서 무부하 시 전압이 6[V]일 때 부하시 전압은 약 얼마가 되는가?

① 2.4[V]   ② 3.5[V]
③ 4.7[V]   ④ 5.2[V]

[정답] ④
전압변동율

$\delta = \dfrac{\text{무부하시 직류출력전압} - \text{부하시 직류출력전압}}{\text{부하시 직류출력전압}}$

$\therefore \dfrac{6-x}{x} = 15\%$ 이므로 $x = 5.2[V]$

41 다음 중 전압, 전류, 저항의 보조단위를 정리한 것으로 맞지 않는 것은?

① $\dfrac{[V]}{[mA]} = [k\Omega]$ ② $\dfrac{[V]}{[\mu A]} = [M\Omega]$

③ $[kA] \cdot [k\Omega] = [V]$ ④ $[\mu A] \cdot [M\Omega] = [mV]$

[정답] ④
[μA]·[MΩ]=[V]

42

전압 안정계수가 0.1인 정전압회로의 입력전압이 ±5[V] 변화할 때 출력 전압의 변화는?

① ±0.05[mA] ② ±0.5[mA]
③ ±0.05[V]   ④ ±0.5[V]

[정답] ④
정전압회로 전압안정계수

$$S_v = \frac{\partial V_L}{\partial V_s} = \left.\frac{\Delta V_L}{\Delta V_s}\right|_{\Delta V_L = \Delta T = 0}$$

∴ 안정계수가 0.1인 경우 입력전압이 ±5[V] 변화하면, V_L(출력전압)은 ±0.5[V] 변화한다.

43

다음 중 정전압회로의 파라미터에 속하지 않는 것은?

① 전압안정계수(S_V)   ② 온도안정계수(S_T)
③ 출력저항(R_L)   ④ 최대제너전류(I_Z)

[정답] ④
정전압 전원의 안정도를 나타내는 파라미터

① 전압 안정 계수 : $S_v = \frac{\partial V_L}{\partial V_s} = \left.\frac{\Delta V_L}{\Delta V_s}\right|_{\Delta V_L = \Delta T = 0}$

② 온도 안정 계수 : $S_T = \frac{\partial V_L}{\partial T} = \left.\frac{\Delta V_L}{\Delta T}\right|_{\Delta V_L = \Delta I_L = 0}$

③ 출력 저항 : $R_o = \frac{\partial V_L}{\partial I_L} = \left.\frac{\Delta V_L}{\Delta I_L}\right|_{\Delta V_s = \Delta T = 0}$

정전압 회로는 S_V, R_0, S_T 를 되도록 적게 하여 설계를 하는 것이 바람직하다.

44

다음 중 정류회로에서 출력전압 변동의 원인에 해당되지 않는 것은?

① 신호원 전압   ② 부하 전류
③ 주위 온도   ④ 트랜스 크기

[정답] ④
정전압 회로 출력 전압의 변화
$V_L = f(V_s, I_L, T)$

45

다음 중 직렬형 정전압 회로의 특징으로 틀린 것은?

① 부하저항이 클 때 효율은 병렬형에 비교하여 높다.
② 출력전압의 넓은 범위에서 쉽게 설계될 수 있다.
③ 증폭단을 증가시킴으로써 출력저항 및 전압 안정 계수를 작게 할 수 있다.
④ 출력단자가 단락되더라도 트랜지스터가 파괴되는 경우는 없다.

[정답] ④
직렬형 정전압회로 출력이 단락되어 과부하 전류가 흐르게 되면 트랜지스터가 파괴될 수도 있다.

46

다음 중 정전압 안정화회로의 구성요소 중 하나인 제어부 역할에 대한 설명으로 옳은 것은?

① 제너다이오드 또는 건전지로 기준전압을 얻는다.
② 출력을 제어하고 변동분을 상쇄하여 출력전압을 항상 일정하게 한다.
③ 기준전압과 검출된 출력전압의 차를 제어신호로 얻는다.
④ 검출된 신호를 증폭하여 변동을 상쇄할 수 있는 극성의 신호를 제어소자에 가한다.

[정답] ②
정전압 회로의 제어부는 출력 전류를 일정하게 제어하여 출력전압을 일정하게 유지하는 역할을 수행한다.

47

제너다이오드에서 제너전압이 10[V], 전력이 5[W] 인 경우 최대전류의 크기는?

① 0.05[A]   ② 0.5[A]
③ 0.05[mA] ④ 0.5[mA]

[정답] ②
$$I_Z = \frac{P_Z}{V_Z} = \frac{5W}{10} = 0.5[A]$$

48

다음 그림에서 제너다이오드에 흐르는 전류가 25[mA]가 되도록 정전압회로를 설계하려면 저항 R_1값은 약 얼마인가?

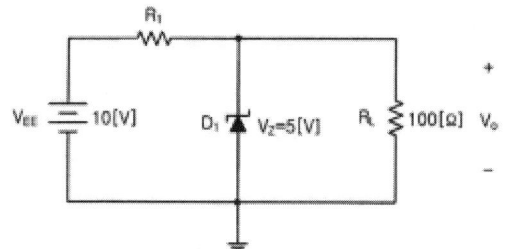

① 0.7[Ω]　② 1.2[Ω]
③ 16.5[Ω]　④ 66.7[Ω]

[정답] ④

$I_L = \dfrac{V_Z}{R_L} = \dfrac{5}{100} = 50[mA], I_Z = 25[mA]$

$I = I_L + I_Z = 50 + 25 = 75[mA]$

$I = \dfrac{10-5}{R_1} = \dfrac{5}{R_1} = 75[mA]$

$\therefore R_1 = \dfrac{5}{75 \times 10^{-3}} = 66.7[\Omega]$

49

다음 그림은 정전압 회로이다. 이 회로의 전압안정계수를 0.02로 하고자 하는데 필요한 저항 R_S의 값은? (단, 제너 다이오드의 내부저항은 30[Ω]이고, 부하저항은 $RL = \infty$로 한다.)

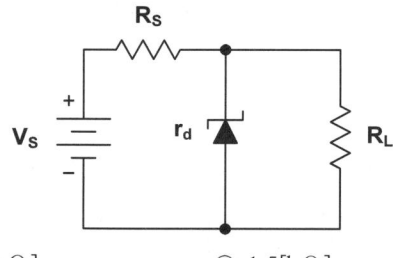

① 1.0[kΩ]　② 1.5[kΩ]
③ 2.0[kΩ]　④ 2.5[kΩ]

[정답] ②

$S_V = \dfrac{\partial V_L}{\partial V_S} = \dfrac{r_d}{r_d + R_s}$

$0.02 = \dfrac{30}{30 + R_s}$, $R_s = 1.47[k\Omega]$

50

다음 3단자 전압 레귤레이터 IC회로에서 직류 출력전압을 조절할 수 있는 파라미터가 아닌 것은?

(단, $V_{reg} = 1.25[V]$, $I_{R_1} = 5[mA]$, $I_{ADJ} = 100[\mu A]$이다.)

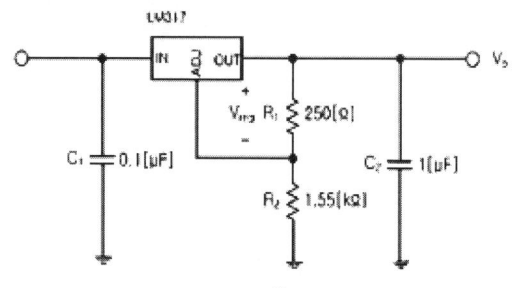

① R_1　② R_2
③ C_2　④ V_{reg}

[정답] ③

$V_{reg} = \dfrac{R_2}{R_1 + R_2} V_0$

$\therefore V_0 = (1 + \dfrac{R_1}{R_2}) V_{reg}$

51

제너다이오드에서 불순물의 도핑 레벨을 높게 했을 때 나타나는 현상으로 틀린 것은?

① 역방향 제너전압이 감소한다.
② 매우 좁은 공핍층이 형성된다.
③ 강한 전계가 공핍층 내부에 존재하게 된다.
④ 역방향 제너저항이 감소한다.

[정답] ④
제너다이오드의 불순물 도핑레벨을 높게하면 매우 좁은 공핍층이 형성되어 낮은 역전압에서도 제너현상이 발생된다.

52

P형과 N형 사이에 샌드위치 형태의 특별한 반도체층인 진성층을 갖고 있으며, 이 층이 다이오드의 커패시턴스를 감소시켜 일반적인 다이오드보다 고주파에서 동작하며, RF스위칭용으로 사용되는 다이오드는?

① 핀(PIN) 다이오드
② 건(Gunn) 다이오드
③ 임팻(IMPATT) 다이오드
④ 터널(Tunnel) 다이오드

[정답] ①

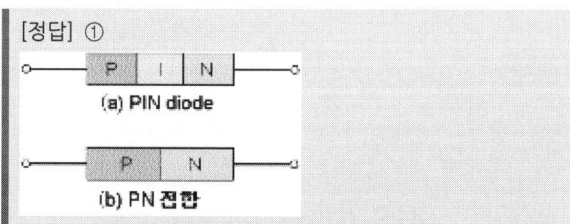

PIN다이오드는 RF 스위치, RF 감쇠기, 광검출기 등으로 사용된다.

53

다음 중 다이오드의 종류에 따른 용도로 틀린 것은?

① PIN 다이오드 : RF 스위치용
② 버랙터(Varactor) 다이오드 : 전압제어 발진기용
③ 임팻(IMPATT) 다이오드 : 디지털 표시장치용
④ 제너다이오드 : 전압안정화 회로용

[정답] ③
임패트 다이오드 (IMPATT : Impact Ionization Avalanche and Transit time Diode: IMPATT)
반도체 내의 전자 사태 현상과 전자 주행시간 효과의 조합에 의해 부성저항을 얻는 소자로 마이크로파 송신기의 국부 발진기 등에 이용된다.

② TR FET 증폭회로

1 신호증폭회로

01

다음 중 NPN 트랜지스터가 활성영역에서 동작한다고 할 때 바이어스 설명으로 옳은 것은?

① B-C는 순방향, B-E는 역방향으로 공급한다.
② B-C는 역방향, B-E는 순방향으로 공급한다.
③ B-C는 순방향, B-E는 순방향으로 공급한다.
④ B-C는 역방향, B-E는 역방향으로 공급한다.

[정답] ②

동작영역	EB접합	BC 접합	용도
포화상태	순 bias	순 bias	펄스, 스위칭
활성영역	순 bias	역 bias	증폭작용
차단영역	역 bias	역 bias	펄스, 스위칭
역활성영역	역 bias	순 bias	사용치 않음

02

베이스(B)를 기준으로 PNP 트랜지스터가 활성영역에서 동작하기 위한 바이어스로 알맞은 것은? (단, E: 이미터, C: 컬렉터 이다.)

① E는 +, C는 -
② E는 -, C는 +
③ E는 +, C는 +
④ E는 -, C는 -

[정답] ①

동작영역	EB접합	BC 접합	용도
활성영역	순 bias	역 bias	증폭작용

03

트랜지스터가 차단과 포화에서 동작될 때 무엇처럼 동작하는가?

① 스위치
② 선형증폭기
③ 가변용량
② 발진기

[정답] ①
트랜지스터 동작영역
① 차단과 포화 영역 : 스위치 동작
② 활성영역 : 증폭기 동작

04
트랜지스터의 베이스접지 전류증폭률을 α라고 하면 이미터접지의 전류증폭률 β는?

① $\beta = \dfrac{\alpha}{\alpha+1}$ ② $\beta = \dfrac{\alpha}{1-\alpha}$

③ $\beta = \dfrac{\alpha-1}{\alpha}$ ④ $\beta = \dfrac{\alpha+1}{\alpha}$

[정답] ②
증폭회로
① CE증폭회로의 전류증폭율 (β)
② CB증폭회로의 전류증폭율 (α)

$$\beta = h_{fe} = \left|\dfrac{\triangle I_C}{\triangle I_B}\right|, \quad \alpha = \left|\dfrac{\triangle I_C}{\triangle I_E}\right|$$

③ 두 전류증폭율의 관계는

$$\beta = \left|\dfrac{\triangle I_C}{\triangle I_B}\right| = \left|\dfrac{\triangle I_E}{(1-\alpha)I_E}\right| = \dfrac{\alpha}{1-\alpha}$$

$$\therefore \beta = \dfrac{\alpha}{1-\alpha}, \quad \alpha = \dfrac{\beta}{1+\beta}$$

05
트랜지스터에서 α가 0.99일 때 β는?

① 96 ② 97
③ 98 ④ 99

[정답] ④
베이스 접지 증폭회로에서 전류증폭률(α)와 이미터 접지 증폭회로에서 전류증폭률(β)와의 관계는 다음과 같다.

$$\beta = \dfrac{\alpha}{1-\alpha}, \quad \alpha = \dfrac{\beta}{1+\beta} \quad \therefore \beta = \dfrac{\alpha}{1-\alpha} = \dfrac{0.99}{1-0.99} = 99$$

06
이미터 전류를 1[mA] 변화시켰더니 컬렉터 전류의 변화는 0.96[mA]이었다. 이 트랜지스터의 β는 얼마인가?

① 0.96 ② 1.04
③ 24   ④ 48

[정답] ③
① 베이스접지 전류증폭률

$$\alpha = \dfrac{\triangle I_C}{\triangle I_E} = \dfrac{0.96[mA]}{1[mA]} = 0.96$$

② 베이스접지 전류증폭율(α)와 이미터접지 전류증폭율 (β)의 관계

$$\beta = \dfrac{\alpha}{1-\alpha} = \dfrac{0.96}{1-0.96} = 24$$

CE방식 전류증폭률	CB방식 전류증폭률
$\beta = \dfrac{\alpha}{1-\alpha}$	$\alpha = \dfrac{\beta}{1+\beta}$

07
다음 중 그 값이 작을수록 좋은 것은?

① 증폭기 바이어스 회로의 안정계수
② 차동증폭기의 동상신호 제거비(CMRR)
③ 증폭기의 신호대 잡음비
④ 정류기의 정류효율

[정답] ①
온도변화에 상대적으로 덜 민감한 회로는 작은 안정 계수를 갖는다.

안정계수의 일반식 $S = \dfrac{1+\beta}{1-\beta(dI_B/dI_C)}$

08
다음 중 트랜지스터 증폭기의 바이어스 안정도를 나타내는 숫자로 가장 좋은 것은?

① 1 ② 2
③ 3 ④ 4

[정답] ①
이상적인 증폭회로의 온도 안정계수는 1이 된다.

09
트랜지스터의 바이어스회로 방식 중에서 안정도가 가장 높은 것은?

① 고정 바이어스   ② 전압궤환 바이어스
③ 전류궤환 바이어스 ④ 전압전류궤환 바이어스

[정답] ④
전압전류궤환 바이어스회로는 회로는 복잡해지지만 안정도가 가장 우수하다.

10

다음 그림은 베이스 바이어스 회로이다. 동작점에서 V_{CE} 전압은? (단, 베이스 에미터 전압 $V_{BE}=0.7[V]$이다.)

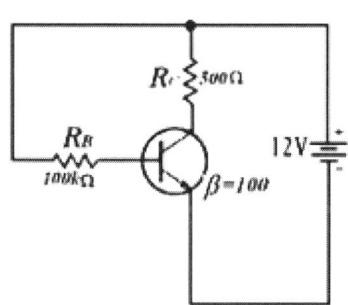

① 2.25[V] ② 6.35[V]
③ 11.3[V] ④ 12.0[V]

[정답] ②
입력회로에 KVL적용
$$I_B = \frac{V_{BB}-V_{BE}}{R_B} = \frac{12-0.7}{1,000[k\Omega]} = 0.113[mA]$$

콜렉터 전류
$$I_C = \beta \cdot I_B = 100 \times 0.113 \times 10^{-3} = 11.3[mA]$$

$$V_{CE} = V_{CC} - I_C R_C$$
$$= 12 - (11.3 \times 10^{-3} \times 500) = 6.35[V]$$

11

다음 그림과 같은 전압궤환 Bias회로에서 I_E 얼마인가? (단, β=50, $V_{BE}=0.7[V]$, $V_{cc}=10[V]$이다.)

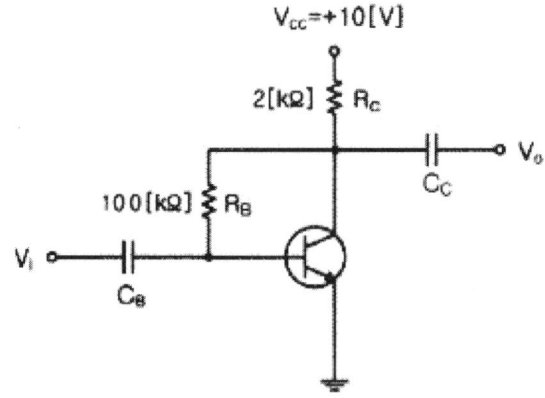

① 2.35[mA] ② 2.35[A]
③ 4.6[mA]   ④ 4.6[A]

[정답] ①

$$V_{CC} - I_C R_C - I_B R_B - V_{BE} = 0, \quad I_B = \frac{I_C}{\beta}$$

$$I_E \fallingdotseq I_C = \frac{V_{CC}-V_{BE}}{R_C + \frac{R_B}{\beta}}$$

$$= \frac{10-0.7}{2\times 10^3 + \frac{100\times 10^3}{50}}$$

$$= 2.325[mA]$$

12

다음 그림과 같은 전류궤환 Bias회로에서 I_B는 약 얼마인가? (단, β=100, $V_{BE}=0.7[V]$이다.)

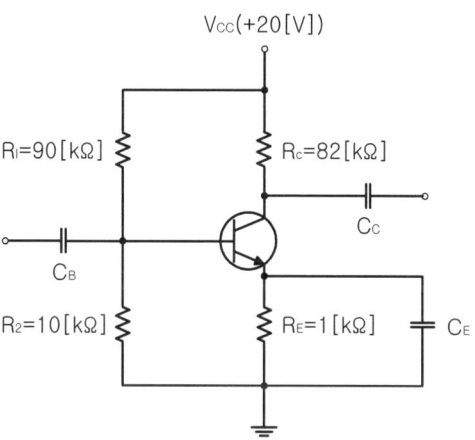

① 1.29[μA] ② 12.9[μA]
③ 2.91[μA] ④ 29.1[μA]

[정답] ②

$$V_b = \frac{R_2}{R_1+R_2}V_{CC} = \frac{10}{90+10}\times 20 = 2V$$

$$R_b = R_1 // R_2 = \frac{R_1 \cdot R_2}{R_1+R_2} = \frac{90\times 10}{90+10} = 9k\Omega$$

입력 측에 KVL을 적용하여 I_B를 구한다.
$$V_b = R_b I_B + V_{BE} + R_E I_E = R_b I_B + V_{BE} + (1+\beta)R_E I_B$$

$$I_B = \frac{V_b - V_{BE}}{R_b + (1+\beta)R_E}$$

$$= \frac{2-0.7}{9k\Omega + (1+100)\cdot 1k\Omega}$$

$$= 12.9\mu A$$

13 다음 그림과 같은 전압궤환 바이어스회로에서 콘덴서 'C'에 대한 설명으로 틀린 것은?

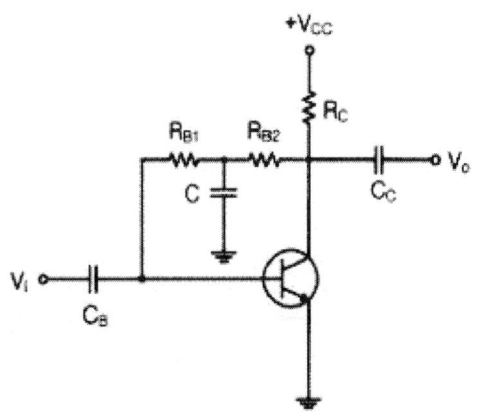

① 교류신호 이득 감소방지용 바이패스 콘덴서
② 콘덴서 C는 직류적으로 개방(Open)
③ 콘덴서 C는 교류적으로 단락(Short)
④ 교류신호 입력 시 베이스로 부궤환을 유도키위한 소자

[정답] ④
C는 교류출력 신호를 베이스로 부궤환을 유도키위한 소자

14 접합 트랜지스터의 스위칭 속도를 빠르게 하기 위한 방법으로 옳은 것은?

① 베이스회로에 직렬로 저항을 접속한다.
② 베이스회로에 인덕턴스를 접속한다.
③ 베이스회로에 저항과 콘덴서를 병렬 접속하여 연결한다.
④ 베이스회로에 제너다이오드를 접속한다.

[정답] ③
트랜지스터가 포화되면 스위칭 속도가 떨어지는데, I_B를 작게 하거나, 스피드 업 콘덴서를 사용하여 스위칭속도를 높인다.

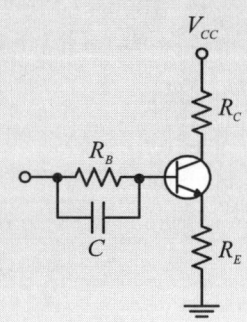

15 다음 그림의 회로에 대한 선형동작을 위한 교류 콜렉터(Collector) 전류의 최대 변동값 $I_{C(p-p)}$ (Peak to Peak)은 얼마인가? (단, 베이스 - 이미터 전압 $V_{BE}=0$으로 가정한다.)

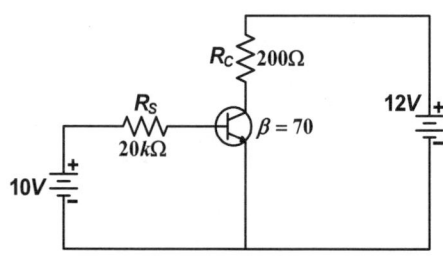

① 20[mA] ② 50[mA]
③ 60[mA] ④ 70[mA]

[정답] ②
① 입력회로에 KVL적용
$I_B = \dfrac{V_{BB} - V_{BE}}{R_B} = \dfrac{10}{20[\text{k}\Omega]} = 0.5[\text{mA}]$

② 동작점 콜렉터 전류
$I_{CQ} = \beta \cdot I_B = 70 \times 0.5 \times 10^{-3} = 35[mA]$

③ 최대 컬렉터 전류
$I_{CM} = \dfrac{V_{CC}}{R_{CC}} = \dfrac{12}{200} = 60[mA]$

④ 교류 콜렉터 전류의 최대 변동값
$I_{CP} = I_{CM} - I_{CQ} = 60 - 35 = 25[mA]$

⑤ 교류 콜렉터 전류의 최대-최대 변동값
$I_{C(P-P)} = 2 \times I_{CP} = 2 \times 25 = 50[mA]$

16 이미터접지 트랜지스터 증폭기회로에서 입력신호와 출력신호의 전압위상차는 얼마인가?

① 0°의 위상차가 있다. ② 180°의 위상차가 있다.
③ 90°의 위상차가 있다. ④ 270°의 위상차가 있다.

[정답] ②
CB, CC, CE 증폭기 비교

구 분	베이스 접지	에미터 접지	콜렉터 접지 (에미터 플로어)
전류이득 A_i	약 1	중간	최대
전압이득 A_v	최대	중간	최소
입력저항 R_i	최소	중간	최대
출력저항 R_o	최대	중간	최소
입·출력 위상	동상	역상	동상

17 다음 증폭 회로에서 입력신호와 출력신호 간의 위상차는?

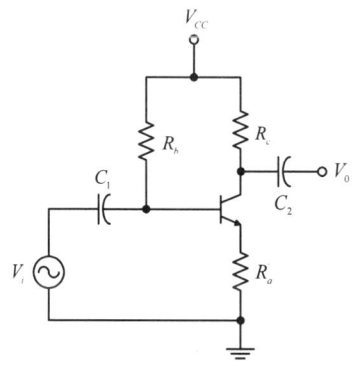

① 0[°] ② 90[°]
③ 180[°] ④ 270[°]

[정답] ③
이미터접지 트랜지스터 증폭기회로에서 입력신호와 출력신호의 전압위상차는 180°의 위상차가 있다.

18 다음 중 이미터 플로어(emitter follower) 증폭기의 일반적인 특징이 아닌 것은?

① 전류이득이 크다. ② 입력 임피던스가 높다.
③ 출력 임피던스가 높다 ④ 전압이득은 1보다 작다.

[정답] ③
이미터 플로어 증폭기 특징

구 분	베이스 접지	에미터 접지	콜렉터 접지 (에미터 플로어)
전류이득 A_i	약 1	중간	최대
전압이득 A_v	최대	중간	최소
입력저항 R_i	최소	중간	최대
출력저항 R_o	최대	중간	최소
입·출력 위상	동상	역상	동상

19 다음 중 에미터 플로어(Emitter Follower)의 특징이 아닌 것은?

① 입출력임피던스가 대단히 높다.
② 부하저항이 변화해도 전류, 전압, 전력이득을 일정하게 유지할 수 있다.
③ 전압이득은 1에 가깝다.
④ 전류이득이 크다.

[정답] ①

이미터 플로어 증폭기 특징

구 분	베이스 접지	에미터 접지	콜렉터 접지 (에미터 플로어)
전류이득 A_i	약 1	중간	최대
전압이득 A_v	최대	중간	최소
입력저항 R_i	최소	중간	최대
출력저항 R_o	최대	중간	최소
입·출력 위상	동상	역상	동상

20 다음 중 이미터 플로워(Emitter Follower)의 특징이 아닌 것은?

① 입력 임피던스가 높다.
② 출력 임피던스가 낮다.
③ 전압 이득이 1에 가깝다.
④ 전류 이득이 1에 가깝다.

[정답] ④
이미터 플로어 증폭기 특징

구 분	베이스 접지	에미터 접지	콜렉터 접지 (에미터 플로어)
전류이득 A_i	약 1	중간	최대
전압이득 A_v	최대	중간	최소
입력저항 R_i	최소	중간	최대
출력저항 R_o	최대	중간	최소
입·출력 위상	동상	역상	동상

21 다음 중 전력 이득이 가장 큰 접지 증폭회로는 무엇인가?

① 베이스 접지 증폭회로
② 컬렉터 접지 증폭회로
③ 이미터 접지 증폭회로
④ 고정 접지 증폭회로

[정답] ③
컬렉터 접지증폭회로(이미터플로워)는 높은 임피던스를 가진 신호원과 낮은 임피던스를 가진 부하사이의 전력증폭회로로도 널리 사용한다.

22

다음은 회로의 4 단자망을 h 파라미터로 나타낸 것이다. 입력개방 역방향 전압비는? (여기서 입력단은 1이고, 출력단은 2로 표시한 것이다.)

$$\begin{bmatrix} V_1 \\ I_2 \end{bmatrix} = \begin{bmatrix} h_{11} & h_{12} \\ h_{21} & h_{22} \end{bmatrix} \begin{bmatrix} I_1 \\ V_2 \end{bmatrix}$$

① h_{11}
② h_{12}
③ h_{21}
④ h_{22}

[정답] ②
h 파라미터

$h_{11} = \dfrac{V_1}{I_1}\bigg|_{V_2=0}$	$h_{12} = \dfrac{I_2}{V_2}\bigg|_{I_1=0}$
$h_{12} = \dfrac{V_1}{V_2}\bigg|_{I_1=0}$	$h_{21} = \dfrac{I_2}{I_1}\bigg|_{V_2=0}$

① $h_{11} = h_i$: 출력단을 단락시킬 때의 입력 임피던스 [Ω]
② $h_{12} = h_r$: 입력단을 개방시킬 때의 전압 궤환율
③ $h_{21} = h_f$: 출력단을 단락시킬 때의 전류 증폭률
④ $h_{22} = h_o$: 입력단을 단락시킬 때의 출력 어드미턴스 [℧]

23

다음 h 파라미터 중 단위가 없는 것으로만 짝지어진 것은?

① h_i, h_r
② h_r, h_f
③ h_r, h_o
④ h_f, h_o

[정답] ②
h파라미터

파라미터	조건	의미
h_i	출력단락	입력임피던스
h_r	입력개방	전압 궤환비
h_f	출력단락	전 방향 전류이득
h_0	입력개방	출력 어드미턴스

24

다음 회로에서 Re의 값과 관계가 없는 것은?

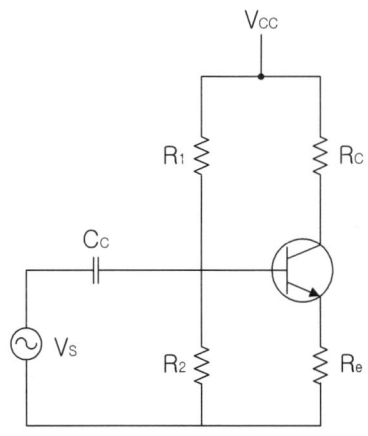

① Re가 크면 클수록 입력 임피던스는 커진다.
② Re가 크면 클수록 안정계수 S는 적어진다.
③ Re가 크면 클수록 증폭된 컬렉터 전류는 적어진다.
④ Re가 크면 클수록 전압 증폭도는 커진다.

[정답] ④
Re가 크면 클수록
① 컬렉터 전류가 작아져 전압 이득은 감소한다.
② 입력 임피던스는 크게 증가한다.
③ 온도 안정성이 향상된다.(S가 적어진다)

25

그림과 같은 회로에서 R_E에 흐르는 전류는 무엇인가?

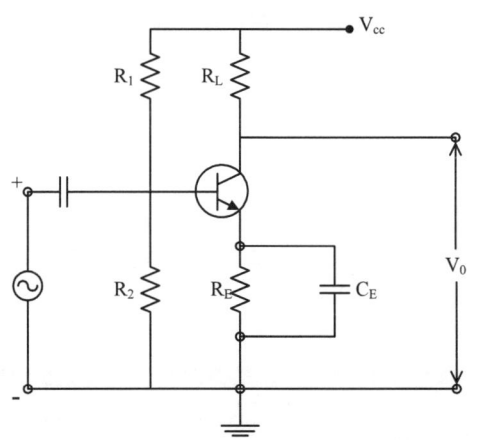

① 직류성분만 흐르고 교류성분은 거의 흐르지 않는다.
② 교류성분만 흐르고 직류성분은 거의 흐르지 않는다.
③ 직류성분과 교류성분의 합이 흐른다.
④ 직류성분과 교류성분의 차가 흐른다.

[정답] ①
교류성분은 C_E를 통해 흐르므로 R_E에는 직류성분만 흐른다.

26

다음 회로의 설명으로 틀린 것은? (단, $h_{fe1} = Q_1$의 순방향 전압 증폭률, $h_{fe2} = Q_2$의 순방향 전압 증폭률)

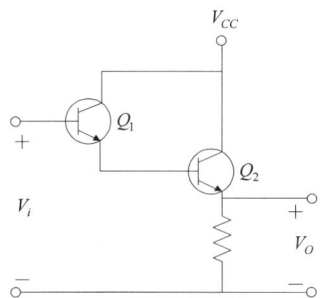

① 트랜지스터 Q_1과 Q_2는 Darlington 접속이다.
② 전류증폭률은 $(1+h_{fe1})(1+h_{fe2})$이다.
③ 입력저항은 대단히 높고 출력저항은 낮다.
④ 전압이득이 1보다 크다.

[정답] ④
Darlington접속된 에미터 플로워의 전압이득은 1보다 작다.
Darlington Emitter Follower 특징
① 전류이득이 대단히 높아진다.
② 입력저항이 높아진다.
③ 전압이득은 1보다 작다.
④ 출력저항은 낮아진다.

2 FET

27

다음 중 전계효과 트랜지스터(FET)에 관한 설명으로 틀린 것은?

① 입력저항이 높다.
② 접합형 입력저항은 MOS형보다 낮다.
③ 저주파시 잡음이 적다.
④ 소수캐리어에 의한 증폭작용을 한다.

[정답] ④
전계효과 트랜지스터(FET)는 다수캐리어에 의한 증폭작용을 한다.
FET와 BJT의 특성 비교

구분 특성	FET (Field Effect Transistor)	BJT (Bipolar Junction Transistor)
동작원리	다수 캐리어에 의한 동작	다수 및 소수 캐리어에 의해 동작
소자특성	단극성(unipolar) 소자	쌍극성(bipolar) 소자
제어방식	전압 제어 방식	전류 제어 방식

구분 특성	FET (Field Effect Transistor)	BJT (Bipolar Junction Transistor)
입력저항	$10^8 \sim 10^{10}[\Omega]$정도로 매우 높다	보통이다
잡음	적다	많다
이득 대역폭적	적다	크다
동작속도	느리다	빠르다
집적도	아주 높다	낮다

28

다음 중 FET에 관한 설명으로 틀린 것은?

① 일반적으로 FET는 잡음에 대한 방지회로에 많이 사용된다.
② 유니폴라(unipolar) 소자이다.
③ GB적이 작다.
④ JFET는 게이트 접합에 순방향으로 바이어스를 걸어준다.

[정답] ④
JFET는 게이트 접합에 역방향으로 바이어스를 걸어준다.
FET의 특징
① 다수 캐리어만으로 동작하는 단극소자(Unipolar Device)이며, 전압 제어형 소자이다.
② 입력 임피던스가 높다.
③ 바이폴라 트랜지스터보다 잡음은 적다.
④ 특성이 열적으로 안정하다.
⑤ 드레인 전류가 0일 때 Off-set 전압·전류가 없어 매우 좋은 신호 Chopper로 사용할 수 있다.
⑥ 제작이 쉽고 IC화 할 때 작은 공간을 차지한다.
⑦ 바이폴라 트랜지스터에 비해 동작속도 느리다.

29

FET(Field Effect Transistor)의 특성으로 옳은 것은?

① 쌍극성 소자이다.
② 입력신호 전압을 게이트에 인가해서 채널 전류를 제어한다.
③ BJT보다 저입력 임피던스를 갖는다.
④ P채널 FET에 흐르는 전류는 전자의 확산현상에 의해 발생한다.

[정답] ②
FET의 특징
① 다수 캐리어만으로 동작하는 단극성 소자(Unipolar Device)이며, 전압 제어형 소자이다.
② 입력신호 전압을 게이트에 인가해서 채널 전류를 제어한다.
③ BJT보다 고입력 임피던스를 갖는다.
④ P채널 FET에 흐르는 전류는 전자의 드리프트상에 의해 발생한다.
⑤ 드레인 전류가 0일 때 Off-set 전압·전류가 없어 매우 좋은 신호 Chopper로 사용할 수 있다.
⑥ 바이폴라 트랜지스터에 비해 동작속도 느리다.

30

다음 중 FET(Field Effect Transistor)에 대한 설명으로 틀린 것은?

① 입력 임피던스가 크다.
② 다수캐리어에 의해서만 동작한다.
③ 게이트 전류에 의해서 드레인 전류가 제어된다.
④ 트랜지스터보다 이득-대역폭적이 작다.

[정답] ③
FET(Field Effect Transistor)는 게이트 전압에 의해서 드레인 전류가 제어된다.

31

FET에서 $V_{GS}=0.7[V]$로 일정히 유지하고 V_{DS}를 6[V]에서 10[V]로 변환시켰을 때, I_D가 10[mA]에서 12[mA]로 변한 경우 드레인 저항(τ_d)은?

① 0.2[kΩ]
② 0.5[kΩ]
③ 2[kΩ]
④ 8[kΩ]

[정답] ③
FET의 3정수
① 증폭 정수 μ, 드레인 저항 r_d, 전달 컨덕턴스 g_m을 FET의 3정수라 하며 $\mu = g_m r_d$이다.
② 드레인 저항(r_d)

$$r_d = \frac{\partial V_{DS}}{\partial i_D} = \frac{dv_{DS}}{di_d}\bigg|_{V_{GS}=일정} = \frac{(10-6)}{(12-10)[mA]}$$

$$= \frac{4}{2 \times 10^{-3}} = 2[k\Omega]$$

32

FET 증폭기에 있어서 A_V=30, Cgd=1[pF], Cgs=10[pF]일 때의 등가입력용량은 얼마인가?

① 27[pF]
② 41[pF]
③ 48[pF]
④ 84[pF]

[정답] ②
Miller 효과의 입력용량 C_{in}
$C_{in} = C_{gs} + (1+|A|)C_{gd}$
$= 10 + (1+30)1$
$= 41[pF]$

3 전력증폭회로

33

다음 중 PNP와 NPN 트랜지스터를 조합하여 이루어진 Push-Pull 증폭회로는?

① D급 증폭회로
② C급 증폭회로
③ B급 증폭회로
④ A급 증폭회로

[정답] ③
B급 push pull증폭회로는 한개의 트랜지스터가 입력신호의 반 주기동안만 컬렉터 전류가 흐르도록 동작점을 차단 상태 부근에 둔 증폭회로로 입력신호의 전주기에서 원하는 출력을 얻기 위해서 특성이 같은 2개의 트랜지스터 PNP와 NPN 트랜지스터를 조합하여 사용한다.

34

PNP와 NPN 트랜지스터를 조합하여 이루어진 push-pull 증폭회로를 무엇이라 하는가?

① 컴플리멘터리 SEPP 회로
② 위상반전회로
③ OTL
④ OCL

[정답] ①
SEPP(Single-Ended Push-Pull)회로

35

푸시풀 트랜지스터 전력 증폭기에서 바이어스를 완전 B급으로 하지 않는 이유는?

① 효율을 높이기 위해
② 출력을 크게 하기 위해
③ 안정된 동작을 위해
④ Crossover 왜곡을 줄이기 위해

[정답] ④
B급 PP전력 증폭회로에서는 바이어스는 불필요한 것처럼 생각되나, 트랜지스터의 $V_{BE}-I_C$특성의 상승부분의 비직선성에 의해서, 입력신호가 정현파라도 출력전류의 파형은 이상적인 정현파로는 되지 않고 왜곡을 일으킨다.
이것을 크로스오버 왜곡(crossover distortion)이라 하며 이 왜곡을 없애려면 무신호시에도 콜렉터전류가 조금 흐르도록 약간의 바이어스를 가해서 사용해야 한다.(AB급 바이어스 동작)

36

크로스오버(Crossover) 일그러짐은 어떤 증폭방식에서 발생하는가?

① A급　　② B급
③ AB급　　④ C급

[정답] ②
B급 PP전력 증폭회로에서는 바이어스는 불필요한 것처럼 생각되나, 트랜지스터의 $V_{BE}-I_C$특성의 상승부분의 비직선성에 의해서, 입력신호가 정현파라도 출력전류의 파형은 이상적인 정현파로는 되지 않고 왜곡을 일으킨다.
이것을 크로스오버 왜곡(crossover distortion)이라 하며 이 왜곡을 없애려면 무신호시에도 콜렉터전류가 조금 흐르도록 약간의 바이어스를 가해서 사용해야 한다.(AB급 바이어스 동작)

37

B급 푸시풀 전력증폭기(push-pull) power amp)에서 제거되는 것은?

① 기본파　　② 제 2고조파
③ 제 3고조파　　④ 제 5고조파

[정답] ②
B급 푸시풀 회로는 우수차(짝수) 고조파 성분은 서로 상쇄되어 출력단에 나타나지 않는다.

38

B급 푸시풀 전력증폭기에서 평균 직류 컬렉터 전류는 어떻게 되는가?

① 입력신호 전압이 커짐에 따라 줄어든다.
② 입력신호 전압이 작으면 흐르지 않는다.
③ 입력신호 전압이 커짐에 따라 증가된다.
④ 입력전압의 대소에 불구하고 항상 일정하다.

[정답] ③
B급 P-P 전력증폭 회로 동작

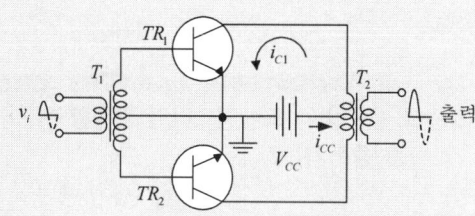

(a) TR₁이 동작

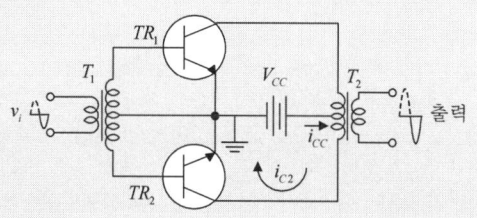

(b) TR₂가 동작

입력전압이 (+) 극성의 경우는 TR_1이 동작해서 콜렉터전류 I_{C1}이 흐르고 (-) 극성의 경우는 TR_2가 동작해서 I_{C2}가 흐른다. 출력변성기 T_2는 2개의 트랜지스터의 출력전류를 합성해서 출력을 빼내기 위한 것이다.

39

B급 전력증폭기의 최대효율을 백분율로 표시하면 어떻게 되는가?

① 25[%]　　② 48.5[%]
③ 78.5[%]　　④ 98.5[%]

[정답] ③
B급 증폭기의 최대 효율
$$\eta_m = \frac{P_{om}}{P_{dc}} = \frac{\frac{1}{2}V_{CC}I_{cm}}{\frac{2}{\pi}V_{CC}I_{cm}} = \frac{\pi}{4} \fallingdotseq 0.785$$

40

전력 증폭기의 직류 입력이 60[V], 100[mA]이고, 효율이 90[%]이라면 부하에서의 출력 전력은?

① 1.8[W]　　　② 3.6[W]
③ 5.4[W]　　　④ 7.2[W]

[정답] ③

$$\eta = \frac{P_o}{P_{dc}}, \quad P_{dc} = V \cdot I$$
$$P_o = \eta P_{dc} = 0.9 \times 60 \times 0.1 = 5.4[W]$$

41

소신호 증폭이나 트랜지스터의 활성영역에서만 동작하게 만든 증폭기는?

① A급 증폭기　　　② AB급 증폭기
③ B급 증폭기　　　④ C급 증폭기

[정답] ①
A급 증폭기
① A급 증폭기는 효율은 불량하나 안정된 증폭이 가능해 완충증폭기에 사용된다.
② 완충증폭기는 부하변동에 의한 발진주파수변동을 방지해 준다.
③ 활성영역에서만 동작한다.

42

송신기의 완충증폭기(Buffer Amp)에 많이 쓰이는 증폭방식은?

① A급　　　② B급
③ C급　　　④ AB급

[정답] ①

	A급	B급	C급
동작점	특성곡선의 중앙	특성곡선의 차단점	특성곡선의 차단점 이하
유통각 θ	θ = 2π	θ = π	θ < π
일그러짐	小	中	大
효율	낮음	중간	높음
용도	완충 증폭	저주파 전력 증폭	고주파 전력증폭 및 주파수 체배 증폭

43

다음 중 B급 푸시풀(Push-Pull) 전력증폭기의 장점에 대한 설명으로 옳은 것은?

① 출력효율이 높고, 일그러짐이 적다.
② 높은 주파수를 증폭하는데 적당하다.
③ 전압이득을 크게 할 수 있다.
④ 전도지연 특성이 개선된다.

[정답] ①
푸시풀(Push Pull)전력증폭회로의 특징
① 출력에 우수 고조파 성분이 상쇄되어 이로 인한 일그러짐이 적다.
② 전원에 포함되는 리플(Ripple) 전압은 상쇄되어 부하에 나타나지 않는다.
③ 단일 능동 소자의 출력이 작은 것을 사용해도 큰 출력을 얻을 수 있다.
④ 효율이 높아 최대 78.5(%)이다.

44

다음 중 푸시풀(Push-Pull) 증폭기에 대한 설명으로 틀린 것은?

① 우수 고조파가 상쇄된다.
② 비직선 일그러짐이 적다
③ A급 증폭기에서만 사용된다.
④ 입력신호가 없을 때 전력손실이 매우 적다.

[정답] ③
푸시풀(Push-Pull) 증폭기는 B급 증폭기이다.

45

다음 중 C급 증폭기의 용도로 적합한 것은?

① 완충 증폭기　　　② Push-Pull 증폭기
③ 저주파 증폭기　　　④ RF전력 증폭기

[정답] ④
C급 전력 증폭회로
동작점이 차단점 이하에 정해지므로 출력 전류는 짧은 기간(θ < π)동안만 흐르게 되어 전원 효율은 가장 우수하나 출력 전류 파형이 심하게 일그러지므로 출력 측에 반드시 LC 동조회로 등을 사용하여 정현파 출력을 얻어야 한다. C급 전력 증폭회로는 RF(고주파)전력 증폭기나 고주파 주파수 체배기로 사용된다.

46 다음 중 C급 증폭기의 일반적인 특징이 아닌 것은?

① 효율이 높다.
② 출력단에 공진회로가 필요하다.
③ 직선성이 좋다.
④ 고출력용으로 많이 사용된다.

[정답] ③
C급 전력 증폭회로
동작점이 차단점 이하에 정해지므로 출력 전류는 짧은 기간 ($\theta < \pi$)동안만 흐르게 되어 전원 효율은 가장 우수하나 출력 전류 파형이 심하게 일그러지므로 출력 측에 반드시 LC 동조 회로 등을 사용하여 정현파 출력을 얻어야 한다.

47 다음 중 가장 효율이 좋은 증폭방식은?

① A급
② B급
③ C급
④ AB급

[정답] ③
증폭기 Class별 최대효율

A급	B급	AB급	C급
50%	78.5%	78.5%	78.5%이상

48 최대효율을 얻기 위한 발진기의 동작 방식은 다음 중 어느 것인가?

① A급
② AB급
③ B급
④ C급

[정답] ④
증폭기 Class별 최대효율

A급전력 증폭기	B급전력 증폭기	C급전력 증폭기
50[%]	78.5[%]	78.5[%]이상

4 증폭기주파수 특성

49 어떤 증폭기의 전압증폭도가 100일 때 전압이득은 몇 [dB]인가?

① 10[dB]
② 20[dB]
③ 30[dB]
④ 40[dB]

[정답] ④
$$전압이득[dB] = 20\log_{10}\frac{출력전압}{입력전압}$$
$$\therefore 전압이득(증폭도) = 20\log_{10}100 = 40[dB]$$

50 어떤 증폭기의 전압증폭도가 1,000일 때 전압이득은 얼마인가?

① 20[dB]
② 30[dB]
③ 60[dB]
④ 90[dB]

[정답] ③
$$\therefore 전압이득(증폭도) = 20\log_{10}1000 = 60[dB]$$

51 트랜지스터 증폭기의 입력전력이 1[mW]이고, 출력전력이 2[W]일 때 증폭기의 전력이득은?

① 12[dB]
② 23[dB]
③ 33[dB]
④ 45[dB]

[정답] ③
증폭기 전력이득
$$G_P = 10\log_{10}\frac{2[W]}{1[mW]} = 33[dB]$$

52 0.1[V]의 교류 입력이 10[V]로 증폭되었을 때 증폭도는 몇 [dB]인가?

① 10[dB]
② 20[dB]
③ 30[dB]
④ 40[dB]

[정답] ④
$$증폭도[dB] = 20\log_{10}\frac{출력전압}{입력전압} = 20\log_{10}\frac{10}{0.1} = 40[dB]$$

53
3단 종속 전압 증폭기에서 이득이 각각 4배, 5배, 5배일 때 종합 이득율[dB]로 나타내면 얼마인가?

① 10[dB] ② 20[dB]
③ 30[dB] ④ 40[dB]

[정답] ④
∴ $G = 20\log_{10}(4 \times 5 \times 5) = 20\log_{10}100 = 40[dB]$

54
다음 중 2단 이상의 증폭기에서 잡음을 줄일 수 있는 가장 효과적인 방법은?

① 종단 증폭기의 이득은 첫단 증폭기에 비해 가능한 낮게 설계한다.
② 첫단 증폭기는 가능한 이득이 큰 증폭기로 구성한다.
③ 첫단 증폭기를 트랜지스터(쌍극성 트랜지스터 증폭기로 구성한다.
④ 첫단 증폭기를 잡음지수(Noise Figure)가 낮은 증폭기로 구성한다.

[정답] ④
3단 종속접속 증폭기 전체 잡음 지수
$NF = NF_1 + \dfrac{NF_2 - 1}{G_1} + \dfrac{NF_3 - 1}{G_1 G_2}$
첫단 증폭기를 잡음지수(Noise Figure)가 전체 증폭기 잡음지수를 결정하므로 첫단 증폭기는 저잡음 증폭기로 구성한다.

55
다음 중 낮은 주파수 대역에서 높은 주파수 대역에 걸쳐 일정한 크기의 스펙트럼을 가진 연속성 잡음으로 알맞은 것은?

① 트랜지스터 잡음 ② 자연잡음
③ 백색잡음 ④ 지터잡음

[정답] ③
백색잡음(AWGN)의 특성
① Additive : 기존잡음에 더해지는
② White : 전체 주파수대역에 걸쳐 있는
③ Gaussian : 잡음분포가 가우시안형태인
④ Noise : 잡음을 말한다.
열잡음이 대표적인 AWGN잡음이다.

56
다음 중 열잡음(Thermal Noise)과 백색 잡음(White Noise)과의 관계에 대한 설명으로 옳은 것은?

① 열잡음(Thermal Noise)은 Color Noise이므로 백색 잡음(White Noise)과 완전하게 다르다.
② 열잡음(Thermal Noise)은 흑색 잡음이므로 백색 잡음(White Noise)과는 반대의 특성을 갖는다.
③ 열잡음(Thermal Noise)은 실제로 발생하는 잡음 중에서 백색 잡음(White Noise) 특성에 유사한 잡음 중 하나에 속한다.
④ 열잡음(Thermal Noise)과 백색 잡음(White Noise)은 완전하게 일치하는 용어이다.

[정답] ③
열잡음이 대표적인 백색 잡음(White Noise)이다.

57
증폭도가 40[dB], 잡음지수가 6[dB]인 전치증폭기(Pre-amp)를 증폭도 20[dB], 잡음지수 6[dB]인 주 증폭기(Main amp)에 연결할 때 종합잡음지수는?

① 6.125[dB] ② 5.50[dB]
③ 7.125[dB] ④ 7.50[dB]

[정답] ①
$G_1 = 10000, F_1 = 4, G_2 = 100, F_2 = 4$
종합잡음지수
$F = F_1 + \dfrac{F_2 - 1}{G_1} = 4 + \dfrac{4-1}{10000} = 4.0003$
$F[dB] = 10\log_{10}4.0003 = 6.02[dB]$

58
다음 중 RLC 직렬공진회로에서 선택도 Q는?(단, w_o는 공진시 각주파수이다.)

① $\dfrac{R}{w_o C}$ ② $\dfrac{L}{RC}$
③ $\dfrac{1}{R}\sqrt{\dfrac{C}{L}}$ ④ $\dfrac{w_o L}{R}$

[정답] ④
$R-L-C$ 직렬회로의 선택도
① 입력 임피던스 : $Z(w) = R + j(wL - \dfrac{1}{wC})$
② 공진 조건 : $wL = \dfrac{1}{wC}$
③ 공진회로의 선택도(selectivity), 즉 Peak 값의 첨예도를 나타내는 척도로서 양호도(Quality factor) Q를 사용한다.
$Q = \dfrac{w_o L}{R} = \dfrac{1}{w_o CR} = \dfrac{1}{R}\sqrt{\dfrac{L}{C}}$

59

중심 주파수가 $455[kHz]$이고, 대역폭이 $10[kHz]$가 되는 단동조 회로를 만들려면 이 회로의 Q는?

① 42.3   ② 45.5
③ 52.3   ④ 55.4

[정답] ②
동조회로의 Q
$$Q = \frac{f_o}{B} = \frac{f_o}{f_2 - f_1} = \frac{455 \times 10^3}{10 \times 10^3} = 45.5$$
Q값이 높을수록 대역폭은 좁아지고, 선택도는 향상된다.

③ 궤환 연산증폭회로

1 궤환증폭회로

01

다음 중 부궤환 증폭기의 특징이 아닌 것은?
① 이득이 증가한다.   ② 안정도가 향상된다.
③ 왜곡이 감소한다.   ④ 잡음이 감소한다.

[정답] ①
부궤환 증폭기의 특징
① 전압 이득의 감소
② 잡음의 감소
③ 이득의 안정도 개선
④ 비직선 일그러짐의 감소
⑤ 주파수 일그러짐 및 위상 일그러짐의 감소
⑥ 주파수 특성의 개선(대역폭의 증가)
⑦ 입·출력 임피던스의 변화

02

다음 중 부궤환 증폭기의 특징이 아닌 것은?
① 부하변동에 의한 이득 변동이 감소한다.
② 일그러짐과 잡음이 증가한다.
③ 주파수 특성이 좋다.
④ 증폭도가 감소한다.

[정답] ②
부궤환 증폭기의 특징
① 전압 이득의 감소
② 잡음의 감소
③ 이득의 안정도 개선
④ 비직선 일그러짐의 감소
⑤ 주파수 일그러짐 및 위상 일그러짐의 감소
⑥ 주파수 특성의 개선(대역폭의 증가)
⑦ 입·출력 임피던스의 변화

03

다음 중 무궤환시 회로와 비교해서 부궤환시 증폭기의 일반적 특성이 아닌 것은?
① 부하변동에 의한 이득 변동이 감소한다.
② 저역 차단주파수가 증가한다.
③ 이득이 감소한다.
④ 일그러짐과 잡음이 감소한다.

[정답] ②
저역차단 주파수는 $\dfrac{1}{1+\beta A}$로 감소한다.

04
다음 중 트랜지스터 증폭회로에서 부궤환을 걸었을 때 일어나는 현상이 아닌 것은?
① 안정도가 좋아진다. ② 비직선 일그러짐이 적어진다.
③ 주파수 특성이 개선된다. ④ 대역폭이 감소한다.

[정답] ④
부궤환 증폭기의 대역폭은 $(1+\beta A)$ 배로 넓어진다.

05
다음 중 부궤환 증폭회로의 특징이 아닌 것은?
① 이득증가 ② 비선형 일그러짐 감소
③ 잡음감소 ④ 고주파 특성의 개선

[정답] ①
부궤환 증폭기의 특징
① 전압 이득의 감소
② 잡음의 감소
③ 이득의 안정도 개선
④ 비직선 일그러짐의 감소
⑤ 주파수 일그러짐 및 위상 일그러짐의 감소
⑥ 주파수 특성의 개선(대역폭의 증가)
⑦ 입·출력 임피던스의 변화

06
궤환이 없을 때의 증폭도가 100인 증폭회로에 궤환율 -0.01의 궤환을 걸어주면 증폭도는 얼마인가?
① 5 ② 50
③ 500 ④ 5,000

[정답] ②
$$A_{vf} = \frac{A_v}{1+\beta A_v} = \frac{100}{1+0.01 \times 100} \fallingdotseq 50$$

07
전압증폭도 A_v 가 5,000인 증폭기에 부궤환을 걸어 증폭기 이득 A_f 가 800일 경우 궤환율은 얼마인가?
① 0.00105[%] ② 0.0105[%]
③ 0.105[%] ④ 1.05[%]

[정답] ③
$A_f = \frac{A_v}{1+A_v\beta}$ 에서
$A_v = 5,000$, $A_f = 800$ 이므로
$\beta = 1.05 \times 10^{-3}$

08
전압증폭 이득이 40[dB]인 증폭기에서 10[%]의 잡음이 발생했다. 이것을 1[%]로 개선하기 위한 부궤환율 β는?
① 0.5 ② 0.09
③ 0.05 ④ 0.009

[정답] ②
부궤환증폭기의 잡음 감소
부궤환율(β)
$$N_f = \frac{N}{1+\beta A_v}$$
이득이 40[dB], $20\log A_v = 40[\text{dB}]$, $A_v = 100$
따라서, $N_f = \frac{N}{1+\beta A_v}$
$1+\beta A_v = \frac{N}{N_f} = \frac{10}{1} = 10$
$\beta A_v = 9$ 이므로, $\beta = \frac{9}{100} = 0.09$

09
전압이득이 50인 저주파 증폭기가 약 10[%] 정도의 왜율을 가지고 있다. 이를 2[%] 정도로 개선하기 위하여 걸어주어야 하는 부궤환율 β는 얼마인가?
① 10 ② 4
③ 0.1 ④ 0.08

[정답] ④
부궤환증폭기의 왜곡 감소
부궤환율(β)
$$K_f = \frac{K}{1+\beta A_v}$$
이득이 40[dB], $20\log A_v = 40[\text{dB}]$, $A_v = 100$
따라서, $K_f = \frac{K}{1+\beta A_v}$
$1+\beta A_v = \frac{N}{N_f} = \frac{10}{1} = 10$
$\beta A_v = 9$ 이므로, $\beta = \frac{9}{100} = 0.09$

10
전압이득이 40[dB]인 저주파 증폭기에 전압 부궤환율 0.098로 걸어줄 때, 왜율의 개선율[%]은 약 얼마인가?
① 6.26 ② 7.25
③ 8.25 ④ 9.26

[정답] ④
$K_f = \frac{K}{1+A\beta}$, K : 원래 왜율, K_f :궤환시 개선왜율
$\therefore K_f = \frac{100}{1+0.098 \times 100}[\%] = \frac{100}{10.8}[\%] \fallingdotseq 9.26[\%]$

11

증폭기의 전압이득이 1000 ± 100일 때, 이 전압이득의 변화를 $0.1[\%]$로 하기 위하여 부궤환 회로를 구성하려면 궤환율 β는?

① 0.9　　　　　② 0.19
③ 0.099　　　　④ 1.1

[정답] ③
부궤환 증폭기 증폭도
$$A_f = \frac{V_o}{V_i} = \frac{A_V}{1+\beta A_V}$$
(A_f = 궤환시 전압이득, A_V = 부궤환시 전압이득)

A_V로 양변을 미분하면,
$$\frac{dA_f}{A_f} = \frac{A_V}{1+\beta A_V} \cdot \frac{dA_V}{A_V}$$

$$\frac{0.1}{100} = \frac{1}{1+\beta A_V} \cdot \frac{100}{1000} \quad (1+\beta A_V = 100, \beta A_V = 99)$$

$$\therefore \beta = \frac{99}{A_V} = \frac{99}{1000} = 0.099$$

12

다음 그림은 부궤환 연결방식 중 어떤 방식인가?

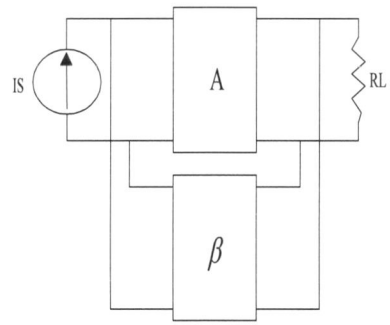

① 전류-직렬　　② 전압-직렬
③ 전류-병렬　　④ 전압-병렬

[정답] ④
출력측에서 전압신호를 뽑아서 입력측에 병렬로 합성하는 전압 병렬회로이다.

13

다음 그림의 회로는 어떤 궤환에 속하는가?

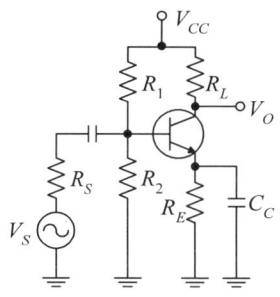

① 직렬전류 부궤환　　② 병렬전류 부궤환
③ 병렬전압 부궤환　　④ 직렬전압 부궤환

[정답] ①
출력의 전류를 뽑아서 입력측에 직렬로 합성하는 직렬-전류 부궤환방식이다.

14

병렬전압 궤환 증폭기의 입력 임피던스는 궤환이 없을 때와 비교하면?

① 증가한다.　　② 증가 후 감소한다.
③ 감소한다　　④ 변함이 없다.

[정답] ③
궤환증폭회로의 입력, 출력 임피던스 변화

궤환	직렬전압	직렬전류	병렬전압	병렬전류
입력임피던스	증가	증가	감소	감소
출력임피던스	감소	증가	감소	증가

15

다음 그림과 같은 궤환회로는? (단, 입력이 V_i이고 출력은 V_0이다.)

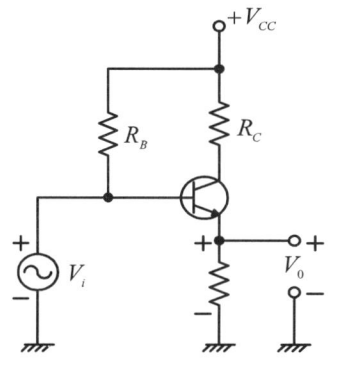

① Voltage series　　② Current series
③ Voltage shunt　　　④ Current shunt

[정답] ①
출력측에서 전압신호를 뽑아서 입력측에 직렬로 합성하는 전압 직렬(Voltage series)회로이다.

16 다음 그림의 회로에서 궤환비(β)는 어떻게 되는가?

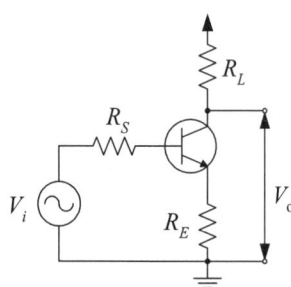

① $-R_L$
② $-(R_E+R_L)$
③ $-(R_E R_L)$
④ $-R_E$

[정답] ④
직렬 전류 부궤환 증폭기
$$\beta = \frac{V_f}{I_0} = \frac{-I_0 R_E}{I_0} = -R_E$$

17 다음 중 궤환 증폭기의 특성에 관한 설명으로 틀린 것은?

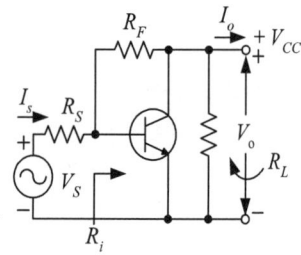

① 궤환으로 입력 임피던스 R_i는 감소한다.
② 궤환으로 출력 임피던스 R_0는 감소한다.
③ 궤환으로 전류이득 $\frac{I_0}{I_i}$는 감소한다.
④ R_F가 작을수록 출력전압 V_0는 커진다.

[정답] ④
병렬 전압 부궤환 회로이다. 궤환 시 R_i 와 R_o 는 모두 감소한다.
① 궤환율
$$\beta = \frac{I_f}{V_o} = -\frac{1}{R_f}$$
② 궤환 시 전압이득
$$A_{vf} = \frac{V_o}{V_s} = \frac{V_o}{I_s R_s} \cong -\frac{R_f}{R_s}$$

2 연산증폭회로

18 차동증폭기에서 두 입력 신호전압이 $V_1 = V_2 = 2[V]$로 같을 때 차신호 이득 A_d는 얼마인가?

① 0[V]
② 1[V]
③ 2[V]
④ 4[V]

[정답] ①
차동증폭기는 2개의 입력단자에 가해진 2개의 신호차를 증폭하여 출력하는 회로이다.

19 차동증폭기의 두 입력 전압에 각각 $v_1 = 7[mV]$, $v_2 = 5[mV]$가 인가되었다. 차동전압 이득이 150이고 동상이득이 0.5일 때 출력전압은?

① 301[mV]
② 303[mV]
③ 1,801[mV]
④ 1,806[mV]

[정답] ②
차동증폭기 출력전압
$$V_o = A_d(V_1 - V_2) + A_c\left(\frac{V_1+V_2}{2}\right)$$
$$= 150(7-5) + 0.5\left(\frac{7+5}{2}\right)$$
$$= 303[mV]$$

20 다음 중 차동증폭기의 동상 신호 제거비 CMRR은? (단, A_c = 동상전압이득, A_d = 차동전압이득)

① $20\log(A_d/A_c)$
② $10\log(A_d/A_c)$
③ $10\log(A_c/A_d)$
④ $20\log(A_c/A_d)$

[정답] ①
잡음은 대개 두 입력단자에 공통으로 들어오므로 차동모드로 증폭기를 동작시키게 되면 잡음을 제거할 수 있게 된다. 이러한 동작을 공통모드제거비(Common Mode Rejection Ratio) CMRR이라 한다.
$$\therefore CMRR = 20\log_{10}\frac{\text{차동이득}(A_d)}{\text{동상이득}(A_c)}$$

21. 차동증폭기에서 CMRR에 대한 설명으로 틀린 것은?

① CMRR=차동이득/동상이득으로 정의된다.
② 차동증폭기의 성능을 나타내는 기준이다.
③ 차동증폭기의 CMRR은 클수록 좋다.
④ CMRR은 동상이득이 무한대에 가까울수록 좋다.

[정답] ④
차동증폭기(Differential Amplifier)
① 차동증폭기는 2개로 된 반전 및 비반전 입력 단자로 들어간 입력신호의 차(difference)가 출력으로 나오는 동작을 하는 증폭기이다.
② 동상신호제거비(CMRR, Common Mode Rejection Ratio)란 잡음 등의 동상 이득에 대한 신호성분 차동이득의 비를 말한다.

$$\therefore CMRR = \frac{차동이득}{동상이득}$$

따라서 차동증폭기의 CMRR은 클수록 좋다.
③ 동상 신호를 제거하는 척도를 말하면 연산증폭기의 성능척도의 중요한 요소이다.

22. 다음 중 차동증폭기회로에서 이미터 저항 대신 정전류원을 사용하는 주된 이유는?

① 전류이득을 크게 하기 위해서
② 전압이득을 크게 하기 위해서
③ 바이어스전압을 크게 하기 위해서
④ CMRR을 크게 하기 위해서

[정답] ④
정전류원 사용이유
① 차동증폭기의 특성을 개선하는 한 방법으로 동상신호제거비(CMRR)를 증가시키는 방법이 있다.
② 1입력 1출력형 차동 증폭회로의 CMRR을 무한대로 하려면 에미터 저항 R_E 저항값이 무한대이어야 한다.

$$CMRR = \frac{A_d}{A_c} = \frac{(-\frac{R_c}{2r_e})}{(-\frac{R_c}{2R_E})} = \frac{R_E}{r_e} = g_m R_E$$

③ R_E 대신 정전류원을 사용하면 이론적으로 무한대의 CMRR 값을 얻을 수 있다.

23. 이상적인 연산증폭기(OP AMP)의 특징으로 옳은 것은?

① 전압이득이 적다.
② 출력 임피던스가 높다.
③ 오프셋이 "1"이다.
④ 통과 주파수대역이 무한대이다.

[정답] ④
이상적인 연산 증폭회로의 파라미터(Parameter)
① 차동 신호의 전압 이득 $A = \infty$
② 동상 신호에 대한 전압 이득= 0,
③ CMRR = ∞
④ 입력 임피던스 $Z_i = \infty$
⑤ 출력 임피던스 $Z_0 = 0$
⑥ 주파수 대역폭 = ∞
⑦ 온도에 의한 드리프트(drift) = 0
⑧ 입력 바이어스 전류 = 0 ($I_{B1} = I_{B2} = 0$)

24. 다음 중 이상적인 연산증폭기의 특징이 아닌 것은?

① 입력 임피던스가 무한대이다.
② 대역폭이 무한대이다.
③ 출력 임피던스가 무한대이다.
④ 전압이득이 무한대이다.

[정답] ③
이상적인 연산 증폭회로의 파라미터(Parameter)
① 차동 신호의 전압 이득 $A = \infty$
② 동상 신호에 대한 전압 이득= 0,
③ CMRR = ∞
④ 입력 임피던스 $Z_i = \infty$
⑤ 출력 임피던스 $Z_0 = 0$
⑥ 주파수 대역폭 = ∞
⑦ 온도에 의한 드리프트(drift) = 0
⑧ 입력 바이어스 전류 = 0 ($I_{B1} = I_{B2} = 0$)

25. 다음 중 이상적인 연산증폭기(OP-AMP)가 갖추어야 할 조건으로 틀린 것은?

① 입력 임피던스가 무한대
② 대역폭이 무한대
③ 전압이득이 무한대
④ 입력 오프셋(Offset) 전압이 무한대

[정답] ④
이상적인 연산 증폭회로의 파라미터(Parameter)
① 차동 신호의 전압 이득 $A = \infty$
② 동상 신호에 대한 전압 이득= 0,
③ CMRR = ∞
④ 입력 임피던스 $Z_i = \infty$
⑤ 출력 임피던스 $Z_0 = 0$
⑥ 주파수 대역폭 = ∞
⑦ 온도에 의한 드리프트(drift) = 0
⑧ 입력 바이어스 전류 = 0 ($I_{B1} = I_{B2} = 0$)

26
다음 중 연산 증폭기의 특성과 관련이 없는 것은?
① 높은 이득 ② 낮은 CMRR
③ 높은 입력 임피던스 ④ 낮은 출력 임피던스

[정답] ②
이상적인 연산 증폭회로의 파라미터(Parameter)
① 차동 신호의 전압 이득 $A = \infty$
② 동상 신호에 대한 전압 이득= 0,
③ CMRR = ∞
④ 입력 임피던스 $Z_i = \infty$
⑤ 출력 임피던스 $Z_0 = 0$
⑥ 주파수 대역폭 = ∞
⑦ 온도에 의한 드리프트(drift) = 0
⑧ 입력 바이어스 전류 = 0 ($I_{B1} = I_{B2} = 0$)

27
다음 중 차동 증폭 회로의 특징이 아닌 것은?
① 증폭도가 보통 방식보다 작다.
② 작은 온도 변화에도 동작이 안정하다.
③ 교류증폭 및 직류증폭이 가능하다.
④ 부품의 절대치가 변화해도 증폭이 거의 안정하며, 대역폭이 넓다.

[정답] ①
차동 증폭 회로는 연산증폭기의 초단에 사용되는 증폭회로로 직류부터 높은 주파수의 대역의 고주파 신호를 고이득으로 증폭할 수 있다.

28
다음 중 연산증폭기의 응용 회로가 아닌 것은?
① 영전위 검출기 ② FIR필터
③ 비교기 ④ 피크 검출기

[정답] ②
FIR필터는 디지털필터로 고속의 푸리에변환을 이용해 희망하는 오디오나 영상신호 등을 필터링 할 수 있다.

29
그림과 같은 증폭회로에서 출력전압 V_0는?

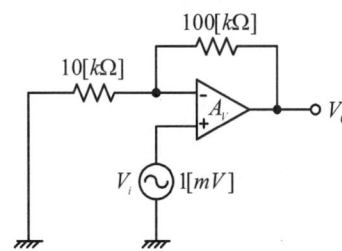

① 11[mV] ② 51[mV]
③ 101[mV] ④ 110[mV]

[정답] ①
$$V_0 = \frac{R_f + R_1}{R_1} V_1 = \left(1 + \frac{R_f}{R_1}\right)$$
$$= (1 + \frac{100[K]}{10[K]}) \times 1[mV] = 11[mV]$$

30
다음 그림의 연산 증폭기 회로의 전압증폭률(V_O, V_S)은 얼마인가?

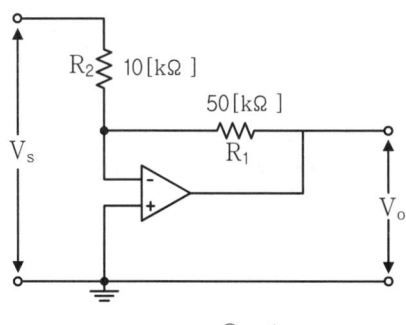

① -5 ② -1
③ 5 ④ 10

[정답] ①
비반전 증폭기의 전압이득
$$A_f = -\frac{R_1}{R_2} = -\frac{50}{5} = -5$$

31
다음 그림의 회로는 두 개의 비반전 증폭기를 종속 접속한 것이다. 저항 $10[k\Omega]$에 흐르는 전류 I_0는 몇 $[\mu A]$인가? (단, 각 연산 증폭기는 이상적이다.)

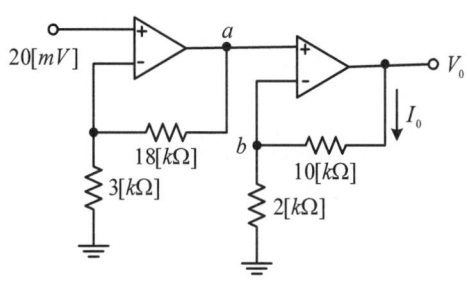

① 25[μA] ② 50[μA]
③ 70[μA] ④ 120[μA]

[정답] ③
비반전 연산 증폭기가 서로 종속 접속되어 있는 연산증폭회로이다.

① 1단 증폭기 전압이득
$$A_{v1} = \frac{V_o}{V_i} = 1 + \frac{R_f}{R} = 1 + \frac{18}{3} = 7$$
② 2단 증폭기 전압이득
$$A_{v1} = 1 + \frac{10}{2} = 6$$
③ 전체 이득
$$A_v = A_{v1} \times A_{v2} = 7 \times 6 = 42$$
④ 출력 전압
$$V_0 = A_v \times V_i = 42 \times 20[mV] = 840[mV]$$
⑤ 10[KΩ] 흐르는 전류
$$I = \frac{V}{R} = \frac{840[mV]}{2[K\Omega]+10[K\Omega]} = 70[\mu A] \text{ 이다.}$$

32 다음 그림과 같은 연산증폭기 회로에서 $V_1 = 1[mV]$, $V_2 = 2[mV]$일 때 출력 V_0는 얼마인가?

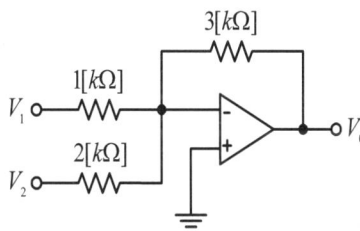

① $-4.5[mV]$ ② $-5.5[mV]$
③ $-6[mV]$ ④ $-7.5[mV]$

[정답] ③
반전 가산 연산증폭기 출력전압
출력 전압 V_o는 중첩의 정리에 의해 다음과 같이 계산된다.
$$V_o = V_{01} + V_{02}$$
$$= -\frac{R_f}{R_1} \times V_1 - \frac{R_f}{R_2} \times V_2$$
$$= -\frac{3k}{1k}1[mV] - \frac{3k}{2k}2[mV]$$
$$= -6[mV]$$

33 다음의 연산증폭기에서 $V_1=5[V]$, $V_2=2[V]$, $V_3=3[V]$일 때 출력전압 V_0는?

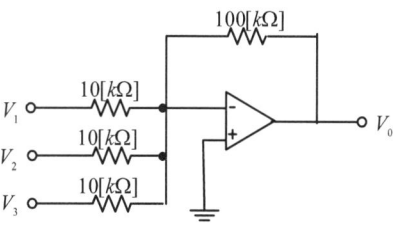

① $-100[V]$ ② $100[V]$
③ $155[V]$ ④ $-155[V]$

[정답] ①
연산증폭기 출력전압
$$V_o = V_{01} + V_{02} + V_{03}$$
$$= -\frac{R_f}{R_1} \times V_1 - \frac{R_f}{R_2} \times V_2 - \frac{R_f}{R_3} \times V_3$$
$$= -\frac{100k}{10k}5[V] - \frac{100k}{10k}2[V] - \frac{100k}{10k}3[V]$$
$$= -100[V]$$

34 다음 연산 증폭회로에서 출력전압 V_o는?
(단, $R_2/R_1 = R_4/R_3$이다.)

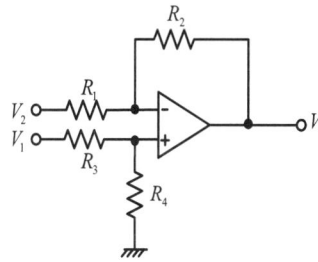

① $V_0 = \frac{R_4}{R_3}(V_2 - V_1)$ ② $V_0 = \frac{R_2}{R_1}(V_1 - V_2)$
③ $V_0 = \frac{R_1}{R_2}(V_1 - V_2)$ ④ $V_0 = V_1 - V_2$

[정답] ②
차동증폭기(감산기)
$$V_o = (\frac{R_1+R_2}{R1})(\frac{R_4}{R_3+R_4})V_1 - \frac{R_2}{R_1}V_2$$
$R_2/R_1 = R_4/R_3$이므로
$$V_0 = \frac{R_2}{R_1}V_1 - \frac{R_2}{R_1}V_2 = \frac{R_2}{R_1}(V_1 - V_2)$$

35
다음 연산증폭기에서 입출력 전압의 관계식은?

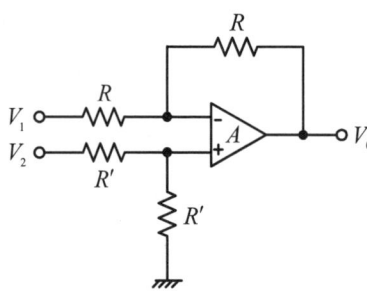

① $V_0 = V_2 - V_1$
② $V_0 = V_2 + V_1$
③ $V_0 = R(V_1 - V_2)$
④ $V_0 = (V_2 + V_1)/R$

[정답] ①
중첩의 원리 이용 해석
V_0 = 반전 연산증폭기 출력 + 비반전 연산증폭기 출력
$= -\dfrac{R}{R}V_1 + (1+\dfrac{R}{R})(\dfrac{R'}{R'+R'})V_2 = V_2 - V_1$

36
다음 그림과 같은 회로의 출력전압 $V_0[V]$는?

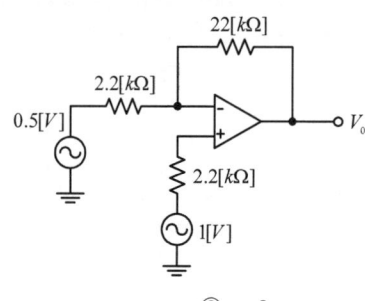

① 6
② −6
③ 16
④ −16

[정답] ①
반전 연산증폭회로와 비반전 연산증폭회로를 연결하여 중첩의 원리를 이용하여 해석한다.
$V_0 = -\dfrac{R_f}{R}V_1 + (1+\dfrac{R_f}{R})V_2$
$= -\dfrac{22[k]}{2.2[k]} \times 0.5 + (1+\dfrac{22[k]}{2.2[k]}) \times 1$
$= -5 + 11 = 6[V]$

37
다음 회로의 명칭은?

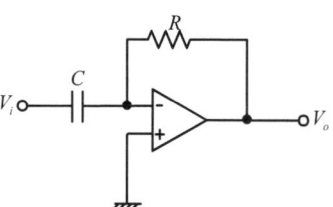

① 연산 증폭 적분기
② 연산 증폭 미분기
③ 연산 증폭 비교기
④ 연산 증폭 발진기

[정답] ②
연산증폭 미분기의 출력 전압
$V_o = -RC\dfrac{d}{dt}V_i$

38
다음 그림과 같은 미분연산기에 V_i 입력파형을 구형파로 인가하였을 때의 출력파형은?

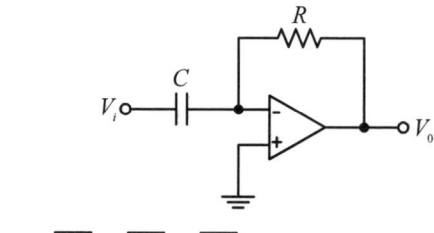

①
②
③
④

[정답] ④
미분기의 출력전압은 $V_0 = -RC\dfrac{dV_i}{dt}$ 이므로
구형파가 미분기를 통과하면 임펄스형태의 출력이 된다.

39

그림과 같은 연산 증폭기의 출력전압 V_0는? (단, $R_1 = 2[\text{M}\Omega]$, $R_2 = 1[\text{M}\Omega]$, $C_1 = 1[\mu\text{F}]$)

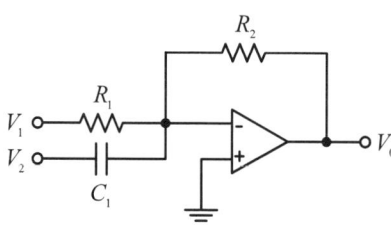

① $V_0 = -(\frac{1}{2}V_1 + \int V_2 dt)$

② $V_0 = (-2V_1 + \frac{dV_2}{dt})$

③ $V_0 = -(\frac{1}{2}V_1 + \frac{dV_2}{dt})$

④ $V_0 = (-\frac{1}{2}V_1 - \frac{dV_2}{dt})$

[정답] ③
반전 연산증폭기와 미분연산기가 중첩되어 있는 회로이다.
① 반전 연산증폭기 출력
$V_o = -\frac{R_2}{R_1}V_1 = -\frac{1}{2}V_1$
③ 미분 연산기 출력
$V_o = -RC\frac{dV_2}{dt} = -(1\times 10^6 \times 1\times 10^{-6})\frac{dV_2}{dt}$
$= -\frac{dV_2}{dt}$
③ 출력
$V_0 = -\left(\frac{1}{2}V_1 + \frac{d}{dt}V_2\right)[V]$

40

다음 그림과 같은 회로는 어떤 필터(Filter) 역할을 하는가?

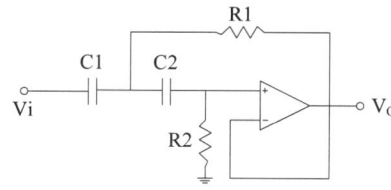

① HPF(High Pass Filter)
② LPF(Low Pass Filter)
③ BPF(Band Pass Filter)
④ BRF(Band Reject Filter)

[정답] ①
고역 통과 필터 2개를 종속으로 접속하여 -40dB/decade의 기울기를 가지도록 한 고역통과필터이다. 하나의 RC 쌍을 필터의 차수 혹은 극점(pole)이라 한다.

3 발진회로

1 발진의 개요

01

외부로부터의 전기적인 신호가 없어도 회로 내에서 교류신호인 전기진동을 발생하는 회로는?

① 비교기　② 정류기
③ 증폭기　④ 발진기

[정답] ④
발진기는 외부로부터 전기적 신호가 없어도 회로 내에서 교류신호가 발생되는 회로이다.

02

다음 중 지속적인 출력을 내기 위한 발진기에 이용하는 원리는?

① 정궤환　② 부궤환
③ 홀 효과　④ 펠티에 효과

[정답] ①
발진회로는 직류전원만 공급하면 지속적으로 일정한 주파수를 발생시키는 회로이다. 증폭기의 출력신호의 일부를 입력측으로 정궤환하여 입력과 동위상이 되게 하면 출력이 성장해 일정진폭의 정현파 출력을 얻을 수 있다.

03

다음 중 발진기와 관련이 없는 것은?

① 부궤환　② 정궤환
③ 수정편　④ VCO

[정답] ①
부궤환은 증폭기에서 사용한다.

04

다음 중 발진기에서 이용되는 궤환회로로 옳은 것은?

① 정궤환회로
② 부궤환회로
③ 정궤환과 부궤환 모두 사용한다.
④ 궤환회로를 사용하지 않는다.

[정답] ①
발진기는 출력신호의 일부를 입력측으로 정궤환하여 입력과 동위상이 되게 하면 출력이 성장해 일정진폭의 정현파 출력을 얻을 수 있다.

05
발진회로에서 안정적인 발진조건으로 옳은 것은? (단, A=증폭도 β=되먹임률)

① Aβ=1 ② Aβ<0
③ Aβ>01 ④ Aβ≠1

[정답] ①
발진기 발진 조건

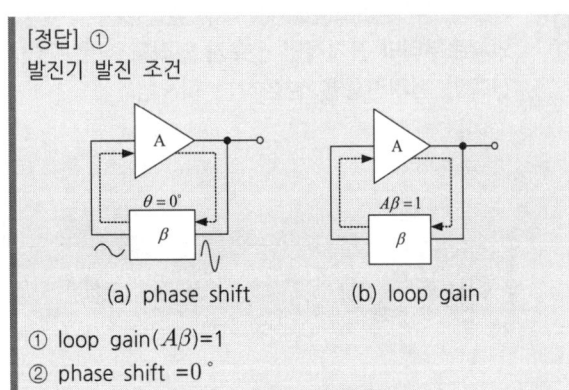

(a) phase shift   (b) loop gain

① loop gain($A\beta$)=1
② phase shift =0°

06
증폭도 A인 증폭기에 궤환율 β로 정궤환 되었을 경우 발진이 이루어지는 조건으로 맞는 것은?

① Aβ = 1 ② Aβ = 0
③ Aβ > 1 ④ Aβ < 1

[정답] ①
바크하우젠 발진조건

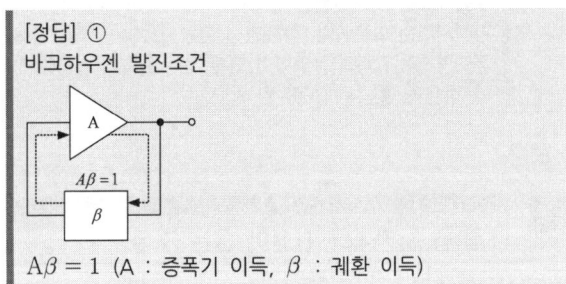

Aβ = 1 (A : 증폭기 이득, β : 궤환 이득)

07
전압궤환증폭기에서 무궤환시 이득이 A, 궤환율이 β일 때 궤환시 전압 이득은 $A_f = A/(1-\beta A)$ 이다. $\beta A = 1$ 인 경우 어떠한 회로로 동작한 것인가?

① 부궤환 회로이다.
② 파형정형 회로이다.
③ 발진회로이다.
④ 궤환회로도 아니고 발진회로도 아니다.

[정답] ③
$\beta A = 1$을 만족하면 지속적으로 출력 파형을 내게 되는데 이 식을 바크하우젠의 발진 조건이라 한다.

08
다음 중 발진조건으로 적합한 것은?

① 궤환루프의 위상지연이 90°이다.
② 궤환루프의 전압이득이 0이고, 위상지연이 180°이다.
③ 궤환루프의 전압이득의 크기가 1이고, 위상지연이 0°이다.
④ 궤환루프의 전압이득이 1보다 작고, 위상지연이 90°이다.

[정답] ③
발진기 발진 조건

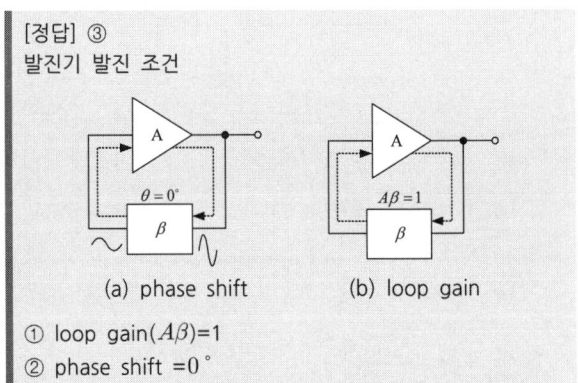

(a) phase shift   (b) loop gain

① loop gain($A\beta$)=1
② phase shift =0°

09
다음 중 궤환발진기에서 궤환율 $\beta = 0.05$일 때 발진조건이 성립하려면 증폭도(A)의 크기는?

① 0.5 ② 5
③ 10   ④ 20

[정답] ④
발진조건 $A\beta = 1$
여기서 A : 증폭기의 증폭도, β : 궤환량
$\beta = 0.05$인 경우
$\therefore A = \dfrac{1}{\beta} = \dfrac{1}{0.05} = 20$

10
다음 중 발진기의 발진조건으로 틀린 것은?

① 궤환회로가 있으며 정궤환으로 동작한다.
② 궤환회로에 의한 위상천이는 0°이다.
③ 궤환회로를 포함한 폐루프 이득이 1이다.
④ 초기 시동시에는 폐루프 이득이 1보다 작다.

[정답] ④
발진기는 궤환회로를 포함한 폐루프 이득 $\beta A = 1$을 만족하면 지속적으로 안정된 발진 출력이 나타난다. 이 식을 바크하우젠의 발진 조건이라 한다.

11

다음 발진기에서 자가 발진을 위한 전압이득 A_v의 조건은?

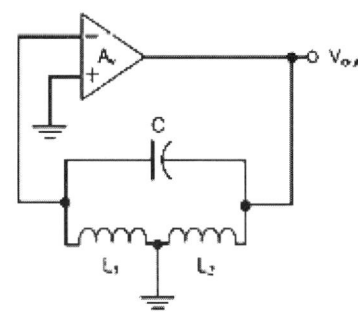

① $A_v = \dfrac{L_2}{L_1}$
② $A_v = \dfrac{L_1}{L_2}$
③ $A_v > \dfrac{L_2}{L_1}$
④ $A < \dfrac{L_1}{L_2}$

[정답] ③
자가 발진을 위한 전압이득 A_v의 시동조건
$A_v > \dfrac{X_2}{X_1} = \dfrac{jwL_2}{jwL_1} = \dfrac{L_2}{L_1}$

2 발진회로의 종류 및 특성

12

정현파 발진기로서 부적합한 것은?

① CR 발진기
② 수정 발진기
③ LC 발진기
④ 멀티바이브레이터

[정답] ④
발진기 종류

발진기			
	정현파 발진기	LC 발진기	동조형 발진기
			하틀리 발진기
			콜피츠 발진기
		수정 발진기	피어스 BE형 발진기
			피어스 CB형 발진기
		RC 발진기	이상형 발진기
			빈 브리지
	비정형파 발진기		멀티바이브레이터
			블로킹 발진기
			톱니파 발진기

13

다음 중 LC 발진회로의 종류가 아닌 것은?

① 톱니파 발진기
② 하틀리 발진기
③ 콜피츠 발진기
④ 동조형 반결합 발진기

[정답] ①
LC 발진기의 종류
① 동조형 발진회로
② 하틀리 발진회로
③ 콜피츠 발진기

14

LC 발진기에 해당되지 않는 것은?

① 콜피츠 발진기
② 하틀리 발진기
③ 클랩 발진기
④ 위상천이 발진기

[정답] ④
발진기 종류

발진기			
	정현파 발진기	LC 발진기	동조형 발진기
			하틀리 발진기
			콜피츠 발진기
		수정 발진기	피어스 BE형 발진기
			피어스 CB형 발진기
		RC 발진기	이상형 발진기
			빈 브리지
	비정형파 발진기		멀티바이브레이터
			블로킹 발진기
			톱니파 발진기

15

다음 발진기 중 정현파 발진기에 속하는 것은?

① 하틀레이 발진기
② 멀티 바이브레이터
③ 블로킹 발진기
④ 톱니파 발진기

[정답] ①
발진기 종류

발진기			
	정현파 발진기	LC 발진기	동조형 발진기
			하틀리 발진기
			콜피츠 발진기
		수정 발진기	피어스 BE형 발진기
			피어스 CB형 발진기
		RC 발진기	이상형 발진기
			빈 브리지
	비정형파 발진기		멀티바이브레이터
			블로킹 발진기
			톱니파 발진기

16

다음 중 비정현파 발진기가 아닌 것은?

① 멀티바이브레이터 발진기
② 피어스 BE 발진기
③ 블로킹 발진기
④ 톱니파 발진기

[정답] ②
발진기 종류

발진기	정현파 발진기	LC 발진기	동조형 발진기
			하틀리 발진기
			콜피츠 발진기
		수정 발진기	피어스 BE형 발진기
			피어스 CB형 발진기
		RC 발진기	이상형 발진기
			빈 브리지
	비정형파 발진기		멀티바이브레이터
			블로킹 발진기
			톱니파 발진기

17

다음 중 저주파 발진회로로 적합한 것은?

① RC발진기　　② 수정발진기
③ 콜피츠발진기　　④ 하틀리발진기

[정답] ①
RC 발진회로는 콘덴서 C와 저항 R로 발진 주파수가 결정되며 LC 발진회로보다 발진주파수가 낮은 저주파 발진회로에 적합하다.

18

이상형 RC 발진기에서 궤환 네트워크(Feed back Network)의 입·출력 위상차는?

① 45°　　② 90°
③ 180°　　④ 360°

[정답] ③
발진기의 출력측에 RC회로를 여러 단 접속해 출력 위상을 180°바꾼 다음 입력측에 정궤환시키는 발진회로를 이상형(Phase shift type) RC 발진회로라고 한다.

19

다음 중 CR형 발진기에 대한 설명으로 틀린 것은?

① LC동조회로를 사용하지 않는다.
② 발진주파수는 CR의 시정수에 의해 정해진다.
③ C와 R을 사용하여 부궤환에 의해 발진한다.
④ 저주파 발진 특성이 우수하다.

[정답] ③
발진기의 출력측에 RC회로를 여러 단 접속해 출력 위상을 180°바꾼 다음 입력측에 정궤환시키는 발진회로를 이상형(Phase shift type) RC 발진회로라고 한다.
RC 발진회로는 콘덴서 C와 저항 R로 발진 주파수가 결정되며 LC 발진회로보다 발진주파수가 낮은 저주파 발진회로에 적합하다.

20

다음 그림은 윈 브리지 발진기의 블록도이다. 발진하기 위한 저항 R_2의 값은?

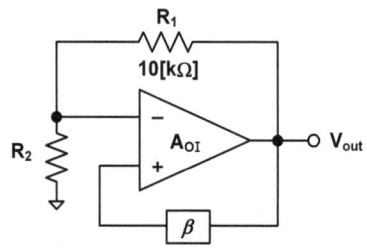

① $5[k\Omega]$　　② $10[k\Omega]$
③ $20[k\Omega]$　　④ $30[k\Omega]$

[정답] ①
윈 브리지 발진기의 이득 조건

$$A = \frac{1}{\beta} = \frac{1}{R_2/(R_1+R_2)} = \frac{R_1+R_2}{R_2} = 3$$

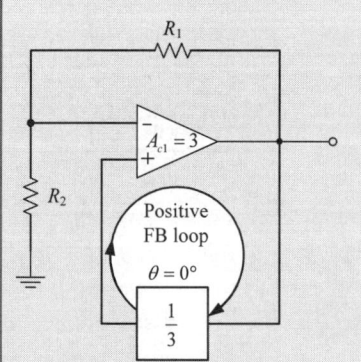

증폭이득 3은 궤환 회로의 1/3 감쇠비에 의해 상쇄되므로 전체 이득 1이 되어 안정된 발진을 지속한다.
증폭이득이 3이 되기 위해서는 다음 식이 만족 되어야 한다.

$$\therefore R_2 = \frac{1}{3}R_1 = \frac{1}{3} \times 15[k\Omega] = 5[k\Omega]$$

21
다음 그림의 발진기 회로에서 궤환율(β)은 얼마인가? (단, $R=1[k\Omega]$, $R_1=18[k\Omega]$, $R_2=2[k\Omega]$, $C_1=1[\mu F]$ 이다.)

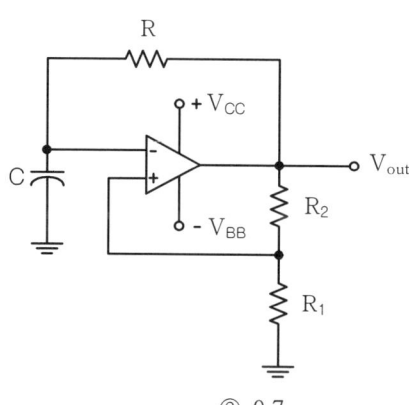

① 0.6
② 0.7
③ 0.8
④ 0.9

[정답] ④

$$\beta = \frac{R_1}{R_1+R_2} = \frac{18}{18+2} = 0.9$$

22
다음 그림과 같은 윈 브리지(Wien Bridge) 발진기에서 제너 다이오드의 역할은 무엇인가?

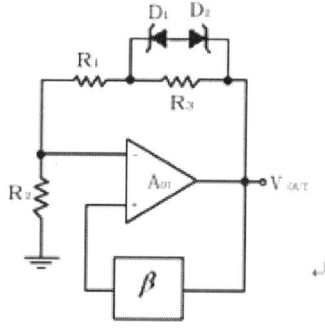

① 발진기의 출력전압을 제어하기 위한 것이다.
② 발진기의 초기시동을 위한 조건을 만든다.
③ 폐루프 이득이 1이 되도록 한다.
④ 궤환신호의 위상이 입력위상과 동상이 되도록 한다.

[정답] ②
제너다이오드의 역할
시동 시에는 제너다이오드가 OFF상태가 되어 시동 조건을 만족하게 하며, 출력이 일정전압 이상으로 상승하면 제너 다이오드가 ON상태가 되어 발진 지속조건을 만족하게 하는 역할을 수행한다.

23
다음 중 그림에서 발진회로로 적합한 것은?

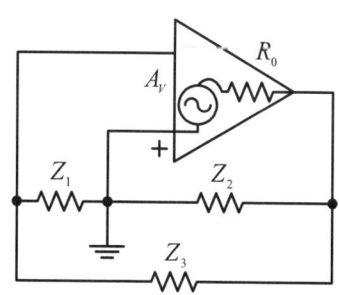

① Z_1, Z_2 : 유도성, Z_3 : 용량성
② Z_1, Z_3 : 유도성, Z_2 : 용량성
③ Z_2, Z_3 : 유도성, Z_1 : 용량성
④ Z_1, Z_2, Z_3 : 유도성

[정답] ①
3소자 발진기의 발진 조건
① $Z_1 + Z_2 + Z_3 = 0$, 이득조건 $\mu = \dfrac{Z_2}{Z_1}$
② 발진조건

발진기 종류	리액턴스		
	Z_1	Z_2	Z_3
하틀리 발진기	L	L	C
콜피츠 발진기	C	C	L

24
하틀레이(Hartley) 발진 회로의 발진 조건(L 분할형)은?

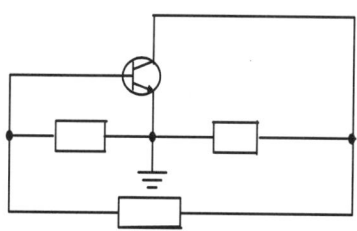

① B-E사이 : 유도성, E-C사이 : 유도성, B-C사이 : 용량성
② B-E사이 : 용량성, E-C사이 : 유도성, B-C사이 : 유도성
③ B-E사이 : 유도성, E-C사이 : 용량성, B-C사이 : 유도성
④ B-E사이 : 용량성, E-C사이 : 유도성, B-C사이 : 용량성

[정답] ①
하틀리형 발진회로 리액턴스 조건(L 분할형)
$B-E$ 사이 : 유도성
$E-C$ 사이 : 유도성
$B-C$ 사이 : 용량성

25

하틀리(Hartley)형 발진회로에서 콜렉터와 이미터간의 리액턴스는?

① 저항성　　② 유도성
③ 용량성　　④ 유도성 + 용량성

[정답] ②
3소자 발진기의 발진 조건

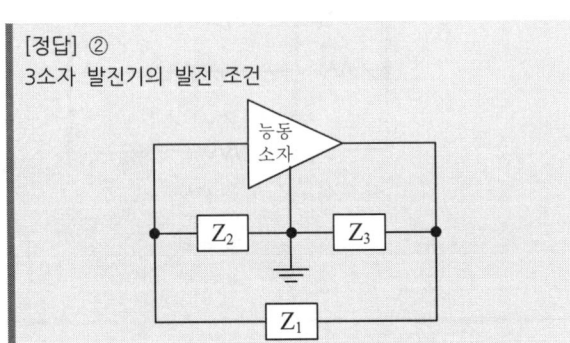

위상조건 $Z_1 + Z_2 + Z_3 = 0$

이득조건 $\mu = \dfrac{Z_3}{Z_2}$

발진조건 $Z_2, Z_3 > 0$ 이고 $Z_1 < 0$ 일 때를 하틀리
$Z_2, Z_3 < 0$ 이고 $Z_1 > 0$ 일 때를 콜피츠

발진기 종류	리액턴스		
	Z_1	Z_2	Z_3
하틀리 발진기	C	L	L
콜피츠 발진기	L	C	C

26

하틀레이 발진기에서 궤환 요소에 해당되는 것은?

① 콘덴서　　② 저항
③ 인덕터　　④ 능동소자

[정답] ③
하틀리(Hartley) 발진회로
① 하틀리 발진회로는 L1, L2의 직렬합성과 C로 구성하여 발진한다.
② 하틀리 발진기는 인덕턴스 분할발진기로 인덕터의 일부분에 걸린 전압이 궤환된다.

27

콜피츠 발진기에서 컬렉터와 베이스 사이 및 이미터와 베이스 사이의 리액턴스 조건이 순서대로 옳은 것은?

① 유도성, 유도성　　② 용량성, 용량성
③ 유도성, 용량성　　④ 용량성, 유도성

[정답] ③
콜피츠(Colpitts) 발진회로는 출력의 일부를 콘덴서에서 뽑아내어 입력으로 되돌리는 발진회로이다.

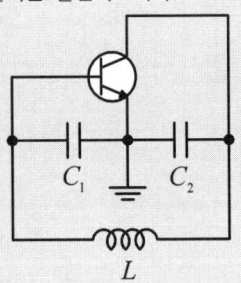

28

그림과 같은 콜피츠 발진기의 발진주파수는(f_o)는?

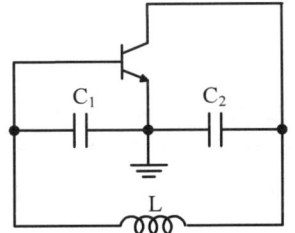

① $f_0 = \dfrac{1}{2\pi\sqrt{L(\dfrac{C_1+C_2}{C_1 C_2})}}$　　② $f_0 = \dfrac{1}{2\pi\sqrt{L(\dfrac{1}{C_1+C_2})}}$

③ $f_0 = \dfrac{1}{2\pi\sqrt{L(C_1+C_2)}}$　　④ $f_0 = \dfrac{1}{2\pi\sqrt{L(\dfrac{C_1 C_2}{C_1+C_2})}}$

[정답] ④
발진주파수

$Z_1 + Z_2 + Z_3 = 0$ 에서 $\dfrac{1}{jwC_1} + \dfrac{1}{jwC_2} + jwL = 0$

$\therefore f = \dfrac{1}{2\pi}\sqrt{\dfrac{C_1+C_2}{L \cdot C_1 \cdot C_2}} = \dfrac{1}{2\pi\sqrt{L(\dfrac{C_1 C_2}{C_1+C_2})}}$

29

다음은 콜피츠 발진 회로이다. 발진 주파수는 약 얼마인가?

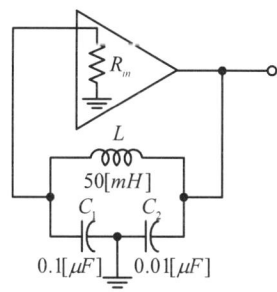

① 5.64[kHz] ② 6.46[kHz]
③ 7.46[kHz] ④ 8.64[kHz]

[정답] ③
발진기의 발진주파수
콜피츠 발진회로
$$f = \frac{1}{2\pi\sqrt{LC}} = \frac{1}{2\pi\sqrt{L(\frac{C_1 \cdot C_2}{C_1 + C_2})}} = 7.46[kHZ]$$

30

다음의 회로에서 발진기 명칭과 C_3의 역할이 맞는 것은?

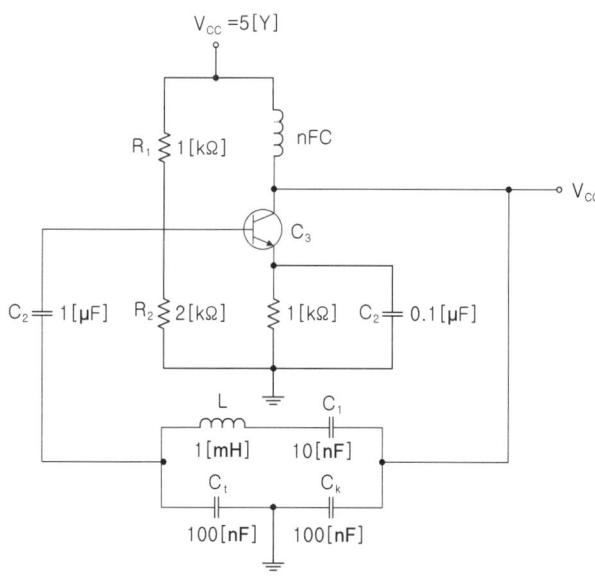

① 클랩 발진기, 발진 주파수 안정화
② 컬렉터 동조형 발진기, 발진 이득의 안정화
③ 콜피츠 발진기, 위상 안정화
④ 하틀리 발진기, 왜율 개선

[정답] ①

클랩(Clapp)발진기
C_1이 C_3나 C_2보다 훨씬 적으면 공진주파수는 거의 C_1에 의해 제어되므로 발진주파수 $f_r \cong 1/2\pi\sqrt{L_1 C_1}$이 된다. C_3와 C_2의 섭시에 내해 병렬이 된다. 그러나 C_1은 영향을 미치지 못했기 때문에 좀 더 정확하고 안정한 발진주파수를 발진한다.

31

다음 중 클랩(Clapp)발진기의 특징이 아닌 것은?
① 콜피츠 발진기를 변형한 것이다.
② 발진주파수가 안정하다.
③ 발진주파수 범위가 작다.
④ 발진출력이 크다.

[정답] ④
클랩(Clapp)발진기 안정된 주파수 발진을 위해 콜피츠 발진기를 변형한 회로이다.

32

컬렉터 또는 베이스 동조형 발진회로에서 동조회로의 공진 주파수와 이들 발진회로의 발진 주파수는 어떤 관계에 있어야 하는가?
① 공진 주파수와 발진 주파수는 같아야 한다.
② 공진 주파수는 발진 주파수보다 약간 높아야 한다.
③ 공진 주파수는 발진 주파수보다 약간 낮아야 한다.
④ 공진 주파수와 발진 주파수는 아무런 관계가 없다.

[정답] ②
동조회로는 모두 유도성이 되어야만 안정한 발진을 하며, 공진 주파수는 발진 주파수보다 약간 높아야 한다.

33

그림의 발진회로에서 Z_3에 수정 발진자를 연결하였을 때 회로의 발진조건은?

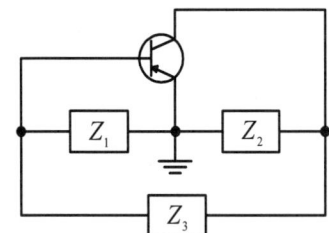

① Z_1, Z_2 : 유도성
② Z_1, Z_2 : 용량성
③ Z_1 : 유도성, Z_2 : 용량성
④ Z_1 : 용량성, Z_2 : 유도성

[정답] ②
수정 발진기는 유도성 범위에서만 안정된 발진이 가능하므로 Z_3는 유도성이 되어야 한다.
따라서 3소자 발진기의 발진 조건에 따라 Z_1, Z_2는 용량성이 된다.
3소자 발진기의 발진 조건
① $Z_1 + Z_2 + Z_3 = 0$, 이득조건 $\mu = \dfrac{Z_2}{Z_1}$
② 발진조건

발진기 종류	리액턴스		
	Z_1	Z_2	Z_3
하틀리 발진기	C	L	L
콜피츠 발진기	L	C	C

34

수정 발진기는 어떤 현상을 이용하는가?

① 피에조(Piezo) 현상
② 과도(Transient) 현상
③ 지연(Delay) 현상
④ 히스테리시스(Hysteresis) 현상

[정답] ①
압전기현상(Piezo-Electric Phenomena)
수정 진동자에 기계적인 압력을 가하면 표면에 전하가 나타나 전압이 발생하고 반대로 수정을 전극판 사이에 끼워서 전압을 가하면 수정진동자는 변형된다. 이와 같은 현상을 압전기 현상이라 한다.

35

LC 동조 발진기에 비해 수정 발진기의 특징에 대한 설명으로 틀린 것은?

① 안정도가 높다.
② Q가 크다.
③ 발진 주파수를 가변하기가 곤란하다.
④ 저주파 발진기로 적합하다.

[정답] ④
수정발진기의 특징
① 수정진동자의 Q가 매우 높다($10^4 \sim 10^6$ 정도).
② 수정 진동자는 기계적으로나 물리적으로 안정하다.
③ 발진 조건을 만족하는 유도성 주파수 범위가 매우 좁으므로 주파수 안정도가 매우 양호하다.(10^{-6}정도)
④ 주위 온도의 영향이 적다.

36

수정 발진회로에서 수정진동자의 전기적 직렬공진 주파수 f_s, 병렬공진주파수 f_p라 할 때, 안정된 발진을 하기 위한 출력 발진 주파수 f_o는?

① $f_s < f_o < f_p$
② $f_s > f_p > f_p$
③ $f_o > f_p$
④ $f_o < f_s$

[정답] ①
수정진동자는 유도성이 되는 $f_s < f < f_p$ 범위에서 안정된 발진 주파수를 얻을 수 있다.

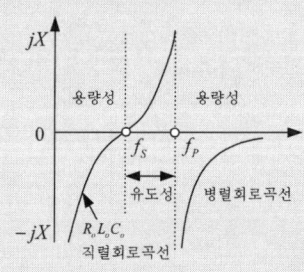

37

수정 발진회로에서 직렬 공진 수파수를 f_s, 병렬 공진 주파수를 f_p라 할 때 수정 발진회로가 안정된 동작을 하기 위한 동작 주파수 조건은?

① f_s보다 낮게 한다.
② f_s보다 높게 한다.
③ f_p보다 낮게, f_s보다 높게 한다.
④ f_p보다 높게, f_s보다 낮게 한다.

[정답] ③
수정진동자는 유도성이 되는 $f_s < f < f_p$ 범위에서 안정된 발진 주파수를 얻을 수 있다. 따라서, f_s 보다는 높게, f_p 보다는 낮게 해야 된다.

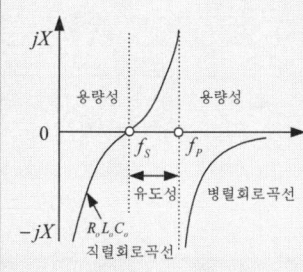

38

수정발진기에서 발진자가 어떤 임피던스 상태일 때 안정된 발진상태를 나타내는가?

① 용량성 ② 유도성
③ 저항성 ④ 어떤 상태든지 상관없다.

[정답] ②
수정발진자가 유도성이 되는 $f_s < f < f_p$ 범위에서 안정된 발진 주파수를 얻을 수 있다.

39

다음 중 수정발진기에서 안정된 발진을 하기 위한 수정편의 임피던스는?

① 유도성 ② 용량성
③ 유도성 + 저항성 ④ 용량성 + 저항성

[정답] ①
수정편은 유도성이 되는 $f_s < f < f_p$ 범위에서 안정된 발진 주파수를 얻을 수 있다.

40

다음 중 발진회로에서 수정 진동자를 사용하는 이유는?

① 발진 주파수의 가변이 쉽기 때문이다.
② Q가 높기 때문이다.
③ 출력전압이 크기 때문이다.
④ 저주파수 발생에 적합하기 때문이다.

[정답] ②
수정 진동자
① 수정진동자의 Q가 높아 주파수 안정도가 좋다.
② 수정진동자가 기계적으로나 물리적으로 안정하다.
③ 수정진동자는 발진조건을 만족하는 유도성 주파수 범위가 매우 좁고 유도성 범위에서 가장 안정된 발진을 한다.

41

무선송신기에 수정진동자를 사용하는 이유로 가장 타당한 것은?

① 발진주파수가 안정하기 때문이다.
② 고조파를 쉽게 얻을 수 있기 때문이다.
③ 일그러짐이 적은 파형을 얻기 위해서이다.
④ 발진주파수를 쉽게 변경할 수 있기 때문이다.

[정답] ①
무선송신기에 수정진동자를 사용하는 이유는 안정된 발진 주파수를 얻을 수 있기 때문이다.

42

다음 중 수정발진기의 주파수 안정도가 양호한 이유로 틀린 것은?

① 수정진동자의 Q(Quality-factor)가 높다.
② 발진을 만족하는 유도성 주파수 범위가 매우 좁다.
③ 수정진동자는 항온조 내에 둔다.
④ 부하변동을 전혀 받지 않는다.

[정답] ④
부하변동의 영향을 적게 하기 위하여 수정발진기 다음단에는 완충증폭기를 사용한다.

43

수정발진기는 그 발진주파수가 안정하여 널리 쓰이고 있다. 안정한 이유로서 가장 옳은 것은?

① 수정은 고유진동을 하고 있기 때문에
② 수정발진자는 온도계수가 적기 때문에
③ 수정은 피에조 전기현상을 나타내기 때문에
④ 수정발진자는 Q가 매우 높기 때문에

[정답] ④
수정발진기는 수정진동자의 $Q(10^4 \sim 10^6)$가 매우 높아 안정된 주파수 발진이 가능하다.

44. 다음 중 발진주파수의 변동원인과 관계 없는 것은?

① 전원 전압의 변동 ② 부하의 변동
③ 건전지 충전의 변화 ④ 주위 온도의 변화

[정답] ③
발진 주파수변동 원인과 대책

변동 요인	대 책
부하 변동	완충증폭회로 사용
전원전압 변동	정전압 전원회로 사용
주위 온도 변화	온도 보상회로(항온조)

45. 다음 중 발진회로의 주파수 변동원인에 해당되지 않는 것은?

① 전원전압의 변동 ② 온도변화
③ 부하변동 ④ 기생진동

[정답] ④
발진 주파수변동 원인과 대책

변동 요인	대 책
부하 변동	완충증폭회로 사용
전원전압 변동	정전압 전원회로 사용
주위 온도의 변화	온도 보상회로(항온조)

46. 발진주파수에 있어서 주파수 변동의 주된 요인이 아닌 것은?

① 부하의 변동 ② 전원전압의 변동
③ 출력신호의 불안정 ④ 주위 온도의 변화

[정답] ③
발진 주파수변동 원인과 대책

변동 요인	대 책
부하 변동	완충증폭회로 사용
전원전압 변동	정전압 전원회로 사용
주위 온도의 변화	온도 보상회로(항온조)

47. 다음 중 발진 주파수가 변하는 주요 요인이 아닌 것은?

① 전원 변압의 변동 ② 주위의 온도 변화
③ 부하의 변동 ④ 대역폭의 변화

[정답] ④
발진 주파수변동 원인과 대책

변동 요인	대 책
부하 변동	완충증폭회로 사용
전원전압 변동	정전압 전원회로 사용
주위 온도의 변화	온도 보상회로(항온조)

48. 다음 중 수정발진기에서 주파수 변동이 일어나는 주 원인이 아닌 것은?

① 주위 온도의 변화 ② 부하의 변동
③ 전원전압의 변동 ④ 동조점의 안정

[정답] ④
발진 주파수변동 원인과 대책

변동 요인	대 책
부하 변동	완충증폭회로 사용
전원전압 변동	정전압 전원회로 사용
주위 온도의 변화	온도 보상회로(항온조)

49. 다음 중 회로내의 분포용량, 표유 인덕턴스 또는 회로정수의 불평형에 의해서 다른 주파수의 발진이 생기는 현상은?

① 고유진동발진 ② 이완발진
③ 다이나트론발진 ④ 기생발진

[정답] ④
기생발진(Parasitic Oscillation)
기생진동이라고도 하며, 장비 또는 시스템에서 그 동작 주파수나 요구되는 발진에 관련이 있는 주파수들과는 무관한 주파수에서 발생하는 불필요한 발진을 말한다.

50. 다음 중 무선송신기의 발진기 조건으로 잘못된 것은?

① 주파수 안정도가 높을 것
② 고조파 발생이 적을 것
③ 부하의 변동에 영향이 클 것
④ 주파수의 미세조정이 용이할 것

[정답] ③
발진기는 부하 변동 영향을 적게 받아야 안정된 발진이 가능하다.

⑤ 변복조회로

1 아날로그 변복조 회로

01 다음 중 변조의 목적이 아닌 것은?

① 안테나의 길이를 줄일 수 있다.
② 잡음 및 간섭의 영향을 적게 받는다.
③ 주파수 분할의 다중통신을 할 수 있다.
④ 송신 전력을 일정하게 유지할 수 있다.

[정답] ④
변조의 목적
① 안테나의 길이를 줄일 수 있다.
② 잡음 및 간섭의 영향을 적게 받는다.
③ 주파수 분할의 다중통신을 할 수 있다.
④ 전송매체와의 정합을 할 수 있다.

02 다음 중 변복조에 대한 설명으로 옳은 것은?

① 반송파의 주파수가 높을수록 안테나의 크기가 커진다.
② 변조 과정의 정보 신호를 반송파, 낮은 주파수를 피변조파라 한다.
③ 수신측에서 정보를 갖는 신호를 추출하는 과정을 검파라고 한다.
④ 높은 주파수의 신호를 낮은 주파수로 이동시켜 전송하는 과정을 복조라고 한다.

[정답] ③
① 반송파의 주파수가 높을수록 안테나의 크기가 작아진다.
② 변조 과정의 정보 신호를 변조파, 높은 주파수를 반송파라 한다.
④ 낮은 주파수의 신호를 높은 주파수로 이동시켜 전송하는 과정을 변조라고 한다.

03 다음 중 교류 신호를 구성하는 기본적인 요소가 아닌 것은?

① 진폭 ② 주파수
③ 증폭도 ④ 위상

[정답] ③
교류신호
$A(t) = A_m \cos(2\pi f_c t + \theta)$

04 다음 중 아날로그 변조 방식의 진폭변조(AM)에 대해 맞게 설명한 것은?

① 아날로그 정보 신호에 따라 반송파 신호의 진폭을 변화시키는 방식
② 반송파 신호에 따라 아날로그 정보 신호의 진폭을 변화시키는 방식
③ 아날로그 정보 신호에 따라 반송파의 진폭과 위상을 변화시키는 방식
④ 반송파 신호에 따라 아날로그 정보 신호의 위상을 변화시키는 방식

[정답] ①
진폭변조(AM)방식은 아날로그 정보 신호에 따라 반송파 신호의 진폭을 변화시키는 변조방식이다.

05 다음 중 아날로그 진폭 변조 방식의 종류가 아닌 것은?

① DSB-LC(DSB-TC) ② DSB-SC
③ FM ④ SSB

[정답] ③
아날로그 진폭 변조 방식의 종류
DSB(양측파대 변조)
SSB(단측파대 변조)
VSB(잔류측파대 변조)

06 다음 중 DSB-LC(DSB-TC) 변조 후에 발생되는 (피)변조 신호를 구성하는 성분이 아닌 것은?

① 반송파 ② USB
③ LSB ④ FSB

[정답] ④
DSB-LC(DSB-TC) 변조

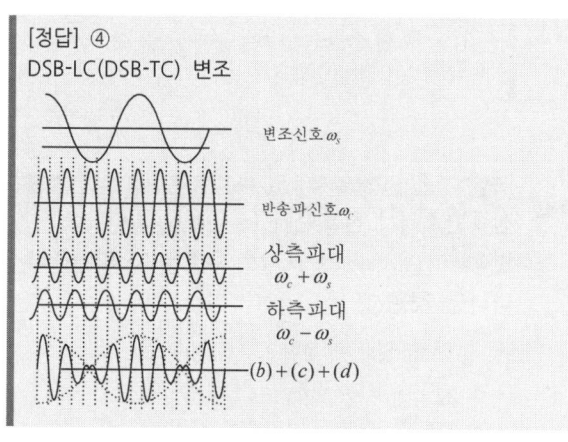

07

아날로그 TV의 영상신호 전송에 사용되는 방식으로 한쪽 측파대의 일부를 남겨 통신하는 방식은?

① VSB ② DSB
③ SSB ④ FSK

[정답] ①
VSB란 Vestigial side band로 잔류측파대 진폭 변조라 하며 SSB(Single Side Band)방식의 장점인 대역폭과 전력에 대한 장점을 살리고 DSB(Double Side Band)의 장점인 포락선 검파(비동기검파)를 할 수 있는 변조 방식이다.

08

다음 중 AM송신기에서 사용하는 변조기의 종류가 아닌 것은?

① 링변조기 ② 암스트롱변조기
③ 평형변조기 ④ 제곱변조기

[정답] ②

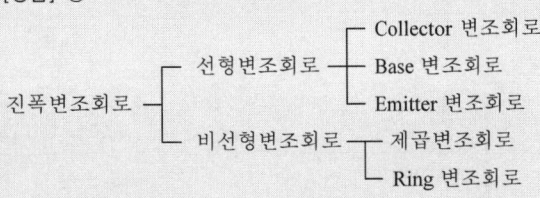

링변조회로는 평형변조회로의 일종이며, 암스트롱변조기는 FM변조회로이다.

09

반송파주파수 1,000[kHz]를 1~5[kHz] 주파수대의 음성신호로 진폭 변조한 경우 상측파대의 주파수 대역은?

① 995~999[kHz] ② 1001~1005[kHz]
③ 999~1005[kHz] ④ 996~1000[kHz]

[정답] ②
AM 상측파의 주파수 대역의 범위
$f_c + f_s = 1001~1005[kHz]$

10

진폭변조에서 신호파 $x_s(t) = 4\cos2\pi f_s t$, 반송파 $x_c(t) = 5\cos2\pi f_c t$로 주어질 때 피변조파 $x(t)$를 나타낸 것은?

① $x(t) = 4(1+0.8\sin2\pi f_s t)\cos2\pi f_c t$
② $x(t) = 4(1+0.8\cos2\pi f_s t)\cos2\pi f_c t$
③ $x(t) = 5(1+0.8\sin2\pi f_s t)\cos2\pi f_c t$
④ $x(t) = 5(1+0.8\cos2\pi f_s t)\cos2\pi f_c t$

[정답] ④
진폭변조의 피변조파
① $v(t) = (E_c + E_s \cos w_s t)\cos w_c t$
$= E_c(1 + m_a \cos w_s t)\cos w_c t$
$= E_c \cos2\pi f_c t + \dfrac{m_a E_c}{2}\cos2\pi(f_c - f_s)t$
$+ \dfrac{m_a E_c}{2}\cos2\pi(f_c + f_m)t \quad (ma = 변조도)$
② $v(t) = (5 + 4\cos w_s t)\cos w_c t$
$= 5(1 + \dfrac{4}{5}\cos w_s t)\cos w_c t$
$= 5(1 + 0.8\cos w_s t)\cos2\pi f_c t$

11

900[kHz]의 반송파를 5[kHz]의 신호주파수로 진폭한 경우 피변조파에 나타나는 주파수 성분이 아닌 것은?

① 895[kHz] ② 900[kHz]
③ 905[kHz] ④ 910[kHz]

[정답] ④
AM 피변조파에는 반송파(f_c), 상측파($f_c + f_s$), 하측파($f_c - f_s$)가 나타난다.
① 반송파 $f_c = 900[kHz]$
② 상측파 $(f_c + f_s) = 905[kHz]$
③ 하측파 $(f_c - f_s) = 895[kHz]$

12

진폭변조(AM)에서 반송파 주파수(fc)가 1,000[kHz]이고, 신호파 주파수(fs)가 2[kHz]일 때 필요한 주파수대역폭(BW)은?

① 1[kHz] ② 4[kHz]
③ 1,000[kHz] ④ 4,000[kHz]

[정답] ②
$B = 2f_s = 2 \times 2[kHz] = 4[kHz]$

13

AM 변조방식에서 변조도에 대한 설명으로 틀린 것은?

① 신호파의 최대값을 반송파의 최대값으로 나눈 값이다.
② 반송파의 크기와 신호파의 크기에 따라 정해진다.
③ 최대주파수편이와 신호주파수와의 비이다.
④ 진폭변화의 정도를 나타낸다.

[정답] ③
최대주파수편이와 신호주파수와의 비는 FM변조지수이다.

14
진폭변조에서 반송파 전압이 5[V], 신호파 전압이 2[V]인 경우 변조도(m)는?

① 10[%] ② 20[%]
③ 40[%] ④ 60[%]

[정답] ③
AM 변조도
$$m = \frac{V_s(\text{신호파전압})}{V_m(\text{반송파전압})} = \frac{2}{5} \times 100 = 40\%$$

15
$v_c = 20\cos w_c t$[V]의 반송파를 $v_s = 14\cos w_s t$[V]의 신호파로 진폭 변조했을 때 변조도(m)는 몇 [%]인가?

① 60[%] ② 70[%]
③ 80[%] ④ 90[%]

[정답] ②
AM 변조도 $m = \frac{14}{20} \times 100 = 70[\%]$

16
오실로스코프를 이용하여 진폭 변조된 파형을 관측한 결과 최대진폭이 8[V]이고 최소진폭이 2[V]로 측정되었다면 변조도(m)은?

① 20[%] ② 25[%]
③ 40[%] ④ 60[%]

[정답] ④
AM 변조도 $m = \frac{\text{최대진폭} - \text{최소진폭}}{\text{최대진폭} + \text{최소진폭}} \times 100[\%]$
$= \frac{8-2}{8+2} \times 100 = 60[\%]$

17
다음 중 진폭변조에서 변조도를 m이라 할 때, 상측파대의 반송파와의 전력비는?

① m ② m^2
③ $\frac{1}{2}m^2$ ④ $\frac{1}{4}m^2$

[정답] ④
AM변조 전력비

반송파 전력	상측파 전력	하측파 전력
P_C	$\frac{m^2}{4}P_C$	$\frac{m^2}{4}P_C$

18
진폭변조에서 변조도가 1인 경우 피변조파 출력은 반송파 전력의 몇 배가 되는가?

① 1 ② 1.5
③ 2 ④ 2.5

[정답] ②
진폭변조(AM)에 반송파 전력을 P_c, 피변조파 전력을 P_m, 변조도를 m_a라 하면 $P_m = P_c(1 + \frac{m_a^2}{2})$
변조도가 1인 경우 $P_m = \frac{3}{2}P_c = 1.5P_c$

19
진폭변조에서 변조율이 100[%]인 경우, 피변조파의 전력은 반송파 전력의 몇 배가 되는가? (단, Pm : 피변조파의 전력, Pc : 반송파의 전력)

① $P_m = P_c$ ② $P_m = 2P_c$
③ $P_m = \frac{1}{2}P_c$ ④ $P_m = \frac{3}{2}P_c$

[정답] ④
진폭변조(AM)에 반송파 전력을 P_c, 피변조파 전력을 P_m, 변조도를 m_a라 하면 $P_m = P_c(1 + \frac{m_a^2}{2})$
변조도가 1인 경우 $P_m = \frac{3}{2}P_c = 1.5P_c$

20
AM 피변조파의 반송파, 상측파대, 하측파대의 각 전력 성분의 비는? (단, m은 변조도이다.)

① $1 : \frac{m^2}{2} : \frac{m^2}{4}$ ② $1 : \frac{m^2}{4} : \frac{m^2}{2}$
③ $1 : \frac{m^2}{2} : \frac{m^2}{2}$ ④ $1 : \frac{m^2}{4} : \frac{m^2}{4}$

[정답] ④
AM변조 전력비

반송파 전력	상측파 전력	하측파 전력
P_C	$\frac{m^2}{4}P_C$	$\frac{m^2}{4}P_C$

21

AM변조에서 반송파 전력이 $50[kW]$일 때, 변조도 $70[\%]$로 변조한다면 피변조파 전력 P_m은 몇 $[kW]$인가?

① 35.5　　② 62.25
③ 75.45　　④ 80.25

[정답] ②
AM변조의 피변조파 전력
$$P_m = P_c\left(1 + \frac{m^2}{2}\right) = 50\left(1 + \frac{0.7^2}{2}\right) = 62.25[kW]$$

22

변조도가 $50[\%]$인 진폭변조 송신기에서 반송파의 평균전력이 $40[mW]$일 때, 피변조파의 평균전력 $[mW]$은?

① 400　　② 450
③ 500　　④ 550

[정답] ②
AM변조의 피변조파 평균전력
$$P_m = P_c\left(1 + \frac{m^2}{2}\right)[W]$$
$$= 400\left(1 + \frac{0.5^2}{2}\right) = 450[mW]$$

23

반송파 전력이 $60[kW]$인 경우 $92[\%]$로 진폭 변조하였을 때 피변조파 전력은 약 얼마인가?

① $85.4[kW]$　　② $93.5[kW]$
③ $122.8[kW]$　　④ $145.2[kW]$

[정답] ①
피변조파 전력
$P_c = 60[kW]$, $m = 0.92$이므로
$$P = P_c\left(1 + \frac{m^2}{2}\right) = 60 \times 10^3\left(1 + \frac{0.92^2}{2}\right)$$
$$= 85.4[kW]$$

24

진폭 변조에서 변조도가 1일 때 반송파의 전력이 $2[W]$일 경우 상측파와 하측파의 전력은 얼마인가?

① 상측파 : $2[W]$, 하측파 : $2[W]$
② 상측파 : $0.5[W]$, 하측파 : $0.5[W]$
③ 상측파 : $2[W]$, 하측파 : $1[W]$
④ 상측파 : $1[W]$, 하측파 : $0.5[W]$

[정답] ②

상측대파 전력=하측대 전력
$$P = \frac{m^2}{4}P_c = \frac{1^2}{4} \times 2 = 0.5[W]$$

25

진폭변조 회로에서 피변조파 전력이 $30[kW]$이고 변조도가 $100[\%]$라면 반송파 전력은 얼마인가?

① $10[kW]$　　② $20[kW]$
③ $30[kW]$　　④ $40[kW]$

[정답] ②
$$P_c = \frac{P_m}{1 + \frac{m^2}{2}} = \frac{30[kW]}{1 + \frac{1}{2}} = 20[kW]$$

26

다음 중 베이스 변조회로에 대한 설명으로 틀린 것은?

① 변조에 필요한 전력이 비교적 적다.
② 출력에 불필요한 고조파가 생길 수 있다.
③ 변조회로의 트랜지스터를 C급으로 바이어스 한다.
④ 효율이 컬렉터 변조회로보다 적다.

[정답] ③
변조회로의 트랜지스터를 A급으로 바이어스 한다.

27

다음 중 콜렉터 변조 회로의 특징으로 틀린 것은?

① 직진성이 우수하다.
② 피변조파의 동작점을 C급으로 한다.
③ $100[\%]$ 변조가 가능하다.
④ 소전력 송신기에 매우 적합하다.

[정답] ④
콜렉터 변조 회로는 직선성이 우수하고 출력이 커서 대전력 송신기에 적합하다.

28

그림의 검파회로에서 입력 V_i에 피변조파가 가해지는 경우 다음 설명 중 옳은 것은?

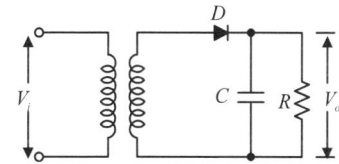

① FM의 동기 검파회로이다.
② 시정수 RC의 값은 매우 작아야 한다.
③ 다이오드의 순방향 전압 전류의 특성이 직선적일수록 좋다.
④ 위상 변조시 복조회로에 주로 사용된다.

[정답] ③
포락선 복조회로는 다이오드의 전압 전류 특성의 직선 부분을 이용하여 복조하는 방식이다.

29

Diode 직선검파 회로에서 변조도 $62[\%]$, 진폭 $10[V]$인 피변조파(AM)가 인가되었을 때 출력부하에 나타나는 실효치는?(단, 검파효율은 $73[\%]$이다.)

① 약 $3.2[V]$ ② 약 $1.64[V]$
③ 약 $0.32[V]$ ④ 약 $0.16[V]$

[정답] ①
검파효율
$$\eta = \frac{신호파 출력전압}{복조기 입력전압} = \frac{V_0}{m_a \times V_c}$$
$V_0 = \eta \times m_a \times V_c = 0.73 \times 0.62 \times 10 ≒ 4.55[V]$
출력전압의 실효치
$V_s = \frac{4.55}{\sqrt{2}} = 3.2[V]$

30

반송파 $v_c(t) = V_c \cos w_c t$, 신호파 $v_s(t) = V_s \cos w_s t$ 라 할 때, FM 피변조파 $v_m(t)$를 표시한 것은?

① $v_m(t) = V_c(1 + m_f \cos w_s t) \cos w_c t$
② $v_m(t) = V_c \cos(w_c t + m_f \sin w_s t)$
③ $v_m(t) = V_c \cos(w_c t + \frac{d}{dt} v_s(t))$
④ $v_m(t) = V_c \cos(w_c t + \frac{\Delta w}{w_s} V_s \cos w_s t)$

[정답] ②
FM 피변조파
$$v_m(t) = V_c \cos(w_c t + k_f \int_{-\infty}^{t} V_s \cos w_s t\, dt)$$
$$= V_c \cos(w_c t + \frac{k_f V_s}{w_s} \sin w_s t)$$
$$= V_c \cos(w_c t + m_f \sin w_s t)$$
여기서, m_f는 변조지수이다.

31

FM 변조 방식을 사용하는 경우 아날로그 정보 신호의 기본 주파수를 2[kHz], 최대 주파수 편이가 125[kHz]인 경우 Carson 법칙을 적용할 때 전송에 필요한 대역폭은?

① $127[kHz]$ ② $254[kHz]$
③ $312[kHz]$ ④ $428[kHz]$

[정답] ②
$B = 2(\triangle f + f_m) = 2(125[kHz] + 2[kHz]) = 254[kHz]$

32

주파수 20[kHz]의 정현파로 30[MHz]의 반송 주파수를 주파수 변조할 때, 최대 주파수 편이가 80[kHz]일 때 FM파의 주파수 대역폭은 얼마인가?

① $180[kHz]$ ② $190[kHz]$
③ $200[kHz]$ ④ $300[kHz]$

[정답] ③
$B = 2(\triangle f + f_m) = 2(80[kHz] + 20[kHz]) = 200[kHz]$

33

주파수 변조에서 반송파의 전력이 $10[W]$, 최대 주파수편이 $\Delta f = 5[kHz]$, 신호파의 주파수 $f_s = 1[kHz]$인 경우 변조지수 m_f는?

① 3 ② 4
③ 5 ④ 6

[정답] ③
변조지수 m_f
$$m_f = \frac{최대주파수편이}{변조주파수} = \frac{\Delta f}{f_s}$$
$$= \frac{5[kHz]}{1[kHz]} = 5$$

34 신호주파수가 4[kHz], 최대 주파수편이가 20[kHz]인 경우 FM 변조지수는?

① 0.2 ② 0.4
③ 5   ④ 10

[정답] ③
변조지수 m_f
$$m_f = \frac{\text{최대주파수편이}}{\text{변조주파수}} = \frac{\Delta f}{f_s}$$
$$= \frac{20[kHz]}{4[kHz]} = 5$$

35 주파수변조에서 다음 변조지수 중 대역폭이 가장 넓은 것은?

① 0.17 ② 2.9
③ 3.1   ④ 4.2

[정답] ④
FM대역폭
$B = 2(f_m + \Delta f) = 2(m_f + 1)f_s$
변조지수가 클수록 대역폭은 넓어진다.

36 주파수변조에서 반송파의 전력이 $10[kW]$, 최대주파수편이 $\Delta f = 5[kHz]$ 신호파의 주파수 $f_s = 1[kHz]$인 경우 변조지수 m_f는?

① 3 ② 4
③ 5 ④ 6

[정답] ③
FM 변조지수
$$m_f = \frac{\Delta f}{f_S} = \frac{5[KHz]}{1[KHz]} = 5$$

37 다음 설명에 적합한 회로는?

> 입력신호 주파수는 증가에 따라 출력전압이 증가되는 회로로서, 이 회로를 사용하면 변조신호 주파수 전반에 따라 변조가 균등해지며 높은 주파수 쪽의 S/N비를 개선할 수 있다.

① FM변조회로 ② 전치보상기
③ AM변조회로 ④ 프리엠파시스

[정답] ④

프리엠파시스(Pre-Emphasis)회로는 고역의 S/N 개선을 위하여 송신측에서 FM 변조 전 신호 주파수의 고주파 성분을 강조시키는 미분회로이다.

38 다음 중 직접 FM 변조회로에서 변조용으로 사용되는 다이오드는?

① 가변용량 다이오드 ② 터널 다이오드
③ 제너 다이오드   ④ 쇼트키 다이오드

[정답] ①
신호진폭에 변동에 따라 용량이 변화하는 가변용량 다이오드를 이용하여 직접 FM변조를 수행할 수 있다.

39 다음 중 FM 복조회로가 아닌 것은?

① Slope detector   ② Foster-seeley detector
③ Ratio detector   ④ De-emphasis detector

[정답] ④
FM파의 복조회로
① 경사형 검파기(Slope detector)
② 복동조형 검파기
③ 포스터실리 변별기(Foster-Seely discriminator)
④ 비검파기(Ratio detector)
⑤ PLL(Phase Locked Loop) 방식
⑥ 쿼드래처(Quadrature) 검파기

40 다음 중 FM 검파기의 종류가 아닌 것은?

① 비 검파기
② 복동조형 검파기
③ Foster-Seeley형 검파기
④ 다이오드 검파기

[정답] ④
FM파의 복조회로
① 경사형 검파기(Slope detector)
② 복동조형 검파기
③ 포스터실리 변별기(Foster-Seely discriminator)
④ 비검파기(Ratio detector)
⑤ PLL(Phase Locked Loop) 방식
⑥ 쿼드래처(Quadrature) 검파기
다이오드 검파기는 AM검파기이다.

2 펄스 변조방식

41 다음 펄스 변조 방식 중 연속레벨 변조방식과 관련이 없는 것은?
① PAM ② PWM
③ PCM ④ PPM

[정답] ③
펄스 변조의 종류

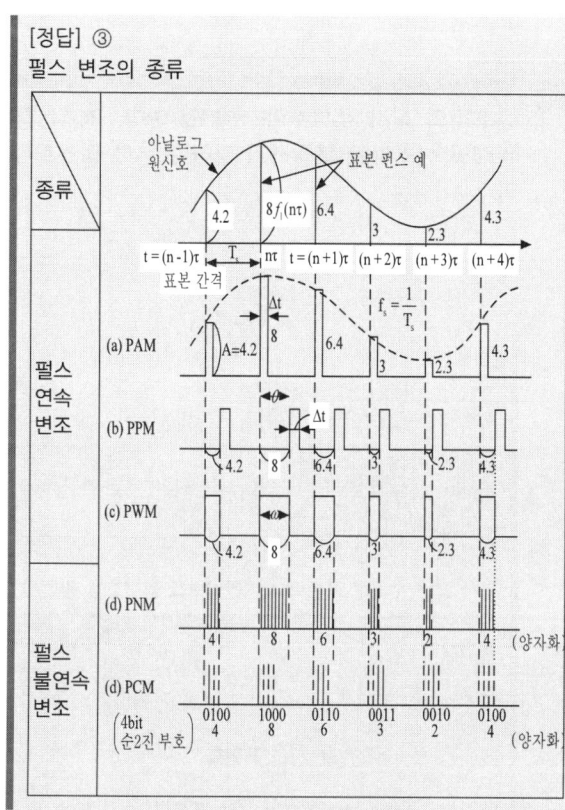

42 다음 중 디지털 변조(불연속 레벨변조)방식에 해당하는 것은?
① 펄스진폭변조(PAM) ② 펄스폭변조(PWM)
③ 펄스위치변조(PPM) ④ 펄스부호변조(PCM)

[정답] ④
펄스 변조의 종류

펄스 연속 변조	PAM, PFM,PPM,PWM(PDM)
펄스 디지털 변조	PCM,PNM

43 다음 중 펄스변조 방식이 아닌 것은?
① PCM ② PWM
③ PPM ④ PM

[정답] ④
펄스 변조의 종류

펄스 연속 변조	PAM, PFM,PPM,PWM(PDM)
펄스 디지털 변조	PCM,PNM

44 다음 중 펄스변조방식이 아닌 것은?
① 펄스진폭변조(PAM) ② 펄스폭변조(PWM)
③ 펄스수변조(PNM) ④ 펄스반응변조(PRM)

[정답] ④
펄스 변조의 종류

펄스 연속 변조	PAM, PFM,PPM,PWM(PDM)
펄스 디지털 변조	PCM,PNM

45 다음의 변조방식 중에서 아날로그 변조방식이 아닌 것은?
① PPM ② PAM
③ PCM ④ PWM

[정답] ③
펄스 변조의 종류

펄스 연속 변조	PAM, PFM,PPM,PWM(PDM)
펄스 디지털 변조	PCM,PNM

46
신호의 표본값에 따라 펄스의 진폭은 일정하고 그 위상만 변화하는 것은?
① PCM
② PPM
③ PWM
④ PFM

[정답] ②
펄스 변조의 원리
① 펄스 진폭(Amplitude) 변조 (PAM) : 신호레벨에 따라 펄스 진폭 변화
② 펄스 폭(Width)변조 (PWM) : 신호레벨에 따라 펄스폭을 변화
③ 펄스 위상(Phase)변조 (PPM) : 신호레벨에 따라 펄스 위상을 변화.
④ 펄스 주파수(Frequency)변조(PFM) : 신호레벨에 따라 펄스 주파수가 변화
⑤ 펄스 수(Number)변조 (PNM) : 신호레벨에 따라 펄스 수를 변화.
⑥ 펄스 부호(Code)변조 (PCM) : 신호 레벨에 따라 펄스열의 유무를 변화.

47
PCM 통신 방식에서 송신 과정으로 맞는 것은?
① 표본화 → 부호화 → 양자화 → 압축
② 표본화 → 양자화 → 부호화 → 압축
③ 표본화 → 부호화 → 압축 → 부호화
④ 표본화 → 압축 → 양자화 → 부호화

[정답] ④
PCM 송신
표본화 → 압축 → 양자화 → 부호화

48
다음 중 음성 신호의 송신측 PCM(Pulse Code Modulation) 과정이 아닌 것은?
① 표본화
② 부호화
③ 양자화
④ 복호화

[정답] ④
PCM 송신
표본화 → 압축 → 양자화 → 부호화

49
다음 중 음성 신호의 송신측 PCM(Pulse Code Modulation) 과정이 아닌 것은?
① 부호화
② 양자화
③ 이산화
④ 복호화

[정답] ④
PCM 송신
표본화 → 압축 → 양자화 → 부호화

50
신호파의 최고 주파수가 15[kHz]이다. PCM 검파에서 원래의 신호파로 복원하기 위한 표본화 펄스의 최소 주파수[kHz]는?
① 45
② 30
③ 20
④ 15

[정답] ②
표본화 주파수
$f_s = 2 \times f_m = 2 \times 15[\text{kHz}] = 30[\text{kHz}]$
표본화 정리
원신호 $f(t)$의 주파수 대역이 제한되어 있고 그 상한주파수가 $2f_m$이면 $2f_m$상당하는 주기 $T_s (T_s = \frac{1}{2f_m}$: Nyquist rate)보다 짧은 주기로 표본화하면 아날로그 원신호를 완전히 디지털 신호로 치환하여 전송하여도 수신 측에서 원신호 $f(t)$를 정확히 재생시킬 수 있다.
즉, ∴ $T_s \leq \frac{1}{2f_m}[\sec]$: 표본화 간격
$f_s \geq 2f_m[\text{Hz}]$: 표본화 주파수
여기서, $T_s = \frac{1}{2f_m}$: Nyquist 표본화 주기 또는 간격
$f_s \geq 2f_m[\text{Hz}]$: Nyquist 표본화 주파수 또는 속도

51
다음 중 최고 주파수가 8[kHz]인 신호파를 펄스코드변조(PCM)할 경우 표본화 주기로 적합한 것은?
① 1.25[μs]
② 6.25[μs]
③ 12.5[μs]
④ 62.5[μs]

[정답] ④
표본화 주파수
$f_s = 2 \times f_m = 2 \times 8[\text{kHz}] = 16[\text{kHz}]$
표본화주기
$T_s = \frac{1}{2f_m} = \frac{1}{2 \times 8[KHz]} = 62.5[us]$

52

15[kHz]까지 전송할 수 있는 PCM시스템에서 요구되는 최소 표본화 주파수는?

① 10[kHz] ② 20[kHz]
③ 30[kHz] ④ 40[kHz]

[정답] ③
표본화 주파수
$f_s = 2 \times f_m = 2 \times 15[kHz] = 30[kHz]$

53

최고주파수가 15[kHz]인 신호파를 펄스변조할 경우 표본화의 최저 주파수는?

① 45[kHz] ② 30[kHz]
③ 20[kHz] ④ 15[kHz]

[정답] ②
표본화 주파수
$f_s = 2 \times f_m = 2 \times 15[kHz] = 30[kHz]$

54

PCM에서 미약한 신호는 진폭을 크게 하고 진폭이 큰 신호는 진폭을 줄이는 기능을 무엇이라 하는가?

① 프리엠퍼시스(Pre-emphasis)
② 압신(Companding)
③ 디엠퍼시스(De-emphasis)
④ FM 복조시의 리미팅(Limiting)

[정답] ②
압신기는 압축기(compressor)와 신장기 (expander) 의 합성어이다. 압신기는 PCM고유의 잡음인 양자화잡음을 줄이기 위해 작은 신호는 크게, 큰 신호는 작게 만들어 주는 회로이다.

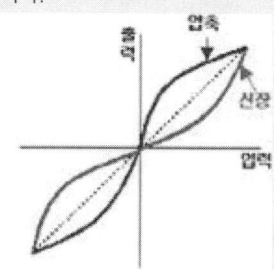

55

신호를 양자화하기 전에 미약한 신호는 진폭을 크게 하고 진폭이 큰 신호는 진폭을 줄이는 기능은?

① 프리엠퍼시스(Pre-emphasis)
② 압신(Compression-expansion)
③ 디엠퍼시스(De-emphasis)
④ FM 복조시의 리미팅(Limiting)

[정답] ②
압신기는 압축기(compressor)와 신장기 (expander) 의 합성어이다. 압신기는 PCM고유의 잡음인 양자화잡음을 줄이기 위해 작은 신호는 크게, 큰 신호는 작게 만들어 주는 회로이다.

56

다음 중 PCM(펄스부호변조)의 설명으로 옳지 않은 것은?

① S/N비가 좋고 원거리통신에 유용하다.
② 신호파를 표본화시킨다.
③ 고가의 여파기가 불필요하다.
④ 표본화된 신호를 부호화한 다음에 양자화한다.

[정답] ④
PCM 통신방식의 특징
장점
PCM의 장점
① 각종 잡음, 누화 등에 강하다
② 저질의 전송로에도 사용 가능
③ 고가의 여파기를 필요치 않아 단국장치의 경제화 가능
④ 장거리 고품질 통신이 가능
단점
① 점유 주파수 대역폭이 넓다.
② PCM 특유의 잡음이 발생한다.

58

다음 중 PCM에 관한 일반적인 설명으로 틀린 것은?

① S/N비가 좋다.
② 넓은 주파수 대역을 차지한다.
③ 신호파를 표본화(Sampling)한다.
④ 잡음에 대해서 극히 약한 방식이다.

[정답] ④
PCM 통신방식의 장점
① 각종 잡음, 누화 등에 강하다
② 저질의 전송로에도 사용 가능
③ 고가의 여파기를 필요치 않아 단국장치의 경제화 가능
④ 장거리 고품질 통신이 가능

57 다음 중 PCM(펄스부호변조)의 설명으로 옳지 않은 것은?

① S/N비가 좋고 원거리통신에 유용하다.
② 신호파를 표본화시킨다.
③ 연속적인 시간과 진폭을 가진 아날로그 데이터를 디지털 신호로 변환하는 것이다.
④ 표본화된 신호를 부호화한 다음에 양자화한다.

[정답] ④
표본화된 신호를 양자화한 다음에 부호화한다.

59 다음 중 누화, 잡음 및 왜곡 등에 강하고 전송 특성의 질이 저하된 선로에서 다중화에 가장 적합한 것은?

① AM 주파수분할 다중 전송방식
② FM 주파수분할 다중 전송방식
③ PM 주파수분할 다중 전송방식
④ PCM 시분할 다중 전송방식

[정답] ④
PCM 시분할 다중 전송방식은 누화, 잡음 및 왜곡 등에 강하므로 전송 특성의 질이 저하된 전송로에서 사용 가능하다.

60 다음 중 PCM의 장점이 아닌 것은?

① 전송 구간에 잡음이 누적되지 않는다.
② 장거리 전송으로 고품질 통신이 가능하다.
③ 전송로의 손실 변동 영향이 없다.
④ 점유주파수 대역폭이 넓다.

[정답] ④
PCM 단점
① 점유 주파수 대역폭이 넓다.
② PCM 특유의 잡음이 발생한다.

3 디지털 변복조 회로

61 다음의 파형은 디지털 변조 방식의 파형이다. 어느 방식의 파형인가?

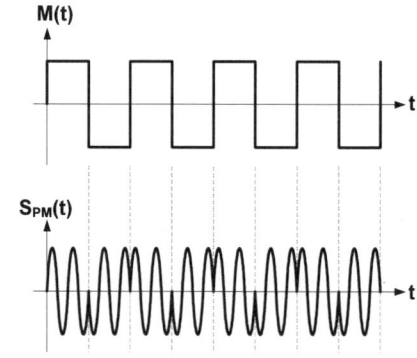

① ASK
② FSK
③ PSK
④ QAM

[정답] ③
디지털 변조방식의 종류

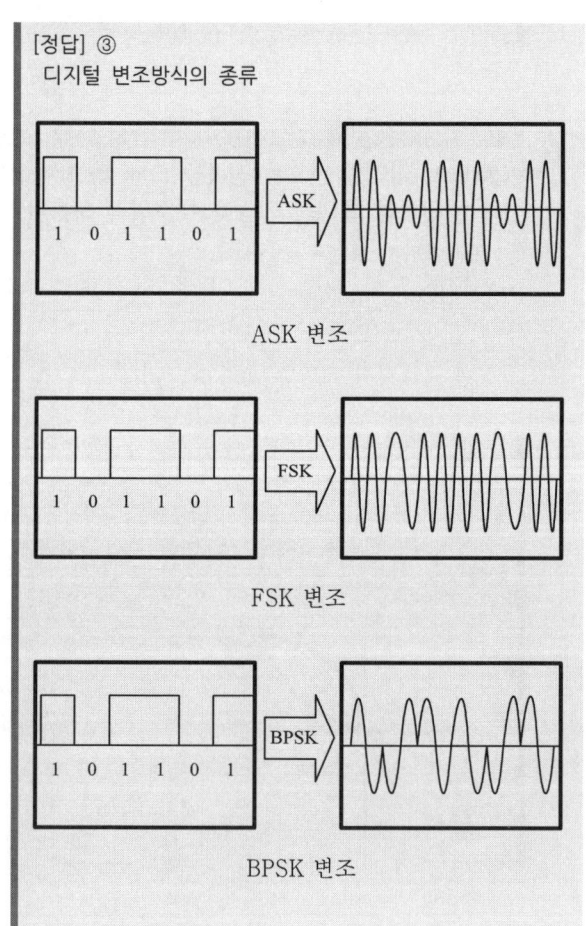

ASK 변조

FSK 변조

BPSK 변조

62
다음 중 디지털 변복조 방식에 해당되지 않는 것은?

① ASK ② FSK
③ SSB ④ QAM

[정답] ③
SSB방식은 아날로그 AM변조방식이다.

구분	아날로그 변조	디지털 변조
진폭 변조	DSB(양측파대 변조) SSB(단측파대 변조) VSB(잔류측파대 변조)	ASK(진폭편이 변조)
각도 변조	FM(주파수 변조) PM(위상 변조)	FSK(주파수 편이 변조) PSK(위상 편이 변조) DPSK(차동 위상편이변조) MSK(Minimum Shift Mode)
복합 변조	AM-PM(진폭위상 변조) SCFM(진폭 주파수 2중 변조)	APSK(진폭위상편이 변조) QAM(직교 진폭 변조)

63
진폭과 위상은 같고 주파수만 다른 반송파가 전송되는 방식은?

① QAM ② FSK
③ ASK ④ DPSK

[정답] ②
FSK는 디지털입력에 따라 아날로그 반송파의 주파수를 변화시키는 방식이다. 간섭 등에 강인하지만, 대역이 넓어지고 위상불연속 등의 문제점이 있다.(MSK, GMSK로 개선)

64
QPSK에서 반송파 간의 위상차는?

① $\frac{\pi}{2}$ ② π
③ 2π ④ $\frac{3\pi}{2}$

[정답] ①
QPSK는 Symbol 당 2비트(00, 01, 10, 11)전송할 수 있는 반송파 위상을 가진다.

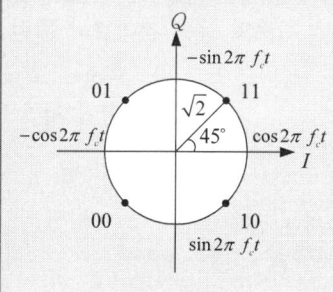

QPSK 성상도

65
다음의 회로 구성도로 동작하는 변복조 방식은?

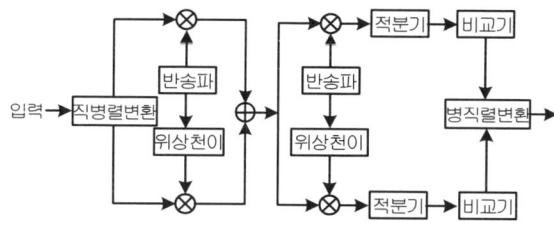

① 2-PSK ② QPSK
③ 8-PSK ④ OQPSK

[정답] ②
QPSK변조방식은 입력 Data열을 $\frac{\pi}{2}$ 위상차를 갖는 2개의 반송파 I ch(In-Phase Channel)과 Q ch(Quadrature-Phase Channel)에 BPSK방식처럼 변조 후 벡터 합성하여 전송한다.
QPSK복조방식은 2개의 BPSK 검파기를 병렬로 놓고, 검파출력을 합성한 것과 같은구조로 정합 필터(상관기)를 이용한 동기 검파 방식만 사용 가능하다.

66
다음 중 반송파의 위상과 진폭을 상호 직교하며 신호를 혼합하는 변조 방식은?

① ASK ② FSK
③ PSK ④ QAM

[정답] ④
QAM은 PSK와 ASK의 변조의 장점만 합쳐 놓은 방식으로 정보신호에 따라 반송파의 진폭과 위상을 동시에 변화시키는 APK(Amplitude Phase Keying)의 한 종류이다.

67
다음 중 대역폭의 효율성과 복조의 용이성을 얻기 위해 진폭편이 변조 방식과 위상편이 변조방식을 결합한 방식은?

① FSK(Frequency Shift Keying) 방식
② QPSK(Quadrature Phase Shift Keying) 방식
③ QAM(Quadrature Amplitude Modulation) 방식
④ ASK(Amplitude Shift Keying) 방식

[정답] ③
QAM은 PSK와 ASK의 변조의 장점만 합쳐 놓은 방식으로 대역폭의 효율성과 복조의 용이성을 얻을 수 있다.

68. 반송파의 위상과 진폭을 상호 직교하며 신호를 혼합하는 변조 방식은?

① ASK ② FSK
③ PSK ④ QAM

[정답] ④
QAM은 진폭과 위상을 동시에 변조하는 방식이다

69. 다음 중 정보전송 시 대역폭 효율(bps/Hz)이 가장 우수한 변조 방식은?

① 4PSK ② FSK
③ ASK   ④ 16QAM

[정답] ④
대역폭 효율 = $\log_2 M$(M은 심볼 수)
심볼 수가 가장 큰 16QAM방식이 대역폭 효율이 가장 우수하다

70. 동일 조건의 환경에서 PSK, DPSK 및 비동기 FSK 변조방식에 대한 각각의 오류확률에 따른 신호대 잡음비의 품질이 우수한 순서대로 나열한 것 중 옳은 것은?

① PSK >DPSK >FSK ② DPSK >PSK >FSK
③ FSK >PSK >DPSK ④ FSK >DPSK >PSK

[정답] ①
동일한 심볼수(M) 기준
오류확률에 따른 신호대 잡음비의 품질이 우수한 순서
QAM>PSK >DPSK >FSK

71. 다음 디지털 변조방식 중 오류확률이 가장 낮은 것은?

① 4진 QAM   ② 4진 FSK
③ 4진 DPSK ④ 4진 PSK

[정답] ①
동일한 심볼수(M) 기준
오류확률에 따른 신호대 잡음비의 품질이 우수한 순서
QAM>PSK >DPSK >FSK

72. 다음 중 디지털 변복조 방식을 사용하는 디지털 통신 시스템을 설계할 때 설계 목표로서 거리가 먼 것은?

① 최대 데이터 전송률 ② 최소 심볼 오류
③ 최소 점유 대역폭   ④ 최대 전송 전력

[정답] ④
디지털 통신 시스템 4대 설계 목표
① 최대 데이터 전송률
② 최소 심볼 오류
③ 최소 점유 대역폭
④ 최소 전송 전력

73. 다음 중 PLL(phase-locked loop)의 구성과 관계없는 것은?

① 위상검출기   ② 저역통과필터
③ 고역통과필터 ④ 피크검출기

[정답] ③
PLL의 구성요소
① 위상 검출기(Phase comparator 또는 detector)
② 저역 통과 필터(Low pass filter)
③ 전압 제어 발진기(Voltage controlled oscillator)

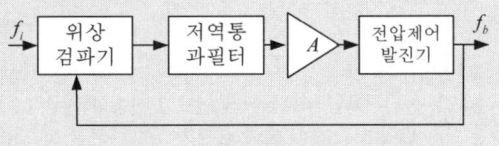

74. 다음 중 위상 고정 루프(PLL : Phase Locked Loop)를 구성하는 내부 회로가 아닌 것은?

① 전압 제어 발진기 ② 전압 제어 발진기
③ 위상 비교기   ④ 저역 통과 필터

[정답] ②
전압 제어 발진기(Voltage controlled oscillator)는 집적회로 외부에서 구성되어 있다.

75. 위상고정루프(PLL) 회로의 응용 분야로서 틀린 것은?

① 주파수 합성기 ② FM 복조 회로
③ AM 복조 회로 ④ 고역 통과 필터

[정답] ④
PLL 주요 활용분야로는 주파수합성기, AM,FM 복조기, 심볼 검출회로회로 등이 있다.

6 펄스회로

1 펄스의 개요

01

듀티사이클(duty cycle)이 0.1이고, 주기가 $40[\mu s]$인 경우 펄스폭은 몇 $[\mu s]$인가?

① 10　　② 4
③ 3　　④ 1

[정답] ②
듀티사이클
$D = \dfrac{\tau(펄스폭)}{T(주기)}$
$\tau = D \times T = 0.1 \times 40\mu s = 4[\mu s]$

02

듀티 사이클(Duty Cycle)이고 0.1 이고 주기가 30[ms]인 펄스의 폭은 얼마인가?

① 0.3[ms]　　② 1[ms]
③ 3[ms]　　④ 10[ms]

[정답] ③
$D = \dfrac{\tau}{T}$
$\tau = D \times T = 0.1 \times 30m = 3[ms]$

03

50[Hz]의 주파수를 갖는 펄스열의 듀티 사이클(Duty Cycle)이 25[%]라면 펄스의 폭은 얼마인가?

① 50[ms]　　② 20[ms]
③ 5[ms]　　④ 1[ms]

[정답] ③
50[Hz]의 한주기 T = 1/50 = 20[ms]
$D = \dfrac{\tau}{T}$
$\tau = D \times T = 0.25 \times 20ms = 5[ms]$

04

다음 중 펄스신호에 대한 설명으로 틀린 것은?

① 상승시간이란 펄스의 진폭이 10[%]에서 90[%]까지 상승하는데 걸리는 시간을 말한다.
② 하강시간이란 펄스의 진폭의 90[%]에서 10[%]까지 하강하는데 걸리는 시간을 말한다.
③ 펄스폭이란 펄스 파형이 상승 및 하강의 전폭의 66.7[%]가 되는 구간의 시간을 말한다.
④ 오버슈트란 상승 파형에서 이상적 펄스파의 진폭보다 높은 부분을 말한다.

[정답] ③
펄스 파형

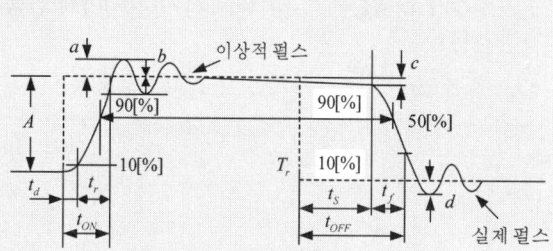

① T : 펄스의 반복 주기(Repetition Period)
② A : 펄스의 진폭(Pulse Width)
③ τ : 펄스의 폭(진폭이 50%되는 상승과 하강사이의 시간)
④ D : 펄스의 충격계수(Duty Factor) 또는 펄스의 점유율

$$D = \dfrac{\tau}{T} \quad (\tau \text{를 펄스폭, T를 반복주기})$$

⑤ t_r : 펄스의 상승 시간(Rise Time)
펄스가 최대 진폭의 10[%]에서 90[%]까지 상승하는 시간

상승시간(t_r)=2.2×시정수= $\dfrac{0.35}{f_H}$ ($f_H = \dfrac{1}{2\pi CR}$)

⑥ t_f : 펄스의 하강 시간(Fall Time)
펄스가 최대 진폭의 90[%]에서 10[%]까지 하강하는 시간
⑦ t_d : 펄스의 지연 시간(Delay Time)
입력 펄스가 들어온 후, 출력 펄스의 최대 진폭의 10[%]까지의 지연 시간
⑧ t_s : 펄스의 축적 시간(Storage Time)
입력 펄스가 끝난 후 출력 펄스가 최대 진폭의 90[%]까지 감소하는 시간
⑨ t_{on}: 턴 온 시간(Turn-On Time)= 상승시간 + 지연시간
⑩ t_{off}: 턴 오프 시간(Turn-Off Time)= 하강시간 + 축적시간

05

트랜지스터의 스위칭 시간에서 Turn-on 시간을 의미하는 것은?

① Fail Time　　② Rise Time + Delay Time
③ Rise Time　　④ Fail Time + Storage Time

[정답] ②
턴 온 시간(Turn-On Time)= 상승시간 + 지연시간

06
트랜지스터의 스위칭 동작에서 turn-off 시간은?

① 지연시간(t_d)
② 지연시간(t_d) + 상승시간(t_r)
③ 축적시간(t_s)
④ 축적시간(t_s) + 하강시간(t_f)

[정답] ④
턴 오프 시간(Turn-Off Time)= 하강시간 + 축적시간

07
펄스가 최대진폭의 10[%]에서 90[%]까지 상승하는 시간은?

① 지연시간 ② 선형시간
③ 축적시간 ④ 상승시간

[정답] ④
펄스의 특성

펄스	특징
펄스폭	펄스 진폭 50[%] 구간의 시간
상승시간	펄스 10[%]에서 90[%]상승시간
하강시간	펄스 90[%]에서 10[%]하강시간
지연시간	입력진폭이 10[%]될 때 까지 시간
축적시간	출력펄스가 최대진폭의 90[%]까지 시간
턴온시간	상승시간 + 지연시간
턴오프시간	하강시간 + 축적시간

08
RC 회로에 스텝전압 입력시 발생 파형의 상승시간(rise time) t_r과 관계없는 것은? (단, f_H : 상측 3[dB] 주파수, B : 대역폭, τ : 시정수)

① $t_r = 2.2RC$
② $t_r = \dfrac{0.35}{f_H}$
③ $t_r = \dfrac{1}{B}$
④ $t_r = 1.1\tau$

[정답] ④
상승시간이란 실제의 펄스의 진폭이 10[%]에서 90[%]까지 상승하는데 걸리는 시간을 말한다.
RC회로의 상승시간

상승시간	3[dB] 차단주파수관계	대역폭 관계
$t_r = 2.2RC$	$t_r = \dfrac{0.35}{f_H}$	$t_r = \dfrac{1}{B}$

09
다음 중 오버슈트(Overshoot)에 대한 설명으로 옳은 것은?

① 펄스 상승 부분의 진동의 정도를 말한다.
② 이상적 펄스의 상승 시각에서 진폭의 90[%]까지 이르는 것을 말한다.
③ 이상적 펄스의 하강 시각에서 진폭의 10[%]까지 이르는 것을 말한다.
④ 상승 파형에서 이상적 펄스파의 진폭보다 높은 부분의 높이를 말한다.

[정답] ④

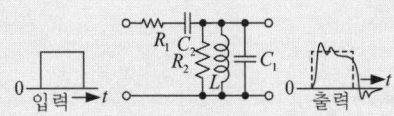

C_2 작용으로 직류분이 차단되고 오버슈트 및 언더슈트가 생긴다. 오버 슈트란 상승 파형에서 이상적 펄스파의 진폭보다 높은 부분의 높이를 말한다.

10
다음 중 저역통과 RC회로에서 시정수(Time Constant)에 대한 설명으로 옳은 것은?

① 출력신호 최종값이 50[%]에 도달할 때까지의 입력신호에 대한 응답 상승속도
② 출력신호 최종값의 63.2[%]에 도달할 때까지의 입력신호에 대한 응답 상승속도
③ 출력신호 최종값의 76.5[%]에 도달할 때까지의 입력신호에 대한 응답 상승속도
④ 출력신호 최종값의 81.2[%]에 도달할 때까지의 입력신호에 대한 응답 상승속도

[정답] ②
시정수(Time Constant)
각 순시 전압 또는 전류의 크기를 결정하는 요소로서, 충.방전의 동작 속도를 나타내는 지표가 된다.
$\tau = RC$ [sec] 단, τ : 시정수 (RC 회로)
① 충전시정수
콘덴서가 충전할 때의
$v_c = V(1-e^{-1}) ≒ V(1-0.368) ≒ 0.632V$
즉, 전원전압 V의 약 63.2[%]가 될 때까지의 시간
② 방전시정수
콘덴서가 방전할 때의 $v_c = Ve^{-1} = 0.368V$
즉, 전원전압 V가 36.8[%]까지 감소하는 시간

11

그림의 회로에 입력으로 단위 계단함수를 입력하였더니 응답이 그림과 같았다. 다음 중 상승시간(t_r)으로 적합한 것은?

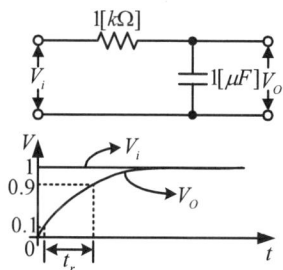

① 0.8[msec]　　② 1[msec]
③ 2.2[msec]　　④ 9[msec]

[정답] ③
RC 회로에서 상승시간(Rise time)은 다음 식으로 표현된다.
$t_r = 2.2RC = 2.2\tau [\text{sec}]$,　τ : 시정수
$\therefore t_r = 2.2 \times (1 \times 10^3) \times (1 \times 10^{-6}) = 2.2[\text{msec}]$

12

다음 회로에 그림과 같은 펄스를 인가하였을 때 출력 파형은?

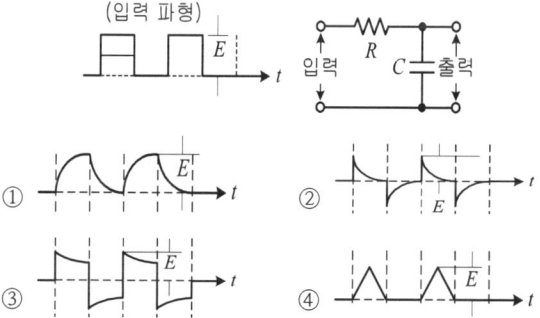

[정답] ①
RC 적분회로
① 적분회로 출력 $V_0 = -\dfrac{1}{RC}\int V_i\, dt$
② RC적분회로의 출력은 시간에 비례하는 전압파형, 즉 톱날파 출력이 나타난다.

13

그림(a)의 회로에 그림(b)와 같은 파형전압을 인가할 때 출력되는 파형으로 가장 적합한 것은? (단, RC>T)

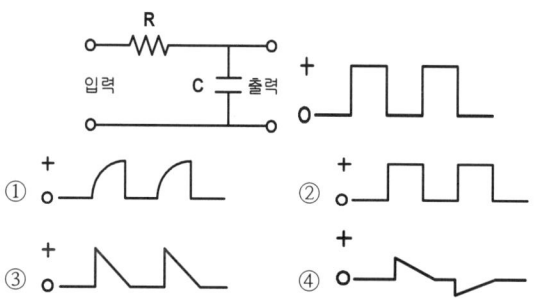

[정답] ①
RC 적분회로
① 적분회로 출력 $V_0 = -\dfrac{1}{RC}\int V_i\, dt$
② RC적분회로의 출력은 시간에 비례하는 전압파형, 즉 톱날파 출력이 나타난다.

14

다음 중 그림 (B)와 같은 회로에 그림 (A)와 같은 파형의 전압을 인가할 경우 출력에 나타나는 전압파형으로 가장 적합한 것은?

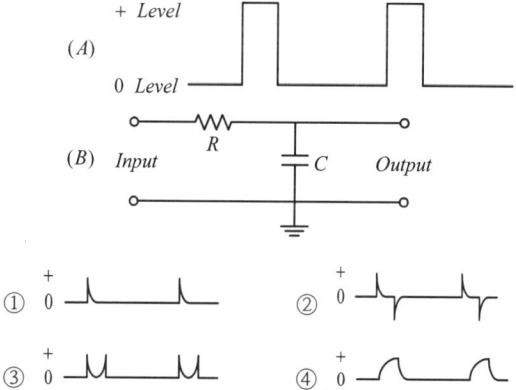

[정답] ④
RC 적분회로
① 적분회로 출력 $V_0 = -\dfrac{1}{RC}\int V_i\, dt$
② RC적분회로의 출력은 시간에 비례하는 전압파형, 즉 톱날파 출력이 나타난다.

15 다음 중 회로에 구형파 입력 e_i가 인가될 때 출력 e_0의 파형으로 가장 적합한 것은?
(단, $RC \ll t_p$이다.)

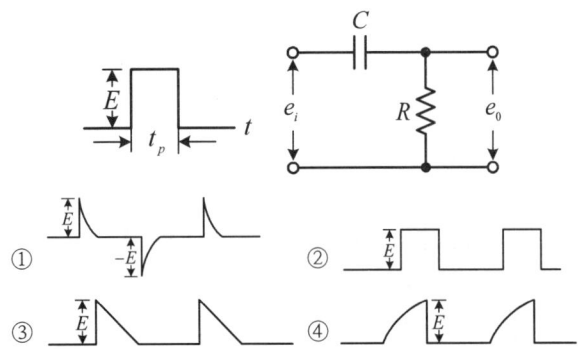

[정답] ①
CR 미분회로
① CR미분회로 출력 $V_0 = Ri = CR\dfrac{dV_i}{dt}$
② 구형파를 미분회로에 통과시키면 톱니파형태의 출력이 나온다.

16 RC 직렬회로에서 R=500[kΩ], C=2[μF]이다. C의 양단이 출력이고 입력단에 20[V]를 인가하였다. 입력을 인가한 시점부터 출력이 12.64[V]가 되는 시간은?
① 10[msec] ② 20[msec]
③ 1[sec]   ④ 2[sec]

[정답] ③
출력신호 최종값의 63.2[%]에 도달할 때까지의 시간이 충전 시정수이다
$\tau = R \times C = 500 \times 10^3 \times 2 \times 10^{-6} = 1[sec]$ 단, τ: 시정수

17 다음 중 적분기에 사용하는 콘덴서의 절연저항이 커야하는 이유로 맞는 것은?
① 연산의 정밀도가 저하되기 때문에
② 연산이 끝나면 전하가 방전하기 때문에
③ 단락시켜도 잔류전압이 방전되지 않기 때문에
④ 회로 동작이 복잡해지기 때문에

[정답] ①
RC 적분기 회로 특성
① RC회로로 구성된 적분기는 C(캐패시터)의 역할이 매우 중요하다.
② 캐패시터의 절연저항이 작아지면, 연산의 정밀도가 낮아지므로 절연저항이 큰 캐패시터를 사용해야 한다.

2 펄스 발생회로

18 다음 중 시미트 트리거회로와 가장 거리가 먼 것은?
① 전압비교회로   ② 구형파회로
③ 쌍안정회로   ④ 증폭회로

[정답] ④
시미트 트리거 회로 응용 회로
① 전압 비교회로(comparator)
② 쌍안정회로
③ 구형파 펄스 발생회로
④ A/D 변환 회로

19 다음 중 슈미트 트리거(Schmitt Trigger) 회로의 응용 분야가 아닌 것은?
① 전압비교기 회로
② 구형파 발생 회로
③ D/A(Digital to Analog) 변환 회로
④ 리미터 회로

[정답] ③
시미트 트리거 회로 응용 회로
① 전압 비교회로(comparator)
② 쌍안정회로
③ 구형파 펄스 발생회로
④ A/D 변환 회로

20 슈미트 트리거(Schmitt trigger) 회로의 용도 설명중 틀린 것은?
① 구형파 펄스 발생회로로 사용된다.
② 임의의 파형에서 그 크기에 해당하는 펄스폭의 구형파를 얻기 위해서 사용된다.
③ A-D 변환회로로 사용된다.
④ D-A 변환회로로 사용된다.

[정답] ④
슈미트 트리거 응용
① 펄스 구형파를 얻기 위하여 사용
② 전압 비교 회로(Voltage Comparator)이다.
③ 쌍안정 멀티바이브레이터 회로이다.
④ A/D 변환 회로이다.

21
다음 중 슈미트 트리거 회로의 응용으로 적합하지 않은 것은?

① 톱니파 발생회로   ② 구형파 발생회로
③ A-D 변환회로   ④ 전압비교 회로

[정답] ①
시미트 트리거 회로 응용 회로
① 전압 비교회로(comparator)
② 쌍안정회로
③ 구형파 펄스 발생회로
④ A/D 변환 회로

22
다음 중 슈미트 트리거(Schmitt Trigger)의 출력 파형으로 적절한 것은?

① 구형파   ② 램프파
③ 톱니파   ④ 정현파

[정답] ①
Schmitt Trigger 회로는 쌍안정 멀티바이브레이터처럼 ON, OFF를 번갈아 교번하는 작용이 일어난다. 즉 입력신호의 진폭에 따라서 2가지 안정된 상태를 가지는 구형파 펄스발생회로이다.

23
시미트 트리거(schmitt trigger) 회로의 설명 중 옳지 않은 것은?

① 쌍안정 멀티바이브레이터의 일종이다.
② 구형파 발생기의 일종이다
③ 입력 전압의 크기로서 회로의 ON, OFF를 결정해준다.
④ 외부 클럭 펄스가 필요하다.

[정답] ④
Schmitt Trigger 회로는 쌍안정 멀티바이브레이터처럼 ON, OFF를 번갈아 교번하는 작용이 일어난다. 즉 입력신호의 진폭에 따라서 2가지 안정된 상태를 가지는 구형파 펄스발생회로이다.

24
다음 중 슈미트 트리거 회로를 사용하여 변환 할 수 없는 파형은?

① 정현파를 구형파로 변환
② 삼각파를 구형파로 변환
③ 삼각파를 펄스파로 변환
④ 구형파를 정현파로 변환

[정답] ④
Schmitt Trigger 회로는 입력신호의 진폭에 따라 2가지 안정된 상태를 갖게 한 구형파 펄스발생 회로이다.

25
다음 그림과 같은 A의 정현파 파형을 기준 레벨을 중심으로 B와 같은 디지털 신호로 바꾸고자 하는 경우에 사용되는 회로는 무엇인가?

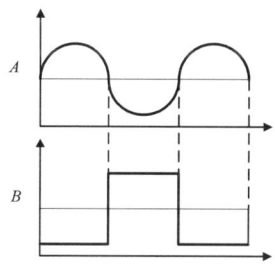

① 다이오드 펌핑 회로   ② 슈미트 트리거 회로
③ 단안정 발생 회로   ④ 블로킹 발진 회로

[정답] ②
Schmitt Trigger 회로는 쌍안정 멀티바이브레이터처럼 ON, OFF를 번갈아 교번하는 작용이 일어난다. 즉 입력신호의 진폭에 따라서 2가지 안정된 상태를 가지는 구형파 펄스발생회로이다.

26
그림과 같은 회로의 명칭은?

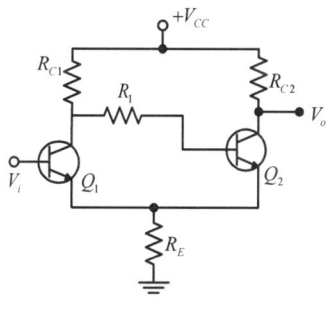

① 시미트 트리거회로   ② 차동 증폭회로
③ 푸시풀 증폭회로   ④ 부트스트랩회로

[정답] ①
시미트 트리거(Schmit Trigger)회로
① 두 개의 트랜지스터를 결합하는데 한쪽은 콜렉터-베이스 결합이고 다른 한쪽은 이미터 결합으로 되어 있는 쌍안정 멀티바이브레이터 회로를 시미트 트리거회로라고 한다.
② 이 회로는 입력 전압이 일정 값 이상이면 펄스가 상승하고 일정 값 이하가 되면 펄스가 하강하는 동작을 한다.

27 슈미트 트리거 회로에서 최대 루프 이득을 1이 되도록 조정하면 어떻게 되는가?

① 회로의 응답속도가 떨어진다.
② 장시간 높은 안정도를 얻는다
③ 스스로 Reset 할 수 있다.
④ 아날로그 정현파가 발생한다.

[정답] ①
슈미트 트리거 정궤환 회로의 루프이득을 1이 되도록 조정하면 회로의 응답속도가 떨어진다.

28 다음 중 슈미트 트리거 회로의 출력에 나타나는 파형의 특성으로 옳은 것은?

① 백 스윙(Back-Swing) 현상
② 슈우트(Shoot) 현상
③ 히스테리시스(Hysterisis) 현상
④ 싱잉(Singing) 현상

[정답] ③
비교기에서 잡음에 의한 오동작 영향을 줄이기 위하여 히스테리시스(Hysterisis) 특성을 이용한다. 히스테리시스를 가지는 비교기는 잡음에 대한 영향을 어느정도 제거할 수 있는데 이러한 회로를 슈미트 트리거회로라 한다.

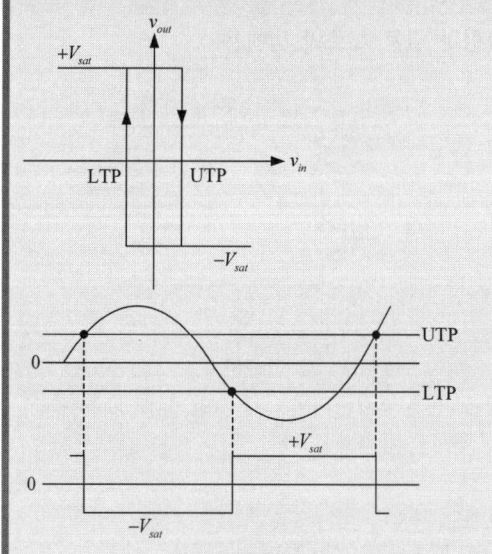

29 다음 중 비정현파 신호가 출력되는 발진기는?

① 멀티바이브레이터
② 빈(Wien) 브릿지형 발진기
③ 콜피츠 발진기
④ 수정 발진기

[정답] ①

30 다음 중 멀티바이브레이터의 단안정회로와 쌍안정회로는 어떻게 결정되는가?

① 결합회로의 구성에 따라 결정된다.
② 출력전압의 부궤환율에 따라 결정된다.
③ 입력전류의 크기에 따라 결정된다.
④ 바이러스 전압 크기에 따라 결정된다.

[정답] ①
멀티바이브레이터 회로 분류

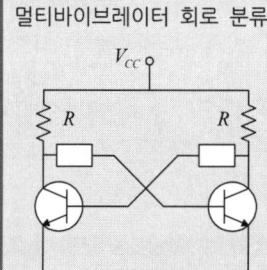

	결합소자	결합상태	안정
쌍안정 MV	R+R	DC적+DC적	2개
단안정 MV	R+C	DC적+AC적	1개
비안정 MV	C+C	AC적+AC적	없음

31 다음 중 멀티바이브레이터에 대한 설명으로 잘못된 것은?

① 정궤환이 이루어지는 회로이다.
② 출력 파형은 고차의 고조파를 포함한다.
③ 시정수는 입력 파형의 주기를 결정한다.
④ 스위치 회로의 구형파 발생, 계수회로로 사용된다.

[정답] ③
시정수는 출력 파형의 주기를 결정한다.

32

전원이 인가된 상태에서 연속적으로 펄스를 발생시키고자 할 때, 사용되는 것은?

① 비안정 멀티바이브레이터
② 쌍안정 멀티바이브레이터
③ 단안정 멀티바이브레이터
④ 클램프회로

[정답] ①
비안정 멀티바이브레이터는 안정 상태는 없고, 외부의 입력 없이도 스스로 pulse를 발생한다.

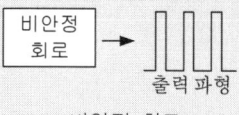

비안정 회로

33

다음 중 외부로부터 트리거(Trigger) 신호 없이 스스로 준안정 상태에서 다른 준안정 상태로 변화를 되풀이 하는 것은?

① 비안정 멀티바이브레이터
② 쌍안정 멀티바이브레이터
③ 단안정 멀티바이브레이터
④ 슈미트 트리거

[정답] ①
멀티바이브레이터 특성

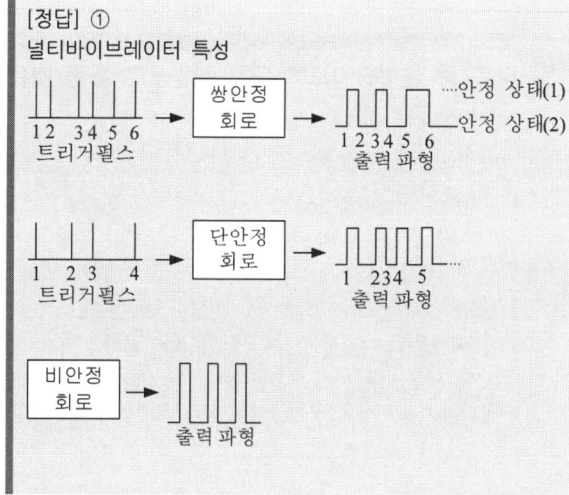

34

다음 중 멀티바이브레이터에 대한 설명으로 틀린 것은?

① 부궤환으로 동작한다.
② 회로의 시정수로주기가 결정된다.
③ 출력에 고차의 고조파를 포함하고 있다.
④ 전원전압이 변동해도 발진 주파수에는 큰 변화가 없다.

[정답] ①
멀티바이브레이터는 정궤환으로 동작하는 발진기이다.

35

쌍안정 멀티바이브레이터의 결합저항에 병렬로 부가한 콘덴서의 주사용 목적은?

① 증폭도를 높인다.
② 스위칭 속도를 높인다.
③ 베이스 전위를 일정하게 유지시킨다.
④ 이미터 전위를 일정하게 유지시킨다.

[정답] ②
쌍안정 멀티바이브레이터

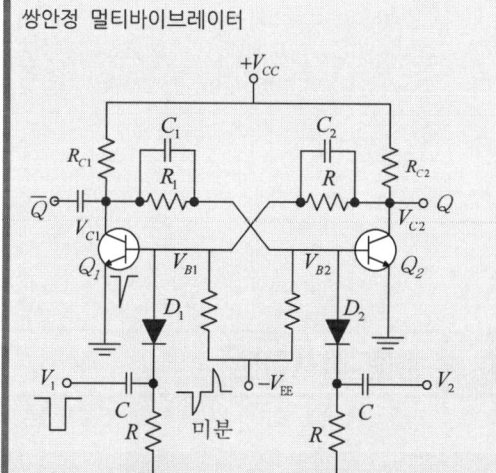

① 두 개의 트랜지스터를 결합방식이 한쪽은 콜렉터-베이스 결합이고 다른 한쪽이 이미터 결합으로 되어 있는 쌍안정 멀티바이브레이터를 슈미트트리거 회로라고 한다.
② Speed 콘덴서를 사용하여 축적지연시간을 짧게 하여 스위칭 속도를 향상시킨다

36
다음 회로에서 발진기의 출력(VOUT) 듀티사이클을 50[%] 미만으로 만들기 위한 조건으로 알맞은 것은?

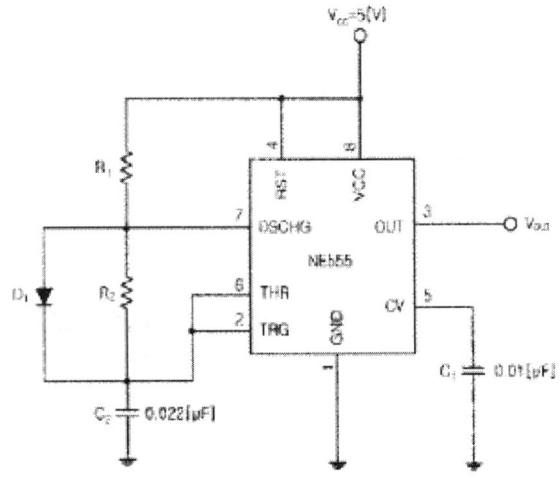

① $R_1 = R_2$
② $R_1 > R_2$
③ $R_1 < R_2$
④ $R_1 C_1 < R_2 C_2$

[정답] ③
비안정 멀티바이브레이터의 듀티비
$$D = \frac{\tau}{T} = \frac{0.7C(R_1+R_2)}{0.7C(R_1+R_2)+0.7R_2}$$
$$= \frac{R_1+R_2}{R_1+2R_2} < 0.5$$
$$\therefore R_1 < R_2$$

3 파형 정형회로

37
다음 중 전압의 특정한 레벨의 위 또는 아래를 자르기 위해 사용되는 회로는?
① 슈미트 트리거(Schmitt Trigger)
② 멀티바이브레이터(Multivibrator)
③ 클리퍼(Clipper)
④ 클램퍼(Clamper)

[정답] ③
임의의 파형에 대하여 어떤 특정한 기준전압 레벨의 윗 부분 또는 아래 부분을 절단하는 조작을 클리핑(Clipping)이라 한다. 이러한 조작에 이용되는 것으로는 클리퍼(Clipper), 리미터(Limiter), 슬라이서(Slicer)등이 있다.

38
클리퍼 회로를 구성하는 부품이 아닌 것은?
① 저항
② 캐패시터
③ 다이오드
④ 직류전원

[정답] ②
Clipper 회로는 입력파형을 적정한 Level로 잘라내는 파형변환 회로의 일종이다. 다이오드와 저항 및 직류전원으로 구성된다.

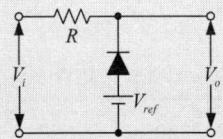

39
다음 중 클리퍼 회로의 설명으로 옳은 것은?
① 입력 파형을 주어진 기준전압 레벨 이상 또는 이하로 잘라내는 회로
② 일정한 레벨 내에서 신호를 고정시키는 회로
③ 특정 시각에 발진 동작을 시키는 회로
④ 안정 상태와 준안정 상태를 번갈아 동작하는 회로

[정답] ①
Clipper 회로는 입력파형을 적정한 Level로 잘라내는 파형변환 회로의 일종이다.

40
다음 중 클리핑회로에 대한 설명으로 틀린 것은?
① 파형 변환회로의 일종이다
② 직렬형과 병렬형이 있다.
③ 적분기의 일종이다.
④ 진폭 조작회로의 종류이다.

[정답] ③
클리핑회로는 임의의 파형에 대하여 어떤 특정한 기준전압 레벨의 윗 부분 또는 아래 부분을 절단하는 진폭조작회로이다. 클리핑회로는 다이오드 구성방식에 따라 직렬형과 병렬형이 있다.

41
다음 회로에서 입력되는 정현파의 최대 진폭이 6[V]일 때 출력에 나타나는 최대진폭은?(단, $R_s = 200[\Omega]$, $R_L = 400[\Omega]$)

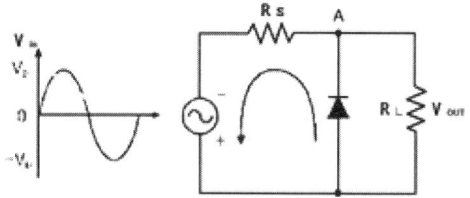

① 2[V]　　② 4[V]
③ 6[V]　　④ 8[V]

[정답] ②
다이오드 OFF 시 R_L 양단 출력전압
$$V_0 = \frac{R_L}{R_S + R_L} V_S = \frac{400}{200+400} \times 6 = 4[V]$$

42
다음 그림과 같은 회로의 명칭으로 가장 적합한 것은? (단, $V_i > V_R$)

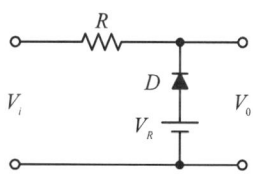

① Clipping Circuit　　② Clamping Circuit
③ Limiter Circuit　　④ Slicer Circuit

[정답] ①
파형의 아래 부분만을 잘라 내는 베이스 클리퍼회로이다.

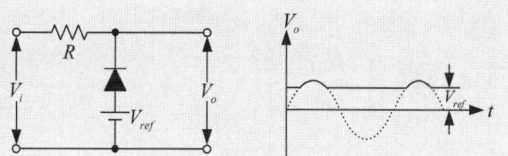

43
그림과 같은 회로의 입력에 정현파(V_i)를 인가했을 때의 전달 특성은?(단, 다이오드의 컷인전압은 무시하며, 순방향 저항은 r_f이며, $r_f < R$이다.)

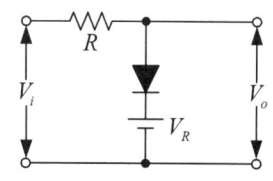

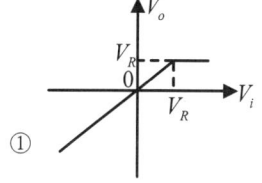
①

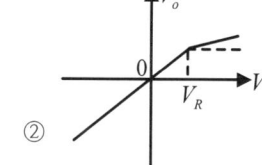
②

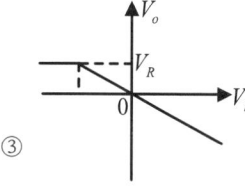
③

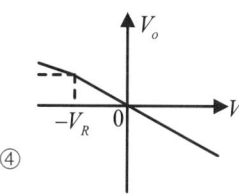
④

[정답] ②
피크 클리퍼(Peak Clipper)
$$\begin{cases} V_i < V_R,\ D \to off,\ V_o = V_i \\ V_i > V_R,\ D \to on,\ V_o = V_R \end{cases}$$

D : on

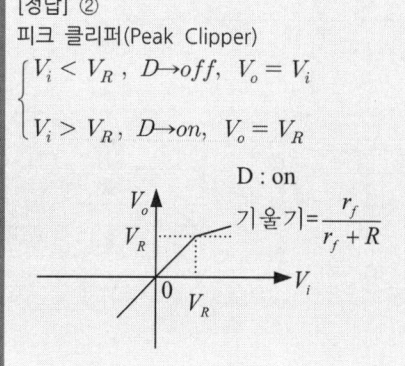

기울기 $= \dfrac{r_f}{r_f + R}$

44 그림과 같이 입력측 V_i에 진폭이 8[V]인 정현파를 가했을 때 출력파형(V_0)은?

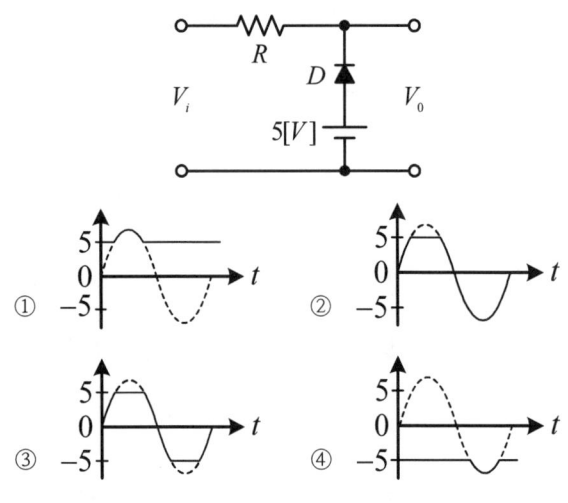

[정답] ①
베이스 Clipper 회로

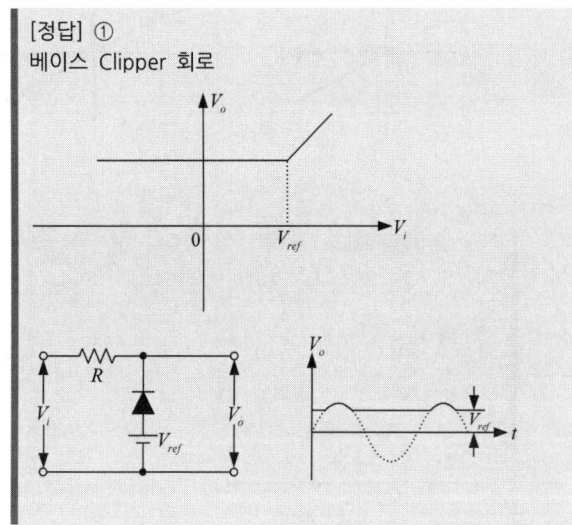

45 클리핑(Clipping)회로에서 입력이 $V_i = 6\sin(200t)$ [V] 인 경우 출력 전압 V_O의 최고치 전압은?

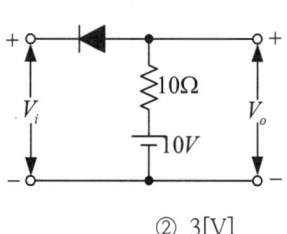

① 2[V] ② 3[V]
③ 4[V] ④ 5[V]

[정답] ④

피크 클리퍼(Peak Clipper)
$$\begin{cases} V_i < V_R, & D \to on, \quad V_o = V_i \\ V_i > V_R, & D \to off, \quad V_o = V_R \end{cases}$$

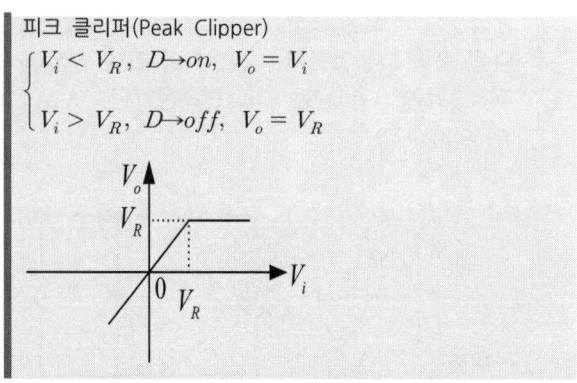

46 다음 그림의 회로 용도로 적합한 것은? (단, 다이오드는 이상적이고, $V_{R1} < V_{R2}$이다.)

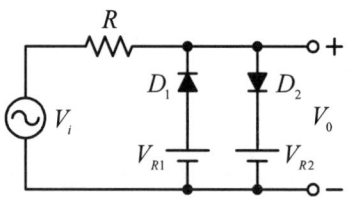

① 클리퍼 ② 전압배율기
③ 정류기 ④ 피크검출기

[정답] ①
클리퍼 해석

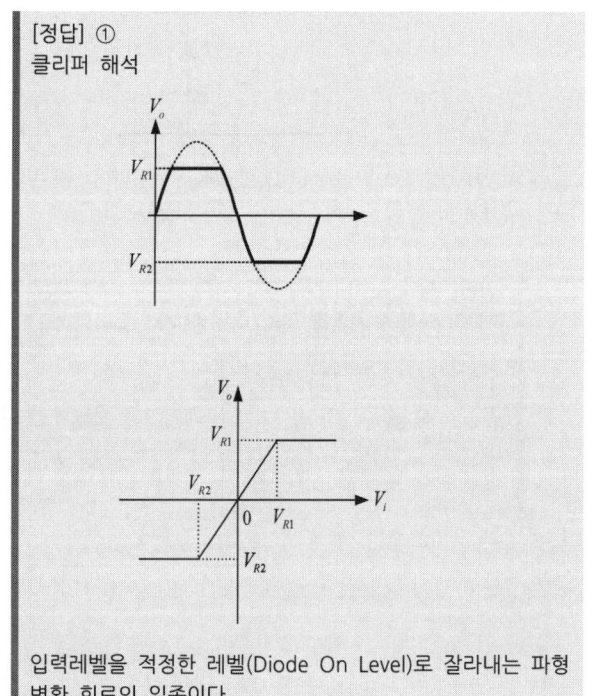

입력레벨을 적정한 레벨(Diode On Level)로 잘라내는 파형 변환 회로의 일종이다.

47

다음 중 그림과 같은 회로의 명칭으로 적합한 것은?

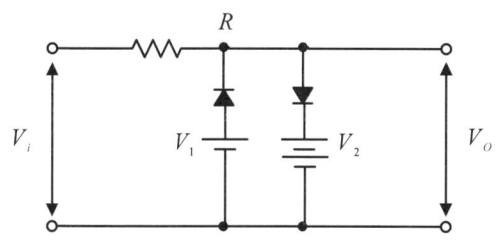

① Rectifier Circuit
② Clamping Circuit
③ Slicer Circuit
④ Amplifier Circuit

[정답] ③
슬라이스(Slicer)회로는 파형의 진폭을 특정 레벨로 상하를 잘라내는 회로이다.

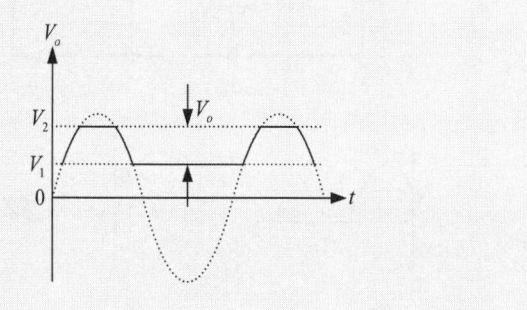

48

정(+)으로 바이어스 된 리미터 회로와 부(-)로 바이어스 된 리미터 회로를 결합하여 입력신호의 일부분을 추출하는 회로는?

① 클리퍼(Clipper)
② 클램퍼((Clamper)
③ 슬라이서(Slicer)
④ 슈미트 트리거(Schmitt Trigger)

[정답] ③
슬라이스(Slicer)회로는 파형의 진폭을 특정 레벨로 상하를 잘라내는 회로이다.

49

다음 중 클리핑 레벨의 위 레벨과 아래 레벨 사이의 간격을 좁게하여 입력파형의 특정 부분을 잘라내는 회로는?

① 클램핑 회로(Clamping Circuit)
② 슬라이서 회로(Slicer Circuit)
③ 적분 회로(Integral Circuit)
④ 클리핑 회로(Clipping Circuit)

[정답] ②
슬라이스(Slicer)회로는 파형의 진폭을 특정 레벨로 상하를 잘라내는 회로이다.

50

다음 그림과 같이 회로에 정현파가 인가됐을 때 나타내는 출력파형은? (단, 다이오드 D_1의 항복전압은 $V_{Z1} = 5[V]$, D_2의 항복전압은 $V_{Z2} = 6[V]$ 이고, 각 다이오드는 이상적이라고 가정한다.)

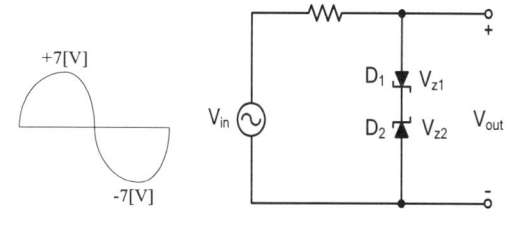

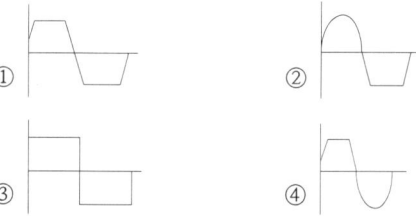

[정답] ①

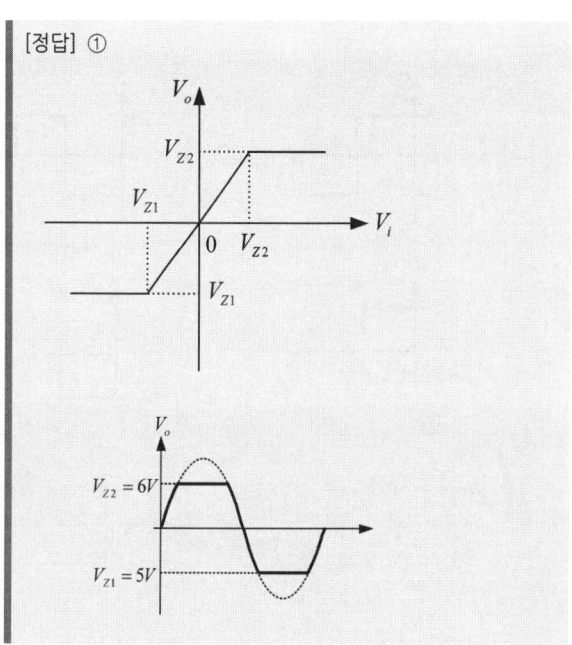

51 다음 연산증폭기를 사용한 회로에서 출력파형은?

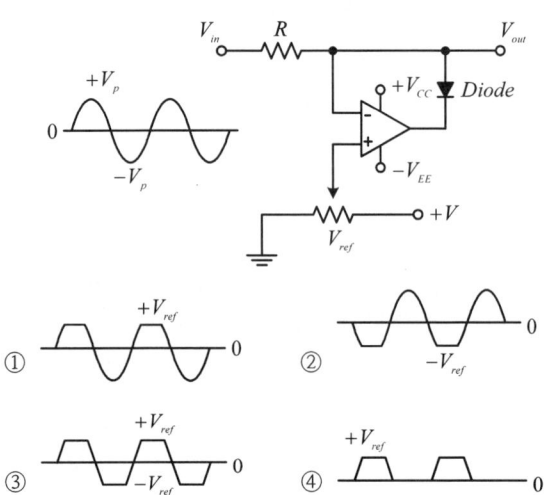

[정답] ①
회로해석
① 반전증폭기가 결합된 클리퍼형 연산증폭기회로이다.
② 다이오드에 의해 클리핑(Clipping)되어 교류입력파형에서 얻은 경계값을 기준으로 상단 파형을 절단시키는 회로이다.

52 다음 회로에 대하여 입력신호 $V_{in} = 5\sin(wt)$ 일 때 출력 파형은? (단, 제너다이오드의 순방향 전압은 $0.7[V]$이고, 제너전압은 $4.7[V]$이다.)

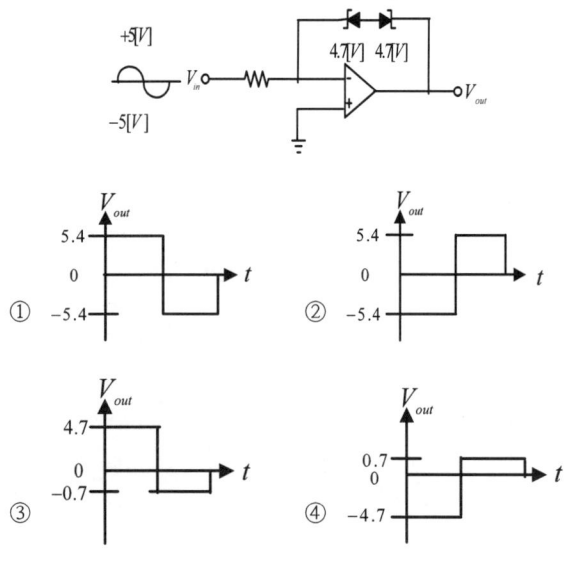

[정답] ②

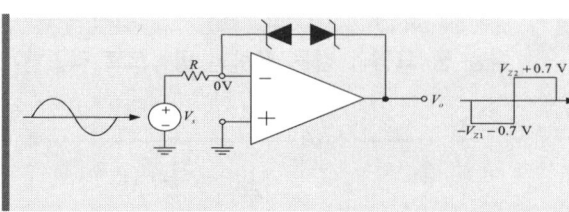

53 다음 회로에 정현파가 입력될 때 출력 파형으로 맞는 것은? (단, V_S는 정현파의 진폭보다 크며, 다이오드는 이상적인 다이오드라고 가정한다.)

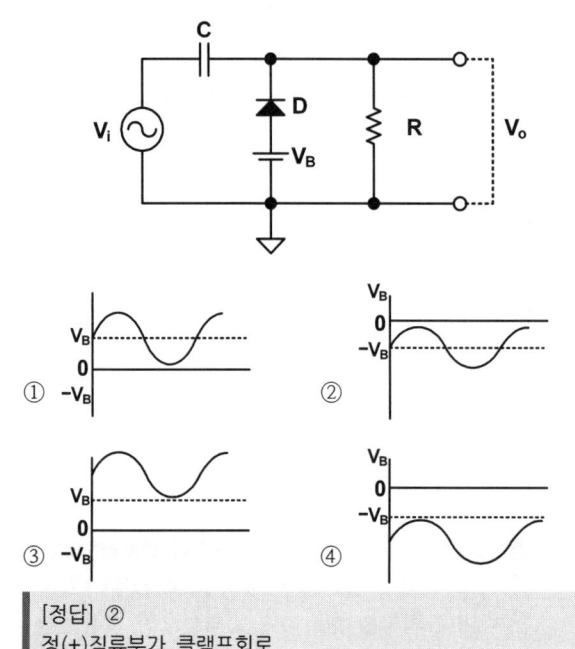

[정답] ②
정(+)직류부가 클램프회로

54 다음 중 클램퍼 회로를 구성하는 부품이 아닌 것은?
① 다이오드　② 저항
③ 커패시터　④ 인덕터

[정답] ④
부(-)직류부가 클램프 회로

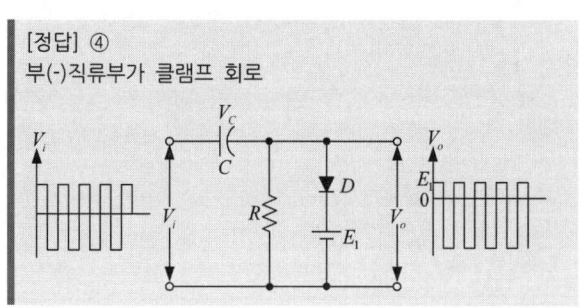

55 다음 중 클램핑(Clamping) 회로에 대한 설명으로 옳은 것은?

① 반파 정류 회로이다.
② 입력 파형의 일정 값 이하만 나타난다.
③ 일정한 값 사이에만 출력으로 나타난다.
④ 입력 파형의 모양은 그대로 유지하면서 파형의 평균 레벨을 수직으로 변화시킨다.

[정답] ④
클램핑(Clamping) 회로는 입력 신호의 (+) 또는 (-)의 피크(peak)를 어느 기준 레벨로 바꾸어 고정시키는 회로이다.

⑦ 논리회로

1 디지털 코드

01 10진수 45를 2진수로 변환한 값으로 맞는 것은?

① 101100 ② 101101
③ 101110 ④ 101111

[정답] ②
$(45)_{10}$ → 2진수 변환
① 10진수를 "0"이 될 때까지 계속 나눈다.
  45 ÷ 2 = 22 - 1
  22 ÷ 2 = 11 - 0
  11 ÷ 2 = 5 - 1
  5 ÷ 2 = 4 - 1 [sic: 5 ÷ 2 = 2 - 1]
  4 ÷ 2 = 2 - 0
  1
② 정수 45를 2로 나눈 나머지만 역순으로 기재하면 2진수를 얻을 수 있다.
∴ $(45)_{10} → (101101)_2$

02 이진수(binary number) 표현으로 "10100001"은 10진수로 얼마인가?

① 121 ② 141
③ 161 ④ 181

[정답] ③
Weight value 이용 연산
128 64 32 16 8 4 2 1
  1 0 1 0 0 0 0 1 -> 161

03 다음 중 이진수 101011을 십진수로 표시한 것은?

① 37 ② 41
③ 43 ④ 45

[정답] ③
$101011 = 2^5 + 2^3 + 2^1 + 2^0 = 43$

04
8진수 666.6을 10진수로 변환한 값은 얼마인가?

① 430.75 ② 434.75
③ 438.75 ④ 442.75

[정답] ③
각 진법간의 변환

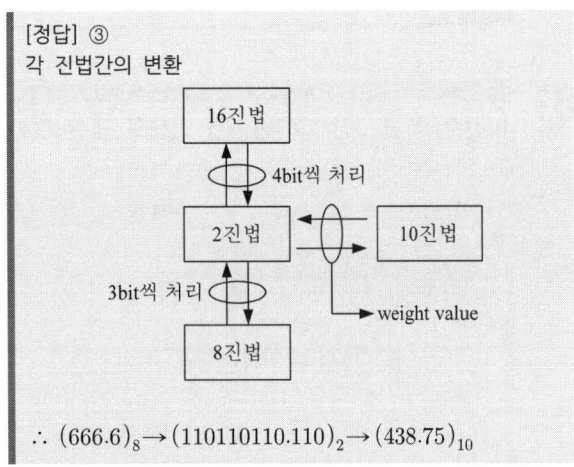

∴ $(666.6)_8 \rightarrow (110110110.110)_2 \rightarrow (438.75)_{10}$

05
십진수 673을 16진수로 바꾸면?

① 2B1 ② 2A1
③ 291 ④ 2C1

[정답] ②
$(673)_{10} = (001010100001)_2$
16진수 1자리는 2진수 4자리와 같다
$(0010\ 1010\ 0001)_2$
$(\ 2\ \ \ \ A\ \ \ \ 1\ )_{16}$

06
16진수 (2AE)16을 8 진수로 변환하면?

① (257)8 ② (1256)8
③ (2557)8 ④ (4317)8

[정답] ②
16진수 2AE를 2진수로 변경하면,
2   A   E
10   1010   1110
weight value가 bit부터 4bit씩 분할해서 자리 배치하면 8진수가 된다.
1 010 101 110 (1256)8

07
8진수 67을 16진수로 바르게 변환한 것은?

① 43 ② 37
③ 55 ④ 34

[정답] ②
8진수 67 = 110 111
weight value가 bit부터 4bit씩 분할해서 자리 배치하면 16진수가 된다.   0011 0111 = $(37)_{16}$

08
4진수 231.3을 10진수로 변환하면?

① 45.75 ② 45.52
③ 63.51 ④ 63.52

[정답] ①
$(231.3)_4 = 2 \times 4^2 + 3 \times 4^1 + 4^0 + 3 \times 4^{-1} = (45.75)_{10}$

09
다음 중 10진수 342를 BCD 코드로 변환하면?

① 0101 0100 0010 ② 0011 0100 0011
③ 0101 0101 0010 ④ 0011 0100 0010

[정답] ④
$(342)_{10}$를 4[bit]씩 BCD 부호화
   3   4   2
0011   0100   0010

10
10진수 128을 BCD(Binary Coded Decimal) 부호로 바르게 변환한 것은?

① 0001 0010 1000 ② 0100 0010 1001
③ 1000 0001 1000 ④ 0010 0100 0011

[정답] ①
10진수를 BCD변환
$(128)_{10}$를 4[bit]씩 BCD 부호화
   1   2   8
0001   0010   1000

11
2진수 $(11010)_2$을 그레이코드(gray code)로 변환하면?

① $(10011)_G$ ② $(11011)_G$
③ $(11110)_G$ ④ $(10111)_G$

[정답] ④
2진수에서 Gray Code의 변환 (EX-OR 동작)
1→1→0→1→0
↓ ↓ ↓ ↓ ↓
1 0 1 1 1 (Gray code)

12

10 진수 8을 3초과 코드(Excess-3 code)로 맞게 변환한 값은?

① 1000
② 1001
③ 1011
④ 1111

[정답] ③
3초과 코드는 8421코드에 $(0011)_2$ 을 더한 코드이다.
$(8)_{10} = (1000)_2$
$(1000)_2 + (0011)_2 = (1011)_2$

13

그레이코드 1100을 10 진수로 바르게 변환한 것은 다음 중 어느 것인가?

① 6
② 7
③ 8
④ 9

[정답] ③

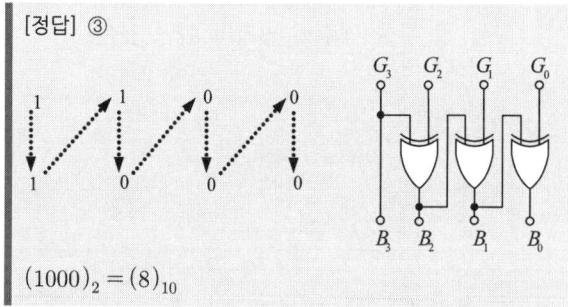

$(1000)_2 = (8)_{10}$

14

3초과 코드 0111의 10진수 값과 그레이 코드(Gray Code) 0111의 10진수 값을 각각 나열한 것은?

① 4, 5
② 5, 6
③ 6, 7
④ 7, 8

[정답] ①
① 3초과 코드 0111
$(0111)_2 - (0011)_2 = (0100)_2$
$(0100)_2 = (4)_{10}$

② 그레이 코드 0111
$(0101)_2 = (5)_{10}$

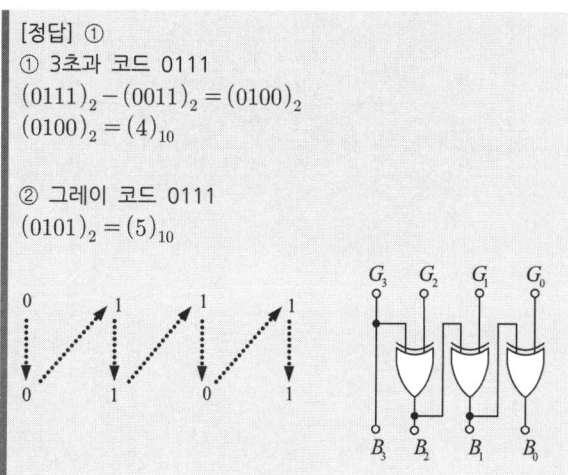

15

2진코드 0011과 0100을 더하여 그레이코드(Gray Code)로 변환한 값은?

① 0100
② 0101
③ 0111
④ 1001

[정답] ①
0011 + 0100 = 0111
Binary Code → Gray Code 변환

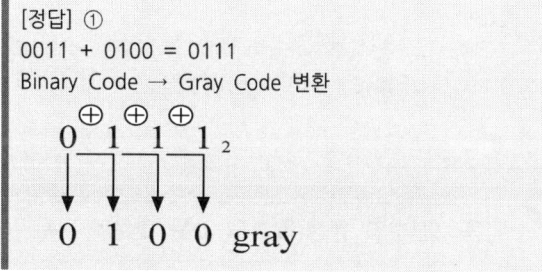

16

2진수 코드를 그레이코드(gray code)로 변환하여 주는 논리식으로 맞는 것은?

① OR
② NOR
③ XOR
④ XNOR

[정답] ③
2진 → 그레이 코드 변환회로는 EX-OR (Exclusive-OR)논리로 표시된다.

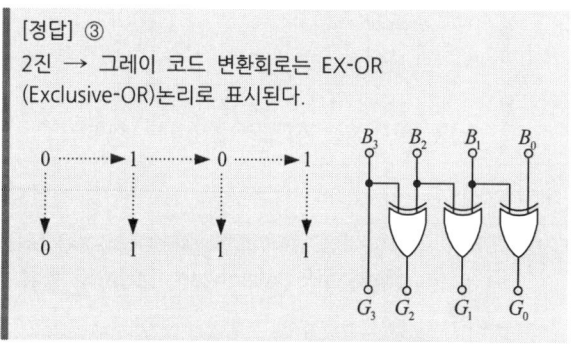

17

다음 중 3초과 코드 (excess-3 code)에 대한 설명으로 옳지 않은 것은?

① 자기 보수형 코드이다.
② 언웨이티드 코드의 대표적이기도 한다.
③ 8421 code에 $3_{(10)}$을 더하여 만든 것이다.
④ BCD 코드보다 연산이 어렵다.

[정답] ④
3초과 코드의 특징
① BCD코드(8421코드) + 3을 해준 코드
② 자기 보수의 성질이 있다.
③ 자기보수 코드로 산술연산에 적합
④ 비가중치 코드
⑤ 부호를 구성하는 어떤 비트 값도 0이 아니다.

18 10진수 3의 BCD코드와 4의 BCD코드를 더한 3초과 코드로 맞는 것은?

① 0111
② 1010
③ 1011
④ 0110

[정답] ②
3초과 코드는 8421코드에 $(0011)_2$ 을 더한 코드이므로
0011+0100=0111+0011=1010

19 다음 2진수의 뺄셈 결과로 맞는 것은?

$$(1000)_2 - (0100)_2$$

① $(0011)_2$
② $(0100)_2$
③ $(0101)_2$
④ $(0110)_2$

[정답] ②
① $(1000)_2 - (0100)_2 = (0100)_2$
② 2진수 2의 보수를 이용하여 연산

```
  1000              1000
-  0100    →      + 1100
                    0100
```
계산결과에서 가장 자리값이 높은 1은 버린다.

20 다음 중 가중치 코드(Weighted Code)의 종류가 아닌 것은?

① 8421 코드
② 2421 코드
③ 그레이 코드(Gray Code)
④ 링카운터(Ring Counter) 코드

[정답] ③
그레이코드는 인접 코드가 오직 1Bit만 변화하는 코드로 에러 정정이 용이해 아날로그 정보를 디지털 정보로 표현하는 A/D변환기나 I/O장치 등에 널리 사용되는 비가중치 코드이다.

21 한글코드는 ASCII코드를 기반으로 하여 몇 비트(Bit)를 하나의 문자로 표현하는가?

① 8비트
② 16비트
③ 32비트
④ 64비트

[정답] ②

2 논리게이트 및 부울함수

22 다음 불 대수의 정리와 관련 있는 것은?

$$(A+B)+C = A+(B+C)$$

① 교환 법칙
② 결합 법칙
③ 분배 법칙
④ 부정 법칙

[정답] ②
부울 대수의 결합법칙
① 교환법칙 : A + B = B + A
② 분배법칙 : A + (B+C) = (A+B) + C
③ 부정정리 : $\overline{\overline{A}} = A$, $A + \overline{A} = 1$
④ 드모르간의 정리 : $\overline{A+B} = \overline{A} \cdot \overline{B}$

23 다음 중 부울 대수의 법칙이 아닌 것은?

① 항등법칙
② 동일법칙
③ 복원법칙
④ 감산법칙

[정답] ④
부울 대수의 기본 법칙

· 교환 법칙	$A+B=B+A$ $A \cdot B = B \cdot A$
· 결합 법칙	$(A+B)+C=A+(B+C)$ $(A \cdot B) \cdot C = A \cdot (B \cdot C)$
· 분배 법칙	$A \cdot (B+C) = A \cdot B + A \cdot C$ $A+(B \cdot C) = (A+B)(A+C)$
· 항등원	$A+0=A$, $A \cdot 1 = A$ $A+1=1$, $A \cdot 0 = 0$
· 동일의 법칙	$A+A=A$ $A \cdot A = A$
· 보수	$A+\overline{A}=1$ $A \cdot \overline{A}=0$
· 흡수 법칙	$A+A \cdot B = A$ $A(A+B) = A$
· 드모르간 정리	$\overline{A+B} = \overline{A} \cdot \overline{B}$ $\overline{A \cdot B} = \overline{A}+\overline{B}$

24

다음 중 논리계산식이 틀린 것은?

① $A+1=A$ ② $A+A=A$
③ $A \cdot A = A$ ④ $A+A \cdot B = A$

[정답] ①
부울 대수의 기본정리

· 항등원 $A+0=A$, $A \cdot 1 = A$
$A+1=1$, $A \cdot 0 = 0$

25

부울 대수의 정리 중 틀린 것은?

① $A+A=A$ ② $A \cdot A = A$
③ $(A \cdot B) = (A+B)$ ④ $A+B=B+A$

[정답] ③
$(A \cdot B) \neq (A+B)$

26

논리식 $A(A+B+C)$를 간략화한 것으로 옳은 것은?

① 1 ② 0
③ $A+B+C$ ④ A

[정답] ④
$A(A+B+C)=A$

27

논리식 $Z = A \cdot B + A \cdot B$를 단순화한 것은?

① $Z=A+B$ ② $Z=ABA$
③ $Z=A$ ④ $Z=B$

[정답] ①
$Z = A \cdot B + A \cdot B = Z = AB(1+1) = AB \, B$

28

다음 중 불 대수식 $RST + RS(\overline{T}+V)$를 간략화하면?

① $RS\overline{T}$ ② RSV
③ RST ④ RS

[정답] ④
부울 대수 이용 논리식의 간략화
$RST + RS\overline{T} + RSV = RS(T+\overline{T}) + RSV$
$= RS + RSV = RS(1+V) = RS$
$(T+\overline{T}=1,\ 1+V=1)$

29

다음 중 논리식을 간략화한 것으로 옳은 것은?

$$\overline{\overline{A}+B} + \overline{\overline{A}+\overline{B}}$$

① $A+B$ ② AB
③ A ④ B

[정답] ③
$F = \overline{(\overline{A}+B)} + \overline{(\overline{A}+\overline{B})}$
① 드 모르간의 정리를 2번 적용 정리
$F = \overline{(\overline{A}+B)} + \overline{(\overline{A}+\overline{B})} = A\overline{B} + AB$
② 부울 대수의 기본정리를 이용
$F = A\overline{B} + AB = A(\overline{B}+B) = A$

30

논리 함수 $f(a,b,c) = a\overline{b} + \overline{a} + b$ 의 부정을 구한 것은?

① $a\overline{b}$ ② $\overline{a}+b$
③ 0 ④ 1

[정답] ③
드 모르간의 적용 정리
$\overline{f} = \overline{a\overline{b}+\overline{a}+b} = \overline{a\overline{b}} \cdot \overline{\overline{a}+b} = (\overline{a}+\overline{\overline{b}})(\overline{\overline{a}} \cdot \overline{b})$
$= (\overline{a}+b)(a\overline{b}) = 0$

31

다음 식과 같이 주어지는 논리식을 부울 대수를 적용하여 간략화한 것은?

$$Z = (A+\overline{B}C+D+EF)(A+\overline{B}C+\overline{D+EF})$$

① $Z=D+EF$ ② $Z=\overline{B}C+D+EF$
③ $Z=A+\overline{B}C$ ④ $Z=A+D$

[정답] ③
부울 대수를 이용한 논리식의 간소화
$Z=(A+\overline{B}C+D+EF)(A+\overline{B}C+\overline{D+EF})$ 에서
$(x+y \cdot z = (x+y)(x+z)$ 를 적용)
$Z = (A+\overline{B}C) + (D+EF)(\overline{D+EF})$
$(x \cdot \overline{x} = 0$ 와 $x+0=x$ 를 적용)
$\therefore Z = (A+\overline{B}C)$

32 다음과 같은 논리 함수를 구현할 때 최소의 게이트를 사용할 수 있도록 단순화시킨 것으로 맞는 것은?

$$V = \overline{A}C + \overline{A}B + A\overline{B}C + BC$$

① $V = \overline{B} \cdot C + B \cdot C + \overline{A} \cdot B \cdot \overline{C}$
② $V = C + \overline{B} \cdot C$
③ $V = A \cdot C + \overline{A} \cdot B + \overline{A} \cdot C$
④ $V = C + \overline{A} \cdot B$

[정답] ④
3변수 카르노 맵 이용 정리

A \ BC	00	01	11	10
0		1	1	1
1		1	1	

$V = \overline{A}C + \overline{A}B + A\overline{B}C + BC$
$= C + \overline{A}B$

33 다음 중 논리식 $Y = \overline{AB} + \overline{A}B + \overline{AB}$ 를 간략화하면?

① $Y = \overline{A}B$ ② $Y = \overline{A}$
③ $Y = \overline{B}$ ④ $Y = \overline{AB}$

[정답] ④
① 카르노 맵 이용 간략화

A \ B	0	1
0	1	1
1	1	0

$Y = \overline{A} + \overline{B}$
② 드모르간 정리 적용
∴ $Y = \overline{A} + \overline{B} = \overline{AB}$

34 다음의 논리함수를 간략화한 결과는?

$$ABC + \overline{A}B + AB\overline{C} + A\overline{B}C$$

① $\overline{A}B + BC + A\overline{B}C$ ② $A\overline{C} + BC + AC$
③ $B + AC$ ④ $A\overline{B}C$

[정답] ③
3변수 카르노맵

A \ BC	00	01	11	10
0			1	1
1		1	1	1

$Y = B + AC$

35 다음과 같은 카르노 도표를 간략화한 것은?

CD \ AB	00	01	11	10
00	1	1	0	0
01	1	1	0	1
11	1	1	0	1
10	1	1	0	0

① $A + BC$ ② $\overline{B} + AC$
③ $\overline{B} + C\overline{D}$ ④ $\overline{C} + B\overline{D}$

[정답] ④
카르노 맵
① 출력이 "1"이 되는 경우를 8,4,2순으로 묶는다.
② 각 그룹을 AND로, 전체를 OR로 결합한다.

AB \ CD	00	01	11	10
00	1	1		
01	1	1		1
11	1	1		1
10	1	1		

∴ $Y = \overline{C} + B\overline{D}$

36 다음의 카르노 맵을 간략화한 논리식으로 옳은 것은?

CD \ AB	00	01	11	10
00	1	1	1	1
01	0	0	1	0
11	1	0	1	1
10	1	1	1	1

① $AB + BC + AD$ ② $AB + BC + AD$
③ $AB + BC + A$ ④ $AB + BC + \overline{D}$

[정답] ④
카르노 맵
① 출력이 "1"이 되는 경우를 8,4,2순으로 묶는다.
② 각 그룹을 AND로, 전체를 OR로 결합한다.

CD \ AB	00	01	11	10
00	1	1	1	1
01			1	
11	1		1	1
10	1	1	1	1

∴ $Y = \overline{D} + AB + BC$

37

아래와 같은 4변수 카르노도를 간략화 했을 때 논리식은?

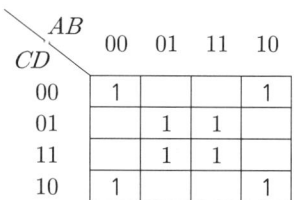

① $A\overline{C} + \overline{A}C$
② $A\overline{D} + \overline{B}C$
③ $A\overline{B} + AC$
④ $BD + \overline{B}\,\overline{D}$

[정답] ④
카르노 맵 적용

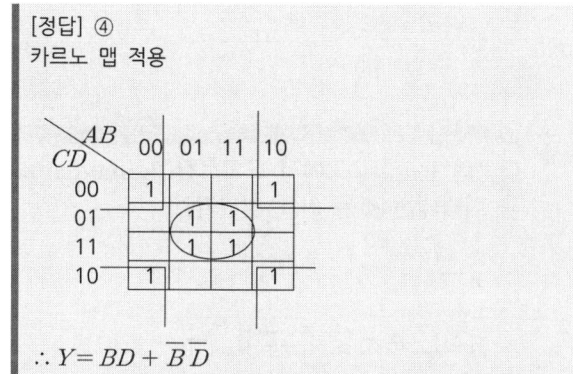

$\therefore Y = BD + \overline{B}\,\overline{D}$

38

다음 디지털 IC의 종류 중 Fan-out이 큰 순서로서 옳은 것은?

① TTL > RTL > DTL > C-MOS
② C-MOS > TTL > RTL > DTL
③ TTL > C-MOS > RTL > DTL
④ C-MOS > TTL > DTL > RTL

[정답] ④
디지털 IC 특성
① 팬아웃(Fan Out) : 한 개의 게이트 출력단자에 연결하여 무리 없이 구동할 수 있는 표준 부하 수
"C-MOS > ECL > TTL > HTL"
② 전력소모(Power dissipation) : 게이트 구동을 위해 게이트 자체에서 소모되는 전력
"C-MOS < TTL < HTL < ECL"
③ 전파지연시간(Propagation delay) : 입력 신호레벨이 변할 때 출력 신호레벨이 변하는 데 걸리는 시간
"ECL > TTL > C-MOS > HTL"
④ 잡음여유(Noise margin) : 출력회로가 오동작하지 않는 범위에서 허용할 수 있는 잡음 전압여유
"HTL > C-MOS > TTL > ECL"

39

디지털 IC의 정상 동작에 영향을 주지 않고 게이트 출력부에 연결할 수 있는 표준 부하의 숫자를 무엇이라고 하는가?

① 팬 아웃
② 틸트
③ 잡음 허용치
④ 전달 지연 시간

[정답] ①
Fan-out은 Gate출력에 연결할 수 있는 최대 Gate 수를 말하며 회로 동작을 손상시키지 않으면서 출력에 연결할 수 있는 동일한 Gate의 수를 표시한다.

40

다음 중 TTL 게이트에서 스위칭 속도를 높이기 위해 사용되는 다이오드는?

① 바랙터 다이오드
② 제너 다이오드
③ 쇼트키 다이오드
④ 정류 다이오드

[정답] ③
쇼트키(Schottky) 다이오드는 N형 반도체와 금속을 접합해서 만든 다이오드이므로 소수 캐리어 축적으로 인한 지연이 없어 스위칭 속도가 빠르다.

41

TTL(Transistor Transistor Logic) 회로의 특징이 아닌 것은?

① 집적도가 높다.
② 동작속도가 빠르다.
③ 소비 전력이 비교적 적다.
④ 온도의 영향을 적게 받는다.

[정답] ④
트랜지스터를 조합해서 만든 회로를 TTL이라고 말하며, NAND gate에 주로 사용된다. 동작속도가 빠르지만 잡음여유도가 작아 온도의 영향을 많이 받는다.

42

디지털 IC계열의 종류별 공급전압, 공급전류 특성이 다음 표와 같을 경우 논리장치인 CHIP의 전력소모가 가장 낮은 것은 어느 것인가?

IC종류	공급전압[V]	공급전류[mA]
㉠ : 7400	2	16
㉡ : 74LS00	2	8
㉢ : 74S00	2	20
㉣ : 74AC00	3.15	75

① ㉠ ② ㉡
③ ㉢ ④ ㉣

[정답] ②

$P = \dfrac{V^2}{R} = I^2 R$ 이므로, 공급전압과 공급전류가 낮을수록 전력소모가 적다.

43

두 입력이 1과 0일 때, 1의 출력이 나오지 않는 논리 게이트는?

① OR 게이트 ② NOR 게이트
③ NAND 게이트 ④ XOR 게이트

[정답] ②
NOR 게이트 진리표

A	B	출력
0	0	1
0	1	0
1	0	0
1	1	0

44

다음 그림과 같은 게이트는?

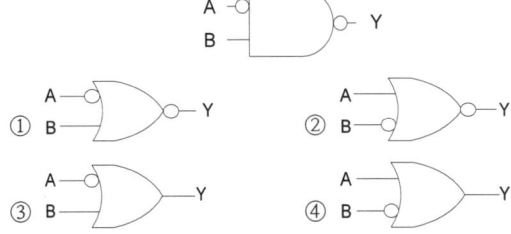

[정답] ④
드모르간 정리 적용 정리
$X = \overline{AB} = \overline{A} + \overline{B} = A + B$

45

다음 중 논리식 $\overline{A} + \overline{B}$와 등가인 회로는?

[정답] ①
드모르간 정리는 불 함수식에서 모든 OR연산은 AND로, 모든 AND연산은 OR로 바꾸어 주고, 함수 내의 각 변수를 보수화하면 된다.
$\therefore \overline{A} + \overline{B} = \overline{AB}$

46

다음의 논리회로도에서 드모르간(De-morgan)의 정리를 나타내는 것은 어느 것인가?

[정답] ①
드모르간의 정리
① $\overline{A+B} = \overline{A} \cdot \overline{B}$: 곱의 보수는 보수의 합과 같다.
② $\overline{A \cdot B} = \overline{A} + \overline{B}$: 합의 보수는 보수의 곱과 같다.

47

NOR 게이트인 다음 그림의 논리회로 기호와 동일한 것은?

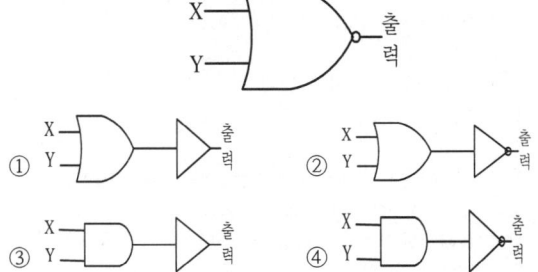

[정답] ②
NOR-gate = OR-gate + NOT-gate

48
다음 그림의 회로에 해당하는 논리기호는?(단, 정논리이다.)

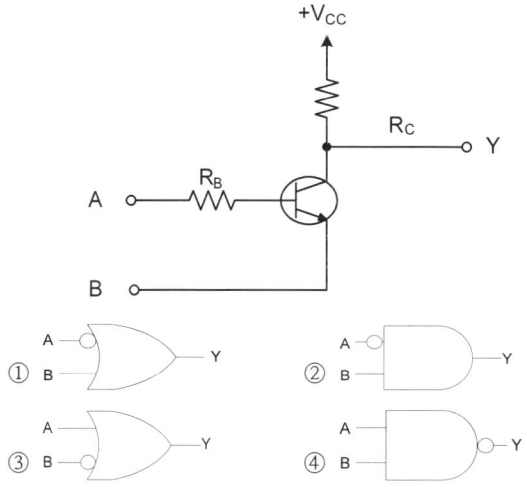

[정답] ①
① 진리표

입 력		출력
A	B	Y
0	0	1
0	1	1
1	0	0
1	1	1

$Y = \bar{A}\bar{B} + \bar{A}B + AB$

② 카르노 맵 간략화

A\B	0	1
0	1	1
1	0	1

$Y = \bar{A}\bar{B} + \bar{A}B + AB = \bar{A} + B$

49
그림과 같은 논리회로와 등가적인 스위치회로는?

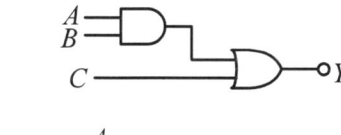

①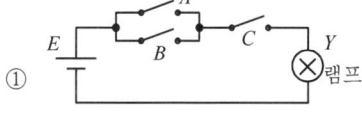

②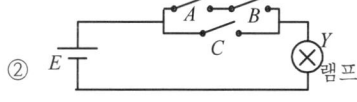

③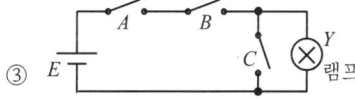

④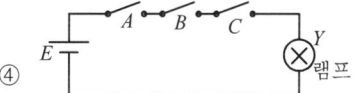

[정답] ②
스위칭회로
① 직렬 연결된 두 스위치 : AND 논리연산
② 병렬 연결된 두 스위치 : OR 논리연산

50
그림의 회로가 정논리일 때, 이는 어떤 게이트인가?

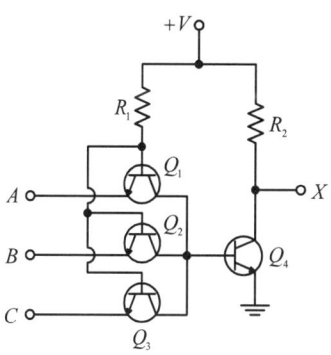

① AND ② OR
③ NAND ④ NOR

[정답] ③
회로해석
① A,B,C가 모두 (+5V) 인 경우 출력 Q_4는 (0V)
② A,B,C가 모두 (0V) 인 경우 출력 Q_4는 (+5V)
③ A,B,C가 하나만이라도 (+5V)인 경우는 Q_4는 (+5V) 이므로 NAND Gate 이다.

51
진리표가 다음과 같을 때 해당되는 게이트는?

A	B	Y
0	0	1
0	1	0
1	0	0
1	1	0

① AND ② OR
③ NAND ④ NOR

[정답] ④
NOR Gate 진리표

A B	Y
0 0	1
0 1	0
1 0	0
1 1	0

52

다음 중 배타적 논리합(EX-OR)을 나타내는 논리식이 아닌 것은?

① $Y=(A+B)\overline{AB}$
② $Y=AB+\overline{AB}$
③ $Y=A\oplus B$
④ $Y=A+B(\overline{A}+\overline{B})$

[정답] ②
배타적 논리합(Exclusive-OR, EX-OR)
① EX-OR은 두 입력값 중 어느 하나가 참인 경우 결과값이 참이 되는 연산이다.

② 진리표

A B	Y
0 0	0
0 1	1
1 0	1
1 1	0

③ 논리식
$Y=\overline{A}B+A\overline{B}=(A+B)\cdot(\overline{AB})$
$=(A+B)(\overline{A}+\overline{B})=A\oplus B$

53

레지스터 A에 1011101, 레지스터 B에 1101100이 저장되어있다. 두 수의 EX-OR 연산 결과는?

① 0110001
② 1001100
③ 1001110
④ 1111101

[정답] ①
EX-OR 연산
레지스터 A 1011101
레지스터 B 1101100
―――――――――
연산 결과 0110001

54

다음 진리표를 간략화한 것으로 가장 적합한 논리회로는?

C	B	A	Y
0	0	0	1
0	0	1	1
0	1	0	1
0	1	1	0
1	0	0	1
1	0	1	1
1	1	0	1
1	1	1	0

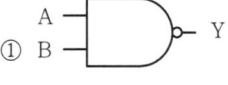 
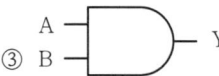 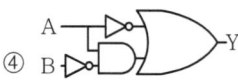

[정답] ①
카르노 맵 이용 간략화

C\BA	00	01	11	10
0	1	1		1
1	1	1		1

$Y=\overline{A}+\overline{B}=\overline{A\cdot B}$
NAND 게이트임을 알 수 있다

55

다음 진리표에 대한 논리회로 기호로 맞는 것은?

X	Y	Z	출력
0	0	0	1
0	0	1	1
0	1	0	1
0	1	1	1
1	0	0	1
1	0	1	1
1	1	0	1
1	1	1	0

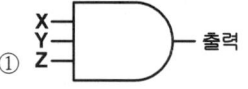 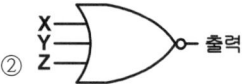
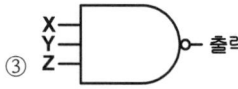 

[정답] ③
카르노 맵 이용 간략화

X\YZ	00	01	11	10
0	1	1	1	1
1	1	1		1

$Y=\overline{X}+\overline{Y}+\overline{Z}=\overline{X\cdot Y\cdot Z}$
3입력 NAND 게이트임을 알 수 있다

56
다음 그림의 X, Y 입력에 대한 동작파형의 논리 게이트는 무엇인가?

입력 X ‾0‾0⎺1‾1⎺0‾

출력 ⎺1‾1‾1⎽0⎺1⎽

입력 Y ‾0⎺1⎽0⎺1⎽0‾

① NAND 게이트　② AND 게이트
③ OR 게이트　　④ NOT 게이트

[정답] ①
NAND 게이트 진리표

A B	Y
0 0	1
0 1	1
1 0	1
1 1	0

57
두 개의 입력파형 A, B에 대하여 출력 파형 Y가 그림과 같을 때 어떤 게이트를 통과한 것인가?

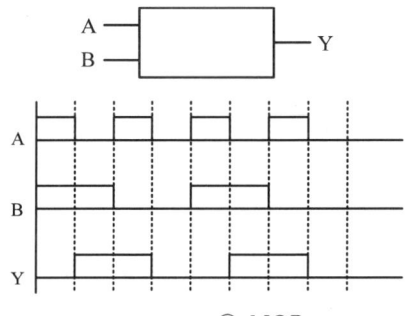

① OR　　② NOR
③ NAND　④ XOR

[정답] ④
입력 1의 갯수가 홀수일 때에만 출력에 1이 나타나는 회로는 XOR(Exclusive-OR)회로이다.
$Y = \overline{A}B + A\overline{B}$

58
그림의 논리회로는 어떤 논리작용을 하는가?

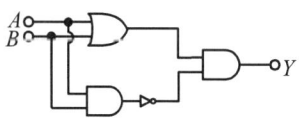

① AND　　② OR
③ NAND　④ EX-OR

[정답] ④
$Y = (A+B) \cdot (\overline{AB}) = A\overline{AB} + B\overline{AB}$
드모르간 정리를 사용한다.
$Y = A(\overline{A}+\overline{B}) + B(\overline{A}+\overline{B}) = A\overline{A} + A\overline{B} + B\overline{A} + B\overline{B}$
$= 0 + A\overline{B} + \overline{A}B + 0 = A\overline{B} + \overline{A}B$
따라서 주어진 논리회로는 Exclusive-OR로 동작한다.

59
다음 논리회로에서 입력 X는 0, Y는 1일 때 출력값 및 논리회로와 등가인 논리게이트(Logic Gate)를 표현한 것으로 옳은 것은?

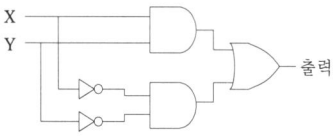

① NOR 게이트　② XNOR 게이트
③ NAND 게이트　④ XOR 게이트

[정답] ②
$Y = (AB) + (\overline{A}\,\overline{B})$　(XNOR 게이트)

60
다음과 같은 논리회로의 출력 X는?

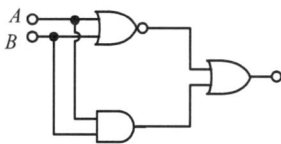

① $X = \overline{(A+B)} \cdot \overline{(A \cdot B)}$
② $X = (A+B) \cdot \overline{(A \cdot B)}$
③ $X = \overline{(A+B)} + (A \cdot B)$
④ $X = (A \cdot B) + (A+B)$

[정답] ③
$X = X_1 + X_2 = \overline{(A+B)} + A \cdot B$

61 다음 그림과 같은 논리회로는 어떤 기능을 수행하는가?

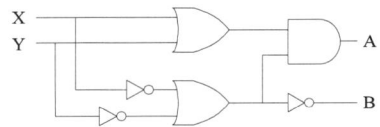

① 일치회로 ② 반가산기
③ 전가산기 ④ 반감산기

[정답] ②
반가산기(Half Adder)회로는 두 Bit를 더하는 회로로 올림수(Carry)를 고려하지 않는 가산기를 반가산기라 한다.
반가산기(Half-Adder)회로에서 출력 A는 합(sum), B는 캐리(carry)라 하면
$A = \overline{X}Y + X\overline{Y} = X \oplus Y$
$B = X \cdot Y$

62 다음 그림과 같은 논리회로의 명칭은 무엇인가? (단, S는 합, C는 자리올림이다.)

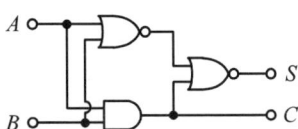

① Counter ② Full Adder
③ Exclusive OR ④ Half Adder

[정답] ④
반가산기 진리표

A	B	S	C
0	0	0	0
0	1	1	0
1	0	1	0
1	1	0	1

반가산기(Half Adder)회로는 두 Bit를 더하는 회로로 올림수(Carry)를 고려하지 않는 가산기를 반가산기라 한다.
반가산기(Half-Adder)회로에서 출력 S는 합(sum), C는 캐리(carry)라 하면,

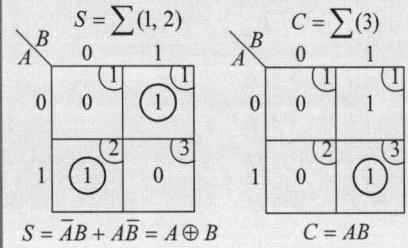

$S = \overline{A}B + A\overline{B} = A \oplus B$ $C = AB$

63 다음 중 반가산 논리회로의 게이트 구성이 옳은 것은?

① AND 게이트와 OR 게이트
② AND 게이트와 EX-OR 게이트
③ OR 게이트와 EX-OR 게이트
④ OR 게이트와 NOR 게이트

[정답] ②
반가산기(Half Adder)
① 2개의 2진수 A와 B를 더한 합(Sum)과 자리올림(Carry)을 얻는 회로이다.
 $\therefore S = A \oplus B, C = A \cdot B$
② 반가산회로는 배타적 논리합(EXOR)회로와 AND회로로 구성된다.

64 전가산기의 블록도로서 옳은 것은?

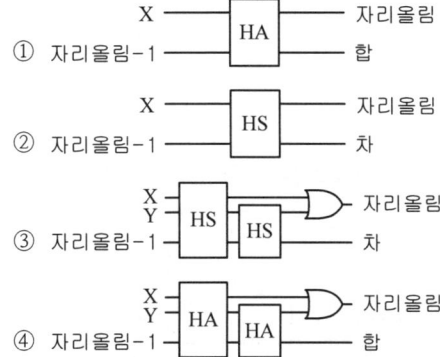

[정답] ④
전가산기(Full Adder)는 세 Bit를 더하는 논리회로를 올림수(Carry)를 고려한 가산기이다.
전가산기(Full Adder)는 2개의 반가산기(HA)와 1개의 OR-gate로 구성된다.

65 다음 중 전가산기(full adder)의 구성으로 옳은 것은?

① 입력 2개, 출력 4개 ② 입력 2개, 출력 3개
③ 입력 3개, 출력 2개 ④ 입력 3개, 출력 3개

[정답] ③
전가산기(Full Adder)

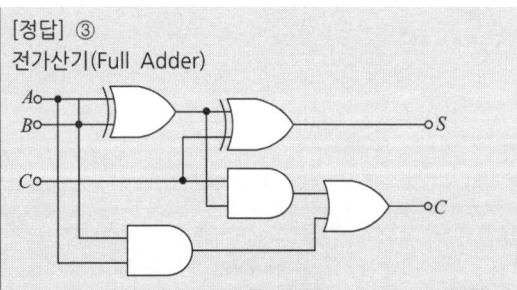

전가산기는 3자리의 2진수를 가산할 수 있는 가산기로서 2개의 반가산기(Half Adder)와 1개의 OR-gate로 구성된다.

66
다음 중 BCD 부호를 10진수로 변환하기 위해 사용되는 회로는?

① 디코더
② 인코더
③ 멀티플렉서
④ 디멀티플렉서

[정답] ①
디코더는 2진 코드나 BCD 코드를 입력으로 하여 우리가 사용하기 쉬운 10진수로 변환해 주는 장치로 해독기라고도 한다. 이는 n개의 2진 코드로 받아 최대 2^n개의 출력을 갖는 조합논리회로이며 AND 또는 NAND 게이트로 구성할 수 있다.

67
다음 중 M×N 디코더(Decoder)에 대한 설명으로 틀린 것은?

① AND 회로의 집합으로 구성할 수 있다.
② 2진수를 10진수로 변환하는 회로이다.
③ 10진수를 BCD로 표현할 때 사용한다.
④ 명령 해독이나 번지를 해독할 때 사용한다.

[정답] ③
디코더는 2진 코드나 BCD 코드를 입력으로 하여 우리가 사용하기 쉬운 10진수로 변환해 주는 장치로 해독기라고도 한다. 이는 n개의 2진 코드로 받아 최대 2^n개의 출력을 갖는 조합논리회로이며 AND 또는 NAND 게이트로 구성할 수 있다.

68
다음 중 디코더에 대한 설명으로 올바른 것은?

① n비트의 2진 코드를 최대 n개의 서로 다른 정보로 교환하는 조합논리회로이다.
② 디코더에 Enable 단자를 가지고 있을 때 디멀티플렉서로 사용한다.
③ IC 7485는 디코더로서 기능을 사용할 수 있다.
④ 상용 IC 74138은 디코더와 디멀티플렉서의 기능을 모두 사용할 수 없다.

[정답] ②
① 디코더는 n비트의 2진 코드(code)값을 입력으로 받아 최대 2^n개의 다른 출력으로 변경하는 회로이다.
② 디코더에 인에이블(enable)단자가 있을 때 디멀티플렉서의 기능을 할 수 있다.
③ TTL IC 7485는 8[bit] 비교기 기능을 수행한다
④ IC74138은 3개의 입력에 따라서 8개의 출력중 하나를 선택할 수 있는 8×3 디코더/디멀티플렉서 기능을 가진다.

69
다음 2×4 디코더의 진리표에 대한 논리식으로 맞는 것은?

입력		출력			
A	B	W	X	Y	Z
0	0	0	0	0	1
0	1	0	0	1	0
1	0	0	1	0	0
1	1	1	0	0	0

① $Z=\overline{AB}$
② $Z=\overline{A}\overline{B}$
③ $Z=A\overline{B}$
④ $Z=AB$

[정답] ②
2×4 디코더의 진리표 출력에서 1이 나오는 항을 기입하면 $Z=\overline{A}\overline{B}$

70
3×8 디코더의 입력 A, B, C의 값이 110일 때 출력 $Y_7Y_6Y_5Y_4Y_3Y_2Y_1Y_0$를 바르게 나타낸 것은?

① 0 1 0 0 0 0 0 0
② 0 0 1 0 0 0 0 0
③ 0 1 1 0 0 0 0 0
④ 0 1 0 0 0 1 1 0

[정답] ①
3×8 디코더의 입력 A, B, C의 값이 110이면 10진 출력 6에 해당하는 항이 1이 된다.

71
여러 개의 입력선 중에서 하나를 선택하여 출력선에 연결하는 조합 논리회로를 무엇이라고 하는가?

① 멀티플렉서(Multiplexer)
② 인코더(Encoder)
③ 디코더(Decoder)
④ 채널(Channel)

[정답] ①
멀티플렉서란 많은 수의 정보를 적은 수의 채널이나 출력선을 통하여 전송하는 회로이다. 일반적으로 멀티플렉서는 2^n개의 데이터 입력선과 n개의 선택선, 그리고 1개의 출력선으로 구성되며 ($n=1,2,3,......$) 데이터가 여러 개의 입력선으로부터 선택(Selector) 신호에 따라 출력단에 보내지는 장치로 데이터 선택기(Data selector)라고도 한다.

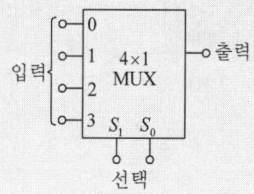

72

다음 중 멀티플렉서에 대한 설명으로 틀린 것은?

① 여러 개의 데이터 입력을 적은 수의 채널로 전송한다.
② n개의 입력선과 2^n개의 선택선으로 구성한다.
③ 선택선은 비트조합에 의해 입력 중 하나가 선택된다.
④ Data Selector라고도 할 수 있다.

[정답] ②
멀티플렉서는 2^n 개의 데이터 입력선과 n 개의 선택선, 그리고 1개의 출력선으로 구성된다.

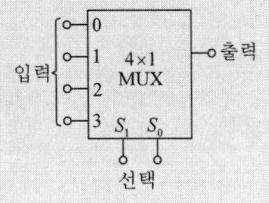

73

다음 중 멀티플렉서 표시기호를 옳은 것은?

①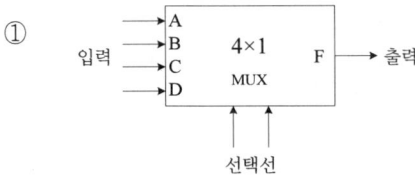

②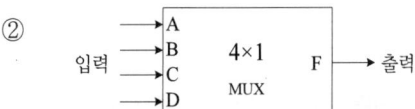

③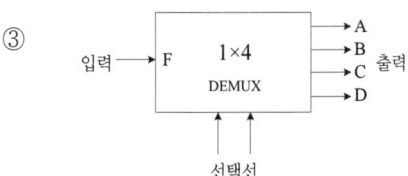

④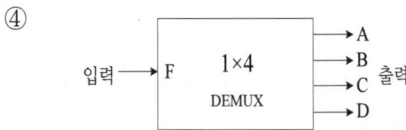

[정답] ①
멀티플렉서는 2^n 개의 데이터 입력선과 n 개의 선택선, 그리고 1개의 출력선으로 구성된다.

74

다음과 같은 멀티플렉서 회로에서 제어입력 A와 B가 각각 1일 때 출력 Y의 값은?

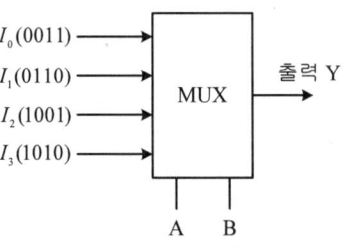

① 0011　　② 0110
③ 1001　　④ 1010

[정답] ④
제어입력에 따른 MUX 출력

A	B	출력 Y
0	0	0011
0	1	0110
1	0	1001
1	1	1010

75

다음 중 4×1 멀티플렉서를 구성하기 위하여 필요한 최소 gate 수로서 옳은 것은?

① Inverter 1개 + and gate 4개 + or gate 1개
② Inverter 3개 + and gate 3개 + or gate 2개
③ Inverter 1개 + and gate 3개 + or gate 2개
④ Inverter 2개 + and gate 4개 + or gate 1개

[정답] ④
4×1 멀티플렉서

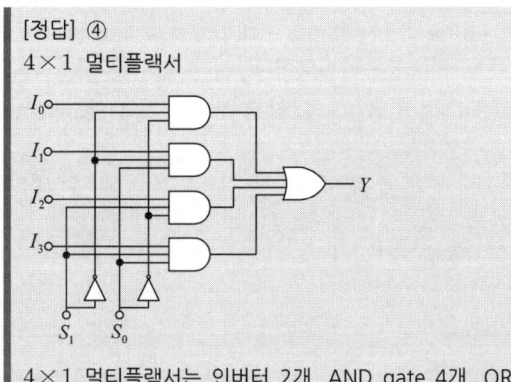

4×1 멀티플렉서는 인버터 2개, AND gate 4개, OR gate 1개 구성된다.

76

2개의 입력 데이터를 n개의 스트로브 제어신호를 이용하여 입력 데이터 중 1개를 선택하는 기능을 갖는 논리회로를 무엇이라고 하는가?

① 디멀티플렉서
② 디코더
③ 인코더
④ 멀티플렉서

[정답] ④
멀티플렉서는 데이터가 여러 개의 입력선으로부터 선택(Selector) 신호에 따라 출력단에 보내지는 장치로 데이터 선택기(Data selector)라고도 한다.

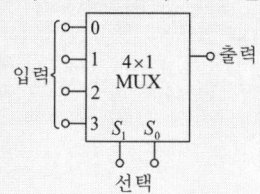

77

다음 중 인코더(Encoder)에 대한 설명으로 옳은 것은?

① 2진 코드형식의 신호를 출력 신호로 변환
② 해당 값에 맞는 번호에만 1을 출력하는 회로
③ 여러 가지 2진수의 덧셈기로 형성된 회로
④ 입력신호의 자료를 2진 코드로 변환

[정답] ④
인코더는 10진수나 8진수를 입력으로 받아들여 2진수 코드로 변환해주는 장치로 부호기라고도 한다. 2^n 개의 입력선과 n 개의 출력선을 가지며 OR게이트로 구성된다.

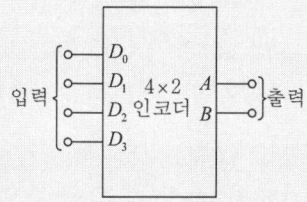

78

다음 그림과 같이 2^n개(0~7)의 10진수 입력을 넣었을 때, 출력이 2진수(000~111)로 나오는 회로의 명칭은?

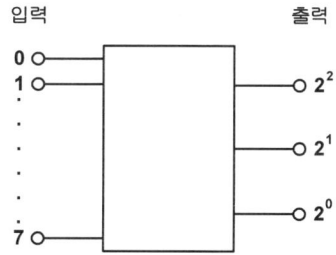

① 디코더 회로
② A-D 변환회로
③ D-A 변환회로
④ 인코더 회로

[정답] ④
인코더는 10진수나 8진수를 입력으로 받아들여 2진수 코드로 변환해주는 장치로 부호기라고도 한다. 2^n 개의 입력선과 n 개의 출력선을 가지며 OR게이트로 구성된다.

79

비교회로(Comparator)에 대한 설명 중 옳지 않은 것은?

① 2개의 입력을 비교하여 비교한 결과를 출력에 나타내는 회로이다.
② 출력의 종류는 3가지이다.
③ 2개의 입력이 같은 값일 때 출력은 배타적 NOR(XNOR)로 표시된다.
④ 2개의 입력이 다른 값일 때 출력은 배타적 OR(XOR)로 표시된다.

[정답] ④
비교기(Comparator)
비교기는 두 수 A 와 B 를 비교하여 그들의 상대적인 크기를 판단하는 조합 논리 회로로서 비교의 결과는 $A > B, A = B, A < B$ 를 나타내는 3개의 2진 변수로 구성된다. 2개의 입력에서 대소를 구분하여 3개의 출력을 구성할 수 있는 회로이다. 2개의 입력이 같은 값일 때 출력은 배타적 NOR (XNOR)로 표시 된다.

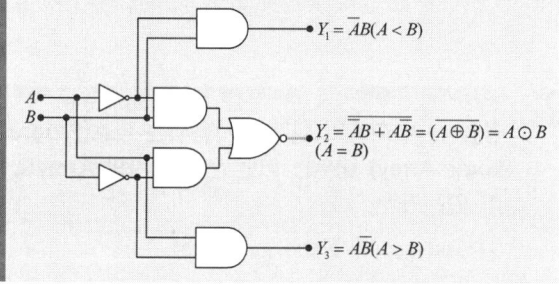

80

다음 중 X, Y 두 입력을 갖는 2진 비교기에 대한 내용으로 틀린 것은?

① X = Y일 때, $X \oplus \overline{Y}$
② X ≠ Y일 때, $X \oplus Y$
③ X > Y일 때, $X\overline{Y}$
④ X < Y일 때, $\overline{X}\,\overline{Y}$

[정답] ④
X < Y일 때, $\overline{X}Y$
X > Y일 때, $X\overline{Y}$
X = Y일 때, $X \oplus \overline{Y}$

81

3개의 입력 A, B, C 중 2개 이상이 1일 때 출력 Y가 1이 되는 다수결 회로의 논리식으로 맞는 것은?

① Y = AB+BC+AC
② Y = A⊕B⊕C
③ Y = ABC
④ Y = A+B+C

[정답] ①
다수결 회로는 "0" 과 "1"을 입력 값으로 받을 수 있는 A,B,C의 3개 입력을 가지고 있다. "1"의 개수가 "0"의 개수보다 많을 때 출력이 True(참)가 되는 회로이다.

A	B	C	Y
0	0	0	0
0	0	1	0
0	1	0	0
0	1	1	1
1	0	0	0
1	0	1	1
1	1	0	1
1	1	1	1

< 진리표 >

	00	01	11	10
0	0	0	1	0
1		1	1	1

< 카르노맵 >

Y = AB + BC + CA

82

응용 논리 회로의 설계에 사용되는 PLA(Programmed Logic Array) 내부는 어떤 논리 소자의 Array로 구성되어 있는가?

① And gate와 Nand gate array
② Or gate와 Nor gate array
③ Not gate와 Buffer gate array
④ And gate와 Or gate array

[정답] ④
PLA(Programmed Logic Array)회로 내부 구성 예

83

연산 논리 장치라 하며 CPU 내에서 모든 연산이 이루어지는 곳을 무엇이라고 하는가?

① LSI
② ALU
③ Accumulator
④ Flag Register

[정답] ②
산술논리 연산장치(ALU)
중앙처리장치의 일부로써 컴퓨터 명령어 내에 있는 연산자들에 대해 산술연산(+,-,×,÷)과 논리연산(AND, OR, XOR, NOT)을 수행한다.

8 응용논리회로

1 플리플롭 회로

01 다음 중 순서 논리 회로에 대한 설명으로 틀린 것은?
① 입력 신호와 순서 논리 회로의 현재 출력상태에 따라 다음 출력이 결정된다.
② 조합 논리 회로는 사용할 수 없다.
③ 순서 논리 회로의 예로 카운터, 레지스터 등이 있다.
④ 데이터의 저장 장소로 이용이 가능하다.

[정답] ②
순서 논리 회로는 현재의 입력상태 뿐만 아니라 기억소자 상태에 의해 출력이 결정되는 회로로, 이전의 입력상태를 저장할 수 있는 플립플롭 등과 같은 기억소자를 포함한다.

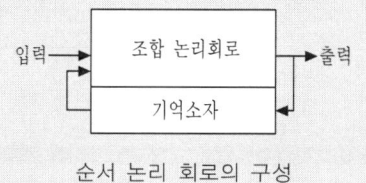

순서 논리 회로의 구성

02 다음 중 플립플롭(Flip-Flop)과 같은 동작하는 회로는?
① LC 발진기
② 수정 발진기
③ 쌍안정 멀티바이브레이터
④ 단안정 멀티바이브레이터

[정답] ③
플립플롭(F/F : Flip-Flop)은 쌍안정 멀티바이브레이터(Bistable multivibrator)의 다른 명칭으로 입력신호에 의해서 상태를 변경하라(Trigger)는 지시가 있을 때까지 현재의 2진 상태를 그대로 유지하는 회로이다.

03 다음에 열거하는 회로 중에서 일반적으로 플립플롭을 이용하여 구성하는 회로가 아닌 것은?
① 시프트 레지스터   ② 카운터
③ 분주기   ④ 전가산기

[정답] ④
전가산기는 AND Gate와 OR Gate로 구성되어 있다.

04 다음 회로에서 $S=1, R=0$이 인가되었을 때 Q와 $\overline{Q}$의 출력 상태는?

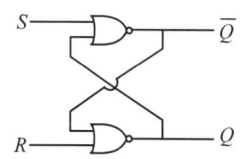

① $Q=0, \overline{Q}=1$ ② $Q=1, \overline{Q}=1$
③ $Q=0, \overline{Q}=0$ ④ $Q=1, \overline{Q}=0$

[정답] ④
S-R 래치 회로

S	R	Q_{n+1}	$\overline{Q_{n+1}}$	상태
0	0	Q_n	$\overline{Q_n}$	변화없음
0	1	0	1	SET
1	0	1	0	RESET
1	1	부정	부정	사용 금지

05 에지 트리거 J-K플립플롭의 논리기호로 옳은 것은?

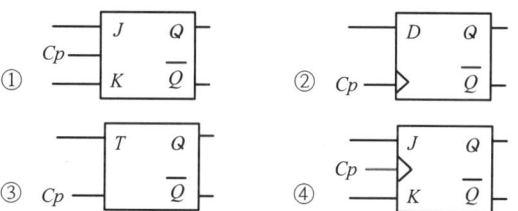

[정답] ④
에지 트리거 플립플롭은 클럭 신호가 전이되는 순간에만 동작한다.

06 JK 플립플롭에서 입력 $J=0$, $K=1$ 이고, 클록 펄스가 인가되면 Q_{t+1} (입력 후의 값)의 출력상태는?
① 0   ② 1
③ 반전   ④ 부정

[정답] ①
JK 플립플롭 동작
① $J=0, K=0$ 일 때 : 현재 상태 $Q(t)$ 유지
② $J=0, K=1$ 일 때 : 리세트 $Q(t+1)=0$
③ $J=1, K=0$ 일 때 : 세트 $Q(t+1)=1$
④ $J=1, K=1$ 일 때 : 반전 $Q(t+1)=\overline{Q}(t)$

07
JK플립플롭(Flip-Flop)이 정상적으로 동작할 때, 두 입력 J와 K값이 1이고, 클럭(Clock)이 인가될 경우 출력 상태는?
① Set ② Reset
③ Toggle ④ 동작불능

[정답] ③
JK 플립플롭 동작
① $J=0, K=0$ 일 때 : 현재 상태 $Q(t)$ 유지
② $J=0, K=1$ 일 때 : 리세트 $Q(t+1)=0$
③ $J=1, K=0$ 일 때 : 세트 $Q(t+1)=1$
④ $J=1, K=1$ 일 때 : 반전 $Q(t+1)=\overline{Q(t)}$

08
JK플립플롭에서 토글(Toggle)이 기능이 되기 위한 J, K의 각각 입력은?
① $J=0, K=0$ ② $J=0, K=1$
③ $J=1, K=0$ ④ $J=1, K=1$

[정답] ②
J-K F/F 동작

J_n K_n	Q_n+1
0　0	Q_n(불변)
0　1	0(Clear)
1　0	1(Set)
1　1	$\overline{Q_n}$(반전, Toggle)Toggle

09
J-K 플립플롭에서 2개의 입력이 똑같이 1이고 클록펄스가 계속 들어오면 출력은 어떤 상태가 되는가?
① Set ② Reset
③ Toggling ④ 동작불능

[정답] ③
JK 플립플롭은 $J=1, K=1$일 때는 토글(Toggle : inversion) 작용을 수행한다.

J_n K_n	Q_n+1
0　0	Q_n(불변)
0　1	0(Clear)
1　0	1(Set)
1　1	$\overline{Q_n}$(반전, Toggle)Toggle

10
다음 J-K 플립플롭의 여기표(Excitation Table)의 각각 괄호 안에 맞는 답은? (단, X는 Don't care를 의미하며, J-K 플립플롭의 이전 값은 초기화된 것으로 가정한다.)

Q(t)	Q(t+1)	J	K
0	0	(ㄱ)	X
0	1	(ㄴ)	X
1	0	(ㄷ)	1
1	1	X	0

① (ㄱ) = 1, (ㄴ) = X, (ㄷ) = 0
② (ㄱ) = 0, (ㄴ) = X, (ㄷ) = 1
③ (ㄱ) = 0, (ㄴ) = 1, (ㄷ) = X
④ (ㄱ) = 1, (ㄴ) = 0, (ㄷ) = X

[정답] ③
J-K 플립플롭의 여기표(Excitation Table)

Q(t)	Q(t+1)	J	K
0	0	0	X
0	1	1	X
1	0	X	1
1	1	X	0

11
다음 중 마스터-슬레이브 플립플롭으로 해결할 수 있는 현상으로 알맞은 것은?
① Toggle 현상 ② Race 현상
③ Storage 현상 ④ Hogging 현상

[정답] ②
마스터 슬레이브(Master/Slave)플립플롭은 2개의 RS 플립플롭이 직렬로 연결된 회로로서 출력은 클럭펄스가 0으로 복귀할 때까지는 변화되지 않는다. 이 회로는 클럭펄스가 1일 때 출력 상태가 변화되면 입력 측에 변화를 일으켜 오동작이 발생되는 현상(Race 현상)을 해결 할 수 있다.

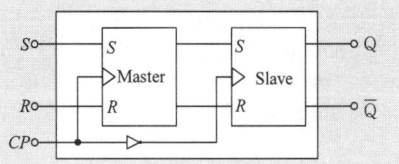

12

J-K 플립플롭을 이용하여 T 플립플롭을 구현한 것으로 옳은 것은?

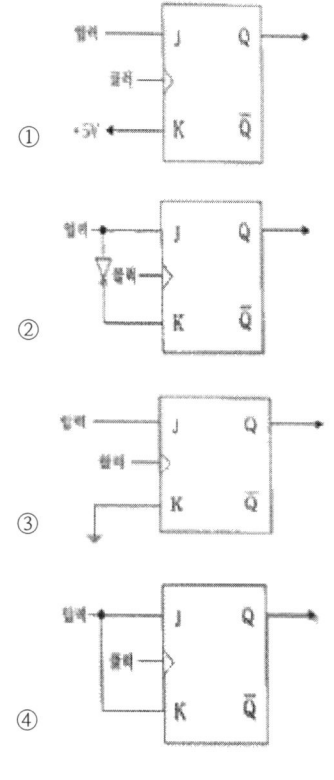

[정답] ④
클럭펄스가 들어올 때마다 입력 상태가 반전(Toggle : inversion)되어 나타난다.

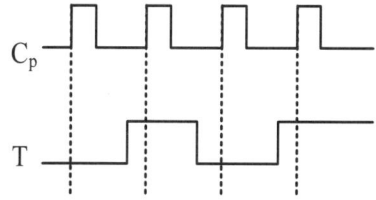

13

다음과 같은 파형을 클록(Cp)형 T 플립플롭에 가하였을 때, 출력 파형으로 맞는 것은? (단, T 플립플롭은 상승 엣지(Edge)에서 동작하고 클록이 입력되기 전의 T 플립플롭의 출력은 0 이다.)

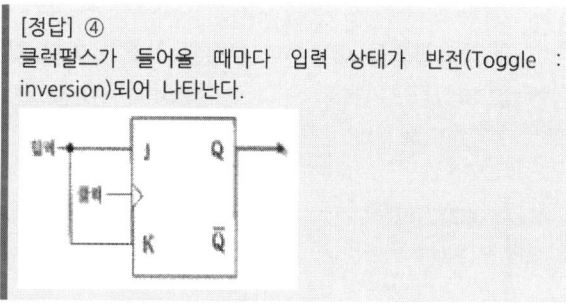

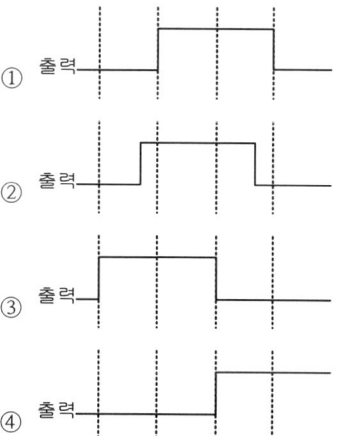

[정답] ①
T(Toggle)플립플롭

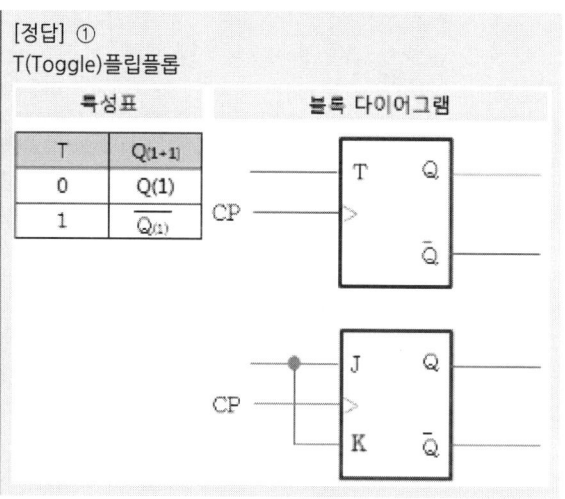

14

다음 회로에서 Y는 어떤 파형이 출력되는가? (단, 입력은 64[kHz] 구형파이다.)

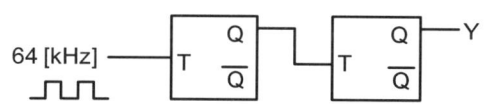

① 32[kHz] 구형파　② 24[kHz] 구형파
③ 16[kHz] 구형파　④ 8[kHz] 구형파

[정답] ③
T 플립플롭은 2분주 기능을 가지고 있다.
2단 T형 플립플롭 사용 시 출력 주파수
$$F_0 = \frac{64\,kHz}{2^3} = 16[kHz]$$

15 다음 그림의 회로에서 주파수가 1,024[kHz]인 디지털 신호가 입력되었을 경우 최종 출력주파수(Fo)는 얼마인가?

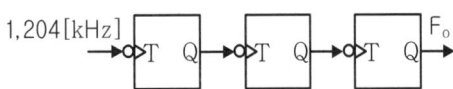

① 512[kHz] ② 256[kHz]
③ 128[kHz] ④ 64[kHz]

[정답] ③
T 플립플롭은 2분주 기능을 가지고 있다.
3단 T형 플립플롭 사용 시 출력 주파수
$F_0 = \dfrac{1,024\,kHz}{2^3} = 128[kHz]$

16 3개의 T 플립플롭이 직렬로 연결되어 있다. 첫 단에 1,000[Hz]의 입력신호를 인가하면 마지막 단 플립플롭의 출력신호는?

① 3,000[Hz] ② 333[Hz]
③ 167[Hz]   ④ 125[Hz]

[정답] ④
T 플립플롭은 2분주 기능을 가지고 있다.
3단 T형 플립플롭을 사용 시 출력 주파수
$F_0 = \dfrac{1,000\,Hz}{2^3} = 125[Hz]$

17 다음 논리회로도가 나타내는 플립플롭회로는 무엇인가?

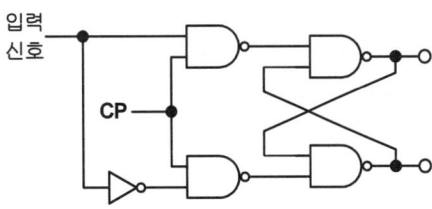

① T 플립플롭   ② D 플립플롭
③ J-K 플립플로   ④ S-R 플립플롭

[정답] ②
RS 플립플롭에서 R과 S간에 인버터를 넣으면 D 플립플롭이 된다.

18 다음 중 RS 플립플롭으로 구현된 D 플립플롭 회로는?

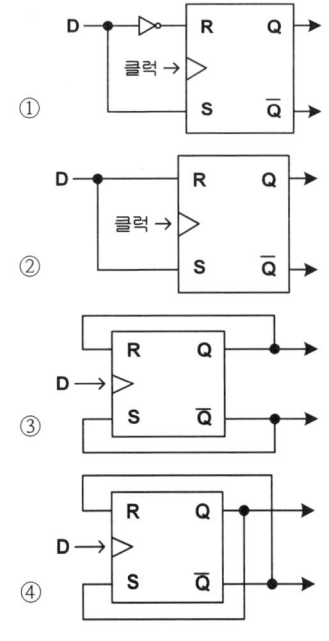

[정답] ①
RS 플립플롭에서 R과 S간에 인버터를 넣으면 D 플립플롭이 된다.

19 D 플립플롭을 이용하여 구성된 회로가 아닌 것은?

① 8비트 레지스터   ② 4비트 쉬프트 레지스터
③ 15진 카운터   ④ BCD 컨버터

[정답] ④
D 플립플롭
① D 플립플롭은 Data 일시 기억장치로 사용된다.
② D 플립플롭은 레지스터, 카운터 등에 사용된다.

2 계수기

20 다음 중 카운터에 관한 설명으로 틀린 것은?

① 토글(T) 플립플롭의 원리를 이용한다.
② MOD-N 카운터는 모듈러스가 N이다.
③ 동기식 카운터는 고속에 주로 사용된다.
④ 플립플롭이 4개라면 계수는 4가지의 경우가 존재한다.

[정답] ④
계수기에서 플립플롭 회로의 수를 n이라 한다면 2^n개까지의 상태의 수를 가진 계수기 구성이 가능하다.
플립플롭이 4개라면 계수는 16가지의 경우가 존재한다.
∴ $2^4 = 16$

21 다음 중 비동기식 카운터와 관계없는 것은?

① 고속계수 회로에 적합하다.
② 리플 카운터라고도 한다.
③ 회로 설계가 동기식보다 비교적 용이하다.
④ 전단의 출력이 다음 단의 트리거 입력이 된다.

[정답] ①
비동기식 카운터는 리플 카운터라 하며, 이 카운터는 전단에 있는 플립플롭의 출력을 받아 다음 단 플립플롭을 동작시키도록 연결되어 있다. 회로는 간단하나 동작속도는 느린 단점이 있다.

22 다음 중 비동기식 계수기에 관한 설명으로 틀린 것은?

① Ripple Counter는 비동기식 계수기이다.
② 전단의 출력이 다음 단의 트리거로 작용한다.
③ 각 단의 지연이 거의 없어 반응이 비교적 빠른 계수기이다.
④ 상향 또는 하향으로 설계할 수 있다.

[정답] ③

23 다음 중 비동기식 카운터에 대한 설명으로 틀린 것은?

① 동기식 카운터에 비해 입력신호의 전달지연시간이 길다.
② 동기식에 비해 논리상의 오차 발생비율이 낮다.
③ 구조상으로 동기식에 비해 회로가 간단하다.
④ 같은 클럭펄스에 의해 트리거 된다.

[정답] ④
비동기 카운터 : 전단 플립플롭 클럭펄스에 의해 트리거
동기 카운터 : 같은 클럭펄스에 의해 플립플롭 트리거

24 다음 중 동기식 카운터와 가장 관계가 없는 것은?

① 리플 카운터라고도 한다.
② 동일 클록으로 동작한다.
③ 고속 카운팅에 적합하다.
④ 회로 설계 시 주의를 요한다.

[정답] ①
비동기식 카운터는 그 동작 상태가 차례차례 잔 물결처럼 펴져 나가는 동작을 하기 때문에 리플 카운터(Ripple Counter)라고도 부른다.
동기식 카운터는 하나의 공동 클럭 펄스에 의해서 플립플롭들이 트리거(Trigger)되므로 모든 플립플롭의 상태가 동시에 변화한다. 동기식 카운터는 각 플립플롭이 같은 시간에 트리거되어 카운터하므로 병렬 계수기(Parallel Counter)라고도 부른다.

25 다음 중 비동기식 카운터의 플립플롭 구성에 대한 설명으로 틀린 것은?

① 플립플롭 2개를 사용하여 16진 카운터 계수를 나타낸다.
② T플립플롭으로 구성한다.
③ J-K플립플롭으로 구성할 때 입력 J=K=1로 한다.
④ T플립플롭으로 구성할 때 입력 T=1로 하여 Toggle상태로 한다.

[정답] ①
N진 카운터 설계 시 필요한 플립플롭의 개수 n
$2^{n-1} \leq N \leq 2^n$
플립플롭을 2개 사용하면 4진 카운터까지 설계 가능하다.

26 동기식 순서 논리 회로를 바르게 설명한 것은 다음 중 어느 것인가?

① 여러단의 순서 논리 회로가 한 개의 클록 신호를 공동 이용하여 동작하는 회로
② 여러단의 순서 논리 회로가 전단의 출력 신호를 이용하는 회로
③ 여러단의 순서 논리 회로가 여러 개의 클록 신호를 이용하는 회로
④ 여러단의 순서 논리 회로가 클록과 출력 신호와는 무관하게 동작하는 회로

[정답] ①
동기식 카운터는 하나의 공동 클럭 펄스에 의해서 플립플롭들이 트리거(Trigger)되므로 모든 플립플롭의 상태가 동시에 변화한다.

27 D 플립플롭을 이용하여 26진 상향 비동기식 계수기를 설계하려고 한다. D플립플롭은 최소 몇 개가 필요한가?

① 26개   ② 13개
③ 7개   ④ 5개

[정답] ④
N진 카운터 설계 시 필요한 플립플롭의 개수 n은 $2^{n-1} \leq N \leq 2^n$에서 구할 수 있다.
N=26이므로 n=5, 즉 5개의 플립플롭이 필요하다.

28 2진 4단 리플 카운터는 몇 개의 펄스를 계수할 수 있는가?

① 4개   ② 8개
③ 16개   ④ 32개

[정답] ③
계수기에서 플립플롭 회로의 수를 n이라 한다면 2^n개까지의 상태의 수를 가진 계수기 구성이 가능하다.
플립플롭이 4개라면 계수는 16가지의 경우가 존재한다.
$\therefore 2^4 = 16$

29 25:1의 리플 카운터를 설계하고자 한다. 최소한 몇 개의 플립플롭이 필요한가?

① 4개   ② 5개
③ 6개   ④ 7개

[정답] ②
리플 카운터를 이용한 N진 카운터 설계에서 필요한 F/F수 n은 $2^{n-1} \leq N \leq 2^n$ 관계에서 $2^4 \leq 25 \leq 2^5$이므로 최소한 5개의 플립플롭이 필요하다.

30 5비트 리플 카운터(Ripple Counter)의 입력에 4[MHz]의 구형파를 인가할 때 최종단 플립플롭의 주파수는?

① 125[kHz]   ② 25[kHz]
③ 500[kHz]   ④ 800[kHz]

[정답] ①
T 플립플롭은 2분주 기능을 가지고 있다. 플립플롭의 개수를 n이라고 하면 출력 신호는 $\dfrac{입력주파수}{2^n}$이 된다.
$\therefore$ 출력주파수 $= \dfrac{1 \times 10^6}{2^5} = 125\text{k[Hz]}$

31 다음 논리회로도가 나타내는 카운터는 무엇인가?

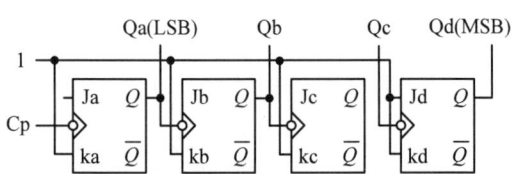

① 4비트 2진 상향카운터
② 4비트 2진 하향카운터
③ 4비트 2진 상향/하향카운터
④ 4비트 mod-2진 카운터

[정답] ①
4개의 플립플롭이 연결되어 만들어진 비동기식 16진 상향 카운터이다. 회로는 간단하나 동작속도는 느린 단점이 있다.

32 4비트 5진계수기의 상태를 올바르게 나타낸 것은?

① 0000→0001→0010→0011→0100→0000
② 0000→0001→0010→0100→1000→1001
③ 0001→0010→0011→0100→0101→0000
④ 0001→0010→0100→1000→1001→0000

[정답] ①
0000→0001→0010→0011→0100→0000
　0　　 1　　 2　　 3　　 4　　 0

33
듀얼 J-K플립플롭인 74HC76을 이용한 카운터회로를 제작하여 출입문을 통과하는 인원을 파악하려고 한다. 최대 1000명을 계수하기 위해서 최소한 몇 개의 IC가 필요한가?

① 4개 ② 5개
③ 8개 ④ 10개

[정답] ②
리플 카운터를 이용한 n진 카운터 설계에서 필요한 F/F수 N은 $2^{n-1} \leq N \leq 2^n$ 관계에서 $2^9 \leq 1000 \leq 2^{10}$이므로 최소한 10개의 플립플롭이 필요하다. 1개의 74HC76에는 2개의 J-K F/F가 있기 때문에 최소한 5개의 F/F가 필요하다.

34
다음 중 카운터를 사용할 수 있는 응용 사례가 아닌 것은?

① Timer
② 기본 펄스 주파수의 체배
③ 기본 펄스 주파수의 분주
④ 펄스 진폭의 증폭

[정답] ④
펄스진폭의 증폭은 증폭기를 사용해야 한다.

35
다음은 디지털 시계의 블록 다이어그램이다. 괄호 안에 들어갈 알맞은 항목은 무엇인가?

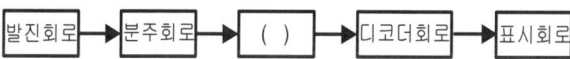

① 플립플롭 회로 ② 카운터 회로
③ 증폭 회로   ④ 드라이브 회로

[정답] ②
괄호안에는 발진회로의 분주된 클럭신호를 계수하는 카운터회로가 필요하다.

36
다음 중 레지스터(Register)의 기능으로 맞는 것은?

① 펄스 신호의 발생
② 데이터의 일시 저장
③ 인터럽트(Interrupt) 제어
④ 클럭(Clock) 회로의 동기

[정답] ②
하나의 플립플롭은 1개의 2진 정보를 기억할 수 있는 기억소자의 역할을 한다. 이러한 2진 정보를 기억하기에 적합한 플립플롭들의 집합을 레지스터라 한다. 따라서 n비트의 레지스터는 n개의 플립플롭으로 구성되며 n비트로 된 2진 정보를 기억할 수 있다. 레지스터는 입력된 정보를 그대로 기억하는 역할을 하므로 통상 D 플립플롭을 사용하여 구성한다.

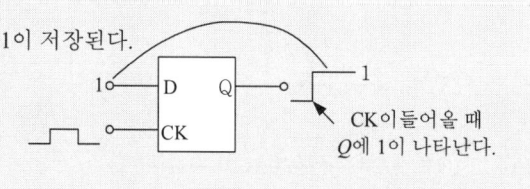

37
다음 중 레지스터의 주 기능에 해당하는 것은?

① 스위칭 기능   ② 데이터의 일시 저장
③ 펄스 발생기   ④ 회로 동기장치

[정답] ②
레지스터는 데이터를 일시 저장하는 버퍼회로와 Delay회로를 구성할 수 있다.

38
다음 중 레지스터의 기능으로 옳은 것은?

① 펄스 발생기이다.   ② 카운터의 대용으로 쓰인다.
③ 회로를 동기시킨다.   ④ 데이터를 일시 저장한다.

[정답] ④
레지스터는 데이터를 일시 저장하는 기능을 가지고 있다.

39
일반적으로 카운터(counter)와 시프트 레지스터(shift register)의 차이점을 가장 잘 표현한 것은?

① 카운터에는 특정한 상태 순서가 있으나, 시프트 레지스터는 상태 순서가 없다.
② 카운터에는 특정한 상태 순서가 없으나, 시프트 레지스터는 상태 순서가 있다.
③ 카운터와 시프트 레지스터는 데이터의 이동 기능이 주된 목적이다.
④ 카운터와 시프트 레지스터는 데이터의 저장 기능이 주된 목적이다.

[정답] ①
카운터와 시프트레지스터

카운터	시프트 레지스터
2진수의 특정한 상태 순서를 가진 순서논리회로	2진 정보를 한방향 또는 양방향으로 이동시킬 수 있는 순서논리회로

40
다음 회로도의 명칭으로 옳은 것은?

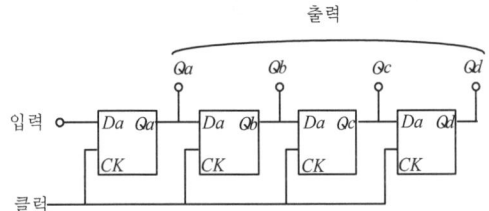

① 병렬입력-직렬출력 시프트레지스터
② 병렬입력-병렬출력 시프트레지스터
③ 직렬입력-직렬출력 시프트레지스터
④ 직렬입력-병렬출력 시프트레지스터

[정답] ④
직렬입력-병렬출력 시프트레지스터이다.

41
n비트 직렬입력-직렬출력 레지스터를 이용하여 시간 지연 회로를 구성할 때, 4비트 레지스터를 사용하였다면 Time Delay는 얼마인가? (단, 클럭 주파수는 $1[\text{MHz}]$이다)

① $1[\mu s]$ ② $2[\mu s]$
③ $3[\mu s]$ ④ $4[\mu s]$

[정답] ③
nbit의 직렬입력-직렬출력 레지스터를 사용하면 출력펄스는 입력에 가해진 펄스보다 (n-1)T 만큼 지연 되어 나타난다.
T(주기) = $\frac{1}{1MHz}$ = $1[\mu s]$
따라서 출력펄스는 입력펄스보다
(n-1)T = (4-1)1[μs] = 3[μs] 지연되어 나타난다.

42
난수 발생 회로에서 n비트의 레지스터를 사용할 경우 발생하는 난수는 몇 개인가?

① $n-1$ 개   ② 2^n-1 개
③ 2^n+1 개   ④ $n+1$ 개

[정답] ②
난수발생회로에서 주기는 다음과 같다.
$N = 2^n - 1$, (n : register 단수)

43
시프트 레지스터 출력을 입력에 되먹임시킴으로써 클록 펄스가 가해지면 같은 2진수가 레지스터 내부에서 순환하도록 만든 계수기는?

① 링 계수기   ② 2진 리플 계수기
③ 동기형 계수기   ④ 업/다운 계수기

[정답] ①
링 카운터는 레지스터 출력을 입력에 되먹임시킴으로써 클록펄스가 가해지면 같은 2진수가 레지스터 내부에서 순환하도록 만든 시프트 레지스터(shift register)의 일종이다.

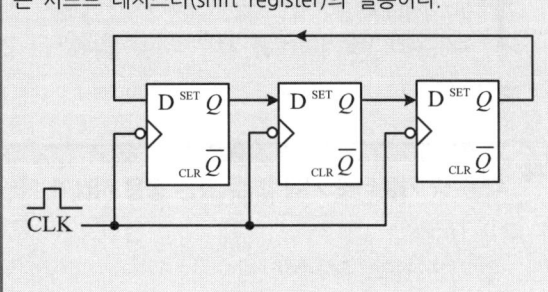

44
다음 그림과 같은 D형 플립플롭으로 구성된 카운터 회로의 명칭은?

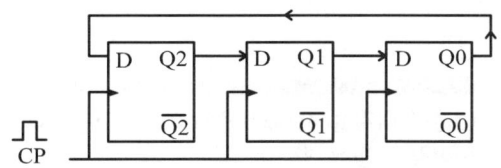

① 3진 링카운터   ② 6진 링카운터
③ 8진 시프트카운터   ④ 16진 시프트카운터

[정답] ①
링 계수기(Ring Counter)는 쉬프트 레지스터의 마지막단의 출력 Q(t)를 첫단에 궤환시킨 순환형 레지스터이다. 링 계수기 상태(MOD)의 수는 F/F 개수와 같으므로 3진 링카운터이다.

45
8비트의 링카운터를 설계할 때 최소로 필요한 플립플롭의 수는?

① 4   ② 8
③ 16   ④ 32

[정답] ②
링 계수기 상태(MOD)의 수는 F/F 개수와 같으므로 8비트 링카운터는 8개의 플립플롭이 필요하다.

46
다음 중 링 카운터에 대한 설명으로 틀린 것은?

① 입력 신호를 받을 때 마다 상태가 하나씩 다음으로 이동한 카운터이다.
② 각각의 상태마다 한 개의 플립플롭을 사용하는 카운터이다.
③ 디코딩게이트를 사용하지 않고 디코딩할 수 있다.
④ 특별한 순차를 만들고자 할 때 사용한다.

[정답] ④
특별한 순차를 만들고자 할 때는 존슨카운터와 같은 동기식 카운터를 사용한다.

47
다음 중 링 카운터와 존슨 카운터의 구성상 차이점은 무엇인가?

① 구성상의 차이점이 없다.
② 최종 출력에서 초단 입력으로 궤환 시킬 때 Q 또는 $\overline{Q}$ 공급 방법이 다르다.
③ 두 개의 카운터 모두 클록 신호를 Inverting 시킨다.
④ 두 개의 카운터 모두 각 단마다 Q와 $\overline{Q}$를 교차하면서 다음 단 카운터에 공급한다.

[정답] ②
시프트 레지스터 카운터는 링 카운터(Ring Counter)와 존슨 카운터(Johnson Counter)가 있다. 최종 출력에서 초단 입력으로 궤환시킬 때 Q로 궤환시키면 링카운터이고, 또는 $\overline{Q}$로 궤환시키면 존슨 카운터이다.

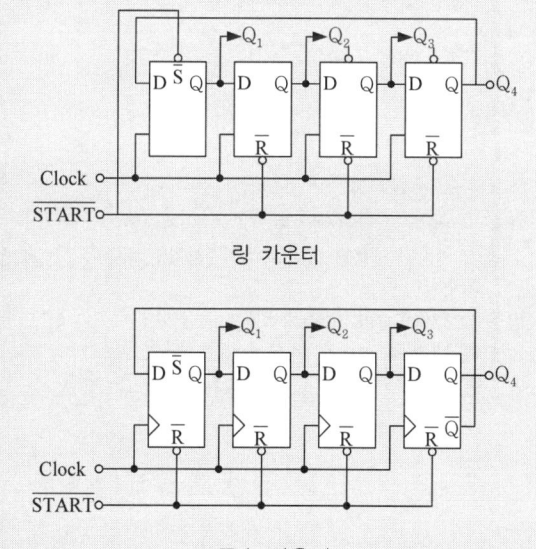

링 카운터

존슨 카운터

3 기억장치 회로

48
다음 중 전원이 차단되었을 때 데이터가 지워지는 소자는?

① EPROM(Erasable Programmable Read Only Memory)
② EEPROM(Electrically Erasable Programm-able Read Only Memory)
③ NVRAM(Non-volatile Random Access Memory)
④ SDRAM(Synchronous Dynamic Random Access Memory)

[정답] ④
ROM은 이미 저장되어 있는 내용을 읽어낼 수는 있으나 새로운 데이터를 저장할 수 없으며, 비휘발성 반도체 기억장치이다. SDRAM (Synchronous Dynamic Random Access Memory)은 콘덴서에 정보를 저장하므로 일정시간마다 주기적으로 리프레쉬를 해주어야 정보가 지워지지 않는다.

49
다음 중 기억상태를 읽는 동작만 할 수 있는 메모리는?

① ROM
② Address
③ RAM
④ Register

[정답] ①
ROM은 이미 저장되어 있는 내용을 읽어낼 수는 있으나 새로운 데이터를 저장할 수 없다.

50
기억된 정보를 보전하기 위하여 주기적으로 리플레시(refresh)를 해주어야만 하는 기억소자는?

① Dynamic ROM
② Static ROM
③ Dynamic RAM
④ Static RAM

[정답] ③
DRAM과 SRAM 비교

DRAM	SRAM
휘발성	휘발성
집적도가 높다.	집적도가 낮다.
저속 동작	고속 동작
Refresh 필요	Refresh 불필요

51
다음 중 DRAM의 구조에서 존재하지 않는 동작은 무엇인가?
① 쓰기 모드 ② 읽기 모드
③ 래치(Latch) ④ 재충전

[정답] ③
래치(Latch)는 1비트 일시 저장 기능을 가진 소자로 SRAM 구성소자이다. SRAM은 콘덴서에 일시 정보를 저장한다.

52
다음 중 메모리에 대한 설명으로 틀린 것은?
① SRAM(Static RAM)과 DRAM(Dynamic RAM)은 전원이 차단되면 데이터가 소멸된다.
② DRAM은 SRAM에 비해 데이터 저장 용량을 높이는데 용이하다.
③ SRAM은 DRAM에 비해 고속이다.
④ SRAM과 DRAM은 일정 주기마다 재충전이 필요하다.

[정답] ④
SDRAM (Synchronous Dynamic Random Access Memory)은 콘덴서에 정보를 저장하므로 일정시간마다 주기적으로 리프레쉬를 해주어야 정보가 지워지지 않는다.

53
16[bit] 데이터 버스와 10[bit] 주소버스를 갖고 있는 마이크로프로세서에 연결될 수 있는 최대 메모리 용량 [byte]은?
① 1,024[byte] ② 2,048[byte]
③ 4,096[byte] ④ 8,192[byte]

[정답] ②
메모리 용량 $= 16 \times 2^{10} = (2^4 \times 2^{10}) \div 2^3 = 2,048[byte]$

54
다음의 수행 내용은 메모리 쓰기 동작시 MAR(Memory AddressRegister)와 MBR(Memory Buffer Register)에 대한 순서를 나타내고 있다. 올바른 순서는 어느 것인가?

> ㉠ 쓰기 제어 신호 동작
> ㉡ 저장데이터를 MBR로 전송
> ㉢ 지정메모리의 주소를 MAR로 전송

① ㉠→㉡→㉢ ② ㉠→㉢→㉡
③ ㉡→㉠→㉢ ④ ㉢→㉡→㉠

[정답] ④
레지스터 기능
① MAR(메모리 주소 레지스터)
읽기와 쓰기 연산을 수행할 주기억장치 주소를 저장한다.
② MBR(메모리 버퍼 레지스터)
주기억장치에서 읽어온 데이터나 저장할 데이터를 임시 저장한다.
③ IR(명령어 레지스터)
현재 실행 중인 명령어를 저장한다.
④ PC(프로그램 카운터)
다음에 수행할 명령어 주소를 저장한다.
⑤ AC(누산기)
연산 결과를 임시 저장한다.

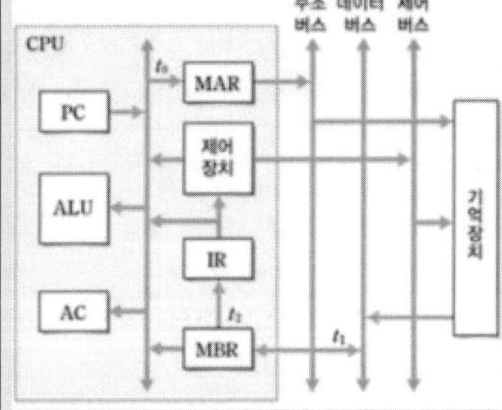

처리 과정
① PC에 저장된 주소를 MAR로 전달한다.
② 저장된 내용을 토대로 주기억장치의 해당 주소에서 명령어를 인출한다.
③ 인출한 명령어를 MBR에 저장한다.
④ MBR에 저장된 내용을 IR에 전달한다.
⑤ 다음 명령어를 인출하기 위해 PC값을 증가시킨다.

② 정보통신 기기

1. 정보단말기기 ··········
2. 정보전송기기 ··········
3. 음성 및 영상통신기기 ···
4. 무선통신기기 ············
5. 멀티미디어기기 ·········

········ **098**
········ **105**
········ **121**
········ **133**
········ **148**

정보통신산업기사 필기
영역별 기출문제풀이

1 정보단말기기

01 정보통신 시스템을 구성하는 기본요소 중에서 데이터 처리계에 해당하는 것은?
① 신호변환장치 ② 호스트컴퓨터
③ 통신제어장치 ④ 단말장치

[정답] ②
정보통신 시스템의 구성

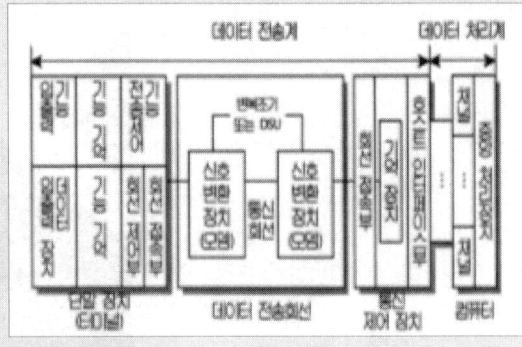

① 데이터 전송계
  ㉠ 기능 : 정보의 이동을 담당한다.
  ㉡ 구성 : 단말장치, 신호변환장치(회선 종단장치, MODEM, DSU), 데이터 전송회선, 통신 제어장치 (CCU), 통신회선
② 데이터 처리계
  ㉠ 기능 : 정보의 가공, 처리, 보관 등의 기능 수행, 통신처리, 정보처리를 담당한다.
  ㉡ 구성 : 컴퓨터(중앙처리장치, 주변장치)

02 다음 중 정보통신시스템의 구성 분류에서 데이터처리계(정보처리 시스템)에 해당되지 않는 것은?
① 중앙처리장치 ② 변복조장치
③ 기억장치 ④ 입출력장치

[정답] ②
데이터 처리계
① 기능 : 정보의 가공, 처리, 보관 등의 기능 수행, 통신처리, 정보 처리를 담당한다.
② 구성 : 컴퓨터(중앙처리장치, 기억장치, 주변장치)

03 다음 중 정보통신시스템의 구성 분류에서 정보 전송시스템에 해당되지 않는 것은?
① 통신회선 ② 변복조장치
③ 통신제어장치 ④ 중앙처리 장치

[정답] ④
데이터 전송계
① 기능 : 정보의 이동을 담당한다.
② 구성 : 단말장치, 신호변환장치(회선 종단장치, MODEM, DSU), 데이터 전송회선, 통신 제어장치 (CCU), 통신회선

04 다음 중 데이터 회선 종단장치에 해당되지 않는 것은?
① MODEM ② DSU
③ CSU ④ DTE

[정답] ④
회선종단장치(DCE:Digital Circuit Terminating Equipment)
아날로그 회선에서는 Modem, 디지털 회선에서는 DSU, CSU라 한다.
① 송수신 신호의 변환기능
② 전송신호의 동기제어
③ 전송조작 절차의 제어
④ 송수신 제어
⑤ 전송오류의 검출 및 정정

05 정보통신 데이터 처리기술의 일반적인 기능에 대한 설명으로 옳지 않은 것은?
① 데이터의 암호화
② 데이터의 통계화
③ 통신망에서 발견되는 오류 발견 및 정정
④ 전송 중인 데이터의 분실 발견 및 방지

[정답] ②
데이터의 통계화는 정보통신 데이터 처리기술의 일반적인 기능에 해당하지 않는다.

06 정보통신시스템의 설명으로 맞지 않은 것은?
① 컴퓨터 상호간을 통신회선으로 접속하여 정보처리를 하는 오프라인 시스템이다.
② 이용자와 정보통신시스템에서 데이터의 입출력을 담당하는 데이터 단말기가 있다.
③ 컴퓨터 상호간을 통신회선으로 접속하여 정보의 가공, 처리, 저장 등을 수행하는 정보처리시스템이 있다.
④ 단말기 또는 컴퓨터 상호간을 유기적으로 결합하여 어떤 목적이나 기능을 수행하기 위해 연결하는 정보전송회선으로 되어 있다.

[정답] ①
정보통신시스템은 컴퓨터 상호간을 통신회선으로 접속하여 정보처리를 하는 오프라인 시스템이다.

07

다음 중 정보단말기의 설명으로 옳지 않은 것은?

① 디지털 자료 전송시스템에서 자료를 만들거나 보내기 위한 기기이다.
② 디지털 자료 전송시스템에서 자료를 보내거나 받기 위한 기능을 수행하는 기기이다.
③ 통신망에서 정보가 입·출력되는 지점이다.
④ 통신망과 통신망이 연결되는 지점에서 통신망 제어를 위하여 사람이 조작하도록 한 기기이다.

[정답] ④
정보 단말기기기는 정보통신시스템에서 최종적으로 데이터를 보내거나 받는 기능을 수행하는 장치이다.

08

다음 중 데이터단말장치(DTE)의 기능이 아닌 것은?

① 데이터 입력기능   ② 데이터 출력기능
③ 데이터 송수신기능 ④ 데이터 변복조기능

[정답] ④
데이터 단말 장치(DTE : Data Terminal Equipment)
① DTE는 사용자의 정보를 신호로 변환하거나 수신한 신호를 재 변환하는 종단장비이다.
② DTE는 데이터 종단장치, 단말기기 및 부속설비를 의미한다.
③ 인간과 기계 사이에 위치하여 데이터를 입출력하고, 처리할 수 있는 기능을 갖는다.

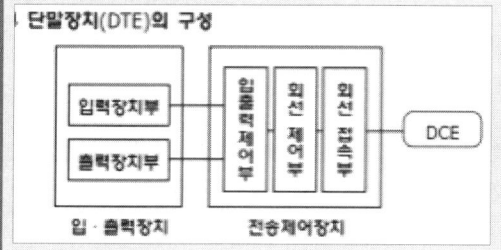

09

다음 중 정보단말기의 기능이 아닌 것은?

① 입·출력 변환 기능 ② 입·출력 제어 기능
③ 에러 제어 기능   ④ 신호 변환 기능

[정답] ④
신호 변환 기능은 DCE(회선 동단장치)기능이다.
정보단말기의 기능
① 입출력 제어기능
 정보 단말로 입력되는 신호를 검출하여 데이터를 입력하거나 출력하는 기능
② 에러 제어기능
 통신 장비간에 정해진 규약에 따라서 약속된 부호를 검출하여 에러가 발생한 데이터를 검출하고 정정하는 기능
③ 송수신 제어기능
 정해진 통신규약에 따라서 데이터를 송수신하도록 단말기를 제어하는 기능

10

다음 중 정보 단말기의 기능에 속하지 않는 것은?

① 송·수신 제어 기능 ② 출력 변환 기능
③ 에러 제어 기능   ④ 다중화 기능

[정답] ④
정보 단말기의 기능

입·출력 기능	전송 제어 기능
데이터 신호 (2진 신호)로 변환 또는 역변환	입·출력 제어 기능 에러 제어 기능 송·수신 제어 기능

11

다음 중 정보 단말기의 입·출력 기능에 속하는 것은?

① 입력변환 기능   ② 입·출력 제어기능
③ 에러제어 기능   ④ 송·수신 제어기능

[정답] ①
입출력기능은 인간이 식별 가능한 데이터(문자, 영상, 음성 등)를 통신 장비가 처리 가능한 2진 신호로 변환하거나 그 반대의 동작을 수행하는 기능

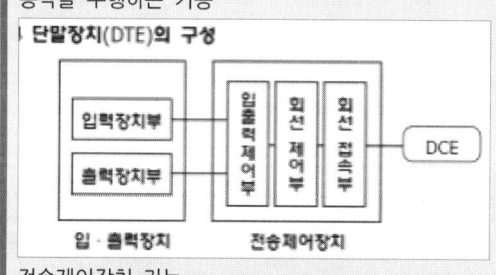

전송제어장치 기능
① 송·수신 제어기능
② 오류제어 기능
③ 입·출력 제어기능

12

정보 단말기의 입·출력 장치에 속하는 것은?

① 변·복조부   ② 회선 접속부
③ 오류처리부   ④ 출력 장치부

[정답] ④
정보단말기의 입·출력장치
입력장치부와 출력장치부로 구성

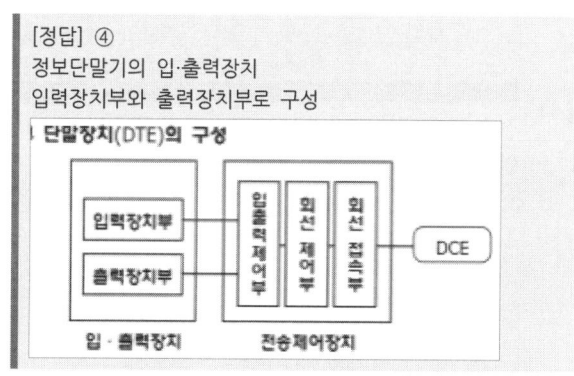

13
정보 단말기의 기능 중 사람이 식별 가능한 데이터를 통신 장비가 처리 가능한 2진 신호로 변환하거나 그 역(逆)을 행하는 기능은?

① 신호 변환 기능 ② 입·출력 기능
③ 송·수신 제어 기능 ④ 에러 제어 기능

[정답] ②
입·출력기능은 인간이 식별 가능한 데이터(문자, 영상, 음성 등)를 통신 장비가 처리 가능한 2진 신호로 변환하거나 그 반대의 동작을 수행하는 기능이다.

14
다음 중 출력장치의 기능에 대한 설명으로 알맞은 것은?

① 발생한 정보의 입력을 부호화하여 전기신호로 변환하는 것
② 입·출력 장치의 제어, 호스트 컴퓨터와의 정보교환 제어 등을 수행하는 것
③ 발생한 정보의 출력을 부호화하여 전기신호로 변환하는 것
④ 전기신호를 인간이 이해할 수 있는 형태로 출력하는 것

[정답] ④
출력 장치는 컴퓨터의 처리 결과를 데이터 또는 문자로 바꾸어 주는 장치로 CRT 화면, 프린터, 플로터등 이 있다.

15
데이터 통신시스템에서 범용 단말기로 사용되는 PC나 워크스테이션과 같은 데이터 통신 단말기의 기능으로 틀린 것은?

① 인간과의 인터페이스가 되는 입·출력 기능
② 통신회선을 거쳐서 컴퓨터와 통신하는 전송제어기능
③ 타 기종의 컴퓨터 액세스를 위하여 프로토콜을 변환하는 기능
④ 저장 장치를 갖추어 데이터를 축척하거나 간단한 처리를 하는 로컬 처리 기능

[정답] ③

16
전송 제어 장치(TCU)에서 입·출력 장치에 대한 직접적인 제어 및 상태를 감시하는 것은?

① 입·출력 제어부 ② 입·출력 장치부
③ 회선 접속부 ④ 회선 제어부

[정답] ①
전송 제어 장치(TCU)내의 입출력제어부는 입·출력 장치에 대한 직접적인 제어 및 상태를 감시하는 역할을 한다.

17
정보 단말기의 전송 제어 기능 중 입력되는 신호를 검출하여 데이터를 입력하거나 출력하는 기능은?

① 입·출력 기능
② 에러 제어 기능
③ 입·출력 제어 기능
④ 송·수신 제어 기능

[정답] ③
전송제어기능
① 송·수신 제어기능
② 오류제어 기능
③ 입·출력 제어기능
입출력기능은 인간이 식별 가능한 데이터(문자, 영상, 음성 등)를 통신 장비가 처리 가능한 2진 신호로 변환하거나 그 반대의 동작을 수행하는 기능이다.

18
정보 단말기의 기능 중 통신 장비 간의 약속된부호를 송수신하여 에러 검출 및 정정하는 기능은?

① 입·출력 제어 기능 ② 다중화 제어 기능
③ 송·수신 제어 기능 ④ 에러 제어 기능

[정답] ④
전송제어장치내의 회선제어부에서 통신 장비간에 정해진 규약에 따라서 약속된 부호를 검출하여 에러가 발생한 데이터를 검출하고 정정하는 기능을 수행한다.

19
정보통신 시스템에서 데이터 전송 시에 발생하는 에러의 검출, 정정 등을 담당하는 장치는?

① 전송 제어 장치 ② 회선 제어 장치
③ 신호 제어 장치 ④ 중앙 처리 장치

[정답] ①
전송제어장치
① 터미널과 정보 전송회선에 링크가 확립되면 전송절차에 따라 정확한 송수신을 위한 기능을 하는 장비
② 입출력제어, 에러제어, 송수신제어 등을 수행

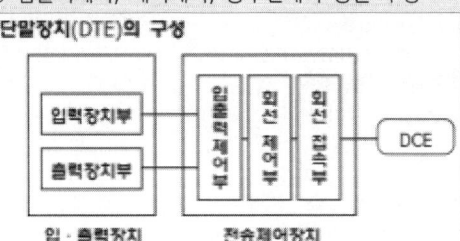

20

전송 제어 장치(TCU)에서 회선 접속부를 통해 들어온 데이터를 직렬과 병렬 신호로 변환하는 것은?

① 신호 변환부
② 직·병렬 신호부
③ 회선 제어부
④ 입·출력 장치부

[정답] ③
전송제어장치 (TCU)
① 데이터 전송시에 발생되는 에러를 검출/정정 하는 장치이다
② 회선 접속부 : 변복조기의 인터페이스
③ 회선 제어부 : 데이터의 조립, 분해, 에러제어
④ 입·출력 제어부 : 입출력장치를 직접 제어

21

전송제어장치에서 회선접속부의 기능에 대한 설명으로 옳은 것은?

① 모뎀의 인터페이스 제어
② 오류검출부호의 생성과 수신 데이터의 오류검출
③ 송수신 데이터의 기억
④ 컴퓨터와의 데이터 전송제어

[정답] ①
전송제어장치 (TCU)
① 데이터 전송 시 발생되는 에러를 검출/정정하는 장치이다
② 회선 접속부 : 변복조기의 인터페이스
③ 회선 제어부 : 데이터의 조립, 분해, 에러제어
④ 입·출력 제어부 : 입출력장치를 직접 제어

22

정보 단말기 중 회선 접속부의 기능이 아닌 것은?

① 병렬 Data를 직렬로 변환 기능
② 2진 비트열로 변환 기능
③ 직렬 Data를 병렬로 변환 기능
④ 전송제어문자나 부호의 식별 기능

[정답] ④
회선접속부는 단말장치와 전송회선을 연결

23

전송 제어 장치(TCU)의 구성요소 중 회선 접속부를 통해 들어온 데이터를 직렬과 병렬 신호로 변환하는 것은?

① 신호 변환부
② 직·병렬 신호부
③ 회선 제어부
④ 입·출력 장치부

[정답] ③
전송 제어장치(TC : Transmission Control)
가. 회선 접속부
 ① 터미널과 데이터 전송회선을 연결해주는 부분(물리적 연결)
 ② 터미널 내부의 전기적 신호와의 상호변환 역할
나. 회선제어부
 ① 회선 접속부를 통해 들어온 데이터의 직·병렬 변환
 ② 문자의 조립과 분해 또는 데이터 버퍼링(Buffering)
 ③ 에러제어 등의 전송제어 역할
다. 입출력 제어부
 ① 입출력 장치들을 직접 제어 및 감시 역할

24

DTE와 DCE를 상호 연결하기 위해 기계적, 전기적, 기능적, 절차적인 조건들을 표준화한 것은?

① 토폴로지
② DCE 아키텍처
③ DTE/DCE 인터페이스
④ 참조 모형

[정답] ③
DTE와 DCE의 인터페이스
① 전기적 특성 : 전압수준과 전압변화
② 기계적 특성 : 물리적인 연결특성
③ 기능적 특성 : 통제, 타이밍모드 수행
④ 절차적 특성 : 데이터 전송을 위한 절차

25

DTE와 DCE 사이의 인터페이스에 대한 중요 특성으로 틀린 것은?

① 절차적 특성
② 전기적 특성
③ 기능적 특성
④ 사회적 특성

[정답] ④
DTE와 DCE의 인터페이스
① 전기적 특성 : 전압수준 과 전압변화
② 기계적 특성 : 물리적인 연결특성
③ 기능적 특성 : 통제, 타이밍모드 수행
④ 절차적 특성 : 데이터 전송을 위한 절차

26. DTE와 DCE 간의 인터페이스 특성 중 전기적인 특성에 관한 것은?

① 상호 접속회로의 커넥터 핀수와 치수 등을 규정한 것이다.
② 상호 접속회로의 전압레벨과 관계되는 특성을 규정한 것이다.
③ 상호 접속회로에 나타나는 정보신호와 관계된 특성을 규정한 것이다.
④ 상호 접속회로에 나타나는 제어신호와 관계된 특성을 규정한 것이다.

[정답] ②
DTE와 DCE의 인터페이스
① 전기적 특성 : 전압수준과 전압변화
② 기계적 특성 : 물리적인 연결특성
③ 기능적 특성 : 통제, 타이밍모드 수행
④ 절차적 특성 : 데이터 전송을 위한 절차

27. DTE와 DCE 간의 인터페이스 중 기계적 특성을 설명한 것은?

① DTE와 DCE 간의 물리적 연결에 관한 규정
② DTE와 DCE를 연결하는 각 단자의 전기적 기능을 규정
③ 신호의 전압레벨과 전압변동의 타이밍과 관련된 규정
④ 기능적 특성을 기준으로 데이터를 전송하기 위해 단자 간에 주고받는 신호의 순서 규정

[정답] ①
DTE 와 DCE의 인터페이스
① 전기적 특성 : 전압수준 과 전압변화
② 기계적 특성 : 물리적인 연결특성
③ 기능적 특성 : 통제, 타이밍모드 수행
④ 절차적 특성 : 데이터 전송을 위한 절차

28. ITU-T X 시리즈 권고 인터페이스 규약 중 X.21에 해당하는 것은?

① 공중 데이터망에서의 국제적인 사용자 서비스 클래스의 규약
② 공중 데이터망의 국제적인 사용자 설비의 규약
③ 공중 데이터망에서의 동기식 전송을 위한 DTE와 DCE 간의 인터페이스 규약
④ 공중 데이터망에서 패킷모드로 동작하는 단말기의 DTE와 DCE 간의 인터페이스 규약

[정답] ③
V 시리즈와 X 시리즈

V 시리즈		X 시리즈	
아날로그 회선전용		디지털 회선전용	
V.25	공중회선	X.20	비동기식 DTE to DCE
V.24	DCE to DTE	X.21	동기식 DTE to DCE
		X.25	패킷형 DTE to DCE

29. 다음 중 공중데이터망에서 ITU-T의 DTE/DCE간의 인터페이스 표준규격은?

① V.21
② V.26
③ X.24
④ X.27

[정답] ③
X.24는 공중 데이터 네트워크에서 사용되는 DTE와 DCE 사이의 인터페이스 회선에 대한 규격이다.

30. 다음 중 데이터 통신시스템에서 통신제어장치의 주요기능은?

① 모뎀과 통신회선을 연결하는 기능 수행
② 데이터 단말장치와 전송회선을 연결하는 기능 수행
③ 컴퓨터와 전송회선 사이에 위치하여 각종 제어기능 수행
④ 데이터 단말장치와 다중화장비를 연결하는 기능 수행

[정답] ③
통신제어장치(CCU : Communication Control Unit)
(1) 역할
통신회선과 CPU를 결합시키는 장치이고, Computer의 CPU와 데이터 전송회선 사이에서 이들을 전기적으로 연결시켜 준다.
(2) 기능
① 회선제어 : 모뎀(Modem) 등을 제어
② 동기 제어 : 비트, 문자 등의 동기를 제어
③ 전송 제어 : 단말마다 정해져 있는 프로토콜을 실행하는 제어
④ 오류 제어 : 통신 회선상에서 발생하는 오류를 검출하고 정정하는 제어
⑤ 버퍼 제어 : 통신회선에 송신하는 데이터 또는 통신회선에서 수신한 데이터를 일시적으로 보관하는 제어
⑥ 흐름 제어 : 단말 장치, 중계 장치 버퍼에서의 데이터의 폭주를 방지하기 위한 제어

31. 다음 중 통신 제어 장치(CCU)의 기능으로 옳지 않은 것은?

① 송·수신 제어
② 전송 에러 제어
③ 시분할 다중 제어
④ 입·출력 제어

[정답] ④
통신제어장치(CCU:Communication Control Unit)
① 역할
통신회선과 CPU를 결합시키는 장치이고 Computer의 CPU와 데이터 전송회선 사이에서 이들을 전기적으로 연결시켜준다.
② 기능
데이터 송수신 제어, 전송에러 제어 기능, 컴퓨터와 데이터 통신망의 연결기능, 문자의 조립과 분해

32. 다음 중 통신제어장치의 기본 기능이 아닌 것은?

① 문자의 조립 및 분해
② 전송제어
③ 회선감시 및 접속제어
④ 데이터의 분석

[정답] ④
통신제어장치(CCU : Communication Control Unit)기능
① 통신회선의 시분할 제어
② 중앙처리장치와의 Data 송수신 제어
③ 문자 및 메시지의 조립 및 분해
④ Data 신호의 직병렬변환 등
⑤ 통신회선을 사용한 Data 전송시 필요한 제어신호의 송수신과 통신회선의 감시, 접속 및 전송오류제어

33. 다음 중 통신제어장치(CCU)의 설명으로 틀린 것은?

① 다수의 통신회선과의 사이에 데이터의 송수신을 수행하고, 전송속도와 컴퓨터의 처리 속도의 차이를 보완한다.
② 주변장치를 제어하며, 기억장치와의 데이터 전송을 수행하는 장치이다.
③ 통신회선과의 전기적 인터페이스, 통신회선의 접속 및 절단 제어 등의 기능이 있다.
④ 데이터의 처리에 따라 비트 버퍼 방식, 문자 버퍼 방식, 블록 버퍼방식, 메시지 버퍼 방식 등으로 구분된다.

[정답] ②
주변장치를 제어하며, 기억장치와의 데이터 전송을 수행하는 장치는 PC의 중앙처리장치이다.

34. 다음 중 통신제어장치(CCU: Communication Control Unit)의 형태에 따른 분류가 아닌 것은?

① 전처리장치(FEP)
② 중앙처리장치(CPU)
③ 원격처리장치(RP)
④ 통신제어처리장치(CCP)

[정답] ③
통신제어장치(CCU)는 통신회선과 컴퓨터를 연결해서 통신 제어기능을 담당하는 장치이다. 형태에 따른 분류는 다음과 같다.
① 전처리장치
② 중앙처리장치
③ 통신제어처리장치

35. 다음 데이터 처리방식에 따른 통신제어장치(CPU)의 분류 중 대규모 데이터 통신시스템에 많이 사용되는 것으로 컴퓨터에 걸리는 부하가 가장 적은 방식은?

① 비트 버퍼 방식
② 메시지 버퍼 방식
③ 문자 버퍼 방식
④ 블록 버퍼 방식

[정답] ②
통신제어장치(CCU): 통신에 관련된 모든 사항을 제어하는 장치로써, 데이터 전송회선 과 컴퓨터를 연결시켜주는 장치이다.

방식	특징
비트버퍼 방식	1Bit 버퍼링
문자버퍼방식	1문자 버퍼링
블록버퍼방식	조립된 문자 버퍼링(1블록)
메시지버퍼방식	메시지의 조립과 분해도 담당

36. 정보통신시스템을 운용하기 위한 소프트웨어 파일관리 기능만을 열거한 것으로 적합하지 않는 것은?

① 매체공간 관리기능
② 기억소자 관리기능
③ 에러제어 관리기능
④ 엑세스 제어기능

[정답] ②
파일관리 관리 시스템은 운영 체제의 일부로 시스템에 있는 파일들의 관리 및 조작을 수행하는 프로그램의 집합이다.

37. 다음 중 컴퓨터를 이용하여 마이크로필름에 들어있는 정보를 검색하기 위한 장치는?

① OMR ② OCR
③ COM ④ CAR

[정답] ④
CAR (Computer Assisted Retrieval)은 컴퓨터를 사용하여 마이크로필름의 정보를 읽고, 검색하는 장치이다.
COM : 마이크로필름 제작기술

38. 문자나 도형을 입력하기 위하여 평면 모양으로 구성된 입력면내를 지시펜으로 지시함으로써 그 위치 정보를 입력할 수 있는 것은?

① 타블렛 ② 플로터
③ 조이스틱 ④ 마우스

[정답] ①
타블렛(Table)은 특수문자나 일정 문자를 입력하는 장치로서 사용목적에 따라 한글, 한자 입력장치와 도형 입력장치가 있다.

39. 다음 중 좌표를 판독하여 아날로그 형태의 설계도면이나 도형을 디지털 형태로 컴퓨터에 입력하는데 사용되는 것은?

① 터치스크린 ② 디지타이저
③ OMR ④ OCR

[정답] ②
디지타이저(Digitizer)
① 그림, 차트, 도표, 설계도면 등을 읽어 디지털화하여 컴퓨터에 입력시키는 장치
② 해상도를 높여 필기 문자 인식, 상세 그래픽, 세밀한 도형정보입력, 회로구성 및 지도 작성 등에 이용

40. 다음 중 직접 또는 간접으로 사람이 알아볼 수 있는 데이터를 컴퓨터에서 처리 가능한 전기적 신호로 변환하는 장치는?

① 플로터 ② OCR
③ 프린터 ④ CRT

[정답] ②
범용 단말장치의 분류
① 인쇄장치: Serial Printer, USB Printer
② 표시장치: CRT
③ 인식장치: OMR, OCR, MICRE
④ 판독, 기록장치: 종이테이프장치, 카드장치

41. 컴퓨터 시스템의 처리결과를 데이터 또는 문자로 바꿔주는 장치는?

① 플로터 ② OMR
③ OCR ④ 카드 리더

[정답] ①
플로터는 출력기기로서 그래프나 도형, CAD 도면 등을 출력하기 위한 대형 출력장치이다.

42. 아주 작은 네온전구의 집합과 같은 기능을 하는 평면형 표시 장치로 2매의 얇은 유리 기판 사이의 좁은 틈에 네온 등의 가스를 봉입하고 유리의 내면에 수평 방향과 수직방향으로 배열된 투명전극으로 구성되어 있는 것은?

① OLED ② PDP
③ LCD ④ CRT

[정답] ②
PDP(Plasma Display Panel)는 유리기판 사이에 네온가스를 넣어 전압을 가하면 전압방전으로 생성된 Plasma를 이용하여 영상을 표시하는 장치를 말한다.

43. 다음 중 컴퓨터 시스템에서 처리 결과를 음성으로 출력하는 것은?

① 음성인식기 ② 음성합성기
③ 음성입력기 ④ 음성분석기

[정답] ②
음성합성기 (Speech Synthesizer)
① 문자정보 또는 기호를 인간의 음성으로 변환
② 발음 데이터베이스 와 인식된 문자를 합성
③ TTS (Text To Speech) 기능

② 정보전송기기

1 신호변환기기

01 [13/1, 17/4]
컴퓨터나 단말기에서 필요로 하는 디지털 신호를 아날로그 전송로의 특성에 맞게 신호를 변환시키는 통신 장치는?
① MODEM ② DTE
③ TDM   ④ OMR

[정답] ①
Modem은 디지털신호를 아날로그 전송로로 전송하기 위한 장치이며, DSU는 디지털 신호를 디지털 전송로로 전송하기 위한 장치

02 [11/1, 13/4, 15/4]
디지털 데이터를 아날로그 전송 회선에 적합하도록 데이터를 변형하여 먼 거리에 존재하는 컴퓨터나 단말 장치에 전송하기 위해서 필요한 장비는?
① MODEM(Mudulator & Demodulator)
② DSU(Digital Service Unit)
③ CODEC(Coder & Decoder)
④ CSU(Channel Service Unit)

[정답] ①
DCE(Data Circuit Terminating Equipment) 종류
① DSU(Digital Service Unit), CSU(Channel Service Unit)
Digital 입력 to Digital 회선출력
② MODEM(Modulator & Demodulator)
Digital 입력 to Analog 회선출력

03 [12/2, 18/2]
공중전화망을 통하여 디지털 데이터 전송이 가능할 수 있도록 하는 전송 장치는?
① FET   ② DSU
③ CODEC ④ MODEM

[정답] ④
MODEM(Modulator & Demodulator)은 디지털 데이터를 아날로그 회선에 전송하기 위한 장치이다.

04 [14/4, 18/1]
다음 중 외장형 케이블 모뎀에 대한 설명으로 알맞은 것은?
① 기존에 사용하던 전화를 연결하여 사용할 수 있다.
② 케이블 TV와는 별도로 구성된 케이블망을 사용한다.
③ 하향으로는 256QAM 또는 64QAM 변조방식이 사용된다.
④ PC와의 인터페이스는 EIA-232D (RS-232C) 방식을 사용한다.

[정답] ③
케이블을 이용하여 컴퓨터 본체에 연결시킬 수 있는 모뎀. 내장형 모뎀보다 가격이 비싸다는 단점이 있으나 전송 상황을 즉시 파악할 수 있어 많은 사람들이 사용한다.

05 [14/1]
모뎀과 제한된 기능의 다중화기가 혼합된 형태의 변복조기로서 고속동기식 모뎀에 시분할 다중화 기기를 하나로 합친 것은?
① 멀티포트 모뎀 ② 멀티포인트 모뎀
③ 고속 모뎀   ④ 광대역 모뎀

[정답] ①
멀티포트 모뎀은 고속 동기식 모뎀에 시분할 다중화기의 기능을 결합시킨 장비이다. 다중화기가 필요없어 경제적이고, 구조도 간단하다. 여러 포트에 속도를 차별화하여 운영할 수 있다.

06 [16/4, 19/4]
다음 모뎀의 송신부 구성도에서 괄호 안에 들어갈 것으로 바르게 짝지어진 것은?

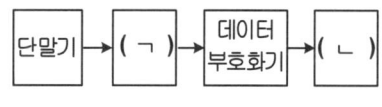

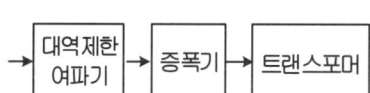

① ㉠ Scrambler   ㉡ 변조기
② ㉠ Scrambler   ㉡ 복조기
③ ㉠ Descrambler ㉡ 변조기
④ ㉠ Descrambler ㉡ 복조기

[정답] ①
송신부 구성
① 스크램블러(scambler)
"0"이나 "1"이 반복되는 것을 방지하기 위해 송신데이터에 불규칙한 코드 열을 섞어주는 기능을 함
② 변조기
   디지털 데이터를 아날로그 신호로 변환
③ 필터
   전송에 사용하는 대역으로 신호를 대역제한 한다.

07. 모뎀(MODEM)의 송신부 구성 요소가 아닌 것은?

① 부호화기 ② 변조기
③ 자동 이득 조절기 ④ 대역 제한 여파기

[정답] ③
모뎀(MODEM)
① 디지털 정보를 아날로그 전송회선에 적합하도록 변환해주는 장치
② 송신부는 부호화기, 변조기, 대역여파기, 증폭기 변압기로 구성
③ 수신부는 대역여파기, 자동이득조절기, 복조기, 복호화기로 구성
④ 자동이득조절기(AGC : Automatic Gain Control)
변화하는 수신신호의 세기를 일정하게 하기 위해 수신 이득을 자동 조절

08. 모뎀의 구조에서 송신부와 수신부에 공통으로 구성되는 요소는?

① 대역제한여파기 ② 등화기
③ 자동이득제어기(AGC) ④ 디코더

[정답] ①
모뎀의 구조
① 송신부
스크램블러(scrambler), 데이터 부호화기(encoder), 변조기(modulator), 대역제한여파기(BPF), 증폭기(amplifier), 변압기(transformer)
② 수신부
통신선로, 대역제한여파기(BPF), 자동이득조절기(AGC), 복조기(demodulator), 데이터 복호화기(decoder) 등

09. 모뎀의 기능 중에서 디지털신호가 "1"이나 "0"이 계속되는 것을 방지하는 것은?

① 스크램블기능 ② Timing 기능
③ 통화기능 ④ 테스트 기능

[정답] ①
스크램블러(Scrambler)
동기식 데이터전송에 있어서 송신하는 데이터에 "0" 혹은 "1"의 연속과 같이 변환점이 없는 상태가 길게 계속됨으로써 타이밍 정보를 잃는 것을 피하기 위해 송신측에서 시프트 레지스터를 사용하여 데이터 신호를 랜덤화 하는 전기 회로를 스크램블러라고 한다.

10. 다음 중 모뎀(Modem)의 변복조방식이 아닌 것은?

① QAM ② DPSK
③ FSK ④ SSB

[정답] ④
SSB(Single Sideband)방식은 아날로그 변복조방법이다.

11. 변조방식에 있어서 신호의 크기에 따라 반송파의 주파수가 변화하는 방식을 무엇이라 하는가?

① 주파수편이변조 ② 위상편이변조
③ 진폭편이변조 ④ 델타변조

[정답] ①
디지털 데이터 입력신호에 따라 반송파의 주파수를 변화시키는 변조방식이 FSK(주파수 편이변조)이다.

12. 다음 중 동기식 변복조기에 주로 사용되는 변조 방식은?

① 진폭 편이 변조(ASK)
② 주파수 편이 변조(FSK)
③ 위상 편이 변조(PSK)
④ 위상 변조(PM)

[정답] ③
BPSK의 특징
① 점유대역폭은 ASK와 같으나 전송로 등의 잡음, 레벨 변동 영향에 강해 심볼 오류확률이 적다.
② 비동기식 포락선 검파방식은 사용이 불가능하며 동기검파방식만 사용이 가능해 구성이 비교적 복잡하다.
③ M진 PSK의 경우 M의 증가에 따라 스펙트럼효율이 증가해 고속 데이터 전송이 가능하다.

13. 다음 중 동기식 변복조기와 비동기식 변복조기에 대한 설명으로 틀린 것은?

① 동기식은 대화형이나 지능형 단말기에 주로 사용되고 주파수편이 변조(FSK)을 사용한다.
② 비동기식은 FSK가 주로 이용되고 저속도용이다.
③ 동기식은 고속변조에 사용되며 PSK나 QAM 을 주로 사용한다.
④ 비동기식은 시작 비트와 정지비트를 사용하여 글자를 구분한다.

[정답] ①
동기방식에 의한 변복조기
① 비동기식 변복조기
  ㉠ 주로 저속도(1,200[bps] 이하)의 비동기식 터미널에서 사용한다.
  ㉡ 지능이 없는 낮은 속도의 터미널에 이용된다.
  ㉢ 변조방식은 주로 FSK 방식
② 동기식 변복조기
  ㉠ 주로 중속도(2,400[bps] 이상)의 동기식 터미널에서 사용한다.
  ㉡ 지능이 있는 대화형 터미널 또는 일괄 처리형 터미널에 사용된다.
  ㉢ 변조방식은 주로 PSK, QAM 계열을 사용한다.

14
4위상 PSK 변·복조기에서 변조속도가 2,400[baud]일 때 데이터 전송속도는?

① 9,600[bps]   ② 4,800[bps]
③ 2,400[bps]   ④ 1,200[bps]

[정답] ②
Baud Rate는 1초당 상태 변화변화수
데이터전송속도 R = B(변조속도) × $\log_2 M$ (M:진수)
4진 PSK변조방식이므로 M=4
∴ $R = 1200 \times \log_2 4 = 4,800[bps]$

15
N 위상 변조를 동기식 모뎀의 신호 속도가 M [baud/sec]인 경우 비트 속도를 구하는 식은?

① $M\log_2 N$ ② $N\log_2 M$
③ $M\log_{10} N$ ④ $N\log_{10} M$

[정답] ①
데이터신호속도[bps] = 변조속도[Baud] × bit수
R[bps] = M[baud] × $\log_2 N$

16
다음 중 주파수 스펙트럼의 이용효율이 가장 좋은 변조 방식은?

① 16QAM   ② FSK
③ ASK   ④ 4PSK

[정답] ①
주파수 스펙트럼 효율
$\eta = \dfrac{\text{데이터 전송율}}{\text{대역폭}} = \log_2 M$ (M : 심볼 갯수)
심볼 갯수가 큰 16QAM방식이 주파수 스펙트럼의 이용효율이 가장 우수하다.

17
샤논의 통신용량 공식에서 통신용량과 대역폭은 몇 배 비례하는가?

① 1배   ② 1.5배
③ 2배   ④ 3배

[정답] ①
샤논의 통신용량
$C = W \cdot \log_2\left(1 + \dfrac{S}{N}\right)$
채널용량과 대역폭과 비례한다.

18
ITU-T의 표준 시리즈 중 V 시리즈는 무엇에 관한 규정인가?

① 종합 정보 통신망을 이용한 데이터 전송
② 축적 데이터 교환망을 이용한 데이터 전송
③ 전화망을 이용한 데이터 전송
④ 공중 데이터 통신망을 이용한 데이터 전송

[정답] ③
ITU-T 접속 규격 표준안
1) V-시리즈 : PSTN을 통한 DTE/DCE 접속 규격.
① V.24 : 기능적, 절차적 조건에 대한 규정.
② V.28 : 전기적 조건에 대한 규정.
2) X-시리즈 : PSDN을 통한 DTE/DCE 접속 규격.
① X.20 : 비동기식 전송을 위한 DTE/DCE 접속 규격.
② X.21 : 동기식 전송을 위한 DTE/DCE 접속 규격.
③ X.25 : 패킷 전송을 위한 DTE/DCE 접속 규격.

19
다음 중 EIA/RS-232C 25핀 커넥터의 접속핀 규격이 틀린 것은?

① 2번 : 데이터 송신(TXD)
② 3번 : 데이터 수신(RXD)
③ 4번 : 송신 요구(RTS)
④ 5번 : 신호용 접지(SG)

[정답] ④
RS-232C 핀번호 기능

명 칭	핀 번 호	기 능
TX	2	데이터전송 라인
RX	3	데이터수신 라인
RTS	4	데이터를 요구하는 제어라인
CTS	5	데이터를 허가하는 제어라인
DSR	6	기기의 준비상태를 점검
GND	7	접지(Ground)
DRD	8	수신전 신호 감시

20 다음 중 EIA에서 정의한 25핀 RS-232C의 핀 번호와 기능이 틀린 것은?

① Pin 1(FG) : 보호용 접지
② Pin 2(TXD) : 데이터의 송신
③ Pin 3(RXD) : 데이터의 수신
④ Pin 5(RTS) : 출력 송신요구

[정답] ④
RS-232C 핀 번호 기능

명 칭	핀 번호	기 능
TX	2	데이터전송 라인
RX	3	데이터수신 라인
RTS	4	데이터를 요구하는 제어라인
CTS	5	데이터를 허가하는 제어라인
DSR	6	기기의 준비상태를 점검
GND	7	접지(Ground)
DRD	8	수신전 신호 감시

21 정보통신시스템의 통신회선 종단에 위치한 신호변환장치 중에서 디지털 전송로인 경우 단극성 신호를 쌍극성 신호로 변환이 가능한 장치는?

① 코덱
② 음향결합기
③ 코드변환기
④ 디지털 서비스 유니트

[정답] ④
DSU(Digital Service Unit)
디지털 서비스 유닛(DSU)이란 디지털 데이터 전송회선 양 끝에 설치되어 디지털 데이터를 디지털 데이터 전송로에 알맞은 형태로 변환하여 전송하고, 수신측에서는 반대의 과정을 거쳐 원래의 디지털 데이터 형태로 변환시켜 주는 장비로
베이스밴드 전송을 행하는 데이터 회선종단장치(DCE)의 일종이다.

22 디지털 데이터를 디지털 신호로 전송하는 기능을 수행하는 것은?

① CODEC
② 변복조기
③ DSU
④ 터미널

[정답] ③

신호변환장치	통신회선	신호변환
전화	아날로그	아날로그 데이터 ↔아날로그 신호
MODEM	아날로그	디지털 데이터 ↔ 아날로그 신호
DSU	디지털	디지털데이터 ↔ 디지털 신호

23 디지털 데이터를 디지털 전송 회선에 적합하도록 변형하여 원거리에 설치된 컴퓨터나 단말 장치에 전송하는 장비는?

① MODEM
② DSU
③ CODEC
④ MPEG

[정답] ②

신호변환장치	통신회선	신호변환
전화	아날로그	아날로그 데이터 ↔아날로그 신호
MODEM	아날로그	디지털 데이터 ↔ 아날로그 신호
DSU	디지털	디지털데이터 ↔ 디지털 신호

24 데이터 회선 종단장치(DCE)의 일종으로 디지털 전송로에 디지털 신호를 전송하는 장치를 무엇이라 하는가?

① DSU
② MODEM
③ CPU
④ FEP

[정답] ①

신호변환장치	통신회선	신호변환
전화	아날로그	아날로그 데이터 ↔아날로그 신호
MODEM	아날로그	디지털 데이터 ↔ 아날로그 신호
DSU	디지털	디지털데이터 ↔ 디지털 신호

25 DSU에 대한 설명으로 옳지 않은 것은?

① 송신측에서는 단극성 신호를 양극성 신호로 변환한다.
② 수신측에서는 양극성 신호를 단극성 신호로 변환한다.
③ 디지털 전송로 양단에 설치한다.
④ 아날로그 신호를 디지털 신호로 변환한다.

[정답] ④
DSU(Digital Service Unit)의 송신측에서는 단극성(unipolar) 신호를 변형된 쌍극성(bipolar) 신호로 변환하는 기능을 가지며 수신측에서는 그 반대 과정을 수행한다.

26
DSU(Digital Service Unit)에 대한 설명으로 틀린 것은?
① 선로에 한쪽 극성의 전압이 실리도록 하여야 한다.
② 동기유지를 위해 클럭 추출회로가 있다.
③ 단극성 신호를 변형된 양극성 신호로 바꾸어 송신한다.
④ 디지털 전송로에 사용한다.

[정답] ①
DSU는 전송선로에 한쪽 극성의 전압이 실리는 것을 방지해야 한다.

27
DSU(Digital Service Unit)의 특징이 아닌 것은?
① LAN 또는 WAN상에서 디지털 전용회선 연결에 사용된다.
② 단말기가 디지털 네트워크 서비스를 이용하고자 할 때 필요하다.
③ 정확한 동기 유지를 위한 Clock 추출회로가 있다.
④ 음성급 전용망에서 디지털 신호를 전송하기 위하여 등화기와 AGC가 필요하다.

[정답] ④
DTE(신호변환장치)
① 디지털신호를 아날로그 신호 전송 : MODEM
② 디지털신호를 디지털 신호 전송 : DSU
* 등화기와 AGC 회로는 디지털수신기에 요구

28
DTE와 디지털 데이터 교환망을 접속하기 위한 DSU의 기능으로 적합하지 않은 것은?
① 신호파형의 변환
② 신호 전송속도의 변환
③ 제어신호의 삽입
④ 프레임의 시분할 다중화

[정답] ④
DSU(Digital Service Unit)의 기능
① 신호파형 및 신호 전송속도의 변환
② 제어신호의 삽입 및 디지털 전송로에 사용
③ 직렬 단극성(unipolar) 신호를 변형된 쌍극성 (bipolar) 신호로 변환하는 기능을 가지며 수신측에서는 그 반대 과정을 수행
④ 전송선로에 한쪽 극성의 전압이 실리는 것을 방지
⑤ 전송신호의 동기제어
⑥ 전송오류의 검출

29
DSU가 필요한 데이터 전송방식의 특징과 가장 거리가 먼 것은?
① 전송하고자 하는 비트열을 그대로 전송한다.
② 회선용량이 크다.
③ 각종 전송신호의 왜곡이 최소화된다.
④ 반송파 주파수를 사용한다.

[정답] ④
DSU(Digital Service Unit)의 송신측에서는 단극성(unipolar) 신호를 변형된 쌍극성 (bipolar) 신호로 변환하는 기능을 가지며 수신측에서는 그 반대 과정을 수행한다.

30
다음 중 DSU와 MODEM에 대한 설명으로 옳지 않은 것은?
① MODEM은 DTE와 아날로그 회선망을 접속한다.
② MODEM 간의 신호 전송 형태는 디지털이다.
③ DSU는 DTE와 디지털 회선망을 접속한다.
④ DSU는 DTE로부터의 단극성 펄스를 복극성 펄스로 변환한다.

[정답] ②
Modem은 디지털신호를 아날로그 전송로로 전송하기 위한 장치이며 DSU는 디지털 신호를 디지털 전송로로 전송하기 위한 장치이다.

31
다음 중 공동 이용기의 종류에 해당되지 않는 것은?
① 선로 공동 이용기
② 모뎀 공동 이용기
③ 포트 공동 이용기
④ 디지털 서비스 유닛 공동 이용기

[정답] ④
공동 이용기
네트워크 제어가 컴퓨터에 의해 이루어지는 경우에는 모뎀 공동 이용기(MSU), 선로 공동이용기(LSU) 및 포트 공동 이용기(PSU) 등을 이용하므로써 네트워크 구성을 단순화 할 수 있을 뿐만 아니라 비용 절감 효과도 얻을 수 있어 네트워크 구성에 많이 이용된다.
① 모뎀 공동 이용기
하나의 모뎀에 연결된 여러개의 터미널이 하나의 모뎀을 공동 이용하는 경우에 사용되는 공동 이용기
② 선로 공동 이용기
컴퓨터와 선로 공동 이용기 사이의 하나의 선로를 여러개의 터미널이 공동 이용하는 경우에 사용 되는 공동 이용기
③ 포트 공동 이용기
호스트 컴퓨터(또는 컴퓨터 포트)와 모뎀 사이에 설치되어 여러대의 터미널이 하나의 포트를 공동 이용하는 공동 이용기

32. 컴퓨터가 터미널에게 전송할 데이터가 있는지를 묻는 것을 무엇이라 하는가?

① 링크 ② 폴링
③ 셀렉션 ④ 어드레싱

[정답] ②
① 폴링(polling)
하나의 중앙국이 정해진 순서에 따라 터미널을 선택하여 데이터의 송신 유무를 문의하여 전송할 데이터가 있는 터미널은 중앙국으로 전송하고 그렇지 않으면 다음 터미널을 폴링한다.
② 셀렉션(selection)
하나의 터미널을 선택하여 수신 준비가 되어 있는 지의 여부를 확인한 후 데이터를 전송하는 방식이다.

33. 다음 중 전송시스템에서 다중화(Multiflexing)이란 무엇인가?

① 다중신호를 다중 통신채널에 보내는 것
② 다중신호를 하나의 통신채널에 보내는 것
③ 동일신호를 다중 통신신호로 보내는 것
④ 동일신호를 하나의 통신채널에 보내는 것

[정답] ②
다중화란 다수의 신호를 하나의 고속회선에 전송하는 것을 말한다.

34. 하나의 회선에 서로 다른 두 개 이상의 신호를 동시에 전송하는 것을 무슨 방식이 하는가?

① 중복 전송 ② 다중화
③ 다방향 전송 ④ 다원접속

[정답] ②
다중화란 다수의 신호를 하나의 고속회선에 전송하는 것을 말한다.

35. 하나의 전송로에 여러 개의 신호를 중복시켜 하나의 고속 신호를 만들어 전송하는 장비는?

① 집중화기 ② 다중화기
③ 모뎀 공유 장치 ④ 라우터

[정답] ②
다중화기는 하나의 전송로에 여러 개의 신호를 하나의 광대역회선으로 전송하는 장비이다.

36. 다음 전송장비 중 다중화장비의 특징이 아닌 것은?

① 광통신에서는 파장분할 다중화가 적용된다.
② 두 개 이상의 신호를 결합하여 하나의 물리적 회선을 통하여 전송할 수 있는 시스템이다.
③ 한 전송로의 데이터 전송시간을 일정한 시간폭으로 나누는 방식은 시분할 다중화이다.
④ 입력측과 출력측의 전체 대역폭이 서로 다르다.

[정답] ④
다중화 장비
① 여러개의 터미널을 하나의 장비에 통합
② 선로의 정적인 공동이용을 행함
③ 입력측과 출력측의 전체대역폭이 같음
다중화 방식의 종류
① 주파수 다중화(FDM)
② 시간 다중화(TDM)
③ 코드다중화(CDM)
④ 파장 다중화(WDM)

37. 다음 중 다중화 방식의 종류가 아닌 것은?

① 주파수 분할 다중화 ② 진폭 분할 다중화
③ 시분할 다중화 ④ 코드 분할 다중화

[정답] ②
다중화의 종류
① 주파수 다중화(FDM)
② 시간 다중화(TDM)
③ 코드다중화(CDM)
④ 파장 다중화(WDM)

38. 다음 중 다중화기의 종류에 대한 설명으로 옳지 않은 것은?

① 주파수 분할 다중화기 (FDM)는 하나의 채널에 주파수 대역별로 전송로를 구성한다.
② 역다중화기(Inverse Multiplexer)는 협대역 통신으로 2,400[bps]이하의 전송속도를 얻는다.
③ 비동기 시분할 다중화기는 실제로 보낼 데이터가 있는 단말장치에만 동적으로 각 채널에 타임 슬롯을 할당한다.
④ 광대역 다중화기는 여러 가지 다른 속도의 동기식 데이터를 묶어 광대역 전송이 가능하다.

[정답] ②
역다중화기(Inverse Multiplexer)는 2개의 협대역 음성급 통신회선을 이용하여 광대역에서 얻을 수 있는 고속의 통신 속도를 얻을 수 있는 기기이다.

39
채널 간의 상호 간섭을 막기 위해 보호 대역이 필요한 다중화는?

① 주파수 분할 다중화 ② 진폭 분할 다중화
③ 시분할 다중화 ④ 코드분할 다중화

[정답] ①
FDM방식은 채널간의 상호간섭을 위해서 보호대역(Guard Band)이 필요하다 TDM방식은 Guard Time이 필요하다.

40
다음 중 주파수분할다중화(FDM)기의 설명이 아닌 것은?

① 동기식 데이터 다중화에 사용된다.
② 1,200[bps]이하에서 사용된다.
③ 채널간 완충지역으로 가드밴드(Guard Band)를 주어야 한다.
④ 별도의 모뎀이 필요없다.

[정답] ①
FDM방식의 특징
① 구조가 간단하고 가격이 저렴하다.
② 별도의 모뎀이 불필요하다.
③ 주로 저속도 장비에 이용 가능하다.
④ 주로 비동기식 데이터의 다중화에 사용된다.
⑤ 멀티 포인트 방식의 구성에 적합하다.

41
다음 중 주파수 분할 다중화기(FDM)에 대한 설명으로 옳지 않은 것은?

① 아날로그 전송에 적합하며, 비동기 전송에 이용된다.
② 전송 속도가 낮은 부채널의 신호를 서로 다른 주파수 대역으로 변조하여 전송한다.
③ 채널간 완충지역으로 가드밴드(Guard Band)가 필요 없다.
④ 주파수 분할 다중화기 자체가 주파수 편이 모뎀 역할을 하므로 별도의 모뎀이 필요 없다.

[정답] ③
FDM방식은 채널간의 상호간섭을 위해서 보호대역(Guard Band)이 필요하다 TDM방식은 Guard Time이 필요하다.

42
비트 단위의 다중화에 사용되고, 시간 슬롯이 낭비되는 경우가 많이 발생하는 다중화는?

① 동기식 시분할 다중화 ② 주파수 분할 다중화
③ 비동기식 시분할 다중화 ④ 코드 분할 다중화

[정답] ①
TDM의 특징
① 각 채널을 차례로 스캔하며, 전송할 데이터가 없는 채널에도 일정 시간 폭이 할당됨.
② 비트 삽입식과 문자 삽입식이 있으며, 비트 삽입식은 동기식에 문자 삽입식은 비동기식 다중화에 이용됨.
동기식 시분할 방식
① 각각의 채널에 할당된 시간 슬롯(slot)이 점유할 수 있는 대역폭이 미리 할당
② 하드웨어적 구성 용이
③ 대역폭을 낭비 → 전송시스템 성능 감소

43
PCM(Pulse Code Modulation)에 대한 설명으로 틀린 것은?

① 아날로그 데이터를 디지털 신호로 변환하여 전송하고 재생하는 방식이다.
② 표본화, 양자화, 부호화, 복호화 단계로 구성된다.
③ PCM 잡음에는 양자화잡음 등이 있다.
④ 표본화 주파수를 원신호 최소주파수의 1/2 이하로 하는 나이키스트(Nyquist) 이론을 바탕으로 한다.

[정답] ④
PCM (Pulse Code Modulation)과정

PCM 과정	기 능
샘플링	원신호 최대주파수의 2배이상의 주퍼수로 샘플링
양자화	불연속 펄스진폭을 이산적인 진폭값으로 값으로 변환시키는 과정
부호화	이산적인 값을 0과 1로 부호화

44
다음 중 T1급 회선의 데이터 전송속도는?

① 64[kbps] ② 1.544[Mbps]
③ 6.312[Mbps] ④ 44.736[Mbps]

[정답] ②
T1 반송시스템(T1 Carrier System)
① 미국 Bell 시스템이 디지털신호의 시분할 다중방식으로 개발한 방식으로 24채널을 시분할 다중화한 PCM 전화신호를 광대역 동축케이블을 사용하여 전송한다.
② 데이터 전송속도
㉠ 1frame 당 비트수 :
$8[bit/CH] \times 24[CH] + 1[bit](동기정보) = 193[bits]$
㉡ 전송속도 :
$193[bit/frame] \times 8,000[frame/sec] = 1.544[Mbps]$

45 입력 장비가 3개인 동기식 TDM에서 각 프레임은 7개의 문자로 구성되어 있으며 프레임마다 동기를 위해서 2[bits]를 할당한다. 각 문자는 8[bits]이고, 각 입력단의 장비는 5,800[bps]로 보낸다고 할 때 다중화된 후의 프레임 속도는?

① 100[frames/second]
② 200[frames/second]
③ 300[frames/second]
④ 400[frames/second]

[정답] ③
① 1프레임 = 7[문자] × 8[bit] + 2[Bit] = 58[bit/Frame]
② 각 장비가 5800[bps]이므로 100[프레임/장비당]
③ 3개의 장비가 TDM 되므로 300[frames/second]

46 다음 중 SDH(Synchronous Digital Hierarchy)에서 STM-1의 전송속도 [Mbps]는?

① 155.52[Mbps]   ② 139.26[Mbps]
③ 62.08[Mbps]   ④ 50.84[Mbps]

[정답] ①
STM-1
SDH(Synchronous Digital Hierarchy)의 기본 전송계위로 SONET을 기초로 한 세계적인 동기식 전송방식의 표준계위이다. SDH는 9행×270열의 프레임 구조와 155.520Mbps 전송속도인 STM-1(Synchronous Transport Module Level-1)을 기본계위로 하고 비동기식 계위 신호의 수용 시에는 북미 및 유럽의 모든 계위 신호를 수용할 수 있는 구조이다.

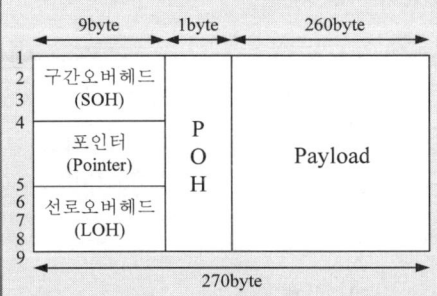

계위별 전송속도

SDH	STM-1	STM-4	STM-16
SONET	OC-3	OC-12	OC-48
전송속도(MBPS)	155.52	622.08	2488.32

47 다음 중 광가입자망의 가입자별로 하나의 파장을 대응시켜 고속전송이 가능한 방식은?

① FDM 방식   ② TDM 방식
③ SDM 방식   ④ WDM 방식

[정답] ④
WDM(Wavelength Division Multiplexing)이란 가입자별로 파장(Wavelength)를 대응시켜 고속 전송하는 방식이다.

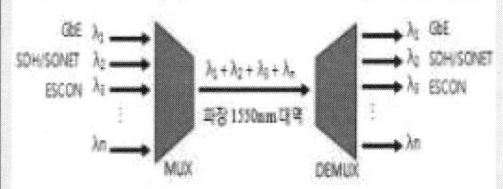

48 다음 중 WDM(Wavelength Division Multiplexing)에 대한 설명으로 옳지 않은 것은?

① 하나의 광파장으로 양방향 전송이 가능하다.
② 파장이 다른 광신호를 한 가닥의 광섬유로 전송이 가능하다.
③ 송신에는 광합파기가 사용되고 수신에는 광분파기가 사용된다.
④ 하나의 코어로 송수신이 가능하므로 광섬유 선로의 증설 없이 회선 증설이 용이하다.

[정답] ①
양방향 전송에는 서로 다른 광파장을 사용해야 한다.

49 광통신시스템에 사용되는 광소자 중 능동형인 것은?

① 커플러   ② 분배기
③ 광증폭기   ④ 편광조절기

[정답] ③
능동형 소자와 수동형 소자

능동형 소자	수동형 소자
전원 필요	전원 불필요
광 증폭기	광 커플러, 광 분배기 광 편광조절기

50 다음 중 2개의 음성대역폭회선을 이용하여 광대역에서 얻을 수 있는 통신 속도를 갖는 것은?

① 다중화기   ② 역다중화기
③ 지능 다중화기 ④ 시분할 다중화기

[정답] ②
역다중화기(Inverse Multiplexer)
① 두 개의 음성 대역폭을 이용하여 광대역에서 얻을 수 있는 통신 속도를 얻도록 하는 기기
② 한 채널의 고장시 나머지 한 채널로 1/2 속도로 계속 운영 가능

51
고속의 데이터 스트림을 두 개 이상의 저속 데이터 스트림으로 변환하여 음성대역 등의 변복조기를 통하여 전송하는 것은?

① 광대역 다중화기 ② 역 다중화기
③ 지능 다중화기 ④ 음성 다중화기

[정답] ②

52
입력회선의 수가 출력회선의 수와 같거나 많으며, 동적 할당을 통해서 실제 전송할 데이터가 있는 단말 장치에만 시간 폭을 할당하는 장비는?

① 집중화기 ② 다중화기
③ 모뎀 공유 장치 ④ 라우터

[정답] ①
집중화기는 하나의 고속통신회선에 많은 저속 통신 회선을 접속하기 위한 전송 관련 장비로써 동적 할당을 통해 실제 전송할 데이터가 있는 단말 장치에게만 시간폭을 할당한다.

구분	다중화기	집중화기
부채널 할당 방법	정적인 할당(고정)	동적인 할당(가변적)
개별 회선 연결	물리적 연결	논리적 연결
부채널 속도의 합	고속링크 채널 속도와 같다(1:1)	고속링크 채널의 속도보다 크거나 같다(약4:1)
제어기	고정회선 제어 및 논리제어	프로세서 제어

53
다음 중 집중화기의 설명으로 거리가 먼 것은?

① 집중화기는 m개의 입력 회선을 n개의 출력 회선에 집중화시키는 장비이다.
② 집중화기는 m개의 입력 회선이 n개의 출력 회선보다 작거나 같아야 한다.
③ 집중화기의 입력 회선은 단말기와 집중화기를 연결하는 기능이다.
④ 집중화기의 출력 회선은 집중화기와 다른 집중화기를 연결하거나 호스트 컴퓨터 전처리와 연결된다.

[정답] ②
집중화기
① 하나 또는 소수의 회선에 여러 대의 단말기를 접속하여 사용할 수 있도록 하는 장치
② 실제 전송하는 데이터가 있는 단말기에만 통신회선을 할당하여 동적으로 통신 회선을 이용할 수 있도록 함
③ 한 개의 단말기가 통신 회선을 점유하면 다른 단말기는 회선을 사용할 수 없으므로 다른 단말기의 자료를 임시로 보관할 버퍼가 필요함
④ m개의 입력회선을 n개의 출력회선으로 집중화하는 장치로, 입력 회선의 수가 출력회선의 수보다 같거나 많음
⑤ 여러 대의 단말기의 속도의 합이 회선의 속도보다 크거나 같음
⑥ 회선의 이용률이 낮고, 불규칙적인 전송에 적합

54
다음 중 집중화기(concentrator)의 설명으로 틀린 것은?

① 일반적으로 집중화기 입력 회선의 수(M)는 출력 회선의 수(N)보다 작거나 같다.(M≤N)
② 단일 회선 제어기(SLC)는 집중화기가 각각의 데이터 통신 회선과 접속하기 위해 필요한 제어 감시 신호를 공급한다.
③ 다중 선로 제어기(MLC)는 집중화기와 터미널을 링크한다.
④ 원격 네트워크 처리장비(RNP)는 원격 일괄처리 기능과 집중화기의 기능을 동시에 수행한다.

[정답] ①
집중화기는 M개의 입력회선을 N개의 출력회선으로 집중화하는 장치로, 입력 회선의 수(M)가 출력회선의 수(N)보다 같거나 많다. (M≥N)

55
다음 중 집중화기의 구성요소가 아닌 것은?

① 중앙 처리 장치 ② 다수 선로 제어기
③ 단일 회선 제어기 ④ 신호변환기

[정답] ④
집중화기의 구성
① 마이크로 프로세서를 사용한 집중화기는 단일회선 제어기, 중앙처리장치, 다수선로 제어기로 구성되어 있다.
② 단일 회선 제어기(SLC)는 집중화기가 각각의 데이터 통신 회선과 접속하기 위해 필요한 제어 감시 신호를 공급한다.
③ 다중 선로 제어기(MLC)는 집중화기와 터미널을 링크한다.
④ 원격 네트워크 처리장비(RNP)는 원격 일괄처리 기능과 집중화기의 기능을 동시에 수행한다.

신호변환기는 MODEM 등의 회선 종단장치이다.

56 고속회선을 저속장치들이 공유하는 집중화기의 종류가 아닌 것은?

① 메시지 교환 집중화기
② 패킷 교환 집중화기
③ 데이터 교환 집중화기
④ 회선 교환 집중화기

[정답] ③
집중화기의 종류
① 메시지 교환 집중화기
② 패킷 교환 집중화기
③ 회선 교환 집중화기

57 다음 중 다중화기와 집중화기에 대한 설명으로 틀린 것은?

① 부 채널(Sub channel) 할당 방법에서 다중화기는 정적(Static) 할당이고, 집중화기는 동적(Dynamic) 할당 방식이다.
② 개별 회선의 연결시 다중화기는 논리적 연결이고, 집중화기는 물리적 연결이다.
③ 부 채널 속도 합에서 다중화기는 고속 링크 채널속도와 같고, 집중화기는 고속 링크 채널 속도와 같거나 크다.
④ 제어기는 다중화기는 고정회선 제어 및 논리적 제어이고, 집중화기는 프로세서 제어이다.

[정답] ②
다중화기와 집중화기 비교

구분	다중화기	집중화기
부채널 할당 방법	정적인 할당(고정)	동적인 할당(가변적)
개별 회선 연결	물리적 연결	논리적 연결
부채널 속도의 합	고속링크 채널 속도와 같다(1:1)	고속링크 채널의 속도보다 크거나 같다(약4:1)
제어기	고정회선 제어 및 논리제어	프로세서 제어

2 네트워크기기

58 서로 다른 네트워크 구조를 갖는 컴퓨터간 데이터를 송·수신할 경우, 이기종 간을 상호 접속하여 통신이 가능하도록 해주는 인터넷워킹 장비가 아닌 것은?

① Transceiver
② Repeater
③ Hub
④ Router

[정답] ①
네트워크 장비

장비	전송계층	특징
리피터,허브	1계층	물리계층 신호증폭,재생
브리지	2계층	데이터링크 계층
라우터	3계층	네트워크간 연결

59 다음 중 OSI 7 계층과 네트워크 기기 간의 연결이 올바른 것은?

① Transfer Layer - Repeater
② Network Layer - Hub
③ Data Link Layer - Bridge
④ Physical Layer - Router

[정답] ③
인터네트워킹 장비
① 허브/리피터 - 1계층장비 (Bit)
② 브리지/스위치 - 2계층장비 (Frame)
③ 라우터 - 3계층장비 (Packet)
④ L4스위치 - 4계층 장비 (Segment)
⑤ 게이트웨이 - 7계층장비 (Protocol)

60 네트워크 기기에 대한 설명이다. 괄호 안에 들어갈 알맞은 네트워크장비는 어느 것인가?

( )는 서로 다른 통신망(네트워크)를 중계해 주는 장치로 보내지는 송신정보에서 수신처 주소를 읽어 가장 적절한 통신선로를 지정하고 다른 통신망으로 전송하는 장치이다.

① Bridge
② Repeater
③ Router
④ Switch

[정답] ③
허브/리피터는 1계층(물리계층)에서 bit전송을 위한 물리적인 회선을 연결/확장해 주는 장비를 말한다.

61 네트워크 장비 더미(dummy)허브에 대한 설명으로 옳지 않은 것은?

① 각 포트마다 부여된 MAC주소가 없다.
② 노드들은 주로 UTP케이블을 통해 연결됨.
③ 단순히 신호분배 기능을 한다.
④ OSI계층의 데이터링크 계층에서 동작한다.

[정답] ④
더미허브는 1계층 장비로 물리계층에서 케이블을 통해 단순히 신호를 분배해주는 장비를 말한다.

62. LAN 장비 중에 더미 허브의 설명으로 맞는 것은?

① 단순히 컴퓨터와 컴퓨터 간의 네트워크를 중계하는 역할
② 단순히 전송하는 기능을 넘어 수신지 주소로 스위칭하는 역할
③ 허브와 허브 사이를 연결하여 용량을 확장하는 역할
④ 네트워크 관리 시스템을 이용하여 신호의 조절과 변경 등 다양한 지능형 기능을 포함한 허브 역할

[정답] ①
더미허브는 1계층 장비로 물리계층에서 케이블을 통해 단순히 신호를 분배해주는 장비를 말한다.

63. 다음 중 리피터(Repeater)의 설명으로 옳은 것은?

① 멀티 네트워크 케이블을 접속하는 기기이다.
② 에러를 확인하지 않고 신호를 재생하여 전달한다.
③ 데이터링크 계층 레벨의 데이터를 전송한다.
④ 프레임이나 패킷의 내용을 처리하여 분석하는 기능을 갖는다.

[정답] ②
리피터(Repeater)
① 리피터는 OSI 참조모델의 물리계층에서 망을 물리적으로 연결하고 신호재생의 역할을 수행하는 것이다.
② 리피터는 복수의 네트워크 사이에서 단순히 전기적 신호의 증폭을 통해 신호전송을 하는 것을 주된 기능으로 하는 장비이다.
③ 리피터는 신호를 전기적으로 증폭하는 것뿐이므로 같은 종류, 같은 규격의 케이블만이 접속 가능하다. 케이블의 속도가 서로 다른 경우는 버퍼를 내장한 리피터를 사용한다.

64. 다음 중 물리계층 장비에 대한 설명으로 옳지 않은 것은?

① 네트워크 장비간의 실제 전기적인 전송을 담당한다.
② 리피터는 물리적인 신호를 다시 증폭하는 역할을 한다.
③ 허브는 네트워크에 다수의 단말을 연결할 때 사용된다.
④ 브리지는 두 개의 근거리통신망(LAN)을 서로 연결해 주는 통신망 연결 장치이다.

[정답] ④

65. 다음 중 데이터 링크 장비에 대한 설명으로 옳지 않은 것은?

① 네트워크 장비는 MAC 주소를 기반으로 작동한다.
② LAN 카드 자체는 물리 계층에서 작동하지만, 드라이버를 포함하면 데이터링크 계층에서 작동한다.
③ 데이터링크 계층과 관련된 장비는 리피터, 스위치, 허브가 있다.
④ 브리지(Bridge)는 두 개의 근거리통신망(LAN)을 서로 연결해 주는 통신망 연결 장치이다.

[정답] ③
네트워크 장비
① 허브/리피터 - 1계층장비 (물리적 회선기반으로 연결)
② 스위치 - 2계층장비 (MAC Address기반으로 연결)
③ 라우터 - 3계층장비 (IP Address기반으로 동종, 이기종간에 연결)
④ 게이트웨이 - 7계층장비 (Protocol이 다른 시스템간 연결)

66. 동일 및 이기종 LAN 간을 연결하는데 사용되며 데이터 링크 계층까지의 기능을 수행하는 네트워크 장비는?

① 리피터(Repeater)   ② 브리지(Bridge)
③ 라우터(Router)   ④ 게이트웨이(Gateway)

[정답] ②
네트워크 장비
① 허브/리피터 - 1계층장비 (물리적 회선기반으로 연결)
② 스위치 - 2계층장비 (MAC Address기반으로 연결)
③ 라우터 - 3계층장비 (IP Address기반으로 동종, 이기종간에 연결)
④ 게이트웨이 - 7계층장비 (Protocol이 다른 시스템간 연결)

67. PC를 LAN에 연결하여 고속의 데이터 송수신이 가능하도록 해주는 장치로 PC내 실장되는 것은?

① NIC(Network Interface Card)
② MODEM(Modulator & Demodulator)
③ DSU(Digital Service Unite)
④ CSU(Channel Service Unit)

[정답] ①
네트워크 카드(NIC : Network Interface Card)
① NIC은 네트워크에 접속할 수 있게 하기 위해 컴퓨터 내에 설치되는 확장카드이다.
② 근거리통신망에 연결된 PC나 워크스테이션들은 대체로 이더넷이나 토큰링과 같은 근거리 통신망 전송기술을 위해 특별히 설계된 네트워크 카드를 장착하고 있다.

68
두 개의 랜을 연결하여 확장된 랜을 구성하는데 사용되며 ISO 7 layer의 2계층에서 이용되는 장비는?
① 허브　　② 리피터
③ 라우터　　④ 브리지

[정답] ④
네트워크 장비

장비	전송계층	특징
리피터,허브	1계층	물리계층 신호증폭,재생
브리지	2계층	데이터링크 계층 연동
라우터	3계층	네트워크간 연결

69
서로 다른 프로토콜을 가진 네트워크를 연결하기 위해 사용되는 네트워크 장비는?
① 허브　　② 리피터
③ 라우터　　④ 게이트웨이

[정답] ④
네트워크 장비
① 허브/리피터 - 1계층장비 (물리적 회선기반으로 연결)
② 스위치 - 2계층장비 (MAC Address기반으로 연결)
③ 라우터 - 3계층장비 (IP Address기반으로 동종, 이기종간에 연결)
④ 게이트웨이 - 7계층장비 (Protocol이 다른 시스템간 연결)

70
WAN, MAN, LAN 등의 서로 다른 네트워크 간에 통신하는 장치로 맞는 것은?
① 라우터　　② 스위치
③ 브리지　　④ 허브

[정답] ①
네트워크 장비
① 허브/리피터 - 1계층장비 (물리적 회선기반으로 연결)
② 스위치 - 2계층장비 (MAC Address기반으로 연결)
③ 라우터 - 3계층장비 (IP Address기반으로 동종, 이기종간에 연결)
④ 게이트웨이 - 7계층장비 (Protocol이 다른 시스템간 연결)

71
인터네트워킹(internetworking)장비 중 경로설정 기능을 가진 것은?
① Bridge　　② Modem
③ Repeater　　④ Router

[정답] ④
인터네트워킹 장비 중 경로설정 기능을 가진 것은 라우터이다.
인터네트워킹 장비
① 1계층 장비 - 허브/리피터 (회선분배기능)
② 2계층 장비 - 스위치/브리지 (LAN 구성)
③ 3계층 장비 - 라우터 (경로설정)
④ 7계층 장비 - Gateway (프로토콜단위 제어)

72
다음 중 프로토콜이 서로 다른 LAN을 연결하거나 LAN을 WAN에 접속할 경우에 사용하며, 동일한 망(Network) 내에서 주고받는 데이터를 망 내에서만 전송되도록 제한을 가하여 불필요한 작업량을 제거하여주는 장비로 맞는 것은?
① 허브(Hub)　　② 리피터(Repeater)
③ 스위치(Switch)　　④ 라우터(Router)

[정답] ④
라우터의 주요 기능
① 한 포트로 패킷을 받아서 다른 포트로 전송하는 패킷 스위칭 기능
② 패킷을 받은 다음 가장 적절한 포트를 선정 후 전송하는 경로설정 기능
③ 서로 다른 네트워크의 존재를 인식하고 기록, 관리하는 네트워크의 논리적 구조 습득 기능

73
네트워크 장비인 라우터에 대한 설명으로 옳지 않은 것은?
① 네트워크 계층에서 동작한다.
② 서로 다른 네트워크 간의 연결을 위해 사용된다.
③ 하나의 네트워크 세그먼트 안에서 크기를 확장한다.
④ 서로 다른 VLAN 간의 통신을 가능하게 해준다

[정답] ③
라우터는 3계층(네트워크계층)장비로 서로 다른 네트워크(LAN)을 연결하기 위해 사용됨. 하나의 네트워크 세그먼트 안에서 크기를 확장하는 장비는 허브(1계층) 또는 리피터가 있다.

74 네트워크 장비 중 경로 결정(Path Determination)과 스위칭(Switching)기능을 가진 장비는?

① 허브(Hub) ② 리피터(Repeater)
③ 트랜시버(Transceiver) ④ 라우터(Router)

[정답] ④
라우터는 3계층(네트워크계층)장비로 서로 다른 네트워크(LAN)을 연결하기 위해 사용된다.

75 다음 중 Network Layer을 지원하는 이더넷 스위치는 어떤 장비인가?

① L2 Switch ② L3 Switch
③ L4 Switch ④ L7 Switch

[정답] ②
스위치는 2계층 장비이나 Network Layer을 지원하는 스위치는 L3 Switch라 한다.

76 다음 보기의 내용은 어떤 장비에 대한 설명인가?

> 서버나 장비, 네트워크의 부하를 분산(Load Balancing)하고, 고가용성 시스템을 구축해 신뢰성과 확장성을 향상시킬 수 있으며, 장비 간 효과적인 결합을 통해 네트워크와 시스템의 속도를 개선한다.

① L2 스위치 ② L3 스위치
③ L4 스위치 ④ L7 스위치

[정답] ③
L4 스위치
① L4 스위치는 4계층(전송계층)상의 TCP/UDP 포트번호를 토대로 서비스별로 분류하여 포워딩 결정을 하게되는 장비를 말함.
② 계층4의 정보(TCP/UDP 포트번호 등)를 기반으로 Load Balancing 구현 가능
③ Server Load Balancing, Firewall Load Balancing 등 부하 분산 기능이 필수

77 다음 중 네트워크 장비의 L4 스위치에 대한 설명으로 옳지 않은 것은?

① OSI 계층의 세션 계층에서 동작한다.
② 패킷을 분류하고 경로를 제어한다.
③ 포트 번호로 세션을 관리한다.
④ 로드 밸런싱 기능을 담당한다.

[정답] ①
L4 스위치는 L1,2,3 스위치의 기능을 모두 포함하고 있다. 특히 L4(전달계층)의 기능인 포트번호관리, 로드밸런싱 기능이 핵심 기능이다. 또한 L3기능인 패킷을 분류하고 경로를 제어 할 수 있다.

78 다음 중 L7 스위치(Layer7 Switch)에 대한 설명으로 옳지 않은 것은?

① 보안이나 QoS 지원 기능이 있다.
② 바이러스나 웜 등의 네트워크 공격과 해킹을 차단하는 특별한 기능을 지원한다.
③ L7 스위치는 물리계층만 지원해주는 이더넷 장비이다.
④ 스위치로서 동작하기 위해 L2, L3, L4 스위치 기능을 지원한다.

[정답] ③
L7 스위치(Layer7 Switch)
① 보안이나 QoS 지원 기능이 있다.
② 바이러스나 웜 등의 네트워크 공격과 해킹을 차단하는 특별한 기능을 지원한다.
③ L7 스위치는 응용계층까지 지원해주는 장비이다.
④ 스위치로서 동작하기 위해 L2, L3, L4 스위치 기능을 지원한다.

79 IPTV에서 특정 그룹 가입자에게 실시간 방송서비스를 가능하게 하는 네트워크 상의 패킷전송 기술은?

① Unicasting ② Broadcasting
③ Multicasting ④ Intercasting

[정답] ③
① 유니캐스트 : 1 대 1 전송
② 브로드캐스트 : 1대 불특정 다수 전송
③ 멀티캐스트 : 1 대 특정 다수 전송

80 음성신호를 패킷 데이터로 변환하여 인터넷 망에서 전화 서비스를 제공하는 것은?

① WiBro ② Telematics
③ WCDMA ④ VoIP

[정답] ④
VoIP(Voice over Internet Protocol)
VoIP란 지금까지 PSTN 네트워크를 통해 이루어졌던 음성서비스를 Internet Protocol이라는 것을 이용해 여러 가지 다양한 서비스를 제공하는 기술을 말한다.

81. 인터넷 프로토콜(IP)을 이용한 VoIP서비스의 구성요소가 아닌 것은?

① 프록시 서버(Proxy Server)
② 게이트웨어(Gateway)
③ 게이트키퍼(Gate Keeper)
④ 중앙제어장치(Central Controller)

[정답] ④
VOIP(Voice Over IP)
① IP(Internet Protocol)을 이용한 음성서비스를 VOIP라 한다. IP를 이용함으로써 Instant Message, CTI, UMS 등의 다양한 서비스가 가능하다.
② VOIP의 핵심 구성요소

구성요소	특징
단말장치	최종단의 IP단말기
게이트웨이	이종망간 신호처리
H.248 (MEGACO)	Media Gateway 제어 프로토콜
H.323, SIP	Call Signaling 프로토콜

82. VoIP 서비스를 위해서 일반 전화기와 직접 연결된 통신망이 인터넷과 연결되어야 하는데, 이 때 필요한 인터페이스 역할을 하는 장치는?

① PC
② 인텔리젠트 허브
③ 스위치
④ 게이트웨이

[정답] ④
VOIP의 핵심 구성요소

구성요소	특징
단말장치	최종단의 IP단말기
게이트웨이	이종망간 신호처리
H.248 (MEGACO)	Media Gateway 제어 프로토콜
H.323, SIP	Call Signaling 프로토콜

83. 다음 중 VoIP서비스에 대한 설명으로 틀린 것은?

① 음성과 데이터를 하나의 망으로 전송한다.
② 인터넷 프로토콜과 연계하여 다양한 부가서비스의 제공이 가능하다.
③ 기존의 데이터망을 이용하므로 통신요금이 저렴하다.
④ 각각의 통화는 회선을 독점으로 점유하기 때문에 대역폭 사용이 비효율적이다.

[정답] ④
IP를 이용한 음성전화서비스인 VoIP는 패킷교환 방식을 사용하므로 회선사용이 유연하며 확장성이 뛰어남. 이에 대역폭사용이 효율적이다.

84. 다음 중 유선기반의 홈네트워크 기술이 아닌 것은?

① Home PNA
② PLC(Power Line Communication)
③ Ethernet
④ Bluetooth

[정답] ④
Bluetooth는 무선기반 홈네트워크 기술로 분류된다.

85. 다음 중 광케이블이 집안까지 연결되는 것은?

① xDSL   ② FTTH
③ LAN   ④ TRS

[정답] ②
FTTH(Fiber-To-The Home)는 초고속 대용량 멀티미디어를 가정까지 고품질로 전송하기 위한 광 가입자 기술이다.

86. 디지털 가입자 회선기술로서 망측과 가입자측에 각각 설치되어 가입자 선로상으로 효율적인 데이터 전송을 위한 것이 아닌 것은?

① HDSL   ② ADSL
③ VDSL   ④ DSSL

[정답] ④
전화선을 이용한 디지털 가입자회선기술에는 대칭방식의 HDSL, SDSL과 비대칭방식의 VDSL, ADSL 기술이 있다.

87. 다음 중 VDSL 서비스 방식에서 가입자 댁내 장비는?

① 다중화장비(DSLAM)   ② 네트워크접속장치(NAS)
③ EMS   ④ 모뎀(Modem)

[정답] ④
모뎀(Modem)은 VDSL 서비스 방식에서 가입자 댁내 장비이고, DSLAM(Digital Subscriber Line Access Multiplexer)은 가입자에게 효율적으로 VDSL 서비스를 제공하기 위하여 다수의 VDSL용 모뎀을 다중화 및 역다중화하여 망에 접속시키기 위한 다중화장비이다.

88. 다음 중 VDSL방식에서 가입자의 컴퓨터가 인터넷에 접속하는 방식으로 알맞은 것은?

① IP를 자동으로 할당하는 DHCP 방식
② 별도의 PPPoE(외장형 모뎀), PPPoA(내장형 모뎀) 접속 프로그램을 이용하여 인증을 통하여 접속
③ NMS를 통하여 자동으로 할당하는 방식
④ EMS를 통하여 고정 IP를 할당받는 방식

[정답] ①
xDSL 가입자 컴퓨터 인터넷 접속방법
① VDSL방식 : IP를 자동으로 할당하는 DHCP방식
② ADSL방식 : 별도의 PPPoE(외장형 모뎀) 또는 PPPoA(내장형 모뎀) 접속 프로그램을 이용하여 인증을 통해 접속

89. 다음 중 ADSL방식에서 가입자의 컴퓨터가 인터넷에 접속하는 방식으로 알맞은 것은?

① IP를 자동으로 할당하는 DHCP 방식
② 별도의 PPPoE(외장형 모뎀) 또는 PPPoA(내장형 모뎀) 접속 프로그램을 이용하여 인증을 통해 접속하는 방식
③ NMS를 통하여 자동으로 할당하는 방식
④ EMS를 통하여 고정 IP를 할당받는 방식

[정답] ②
xDSL 가입자 컴퓨터 인터넷 접속방법
① VDSL방식 : IP를 자동으로 할당하는 DHCP방식
② ADSL방식 : 별도의 PPPoE(외장형 모뎀) 또는 PPPoA(내장형 모뎀) 접속 프로그램을 이용하여 인증을 통해 접속

90. 광섬유를 전송매체로 100[Mbps]의 전송속도를 제공하는 두 개의 링 구조로 이루어진 것은?

① ADSL   ② HDSL
③ VDSL   ④ FDDI

[정답] ④
FDDI
① 토큰 패싱 방식에 광섬유를 전송매체로 사용
② 광케이블 또는 트위스트페어로 100[Mbps]전송
③ 듀얼링 구조로 1개의 링은 전송용, 1개의 링은 백업용으로 사용하는 네크워크이다.

91. 고속의 데이터 전송기술인 xDSL에서 사용되는 변조방식이 아닌 것은?

① QAM   ② DMT
③ CAP   ④ PCM

[정답] ④
xDSL은 전화선을 이용한 고속의 데이터 전송기술로 xDSL Modem을 이용해 고속전송을 할 수 있다.

xDSL	전송방식	변조방식
SDSL	대칭방식	DMT, CAP
HDSL	대칭방식	2B1Q, CAP
ADSL	비대칭방식	DMT, CAP
VDSL	비대칭방식	DMT, CAP

92. 정보를 전송하는 방식 중 축적교환방식이 아닌 것은?

① 회선교환방식   ② 데이터그램 패킷교환방식
③ 메시지교환방식   ④ 가상회선패킷교환방식

[정답] ①
축적교환(Store and Forword)방식
① 메시지교환(Message Switching)방식
② 패킷교환(Packet Switching)방식
　㉠ 가상회선 패킷교환 방식
　㉡ 데이터그램 패킷 교환방식

93. 다음 중 회선교환방식에 대한 설명으로 가장 적합한 것은?

① 통신정보를 패킷 단위로 교환한다.
② 속도와 코드 변환이 있다.
③ 가상회선방식이 존재한다.
④ 회선을 점유하고 통신한다.

[정답] ④
교환방식의 종류에는 회선교환, 메시지교환, 패킷교환방식이 있음. 회선교환은 1:1로 회선을 점유하여 통신함으로써 전송선과 같은 효과를 얻을 수 있다.

94. 다음 중 WAN(Wide Area Network)의 전송 방식이 아닌 것은?

① Leased Line   ② Circuit Switched
③ Packet Switched   ④ Massage Switched

[정답] ④
WAN 전송방식
① 전용선 방식(Leased Line)
② 회선교환 (PSTN)
③ 패킷교환 (TCP/IP) - 가상회선, 데이터그램

95 다음 중 ATM 교환방식의 특징이 아닌 것은?
① 비동기방식이다.
② 다양한 속도를 제공한다.
③ 음성, 화상, 데이터 등의 서비스를 제공할 수 있다
④ 정보의 지연이 일정하다.

[정답] ④
ATM(Asynchronous Transfer Mode) 특징
① 다양한 유형의 traffic 통합 지원
② 다양한 서비스 품질 지원
③ 통신망 자원의 동적(dynamic) 활용
④ 통계적 다중화에 의한 대역폭의 효율적 사용
⑤ 데이터를 53바이트의 ATM 고정 길이를 작은 셀로 나누어 비동기 방식으로 전송하기 때문에 데이터의 전송률과 전달지연시간을 예측 할수 있다.
⑥ 지연 및 손실의 우선순위에 따른 전송

96 ATM 교환방식의 설명으로 틀린 것은?
① 정적으로 대역폭을 할당한다.
② 셀은 53바이트로 구성된다.
③ 효율적인 대역폭의 활용이 가능하다.
④ 다양한 서비스의 융통성을 확보할 수 있다.

[정답] ①
ATM(Asynchronous Transfer Mode) 특징
① 다양한 유형의 traffic 통합 지원
② 다양한 서비스 품질 지원
③ 통신망 대역폭 자원의 동적(dynamic)활용
④ 통계적 다중화에 의한 대역폭의 효율적 사용
⑤ 데이터를 53바이트의 ATM 고정 길이를 작은 셀로 나누어 비동기 방식으로 전송하기 때문에 데이터의 전송률과 전달지연시간을 예측 할수 있다.
⑥ 지연 및 손실의 우선순위에 따른 전송

97 다음 중 비동기 전송방식인 ATM에 대한 설명으로 틀린 것은?
① 다양한 종류의 트래픽을 통합할 수 있다.
② 가변길이의 셀을 교환한다.
③ STDM에 의한 효율적인 대역폭의 사용이 가능하다.
④ 셀은 5바이트의 헤더와 48바이트의 페이로드로 구성된다.

[정답] ②
ATM 교환 방식은 53바이트 고정길이의 셀이라고 하는 패킷을 기본으로 한다. 53바이트의 셀은 수신처 레이블 정보 등의 제어 정보나 라우팅 정보 등이 들어 있는 5바이트의 헤더와 48바이트의 정보로 구성된다.

98 네트워크에서 보안을 위한 가장 일차적인 솔루션으로 신뢰하지 않은 외부 네트워크와 신뢰하는 내부 네트워크 사이를 지나는 패킷을 미리 정한 규칙에 따라 차단 또는 허용하는 것을 무엇이라 하는가?
① 방화벽
② VPN
③ 침입탐지 시스템(IDS)
④ DRM

[정답] ①
방화벽이란 내·외부 망의 경계에 패킷 필터링 라우터나 응용 게이트웨이 등을 설치하여 허가된 데이터는 통과시키고 그렇지 않은 시스템은 데이터를 폐기하거나 거절하는 시스템이다.

방화벽의 기능
① 접근 통제
② 사용자 인증(Authentication)
③ 로깅(Logging)과 감사추적(Auditing)
④ 데이터 암호화

99 다음 중 네트워크에 연결된 기기에서 공격 신호를 탐지하여 자동으로 차단 조치를 취하는 보안 솔루션으로 비정상적인 이상신호를 발견시 능동적으로 조치를 취하는 시스템은?
① 침입 탐지 시스템(IDS)
② 방화벽(Firewall)
③ 침입 방지 시스템(IPS)
④ 가상사설망(VPN)

[정답] ③
IPS(Intrusion Prevention System)
① 인터넷 웜 등의 악성코드 및 해킹 등을 통한 침입이 일어나기 전에 실시간으로 침입을 막고 알려지지 않은 방식의 침입으로부터 네트워크와 호스트 컴퓨터를 보호하는 솔루션
② 공격탐지를 뛰어넘어 탐지된 공격에 대한 웹 연결 등을 적극적으로 차단
③ 침입탐지 기능을 수행하는 모듈이 패킷을 일일히 검사하여 해당 패턴을 분석한 후, 정상적인 패킷이 아니면 방화벽 기능을 가진 모듈로 차단

3 음성 및 영상 통신기기

1 음성통신기기

01 다음 중 전화기의 기본 구성이 아닌 것은?
① 통화 회로
② 신호 회로
③ 가입자 교환회로
④ 측음 방지회로

[정답] ③
전화기의 기본구성 통화회로, 신호회로, 측음방지회로로 구성된다. 측음방지회로는 송화음성이 자신의 수화기로 들리는 음을 말한다.

02 다음 중 전화기의 기능과 구성으로 적합하지 않는 것은?
① 통화상태와 신호상태를 분리하는 것은 훅(hook) 스위치이다.
② 전화에 사용되는 주파수 대역은 국제적으로 300~3400[Hz]이다.
③ 수화기는 전기에너지를 음성에너지로 바꾸어주는 장치로서 진동판은 자유진동이 커야 한다.
④ 송화기는 음성에너지를 전기에너지로 바꾸어주는 장치이다.

[정답] ③
진동판의 구비조건
① 자유 진동이 극히 적을 것
② 진동수에 무관하게 진동판은 외력에 비례해서 되도록 큰 폭으로 진동할 것
③ 주파수 특성이 평탄할 것
④ 진동판의 평면 면적은 가급적 클 것
⑤ 온도 특성이 안정할 것

03 전화기에서 사용하는 진동판의 구비조건으로 맞지 않는 것은?
① 자유진동이 적을 것
② 외력에 비례해서 되도록 큰 진폭으로 진동할 것
③ 진동판의 평면 면적은 가급적 작을 것
④ 온도 변화에 안정적으로 구동할 것

[정답] ③
진동판의 구비조건
① 자유 진동이 극히 적을 것
② 진동수에 무관하게 진동판은 외력에 비례해서 되도록 큰 폭으로 진동할 것
③ 주파수 특성이 평탄할 것
④ 진동판의 평면 면적은 가급적 클 것
⑤ 온도 특성이 안정할 것

04 회전 스위치를 구동하기 위한 직류 펄스 다이얼(DC Pulse Dial)을 부착한 전화기는?
① 자석식
② 공전식
③ 수동식
④ 자동식

[정답] ④
자동식 전화기에서 상대방 번호(선택 신호)를 발생하는 장치로 DP(Dial Pulse) 신호와 PB(Push Button)신호가 있다.

05 전화기의 기능 중 상대방의 번호를 발생시키는 기구로 다이얼(Dial)이 있다. 다음 중 다이얼 신호가 아닌 것은?
① DP(Dial Pulse) 신호
② PB(Push Button) 신호
③ MFC(Multi Frequency Code) 신호
④ HS(Hook Switch) 신호

[정답] ④
HS(Hook Switch)는 수화기를 들거나 놓음으로써 수화기를 자동적으로 대기 상태와 통화 상태로 전환하는 스위치이다.
다이얼 방식
① DP(Dial Pulse)신호 : 구형 전화기 다이얼(로타리 방식)을 회전시킴으로써 다이얼신호 발생
② PB(Push Button)신호 : 4개의 고군주파수와 4개의 저군주파수를 사용하여 선택하는 방식으로 다이얼 조작이 간단하고 다이얼에 소요되는 시간이 짧다. MFC(Multi Frequency Code)신호방식이라고도 한다.

06 전화 전송에 있어서 송화단의 전압과 수화단의 전압의 비가 100:1일 때 전송량 [db]은 얼마인가?
① 10[dB]
② 20[dB]
③ 30[dB]
④ 40[dB]

[정답] ④
$$dB = 20\log_{10}\frac{V_2}{V_1} = 20\log_{10}100 = 40[dB]$$

07

다음 조건에 해당하는 전화기의 접속률은?

[조건] 접속시간 : 10 , 절단시간 : 30

① 25[%] ② 40[%]
③ 90[%] ④ 133[%]

[정답] ①

$$접속률 = \frac{접속시간}{접속시간 + 절단시간} = \frac{10}{10+30} = \frac{10}{40} = 25\%$$

08

전화기의 주요 성능으로 접속률(Make Ratio)과 절단률(Break Ratio)이 있다. 접속률(%)을 구하는 공식으로 맞는 것은? (단, a : 접속시간, b : 절단시간)

① $(a/(a+b)) \times 100$
② $((a+b)/a) \times 100$
③ $(b/(a+b)) \times 100$
④ $((a+b)/b) \times 100$

[정답] ①

$$접속률 = \frac{a(접속시간)}{a(접속시간) + b(절단시간)}$$

09

통신망 신호방식 중 다이얼 방식에서 메이크 시간=2, 단속시간=4일 때, 단속비는 얼마인가?

① 0.5 ② 1
③ 2   ④ 3

[정답] ③

로터리방식의 전화기에서 발생시키는 다이얼펄스주기 내에는 메이크와 브레이크가 임의시간 연속하여 나타난다.
단속비는 다이얼이 만드는 펄스에서 절단하는 시간(브레이크율)과 접속하는 시간(메이크 율)의 비를 단속비라 한다.

$$단속비 = \frac{절단시간}{접속시간} = \frac{4}{2} = 2$$

10

초기의 전화망은 각각의 전화기가 모두 연결된 형태로 이런 구성의 경우 전화기 n개를 연결하기 위하여 필요한 회선의 개수는?

① $(n-1)/2$ ② $n(n-1)/2$
③ $(n+1)/2$ ④ $n(n+1)/2$

[정답] ②
메쉬형(망형) 네트워크
① $\frac{n(n-1)}{2}$ (n : 노드수(전화기))의 구조를 가진다.
② 신뢰성은 우수하지만 연결비용이 많이 들고, 관리가 어려운 단점이 있다.

11

다음 중 전화망의 교환시설에 속하지 않는 것은?

① 시내교환기   ② 시외교환기
③ 중계교환기   ④ 가입자선로

[정답] ④
교환시설
① 시내교환기
② 시외교환기
③ 중계교환기

12

교환기의 교환방식은 수동식과 자동식으로 구분된다. 다음 중 자동식 교환기가 아닌 것은?

① 기계식   ② 전자교환식
③ 광교환식   ④ 공전식

[정답] ④
교환방식에는 일반적으로 통화를 연결해 주는 방식에 따라 수동식과 자동식이 있다. 수동식에는 통신을 위한 전원 장치를 가입자마다 별도로 설치한 자석식과 전화국에 설치하여 공동으로 사용하는 공전식이 있다. 자동식은 통화로에 사용하는 스위칭 소자에 따라 기계식과 전자식으로 구분된다.

13

자동식 교환방식 중 광교환 방식의 종류가 아닌 것은?

① 공간분할방식   ② 시간분할방식
③ 파장분할방식   ④ 코드분할방식

[정답] ④

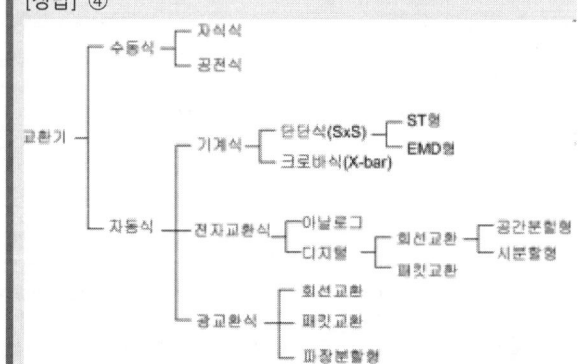

14

다음 중 PBX(Private branch exchange)의 기능과 밀접한 것은?

① 문서 도형의 작성 ② 데이터의 처리
③ 전화교환 ④ 정보의 보존 및 검색

[정답] ③
PBX(사설교환기)
회사에서 사용되는 일정 수의 전화회선을 모든 직원이 공유하고, 내선에 연결되어 있는 내부 사용자들 간에 전화를 자동으로 연결해 주기 위한 전화교환 시스템이다.
PBX의 종류

PBX 종류	특 성
PBX	TDM 기반의 교환기
IP-PBX	인터넷 구내망 기반의 교환기
VOIP-GW	음성을 IP로 변환하여 인터넷망으로 전송할수 있도록 하는 장비

15

다음 중 전화 교환기의 기능이 아닌 것은?

① 중계경로 중에서 1회선을 선택하여 접속하는 스위칭 기능
② 단축 다이얼, 부재중 전화, 착신전송 등의 각종 전화 교환 서비스 기능
③ 신호 파형의 변환, 신호 전송속도의 변환, 제어선호의 삽입 기능
④ 다이얼 정보에 따라 발신국에서 착신국에 이르는 중계경로를 선택하는 기능

[정답] ③
전화교환기는 다수의 호(Call)를 교환을 원하는 상호간에 정보를 접속, 교환, 단축다이얼, 착신전송 등 사용자의 다이얼 정보에 따라 발신국에서 착신국에 이르는 중계경로를 선택하는 기능을 한다.

16

다음 중 전자교환기 방식과 거리가 먼 것은?

① 통화로계 및 제어계가 있다.
② 다양한 특수 서비스를 제공할 수 있다.
③ 축적 프로그램 제어 기술을 사용한다.
④ X-bar 교환기가 대표적이다.

[정답] ④
X-bar 교환기는 기계식 교환기이다.
전자교환기 특징
① 고속, 소형, 경량
② 축적 프로그램 제어방식(SPC:Store Program Control)채용
③ 통화계와 제어계가 완전 분리
④ 3자 통화, 착신 통화 전환 등 다양한 특수 서비스 제공
⑤ 자동고장 탐지 기능 및 통화량 측정이 자동
⑥ 저소비 전력 및 긴 수명
⑦ 제어부분 2중화로 고신뢰성 및 모듈화 설계

17

다음 중 전(全)전자 교환기의 통화로계 구성이 아닌 것은?

① 통화로망 ② 중계선 정합부
③ 가입자선 정합부 ④ 주변제어장치

전자교환기의 구성
① 통화회로망(SN : Switching Network) : 통화로망은 시분할 방식에 의하여 PCM화된 정보채널을 교환·접속하는 장치
② 중앙제어장치(CC : Central Control) : 스티어링(steering) 회로와 각 register를 합한 전자 제어회로로서 교환기 내의 모든 장치를 통제하고 각 장치로부터 들어오는 모든 명령을 해석하고 응답하는 기능을 수행
③ 주사장치(SCN : Scanner) : 가입자 회선 감시뿐만 아니라 고장, 진단, 유지보수 등 필요한 시험을 위해서 가입자 회선 및 중계선에 흐르는 전기적인 동작상태를 주기적으로 감시하여 이 데이터를 중앙 처리 장치로 보냄
④ 호처리 기억장치(CS : Call Store) : 가입자 회선, 중계선과 통화로망 각 부분의 상태와 호처리 과정에서 호에 관련되는 데이터를 일시적으로 저장함
⑤ 신호 분배장치(SD : Signal Distributer) : 통화로 구성을 위해 중앙 제어 장치에서 지시한 명령을 가입자회선, 중계선과 통화로 망의 각 부분에 분배
⑥ 프로그램 기억장치(PS : Program Store) : 가입자선 전화번호와 가입자 수용기기 번호의 관계, 국번호와 회선 route의 관계가 같은 번역용 반영구 데이터를 저장하는데 사용
전자 교환기 구성

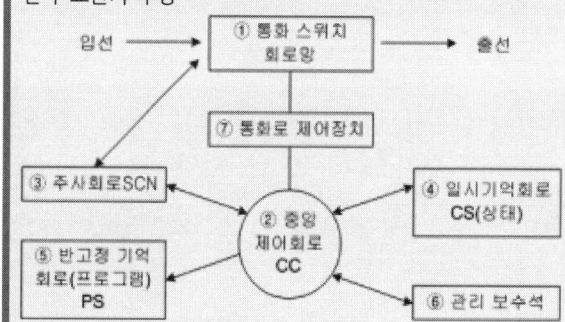

18 교환기에서 가입자선을 정합하는 가입자 회로의 기능이 아닌 것은?

① Charging
② Battery Feed
③ Coding, Decoding
④ Over-voltage Protection

[정답] ①
가입자선 정합부 기능

기호	명칭	기능
B	Battery Feed	전류공급
O	Over Voltage Protection	과전압 보호
R	Ringing	호출신호 송출
S	Supervision	가입자선 감시
C	Coding/Decoding	AD, DA 변환
H	Hybrid	2선/4선 변환
T	Testing	내외선 시험

19 다음 중 전(全)전자 교환기에서 가입자선 정합부의 기능이 아닌 것은?

① 가입자회선 수용
② 가입자 호출신호의 송출
③ 가입자선 통화전류를 위한 급전
④ 국간 신호처리

[정답] ④
가입자선 정합부 기능

기호	명칭	기능
B	Battery Feed	전류공급
O	Over Voltage Protection	과전압 보호
R	Ringing	호출신호 송출
S	Supervision	가입자선 감시
C	Coding/Decoding	AD, DA 변환
H	Hybrid	2선/4선 변환
T	Testing	내외선 시험

20 교환기의 트래픽 단위에서 144[HCS]는 몇 어랑[Erl]인가?

① 3
② 4
③ 6
④ 38

[정답] ②
호(call)가 하나의 회선을 3600초(1시간)동안 사용했을 때를 1어랑[Erl]이라 한다.
호(call)가 하나의 회선을 100초동안 사용했을 때를 1HCS(Hundred Call Seconds)라한다.

$1[Erlang] = 36[HCS]$, $1[HCS] = \frac{1}{36}[Erlang]$

$\therefore 144[HCS] = \frac{144}{36} = 4[Erlang]$

21 다음 중 PSTN의 전송구간에서 신호가 바르게 된 것은?

① 컴퓨터 → 모뎀 : 아날로그 신호
② 모뎀 → 모뎀 : 디지털 신호
③ 모뎀 → 컴퓨터 : 디지털 신호
④ 컴퓨터 → 컴퓨터 : 아날로그 신호

[정답] ③
송신측 모뎀은 컴퓨터의 디지털 데이터를 모뎀을 거쳐 아날로그 신호로 변환하고 전송하고, 수신측 모뎀은 전송되어 온 아날로그 신호를 다시 디지털데이터로 변환하는 장치이다.

22

다음 중 공통선 신호방식에 대한 설명으로 틀린 것은?

① No.6 신호방식과 No.7 신호방식이 있다.
② 국간 신호방식으로 R2, MFC 방식이라 한다.
③ 프로토콜 계층으로 MTP, SCCP 및 TCAP 등의 구조로 되어 있다.
④ 공통된 신호선을 이용하여 신호를 데이터 형식으로 전송한다.

[정답] ②
통화로 신호방식과 공통선 신호 방식
① 통화로 신호방식(CAS)
음성신호와 신호정보가 동일한 회선을 통해서 전달
고속전송 및 멀티미디어 전송이 불가능하다.
R_1, R_2, NO.5
② 공통선 신호방식(CCS)
신호와 통화로가 분리되어 통화로 사용효율이 높다.
통화중이라 하더라도 항시 신호 정보 전송이 가능
NO.6, NO.7
③ R2신호방식과 NO.7 신호방식의 비교

항목	R2신호방식	NO.7신호방식
호접속시간	느림	빠름
통화중 신호전달	불가능	가능
재루팅	어렵다	쉽다
ISDN	부적합	적합
음성간섭	크다	작다

④ NO.7 신호방식의 계층구조
MTP(Meaasge Transfer Part) : 메시지 전달부
SCCP(Signaling Connection Control Part):신호연결 제어부
TCAP(Transaction Capabilities Application Part) : 문답처리 응용부
ISUP(ISDN User Part) : ISDN 사용자부
TUP(Telephone User Part) : 전화 사용자부
OAMP(Operation Administration Maintenance and Provisioning)

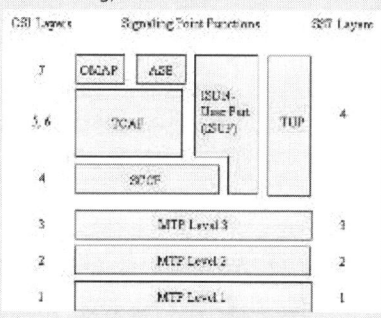

2 영상통신기기

23

컴퓨터나 인공위성 등의 통신수단을 이용하여 화면상으로 서로 얼굴을 보면서 통신할 수 있는 시스템 또는 팩스와 같이 종이를 이용해 정보를 전달하는 통신을 무엇이라 하는가?

① 화상통신   ② 위성통신
③ 음향통신   ④ 이동통신

[정답] ①

24

원거리에 있는 사람들끼리 서로의 얼굴이나 영상을 보면서 회의 및 통화를 할 수 있도록 만든 시스템을 무엇이라 하는가?

① 무선통신   ② 위성통신
③ 이동통신   ④ 화상통신

[정답] ④

25

다음 중 화상통신에서의 전송 순서로 올바른 것은?

① 송신화상→광전변환→전송로→전광변환→수신화상
② 송신화상→변조→전광변환→광전변환→복조→수신화상
③ 송신화상→전광변환→변조→복조→광전변환→수신화상
④ 송신화상→광전변환→전광변환→변조→복조→수신화상

[정답] ①
시각정보를 전기적 신호로 변환하여 전송하고 수신측에서는 이를 시각 정보로 재생하는 통신을 말한다.
송신측에서는 일단 화소로 분해하고 각 화소의 명암에 따라 전류로 변환하고, 변조 후 송출하며 수신측에서는 역과정으로 재생한다. 광전변환 (Photoelectric Conversion)은 화상의 명암 또는 농담 등의 정보를 전기신호로 변환하는 기술을 말한다.

26. 다음 중 화상회의 시스템에 대한 기능으로 틀린 것은?

① 일반적으로 소프트웨어 기반 영상은 하드웨어 기반에 비해 화질이 좋지 않다.
② 영상신호의 부호화와 복호화를 위해 코덱이 사용된다.
③ 고화질의 영상을 전송하기 위한 영상압축 기술이 필요하다.
④ 화상회의 시스템은 보안에 강하다.

[정답] ④
화상회의 시스템
① H.323 세션 프로토콜을 이용
② 디지털을 위한 영상코덱, 음성코덱 사용
③ MPEG2, H.264, H.265 등 다양한 압축 알고리즘 사용
④ 영상보안을 위해 DRM, 워터마킹 기술을 사용

27. 다음 중 화상통신회의 시스템의 기본적인 구성요소가 아닌 것은?

① 음향부 ② 제어부
③ 호스트 컴퓨터 ④ 영상부

[정답] ③
화상통신회의 시스템 구성
① 음향부 시스템 : 전화기, 마이크로폰, 스피커 및 음향신호 처리부로 구성
② 영상부 시스템 : 카메라, 모니터, 영상신호 처리부로 구성
③ 모니터 시스템
④ 제어부 시스템

28. 다음 중 영상회의 시스템의 기본구성요소가 아닌 것은?

① 음향부 ② 팩스부
③ 영상부 ④ 제어부

[정답] ②
화상통신회의 시스템 구성
① 음향부 시스템 : 전화기, 마이크로폰, 스피커 및 음향신호 처리부로 구성
② 영상부 시스템 : 카메라, 모니터, 영상신호 처리부로 구성
③ 모니터 시스템
④ 제어부 시스템

29. 다음 중 화상통신회의 시스템의 기본적인 구성요소가 아닌 것은?

① 영상 시스템부 ② 제어 시스템부
③ 음향 시스템부 ④ 망분배 시스템부

[정답] ④
화상통신회의 시스템 구성
① 음향부 시스템 : 전화기, 마이크로폰, 스피커 및 음향신호 처리부로 구성
② 영상부 시스템 : 카메라, 모니터, 영상신호 처리부로 구성
③ 모니터 시스템
④ 제어부 시스템

30. 영상통신기기 중 카메라에 사용되는 센서로 노출된 이미지를 전기적인 형태로 바꾸어 전송 또는 저장하는 역할을 담당하는 것은?

① SSD ② CCD
③ MHS ④ ROM

[정답] ②
CCD(Charge Coupled Device)는 디지털 카메라에서 빛을 전기적 신호로 바꿔주는 광센서(optical sensor) 반도체(semiconductor)이다.

31. 화상정보를 특정 목적으로 특정의 수신자에게 전달하여 보안, 감시 등 분야에 응용하는 화상정보 시스템은?

① CATV ② CCTV
③ FAX ④ HDTV

[정답] ②
CCTV(Closed Circuit TV)s는 특수목적용으로 네트워크를 구성해 정보를 화상정보를 획득하는 시스템을 말한다.

32. 다음 시스템 중 호텔, 병원, 학교 등 특정 대상의 관찰을 주목적으로 하는 것은?

① CATV ② CCTV
③ HDTV ④ VRS

[정답] ②
CCTV(Closed Circuit Television)는 호텔, 병원, 학교 등 특정 대상의 관찰을 주목적으로 한다.

33
다음 중 CCTV의 기본적인 구성요소가 아닌 것은?
① 촬상장치 ② 전송장치
③ 교환장치 ④ 표시장치

[정답] ③
CCTV(Closed Circuit Television)의 기본 구성
① 촬상장치 ② 전송장치
③ 표시장치 ④ 기록장치(VTR)

34
다음 중 CCTV 시스템의 기본 요소로 구성된 것은?
① 촬상장치, 전송장치, 화상처리장치
② 헤드엔드, 간선증폭기, 화상처리장치
③ 헤드엔드, 전광변환장치, 화상처리장치
④ 촬상장치, 간선분기증폭기, 화상처리장치

[정답] ①
CCTV(Closed Circuit Television)의 기본 구성
① 촬상장치 ② 전송장치
③ 표시장치 ④ 기록장치(VTR)

35
다음 중 IP CCTV 시스템을 구성하는 장비로 가장 거리가 먼 장치는?
① VTR ② PoE 지원형 Switch
③ UTP Cable ④ 광 전송장치

[정답] ①
VTR이 아닌 NVR을 사용해야 한다.
NVR
① UTP 케이블 기반의 IP카메라용 제품
② 장점 : 확장성 및 운영관리 좋음
③ 단점 : 초기 구축비용이 DVR제품군 보다 높

36
다음은 CATV방송의 특징을 설명하였다. 옳지 않은 것은?
① 동축, 광섬유, M/W로 구성되어 전송한다.
② 불특정 다수에게 방송을 전송한다.
③ 전송망사업자(NO), 방송국운영자(SO), 프로그램공급자(PP) 3개의 분야가 있다.
④ 케이블 모뎀(Cable Modem)을 이용하여 양방향 통신이 가능하다.

[정답] ②
CATV
① CATV는 케이블을 이용해서 특정 다수에게 방송서비스를 하는 시스템
② 전송망사업자, 방송국 운영자, 프로그램 공급자로 구성
③ 케이블 모뎀을 이용하여 양방향 통신도 가능

37
다음 중 CATV에 대한 설명으로 옳지 않은 것은?
① 안테나로 수신한 TV신호를 동축케이블 등의 광대역 전송로로 전송한다.
② 난시청 해소를 위한 TV방송의 재송신 및 자체프로그램 방송을 서비스한다.
③ CATV는 도시형 CATV, 양방향 CATV 등이 있다.
④ CATV의 간선에는 FTTH(Fiber To The Home)가 적용된다.

[정답] ④
CATV 간선에는 HFC(Hybrid Fiber Coaxial)을 사용한다.

38
다음 중 CATV의 기본 구성요소가 아닌 것은?
① 헤드엔드 ② 중계전송망
③ 가입자설비 ④ 교환장치

[정답] ④
Cable TV의 구성 및 기능

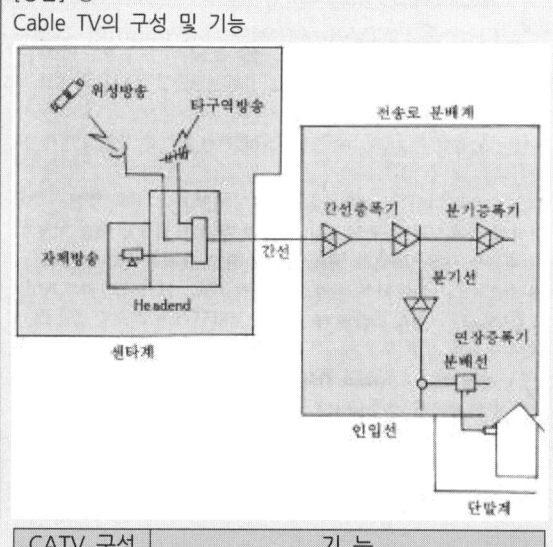

CATV 구성	기능
센터계	수신점설비, 헤드엔드, 방송설비
전송계	간선, 분배선, 간선증폭기, 분배증폭기
단말계	컨버터, 옥내분배기, TV

39 다음 CATV의 구성 중 전송계의 구성요소가 아닌 것은?
① 분배선　　　　② 간선증폭기
③ 연장증폭기　　④ 헤드엔드

[정답] ④
Cable TV 구성
헤드엔드는 센터계에 해당한다.

CATV 구성	기 능
센터계	수신점설비, 헤드엔드, 방송설비
전송계	간선, 분배선, 간선증폭기, 분배증폭기
단말계	컨버터, 옥내분배기, TV

40 CATV의 구성요소 중 각 채널의 방송신호를 중계전송망으로 송출하기 위한 센터의 핵심 역할을 하는 것은?
① 헤드엔드　　　② 컨버터
③ 원격조정기　　④ 가입자설비

[정답] ①
헤드엔드는 중간주파수로 변환된 영상 및 음성레벨을 조정한 후 중계전송망으로 송출하는 역할을 한다

41 다음 중 CATV의 헤드엔드(Head-end)의 구성요소가 아닌 것은?
① FM 증폭기　　　② PILOT 신호 발생기
③ TV 변조기　　　④ 간선 증폭기

[정답] ④
간선 증폭기는 전송계 장비이다.

42 CATV의 센터설비에서 헤드엔드의 주요 기능과 거리가 먼 것은?
① 프로그램의 검색 및 편집　② 변조
③ TV 신호처리　　　　　　　④ Pilot 신호발생

[정답] ①
헤드엔드 역활
① 수신설비로부터 입력된 신호의 채널변환 기능
② RF 또는 베이스밴드 신호로 변환해주는 변·복조 기능
③ 다수의 주파수 분할된 신호 분리 및 혼합 기능
④ 쌍방향 방송 및 정보 통신 기능
⑤ 전송로에 신호를 송출하는 기능

43 CATV 구성을 센터계, 전송계, 단말계로 나눌 때 센터계 장치가 아닌 것은?
① 간선증폭기(Trunk Amplifier)
② 변복조기
③ 채널 결합기(Combiner)
④ CMTS(Cable Modem Termination System)

[정답] ①
간선 증폭기는 전송계 장비이다.

44 다음 중 쌍방향 CATV의 응용분야와 가장 거리가 먼 것은?
① 홈뱅킹　　　　② 문서의 전송
③ 홈쇼핑　　　　④ 정보검색 서비스

[정답] ②
CATV응용분야
① 홈뱅킹　　② 홈쇼핑
③ 정보검색 서비스

45 다음 중 CATV 방송의 특징으로 옳지 않은 것은?
① 전송로로 동축케이블, 광케이블을 사용한다.
② 불특정 다수에게 방송을 전송한다.
③ 전송망사업자(NO), 방송국운영자(SO), 프로그램공급자(PP) 3개 분야가 있다.
④ 케이블 모뎀(Cable Modem)을 이용하여 양방향 통신이 가능하다.

[정답] ②
CATV의 특징
① 난시청 지역을 해결할 수 있다.
② 양방향 전송이 가능하다.
③ 많은 채널을 가질 수 있다.
④ 동축 및 광전송 매체를 사용하여 전송품질이 양호하다.

46 디지털 케이블방송에서 케이블모뎀의 변·복조방식이 아닌 것은?
① 2FSK　　　　② QPSK
③ 64QAM　　　④ 256QAM

[정답] ①
케이블모뎀의 변·복조방식으로는 M진 QAM방식이나 M진 PSK방식을 사용한다.

47 디지털 케이블방송의 모뎀에서 64QAM으로 변조하였다. 64-ary(또는 심볼)는 몇 비트로 구성되는가?

① 2　　② 6
③ 32　　④ 64

[정답] ②
$M = 2^n$ 이므로
$n = \log_2 M = \log_2 64 = 6$

48 다음 중 CATV 망을 설계하는데 있어서, 장거리에 걸쳐 분산되어 있는 다수의 가입자에게 가장 효율적인 형태는?

① Mesh형　　② Star형
③ Ring형　　④ Tree형

[정답] ④
CATV 네트워크 토폴로지
① Tree형 - CATV에 가장 효율적인 구성형태
② Star형
③ Loop형

49 CATV방송에서 입력측 $(C/N)_i = 20$ 이고, 출력측 $(C/N)_o = 10$ 이라고 가정하면 잡음지수(Noise Factor)는?

① 0.5　　② 1
③ 2　　④ 3

[정답] ③
잡음지수는 어떤 시스템이나 회로블록을 신호가 지나가면서, 얼마나 잡음이 추가되는지를 나타내는 지표이다.
$$NF = \frac{입력측\ (C/N)_i}{출력측\ (C/N)_0} = \frac{20}{10} = 2$$

50 비디오, 오디오, 데이터 등 모든 것을 디지털 처리한 후 전송하는 TV방식이 아닌 것은?

① SDTV　　② HDTV
③ UHDTV　　④ 아날로그TV

[정답] ④

디지털 TV	해상도
SDTV	720 x 480 (4:3)
HDTV	1920 x 1080 (16:9)
UHDTV(4K)	3840 x 2160 (16:9)

51 디지털 TV 방송의 특성에 대한 설명으로 틀린 것은?

① 영상 및 음향신호의 압축이 용이하고 녹화 재생시 화질이나 음질의 열화가 적다.
② 다양한 멀티미디어의 많은 정보를 서비스할 수 있다.
③ 오류정정 기술을 사용할 수 있고 저장 및 복제에 따른 손실이 적다.
④ 상호간섭이 비교적 많고 신호의 열화가 완만하다.

[정답] ④
디지털 TV는 수신 한계레벨이하에서는 급격한 신호 열화현상이 발생한다.
디지털 TV의 특징
① 고해상도와 선명한 화질
② 다채널 입체음향 오디오
③ 방송의 다기능화
④ 방송의 다채널화

52 일반적으로 동영상을 자연스럽게 보이기 위해 1초당 몇 개 이상의 프레임을 보여 주어야 하는가?

① 1　　② 5
③ 15　　④ 30

[정답] ④
일반적으로 동영상을 자연스럽게 보이기 위해 1초당 30 프레임을 보여 주어야 한다. HD-TV도 초당 30프레임을 전송하고 있다.

53 다음 중 HDTV 화면의 가로 : 세로의 비는?

① 4:3　　② 3:4
③ 16:9　　④ 9:16

[정답] ③
NTSC와 ATSC의 비교

특징	NTSC	ATSC
방송	아날로그 TV	HDTV
화면비	4:3	16:9
대역폭	6MHz	6MHz
변조	VSB	8-VSB

54 우리나라 지상파 디지털 HDTV에서 사용하는 영상 변조 방식은?

① VSB ② 8VSB
③ OFDM ④ DVB

[정답] ②
국내 디지털 TV 방송 주요제원
① 영상 부호화 : MPEG-2 비디오
② 음성 부호화 : Dolby AC-3
③ 다중화 방식 : MPEG-2 시스템
④ 채널코딩 : Reed Solomon 코드
⑤ 변조 방식 : 8-VSB
⑥ 채널 대역폭 : 6 MHz

55 멀티미디어 압축방식 중 동영상 압축 기술에 대한 표준 규격은?

① TXT ② DOC
③ JPEG ④ MPEG

[정답] ④
MPEG(Moving Picture Expert Group)
MPEG는 동영상을 압축하고 코드로 표현하는 방법의 표준을 만드는 것을 목적으로 하는 동화상 전문가 그룹이다.

표준기구	표준명	표준내용
ISO/IEC	JPEG	정지영상 부호화
	MPEG-1	저장미디어용 압축부호화
	MPEG-2	방송미디어용 압축부호화
	MPEG4	이동미디어용 압축부호화
	MPEG7	멀티미디어 정보 검색 표준
	MPEG21	멀티미디어 제작, 교환 표준

56 다음 중 동영상 압축전송 기술로 디지털 TV 방송 서비스를 지원하지 않는 것은?

① 돌비(Dolby Digital) ② H.264
③ MPEG-2 ④ MPEG-4

[정답] ①
돌비 디지털(Dolby Digital)이란, Dolby Laboratories가 개발한 음성 디지털 압축 기술이다.
ATSC는 비디오 및 오디오의 압축, 전송 등에 관한 것으로 영상신호는 MPEG-2로, 음향 및 음성신호는 AC-3로 압축하고, 이러한 신호를 실어보내는 전송기술로는 8-VSB(vestigial side band) 기술을 사용한다.

57 다음 중 동영상 압축 기술로 고품질 서비스를 지원하기 위한 것은?

① MPEG-2 ② JPEG
③ AC-3 ④ MPEG-1

[정답] ①
ATSC는 고품질 영상 및 오디오 신호를 지원하기 영상신호 압축 표준은 MPEG-2로, 오디오 신호 압축은 AC-3을 사용하고 있으며 전송기술로는 8-VSB(vestigial side band) 기술을 사용하고 있다.

58 ATSC 방식의 영상신호 압축방식은?

① MPEG-1 ② MPEG-2
③ MPEG-3 ④ MPEG-4

[정답] ②
ATSC는 고품질 영상 및 오디오 신호를 지원하기 영상신호 압축 표준은 MPEG-2로, 오디오 신호 압축은 AC-3을 사용하고 있으며 전송기술로는 8-VSB(vestigial side band) 기술을 사용하고 있다.

59 다음 중 디지털 TV와 IPTV 방송의 영상압축 전송기술 방식이 아닌 것은?

① MPEG4 ② H.264
③ WMT9 ④ AC3

[정답] ④
MPEG2, MPEG4, H.264, WMT9은 영상압축 방식이고, Dolby AC-3는 오디오 방축방식이다.

60 다음 중 음악 압축에 사용되는 것으로 CD 수준의 음질로 압축하는 표준은?

① JPEG ② MPEG-2
③ MP3 ④ MPEG-4

[정답] ③
"MPEG-1 Audio 레이어 3"을 줄여서 "MP3"라 부른다.

61. UCC 등의 등장으로 인터넷상에 영상 트래픽이 증가하고 있다. 영상 트래픽은 음성이나 텍스터 트래픽에 비하여 정보량이 수100~수1,000배에 달하므로 영상 정보의 압축 기술이 대단히 중요하게 고려되고 있다. 다음의 영상 정보 압축 기술 중 가장 압축률이 높은 기술은 어느 것인가?

① H.264 ② MPEG-3
③ MPEG-4 ④ H.323

[정답] ①
H.264/AVC
① 저비트율 전송 및 오류내성을 강화한 동영상 압축 표준
② MPEG-2 보다 50%, MPEG-4 Part2 보다는 33% 정도의 전송비트율로도 동일 화질
③ IP TV, DMB압축방식으로 활용되고 있다.

62. 다음 중 영상압축에 대한 설명으로 거리가 먼 것은?

① 저장장치의 영상 저장 효율 증가
② 데이터 양이 경감됨으로 하드웨어의 크기 감소
③ 전송시스템에서 대역폭을 절감하게 됨으로 대역폭이 고정된 시스템은 전송속도가 감소됨
④ 데이터 양, 대역폭 및 속도가 감소됨으로 하드웨어 제품의 비용과 전송비용이 절감됨

[정답] ③
전송시스템에서 대역폭을 절감하게 되면 고정된 대역폭을 가진 시스템에서도 전송속도를 증가시킬 수 있다.

63. 디지털 전송방식 중 Run-Length 부호화 방식의 압축률은 얼마인가? (단, 전 화소수 : 200, 부호화 Bit수 : 2)

① 50 ② 100
③ 200 ④ 300

[정답] ②
200개의 bit를 2개 bit 로 부호화했으므로,
압축률 = $\frac{200}{2} = 100\%$

64. 고품질의 영상서비스를 언제 어디서나 제공할 수 있는 이동 멀티미디어 방송서비스가 가능한 것은?

① CATV ② DMB
③ DTV ④ RFID

[정답] ②
DMB(Digital Multimedia Broadcasting)
영상이나 음성을 디지털로 변환하는 기술 및 이를 휴대용 IT기기에서 수신가능하게 하는 방송하는 서비스를 말한다.

65. 스마트폰, 태블릿, 스마트TV 등과 같이 기존의 기능에 컴퓨터의 기능이 부가된 기기를 무엇이라 하는가?

① 와이브로기기 ② 블루투스기기
③ 유선데이터기기 ④ 스마트기기

[정답] ④
기존의 기능에 컴퓨터의 기능이 부가된 기기를 스마트 기기라 한다.

66. 다음 중 인터넷 서핑은 물론 다양한 멀티미디어의 이용이 가능한 TV는?

① 스마트 TV ② 케이블 TV
③ 흑백 TV ④ 칼라 TV

[정답] ①
스마트 TV는 TV에 운영체제를 결합하여 인터넷 연결 등 다양한 서비스를 제공할 수 있는 TV이다.

67. TV에 인터넷 접속 기능을 결합, 각종 앱(Application)을 설치해 웹서핑 및 VOD 시청, 소셜 네트워크 서비스(Social Networking Service), 게임 등의 다양한 기능을 활용할 수 있는 기기는?

① HDTV ② OLED TV
③ PDP TV ④ SMART TV

[정답] ④
SMART TV는 운영체제(OS)와 중앙처리장치(CPU)를 탑재해 '똑똑한 TV'라 부른다. 구글이 소니와 공동 개발하고 있는 '구글TV'가 대표적인 스마트 TV이다. 구글TV는 구글 안드로이드 OS와 인텔의 CPU를 장착해 안드로이드 마켓에서 각종 애플리케이션(응용 프로그램)을 이용할 수 있으며, 시청자들은 TV를 쌍방향 콘텐츠 정보단말기로 활용할 수 있게 된다.

68
"TV세트 위에 놓고 이용하는 상자"라는 뜻으로 가입자 신호변환 장치라고도 하며, 일반적으로 VOD, 홈쇼핑, 네트워크 게임 등 차세대 쌍방향 멀티미디어 통신서비스를 하는데 필요한 가정통신용 단말기를 무엇이라 하는가?
① Set-top Box ② Divix
③ MODEM ④ MP3

[정답] ①
Set-top Box는 텔레비전에 연결되어, 외부에서 들어오는 신호를 받아 적절히 변환하여 텔레비전으로 그 내용을 표시해 주는 장치이다.

69
다음 중 IPTV의 특성에 대한 설명으로 옳지 않은 것은?
① IPTV 시스템의 양방향성은 서비스 제공자가 많은 상호작용 TV의 응용을 제공할 수 있다.
② 디지털 녹화기와 결합된 IPTV는 프로그램 콘텐트의 타임 쉬프팅(Time shifting)을 허용한다.
③ 서비스 제공자가 요청한 채널만 전송하므로 네트워크상의 대역폭을 절약할 수 있다.
④ 실시간 채널이나 UHDTV 등의 초고화질 프로그램이 늘어나더라도 고스트 현상이나 끊김 현상은 발생하지 않는다.

[정답] ④
IPTV는 IP Protocol을 이용해서 TV 방송 서비스 제공하는 시스템을 말한다. 전송프로토콜로 TCP/UDP를 사용하기 때문에 실시간 보장이 어려운 단점이 있다.

70
동영상 및 데이터 정보를 실시간 전송하는 인터넷 방송의 주요 기술이 아닌 것은?
① IP 멀티캐스팅
② 푸시 및 스트리밍 기술
③ 오디오·비디오 압축/복원 기술
④ 파일럿 신호발생 기술

[정답] ④
원본 영상 → 압축 → 영상송출(스트리밍) → CDN(IP 멀티캐스팅) → 동영상 플레이어 → 원본 영상 재생

71
VOD(Video On Demand) 시스템의 구성 중 실제 사용자 단까지 ALL IP구간으로 전달하는 부분은?
① Pumping부 ② 전송부
③ 사용자부(Client) ④ 데이터 변환부

[정답] ②
VOD(Video On Demand)시스템의 구성 중 실제 사용자 단까지 CDN 등을 통하여 전달되는 부분을 전송부라 한다.

72
다음 중 VOD(Video On Demand) 시스템의 Main Control 부에 대한 설명으로 틀린 것은?
① 전체시스템 관리의 머리역할을 담당한다.
② 각 시스템과의 유기적 관계를 관리한다.
③ 통합 사이트와 로컬 사이트의 콘텐츠 분배 역할을 담당한다.
④ 시스템의 중앙 처리부를 담당한다.

[정답] ③
엄청난 분량의 동 영상 스트리밍 콘텐츠 분배는 CDN(Contents Distribution Network)을 통하여 이루어진다. CDN은 다수의 지점에 분산된 서버를 운영하며 데이터의 복사본을 이들 분산 서버에 저장한다. 사용자는 가까운 장소의 CDN 서버로 연결된다.

73
다음 중 VOD(Video On Demand) 시스템의 사용자부에 대한 설명으로 틀린 것은?
① 세션에 대한 물리적 관리를 진행한다.
② '클라이언트부'라고도 한다.
③ 헤드엔드와 통신이 가능한 셋탑박스가 있다.
④ 고객이 요청하는 시간과 콘텐츠를 상기 시스템과 실시간으로 통신하여 이용자에게 서비스를 제공한다.

[정답] ①

74
3DTV의 안경식 디스플레이 종류가 아닌 것은?
① 편광방식 ② 셔터글라스 방식
③ 광학입체방식 ④ 렌티큘러방식

[정답] ④
3DTV는 2D영상에 입체감을 주어 생동감 있는 영상을 제공하는 TV 기술이다.
① 안경방식 - 편광방식, 셔터글라스, 광학입체방식
② 무안경방식 - 렌티큘러방식, 시차베리어방식

④ 무선통신기기

1 무선통신기기

01
다음 중 무선통신에서 통신의 품질을 평가하는 주요 척도는?
① 신호대변조전력비 ② 송신전력
③ 신호대잡음비 ④ 전송 주파수

[정답] ③
SNR(Signal to Noise Ratio)
$$SNR = 10\log \frac{평균신호전력비}{평균잡음전력비} [dB]$$

02
다음 중 송·수신기용 발진기로서 적당하지 않은 것은?
① 고조파 발생이 적을 것
② 발진출력 변화가 적을 것
③ 부하 변동에 의한 영향이 적을 것
④ 주파수 안정도가 낮을 것

[정답] ④
송·수신 발진기 조건
① 주파수 안정도가 높을 것
② 고조파가 적을 것
③ 발진 출력이 안정될 것
④ 부하변동이 적을 것

03
다음 중 스퓨리어스 발사에 해당하지 않는 것은?
① 대역외 발사 ② 고조파 발사
③ 기생발사 ④ 상호변조에 의한 발사

[정답] ①
스퓨리어스 발사
① 불요 발사파로 증폭기나 발진기나 기타 Acrive 소자 등에 의해서 원하지 않는 성분의 고조파가 방사되는 것을 말한다.
② 고조파 발사, 기생 발사, 상호변조에 의한 발사

04
다음 중 무선통신설비에 있어서 어떤 원인으로 전기설비 계통에 문제가 생겨 전위상승이 생겼을 때를 대비하여 취하는 조치는 어느 것인가?
① 무선설비의 접지
② 전원용량을 높임
③ 전원계통에 평활회로 부착
④ 전원계통의 수시 방전

[정답] ①
접지란 기기보호나 인체 감전사고 방지 등을 목적으로 전기설비나 통신설비를 도체를 대지와 도체을 통해 연결해 등전위로 만들어 주는 것을 말한다.

05
다음 중 송신기의 성능지수에 해당하는 것은?
① 충실도 ② 안정도
③ 선택도 ④ 점유주파수 대역폭

[정답] ④
수신기 성능을 나타내는 4대 특성

감도	미약한 전파를 잘 수신할 수 있는 능력
선택도	혼신, 잡음 등을 분리하여 원하는 신호만 선택할 수 있는 능력
충실도	원신호를 정확하게 재생할 수 있는 능력
안정도	오랜 시간 동안 일정한 출력을 유지할 수 있는 능력

06
다음 중 무선 수신기의 종합 특성을 표시하는 사항이 아닌 것은?
① 변조도 ② 선택도
③ 안정도 ④ 충실도

[정답] ①
수신기 성능을 나타내는 4대 특성

감도	미약한 전파를 잘 수신할 수 있는 능력
선택도	혼신, 잡음 등을 분리하여 원하는 신호만 선택할 수 있는 능력
충실도	원신호를 정확하게 재생할 수 있는 능력
안정도	오랜 시간 동안 일정한 출력을 유지할 수 있는 능력

07
다음 중 수신기의 전기적 성능이 아닌 것은?
① 감도 ② 선택도
③ 변조도 ④ 충실도

[정답] ③
수신기의 4대 특성
① 감도: 미약전파 수신 능력
② 선택도: 희망전파 분리 능력
③ 충실도: 원음 재생 능력
④ 안정도: 일정출력 유지 능력

08
얼마나 미약한 전자파까지 수신할 수 있는가의 능력을 표시하는 양으로서 종합이득과 내부잡음에 의해 결정되는 것은?
① 안정도 ② 충실도
③ 선택도 ④ 감도

[정답] ④
감도는 미약전파 수신능력을 말한다. 감도를 향상시키기 위해서는 증폭기의 이득은 크게 하고, 대역폭은 좁게 해야 한다.

09
다음 중 무선수신기의 주요 기능에 해당하지 않는 것은?
① 공간상에 존재하는 많은 고주파 신호 중 원하는 신호를 선택한다.
② 수신안테나로부터 수신된 미약한 고주파의 반송파 신호를 적당한 크기로 증폭한다.
③ 고주파 반송파 신호를 적절하게 중간주파수 대역의 신호로 바꾼다.
④ 중간주파수 대역에서 원래의 정보신호를 복원하기 위하여 고주파 신호와 혼합한다.

[정답] ④
중간주파수 대역에서 원래의 정보신호를 복원하기 위하여 검파기를 사용해야 한다.

10
다음 중 무선수신기 전단에 설치하는 고주파 증폭기의 목적이 아닌 것은?
① 신호대 잡음비의 개선
② 영상주파수에 의한 혼신 경감
③ 부차적 전파의 방사 방지
④ 고주파 신호의 대역폭 확대

[정답] ④
고주파 증폭부 사용 목적
① 수신기의 감도향상
② S/N 개선
③ 영상 주파수 선택도 개선
④ 불요 방사의 억제
⑤ 공중선회로와의 정합

11
FM 송신기에서 신호의 높은 주파수 성분을 강조하는 것은?
① 리미터회로 ② 스켈치회로
③ 디엠퍼시스회로 ④ 프리엠퍼시스회로

[정답] ④
프리엠퍼시스(Pre-emphasis)
FM 복조기의 출력 잡음 전력 밀도 스펙트럼은 주파수의 제곱에 비례하여 증가하므로 고역신호의 SNR을 개선하기 위해 송신측에서 변조를 수행하기 전에 변조 신호의 고역 주파수 성분의 진폭을 강조시키는 미분회로를 사용한다. 이러한 미분 회로를 pre-emphasis라 한다.

12
다음 중 FM 송신기에서 IDC회로의 주사용 목적은?
① 최대 주파수편이 변동 방지
② 신호의 왜곡 방지
③ 선택 특성 조정
④ 고조파 변형 방지

[정답] ①
IDC는 FM 송신기에서 최대 주파수편이가 규정치를 초과하지 않도록 음성신호 등의 진폭을 일정 레벨로 제어하는 순시 주파수편이 제어회로이다.

13
FM 수신기에서 반송파가 없을 때, 저주파 증폭기의 동작을 멈추게 하는 기능을 갖는 것은?
① 주파수 변별기 ② 디엠퍼시스 회로
③ 자동 주파수 제어부 ④ 스켈치 회로

[정답] ④
스켈치회로(Squelch)
반송파 입력이 미약하거나 없을 때 진폭 제한기가 동작하지 않아 큰 잡음이 발생하므로, 도래 전파가 없을 때는 잡음전압을 이용하여 저주파 증폭단을 차단하는 회로이다.

14

FM 변조에서 주파수 편이가 일정한 한계를 넘지 않도록 자동적으로 제어하는 회로는?

① IDC회로 ② AVC회로
③ DAGC회로 ④ AFC회로

[정답] ①
IDC(Instantaneous Deviation Control)는 FM송신기에서 최대 주파수 편이가 규정티를 초과하지 않도록 음성신호 등의 진폭을 일정 레벨로 제어하는 순시 주파수 편이 제어회로이다.

15

FM 수신기에 사용되지 않는 것은?

① 디엠퍼시스 회로 ② 스켈치 회로
③ 주파수변별기 회로 ④ IDC 회로

[정답] ④
FM수신기의 구성

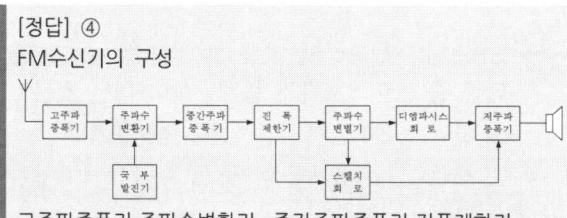

고주파증폭기, 주파수변환기, 중간주파증폭기, 진폭제한기, 주파수변별기, De-Emphasis, 저주파 증폭기 등으로 구성된다.

16

FM 변조에서 변조지수가 6이고 신호주파수가 3[kHz]일 때, 주파수 편이는?

① 6[kHz] ② 9[kHz]
③ 18[kHz] ④ 36[kHz]

[정답] ③

$$FM변조지수 = \frac{최대주파수편이}{변조주파수}$$

최대주파수편이 $= FM$변조지수 $\times$ 변조주파수
$= 6 \times 3[KHz]$
$= 18[KHz]$

17

FM 라디오방송에 사용하는 채널의 최고주파수가 95.23[MHz]이고, 최소주파수가 95.03[MHz]라면 이 채널의 주파수 대역폭은 얼마인가?

① 230[kHz] ② 200[kHz]
③ 95.1[MHz] ④ 100[kHz]

[정답] ②
주파수 대역폭=최고 주파수-최저 주파수.
=95.23[MHz] - 95.03[MHz] = 200[KHz]

18

다음 중 주파수 범위의 표시가 옳은 것은?

① VHF:3~30[MHz] ② UHF:30~300[MHz]
③ SHF:3~30[GHz] ④ EHF:300~3000[GHz]

[정답] ③
주파수 할당표

주파수 대역	명 칭
3~30[kHz]	초장파(VLF)
30~300[kHz]	장파(LF)
300~3000[kHz]	중파(MF)
3~30[MHz]	단파(HF)
30~300[MHz]	초단파(VHF)
300~3000[MHz]	극초단파(UHF)
3~30[GHz]	센티미터파(SHF)
30~300[GHz]	밀리미터파(EHF)
300~3000[GHz]	(0.1~1[mm])
43~430[THz]	적외선(7~0.7[μm])

19

반파장 다이폴 안테나의 도파기 길이가 15[cm]라 한다면 이 안테나의 고유주파수는 얼마인가?

① 0.5[GHz] ② 1[GHz]
③ 2[GHz] ④ 3[GHz]

[정답] ②
반파장 다이폴안테나의 고유 주파수

$\frac{\lambda}{2} = 15[cm]$, $\lambda = 30[cm]$

$\lambda = \frac{c}{f}[m]$ 이므로 $0.3[m] = \frac{c}{f}$

$\therefore f = \frac{3 \times 10^8}{0.3} = 10^9 = 1[GHz]$

20

이동통신용 단말기의 사용 파장이 0.1[m]라면 주파수는 얼마인가?

① 3[MHz] ② 3[GHz]
③ 30[GHz] ④ 300[GHz]

[정답] ②
$\therefore f = \frac{c}{\lambda} = \frac{3 \times 10^8}{0.1} = 3[GHz]$

21
다음 중 전리층 반사파를 이용하여 원거리통신이 가능한 단파대(HF)에서 주로 사용되고 있는 통신방식은?
① SSB ② FM
③ PM ④ VSB

[정답] ①
SSB(Single Side Band)방식은 전리층 F층반사파를 이용하는 단파대역 통신에 주로 사용한다.

22
델린저 현상(Dellinger Effect)을 가장 강하게 받는 주파수는?
① 장파 ② 단파
③ 초단파 ④ 극초단파

[정답] ②
델린져 현상
태양면의 폭발에 의해서 방출된 다량의 자외선이 전리층 E층 또는 D층의 전자밀도를 증가시켜, 단파통신이 불능상태로 되었다가 수시간에 걸쳐 점차적으로 회복되는 현상

23
다음 중 전리층의 제1종 감쇠에 대한 설명으로 거리가 먼 것은?
① 전리층을 투과할 때 받는 감쇠이다
② 기압에 거의 반비례한다.
③ 전자밀도에 비례한다.
④ 주파수의 제곱에 반비례한다.

[정답] ②
전리층 1종 감쇠와 2종 감쇠
① 제1종 감쇠
전파가 전리층을 뚫고 나갈 때 받는 감쇠를 제1종 감쇠라 한다.
② 제2종 감쇠
전파가 전리층에서 반사될 때 받는 감쇠를 제2종 감쇠라 한다.

구 분	f^2	입사각 ø	저자밀도 N
제1종 감쇠	반비례	비례	비례
제2종 감쇠	비례	반비례	반비례

24
마이크로파의 전파특성이 아닌 것은?
① 전파특성이 안정하다.
② 전파손실이 작다.
③ 협대역 특성이 있다.
④ S/N 비의 개선도를 크게 할 수 있다.

[정답] ③
마이크로파의 전파특성
① 안정한 전파 특성
② 예민한 지향성의 고이득 안테나 지향
③ 전파손실이 적다.
④ 광대역성 가능하다.
⑤ S/N비 개선도를 크게 할 수 있다.
⑥ 외부의 영향에 강하다.
⑦ 전리층을 통과하여 전파하므로 우주통신을 행할 수 있다.
⑧ 회선 건설기간이 짧고 경제적이다.

25
다음 중 마이크로파의 중계방식이 아닌 것은?
① 간접 중계방식 ② 검파중계방식
③ 헤테로다인 중계방식 ④ 무급전 중계방식

[정답] ①
마이크로파 중계방식
① 무급전 중계방식
② 헤테로다인 중계방식
③ 직접 중계방식
④ 복조(검파) 중계방식

26
다음 중 마이크로파 중계방식에서 수신한 마이크로파를 증폭하기 쉬운 주파수로 변환하여 충분히 증폭한 다음 다시 마이크로파로 변환하여 송신하는 중계방식은?
① 무급전 중계방식 ② 헤테로다인 중계방식
③ 검파 중계방식 ④ 직접 중계방식

[정답] ②
헤테로다인 중계방식
헤테로다인 중계방식은 수신한 micro파를 증폭하기 쉬운 주파수(중간 주파수 : 보통 70[MHz]로 변환하고 중간 주파 증폭기로 증폭한 다음 다시 micro파로 변환하여 송신하는 장치로서 현재 공중통신용 micro파 중계에 거의 이 방식을 채용하고 있다.

2 위성통신기기

27. 다음 중 위성통신의 특징으로 옳지 않은 것은?

① 서비스지역의 광역성
② 통신품질의 균일성
③ 통신거리에 무관한 경제성
④ 통신용량의 무제한 광대역성

[정답] ④
위성통신의 주요 특징

① 동보성	동일 내용의 정보를 복수 지점에서 동시 수신
② 유연성	회선설정이 용이하고 회선를 쉽게 변경 가능
③ 광대역성	대용량 통신 가능(영상 전송에의 적용)
④ 경제성	통신 비용이 기존 망에 비해 저렴
⑤ 고신뢰성	재해에 강함(Back-up망에의 적용)
⑥ 융통성	다원 접속 기술로 회선을 효율적으로 이용
⑦ 광역성	하나의 위성으로 넓은 지역 커버
⑧ 신속성	즉시 회선 구성 가능

28. 다음 중 정지 위성통신에 대한 설명으로 옳지 않은 것은?

① 통신 영역이 넓고, 고품질의 통신이 가능하다.
② 다원접속(multiple access)이 가능하다.
③ 방송에 이용시 난시청 지역을 해소할 수 있다.
④ 전파의 전송지연이 발생하지 않는다.

[정답] ④
지구국과 지구국 간의 통신시 거리가 멀기 때문에 약 0.25초 정도의 지연이 발생한다.

29. 다음 중 정지위성에 관한 설명으로 적합하지 않는 것은?

① 지표면에서 약 36,000km 상공에 위치한다.
② 저궤도 위성보다 운영비가 저가이며 전파지연시간은 크다.
③ 최소한 3개 이상이 있어야 지구 전역을 커버할 수 있다.
④ 주로 군사, 과학, 기상용으로 많이 사용된다.

[정답] ④
정지위성
지구 적도 상공 35,860[km]에 지구의 자전과 같은 공전 주기를 갖는 위성 3개를 이용하므로 지구국은 항상 위성을 찾을 필요가 없고 위성을 교체할 필요가 없다. 정지 위성의 투영 범위에만 있으며 언제나 통신 위성에 의한 안정된 대용량의 통신이 가능한 방식이다. 3개의 위성으로 전 세계의 통신망이 구성되므로 경제적이어서 현재 널리 사용되고 있으나 전파 지연과 극지방 통신 불능이 문제가 되고 있다.

30. 지상파 방송 대역 위성방송의 특징을 설명한 것으로 잘못된 것은?

① TV 방송의 난시청 시역을 해소할 수 있나.
② 고주파 사용으로 고스트(Ghost)가 없는 고품질 방송이 가능하다.
③ 중계기가 천재지변에 영향을 받지 않아 재난방송망 확보가 용이하다.
④ 특정지역만 한정하여 방송이 가능하므로 인접 국가로의 전파 월경이 발생하지 않는다.

[정답] ④
위성방송은 위성의 광범위한 지역으로 전송이 가능하여 위성안테나의 변동에 따라 전파월경 (다른 지역으로 넘어가는 현상)이 발생한다.

31. 다음 중 멀티빔(Multi beam) 위성통신 방식에 대한 설명으로 옳지 않은 것은?

① 전송용량을 증대시킬 수 있다.
② 위성 안테나가 대형이면 지구국 안테나를 소형으로 할 수 있다.
③ 상호 거리를 축소시킬 수 있다.
④ 주파수를 효율적으로 이용할 수 있다.

[정답] ③
한 개의 우주국이 여러 개의 지구국이 있는 통신지역을 멀티빔으로 분할하여 한정된 주파수 자원을 반복 사용하면 주파수 이용효율과 전송용량을 증가시킬 수 있다.
위성에서 발사하는 빔을 좁게 하여 전력을 집중시키는 스포트빔(Spot beam)을 이용하여 지구국의 수신 안테나의 크기를 줄일 수 있다.

32. 다음 중 위성통신에 사용되는 전파의 창에 해당되는 것은?

① 1[GHz] 미만
② 1~10[GHz]
③ 100~200[GHz]
④ 300[GHz] 이상

[정답] ②
전파의 창(Radio window)
감쇄가 적어 우주통신을 하기에 적합한 1~10[GHz]사이의 주파수대역을 전파의 창(Radio Window)이라한다.

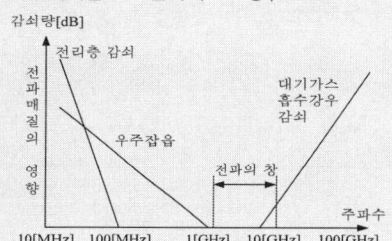

33

다음 중 위성통신 방식이 아닌 것은?

① 정지궤도 위성 방식　② 랜덤 위성 방식
③ 위상 위성 방식　④ 검파중계 위성 방식

[정답] ④
위성통신의 종류

능동위성	특 징
랜덤위성	지구상공 수백km에서 운용(저궤도)
위상위성	극궤도 상공에 운용 (타원궤도)
정지위성	정지궤도 상공에서 운용(36,000[Km])

34

2010년 6월 발사되어 한반도 주변 기상 및 해양 관측, 위성통신 임무를 수행하고 있는 천리안 위성의 궤도는?

① 랜덤 궤도　② 극지 궤도
③ 저 궤도　④ 정지 궤도

[정답] ④
천리안
① 정지궤도의 고도인 35,764km 상공에서 임무를 수행
② 해양 및 기상관측을 위한 탑재체들은 위성이 지구쪽을 향하는 곳에 장착되었고, 중계기와 안테나 등의 통신탑재체는 위성의 남쪽방향과 좌우측면에 장착
③ 2분 간격으로 한반도 주변 관측하고 10분 간격의 전지구 관측이 가능하며, 이를 통해 보다 신속하게 기상재해 감시와 대비가 가능하다.

35

다음 중 초소형 안테나를 사용하는 지상의 지구국에 해당되는 것은?

① VSAT　② TWTA
③ SNG　④ LNA

[정답] ①
VAST(Very Smal Aperture Terminal)
① VSAT는 가정이나 기업의 사용자가 쓸 수 있는 인공위성 통신 시스템이다.
② 직경 60[cm]~1.8[m]의 접시형 안테나로 정지궤도에서 선회중인 통신위성과 송수신하는 소형위성지구국이다.
③ 주로 지상에 설치돼 국내외 위성통신용으로 이용되고 있으며 국제해사기구(INMARSAT)가 제공하는 선박용 국제통신, 비행기용 위성통신 등에도 활용된다.

36

다음 설명에 해당하는 위성서비스는?

소형 안테나(직경 약0.6[m]~2.4[m])를 사용하여 지구국을 통한 데이터통신 위성서비스

① 디지털 위성서비스
② VSAT 서비스
③ 종합디지털 방송(ISDB) 서비스
④ GMPCS 서비스

[정답] ②
VSAT(Very Small Aperture Terminal)
위성통신망은 양방향 data 통신응용에 매우 경제적이다. 수십 또는 수 백 개의 원격 초소형 안테나와 중앙(hub)의 중형 안테나와 컴퓨터를 통하여 작은 EIRP로 송신할 수 있는 최신 기술이다.

37

인공위성을 이용하여 위치, 속도 및 시간 측정을 가능하게 해주는 시스템은?

① GPS　② DMB
③ VRS　④ ARS

[정답] ①
위성항법 시스템(GPS : Global Positioning System)
① GPS는 범지구적 위치결정 체계로 미국 국방부에서 군사용으로 개발한 새로운 위성항법 시스템이다.
② 지상, 해상, 공중 등 지구상의 어느 곳에서나 시간제약 없이 인공위성에서 발신하는 정보를 수신하여 정지 또는 이동하는 물체의 위치 측정이 가능하다.

38

다음 중 위성을 이용하는 위치, 속도 및 시간측정 서비스를 제공하는 시스템은?

① DBS(Direct Brodcasting System)
② GPS(Global Positioning System)
③ TRS(Trunked Radio System)
④ VRS(Video Response System)

[정답] ②
GPS는 고도 20,200[Km] 에 위치한 24개의 위성을 이용해 속도, 위치, 시간측정 서비스를 제공하는 시스템이다.

39
다음 중 GPS위성에 대한 설명으로 가장 거리가 먼 것은?

① 3차원으로 위치, 고도 및 시간을 정확히 측정할 수 있다.
② 기상조건 및 간섭에 약하다.
③ 전 세계적으로 24시간 서비스를 제공하고 있다.
④ 수동적이며 무제한 사용이 가능하다.

[정답] ②
GPS 수신기는 세 개 이상의 GPS 위성으로부터 송신된 신호를 수신하여 위성과 수신기의 위치를 결정한다.
위성에서 송신된 신호와 수신기에서 수신된 신호의 시간차를 측정하면 위성과 수신기 사이의 거리를 구할 수 있는데, 이때 송신된 신호에는 위성의 위치에 대한 정보가 들어 있다.
최소한 세 개의 위성과의 거리와 각 위성의 위치를 알게 되면 삼변측량에서와 같은 방법을 이용해 수신기의 위치를 계산할 수 있다. 그러나 시계가 완전히 정확하지 않기 때문에 오차를 보정하고자 보통 네 개 이상의 위성을 이용해 위치를 결정한다.

40
다음 중 위성통신을 이용한 통신서비스로 적합하지 않은 것은?

① HDTV 방송 ② 재난대비 백업회선
③ 웹서버 운영 ④ 해상 전화통화

[정답] ③
위성 통신의 특징을 활용하여 데이터 통신, 원격 데이터의 수집, PC 통신, 인터넷 통신, 영상 프로그램 분배, 원격 교육, 기업 내부 통신, 전용 회선, 원격 영상 회의, 위성 뉴스 취재(SNG), 각종 행사 중계 등 다양한 형태로 응용되고 있다.

41
다음 중 위성통신 방식의 종류를 구분하는 요소로서 적합하지 않은 것은?

① 위성 중계기의 기능 ② 위성 중계기의 위치
③ 위성 중계기의 수량 ④ 위성 중계기의 고도

[정답] ③

42
다음 중 위성통신을 위한 시스템 구성요소에 해당하지 않는 것은?

① 지구국 ② 관제국
③ 통신위성 ④ 위성발사체

[정답] ④

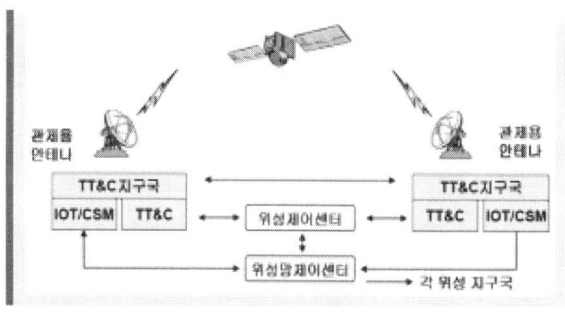

43
다음 중 통신위성의 주전력 공급원은?

① Dry Battery ② Fuel cells
③ Solar cells ④ Thermoelectric generator

[정답] ③
위성통신 전력발생부
① 1차 전원 : 태양전지(Solar cells)
② 2차 전원 : 예비용 축전지

44
다음 중 위성통신시스템에서 지구국의 기본 구성이 아닌 것은?

① 열제어계 ② 안테나계
③ 인터페이스계 ④ 송수신계

[정답] ①
위성통신시스템 구성

지구국 장비	위성체 장비	
	BUS부	Payload 부
추미계(위성추적)	전력제어계	안테나계
송·수신계	추진계	중계기계
통신관제 서브시스템	열제어계	
지상 인터페이스	자세제어계	
안테나계	텔레메트리계	
	구체계	

45
최근 위성방송에서 일반적으로 사용하는 디지털 변조방식은?

① PSK ② OFDM
③ QAM ④ VSB

[정답] ①
변조방식별 사용 예

PSK	OFDM	QAM	8-VSB
위성방송	4G	HSDPA	ATSC

46 위성통신시스템에서 송신신호와 수신신호를 분리하는 장치로서 일종의 방향성 결합기 역할을 하는 것은?

① 다이플렉서 ② 주파수 변환기
③ 전력 증폭기 ④ 안테나

[정답] ①
다이플렉서
2개의 회로에서 별도로 나오는 신호를 상호 영향을 미치지 않으면서 하나의 회로로 전달하는 장치. 텔레비전에서는 영상 송신기의 출력과 음성 송신기의 출력을 상호 영향을 미치지 않도록 하면서 하나의 안테나로 송출하는 목적으로 사용된다.

47 다음 중 지구국 시스템의 구성장치가 아닌 것은?

① 감시, 제어 장치 ② 지상 통제 장치
③ 상향 주파수 변환기 ④ 안테나 시스템

[정답] ③
위성통신 지구국
① 우주국으로 송신하는 송신국을 말한다.
② 안테나계 ③ 추미계
④ 송신계 / 수신계 ⑤ 지상 인터페이스계
⑥ 측정장치 및 전원 장치

48 다음 중 주반사경과 부반사경이 있는 안테나로서, 위성통신 지구국 안테나로 주로 사용되고 있는 것은?

① 파라볼라 안테나 ② 야기 안테나
③ 헬리컬 안테나 ④ 카세그레인 안테나

[정답] ④
카세그레인 안테나(Cassegrain Antenna)
① 카세그레인식 망원경 원리를 바탕으로 하여 1차 반사기, 주반사기 및 부반사경으로 구성된 안테나
② 두 개의 반사경을 사용하는 안테나이며 주로 업링크(up-link) 지구국이나 케이블 TV 헤드엔드와 같이 대형 안테나를 필요로 하는 곳에 주로 사용

49 다음 중 지향성 안테나가 아닌 것은?

① 야기(Yagi)안테나
② GP(Ground Plane)안테나
③ 루프(Loop)안테나
④ 파라볼라(Parabola)안테나

[정답] ②
지향성 안테나
① 등방성(전방향)이 아닌 특정한 방향으로 안테나 방사패턴이 형성되는 안테나이다.
② 야기안테나, 루프안테나, 파라볼라 안테나 등이 지향성 안테나이다.
③ 무지향성 안테나: Pole안테나, Whip안테나 등

50 다음 중 위성통신에서 지구국 안테나계의 성능지수란?

① 반송파대 잡음전력비
② 안테나의 수신 이득과 시스템 잡음의 비
③ 안테나의 수신 이득과 수신 신호이득의 비
④ 안테나의 수신 이득과 수신 시스템의 잡음온도의 비

[정답] ④
지구국 안테나의 성능지수
이득대 잡음온도비 (G/T Ratio)비로 안테나 이득(G)을 수신기의 등가 잡음온도 T로 나눈 값이다.
G/T값이 클수록 수신 성능이 양호하다.
$G/T = G_R - T[dB/°K]$
단 G_R : 수신 안테나 이득
T : 안테나 포함 시스템 잡음 온도 (°K)

51 100[mW]의 신호전력을 [dBm]으로 환산하면 얼마인가?

① 10[dBm] ② 20[dBm]
③ 30[dBm] ④ 40[dBm]

[정답] ②
$[dBm] = 10\log\dfrac{100mW}{1mW} = 20[dB]$

52 지구와 정지위성까지의 거리가 약 36,000[km]라고 할 때 지구에서 발사한 전파가 위성에서 중계되어 지구까지 돌아오는 시간은 대략 얼마인가? (단, 위성 중계기 내에서의 지연시간은 무시한다.)

① 120[ms] ② 360[ms]
③ 240[ms] ④ 180[ms]

[정답] ③
속도$(c) = \dfrac{거리(2L)}{시간(t)}$ 이므로

$t = \dfrac{2L}{c} = \dfrac{2 \times 36000 \times 10^3}{3 \times 10^8} = 240[ms]$

(2L = 왕복거리, 광속(c)= 3×10^8[m/s])

53

위성의 통신영역은 위성의 고도(h)와 지구국 안테나의 통신가능 최저앙각(θ)의 함수관계로 표시할 수 있다. 다음 중 수식으로 옳은 것은? (단, R : 지구의 반경, β : 커버하는 범위의 중심각)

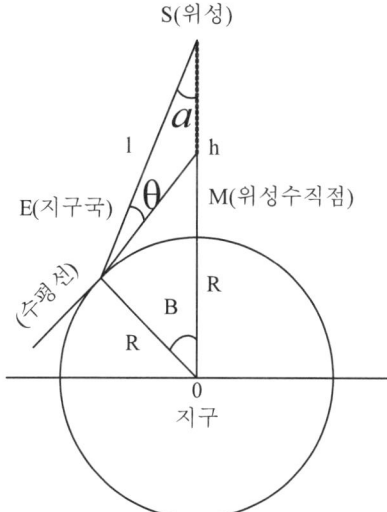

① $\dfrac{R}{R+h} = \dfrac{\cos\theta}{\sin(\beta+\theta)}$ ② $\dfrac{R}{R+h} = \dfrac{\cos\theta}{\cos(\beta+\theta)}$

③ $\dfrac{R}{R+h} = \dfrac{\cos(\beta+\theta)}{\cos\theta}$ ④ $\dfrac{R}{R+h} = \dfrac{\cos(\beta+\theta)}{\sin\theta}$

[정답] ③
통신 영역
위성의 통신영역은 다음 함수처럼 위성의 고도와 지구국 ANT의 통신가능 최저 앙각의 함수이고 다음의 관계가 있다
$$\dfrac{R}{R+h} = \dfrac{\cos(\beta+\theta)}{\cos\theta}$$
R : 지구 반경, h : 위성 고도, θ : 안테나 최저 앙각, β : 커버리지의 중심각

54

다음 중 위성통신에서 자유공간 전파손실에 대한 설명으로 옳은 것은?

① 전파거리의 제곱에 비례한다.
② 전자밀도의 제곱에 반비례한다.
③ 파장의 제곱에 비례한다.
④ 주파수의 제곱에 반비례한다.

[정답] ①
자유공간상의 전송손실은 송신과 수신 안테나사이에서 발생하는 손실을 말한다.

자유공간손실공식
$L = (\dfrac{4\pi d}{\lambda})^2$
dB 단위
$Lp = 92.45 + 20\log(f) + 20\log(d)[dB]$
* 거리[km]단위

55

위성통신의 다원접속 방식이 아닌 것은?

① FDMA(Frequency Division Multiple Access)
② TDMA(Time Division Multiple Access)
③ CDMA(Code Division Multiple Access)
④ PAMA(Pre-Alignment Multiple Access)

[정답] ④
위성통신 다원접속방식의 종류

다원접속방식	특 징
FDMA (Frequency Division Multiple Access)	주파수분할
TDMA (Time Division Multiple Access)	시간분할
CDMA (Code Division Multiple Access)	부호분할
SDMA (Space Division Multiple Access)	공간분할

56

다음 중 위성통신에서 사용하는 다원접속방식에 해당되지 않는 것은?

① FDMA   ② TDMA
③ CDMA   ④ WDMA

[정답] ④
위성통신 다원접속에는 FDMA, CDMA, TDMA, SDMA 방식이 있다. WDMA는 광다중화 방식이다.

57

위성통신에서 사용하는 다원접속 방식이 아닌 것은?

① 주파수분할방식   ② 시분할방식
③ 파장분할방식   ④ 코드분할방식

[정답] ③
위성통신의 다원접속 방식
① 주파수분할 방식 (FDMA)
② 시분할 방식 (TDMA)
③ 코드분할방식 (CDMA)
④ 공간분할방식 (SDMA)

58 다음 중 페이딩(Fading)의 영향이 적으며, 통신의 보안을 유지하는데 우수한 다원접속 방식은 어느 것인가?

① 주파수분할다원접속방식(FDMA)
② 시분할다원접속방식(TDMA)
③ 부호분할다원접속방식(CDMA)
④ 공간분할다원접속방식(SDMA)

[정답] ③
부호분할다원접속(CDMA)방식은 여러 사용자가 시간과 주파수를 공유하면서 서로 다른 PN(Pseudo Noise)를 사용하는 다원접속방식이다. 사용자 마다 PN(Pseudo Noise) 코드 사용에 의한 암호화 등으로 인해 통화 비밀을 유지할 수 있다. 주로 이동통신 시스템에서 사용되고 있다.

59 위성통신에서 사용하는 다원 접속방식 중 CDMA 방식의 장점이 아닌 것은?

① 가입자 수용 용량이 크다.
② 전력제어 및 동기 기술이 필요 없다.
③ 간섭과 방해에 강하다.
④ 다중경로 페이딩을 극복할 수 있다.

[정답] ②
직접확산(DS : Direct spread) CDMA방식 단점
① 동기를 확립하기 위한 포착시간이 길다
② 원근문제(Near & Far Interference)가 발생하므로 정밀한 전력제어 필요가 필요하다.

60 다음 중 위성통신에 있어서 CDMA의 특징으로 옳지 않은 것은?

① 전파의 간섭, 혼선에 강하고 광대역 전송로가 필요하다.
② 통신 보안성이 약하고 지구국의 수를 많이 할 수 있다.
③ 주파수 이용 효율이 높다.
④ 대역확산 개념을 이용하여 복수개의 지구국이 위성 중계기를 공유하는 방식이다.

[정답] ②
CDMA 직접확산(DSSS)방식은 비화성(보안성)이 우수하고 저전력 통신이 가능한 장점이 있다.

61 위성통신의 다원접속에서 통신영역을 분할하여 한정된 자원을 반복하여 이용하는 방식으로 spot beam을 이용하는 방식은?

① FDMA방식　② CDMA방식
③ SDMA방식　④ TDMA방식

[정답] ③
SDMA(Space Division Multiple Access)
① 통신영역을 분할하여 한정된 자원을 반복하여 이용하는 방식으로 spot beam을 이용하여 지구국의 수신 안테나 크기를 줄일 수 있다.
② 위성체 구조가 복잡하고 정확한 빔의 지향성이 요구된다.

62 위성 통신망에서 보다 효율적으로 채널을 사용하기 위한 채널의 선택방식으로 거리가 먼 것은?

① 고정 할당 방식　② 임의 할당 방식
③ 정지 할당 방식　④ 요구 할당 방식

[정답] ③
위성통신 다원접속방식 과 채널할당방식

다원접속방식	채널할당방식
FDMA (주파수)	PAMA (고 정)
TDMA (시 간)	DAMA (요 구)
CDMA (코 드)	RAMA (랜 덤)
SDMA (공 간)	

3 이동통신기기

63 이동통신 시스템의 구성 요소 중 이동전화 교환국의 기능이 아닌 것은?

① 핸드오버 및 로밍 기능
② 단말기와 이동전화 교환국을 연결하는 기능
③ PSTN 교환기와 연결할 수 있는 기능
④ 기지국에 할당된 채널을 관리 통제하는 기능

[정답] ②
BTS(기지국)은 단말기와 이동전화 교환국을 연결하는 장치이다.

64
이동통신망에서 중계기(Repeater)의 가장 중요한 역할은 무엇인가?

① 셀 간 핸드오버를 신속하게 한다.
② 셀 서비스 커버리지 내부의 전파 음영 지역을 해소시킨다.
③ 다른 기지국으로 통화 채널을 중계해 준다.
④ 동일 셀 내부에서 섹터간에 핸드오버를 지원한다.

[정답] ②
이동통신 중계기
① 전파음영지역을 해소할 수 있는 장치
② Cell Coverage를 확대할 수 있다.
③ 광중계기, RF중계기, 마이크로웨이브 중계기 등이 있다.

65
이동통신에서 사용되는 안테나의 특성을 나타내는 3요소가 아닌 것은?

① 임피던스　　② 송신전력
③ 이득　　　　④ 지향성

[정답] ②
안테나 파라미터
① 안테나 임피던스　② 안테나 이득
③ 안테나 지향성　　④ 안테나 방사패턴
⑤ 안테나 편파

66
국내에서 상용화되고 있는 2세대 이동통신의 다원 접속 방식(Multiple Access)은 어느 것인가?

① FDMA(Frequency Division Multiple Access)
② CDMA(Code Division Multiple Access)
③ TDMA(Time Division Multiple Access)
④ PDMA (Polarization Division Multiple Access)

[정답] ②
이동통신 세대(Generation) 구분

세대	시스템	전송속도	다중화
1세대	AMPS	128Kbps	FDMA
2세대	CDMA GSM	1.5Mbps	CDMA TDMA
3세대	WCDMA	7Mbps	CDMA
4세대	LTE-Advanced	100Mbps	OFDMA
5세대	5G	1Gbps	OFDMA

67
무선통신에 사용되고 있는 확산 스펙트럼 방식이 아닌 것은?

① 델타변조 도약(DMH)　② 직접 확산(DS)
③ 주파수 도약(FH)　　　④ 시간 도약(TH)

[정답] ①
스팩트럼 확산 방식의 종류

확산방식	특 징
직접확산(DS)	PN코드를 곱해서 직접 확산
주파수도약(FH)	주파수 Sequence를 사용
시간도약(TH)	Time Sequence를 사용
Chirp 방식	주파수를 Sweeping
Hybrid 방식	혼합 방식

68
이동통신방식에 사용되는 CDMA 시스템의 특징이 아닌 것은?

① 페이딩에 강함
② 전력제어로 용량 증대
③ 통신보안 우수
④ 사용자간의 채널 할당이 필요

[정답] ④
CDMA이동통신의 특징
① 페이딩에 강함
② 전력제어를 통해서 용량 증대 가능
③ DSSS를 사용하므로 보안성 우수
④ 사용자가 서로 다른 Code를 사용하므로 별도의 채널을 할당할 필요가 없다.

69 이동통신시스템에서 다중경로 페이딩에 의한 지연 왜곡을 극복하기 위하여 수신단에서 여러 경로로 적당한 시간만큼 지연시켜 각 경로에서 복조된 신호들을 결합하는 것은?

① 헤테로다인 수신기 ② 등화기술
③ 레이크 수신기 ④ 인터리빙기술

[정답] ③
레이크수신기는 다중경로페이딩을 극복할 수 있는 수신기법이다.

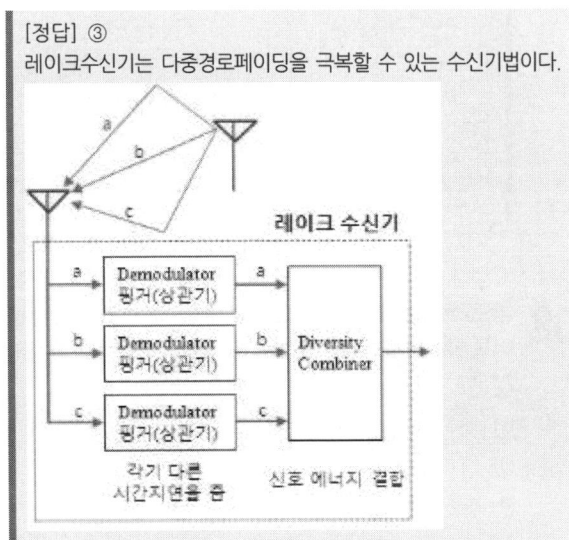

70 다음 중 CDMA기반 이동통신망에서 Multi-path 페이딩을 방지하는 가장 효율적인 것은?

① 레이크 수신기 ② 헤테로다인 수신기
③ 압신기 ④ 반전 및 사치

[정답] ①
이동통신시스템에서 다중 경로에 의해 수신된 신호를 완벽히 분리할 수 있는 수신기를 레이크수신기(Rake Receiver)라 한다.
레이크수신기의 특징은,
① Finger(상관기)를 이용 수신신호의 완벽한 분리(이동국은 3개, 기지국은 4개의 Finger를 가진다.)
② 시간다이버시티 효과를 얻을 수 있다.
③ 최대비 합성법을 이용하여 수신신호를 합성한다.

71 CDMA방식을 적용하는 이동통신망에서 주파수 재사용 계수(Frequency Reuse Ratio) K는 얼마인가?

① K = 1 ② K = 2
③ K = 3 ④ K = 6

[정답] ①
CDMA방식은 동일시간에 동일주파수를 인접한 셀에서 재사용하므로 주파수 재사용계수(Frequency Reuse Ratio) K는 1이 된다.

72 이동통신 채널의 한 특징으로 이동체의 움직임에 따라 수신신호의 주파수가 변하는 것은?

① 페이딩 효과 ② 동일채널간섭 효과
③ 도플러 효과 ④ 지연확산 현상

[정답] ③
도플러 효과(Doppler Effect)
도플러 퍼짐(Doppler spread)
① 도플러 효과란 수신국이 이동할 때 전방에서 오는 전파의 주파수는 높아지게 되고, 후방에서 오는 전파의 주파수는 낮아지는 현상을 말한다.
② 즉, 발생점과 관측점이 가까워질 때는 주파수가 높아지고, 멀어질 때는 주파수가 낮아지는 현상이다

$$f_r = f_t \pm \frac{v}{\lambda}\cos\theta$$

여기서 f_r은 수신 주파수, f_t는 송신 주파수, $\frac{v}{\lambda}\cos\theta$는 도플러 퍼짐 B_D

73 이동통신망에서 레일리 페이딩(Rayleigh Fading)은 어떤 요인에 의하여 발생하는가?

① 고층건물, 철탑 증과 같은 인공 구조물
② 산, 언덕 등 자연 지형의 굴곡
③ 가시 경로의 직접파와 주변 상황에 의한 반사파의 동시 존재
④ 도로 주변의 가로수

[정답] ①
레일리 페이딩(Rayleigh Fading)
① 수신기가 이동하는 경우 도달하는 전파는 주변의 지형지물에 반사된 것, 또는 회절효과에 의하여 우회하여 들어오는 전파 등 여러 가지가 있다. 이러한 여러 가지 경로들은 그 길이가 서로 다르기 때문에 수신 신호들 사이에는 도착시간의 차이가 발생한다.
② 이렇게 도착 시간차이를 갖는 신호들이 벡터 합(vector sum)을 이루게 될 때, 수신 전계강도가 빨리 변하는 short-term fading이 발생한다. short-term fading은 레일리 페이딩(Rayleigh fading) 또는 다중 경로 페이딩(multipath fading)이라고 한다.

74 정지 및 이동 중에도 고속으로 무선 인터넷 접속이 가능한 휴대 인터넷 서비스는?

① WiBro ② WiFi
③ VoIP ④ RFID

[정답] ①
WilBro는 정지 및 이동중(60[Km/h]에도 TDMA/TDD 방식을 사용하여 고속의 무선 인터넷 비대칭서비스이다.

75 다음 중 정지 및 이동 중 언제 어디서나 고속 무선 인터넷 서비스 이용이 가능한 단말기는?

① FAX 단말기　　② PSTN 단말기
③ 와이브로 단말기　④ ISDN 단말기

[정답] ③
WiBro는 IEEE802.16 표준으로 이동성이 제공되는 고속 무선 인터넷 서비스로 국내환경에 적합하게 표준화된 기술이다.

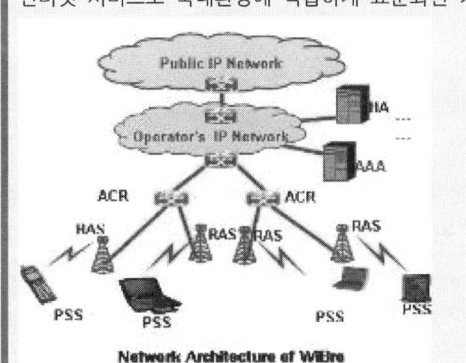

76 다음 중 4세대 이동통신 서비스를 이용하기 위해 사용되는 단말기는?

① PSDN 단말　　② CDMA 단말
③ PSTN 단말　　④ LTE Advanced 단

[정답] ④

77 다음 중 차세대 이동통신망의 특징이 아닌 것은?

① All IP　　　　② All Optic
③ BroadBand　　④ Low Speed Data

[정답] ④
차세대 이동통신망의 특징
① All IP
② All Optic
③ BroadBand

78 다음 중 4세대 이동통신 서비스를 이용하기 위해 사용되는 단말기는?

① PCS 단말기　　② CDMA 단말기
③ PSTN 단말기　　④ LTE Advanced 단말기

[정답] ④
4G (LTE-A) 핵심기술
① OFDM
② MIMO
③ 스마트 안테나
④ SC-FDMA
⑤ CA(Carrier Aggregation)
⑥ All IP

79 이동통신에서 PAPR(Peak Average Power Rate)은 첨두전력이 10이고, 평균전력이 1일 때 PAPR은?

① 0[dB]　　② 1[dB]
③ 10[dB]　④ 100[dB]

[정답] ③
$$\text{PAPR}[dB] = 10\log_{10}\frac{\text{Peak power}}{\text{Average power}} = 10\log_{10}\frac{10}{1} = 10[dB]$$

80 이동통신 단말기기 중 안드로이드, 심비안, iOS, 바다 등의 운영체제를 탑재하여 구동하는 단말기기를 무엇이라 하는가?

① WIPI폰　　② WAP폰
③ 스마트폰　④ 피처폰

[정답] ③
스마트폰은 운영체제(OS)를 탑재한 휴대단말기를 말한다.

81

다음은 TRS(Trunked Radio System)에 관한 설명으로 옳지 않은 것은?

① 주로 하나의 기지국은 Cellular 보다 좁은 서비스 지역(Area)을 구성한다.
② 사용자가 사용하지 않는 시간을 이용하여 다수의 가입자 군이 일정 주파수 채널을 공동으로 사용한다.
③ 일제통화, 선별통화, 개별통화 기능이 있다.
④ 통화누설이 없고, 잡음과 혼신이 적은 양호한 통화품질을 유지한다.

[정답] ①
TRS(Trunked Radio System)특징
① 통화중에는 채널을 전용하므로 통화 품질이 양호하며 잡음, 혼신이 없다.
② 통화 내용의 보안성 유지 가능하다.
③ 통화 폭주 시 예약 등록이 가능하다.
④ FAX, 데이터 전송이 가능하다.
⑤ 중앙 제어국을 공동 이용하므로 경제적인 운용이 가능하다.
⑥ 주파수 공용을 위하여 통화 시간이 제한된다.(1,2,3분)
⑦ 다양한 통화 기능을 가지고 있다.(일제 통화, 그룹 통화, 개별 통화, 긴급 통화 등)
⑧ 동일 소속 가입자간 통신방식으로 많이 사용된다.(경찰,소방,운수,제조 및 서비스업,경비업체)
⑨ 통화 서비스 반경은 Cellular 보다 넓다.

82

다음 중 전자칩을 부착하고 무선통신기술을 이용하여 사물의 정보를 확인하고 감지하는 센서기술을 이용한 것은?

① WiBro ② Telemetics
③ RFID   ④ DMB

[정답] ③
RFID는 Tag(전자칩)와 Reader로 비접촉 무선 센서기술이다. 무선접속 방식에 따라 상호 유도방식과 전자기파방식으로 구분되며, 상호 유도 방식은 근거리(1m 이내), 전자기파 방식은 중장거리용(3~10m)으로 사용된다.

83

정보 가전이 네트워크로 연결되어 기기, 시간, 장소에 구애받지 않고 다양한 서비스를 제공하는 통신 서비스는?

① WiBro ② DMB
③ DTV   ④ Home Network

[정답] ④
홈 네트워킹(Home Networking)은 가정 내 다양한 정보기기들 상호간 네트워크를 구축하는 것이다.

84

다음 중 위치정보와 무선통신망을 이용하여 교통안내, 긴급구난, 인터넷 등 Mobile Office를 제공하는 것은?

① Telematics ② RFID
③ CDMA   ④ Voip

[정답] ①
텔레매틱스
① 통신(Telecommunication)과 정보과학(Informatics)의 합성어이다.
② 위치정보와 무선통신망을 이용하여 교통안내, 긴급구난 등의 서비스를 제공할 수 있다.

85

GPS 위성을 통한 위치정보와 이동통신망을 활용하여 운전자 및 탑승자에게 각종 서비스를 제공하는 것은?

① 텔레메터링 ② 텔레텍스
③ 텔레메틱스 ④ 비디오텍스

[정답] ③
텔레매틱스(telematics)는 무선통신과 GPS(Global Positioning system) 기술이 결합되어 자동차에서 위치 정보, 안전 운전, 오락, 금융 서비스, 예약 및 상품 구매 등의 다양한 이동통신 서비스 제공을 의미한다.

86

다음 중 WPAN(Wireless Personal Area Network) 방식이 아닌 것은?

① 블루투스 ② UWB
③ Zigbee   ④ 위성통신

[정답] ④
WPAN(Wireless Personal Area Network)
10m 이내의 짧은 거리에 존재하는 컴퓨터와 주변기기, 휴대폰 가전제품 등을 무선으로 연결하여 이들 기기간의 통신을 지원함으로써 다양한 응용서비스를 하게 하는 무선 네트워크로 Bluetooth, UWB, 지그비 등이 있다.
WPAN(Wireless Personal Area Network) 기술

항목	Bluetooth	Zigbee	UWB
표준	802.15.1	802.15.4	802.15.3a
주파수	2.4GHz	2.4GHz	3.1~10.6GHz
변조	FHSS	DSSS	Baseband
속도	1~10Mbps	20~250Kbps	100~500Mbps
거리	10m	10~100m	20m
네트워크	Ad-Hoc	Ad-hoc, Mesh, Star	점대점

87

IEEE 802.11로 표준화된 WLAN 규격 중 가장 빠른 속도를 지원하는 것은 어느 것인가?

① IEEE 802.11a
② IEEE 802.11b
③ IEEE 802.11g
④ IEEE 802.11n

[정답] ④

구분	IEEE 802.11b	IEEE 802.11g	IEEE 802.11a	IEEE 802.11n
스펙트럼	2.4 GHz	2.4 GHz	5 GHz	2.4/5 GHz
전송속도	최대 11 Mbps	최대 54 Mbps	최대 54 Mbps	실효 100 Mbps
전송방식	DSSS	OFDM	OFDM	OFDM

88

다음 중 UWB 기술에 대한 설명으로 거리가 가장 먼 것은?

① 무선반송파를 사용하지 않는다.
② 기저대역에서 수 GHz 이하의 좁은 주파수 대역을 사용한다.
③ 통신이나 레이더 등에 주로 응용한다.
④ 협대역 통신신호에 의한 간섭 특성이 우수하다.

[정답] ②
UWB(Ultra Wide Band)
① 802.15.3a UWB는 광대역 고주파수 대역을 이용하여 기존 주파수와 간섭 및 방해 없이 고속전송이 가능한 기술로 3.1GHz 부터 10.6GHz까지 총 7.5GHz 초광대역을 사용한다.
② UWB 무선기술은 중심주파수(BW/Carrier Frequency)가 20%이상 차지하거나 500[MHz] 이상의 매우 넓은 대역폭에 걸쳐 낮은 전력밀도의 스펙트럼으로 분산시켜 송수신함으로써 허가를 받지 않고 사용할 수 있는 근거리의 고속 데이터 전송에 사용할 수 있다.

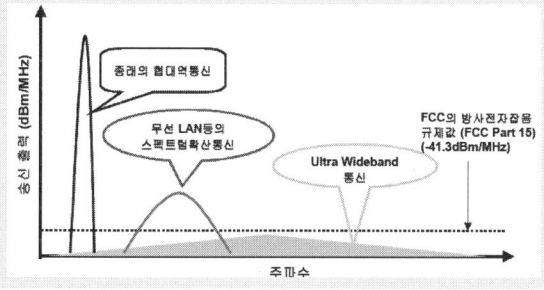

89

다음 중 근거리 무선접속방식으로 저전력을 사용하는 이동통신방식은 어느 것인가?

① Zigbee
② WiFi
③ WCDMA
④ WiBro

[정답] ①
지그비(Zigbee)는 저전력, 저가격, 저속도를 목표로 하는 IEEE 802.15.4 WPAN 표준중의 하나로 블루투스나 802.11x 계열의 WLAN보다 단순하고 간단하다.

90

이동통신기기의 근거리 무선통신방식 중 전송거리 10[cm] 이내에서 쓰기/읽기가 가능한 통신방식은?

① WAN
② WiFi
③ NFC
④ WLAN

[정답] ③
NFC(Near Field Communication)
① NFC는 전자태그(RFID)의 하나로 13.56MHz 주파수 대역을 사용하는 비접촉식 근거리 무선통신 모듈로 10cm 이내의 가까운 거리에서 낮은 전력으로 단말기 간 데이터를 전송하는 기술이다.
② NFC가 기존의 Bluetooth나 ZigBee와 가장 다른 점은 NFC에는 암호화 기술을 적용할 수 있다는 장점이 있다.
③ NFC의 보안성 때문에 휴대폰을 지갑처럼 이용할 수 있고 교통카드나 신용카드, 멤버십카드 혹은 신분증 같은 개인 정보도 안심하고 사용할 수 있다.

91

다음 중 근거리 무선접속방식인 NFC(Near Field Communication) 단말의 특징이 아닌 것은?

① 통상 전송거리는 10[cm]이내 이다.
② 주파수대역은 13.56[MHz]대 이다.
③ 읽기만 가능하다.
④ 지불 및 티켓팅 서비스가 가능하다.

[정답] ③
NFC
① 13.56[MHz]를 이용하는 근거리 통신기술
② 일반적으로 10[cm]이내에서 통신이 가능
③ 읽기, 쓰기 기능이 가능
④ 지불 및 티켓팅 서비스가 가능

5 멀티미디어 기기기기

01
문자, 그림, 애니메이션, 동영상 등의 다양한 정보매체를 디지털 형식으로 통합하여 제공하는 것을 무엇이라고 하는가?
① 멀티미디어
② 아날로그 매체
③ 모사전신매체
④ 음성매체

[정답] ①
멀티미디어(Multimedia)
정보의 전달을 위해 컴퓨터를 사용하여 음성, 문자, 그림, 영상 등의 여러 매체들을 만들고 저장하며 전송하는 일을 하나로 통합시킨 장치나 기술을 말한다. 또한, 모든 정보를 디지털화하여 저장, 편집이 쉽도록 하여야 한다.

02
다음 중 멀티미디어 기기가 아닌 것은?
① 스마트TV
② IPTV
③ 스마트폰
④ FAX 전용기기

[정답] ④
팩시밀리는 문자, 도형을 미세한 점으로 분해 전기신호로 변환하여 전하고 수신측에서는 다시 원래의 문자 및 도형을 지면상에 재현시키는 통신 방법이다.

03
다음 중 멀티미디어에 대한 설명으로 거리가 먼 것은?
① 정보 매체의 통합성을 갖는다.
② 단일 채널의 단방향성을 유지한다.
③ 사용자와 시스템간의 상호 작용성을 갖는다.
④ 압축에 의한 정보전송이 가능하다.

[정답] ②
멀티미디어 데이터의 특징
① 쌍방향성(Interactive) : 송수신자간에 상호 작용할 수 있어 시간과 공간의 제약을 초월하여 사용자간의 정보 전달효과를 극대화한다.
② 비선형(Non-Linear) : 숫자나 문자 데이터 이외에 소리나 이미지 등 비선형적인 데이터로 처리한다.
③ 통합성(Integration) : 그래픽, 오디오, 비디오, 텍스트 등 여러 매체를 광범위하게 통합한다.

04
다음 중 멀티미디어의 특징이 아닌 것은?
① 두 가지 이상의 매체를 동시에 사용한다.
② 사용자와 시스템 간에 상호작용을 해야 한다.
③ 시스템을 사용해 정보를 얻을 수 있어야 한다.
④ 두 가지 이상의 시스템으로 매체가 통제되어야 한다.

[정답] ④
멀티미디어(Multimedia)
정보의 전달을 위해 컴퓨터를 사용하여 음성, 문자, 그림, 영상 등의 여러 매체들을 만들고 저장하며 전송하는 일을 하나로 통합시킨 장치나 기술을 말한다. 또한, 모든 정보를 디지털화하여 저장, 편집이 쉽도록 하여야 한다.

05
다음 중 뉴미디어의 효과가 아닌 것은?
① 즉시성와 공평성
② 간편성과 수익성
③ 개인화와 능동성
④ 단일화와 단방향성

[정답] ④
뉴미디어(New Media)
① 현재 사용되고 있는 미디어에 새로운 기능을 결합하여 사용자의 요구충족을 위해 개발된 미디어이다.
② 디지털화, 미디어의 종합화, 정보의 양과 채널수의 증가, 쌍방향성, 탈 대중화, 비동시성, 영상화, 속보성 등이 가능하다.

06
다음 중 멀티미디어가 갖는 특성이 아닌 것은?
① 비동시성
② 상호작용성
③ 매체를 이용한 정보의 전달
④ 표본성

[정답] ④
멀티미디어의 특징
① 디지털화
② 통합된 정보 제공
③ 양방향성
④ 상호작용 지원

07
다음 중 멀티미디어 기기의 기능으로 맞지 않는 것은?
① 고사양 CPU
② 저해상도 디스플레이
③ 고속지원
④ 다양한 서비스 형태 이용

[정답] ②
멀티미디어기기의 최신 트랜드는 고사양 CPU, 고 해상도 디스플레이, 고속지원, 다양한서비스지원, 대형화면, 무선인터넷 등이 있다.

08
다음 중 멀티미디어 단말의 구성 요소가 아닌 것은?
① 처리장치　　② 저장장치
③ 미디어 입출력장치　　④ 신호 변환장치

[정답] ④
멀티미디어 단말
① 처리장치　　② 저장장치
③ 미디어 입출력 장치　　④ 미디어단말기

09
멀티미디어용 디스크 어레이(Disk array) 구현 방법 중 별도의 패리티 디스크를 사용하는 방식은?
① RAID-0　　② RAID-1
③ RAID-3　　④ RAID-5

[정답] ③
① RAID 0
　패리티(오류 검출 기능)가 없는 스트리핑된 세트(적어도 2개의 디스크), 개선된 성능에 추가적인 기억 장치를 제공하는 게 장점
② RAID 1
　패리티(오류 검출 기능)가 없는 미러링된 세트(적어도 2개의 디스크), 디스크 오류와 단일 디스크 실패에 대비하여 실패 방지 기능이 있다.
③ RAID 3 및 RAID 4
　패리티가 단순 제공되는(dedicated) 스트리핑된 세트(적어도 3개의 디스크, RAID 4는 2개의 디스크)
④ RAID 5
　패리티가 배분되는(distributed) 스트리핑된 세트(적어도 3개의 디스크)

10
다음 중 스마트 사회(Smart Society)에 대한 설명으로 가장 적합한 것은?
① 시간과 장소에 따라 스마트폰을 사용할 수 있는 체제
② 시간과 장소에 따라 노트북을 사용할 수 있는 체제
③ 사회의 조직과 유지가 스마트기기의 활용에 의존하는 사회제체
④ 클라우드를 이용하여 통신하는 체제

[정답] ③
스마트 사회(Smart Society)란 사회의 조직과 유지가 스마트기기의 활용에 의존하는 사회체제를 말한다.

11
다음 중 멀티미디어 또는 하이퍼미디어 표준화 그룹에 해당되지 않는 것은?
① JPEG　　② MPEG
③ JHEG　　④ MHEG

[정답] ③
Multi-media와 Hyper-media의 표준화 동향
① 정지화상 압축의 표준화
　JPEG(Joint Photographics Expert Group)
② 동화상 압축의 표준화
　MPEG(Moving Picture Expert Group)
③ 하이퍼 개방형 문서 구조
　HyperODA(Open Document Architecture)
④ 멀티미디어와 하이퍼미디어 정보부호의 압축 표준화
　MHEG (Multimedia & Hypermedia Information Coding Expert Group)

12
다음 멀티미디어 중 음성계 미디어로 가장 적절한 것은?
① DAT(Digital Audio Tape)　　② HDTV
③ 전자북(e-book)　　④ VoD

[정답] ①
DAT(Digital Audio Tape)는 소니에서 1987년 개발한 기존의 아날로그 카세트테이프를 개량한 디지털 미디어이다.

13
다음 중 문자다중 방송을 의미하는 것은?
① TELEX　　② TELETEX
③ TELETEXT　　④ VIDEOTEX

[정답] ③
Teletext
기존 텔렉스에 편집기능(워드프로세서)를 추가 하여 문자정보를 보낼 수 있는 문자통신 서비스이다. 텔레텍스의 특징은 문자, 숫자, 그림문자 등의 정보를 전송하면, 수신기는 자동 수신된다.

14
TV 채널대역 내에서 영상신호와 음성신호 대역으로 사용되지 않는 부분을 이용하는 방식은?
① 텔레텍스트　　② 비디오텍스
③ 텔렉스　　④ 텔레텍스

[정답] ①
텔레텍스트
기존 텔렉스에 편집기능(워드프로세서)를 추가 하여 문자정보를 보낼 수 있는 문자통신 서비스이다. 텔레텍스의 특징은 문자, 숫자, 그림문자 등의 정보를 전송하면, 수신기는 자동 수신된다.

15 다음 뉴미디어 기기 중 문자 혹은 도형 형태의 정보를 수신자가 원할 때 제공하며 수신자는 별도의 수신장치 없이 정보를 이용할 수 있는 것은?

① 비디오텍스(Videotex) ② 팩시밀리(Facsimile)
③ 텔레텍스트(Teletext) ④ 텔레텍스(Teletex)

[정답] ③
텔레텍스트는 문자다중방송으로 문자/도형 등을 텔레비전수상기, CCTV수상기 등에 비치는 방식을 말한다.

16 문서의 정형화 및 표준화된 양식과 코드를 이용하여 컴퓨터 처리가 가능한 상호간 통신에 의해 교환되는 시스템은?

① TELTEXT ② MHS
③ EDI ④ FAX

[정답] ③
전자데이터교환(EDI : Electronic Data Interchange)
① EDI란 컴퓨터 및 통신회선을 통하여 상거래에 필요한 정보를 서로 다른 조직간에 교환하기 위한 규약을 말하는 것이다.
② EDI는 문서의 형식과 데이터의 내용을 규정하는 문서표준으로 구매·주문·송장발부·선적통지 등과 같은 상거래를 위한 컴퓨터간의 문서교환방식이다.

17 데이터 통신망과 전화회선을 이용하여 정보검색, 예약업무, 홈쇼핑, 홈뱅킹 등의 다양한 서비스를 제공하는 양방향 화상 정보 시스템은?

① 팩시밀리 ② 텔렉스
③ 비디오텍스 ④ 텔레텍스

[정답] ③
비디오텍스
① 쌍방향 통신기능을 갖는 화상정보서비스
② 대용량의 축적정보를 제공
③ 시간제한은 없으나 화면의 전송이 느리고 Interface가 요구
④ 다수 사용자의 동시접속은 한정적

18 다음 비디오텍스의 방식 중 알파 지오메트릭 방식이라고도 부르는 것으로 도형을 점, 선, 원호, 사각 등의 위치나 조합으로 표현한 것은?

① CEPT 방식 ② CAPTAIN 방식
③ NAPLPS 방식 ④ 패턴 방식

[정답] ④
Videotex 표현방식은 도형정보를 처리하는 방식에 따라 크게 3가지로 나뉜다.
① 알파 모자이크(Alpha mosaic) 방식 : CEPT 방식, 문자정보는 부호화 형식으로 도형정보는 Mosaic 형식의 조합으로 표현한다.
② 알파 포토그래픽(Alpha photographic) 방식 : CAPIAIN 방식, 도형정보를 화상의 조합으로 표현하며 최고 해상도의 문자정보를 제공한다.
③ 알파 지오메트릭(Alpha geometric) 방식 : NAPLPS 방식, 그래픽 정보는 기하학적(점, 선, 원, 다각형) 요소의 조합으로 표현되는 높은 해상도의 도형 정보를 display할 수 있는 방식이다.

기술방식	특 징
알파 포토그래픽 방식 CEPT방식	점 형태로 분해
알파 지오메트릭 방식 CAPIAIN방식	점, 선, 원호, 다각형 분해
알파 모자이크 방식 NAPLPS방식	문자정보를 부호화

19 다음 비디오텍스의 방식 중 포토 그래픽 방식을 기본으로 하여 도형을 패턴 정보로 부호화하여 보내는 방식은?

① CEPT 방식 ② CAPTAIN 방식
③ NAPLPS 방식 ④ TELEX 방식

[정답] ②
비디오텍스의 기술방식

기술방식	특 징
알파 포토그래픽 방식 CEPT방식	점 형태로 분해
알파 지오메트릭 방식 CAPIAIN방식	점, 선, 원호, 다각형 분해
알파 모자이크 방식 NAPLPS방식	문자정보를 부호화

20 다음 중 팩시밀리의 구성요소가 아닌 것은?

① 주사장치 ② 광전변환
③ 수신기록 ④ 주파수체배

[정답] ④
팩시밀리의 구성요소
① 주사장치
② 광전변환
③ 수신기록
④ 동기장치

21
다음 중 팩시밀리 통신에서 송신원고 내용을 베이스 밴드의 전기 신호로 바꾸는 과정은?

① Reflection ② Scanning
③ Modulation ④ Light variation

[정답] ②
주사(Scanning)란 2차원이 화상을 시간적인 전기신호로 전송하기 위해 화상을 화소로 분해하고 각 화소의 신호 값을 일정한 순서와 방법으로 읽어내는 동작 또는 이와 같은 신호로부터 원래 화상을 복원하는 동작을 말한다.

22
다음 중 FAX에서 동기가 필요한 주된 이유는?

① 소비전력을 절약하기 위해서
② 화상을 압축하기 위해서
③ 화상을 실시간 전송하기 위해서
④ 송신주사와 수신주사 속도를 일치시키기 위해서

[정답] ④
FAX의 동기
① 송신주사와 수신주사의 속도를 일치시키기 위한 장치이다.
② 독립동기방식
③ 전송동기방식
④ 전원동기방식

23
다음 중 팩시밀리 장치의 수신 기록 방식으로 거리가 가장 먼 것은?

① 전해기록 방식 ② 유도기록 방식
③ 감열기록 방식 ④ 사진기록 방식

[정답] ②
팩시밀리 기록방식
① 전기를 이용한 정전기록, 전해기록, 통신전사 기록 방식이 있다.
② 열을 이용한 감열기록 방식이 있다.
③ 빛을 이용한 전자사진방식이 있다.

24
다음 중 대역 압축방식으로 MH, MR 부호화방식을 사용하여 전송하는 것은?

① G1 FAX ② G2 FAX
③ G3 FAX ④ G4 FAX

[정답] ③
G3 팩시밀리(Facsimile)
① 디지털 전송박식을 이용한다.
② Modified Huffman(MH)과 Modified Read(MR) 방식을 채용하여 데이터를 압축한다.
③ 현재 널리 사용되고 있는 Digital 팩시밀리이다.

25
다음 중 G3 FAX에 대한 설명이 아닌 것은?

① 디지털 전송방식을 사용한다.
② PM 또는 FM변조방식을 사용한다.
③ 전송제어절차는 권고 T.30에 규정되어 있다.
④ 전송시 MH 또는 MR방식을 이용하여 데이터를 압축 전송한다.

[정답] ②
G3 FAX
① 디지털 전송방식을 이용
② AM의 VSB, PSK, QAM 변조방식을 이용
③ A4 용지를 약 1분에 전송 가능
④ MH, MR 부호화 방식을 이용해 데이터를 압축, 전송하며 현재 가장 많이 사용된다.

26
다음 중 G4 팩스에서 사용하는 압축 부호화방식은?

① MMR 부호화 ② MMH 부호화
③ MR 부호화 ④ MH 부호화

[정답] ①
정보량 압축 방법
① MH(Modified Huffman) : 한 개의 주사선상에서 흑과 백 데이터의 개수를 Terminating과 Make up 부호를 사용하여 부호화하는 1차원 부호화방식
② MR(Modified Read) : 이전 라인과 현재 부호화하고자 하는 라인의 화소의 상대 변곡점의 위치를 부호화하는 2차원 부호화방식이다.
③ MMR(Modified Modified Read) : MR방식을 보완하여 압축률을 더욱 높인 방식으로 G4 Fax에서 사용한다.

27. 문서 팩시밀리의 종류 중 G4 등급의 특징을 설명한 것으로 잘못된 것은?

① 디지털 신호방식 및 디지털 전용망을 사용
② A4 원고를 3~5초 내에 전송 가능
③ 디지털 신호방식을 MH, MR 부호화 방식으로 압축
④ 고능률 부호화 방식(MMR)을 적용하여 공중 데이터 망을 이용

[정답] ③
① G3(고속 FAX)
  그림 정보를 디지털 신호로 바꾸어 1차원 MH부호화하여 정보량을 압축한 후 PSK, QAM방식으로 전송함.
② G4(초고속 FAX)
  디지털 회선에서 사용하는 기종으로 2차원 MR 부호화하여 정보량을 압축하는 기능을 지님.

28. MHS(Message Handling System)의 기본 구성이 아닌 것은?

① Message Transfer Agent(MTA)
② User Agent(UA)
③ Message Analysis(MA)
④ Message Store(MS)

[정답] ③
MHS의 구성 요소
① 접근장치(AU : Access Unit)
② 메시지 전송 에이전트(MTA : Message Transfer Agent)
③ 메시지 저장장치(MS : Message Store)
④ 사용자 에이전트(UA : User Agent)
⑤ 사용자

29. MHS(Message Handling System)의 구성 요소로 텔레텍스, 팩시밀리 등의 텔레매틱스 User가 이용하도록 하는 기능을 제공하는 것은?

① UA(User Agent)
② MTA(Message Transfer Agent)
③ MS(Message Store)
④ AU(Access Unit)

[정답] ④
MHS의 구성 요소
① 접근장치(AU : Access Unit)
② 메시지 전송 에이전트(MTA: Message Transfer Agent)
③ 메시지 저장장치(MS : Message Store)
④ 사용자 에이전트(UA : User Agent)

30. 일반적으로 텔레비전 수상기와 전용키보드를 단말로 하고 이들 단말과 화상·음성 파일장치를 가진 센터 사이를 광대역 전송로로 개별적으로 접속하여 이용자 요구에 따라 정보를 개별적으로 제공해 주는 시스템은?

① 텔리텍스트
② VRS(Video Response System)
③ 화상전화시스템
④ CRS(Computer Reservation System)

[정답] ②
VRS(video response system)
전전공사(현NTT)가 개발한 회화형이 영상정보 시스템으로 정지화면 뿐만 아니라 동화정보까지도 즉석에서 텔레비전에 영사할 수 있다.

31. 다음 중 화상응답 시스템(VRS)의 특징에 대한 설명으로 옳지 않은 것은?

① 동영상이 아닌 그림과 문자만을 서비스한다.
② 센터와 단말장치 사이에 광대역의 전송로를 사용한다.
③ 화면정지, 다시보기, 앞으로 가기, 뒤로 가기 등 자유자재로 다양한 화면상태의 표현이 가능하다.
④ 방송정보와 같이 단방향이 아닌 양방향 정보를 제공한다.

[정답] ①
화상응답시스템은 텔레비전을 단말기로 활용하여, 동영상, 정지화상, 음성정보 파일이 있는 데이터 베이스에 광대역 전송로를 통해 접속하는 시스템이다.
이용자는 필요한 정보를 대화형 검색을 통해 얻을 수 있으며, 시각자료가 많이 필요한 교육, 의료, 디자인 분야에 많이 사용된다.

③ 정보전송 공학

1. 신호변환방식 ....
2. 전송매체 ....
3. 전송방식 ....
4. 통신 프로토콜 ....
5. 네트워크 ....
6. 전송제어 ....

······· 156
······· 168
······· 182
······· 190
······· 197
······· 203

정보통신산업기사 필기
영역별 기출문제풀이

① 신호변환방식

1 PCM

01
PCM 통신방식에서 송신순서로 옳은 것은?

① 표본화 → 양자화 → 부호화 → 압축기
② 표본화 → 양자화 → 압축기 → 부호화
③ 표본화 → 압축기 → 양자화 → 부호화
④ 표본화 → 부호화 → 양자화 → 압축기

[정답] ③
PCM방식 순서
신호파 → LPF → 표본화 → 압축기 → 양자화 → 부호화 → 전송로 → 복호화 → 신장기 → LPF → 신호파

02
음성의 디지털 부호화 기술 중 파형 부호화 방식이 아닌 것은?

① LPC
② PCM
③ DPCM
④ DM

[정답] ①
① PCM(Pulse Code Modulation)
  아날로그 정보를 디지털 정보로 변환한 후 펄스 부호열의 전기신호로 변환시켜 보내고, 수신측에서는 수신한 펄스의 부호열에서 원래의 아날로그 신호를 재생하는 방식임.
② DPCM(Differential PCM)
  차동 PCM이라 하며, 양자화기에 입력되는 순시 진폭값과 예측값과의 차이만을 양자화 하는 예측 양자화 방법임. (전송량을 줄일 수 있음)
③ DM(Delta Modulation)
  델타 변조라 하며 순시 진폭값과 예측값과의 차이를 1bit 부호화로 처리하여 정보 전송량을 크게 줄일 수 있음.
④ LPC(Linear Predicative Coding)
  선형 예측 부호화로 인간 발성 모델에 근거한 음성부호화 방식 중 하나 원천 신호원에 대해 선형 모델을 추정하고, 통신을 위한 부호화를 수행하는 방식(보코딩)

03
PCM 과정 중 어느 단계에서 2진 부호로 변환되는가?

① 표본화
② 양자화
③ 부호화
④ 복호화

[정답] ③
PCM은 음성 신호를 표본화하여 순시 진폭값(PAM 신호)으로 만들고 양자화하여 순시 진폭값을 이산적인 값으로 바꾸어주며, 부호화 과정을 통해 이산적인 값을 1과 0의 조합으로 만들어 전송한다.

04
다음 보기 중 나이키스트(Nyquist) 표본화 주기는 어느 것인가?

① $T_s \leq \frac{1}{2}f_m$
② $T_s = \frac{1}{2}f_m$
③ $T_s \geq \frac{1}{2}f_m$
④ $T_s > \frac{1}{2}f_m$

[정답] ②
나이퀴스트 표본화 주기
① 표본화 주파수(fs) $\geq$ 2fm
② 표본화 주기(Ts) $= \frac{1}{2f_m}$

05
PCM에서 입력신호의 최고주파수(f_m)의 표본화 주파수(f_s)의 조건으로 맞는 것은?

① $f_s = f_m$
② $f_s \geq 2f_m$
③ $f_s \leq 2f_m$
④ $f_s \geq \frac{1}{2}f_m$

[정답] ②
표본화 정리
원신호 $f(t)$의 주파수 대역이 제한되어 있고 그 상한주파수가 f_m이면 $2f_m$에 상당하는 주기 T_s ($T_s = \frac{1}{2f_m}$: Nyquist rate)보다 짧은 주기로 표본화하면 아날로그 원신호를 완전히 디지털 신호로 치환하여 전송하여도 수신측에서 원신호 $f(t)$를 정확히 재생시킬 수 있음

$\therefore T_s \leq \frac{1}{2f_m}$ [sec] : 표본화 간격

$\therefore f_s \leq 2f_m$ [Hz] : 표본화 주파수

06
PCM방식에서 입력신호의 최대신호가 2[kHz]인 경우 표본화 주파수(f_s)와 표본화 주기(T_s)의 계산값은?

① $f_s = 2[\text{kHz}]$, $T_s = 500[\mu s]$
② $f_s = 4[\text{kHz}]$, $T_s = 250[\mu s]$
③ $f_s = 6[\text{kHz}]$, $T_s = 167[\mu s]$
④ $f_s = 8[\text{kHz}]$, $T_s = 125[\mu s]$

[정답] ②
PCM방식에서 표본화주파수와 주기
① 표본화 주파수
  $f_s \geq 2f_m = 2 \times 2kHz = 4kHz = 4[\text{KHz}]$
② 표본화주기
  $T_s = \frac{1}{f_s} = \frac{1}{4 \times 10^3} = 250 \times 10^{-6} = 250[\mu s]$

07
4[kHz]의 음성신호를 재생시키기 위한 표본화 주파수의 주기는?

① 125[μs]　　② 165[μs]
③ 200[μs]　　④ 250[μs]

[정답] ①
표본화 주파수는 $f_s = 2f_m$(여기서 f_m은 음성신호가 가지는 최고 주파수)이므로
$f_s = 2 \times 4[kHz] = 8[kHz]$이다.
따라서 표본화 주기
$T_s = \dfrac{1}{f_s} = \dfrac{1}{8 \times 10^3} = 125 \times 10^{-6} = 125[\mu s]$

08
사람의 목소리를 PCM 방식으로 디지털화 하고자 한다. 음성 전달 대역폭을 $0 \sim 4,000[Hz]$로 정의할 경우, 샤논의 표본화 정리에 의한 표본화율(Sampling Rate)은 얼마인가?

① 4,000[Hz]　　② 6,000[Hz]
③ 7,000[Hz]　　④ 8,000[Hz]

[정답] ④
샤논의 표본화율은 최대주파수의 2배주파수를 말한다.

09
표본화 주파수가 10[kHz]이고 원신호 파형의 주파수가 1[kHz]라면, 1주기당 PAM신호는 몇 개인가?

① 1개　　② 2개
③ 5개　　④ 10개

[정답] ④
표본화 주기 = 1 / 10[KHz] = 100[us]
신호파 주기 = 1 / 1[KHz] = 1[ms]
1주기당 PAM 신호는 10개
표본화 주기 $T_s = \dfrac{1}{f_s} = \dfrac{1}{10 \times 10^3} = 100[\mu s]$
신호파 주기 $T_m = \dfrac{1}{f_m} = \dfrac{1}{1 \times 10^3} = 1[ms]$이므로
1주기당 PAM 신호는 10개이다.

10
다음 중 가청주파수($20[Hz]$ -$20[kHz]$) 대역의 음악을 PCM 방식으로 변환하기 위한 최소 표본화 주파수[kHz]로 적합한 것은?

① 11　　② 22
③ 44　　④ 66

[정답] ④
CD음질의 샘플링 주파수는 44.1[KHz] 사용한다.

11
표본화 주파수가 높은 의미와 관련 없는 것은?

① 초당 샘플수가 많다는 것을 의미한다.
② 표본화 주기가 짧다는 것을 의미한다.
③ 전송할 수 있는 정보의 양이 많아짐을 의미한다.
④ 양자화 잡음이 줄어듬을 의미한다.

[정답] ④
표본화 주파수가 높아지면, 샘플링 수가 많아지므로 전송량이 증가한다.
양자화 잡음을 개선하기 위해서는 부호화 비트수를 증가시키거나 비선형 양자화, 압신기 등을 사용한다.

12
다음 중 표본화 종류가 아닌 것은?

① Instantaneous Sampling
② Flat-top Sampling
③ Natural Sampling
④ Time Sampling

[정답] ④
표본화 종류

이상적 표본화 = 순시 표본화	이상적인 임펄스 열에 의한 표본화
자연 표본화 (Natural Sampling)	유한한 펄스폭을 갖는 구형파 펄스열에 의한 표본화
평탄 표본화 (Flat-top ampling)	표본화 순간의 신호 진폭값이 일정하게 유지되는 표본화

13
표본화를 할 때, 오차가 발생하는 원인이 아닌 것은?

① 반올림 오차　　② 절단 오차
③ 엘리어싱 오차　　④ 신호대 잡음비 오차

[정답] ④
PCM이란 표본화 - 양자화 - 부호화를 거쳐 아날로그신호를 디지털신호로 변환하는 장치이다.
반올림오차, 절단오차, 엘리어싱 오차는 표본화 잡음을 발생시키는 원인이 된다.

14
표본화 주기를 만족시키지 못함으로 인해 주파수 영역에서 스펙트럼이 겹쳐지게 되는 것은?
① 절단오차　　② 엘리어싱
③ 반올림오차　④ 양자화오차

[정답] ②
표본화시 표본화주기 T_s는 $T_s \leq \frac{1}{2f_m}$(여기서 f_m은 표본화하려는 신호가 가지는 최고 주파수)을 만족해야 하고 표본화 주파수 f_s는 $f_s \geq 2f_m$을 만족해야 한다. 만약 $T_s > \frac{1}{2f_m}$이거나 $f_s < 2f_m$일 때는 주파수 영역에서 스펙트럼이 겹치게 되고 따라서 신호를 복원했을 때 신호가 찌그러져 나타나게 된다. 이와 같이 주파수 영역에서 스펙트럼이 겹쳐 신호왜곡이 타나는 것을 엘리어싱(aliasing)이라 하며 이를 방지하기 위해서는 $T_s \leq \frac{1}{2f_m}, f_s \geq 2f_m$가 되도록 해야 한다

15
엘리어싱(aliasing)을 방지하기 위한 방법으로 옳은 것은?
① 표본화 시 사용하는 비트의 수를 작게 한다.
② 신호주파수와 동일한 주파수로 표본화한다.
③ 신호주파수가 f_m일 때 표본화주기는 $\frac{1}{f_m}$보다 크게 한다.
④ 표본화하려는 신호를 저역통과필터에 통과시킨 후 표본화한다.

[정답] ④
표본화시 표본화주기 T_s는 $T_s \leq \frac{1}{2f_m}$(여기서 f_m은 표본화하려는 신호가 가지는 최고 주파수)을 만족해야 하고 표본화 주파수 f_s는 $f_s \geq 2f_m$을 만족해야 한다. 만약 $T_s > \frac{1}{2f_m}$이거나 $f_s < 2f_m$일 때는 주파수 영역에서 스펙트럼이 겹치게 되고 따라서 신호를 복원했을 때 신호가 찌그러져 나타나게 된다. 이와 같이 주파수 영역에서 스펙트럼이 겹쳐 신호왜곡이 타나는 것을 엘리어싱(aliasing)이라 하며 이를 방지하기 위해서는 $T_s \leq \frac{1}{2f_m}, f_s \geq 2f_m$가 되도록 해야 한다.

16
표본화잡음의 주된 발생 원인으로 가장 적합한 것은?
① 표본화주기의 변동
② 외부누화의 침입
③ 저역통과 여파기의 차단특성
④ 전송선로의 특성변동

[정답] ③
표본화잡음에는 엘리어싱, 반올림오차 등이 있으며 이는 저역 여파기의 차단특성이 예리하지 못하거나 Nyquist 표본화 주파수 및 주기를 만족하지 못함으로써 발생된다.

17
다음 중 양자화 잡음을 경감시키는 방법이 아닌 것은?
① 선형 양자화를 한다.
② 압신기를 사용한다.
③ 양자화 스텝수를 증가시킨다.
④ 작은 진폭의 신호를 신장시킨다.

[정답] ①
양자화잡음은 원신호와 양자화신호의 차이로 생기는 오차를 양자화 잡음(SQNR)이라 한다.
양자화잡음 경감 방법
① 비선형양자화기 사용
② 압신기(a-Law, u-law) 사용
③ 양자화 스텝수 증가(6[dB] 법칙)

18
양자화잡음을 줄이기 위한 방법으로 적합하지 않은 것은?
① 압축을 행함
② 신장을 행함
③ 선형 양자화를 수행
④ 양자화 계단(스텝)수를 많게 함

[정답] ③
양자화잡음 경감 방법
① 비선형 양자화를 수행
② 압신기(압축과 신장을 행하는 장치)를 사용
③ 양자화 스텝수를 증가시켜 스텝크기를 작게 해야 한다.

19
양자화 오차를 줄이기 위해 원래보다 1비트를 더 추가하여 양자화한다면 신호대 잡음비는 약 몇[dB] 개선되는가?
① 3[dB]　　② 6[dB]
③ 9[dB]　　④ 12[dB]

[정답] ②
양자화 신호대 잡음비 S/N_q = 1.8 + 6n [dB]
양자화 비트수를 1비트 올리면 양자화 신호대 잡음비는 6[dB] 개선된다. 여기서 n은 양자화 비트수

20
PCM 시스템에서 신호전력 대 양자화 잡음전력비가 40[dB]일 때 양자화 시 사용하는 비트수는?

① 5비트　　② 6비트
③ 7비트　　④ 8비트

[정답] ③
양자화 시 사용하는 비트수를 1비트 증가시킬 때 마다 S/N_q비가 6[dB]씩 증가하며 이를 6[dB]법칙이라 한다. $S/N_q = 6n + 1.8[dB]$ 문제에서 S/N_q가 40[dB]이라고 하였으므로 이를 만족하기 위한 최소한의 n (양자화시 사용하는 비트수)은 7비트이다.

21
PCM 통신에서 양자화 방법으로 적합하지 않은 것은?

① 선형 양자화　　② 적응형 양자화
③ 분포형 양자화　　④ 비선형 양자화

[정답] ③
양자화
① PAM신호(샘플링신호)를 이산진폭값에 대응시키는 과정을 말한다.
② 양자화 방법은 선형 양자화, 비선형 양자화, 적응형 양자화방식 등이 있다.

22
예측기를 사용하지 않고 샘플값 그 자체를 양자화하는 방법이 아닌 것은?

① 카운팅 양자화　　② 직렬 양자화
③ 병렬 양자화　　④ 적응형 양자화

[정답] ④
적응형(Adaptive) 양자화는 양자화기의 step size를 입력신호에 따라 가변시키는 양자화 방법이다.

23
다음 중 적응형 양자화기와 적응형 예측기에서 사용하는 방식에 관한 설명으로 틀린 것은?

① 순차적응 방식은 시스템 구성이 간단하고 예측오차도 적다.
② 블록적응 방식은 시스템 구성이 복잡하나 예측오차는 적다.
③ 음절압신 방식은 Dynamic Range가 좁으나 전송에러에 강하다.
④ 순간압신 방식은 전송에러에 약하나 S/N비가 양호하다.

[정답] ①
순차적응 방식은 시스템 구성이 간단하지만 예측오차가 크다.

24
다음 중 예측 양자화를 사용하지 않는 것은?

① DPCM　　② DM
③ PCM　　④ ADM

[정답] ③
PCM의 비예측양자화와 예측 양자화 방법이 있다.

비예측 양자화	예측 양자화
PCM	DPCM / ADPCM DM / ADM

25
다음 중 1비트를 사용하며, 2레벨 양자화를 사용하는 변조방식은?

① TDM　　② DPCM
③ PCM　　④ DM

[정답] ④
① DM (Delta Modulation)은 델타 변조라 하며 순시 진폭값과 예측값과의 차이를 1 bit 부호화로 처리하여 정보 전송량을 크게 줄일 수 있다.
② DPCM의 가장 간단한 형태로 차동신호에 대하여 표본당 1비트(bit) 만을 사용하는 DPCM의 특별한 형태이다.

26
PCM 전송방식에서 4[kHz]의 대역폭을 갖는 음성 정보를 8[bit] coding으로 부호화한다면 음성을 전송하기 위한 데이터 전송률은?

① 8[kbps]　　② 32[kbps]
③ 56[kbps]　　④ 64[kbps]

[정답] ④
데이터 전송률
$$R[bps] = \frac{n}{T_s} = f_s \times n = 2f_m \times n$$
$$= (2 \times 4k) \times 8 = 64[kHz]$$

27
재생중계기의 구성요소가 아닌 것은?

① 등화증폭회로　　② 식별회로
③ 펄스재생회로　　④ 위상검출기

[정답] ④
중계기의 3요소
① 등화증폭회로 : S/N비 향상 기능
② 타이밍 회로 : 클럭 추출 및 재생
③ 식별회로 : 재생된 클럭을 이용해 1과 0의 식별 및 재생

28
디지털신호 재생 중계기의 기본 기능이 아닌 것은?
① Reshaping   ② Regeneration
③ Retiming   ④ Recovery

[정답] ④
중계기의 3R 기능
① 파형 정형(Reshaping)
② 타이밍 재생(Retiming)
③ 식별 재생(Regeneration)

29
다음 중 전송로의 진폭왜곡이나 위상왜곡에 의해 발생하는 부호간 간섭(ISI)의 영향을 감소시키는 장치는?
① 증폭기   ② 등화기
③ 정합필터   ④ 재생중계기

[정답] ②
등화기는 전송로의 왜곡을 보상하여 수신시 에러 요인인 부호간 간섭(ISI)을 개선할 수 있는 수신 장치이다.
정합필터는 SNR을 최대로 하는 동기 복조기이다.

30
지터(Jitter)에 대한 설명으로 적합하지 않은 것은?
① 타이밍 편차라고도 한다.
② 펄스열이 왜곡되어 타이밍펄스가 흔들려서 발생한다.
③ 타이밍회로의 동조가 부정확하여 발생한다.
④ 재생중계에 의해 제거되므로 누적되지 않는 잡음이다.

[정답] ④
지터(Jitter)는 타이밍 편차로 정수배의 타이밍에서 동기가 되지 않는 현상이다. 지터는 재생중계기을 거쳐도 제거되지 않는다.

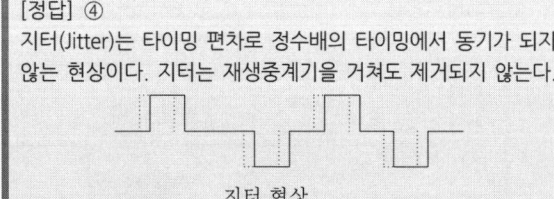
지터 현상

31
다음 중 PCM에 대한 설명으로 옳지 않은 것은?
① 펄스부호변조기는 표본화기, 양자화기, 그리고 부호화기로 이루어져 있다.
② 입력신호의 최고 주파수의 2배 이상으로 표본화하여 얻어지는 신호가 PAM 신호이다.
③ 7비트를 사용하면 128개의 양자화 레벨을 얻을 수 있다.
④ 비예측 양자화 방법으로 DM, DPCM, ADM 등이 있다.

[정답] ④
PCM 통신방식의 장점
① 각종 잡음 방해에 강하다.
② 전송로에 대한 레벨변동이 거의 없다.
③ 디지털 신호의 전송에는 능률이 좋다.
④ 고가의 여파기가 불필요 (단국장치의 가격저하, 소형화)
⑤ 회선 절체와 경로 변경등이 용이하다.
PCM 통신방식의 단점
① 점유 주파수 대역폭이 넓다.
② PCM 특유의 잡음이 발생한다.

32
다음 중 S/N비가 가장 우수한 변조방식은?
① DM   ② PCM
③ DPCM   ④ ADPCM

[정답] ②
PCM방식은 최대 64Kbps로 32Kbps ADPCM,에츠 방식에 비해 음질이 우수하다.

범주	방법	비트속도
파형 부호화	PCM	56~64
	ADPCM, ADM	16~48
혼합 부호화	RELP, APC, SBC, ATC, CELP	8~16
보코딩	LPC	2.4~4.8
	Formant Vocoder	0.05~1.2

33
T1전송시스템에서 북미식 T1 전송시스템은 한 프레임당 125[μs] 시간 동안 총 24채널을 다중화 한다. 이때 전송로 상의 전송속도는 얼마인가?
① 1.544[Mbps]   ② 2.048[Mbps]
③ 6.312[Mbps]   ④ 1.536[Mbps]

[정답] ①
T1 전송시스템(NAS)
(24ch × 8[bit] + 1[bit]) × 8000[Hz] = 1.544[Mbps]

34

다음 중 PCM-24/TDM 시스템에 대한 설명으로 잘못된 것은?

① 1 프레임의 비트수는 193개다.
② 표본화 주파수로는 8[kHz]를 사용한다.
③ 한 채널의 정보 전송량은 64[kbps]이다.
④ 펄스 전송속도는 2.048[Mbps]이다.

[정답] ④
PCM-24는 T1 전송은 1.544Mbps
(24ch × 8bit + 1bit) × 8000Hz = 1.544[Mbps]
PCM-32 E1 전송은 2.084Mbps
(32ch × 8bit) × 8000Hz = 2.048[Mbps]

35

CEPT(32채널)방식을 채택하고 있는 유럽방식 PCM의 표본화 주파수가 8[kHz]일 경우 1채널당 점유되는 시간은?

① 3.9[μs]
② 5.2[μs]
③ 2.048[μs]
④ 125[μs]

[정답] ①
표본화 주파수가 8[kHz]이므로 표본화 주기 즉 한 프레임이 차지하는 시간은 $\frac{1}{8[kHz]}=125[\mu s]$가 된다. 이 125[$\mu$s] 내에 32 채널을 전송하므로, 한 채널이 점유하는 시간은 $\frac{125[\mu s]}{32}=3.9[\mu s]$가 된다.

36

동기 TDM방식에서 n개의 신호출처가 있는 경우, 각 프레임이 포함하는 시간슬롯(time slot)의 최소 개수는?

① n-1개
② n개
③ n+1개
④ n+2개

[정답] ②
동기식 TDM은 n개의 시간슬롯에 서로 다른 n개의 신호를 실어서 다중화하는 방식이다.

37

다음 중 STM-64의 광 정보 전송율은?

① 155[Mbps]
② 622[Mbps]
③ 2.5[Gbps]
④ 10[Gbps]

[정답] ④
STM
① 동기식전송방식의 표준 계위인 SDH 기본계위
② STM-1(Synchronous Transport Module Level-1)
　9 × 270 × 8000[Hz] × 8bit = 155.52[Mbps]
③ STM-64
　155.52[Mbps] × 64 = 약 10[Gbps]

38

다음 중 시분할 다중화 방식과 가장 관계가 적은 것은?

① 가드밴드(Guard Band)설정
② 비트 삽입식(Bit Interleaving)
③ 문자 삽입식(Character Interleaving)
④ 점대점 연결방식(Point to Point)

[정답] ①
시분할 다중화(TDM)
Guard Band(Frequency)는 FDM방식에서 주파수 간의 간격을 나타낼 때 사용한다.
① 시분할 다중화방식은 하나의 채널을 시간(Slot)으로 분할하여 다수의 사용자에게 할당하는 방식이다.
② 비트 삽입식과 문자 삽입식이 있으며, 비트 삽입식은 동기식에 문자 삽입식은 비동기식 다중화에 이용된다.
③ 저속, 고속의 DTE를 수용, Point-to-point 방식에 적합
④ Time Slot간 간격을 Guard Time이라 한다.

2 디지털전송

39

다음 중 변조를 하는 이유가 아닌 것은?

① 송수신용 안테나의 제작문제를 해결하기 위하여
② 주파수 분할 다중통신을 위하여
③ 단거리 전송을 하기 위하여
④ 장비 제한에 대한 극복을 위하여

[정답] ③
변조를 하는 이유
① 장거리 전송 가능
② 안테나 제작 용이
③ 주파수 분할 다중통신 가능
④ 장비제한에 대한 극복
⑤ 전송매체와의 정합

40 부호화된 디지털 신호를 아날로그 전송신호로 변조하는 이유가 아닌 것은?

① 광전송을 하기 위해서
② 위성을 이용한 무선 전송을 위해서
③ 기존의 아날로그 장비를 사용하기 위해서
④ 디지털 전송 방식보다 아날로그 전송방식이 좋기 때문

[정답] ④
아날로그 전송을 하는 이유
① 장거리 전송을 위해서
② 광전송 및 무선전송을 위해서
③ 적은 대역폭으로 많은 정보전송이 가능
④ 다중화가 가능

41 다음 그림과 같은 아날로그 변조방식은?

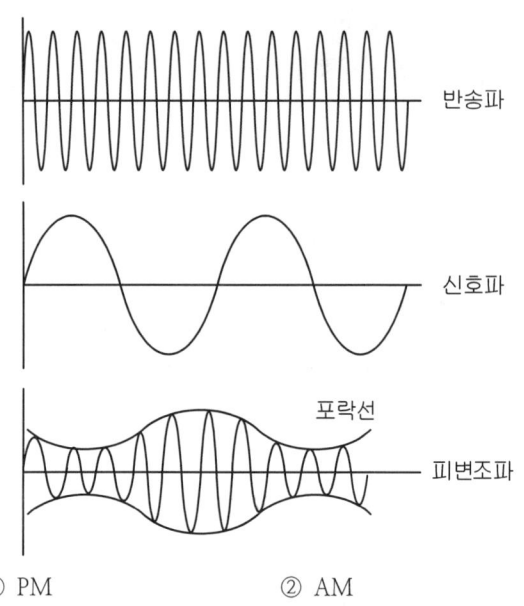

① PM   ② AM
③ FM   ④ PCM

[정답] ②
신호파를 반송파의 진폭에 실어주는 AM변조방식이다.

42 다음 중 디지털 변조방식이 아닌 것은 어느 것인가?

① ASK   ② FSK
③ PSK   ④ PM

[정답] ④
PM방식은 아날로그 신호를 아날로그 반송파를 이용하여 변조하는 방식아날로그변조 방식이다.
디지털 변조방식의 종류
① ASK(진폭편이변조): 디지털 정보신호 0과 1에 따라 진폭을 변화시켜 전송하는 방식
② FSK(주파수 편이변조): 디지털 정보신호 0과 1에 따라 반송파의 주파수를 변화시켜 전송하는 방식
③ PSK(위상 편이변조): 디지털 정보신호 0과 1에 따라 반송파의 위상을 변화시켜 전송하는 방식
④ QAM(직교진폭변조): 디지털 정보신호 0과 1에 따라 반송파의 진폭과 위상을 변화시켜 전송하는 방식

43 다음 중 입력되는 신호에 따라 반송파의 진폭만을 변화시키는 변조방식은?

① PSK   ② ASK
③ FSK   ④ QAM

[정답] ②
ASK (Amplitude Shift Keying)는 신호를 반송파의 진폭에 실어 전송하는 진폭 변조 방식이다. 디지털 변조방식 중 가장 구조가 간단하고 가격이 저렴하지만 잡음에 약한 단점을 가지고 있다.

44 비동기식 변복조기에서 널리 사용되며 대체로 2,000[bps] 이하의 전송 시에 주로 사용되는 변복조방식은?

① ASK   ② PSK
③ FSK   ④ QAM

[정답] ③
FSK(Frequency Shift Keying)변조방식은 ASK방식보다 오류 확률은 적으나 고속 정보 전송이 곤란해 2,000[bps]이하 비동기식 모뎀에 주로 사용된다.

45 다음 중 PSK에 대한 설명으로 알맞은 것은?

① 디지털신호의 정보내용에 따라 반송파의 위상을 변화시키는 방식이다.
② 전송로에 의한 레벨 변동의 영향을 심하게 받는다.
③ 타이밍 정보 및 주파수 정보를 포함하고 있지 않다.
④ 비동기검파 방식이다.

[정답] ①
디지털 변조방식의 종류
① ASK(진폭편이변조): 디지털 정보신호 0과 1에 따라 진폭을 변화시켜 전송하는 방식
② FSK(주파수 편이변조): 디지털 정보신호 0과 1에 따라 반송파의 주파수를 변화시켜 전송하는 방식
③ PSK(위상 편이변조): 디지털 정보신호 0과 1에 따라 반송파의 위상을 변화시켜 전송하는 방식
④ QAM(직교진폭변조): 디지털 정보신호 0과 1에 따라 반송파의 진폭과 위상을 변화시켜 전송하는 방식

46

다음 중 가장 빠른 속도로 데이터를 전송할 수 있는 변조 방식은?

① ASK ② FSK
③ QPSK ④ BPSK

[정답] ③
데이터 전송 속도 $r_b[bps] = n \times B = \log_2 M \times B$
(n:비트수, B:변조속도)
QPSK의 경우 $n=2$, BPSK의 경우 $n=1$이므로 동일 대역에서 QPSK는 BPSK경우보다 2배의 정보전송속도가 얻어진다.

47

정보신호에 따라 반송파의 진폭과 위상을 동시에 변화시키는 디지털 변조 방식은?

① ASK ② FSK
③ PSK ④ QAM

[정답] ④
변조신호에 따라 반송파의 진폭을 변화시켜 전송하는 것은 ASK, 주파수를 변화시켜 전송하는 것은 FSK, 위상을 변화시켜 전송하는 것은 PSK, 진폭과 위상을 같이 변화시켜 전송하는 것은 QAM이라 한다.

48

데이터 전송속도를 높이기 위해서 진폭변조와 위상변조를 결합한 방식은?

① QAM ② QPSK
③ FSK ④ MSK

[정답] ①
QAM변조는 ASK + PSK 방식

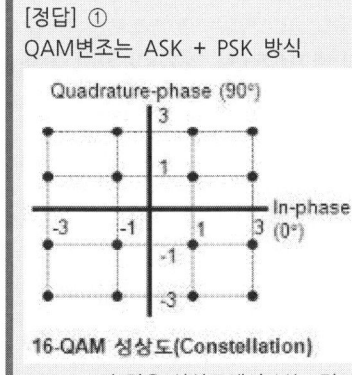

16-QAM 성상도(Constellation)
16QAM의 경우 상상도에서 보는 것과 같이 2개의 진폭과 8개의 위상을 가진다.

49

다음의 그림과 같이 신호 공간 다이어그램으로 표현되는 변조 방식은?

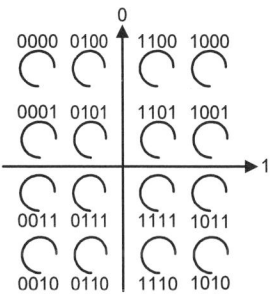

① 8진 DFSK ② 16진 PSK
③ 16진 QAM ④ 8진 QAM

[정답] ③
QAM = ASK + PSK 방식으로 16QAM은 2개의 ASK Level과 8개의 PSK Level로 표현된다.

50

8진 PSK에서 반송파간의 위상차는?

① π ② $\pi/2$
③ $\pi/4$ ④ $\pi/8$

[정답] ③
8진 PSK 반송파간의 위상차
$\theta = \dfrac{2\pi}{M} = \dfrac{2\pi}{8} = \dfrac{\pi}{4}$

51

8진 PSK(Phase Shift Keying)에서 반송파간의 위상차는?

① 25도 ② 45도
③ 90도 ④ 125도

[정답] ②
$\theta = \dfrac{2\pi}{M} = \dfrac{2\pi}{8} = \dfrac{\pi}{4} = 45°$

52

N진 위상 변조를 하는 동기식 모뎀의 변조속도가 $B[baud]$일 경우, 데이터의 전송속도[bps]는?

① $N\log_{10}B$ ② $N\log_2 B$
③ $B\log_{10}N$ ④ $B\log_2 N$

[정답] ④
데이터 전송속도 $R[bps] = B \times \log_2 N$

53
4상식 위상변조방식에서 변조속도가 1200[Baud] 일 때 데이터 신호 속도는?

① 9600[bps] ② 4800[bps]
③ 2400[bps] ④ 1200[bps]

[정답] ③
데이터신호속도
$Rr_b = n \times B = B \times \log_2 M = 1200 \times \log_2 4$
$= 1200 \times 2 = 2400 [bps]$
(여기서 n은 한번에 전송하는 비트수, M은 진수)

54
4상 PSK 변조방식을 사용한 모뎀의 데이터 신호 속도가 2400[bps]일 때 변조속도는?

① 1200[baud] ② 1200[baud]
③ 2400[baud] ④ 4800[baud]

[정답] ①
$B = \dfrac{r_b(\text{데이터신호속도})}{n(\text{한번에전송하는비트수})} = \dfrac{r_b}{\log_2 M}$
$= \dfrac{r_b}{\log_2 4} = \dfrac{2400}{2} = 1200 [baud]$
여기서 M=4진이므로 한 번에 전송하는 비트수는 2비트이다.

55
QPSK 변조방식에서 변조속도가 2400[baud]이면 데이터 전송속도는?

① 1200[bps] ② 2400[bps]
③ 4800[bps] ④ 9600[bps]

[정답] ③
데이터 전송속도
$r_b = n \times B = 2 \times 2400 = 4800 [bps]$
여기서 n은 한 번에 전송하는 비트수로, QPSK는 4진 PSK 이므로 n은 2이다.

56
1,200[baud]의 변조속도를 갖는 전송선로에서 신호 비트가 트리비트(tribit)이면, 전송속도[bps]는?

① 1,200 ② 2,400
③ 3,600 ④ 4,800

[정답] ③
데이터 전송속도
$r_b = n \times B = 3 \times 1200 = 3600 [bps]$

57
16위상 변조방식을 사용하는 변복조기에서 단위펄스의 시간간격이 $T = 8 \times 10^{-4}$일 때, 데이터 전송속도와 변조속도는 각각 얼마인가?

① 2,500[bps], 1,250[baud]
② 5,000[bps], 1,250[baud]
③ 2,500[bps], 2,500[baud]
④ 5,000[bps], 2,500[baud]

[정답] ②
변조속도 = $\dfrac{1}{\text{단위펄스간격}} = \dfrac{1}{8 \times 10^{-4}} = 1250 [baud]$
$n = \log_2 16 = \log_2 2^4 = 4 [bit]$
데이터 전송속도
$r_b = n \times B = 4 \times 1250 = 5,000 [bps]$

58
디지털 정보통신시스템이 9,600[bps]로 동작하여야 할 경우 신호요소가 4[bit]로 인코드 된다면 이상적인 전송 채널에서 최소 얼마의 대역폭이 필요한가?

① 1,200[Hz] ② 2,400[Hz]
③ 4,800[Hz] ④ 9,600[Hz]

[정답] ②
$B = \dfrac{r_b(\text{데이터 신호속도})}{n(\text{한번에 전송하는 비트수})} = \dfrac{r_b}{\log_2 M}$
$= \dfrac{r_b}{\log_2 16} = \dfrac{9600}{4} = 2,400 [Hz]$

59
다음 중 스펙트럼 효율(대역폭 효율)이 가장 좋은 변조방식은?

① BPSK ② QPSK
③ 8진 PSK ④ 16진 PSK

[정답] ④
대역폭 효율이 좋다는 것은 심볼 당 전송 bit수가 많다는 것이며 주어진 대역폭을 효과적으로 사용함을 의미한다.

$n = \log_2 M = \dfrac{R(\text{비트율})}{B(\text{전송대역폭})} [bps/Hz]$

여기서, n : 심볼 당 전송 bit수
따라서 16진 PSK 방식이 스펙트럼 효율이 가장 좋다.

60. 16진 QAM의 대역폭 효율은 얼마인가?

① 2[bps/Hz] ② 4[bps/Hz]
③ 6[bps/Hz] ④ 16[bps/Hz]

[정답] ②
M-Array방식의 대역폭 효율
$n = \log_2 M = \log_2 16 = 4[bps/Hz]$

61. 다음 중 비트율이 9600[bps]로 일정할 때 대역폭 효율이 가장 큰 것은?

① 전송대역폭이 1200[Hz]
② 전송대역폭이 2400[Hz]
③ 전송대역폭이 4800[Hz]
④ 전송대역폭이 9600[Hz]

[정답] ①
대역폭 효율 = 스펙트럼 효율은
$n = \dfrac{r_b}{B}$ 이므로 r_b가 일정할 때 전송대역폭 B가 가장 작아야 대역폭 효율이 가장 커진다.

62. 다음 중 QPSK에 대한 설명으로 틀린 것은?

① 두 개의 DPSK를 합성한 것이다.
② 피변조파의 크기는 항상 일정하다.
③ 반송파간의 위상차는 90°이다.
④ I채널과 Q채널 두 개가 있다.

[정답] ①
QPSK방식은 두 개의 직교성 BPSK 신호의 합성과 같으므로 BPSK 방식에 비하여 송수신기의 시스템 구성이 복잡하다.

63. 다음 중 QPSK에 대한 설명으로 틀린 것은?

① 심볼오류확률은 BPSK보다 나쁘다.
② 대역폭 효율은 4[kbps]이다.
③ QPSK에서 반송파 위상간의 위상차는 π/2이다.
④ 동일한 주기를 기준으로 하면 QPSK 시스템은 BPSK보다 2배의 비트를 전송할 수 있다.

[정답] ②
대역폭 효율은 2bps/Hz 이다.

64. 다음 중 스펙트럼 효율이 우수하고 비동기 검파도 가능한 것은?

① PSK   ② OQPSK
③ MSK   ④ QAM

[정답] ③
MSK (Minimum Shift Keying)
① 주파수 편이비(h=0.5)를 작게 사용하여 스팩트럼 효율이 우수하다.
② 동기검파, 비동기 검파가 모두 가능
③ GMSK방식으로 더욱더 협대역 전송이 가능

65. 수신된 BPSK 신호는 반송파 성분이 없기 때문에 복조하기 위해 반송파 신호를 발생시킨다. 발생된 반송파의 위상은 두 개의 위상 중 어느 하나에 Locking되며, Detector Mixer는 수신 BPSK 신호와 반송파를 곱해 데이터를 복조하게 된다. 이러한 역할을 하는 회로를 무엇이라 하는가?

① Polybinary   ② Costas loop
③ Phase lock loop ④ Phase ambiguity

[정답] ②
Costas Loop
코스타스 루프 회로는 동상성분과 직교성분의 상관치가 0이 되도록 PLL(Phase Locked Loop) 회로를 사용해서 입력 신호의 주파수와 동기를 취하면서 반송파 재생을 행한다.
복조된 신호끼리 곱해서 상관 출력을 구하고 그 값이 항상 0이 되도록 VCO(Voltage Controlled Oscillator)를 제어하여 송신 반송파 신호의 위상과 수신 재생 신호의 위상을 동기화시켜 데이터를 복조하는 방식이다

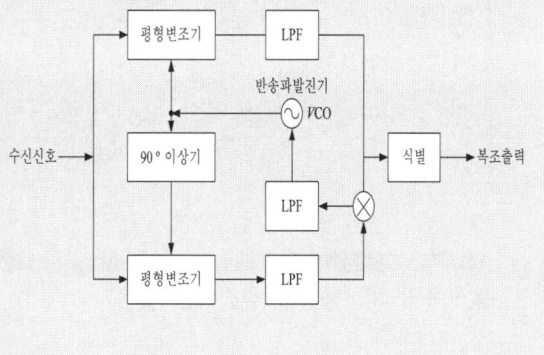

66 비트의 평균 에너지대 잡음전력(E_b/N_o)비가 동일한 경우 오류확률이 가장 낮은 변조방식은? (단, 모두 동기식 검파를 가정한다.)

① BPSK ② QPSK
③ 8PSK ④ 16PSK

[정답] ①
M진 PSK방식의 오류확률 $P_{M진PSK} = P_{BPSK} \times \log_2 M$
BPSK는 한번에 전송하는 비트수가 한 개, QPSK는 2개, 8진 PSK는 3개, 16진 PSK는 4개이다. 한번에 전송되는 비트수가 적을 때가 에러가 발생할 확률도 가장 낮다.

67 다음의 변조방식 중 전송과정에서 에러발생 가능성(Error Probability)이 가장 낮은 것은? (동일 진수일 때)

① ASK ② FSK
③ QAM ④ PSK

[정답] ③
동일한 진수에서의 에러확율(Error Probability)
ASK > FSK > PSK > QAM

68 에러율이 5×10^{-5}[비트/초]인 전송회선에서 9600[bps] 속도로 15분간 전송할 때의 에러 비트수는?

① 43비트 ② 288비트
③ 432비트 ④ 720비트

[정답] ③
$$비트에러율 = \frac{에러\ 비트수}{총\ 전송한\ 비트수}$$
에러 비트수 = 비트 에러율 × 총 전송한 비트수
$= 5 \times 10^{-5} \times 9600 \times 15 \times 60 = 432$(비트)

69 통신로의 채널용량을 결정하는 것은?

① 대역폭과 BER ② 대역폭과 전송속도
③ 전송속도와 BER ④ 대역폭과 신호대 잡음비

[정답] ④
채널용량은 Shannon의 정리에 따라
$C = B \log_2(1 + \frac{S}{N})$[bps]이 된다. 채널용량을 늘리기 위해서는 전송선로의 대역폭(B)늘 늘리거나 전송선로의 잡음(N)을 줄여야 한다. 또는 전송신호의 신호대 잡음비(S/N)을 증가시켜야 한다.

70 대역폭이 100[kHz]이고 S/N비가 15일 때, 채널용량 [Kbps]은?

① 200 ② 400
③ 600 ④ 800

[정답] ②
shannon 채널용량
$$C = W \cdot \log_2(1 + \frac{S}{N})$$
$$= 100 \times \log_2(1+15) = 100 \log_2 2^4 = 400[bps]$$

71 채널 대역폭이 150[kHz]이고 S/N이 15일 때, 채널용량은 몇 [kbps]인가?

① 150 ② 300
③ 450 ④ 600

[정답] ④
shannon 채널용량
$$C = B \log_2(1 + \frac{S}{N}) = 150[kHz] \times \log_2(1+15)$$
$$= 150[kHz] \times \log_2 16 = 600[kbps]$$

72 다음 중 신호대 잡음비가 15이고, 대역폭이 1200[Hz]라고 하면 통신용량은?

① 1200[bps] ② 2400[bps]
③ 4800[bps] ④ 9600[bps]

[정답] ③
shannon 채널용량
$$C = B \log_2(1 + \frac{S}{N}) = 1200 \log_2(1+15)$$
$$= 1200 \log_2 2^4 = 4800[bps]$$

73 채널대역폭이 3[kHZ], S/N비가 20[dB]일때 채널용량은 다음 중 어느 것인가?

① 3,320[bps]   ② 4,840[bps]
③ 6,640[bps]   ④ 19,975[bps]

[정답] ④
shannon 채널용량
$$C = W \cdot \log_2\left(1 + \frac{S}{N}\right)$$
$$= 3000 \cdot \log_2(1+100)$$
$$= 3000 \times \log_2 101 = 19,975 [bps]$$
$$(\because 20[dB] = 10\log \frac{S}{N}, \frac{S}{N} = 100)$$

74 주파수 대역폭이 f_d[Hz]이고 통신로의 채널용량이 $6f_d$[bps]인 통신로에서 필요한 S/N비는?

① 15   ② 31
③ 63   ④ 127

[정답] ③
샤논의 채널용량
$$C = B\log_2\left(1 + \frac{S}{N}\right), \quad 6 = 1\log_2(1+63)$$
$$\therefore \frac{S}{N} = 63$$

75 대역폭이 B[Hz], 신호대 잡음비가 0인 채널을 사용하여 데이터를 전송하는 경우 채널용량은 몇[bps]인가?

① 0[bps]   ② B[bps]
③ 2B[bps]   ④ 4B[bps]

[정답] ①
$$C = B\log_2\left(1+\frac{S}{N}\right) = B\log_2(1+0) = B\log_2 1$$
$$= 0[bps]$$

76 다음 샤논의 정리에서 채널의 통신용량을 늘리기 위한 방법으로 옳은 것은?

① 신호(S) 세력을 높인다.
② 잡음(N) 세력을 높인다.
③ 대역폭(B)을 줄인다
④ C/N비(C : 채널용량, N : 잡음전력)를 감소시킨다

[정답] ①
채널의 통신 용량 증가 방법
① 채널의 대역폭을 증가시킨다.
② S/N비를 증가시킨다.
③ 신호 세력을 높인다.
④ 잡음 세력을 줄인다.

② 전송매체

1 유선전송로

01 일반적인 전송선로에서 저항을 R, 인덕턴스를 L, 정전용량을 C, 컨덕턴스를 G라 할 때, 무왜곡 전송조건은?

① RL=GC/2   ② RC=LG
③ RG=LC   ④ R+L-C+G

[정답] ②
전송선로 무왜곡 전송조건
∴ RC=LG

02 전송선로의 무왜(無歪) 조건이 성립하기 위한 R, L, C, G의 관계식으로 옳은 것은? (단, R : 저항, L : 인덕턴스, C : 커패시턴스, G : 컨덕턴스)

① $\frac{L}{C} = \frac{G}{R}$ ② $\frac{R}{G} = \frac{L}{C}$
③ $\frac{L}{G} = \frac{C}{R}$ ④ $\frac{R}{L} = \frac{C}{G}$

[정답] ②
전송선로 무왜곡 전송조건
∴ RC=LG, $\frac{R}{G} = \frac{L}{C}$

03 정재파 전압의 최소값이 20[V], 최대값이 40[V]인 선로에서 반사계수는 얼마인가?

① 1/2   ② 1/3
③ 1/4   ④ 1/5

[정답] ②
전압정재파비와 반사계수 관계
정재파비 $VSWR = \frac{V_{MAX}}{V_{MIN}} = \frac{40}{20} = 2$
반사계수 $m = \frac{VSWR-1}{VSWR+1} = \frac{1}{3}$

04 다음 중 전송선로에서 누화(Cross Talk)의 영향을 줄이는 방법과 관계없는 것은?

① 누화 보상
② 프로깅(Frogging)
③ 압신기(Compander)
④ 시험감쇄(Test attenuation)

[정답] ④
누화(Crosstalk)란 한 채널의 신호가 다른 채널에 전자기적으로 결합(Coupling)되어 영향을 미치는 현상이다. 누화를 줄이는 방법으로 누화보상, 프로깅, 압신기 사용 등이 있다.

05 전송매체의 전송 주파수가 높을수록 전류가 도체면을 따라 흐르는 현상을 무엇이라 하는가?

① 누화효과   ② 유도효과
③ 표피효과   ④ 절연효과

[정답] ③
표피효과란 주파수가 높을수록 도체의 표면으로 전류가 흐르려는 현상을 말한다.

06 광섬유에서의 신호원은 무엇인가?

① 빛   ② 무선파
③ 적외선   ④ 초단파

[정답] ①
광케이블의 신호원은 빛(Light)을 사용한다.

07 다음 중 광섬유 케이블의 주요 구조 요소에 포함되지 않는 것은?

① 코어 (Core)   ② 클래딩 (Cladding)
③ 코팅 (Coating)   ④ 금속박막

[정답] ④
광섬유 케이블 구조
① Core : 광이 전파하는 영역
② Cladding : 코어의 외피로 광 반사영역
③ Coating : 광케이블을 보호하기 위한 영역

08. 광섬유 케이블의 특징에 대한 설명으로 틀린 것은?

① 코어의 굵기가 가늘고 경량이다.
② 전자파 유도에 의한 영향을 받지 않는다.
③ 광대역 전송이 가능하다.
④ 빛을 이용하므로 전송속도가 빠르고 전송손실이 크다.

[정답] ④
광섬유의 특징
장점
① 광대역성 : $10^{14} \sim 10^{15}$[Hz]의 대역폭을 사용하기 때문에 광대역 전송 가능
② 저손실 : 전송매체 중 가장 손실이 적어 장거리 전송이 가능
③ 무유도성(무누화성) : 광 신호는 전기적인 유도 및 간섭의 영향이 없으므로 보안성이 우수하다
④ 세경,경량 - 직경이 작고 무게가 가벼움
⑤ 자원 풍부 - 광섬유의 원료가 모래 또는 플라스틱이므로 자원이 풍부함
⑥ 장수명
단점
① 분산이 발생(모드간, 모드내 분산)
② 충격에 약하고 고도의 접속기술이 필요.
③ 구부림 등에 의한 손실이 발생

09. 다음 중 광섬유의 장점으로 틀린 것은?

① 대역폭이 대단히 넓다.
② 보안성이 우수하다.
③ 전자기 간섭에 강하다.
④ 배선공간 등의 측면에서 활용성이 어렵다.

[정답] ④

10. 광섬유케이블의 특징으로 틀린 것은?

① 경량성이다.
② 전자유도의 영향이 없다.
③ 대용량 전송이 가능하다.
④ 차폐용 동 테이프를 사용하여 누화가 없다.

[정답] ④
광섬유의 특징
장점
① 광대역성 : $10^{14} \sim 10^{15}$[Hz]의 대역폭을 사용하기 때문에 광대역 전송 가능
② 저손실 : 전송매체 중 가장 손실이 적어 장거리 전송이 가능
③ 무유도성(무누화성) : 광 신호는 전기적인 유도 및 간섭의 영향이 없으므로 보안성이 우수하다
④ 세경,경량 - 직경이 작고 무게가 가벼움
⑤ 자원 풍부 - 광섬유의 원료가 모래 또는 플라스틱이므로 자원이 풍부함
⑥ 장수명
단점
① 분산이 발생(모드간, 모드내 분산)
② 충격에 약하고 고도의 접속기술이 필요.
③ 구부림 등에 의한 손실이 발생

11. 다음 중 광섬유 케이블의 종류에 해당되지 않는 것은?

① single mode step index fiber
② single mode graded index fiber
③ multi mode step index fiber
④ multi mode graded index fiber

[정답] ②
광섬유 케이블

Graded Index Type	Single Index Type	
모드분산 개선(WDM)	고속전송/Thin cable	
Multi Mode	Single Mode	Multi Mode

12. 광케이블을 CO(Central Office)에서 가입자 댁내까지 연결하여 안정된 인터넷 서비스 제공하는 방식은?

① FTTF
② FTTH
③ FTTO
④ FTTC

[정답] ②
FTTH(Fiber To The Home)란 국사(전화국)에서 댁내(가정)까지 광케이블로 1:1 연결시키는 네트워킹 구조를 말한다.

13. 동축 케이블과 광케이블의 혼합망으로 방송국에서 원거리까지 광케이블을 이용하여 전송하고, 광단국에서 가입자까지는 동축 케이블을 이용한 망은?

① FTTH
② FTTO
③ HCO
④ HFC

[정답] ④
HFC는 광케이블과 동축케이블을 함께 사용되는 광 및 동축 혼합망으로 CATV 전송망에서 하나의 유선방송지역을 여러 단위의 셀로 나누고 방송국에서 단위 셀까지는 광케이블을 사용하고, 단위 셀에서 각 가입자들까지는 동축케이블을 사용하는 방식이다.

14 다음 광섬유 케이블 접속 중에서 커넥터 다중접속이 용이한 것은?

① 리본형　　② 스트랜드형
③ 슬롯트형　　④ 단일 유니트형

[정답] ③
Slot Type방식이 광커넥터 다중접속에 용이하다.

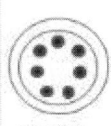
듀브형
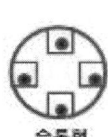
슬롯형
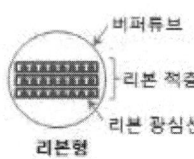
리본형

15 단일모드 광섬유에 대한 설명으로 적합하지 않은 것은?

① 모드간 분산의 영향이 크다.
② 광대역 전송이 가능하다.
③ 장거리 대용량 시스템에 주로 사용된다.
④ 코어의 직경이 10[μm] 정도로 비교적 접속하기 어렵다.

[정답] ①
단일모드 광섬유(single mode fiber)는 코어의 직경이 10 [μm] 정도로 비교적 작아 접속하기 어려운 단점이 있지만 다중 모드광섬유(MMF)에 비해 분산이 적어 광대역 장거리 통신에 주로 사용된다.

16 전송모드(Mode)에 따라 분류되는 전송매체는 어느 것인가?

① 트위스트 페어 케이블　　② 동축 케이블
③ 광 섬유　　④ 마이크로파 통신

[정답] ③
광케이블은 전송 Mode에 따라 Single Mode 광섬유와 Multi Mode 광섬유로 분류된다.

17 ITU-T의 규격 중 광통신에서 사용되는 단일모드 광섬유의 코어와 클래딩의 직경은?

① 10[μm], 125[μm]　　② 10[μm], 250[μm]
③ 50[μm], 125[μm]　　④ 50[μm], 250[μm]

[정답] ①

단일모드 광섬유의 코어와 클래딩의 직경은

구분	단일모드광섬유	멀티모드 광섬유
Core	10[μm]	50[μm]
Clad	125[μm]	125[μm]

18 광섬유 기반의 광통신 시스템에서 전송 거리를 제한하는 가장 중요한 원인은 어느 것인가?

① 광 손실　　② 광 분산
③ 광 전반사　　④ 광 굴절

[정답] ①
광통신 제한 요소
① 전송거리 - 광 손실
② 전송대역 - 광 분산

19 광학 파라미터 중 단일모드 광파이버인지, 다중모드 광파이버인지를 구분하는데 사용되는 것은?

① 개구수　　② 비굴절률차
③ 수광각　　④ 규격화 주파수

[정답] ④
규격화 주파수(V number 또는 normalized frequency)는 fiber가 단일모두 fiber인지, 다중모두 fiber인지 구분하는데 이용하고 있다. 규격화 주파수 V < 2.405이면 단일모드 fiber, V > 2.405이면 다중모드 fiber로 분류된다.

20 광섬유에서 비굴절률차(△)를 나타내는 식은? (단, n_1: 코어 굴절률, n_2:클래드 굴절률)

① $\triangle = \sqrt{n_1^2 - n_2^2}$　　② $\triangle = \dfrac{n_1 - n_2}{n_1}$

③ $\triangle = 2\pi\sqrt{n_1^2 - n_2^2}$　　④ $\triangle = \dfrac{n_1 - n_2}{100}$

[정답] ②
비굴절률차(△)
$\triangle = \dfrac{n_1 - n_2}{n_1}$

21 광섬유케이블의 분산에 대한 설명 중 옳지 않은 것은?
① 파장 및 모드에 따른 전파속도차 때문에 발생한다.
② 단일모드 광섬유에서는 색분산 및 모드분산이 생긴다.
③ 다중모드 광섬유에서는 색분산보다 모드분산 비중이 더 크다.
④ GIF 광섬유를 사용하면 모드 분산을 줄일 수 있다.

[정답] ②
단일모드 광섬유는 색분산만 있고 다중모드 광섬유는 색분산과 모드 분산이 모두 존재하나, 색분산은 모드간 분산이 비해 훨씬 적으므로 다중모드 광섬유에서는 모드간 분산이 주가 된다.

22 광섬유의 굴절률이 전파하는 광의 파장에 따라 변화함으로써 생기는 분산은?
① 모드분산   ② 재료분산
③ 구조분산   ④ 도파로분산

[정답] ②
광섬유의 케이블의 분산
① 모드내 분산
   파장에 따른 전파 속도차 때문에 생기는 분산
   ㉠ 재료분산 : 광도파로를 구성하는 재료의 굴절률이 파장에 따라 변화함으로써 생기는 분산
   ㉡ 도파로 분산(구조분산) : 광섬유의 구조 변화로 인하여 광이 광심축과 이루는 각이 파장에 따라 변화하게 되면 실제 전송 경로의 길이에도 변화가 생기게 되고 따라서 도착 시간이 변화하게 됨으로써 광 Pulse가 퍼지는 현상
② 모드(간)분산
   Mode 사이의 전파 속도차 때문에 생기는 분산으로 이를 줄이기 위해 GIF(Graded Index Fiber) 사용

23 다음 중 광통신시스템에서의 손실에 해당되지 않는 것은?
① 커넥터 손실   ② 접속 손실
③ 전반사 손실   ④ 광섬유 손실

[정답] ③
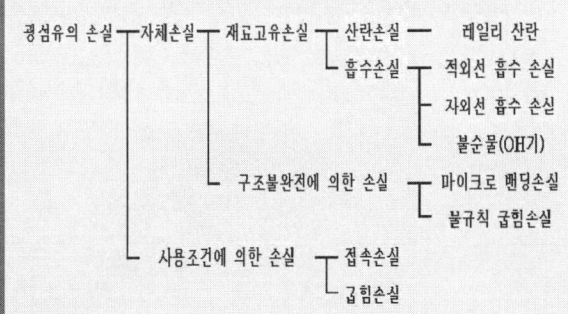

24 하나의 광섬유에 다수의 광신호를 전송하기 위해 광신호를 결합하는 수동 광소자는?
① 광감쇠기(Optical Attenuator)
② 광변조기(Optical Modulator)
③ 광아이솔레이터(Optical Isolator)
④ 광커플러(Optical Coupler)

[정답] ④
광소자 종류

수동소자	특 징
광 감쇠기	광신호를 감쇠시키는 소자
광 변조기	광신호를 변조시키는 소자
광 아이솔레이터	광신호의 반사를 막는 소자
광 커플러	광신호를 결합하는 소자

25 다음 중 광통신에서 수광소자에 해당하는 것은?
① 레이저 다이오드(LD)   ② 발광 다이오드(LED)
③ 고체 레이저   ④ PIN Photo 다이오드

[정답] ④
광통신에서 광원으로 사용되는 소자(발광소자)로는 LD, LED, 고체 레이저 등이 있고 수광소자로는 APD, PIN Photo 다이오드 등이 있다.

26 광전송 시스템에서 광섬유를 통하여 전송된 광을 수신하기 위한 수광 소자에 해당하는 것은?
① 반도체 레이저(LD)
② 고체 레이저
③ 발광 다이오드
④ 에버런치 광검출기(APD)

[정답] ④
광전송 시스템의 수광소자에는 APD, PIN다이오드 등이 있다.

27 다음 중 광통신용 발광 소자는?
① LD   ② PD
③ APD   ④ LAP

[정답] ①
① 광통신 발광소자(전광변환) - LD와 LED
② 광통신 수광소자(광전변환) - APD와 PIN Diode

28. 다음 중 광통신에서 사용되는 발광소자는?
① VD(Varactor Diode)
② PIN 다이오드
③ APD(Avalanche Photo Diode)
④ LD(Laser Diode)

[정답] ④
① 광통신 발광소자(전광변환) - LD와 LED
② 광통신 수광소자(광전변환) - APD와 PIN Diode

29. 광섬유케이블에서 발생하는 접속 손실의 원인이 아닌 것은?
① 광섬유 심선 접속 부위의 간격
② 광섬유 심선 단면의 경사
③ 광섬유 Core의 직경 및 모양의 상이
④ 관로의 재질과 모양

[정답] ④
광섬유케이블에서 발생하는 접속손실의 원인
① 광섬유 심선 접속 부위의 간격
② 광섬유 심선 단면의 경사(기울기)
③ 광섬유 코어의 직경 및 모양의 상이(다름)

30. 광섬유에서 전파하는 파장이 산란체에 의하여 산란되는 것으로 공진산란이라고도 하는 것은?
① Rayleigh 산란   ② Brillounin 산란
③ Mie 산란   ④ Raman 산란

[정답] ③
광섬유 산란

종류	특징
Rayleigh 산란	굴절율의 흔들림으로 발생
Brillouin 산란	재료의 구조적 불완전성
Mie 산란	공진산란
Raman 산란	분자의 고유진동

31. 진공 중에서 광속도와 전자파속도를 비교한 설명 중 맞는 것은?
① 광속도와 전자파속도는 같다.
② 광속도가 더 빠르다.
③ 전자파속도가 더 빠르다.
④ 속도가 불규칙하여 비교할 수 없다.

[정답] ①
전파의 속도는 매질에 따라 $v = \dfrac{1}{\sqrt{\mu\varepsilon}}$ 이고
진공중에서는 $\mu = \mu_o$, $\varepsilon = \varepsilon_o$ 이므로 광속도와 전자파 속도는 같다.

32. 파장이 서로 다른 복수의 광신호를 한 가닥의 광섬유에 다중화시키는 다중화방식은?
① FDM   ② TDM
③ WDM   ④ OFDM

[정답] ③
광통신에서는 다중화 방법으로 WDM(파장분할 다중화)이 사용된다. WDM은 전송하고자 하는 정보를 부호화하여 디지털신호로 만든 후 서로 다른 파장을 발생하는 광원에 실어 광결합기로 결합하여 광케이블로 전송한다. 수신측에서는 광분기기(optical divider)를 이용해 광신호를 파장에 따라 분리한 후 광검출기와 복호기를 거쳐 원래의 정보를 복원한다.

33. 다음 중 파장분할다중화(WDM : Wavelength Division Multiplexing)와 관계가 가장 적은 것은?
① 광섬유   ② 레이저 다이오드
③ 광파장 분할   ④ 압축기

[정답] ④
압축기는 PCM과정에서 발생하는 양자화 잡음을 경감하기 위하여 사용하는 장비이다.

34. WDM에서 사용되는 레이저(Laser) 광의 특징이 아닌 것은?
① 고휘도(高輝度)   ② 지향성(指向性)
③ 열광(熱光)   ④ 편광현상(偏光現像)

[정답] ③
발광소자로 사용하는 Laser Diode는 고휘도, 예민한 지향성, 편광 현상 등의 특성을 가지고 있다.

35. 다음 중 CWDM 전송 대역으로 사용할 수 없는 파장 대역은?

① 1,550[nm]   ② 1,610[nm]
③ 1,310[nm]   ④ 1,250[nm]

[정답] ④
ITU-T CWDM 용도의 파장대역 표준 권고
CWDM 채널 파장을 1270~1610 nm 범위에서,
채널 간격 20 nm 으로 18개를 정의 (파장허용오차 ±2 nm)

36. 길이 500[m] 광섬유 4개를 융착접속하여 하나의 광섬유로 사용하고자 한다. 연결한 광섬유의 총 손실은 몇 [dB]인가? (단, 광섬유의 손실 : 2[dB/km], 융착접속 손실 : 0.1[dB])

① 10.4[dB]   ② 10.5[dB]
③ 1.4[dB]   ④ 1.5[dB]

[정답] ③
① 광섬유 길이 500[m] = 광손실 1[dB]
② 광접속 4Point = 0.1[dB] x 4 = 0.4[dB]
③ 광섬유의 총 손실 = 1.4[dB]

37. 다음 중 동축케이블과 비교할 때 광섬유 케이블이 갖는 장점이 아닌 것은?

① 장거리 전송이 가능하다.
② 경제적이고 수명이 길다.
③ 전송용량이 훨씬 크다.
④ 접속과 제조가 용이하다.

[정답] ④
광섬유 케이블은 접속과 제조가 동축케이블보다 어렵다.

38. 선로의 사용 주파수가 높아지면 나타나는 현상이 아닌 것은?

① 표피작용에 의해서 케이블의 저항이 증가한다.
② 근접작용에 의해서 케이블의 저항이 증가한다.
③ 와류작용에 의해서 케이블의 저항이 증가한다.
④ 도체와의 반작용 때문에 인덕턴스가 증가한다.

[정답] ④
케이블은 주파수가 높아지면 표피작용, 근접작용, 와류작용으로 저항값이 증가한다.

39. 다음 중 동축케이블의 구성요소에 해당되지 않는 것은?

① 클래드   ② 절연체
③ 내부도체 ④ 외부도체

[정답] ①
동축케이블의 구성요소
① 내부 도체   ② 절연체
③ 외부 도체   ④ 피복

40. 다음 중 동축 케이블에서 외부로부터 유도 방해를 받지 않기 위해 접지하는 부분은 무엇인가?

① 외부 도체   ② 절연체
③ 내부 도체   ④ 피복

[정답] ①
동축 케이블은 왕복하는 2개의 도체가 절연체를 경계로 2개의 동심원을 이루고 있다. 외부도체는 접지하여 사용하므로 정전, 전자차폐 특성이 우수하다.

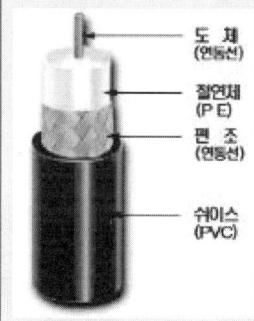

41. 동축케이블에서 외부로부터 유도 방해를 받지 않기 위해 접지하는 부분은 무엇인가?

① 외부도체   ② 유전체
③ 절연체   ④ 코어

[정답] ①
동축 케이블은 왕복하는 2개의 도체가 절연체를 경계로 2개의 동심원을 이루고 있다. 외부도체는 접지하여 사용하므로 정전, 전자차폐 특성이 우수하다.

42 동축케이블이 꼬임쌍선 구리케이블에 비해 잡음에 강한 이유로 가장 적합한 것은?

① 내부 도선 때문
② 케이블 직경 때문
③ 외부 도체 때문
④ 절연 물질 때문

[정답] ③
꼬임쌍선 구리케이블은 나선 상태 즉 open wire 상태로 사용하는데 비해 동축케이블은 외부 도체를 접지해서 사용하므로 외부로부터 잡음의 영향을 거의 받지 않아 잡음에 강하다.

43 다음 동축 케이블 측정값 중 특성 임피던스가 가장 적은 것은? (단, $D[mm]$: 외부도체의 직경, $d[mm]$: 내부도체의 직경)

① $D=2, d=1$
② $D=8, d=3$
③ $D=3, d=1$
④ $D=8, d=2$

[정답] ①
$$Z_0 = \frac{138}{\sqrt{\varepsilon_r}} \log_{10} \frac{D}{d} [\Omega]$$
외부도체 직경과 내부도체직경의 비 크기 작을수록 임피던스가 낮다.

44 동축케이블에서 부하를 단락 했을 때 입력 임피던스가 200[Ω], 부하를 개방했을 때 입력 임피던스가 200[Ω]일 때 케이블의 특성 임피던스는?

① 400[Ω]
② 200[Ω]
③ 100[Ω]
④ 20[Ω]

[정답] ②
전송선로의 특성 임피던스
$$Z_0 = \sqrt{Z_f \times Z_s} = \sqrt{200 \times 200} = 200[\Omega]$$

45 동축케이블을 이용한 케이블 TV망에서 케이블 TV 회선과 인터넷 사용을 위한 사용자 PC를 연결해 주는 장치는?

① 광중계기
② 케이블 모뎀
③ 헤드엔드
④ 트랜시버

[정답] ②
케이블 모뎀을 통해서 CATV망에서도 인터넷 서비스를 제공받을 수 있다. 전송표준은 DOCSIS 표준을 사용한다.

46 동축케이블의 전기적 특성 중 단위 길이 당 저항은 사용 주파수(f)와 어떤 관계인가?

① f와 비례
② f와 반비례
③ $\sqrt{f}$와 비례
④ $\sqrt{f}$와 반비례

[정답] ③
동축케이블의 특징
① 저항 : 주파수의 평방근에 비례한다. ($R \propto \sqrt{f}$)
② 감쇄정수 : 감쇄특성이 주파수의 평방근에 비례한다. ($\alpha \propto \sqrt{f}$)
③ 위상정수 : 주파수에 비례한다. ($\beta = \omega\sqrt{LC} = 2\pi f \sqrt{LC}$)
④ 특성 임피던스 : $Z_0 = \sqrt{\frac{Z}{Y}} = \sqrt{\frac{L}{C}}$
⑤ 전파속도 : $v = 1/\sqrt{LC}$

47 다음 중 동축케이블을 이용한 응용 분야로 적절하지 않은 것은?

① CCTV 영상 전송
② CATV 전송망
③ HD영상 기기 연결
④ 국가간 인터넷 연결

[정답] ④
국가간 인터넷 연결은 현존하는 전송매체 중 가장 전송대역이 넓은 광케이블을 사용해야 한다.

48 다음 중 외부 피복이나 차폐재가 추가되어 있어 옥외에서 통신기기 간에 사용하기 가장 적합한 케이블은 어느 것인가?

① UTP
② STP
③ ATP
④ KTP

[정답] ②
① UTP (Unshielded Twist Pair)
두 선간의 전자기 유도를 줄이기 위하여 서로 꼬여져 있는 케이블로 일반적인 랜 케이블에 사용한다.
② FTP (Foil Screened Twist Pair Cable)
쉴드 처리는 되어있지 않고, 알루미늄 은박이 4가닥의 선을 감싸고 있는 케이블이다. UTP에 비해 절연 기능이 좋고 공장 배선용으로 많이 사용한다.
③ STP (Shielded Twist Pair Cable)
케이블 외부 피복이나 차폐재가 추가된 케이블로 외부의 노이즈를 차단하거나 전기적 신호의 간섭을 대폭 줄여준다

49
다음 중 UTP 케이블에서 주로 사용하는 커넥터는?

① RJ-45　　② DB25
③ BNC　　　④ DB9

[정답] ①
UTP Cable에 주로 사용하는 커넥터는 RJ-45 커넥터이다.
RJ-45커넥터는 8가닥(4쌍)의 선으로 구성되어 있다.
Ethernet 10/100 Mbps에서는 2 Pair(4가닥)의 선만 사용하고 Gigabit Ethernet에서는 4 Pair(8가닥) 모두 데이터전송에 사용한다.

50
다음 중 UTP 케이블을 PC 랜 단자와 연결하기 위한 커넥터 형태로 알맞은 것은?

① RJ-11　　② RJ-23
③ RJ-45　　④ RJ-56

[정답] ③
UTP Cable에 주로 사용하는 커넥터는 RJ-45 커넥터이다.

51
UTP 케이블을 이용하여 공장 내 통신기기를 직접 연결하고자 한다. UTP 케이블의 손실이 5[dB]일 때 케이블의 길이는? (단, UTP 케이블 감쇠 손실은 2.5[dB/km]이다.)

① 0.5[km]　　② 1[km]
③ 1.5[km]　　④ 2[km]

[정답] ④
1Km 당 2.5[dB/km]이므로, UTP 케이블의 손실이 5[dB]일 때 케이블의 길이는 2Km가 된다.

52
다음 UTP케이블 중 높은 주파수에서도 가장 적은 유전체 손실과 양호한 절연 특성을 가지는 케이블 등급은?

① Category 2　　② Category 3
③ Category 4e　④ Category 5

[정답] ④
UTP Cable Cat별 전송속도

Category	전송속도
Cat 3	16Mbps
Cat 4	20Mbps
Cat 5	100Mbps
Cat 5e	1Gbps
Cat 6	1Gbps

53
UTP 케이블을 이용하여 네트워크 구성 시 1[Gbps] 속도를 지원하는 케이블 등급은?

① Category 1　　② Category 3
③ Category 5　　④ Category 6

[정답] ④
UTP Cable Cat별 전송속도

Category	전송속도
Cat 3	16Mbps
Cat 4	20Mbps
Cat 5	100Mbps
Cat 5e	1Gbps
Cat 6	1Gbps

54
LAN에 사용하는 UTP케이블 등급 중 100[Mbps]의 통신 속도를 제공해 주는 것은?

① Category 2　　② Category 3
③ Category 4　　④ Category 5

[정답] ④
UTP Cable Cat별 전송속도

Category	전송속도
Cat 3	16Mbps
Cat 4	20Mbps
Cat 5	100Mbps
Cat 5e	1Gbps
Cat 6	1Gbps

55
다음 UTP 케이블 중 높은 주파수에서도 가장 적은 유전체 손실과 양호한 절연 특성을 가지는 케이블 등급은?

① Category 1　　② Category 3
③ Category 4　　④ Category 5

[정답] ④
UTP (Unshield Twisted Pair)
① 카테고리 숫자가 높을수록 좋은 성능의 케이블
② 카테고리 5는 100[m] 거리에서 100[Mbps] 성능

56

UTP Category 5 케이블을 이용하여 100[Mbps]속도를 지원하도록 구성하기 위해 사용되는 UTP케이블의 페어(Pair) 수는?

① 1 ② 2
③ 3 ④ 4

[정답] ②
UTP Cat5의 경우 2개의 Pair로 최대 100[Mps] 전송속도로 100[m]까지 전송이 가능하다.

57

주배선반(MDF)에서 댁내 배선이 1페어(pair)인 아파트에서 1페어 통선을 이용하여 인터넷을 연결하기 위해 가장 적합한 초고속인터넷 방식은?

① ADSL ② HDSL
③ 광랜 ④ FTTH

[정답] ①
① xDSL(x Digital Subscriber Line)
기존 전화선을 이용해 초고속 데이터통신을 가능하게 하는 디지털 가입자 회선(DSL)의 총칭
② xDSL 종류

구분	xDSL
대칭형 (상하향 속도가 동일)	HDSL SDSL IDSL SHDSL
비대칭형 (상하향 속도가 비대칭)	ADSL VDSL UADSL

58

ADSL 인터넷 회선에서 가장 큰 주파수 대역을 사용하는 것은?

① POTS ② 상향 스트림
③ 하향 스트림 ④ 인밴드 시그널링

[정답] ③
ADSL 사용주파수 대역

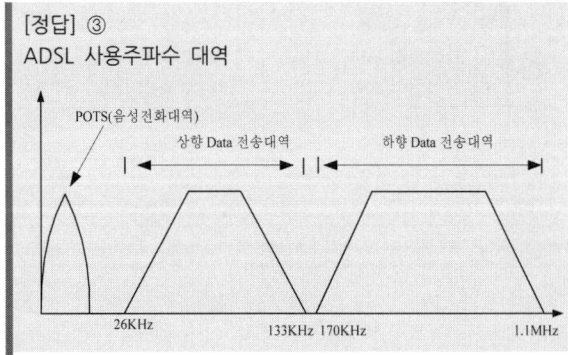

ADSL 채널	사용내역
0 채널	음성통신(POTS)
1채널-5 채널	Guard Frequency
6채널-30 채널	상향채널(가입자 → 서버)
31채널-255채널	하향채널(서버 → 가입자)

59

초고속 인터넷 VDSL에 적용되는 변조방식에 해당되지 않는 것은?

① CAP ② DMT
③ SLC ④ PSK

[정답] ④

구분	전송속도	최대거리	변조방식
ADSL	수신:160k~9Mbps 송신:2~768kbps	5.4km (2선식)	DMT,CAP
SDSL	수신:160k~2.048M 송신:160k~2.048M	3.6km (2선식)	DMT,CAP
HDSL	수신:1.5~2.048Mbps 송신:1.5~2.048Mbps	5.4km (4선식)	2B1Q, CAP
VDSL	수신:1.3~52Mbps 송신:3Mbps (통상 20Mbps)	1.4km (2선식)	CAP, DWMT, QAM

60

측정한 신호의 전력이 $0.1[W]$일 때, 이를 $[dBm]$으로 표시하면?

① 0[dBm] ② 10[dBm]
③ 20[dBm] ④ 30[dBm]

[정답] ③
$$dBm = 10\log\frac{x[W]}{1[mW]} = 10\log\frac{100[mW]}{1[mW]} = 20[dB]$$

61

어떤 신호가 전송매체상의 A지점과 B지점 구간에서 전송되는 경우, 전력 레벨이 1/2로 감소하였다면, A-B구간에서 발생하는 손실은 약 얼마인가?

① 1[dB] ② 2[dB]
③ 3[dB] ④ 4[dB]

[정답] ③
전력이 1/2로 감소되면 $10\log_{10}\frac{1}{2} = 3[dB]$ 손실발생

62

5[dBm] 레벨의 신호가 전송 매체상의 A지점, B지점, C지점을 거쳐서 D지점까지 전달되는 경우, A지점-B지점간에서 3[dB]의 손실이 발생하고, B지점-C지점 사이에서는 증폭기가 있어서 7[dB]의 이득이 있고, C지점-D지점간에 3[dB]의 손실이 발생한다면, D지점에서의 신호의 전력 레벨은?

① 0[dBm]　② 1[dBm]
③ 3[dBm]　④ 6[dBm]

[정답] ④
D지점에서의 신호의 전력 레벨
= 5[dBm]-3[dB]+7[dB]-3[dB]
= 6[dBm]

2 무선전송로

63
다음 중 파장이 가장 짧은 주파수 대역은?

① VHF　② UHF
③ SHF　④ EHF

[정답] ④
주파수 대역 호칭
① VHF(Very H.F) : 30[MHz]~300[MHz]
② UHF(Ultra H.F) : 300[MHz]~3[GHz]
③ SHF(Super H.F) : 3[GHz]~30[GHz]
④ EHF(Extreme H.F) : 30[GHz]~300[GHz]

64
현재 우리나라 FM 방송에 사용되는 주파수대는?

① 중파 : 0.3~3[MHz]
② 단파 : 3~30[MHz]
③ 초단파 : 30~300[MHz]
④ 극초단파 : 0.3~3[GHz]

[정답] ③
FM변조를 이용한 라디오방송은 88[MHz] - 108[MHz]의 초단파 대역에서 채널당 200KHz 대역폭을 사용하고 있다.

65
무선랜 주파수로 사용되고 있는 5[GHz] 주파수의 파장은? (단, 전파속도 : 3×10^8[m/s])

① 16.6[m]　② 16.7[m]
③ 0.05[m]　④ 0.06[m]

[정답] ④
$$\lambda = \frac{c}{f} = \frac{3\times10^8}{5\times10^9} = 0.06[m]$$

66
무선랜 주파수로 사용되고 있는 4[GHz] 주파수의 파장은? (단, 전파속도 $=3\times10^8$[m/s])

① 0.005[m]　② 0.075[m]
③ 12.0[m]　④ 13.3[m]

[정답] ②
$$\lambda = \frac{c}{f} = \frac{3\times10^8}{4\times10^9} = 0.075[m]$$

67
마이크로파 통신에서 송수신 간 가시거리내 전파에 해당되지 않는 것은?

① 산란파　② 직접파
③ 지표파　④ 반사파

[정답] ①
산란파는 가시거리내 전파가 아닌 초가시거리(OTH:Over The Horizon)전파이다.

68
지상 마이크로파 설명으로 옳은 것은?

① 주로 단거리 통신서비스에 이용된다.
② TP 케이블을 사용한다.
③ 송수신 안테나 간의 조정이 필요하다.
④ 주요 손실의 원인은 누화이다.

[정답] ③
마이크로파 통신 대역의 입체 개구면 안테나는 예민한 지향성을 가지고 있어 송수신 안테나 간의 조정이 필요하다.

69 지상 마이크로파 통신시스템의 구성요소가 아닌 것은?
① 변복조 장치　　② 광검출기
③ 송수신 장치　　④ 중계 장치

[정답] ②
광검출기는 광통신 수신시스템 구성요소이다.

70 다음 중 무선통신에서 페이딩을 방지하기 위해 사용하는 다이버시티 종류에 속하지 않는 것은?
① 편파 다이버시티　　② 적응 다이버시티
③ 공간 다이버시티　　④ 주파수 다이버시티

[정답] ②
페이딩 방지를 위한 다이버시티 종류
① 공간 다이버시티(Space diversity)
② 주파수 다이버시티(Frequency diversity)
③ 각도 다이버시티(Angle diversity)
④ 경로 다이버시티(Root diversity)

71 동일한 송신 안테나에서 서로 다른 둘 이상의 주파수를 송신하고 주파수에 따른 감쇄 정도가 다른 특성을 이용하여 수신 안테나에서 두 신호를 합성하는 다이버시티 방식은?
① 공간 다이버시티　　② 주파수 다이버시티
③ 편파 다이버시티　　④ 각도 다이버시티

[정답] ②
주파수 다이버시티는 두 개의 다른 주파수를 송신 하고 수신하여 페이딩을 극복하는 방법이다.

72 전송특성 열화요인으로 크게 정상 열화요인과 비정상 열화요인이 있다. 비정상 열화요인에 해당되지 않는 것은?
① 주파수 편차　　② 펄스성 잡음
③ 단시간 레벨변동　　④ 순간적 단절

[정답] ①
전송특성 열화요인

정상 열화요인	비정상 열화요인
· 감쇠왜곡 / 고조파왜곡	· 펄스성 잡음
· 군지연 왜곡	· 순간적 단절
· 반향 / 누화	· 위상히트(위상 진동)
· 랜덤잡음	· 단시간 레벨변동
· 주파수편차 / 위상지터	· 진폭히트(진폭 진동)

73 인접한 다른 선로와 전자기적 유도에 의해 발생하는 잡음은?
① 열잡음　　② 신호감쇠
③ 누화잡음　　④ 지연왜곡

[정답] ③
누화(cross talk)
① 2개의 전화회선이 접근되어 있을 경우 한 전화회선의 통화전류가 다른 전화회선에 누설되는 것을 누화현상이라 한다.
② 누화는 도체 저항의 불평형, 누설 컨덕턴스의 불평형 그리고 정전결합 및 전자 결합 등의 전기적 결합에 의해서 발생한다.

74 다음 중 위성통신방식에 해당하지 않는 것은?
① 정지 위성방식　　② 랜덤 위성방식
③ 위상 위성방식　　④ 주파수 위성방식

[정답] ④
위성통신방식의 종류

능동위성	특 징
랜덤위성	지구상공 수백 km에서 운용
위상위성	저궤도에서 등간격으로 운용
정지위성	정지궤도 상공에서 운용(36,000[Km])

75 이동통신의 채널에서 일어나는 현상과 가장 관련이 적은 것은?
① 음영효과　　② 방해파 억압
③ 도플러 현상　　④ 인접채널 간섭

[정답] ②
이동통신의 채널에서 일어나는 현상에는 다음과 같은 것이 있다.
① 음영효과(현상)　② 도플러(doppler) 현상
③ 인접채널 간섭　④ 동일채널 간섭
⑤ 지연확산　　　⑥ 페이딩(fading)
⑦ 원근단 간섭

76 반송 다중통신에서 초군(기초 초군)대역을 이용하는 경우 4[kHz]의 음성채널 몇 개를 동시에 전송할 수 있는가?
① 20개　　② 30개
③ 50개　　④ 60개

[정답] ④
기초 초군은 4KHz 채널을 60개 전송이 가능하다

77 다음 중 상호 변조 왜곡의 방지대책으로 적합하지 않은 것은?

① 다중화 방식을 TDM에서 FDM으로 변경한다.
② 필터를 이용하여 통과대역 밖의 신호를 잘라낸다.
③ 입력신호의 크기를 너무 크게 하지 않는다.
④ 송수신장치를 선형영역에서 동작시킨다.

[정답] ①
상호변조왜곡 방지대책
① 다중화 방식을 FDM에서 TDM으로 변경
② 필터를 사용하여 원치 않는 대역을 제거
③ Active소자의 입력신호를 작게 조절
④ Active소자를 선형동작 시킨다.

78 다음 중 FDMA(Frequency Division Multiple Access) 방식의 특징이 아닌 것은?

① LSI화에 적합하여 소형화가 쉽고, 데이터 효율이 높다.
② 저속도의 비동기방식에 주로 사용하며, 비교적 구조가 간단하고 저렴하다.
③ 인접 채널 간의 간섭을 줄이기 위한 보호 대역이 필요하므로 대역폭의 낭비가 생긴다.
④ 주파수를 여러 개의 작은 대역폭으로 나누어 다수의 저속 장비를 동시에 연결하여 사용할 수 있다.

[정답] ①
FDMA(Frequency Division Multiple Access)
① 주파수를 여러 개의 작은 대역폭으로 나누어 다수의 저속 장비를 동시에 연결하여 사용할 수 있다.
② 저속도의 비동기방식에 주로 사용하며, 비교적 구조가 간단하고 저렴하다.
③ 인접 채널 간의 간섭을 줄이기 위한 보호 대역이 필요하므로 대역폭의 낭비가 생긴다.
④ 아날로그 다원접속방식이라 LSI화 곤란
⑤ 인접채널간 간섭이 생길 수 있으므로 보호대역이 필요
⑥ 주파수 이용효율이 좋지 않아 사용자수가 제한

79 다음 중 FDMA(Frequency Division Multiple Access) 방식의 특징이 아닌 것은?

① LSI화에 적합하여 소형화가 쉽고, 데이터 효율이 높다.
② 저속도의 비동기방식에 주로 사용하며, 비교적 구조가 간단하고 저렴하다.
③ 주파수를 여러 개의 작은 대역폭으로 나누어 다수의 저속 장비를 동시에 연결하여 사용할 수 있다.
④ 인접 채널 간의 간섭을 줄이기 위한 보호 대역이 필요하므로 대역폭의 낭비가 생긴다.

[정답] ①
아날로그 다원접속방식이라 LSI화 곤란

80 다음 중 이동통신에 이용되는 대역확산 방식이 아닌 것은?

① 주파수호핑   ② 잡음호핑
③ 직접시퀀스   ④ 시간호핑

[정답] ②
대역확산방식
① 직접시퀀스 (Direct Sequence)
② 주파수호핑 (Frequency Hopping)
③ 시간호핑 (Time Hopping)
④ Chirp Mod 방식 (Frequency Sweeping)
⑤ Hybrid 방식

81 다음 중 이동통신에서 사용되는 다원접속방식이 아닌 것은?

① SDMA   ② FDMA
③ TDMA   ④ CDMA

[정답] ①
SDMA 방식은 공간분할다중접속 방식으로 위성통신에서 사용하는 다원접속 방식이다.

82 다음 무선통신 다원접속 방식 중 가입자 수용용량이 가장 큰 방식은?(단, 무선통신 조건은 동일하다고 가정한다.)

① FDMA   ② TDMA
③ CDMA   ④ WDMA

[정답] ③
CDMA(Code Division Multiple Access)
① CDMA는 대역확산기술을 응용하여 개발한 부호 분할 다중접속 방식의 디지털 셀룰러 시스템으로 여럿 사용자가 시간과 주파수를 공유하면서 신호를 송수신할 수 있는 시스템이다.
② CDMA는 각 이동국에게 서로 영향을 미치지 않는 의사 잡음 코드를 할당하여 다원접속이 이루어지게 하는 방법이다.
③ CDMA는 FDMA, TFMA방식보다 대용량 및 고품질의 서비스 제공이 가능하다.

83
다음 중 대역확산 방식의 장점이 아닌 것은?
① 방해와 억압
② 에너지 밀도 증가
③ 비화특성 우수
④ 다중 엑세스

[정답] ②
대역확산을 하게 되면 전체 에너지밀도는 넓은 대역으로 퍼지게 되어 낮아진다.
대역확산방식의 특징
① 혼신, 간섭에 강하다.
② 메시지의 비화성이 높다
③ 가입자 수용용량이 크다.
④ 사용자마다 Code분류로 선택적 어드레싱 가능
⑤ 송수신 시스템구성이 복잡하다.
⑥ 광대역 주파수 대역이 필요하다.

84
다음 중 대역확산방식을 이용하는 다원접속방식은?
① CDMA
② TDMA
③ SDMA
④ FDMA

[정답] ①

85
다음 중 스펙트럼 확산 기술을 응용한 다중화 방식으로 보내고자 하는 신호를 그 주파수 대역보다 훨씬 넓은 주파수 대역으로 확산시켜 전송하는 방식은?
① FDMA
② TDMA
③ STDMA
④ CDMA

[정답] ④
CDMA방식은 보내고자 하는 신호를 그 주파수 대역보다 훨씬 넓은 주파수 대역으로 확산시켜 전송하는 방식이다.

86
이동통신 시스템에서 가입자 수용 용량을 증가시키기 위하여 서비스 지역을 작게 나눈 것을 무엇이라 하는가?
① 셀
② MTSO
③ 기지국
④ 중계 사이트

[정답] ①
Cell(셀)이란 이동통신 시스템에서 가입자 수용 용량을 증가시키기 위하여 서비스 지역을 작게 나눈 것을 말한다.

87
다음 중 CDMA 시스템 설계 시 용량을 증가시키기 위한 방법이 아닌 것은?
① 이동 전화장치의 송신출력을 고정시킨다.
② 주파수 재사용 효율을 높인다.
③ 지향성 안테나를 사용한다.
④ 기지국을 섹터화 한다.

[정답] ①
CDMA 시스템은 전력제한 시스템으로 전력제어가 요구되는 시스템이다.

88
CDMA 이동통신에서 원근(far-near) 문제 해결을 위해 사용되는 기술은?
① 주파수 재사용(frequency reuse)
② 핸드 오버(handover)
③ 전력제어(power control)
④ 다원접속(multiple access)

[정답] ③
원근 문제란 기지국에 가까이 있는 이동국으로부터의 신호는 잘 수신되나, 기지국으로부터 멀리 떨어져 있는 이동국의 신호는 거의 수신할 수 없게 되는 현상으로 이를 해결하기 위해서는 전력제어를 수행해야 한다.

89
다음 중 이동통신 시스템의 구성요소가 아닌 것은?
① 무선교환국
② 무선기지국
③ 트랜스폰더
④ 무선전화단말장치

[정답] ③
이통통신 시스템 구성요소
① 무선교환국
② 무선기지국
③ 무선전화단말장치
④ 무선중계기

90
이동통신망에서 기지국(BS)의 서비스 제공 가능지역(Service Coverage)을 확대하는 방법으로 알맞지 않은 것은?

① 기지국(BS)의 송신 출력을 높인다.
② 기지국(BS)의 안테나 높이를 증가시킨다.
③ 중계기(Repeater)나 반사기(Reflector)를 사용하여 전파 음영지역(Coverage Hole)을 제거한다.
④ 기지국(BS)의 수신기의 수신 한계 레벨(Threshold Sensitivity)를 증가시킨다.

[정답] ④
Service Coverage 확대 방법
① 기지국(BS)의 송신 출력을 높인다.
② 기지국(BS)의 안테나 높이를 증가시킨다.
③ 중계기(Repeater)를 사용한다.
④ 기지국의 수신기의 수신 한계 레벨을 낮추어야 한다.

91
이동통신에서 MTSO(Mobile Telephone Switching Office)가 셀룰러의 위치를 탐색하는 것을 무엇 이라고 하는가?

① 핸드오프   ② 핸드온
③ 페이징   ④ 수신

[정답] ③
무선교환국은 Paging을 통해서 이동단말의 위치확인 및 호(Call)연결 시 상태체크를 할 수 있다.

92
직교주파수 분할 다중방식(OFDM)의 응용에서 디지털 방송분야에 해당되는 것은?

① DMB   ② W-LAN
③ WiBro   ④ WiFi

[정답] ①
DMB는 OFDM방식을 사용하는 지상파 디지털 멀티미디어 방송서비스이다.

93
다음 중 OFDM 방식을 사용하고 있지 않은 것은?

① 지상파 HDTV   ② LTE 이동통신
③ WiFi IEEE 802.11n ④ 지상파 DMB

[정답] ①
지상파 HDTV방송은 8-VSB 변조방식을 사용하고 있다.

94
디지털 방송과 휴대 인터넷 등의 고속 전송시스템에서 가장 적합한 다중화 방식은?

① STDM   ② FDM
③ TDM   ④ OFDM

[정답] ④
OFDM방식은 높은 주파수 이용 효율과 이동 환경에서 다중경로 간섭에 의해 발생하는 주파수 선택적 페이딩 등을 효과적으로 극복할 수 있는 다중화 방식으로 4G의 핵심 무선 전송기술이다.

95
다음 중 OFDM 방식을 사용하고 있지 않은 것은?

① 지상파 ATSC   ② LTE 이동통신
③ WiFi IEEE 802.11n ④ 지상파 DMB

[정답] ①
지상파 ATSC 방식은 8-VSB 변조방식을 사용하고 있다.

96
세계적으로 개방된 표준규격으로서 ISM(산업, 과학, 의료용)주파수 대역에서 단거리 무선 음성 및 데이터 통신이 가능한 시스템은?

① DMB 시스템   ② WCDMA 시스템
③ 전력선 통신 시스템   ④ 블루투스 시스템

[정답] ④
블루투스(IEEE802.15.1 표준기술)
① ISM 밴드(2.4GHz~2.5GHz)사용
② 저전력/저가격의 무선구현
③ 변조방식은 GFSK를 사용한다.

③ 전송방식

01
다음 중 데이터 전송 시 정보전송절차로 알맞은 것은?

① 입력장치 → 송신기 → 전송매체 → 출력장치 → 수신기
② 입력장치 → 전송매체 → 송신기 → 출력장치 → 수신기
③ 입력장치 → 전송매체 → 송신시 → 수신기 → 출력장치
④ 입력장치 → 송신기 → 전송매체 → 수신기 → 출력장치

[정답] ④
데이터전송절차
입력장치 → 송신기 → 전송매체 → 수신기 → 출력장치

02
데이터전송에서 직렬전송과 병렬전송의 특징에 대한 설명으로 적합하지 않은 것은?

① 병렬전송은 직·병렬 변환회로가 필요하다.
② 직렬전송은 주로 원거리전송에 사용된다.
③ 직렬전송은 병렬전송에 비해 전송속도가 느리다.
④ 병렬전송은 일반적으로 strobe와 busy신호를 이용하여 데이터를 송·수신한다.

[정답] ①
직렬 전송과 병렬 전송
직렬 전송
① 한 개의 전송선을 사용하여 한 비트씩 순서대로 데이터 전송하는 방식
② 원거리 전송에 사용
③ 직·병렬 쉬프트 레지스터(Shift Register)회로가 필요
④ 대부분의 데이터 전송 시스템에서 사용

병렬 전송
① 여러개의 전송선을 이용하여 한 문자를 이루는 각 비트들을 동시에 전송하는 방식
② 컴퓨터와 프린터 연결 등 근거리 전송에 사용
③ Strobe와 busy신호를 이용하여 데이터 송수신을 행함
④ 거리가 멀수록 전송로 비용이 상승

03
다음 중 병렬 전송 방식에 대한 특징을 가장 잘 나타낸 것은?

① 전송속도가 느리다.
② 전송로 비용이 상승한다.
③ 주로 원거리 전송에 사용한다.
④ 직병렬 변환회로가 필요하다.

[정답] ②
병렬전송은 고속전송이 가능하며, 근거리에서 통신이 가능하지만 설치비용이 증가하는 단점이 있다.

04
스트로브(strobe)신호와 비지(busy)신호를 이용하여 전송하는 형태는?

① 병렬전송   ② 직렬전송
③ 동기식 전송   ④ 비동기식 전송

[정답] ①
병렬전송
여러 개의 전송선을 이용하여 한 문자를 이루는 각 비트들을 동시에 전송하는 방식으로, 한 문자전송 후 계속해서 다음 문자를 전송하면, 문자와 문자 사이의 간격을 구분할 수 없기 때문에 strobe와 busy신호를 이용하여 데이터 정보를 송수신한다.

05
다음 전송 방식 중 양쪽 방향으로 송수신이 가능하지만 한쪽이 송신하면 다른 한쪽은 수신하는 방식은?

① 단방향 전송방식   ② 반이중 전송방식
③ 전이중 전송방식   ④ 병렬 전송방식

[정답] ②
전송방향에 따른 데이터 전송방식 분류

전송분류	특 징
단방향통신	한쪽으로만 송신, 수신하는 통신 (TV, 라디오 등)
반이중통신 (Half-Duplex)	동시에 송신, 수신이 불가한 통신 (무전기)
전이중통신 (Full-Duplex)	동시에 송신, 수신이 가능한 통신 (휴대전화, Videotex)

06
다음 중 TRS(주파수 공용통신)의 특성이 아닌 것은?

① 반이중(Half-duplex)방식을 사용한다.
② 독자적 자가망 구축이 어렵다.
③ 주파수 사용 효율이 높다.
④ 신속한 호접속이 가능하다.

[정답] ②
TRS는 동일 소속 가입자간 독자적인 자가망 통신방식으로 많이 사용된다.

07

한 번에 한 문자씩 전송하며, Start bit와 Stop bit를 두어 문자와 문자를 구분하는 데이터 전송 방식은?

① 직렬 전송 방식
② 병렬 전송 방식
③ 비동기식 전송 방식
④ 동기식 전송 방식

[정답] ③
비동기식 전송(Asynchronous transmission)
① 정보전송형태는 문자 단위로 이루어지며, 송신측과 수신측이 항상 동기상태에 있을 필요가 없다.
② 각 문자의 앞에는 1개의 start bit, 뒤에는 1~2개의 stop bit를 가진다.
③ 문자와 문자 사이에는 휴지 시간이 있을 수 있다.

08

다음 중 비동기식 전송 방식의 특징으로 옳은것은?

① 송신측과 수신측이 항상 동기를 유지한다.
② 문자나 비트를 Start-Stop 비트없이 전송한다.
③ 정보 전송형태는 블록 단위로 이루어진다.
④ 전송되는 각 문자 사이에 휴지기간(Idle Time)이 있다.

[정답] ④
비동기식전송과 동기식전송방식 비교

	비동기식전송	동기식전송
전송형태	문자단위	블록단위
동기유지	문자 전송시 동기	항상 동기 유지
전송속도	2000[bps]이하	2000[bps]이상
전송효율	나쁨	우수

09

비동기식 전송 방식의 설명으로 적합하지 않은 것은?

① 블록 단위로 데이터를 일시에 전송한다.
② 송신측과 수신측이 독립된 클럭에 의해 동기를 맞추는 방식이다.
③ 각 문자의 앞에 Start Bit 와 Stop Bit가 존재한다.
④ 문자와 문자 사이에 일정치 않은 휴지 시간이 존재할 수 있다.

[정답] ①
비동기식전송과 동기식전송방식 비교

	비동기식전송	동기식전송
전송형태	문자단위	블록단위
동기유지	문자 전송시 동기	항상 동기 유지
전송속도	2000[bps]이하	2000[bps]이상
전송효율	나쁨	우수

10

다음 중 비동기 방식의 설명으로 틀린 것은?

① 정보의 송수신을 위해 사용되는 클럭이 상대측과 서로 독립적으로 운용된다.
② 송신할 정보가 있을 때 마다 정보의 시작, 정지를 수신측에 알려준다.
③ 한 문자씩 전송한다.
④ 한 비트씩 전송한다.

[정답] ④
비동기식전송과 동기식전송방식 비교

	비동기식전송	동기식전송
전송형태	문자단위	블록단위
동기유지	문자 전송시 동기	항상 동기 유지
전송속도	2000[bps]이하	2000[bps]이상
전송효율	나쁨	우수

11

다음 중 비동기식 전송 방식의 설명으로 적합하지 않은 것은?

① 프레임 단위로 데이터를 일시에 전송한다.
② 송신측과 수신측이 각각 독립된 클럭을 사용한다.
③ 각 문자의 앞에 1개의 Start Bit, 문자 뒤에 1~2개의 Stop Bit가 존재한다.
④ 문자와 문자 사이에 일정치 않은 휴지 시간이 존재할 수 있다.

[정답] ①
비동기식전송과 동기식전송방식 비교

	비동기식전송	동기식전송
전송형태	문자단위	블록단위
동기유지	문자 전송시 동기	항상 동기 유지
전송속도	2000[bps]이하	2000[bps]이상
전송효율	나쁨	우수

12

비동기식 전송 방식에서 Stop Bit의 역할은 무엇인가?

① 다음 문자를 수신할 수 있도록 준비 시간을 제공한다.
② 블록단위로 데이터를 일시에 전송하도록 한다.
③ 헤딩의 시작을 표시한다.
④ 텍스트의 시작을 표시한다.

[정답] ①
비동기식 전송이란 송수신측이 서로 다른 클럭으로 동작하며 문자단위로 전송하는 방식을 말한다. 문자는 8개의 비트로 되어 있고 7개 비트는 정보비트이고 1개는 패리티 비트이다.
비동기식 전송은 문자 전송 시에만 동기를 유지하며 이렇게 하기 위해 문자 전송 시 문자 앞에 1개의 스타트비트, 문자 뒤에 1~2개의 정지비트를 붙이며 문자와 문자 사이에는 휴지 간격이 있을 수 있다.

13. 다음 중 동기식 전송방식에 속하지 않는 것은?

① 비트 동기방식 ② 문자 동기방식
③ 스트로보 동기방식 ④ 프레임 동기방식

[정답] ③

동기방식 ┬ 비트동기 ┬ 동기방식
        │   └ 비동기(조보식)방식
        └ 블록동기 ┬ 캐릭터동기방식
                  └ 플래그동기방식

동기방식은 비트동기와 블록동기로 나눌 수 있고, 블록동기는 문자동기와 플래그동기로 나눌 수 있다.

14. 다음 중 동기식 전송방식이 아닌 것은?

① Bit 동기방식 ② Character 동기방식
③ ATM 동기방식 ④ Frame 동기방식

[정답] ③
동기방식은 비트동기와 블록동기로 나눌 수 있고, 블록동기는 문자동기와 플래그(프레임)동기로 나눌 수 있다.

15. 디지털 통신시스템의 수신기에서 수신되는 비트열(Bit Stream)의 클럭 또는 비트 파형의 전이(Transition)를 정확히 재생하는 동기 방식은?

① 비트 동기 ② 문자 동기
③ 플래그 동기 ④ 프레임 동기

[정답] ①
비트동기방식은 디지털 통신시스템의 수신기에서 수신되는 비트열의 클럭을 정확히 재생하는 동기 방식이다.

16. 일반적으로 비동기식 전송보다 빠르고 동기식 전송보다 느린 방식은?

① 비트방식 ② 문자방식
③ 혼합형 동기식 방식 ④ 비혼합형 동기식 방식

[정답] ③
혼합형 동기식 전송방식
① 동기식 전송처럼 송수신 측이 서로 동기 상태에 있어야 한다.
② 비동기식 전송처럼 스타트 비트와 스톱 비트를 가진다.
③ 각 문자 사이에는 유휴 시간이 존재한다.
④ 전송 속도가 비동기식 전송보다 빠르고 동기식보다는 느리다.

17. 동기식 전송에 대한 설명으로 틀린 것은?

① start-stop 전송이라고 한다.
② 블록과 블록 사이에는 휴지 간격이 없다.
③ 송신측과 수신측이 항상 동기 상태를 유지해야 한다.
④ 수신측 단말기에는 반드시 버퍼 기억장치를 가지고 있어야 한다.

[정답] ①
start비트와 stop 비트를 사용하는 것은 비동기식 전송방식이다.

18. 비동기식 전송과 동기식 전송에 대한 설명으로 옳지 않은 것은?

① 비동기식 전송에서 사용되는 클록은 상대측과 서로 독립적으로 운용된다.
② 동기식 전송에서 정보 전송형태는 블록 단위로 이루어진다.
③ 비동기식 전송은 주로 저속의 전송속도에서 이용된다.
④ 동기식 전송에서 동기는 글자단위로 이루어진다.

[정답] ④
동기식 전송과 비동기식 전송방식의 비교

	비동기식전송	동기식전송
전송형태	문자단위	블록단위
동기유지	문자 전송시 동기	항상 동기 유지
전송속도	2000[bps]이하	2000[bps]이상
전송효율	나쁨	우수

19. 혼합형 동기식 전송 방식 (Syochronous Transmission)의 특징이 아닌 것은?

① 일반적으로 비동기식 전송보다 전송속도가 빠르다.
② 동기식 전송과 비동기 전송의 특성을 혼합한 방식이다.
③ 문자와 문자 사이에 휴지 시간이 없다.
④ Start bit와 Stop bit를 가진다.

[정답] ③
혼합형 동기식 전송방식
① 동기식 전송처럼 송수신 측이 서로 동기 상태에 있어야 한다.
② 비동기식 전송처럼 스타트 비트와 스톱 비트를 가진다.
③ 각 문자 사이에는 유휴 시간이 존재한다.
④ 전송 속도가 비동기식 전송보다 빠르고 동기식보다는 느리다.

20. 다음 중 혼합형 동기식 전송 방식에 대한 설명으로 옳지 않은 것은?

① 일반적으로 비동기식 전송보다 전송속도가 빠르다.
② Start bit와 Stop bit가 없다.
③ 송신측과 수신측이 동기 상태에 있어야 한다.
④ 문자와 문자 사이에 휴지시간이 있을 수 있다.

[정답] ②
① 비동기식 전송 방식
· 한 문자씩(character bit)을 송수신하는 방식
· 각 문자 간에는 유휴 시간이 있을 수 있다.
· 송신측과 수신 측이 항상 동기를 맞출 필요가 없다.
② 동기식 전송 방식
· 한 문자 단위가 아니라 여러 문자를 수용하는 블록 단위로서 전송하는 방식
· 블록 간에는 유휴 간격이 없음
· 동기 신호는 변복조기, 터미널 등에서 공급
③ 혼합형 동기식 전송 방식
· 동기식 전송처럼 송수신 측이 서로 동기 상태에 있어야 함
· 비동기식 전송처럼 스타트 비트와 스톱 비트를 가짐
· 각 문자 사이에는 유휴 시간이 존재
· 전송 속도가 비동기식 전송보다 빠름

21. 다음 중 혼합형 동기식 전송 방식의 설명으로 옳지 않은 것은?

① Start Bit와 Stop Bit를 가진다.
② 문자와 문자 사이에 휴지 간격이 있을 수 있다.
③ 일반적으로 비동기식 전송보다 느리다.
④ 송신측과 수신측이 동기 상태에 있어야 한다.

[정답] ③
혼합형 동기식 전송방식
① 동기식 전송처럼 송수신 측이 서로 동기 상태에 있어야 한다.
② 비동기식 전송처럼 스타트 비트와 스톱 비트를 가진다.
③ 각 문자 사이에는 유휴 시간이 존재한다.
④ 전송 속도가 비동기식 전송보다 빠르고 동기식보다는 느리다.

22. 디지털 변조에 의해 디지털 신호의 주파수대역을 옮겨서 전송하는 방식은?

① Broadband 전송   ② Baseband 전송
③ PCM 전송   ④ SSB 전송

[정답] ①
브로드밴드 전송(Broadband Transmission)
Digital화된 data를 modem으로 디지털 변조(PSK,QAM)하여 아날로그 신호로 전송하는 방식이다. 전송거리가 길고 전송용량이 큰 대규모전송에 이용된다.

23. 브로드밴드 전송방식의 설명으로 다음 중 틀린 것은?

① 변조 기법을 통하여 신호의 주파수 대역을 옮겨서 전송한다.
② 광범위한 주파수 영역을 효과적으로 사용할 수 있다.
③ 무선통신에서 주로 사용한다.
④ 변조 방식에서는 기저대역 신호에 반비례하여 변화시킨다.

[정답] ④
변조 방식에서는 반송파의 진폭,주파수 위상등에 기저대역 데이터르를 비례하여 변화시킨다.

24. 다음 중 DTE에서 사용되는 디지털 신호를 아날로그 전송 회선에 전송 가능하도록 하는 것은?

① DSU   ② CSU
③ MODEM   ④ CCU

[정답] ③
DTE(신호변환장치)
① 디지털 데이터 신호를 아날로그 신호로 전송 : MODEM
② 디지털 데이터 신호를 디지털 신호로 전송 : DSU

25. 다음 중 변복조기(MODEM)의 송신부의 동작순서로 맞는 것은?

① 단말장치-부호화기-변조기-대역제한필터-증폭기-변환기
② 단말장치-증폭기-변조기-부호화기-대역제한필터-변환기
③ 단말장치-부호화기-변조기-변환기-대역제한필터-증폭기
④ 단말장치-대역제한필터-부호화기-증폭기-변환기-변조기

[정답] ①
변복조기(MODEM)의 송신부의 동작순서
단말장치-부호화기-변조기-대역제한필터-증폭기-변환기

26. ITU-T의 V시리즈는 무엇을 대상으로 하는 표준안인가?

① 망 간 접속에 관한 데이터통신
② 신호방식에 관한 데이터통신
③ 전화망을 통한 데이터통신
④ 메시지 처리에 관한 데이터통신

[정답] ③
ITU-T의 V-Seriese : PSTN 전화망을 통한 데이터통신

27

DCE의 일종으로 디지털신호를 디지털 전송로에 적합한 형태로 변환하는 장치는?

① MODEM　　② DSU
③ DTE　　　④ FEP

[정답] ②
DSU(Digital Service Unit)는 디지털데이터를 디지털 전송로에 전송하기에 적합한 디지털 신호로 변환시키는 장치로 기저대역전송(baseband transmission)에 사용된다.

28

다음 중 디지털 전송방식에 대한 설명으로 옳지 않은 것은?

① 신호를 변환하지 않고 전송하는 방식이 Baseband 전송이다.
② Baseband 전송 방식은 대역폭이 좁은 반면 전송 가능한 거리가 짧다.
③ Baseband 전송은 반송파의 진폭 또는 주파수 등을 변환하여 전송하는 방식이다.
④ 동축케이블은 Broadband와 Baseband 전송에 모두 이용된다.

[정답] ③
반송파의 진폭 또는 주파수 등을 변환하여 전송하는 방식은 Broadband전송방식이다..

29

다음 중 기저대역전송에서 전송부호가 가져야 하는 조건으로 적합하지 않은 것은?

① 전송대역폭이 압축되어야 한다.
② DC 성분이 포함되어야 한다.
③ 동기정보가 충분히 포함되어야 한다.
④ 에러의 검출이 용이하다.

[정답] ②
기저대역 전송로에는 직류성분 내지 저주파성분을 통과시키지 못하는 선로가 있으므로 직류성분을 포함하지 않는 것이 좋다.

30

전송부호가 가져야 하는 조건에 해당하지 않는 것은?

① 직류(DC)성분을 포함하고 있어야 한다.
② 동기정보가 충분히 포함되어야 한다.
③ 전송 도중에 발생하는 에러의 검출과 정정이 가능해야 한다.
④ 전송대역폭을 작게 차지해야 한다.

[정답] ①
전송부호란 디지털신호의 전송에 있어 0 또는 1에 어떤 펄스파형을 대응시킨 것으로 전송부호가 가져야 하는 조건은 다음과 같다.
① 동기(timing)정보가 포함되어야 한다.
② DC성분이 포함되지 않아야 한다.
③ 전력밀도 스펙트럼상에서 아주 낮은 주파수 성분과 아주 높은 주파수 성분이 제한되어야 한다.
④ 전송 도중에 발생하는 에러의 검출이 가능해야 한다.
⑤ 전송대역폭이 압축되어야 한다.
⑥ 전송부호의 코딩효율이 양호해야 한다.

31

기저대역(Baseband) 전송방식이 아닌 것은?

① RZ 전송방식　　② NRZ 전송방식
③ 캐리어 전송방식　　④ 바이폴라 전송방식

[정답] ③
캐리어 전송방식은 아날로그 반송파를 이용해 주파수변환 하여 전송하는 방식이다.

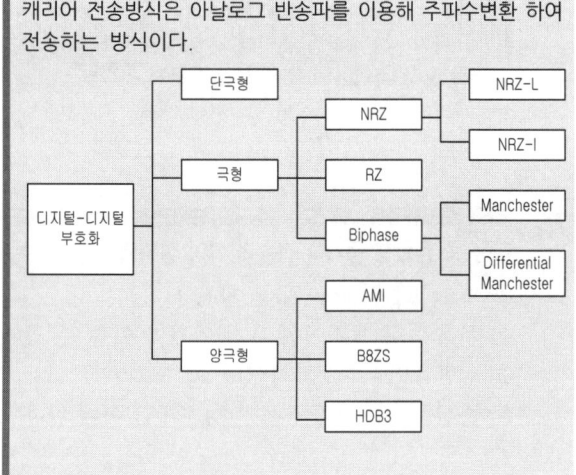

32

데이터를 변조하지 않은 상태, 즉 직류펄스의 형태 그대로 전송하는 방식으로 RZ, NRZ, AMI(Biopolar), Manchester, CMI 등의 방식이 사용되는 전송방식은?

① 동기식(Synchronous) 전송방식
② 비동기식(Asynchronous) 전송방식
③ 기저대역(Baseband) 전송방식
④ 반송대역(Broadband) 전송방식

[정답] ③

33

각 펄스에 대한 직류성분을 제거시키고 동기유지와 전송 대역폭을 줄이는 방법으로 바이폴라(Bipolar) 방식과 맨체스터(Manchester) 방식을 결합한 것은?

① 차동(Differential)부호 방식
② 다이코드(Dicode) 방식
③ CMI 방식
④ HDB3 방식

[정답] ③
CMI
① 1은 바이폴라 부호화 방식처럼 +, - 부호를 교대로 바꿈
0은 맨체스터 방식처럼 bit의 중앙점 $\frac{T}{2}$에서 -전압에서 + 전압으로 상태 변화
② 직류성분이 존재하지 않는다.
③ 전송부호의 클럭주파수가 입력 신호 주파수의 2배이다.

34

다음은 다이코드(dicode)전송부호에 대한 설명이다. 틀린 것은?

① 0에서 0으로 변화가 없을 때는 0전위
② 1에서 1로 변화가 없을 때는 (-)전위
③ 0에서 1로 변화가 있을 때는 (+)전위
④ 1에서 0으로 변화가 있을 때는 (-)전위

[정답] ②
다이코드(Dicode) 규칙
① (0) → (1) 변화 시 (+1) 전위로 변화
② (1) → (0) 변화 시 (-1) 전위로 변화
③ (0) → (0) 또는 (1) → (1) 변화시 (0) 전위

35

다음 설명에 해당하는 것은 무엇인가?

'1'은 하나의 펄스폭을 2개로 나누어서 반구간은 양(+), 나머지 구간은 음(-) 펄스로 구성하고 '0'과 반대로 구성하는 데이터 전송방법

① 바이폴라 펄스
② 맨체스터 펄스
③ 차동 펄스
④ 단주(단류)RZ 펄스

[정답] ②
맨체스터코드
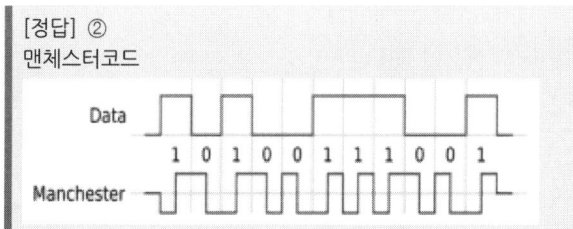

36

기저대역(Baseband) 전송방식에서 다음 그림의 전송방식으로 올바른 것은?

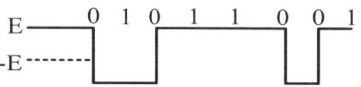

① 바이폴라 RZ 방식
② AMI 방식
③ 차분(Differential)방식
④ CMI 방식

[정답] ③
차분방식 정의 : 0(또는 1)은 상태의 변화에 대응, 1(또는 0)은 상태의 변화가 없는 것으로 대응시키는 부호화 방법으로 DMI(differential Mark Inversion)라고도 함.

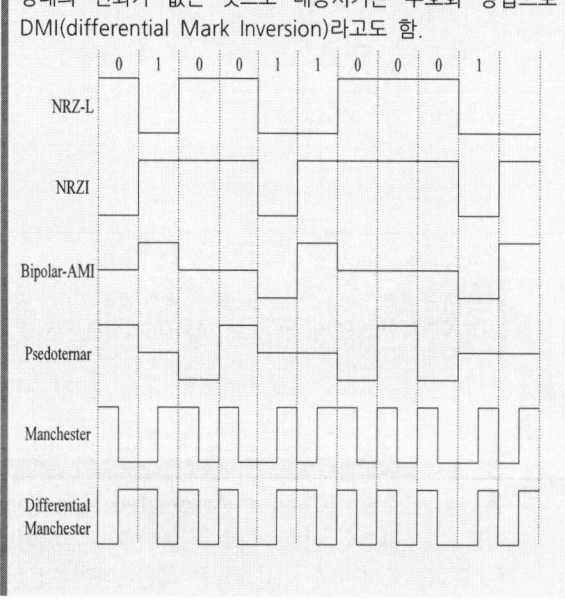

37

패킷 공중 통신망에서 가입자와 망간의 인터페이스 프로토콜은?

① X.21
② X.23
③ X.25
④ X.27

[정답] ③
X.25 프로토콜
① ITU-T에서 패킷형 단말과 패킷교환기간의 인터페이스로 권고하고 있는 프로토콜로 물리계층, 데이터링크층, 패킷계층의 3계층으로 구성되어 있다.
② 물리계층 프로토콜 : X.21(또는 X.21 bus)
데이터 링크계층의 프로토콜: LAP-B
패킷계층의 프로토콜: X.25 packet level

38. ITU-T 권고안 시리즈 중 ISDN에 관한 사항을 규정한 것은?

① I
② Q
③ V
④ X

[정답] ①
ITU-T 권고안

V Series	I Series	X Series
PSTN 인터페이스	ISDN 인터페이스	PSDN 인터페이스

39. 공동 이용기(Sharing Unit)의 도입시 고려할 요소로 가장 거리가 먼 것은?

① 네트워크 환경
② 자동 응답기
③ 접속 가능한 모뎀
④ 동시 접속 단말기 수

[정답] ②
공동이용기
① 단일장비나 기기를 다수의 사용자가 동시에 이용하도록 하는 장비를 말한다.
② 모뎀 공동이용기, 선로 공동이용기, 포트 공동 이용기 등이 있다.
③ 고려사항은 네트워크 환경, 사용자수, 접속 가능한 모뎀수 등이 있다.

40. 통화로 신호방식(Channel Associated Signaling)에서 1개 또는 다수의 신호주파수를 음성주파수 대역내에 두는 방식으로 주파수 이용효율은 좋은 반면 통신신호와의 간섭에 대한 처리가 필요한 방식은?

① 직류방식
② In-band방식
③ out-of-band방식
④ 혼합방식

[정답] ②
통화 제어 신호 전달방식에는 직류방식, In-band방식 out-of-band 방식 등으로 구분 할 수 있다. 이중 간섭 처리가 필요한 방식은 In-Band(대역내)방식이다.

41. 다음 중 통화로 신호방식(Channel Associated Signaling)에서 사용하지 않는 방식은?

① 직류방식
② In-band 방식
③ Out-of-band 방식
④ 교류방식

[정답] ④
통화로 신호방식은 신호정보와 음성정보를 동일한 회선을 통해서 교환하는 방식으로 직류방식, In-Band방식, Out of Band방식이 있다.

42. 전화교환기에서 신호 정보를 집중 처리하는 특성에 의해 적용되는 방식으로 신호 회선과 통화 회선이 분리되어 있는 신호 방식은?

① 집중 신호 방식
② 통화로 신호 방식
③ 개별선 신호 방식
④ 공통선 신호 방식

[정답] ④
통화로 신호방식(CAS)
① 음성신호와 신호정보가 동일한 회선을 통해서 전달
② One to One 방식이라 한다.
③ 고속전송 및 멀티미디어 전송이 불가능하다.
④ R_1, R_2, NO.5
공통선 신호방식(CCS)
① 신호와 통화로가 분리되어 통화로 사용효율이 높다.
② 통화중이라 하더라도 항시 신호 정보 전송이 가능
③ NO.6, NO.7

43. 공통선 신호방식의 설명으로 적합하지 않은 것은?

① 신호 송수신만을 위한 독립된 루트와 독립된 프로토콜을 사용하는 방식
② 송신 및 수신 선로로 구분할 필요 없이 하나의 선로를 통해 송수신
③ 양방향의 통신이 가능한 신호방식
④ 통화로와 신호로가 같아 통화 중 신호 전달이 불능

[정답] ④
공통선신호방식
① 신호 송수신만을 위한 독립된 루트와 독립된 프로토콜을 사용하는 방식
② 송신 및 수신 선로로 구분할 필요 없이 하나의 선로를 통해 양방향의 통신이 가능
③ 통화로와 신호로가 별도로 분리되어 있어 통화 중에도 신호 전달이 가능
④ 신호채널이 손상되면 전체통신망 마비가능

44. 다음 중 공통선 신호방식(SS7)에 대한 설명으로 옳지 않은 것은?

① 디지털 원거리 통신 네트워크에서 사용하도록 최적화시킨다.
② 손실이나 중복이 없는 고신뢰성 수단을 제공한다.
③ 아날로그 채널에서 64[kbps]의 속도로 동작하기에 적합하도록 한다.
④ 패킷교환 네트워크에서 수행되는 기능을 규정하며, 이는 하드웨어를 사용하도록 규제한다.

[정답] ④
공통선 신호방식은 소프트웨어를 사용하도록 규제한다.

45

공통선 신호방식(Common Channel Signaling)의 특징이 아닌 것은?

① 통화채널과 분리된 별도의 신호채널을 통해 신호가 송수신 된다.
② 축적 프로그램 제어 방식에 의해 신속한 상호 전달 능력과 망의 상태 관리나 보수 과금 정보 전송도 수행할 수 있다.
③ 신호망의 일부 손상이 통신망의 마비를 초래할 수 있다.
④ 신호전송의 전기적 조건에 따라서 직류방식, In-Band 방식 등으로 나눈다.

[정답] ④
통화 제어 신호 전달방식에는 직류방식, In-band방식 out-of-band 방식 등으로 구분 할 수 있다. 공통선 신호방식(Common Channel Signaling)은 out-of-band 방식으로 분류된다.

46

다음 중 No.7 CCS(Common Channel Signaling)의 장점이 아닌 것은?

① 신호와 이용자 정보의 동시전달이 망 접속의 설정과 동시에 가능. 호 접속 상태와 무관하므로 통화 중에도 신호 전송이 가능하다.
② 통화로와 신호로가 개별회선에 중첩되는 방식으로 전송로 사용이 효율적이다.
③ 새로운 서비스와 부가 서비스의 도입을 포함하는 새로운 요구에 대해서 커다란 유연성을 갖는다.
④ 단일 64[kbps]채널로 거의 1,000개 이상의 이용자 정보 채널을 동시에 제어할 수 있는 집중화된 신호장비를 사용하기 때문에 개별 채널 방식에 비해 경제적이다.

[정답] ②
공통선 신호방식(CCS)은 신호와 통화로가 분리되어 통화로 사용효율이 높다.

47

다음 중 No.7 신호방식의 특징이 아닌 것은?

① 통화채널과 분리된 별도의 신호채널을 통해 신호가 송수신된다.
② 두 개의 음성대역 주파수를 혼합하여 송출한다.
③ 기능별로 모듈화된 계층구조를 갖는다.
④ 다양한 서비스 제공능력을 갖는다.

[정답] ②
두 개의 음성대역 주파수를 혼합하여 송출하는 방식은 가입자선 신호방식이 일종인 DTMF(Dual Tone Multi Frequency)방식 이다.

48

다음 중 통화로 신호 방식에 대한 설명으로 옳지 않은 것은?

① 통화로와 신호로가 개별회선에 중첩되는 방식이다.
② 각각의 선로에 신호를 함께 실어 보내는 방식이다.
③ 회선개별신호방식(Per Channel Signaling)이라 부르기도 한다.
④ ITU-T No.7 방식으로 표준화되었다.

[정답] ④
통화로 신호방식(CAS)
① 음성신호와 신호정보가 동일한 회선을 통해서 전달
② 회선개별신호방식(Per Channel Signaling)
③ 고속전송 및 멀티미디어 전송이 불가능하다.
④ R_1, R_2, NO.5
공통선 신호방식(CCS)
① 신호와 통화로가 분리되어 통화로 사용효율이 높다.
② 통화중이라 하더라도 항시 신호 정보 전송이 가능
③ NO.6, NO.7

49

CAS(Channel Associated Signaling/통화로 신호방식) 방식으로 사용되는 방식은?

① No.5
② No.7
③ R1 MFC
④ R2 MFC

[정답] ④
신호방식의 종류,

가입자선 신호방식	국간 신호방식	
	통화로 신호방식(R2)	공통선 신호방식(No.7)
단말기와 교환기 MFC	교환기와 교환기	
	통화회선이용	통화회선과 신호회선 분리

50

대역 내 통신 신호와의 간섭이 없다는 이점이 있으나 다중전송방식의 주파수 이용효율이 낮고 다중분리 필터가 복잡해지는 단점이 있는 통화로 신호방식은?

① 직류방식
② In-band 방식
③ Out-of-band 방식
④ 혼합방식

[정답] ③
Out-Of-Band 신호방식은 IN Band 신호방식에서 문제가 되는 대역 내 신호와의 간섭이 없다는 장점은 있으나 주파수 이용효율이 낮고 다중분리 필터가 복잡해지는 단점이 있다.

51

다음 중 No.7 신호방식의 프로토콜 계층 구조로 틀린 것은?

① 메시지 전송부   ② 신호접속 제어부
③ 이용자부   ④ 주소부

[정답] ③
NO.7 신호방식의 계층구조
① MTP : 메시지 전달부
② SCCP : 신호연결 제어부
③ ISUP : ISDN 사용부
④ TCAP : 문답처리 응용부
⑤ TUP : 전화사용자부

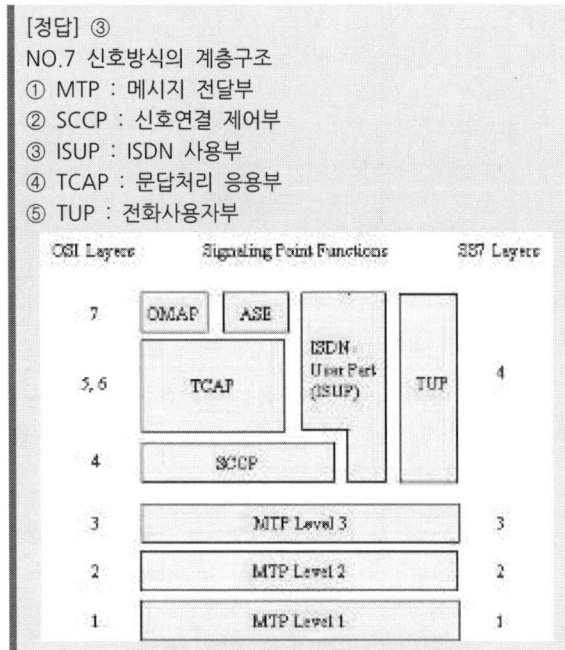

52

디지털 통신망을 구성하는 디지털 교환기 사이에 클럭주파수의 차이가 생기면 데이터의 손실이 발생할 수 있는데 이를 무엇이라 하는가?

① 슬립(Slip)   ② 폴링(Polling)
③ 피기백(Piggyback)   ④ 인터리빙(Interleaving)

[정답] ①
슬립 (Slip)이란 망 장비 상호간의 동기 클럭주파수가 다를 때 디지털 신호의 한 비트 또는 여러 연속 비트들이 손실되거나 중복되는 현상이다.

53

디지털 통신망에서 slip을 가장 잘 설명한 것은?

① 데이터의 손실   ② 데이터의 제어방법
③ 데이터의 전송방법 ④ 데이터의 서비스 종류

[정답] ①
슬립 (Slip)이란 망 장비 상호간의 동기 클럭주파수가 다를 때 디지털 신호의 한 비트 또는 여러 연속 비트들이 손실되거나 중복되는 현상이다.

④ 통신 프로토콜

01

다음 중 프로토콜의 기본 구성요소로 틀린 것은?

① 구분   ② 의미
③ 타이밍 ④ 규칙

[정답] ④
프로토콜의 기본 구성요소
① 구문(Syntax): 데이터의 구조나 형식, 부호화의 방법 등 정의함
② 의미(Semantics): 오류제어, 동기제어, 흐름제어 같은 제어절차를 정의함
③ 타이밍(Timing): 양단(end to end)의 통신속도나 순서 등을 정의함

02

데이터통신을 위한 프로토콜을 구성하는 중요한 요소로 적합하지 않은 것은?

① 구문   ② 의미
③ 채널 용량 ④ 타이밍

[정답] ③
프로토콜의 기본요소

주요요소	특 징
구문(Syntax)	데이터의 구조나 형식, 부호화의 방법 등 정의함
의미(Semantics)	오류제어, 동기제어, 흐름제어 같은 제어절차를 정의함
타이밍(Timing)	양단(end to end)의 통신속도나 순서 등을 정의함

03

프로토콜의 기본 요소 중 전송의 조정이나 오류 제어를 위한 제어 정보에 대한 규정을 하는 것은?

① 구문(Syntax)   ② 의미(Semantics)
③ 타이밍(Timing) ④ 동기(Synchronization)

[정답] ②
프로토콜의 기본요소
① 구문(Syntex): 데이터의 형식, 부호화, 신호크기
② 의미(Segmentics): 제어와 오류복원의 제어정보
③ 타이밍(Timing): 송수신간 전송속도 및 동기

04

프로토콜의 기능으로 적합하지 않은 것은?

① 주소부여 ② 단순화
③ 흐름제어 ④ 데이터의 분할 및 조립

[정답] ②
프로토콜의 기능
① 주소 설정(Addressing)
② 순서 제어(Sequence Control)
③ 단편화 및 재조합(Fragmentation & Reassembly)
④ 캡슐화(Encapsulation)
⑤ 연결 제어(Connection Control)
⑥ 흐름 제어(Flow Control)
⑦ 오류 제어(Error Control)
⑧ 동기화(Synchronization)
⑨ 다중화(Multiplexing)

05

다음 중 프로토콜의 기능과 가장 거리가 먼 것은?

① 데이터 압축 ② 다중화
③ 연결제어 ④ 캡슐화와 비캡슐화

[정답] ①
프로토콜의 기능
① 주소 설정(Addressing)
② 순서 제어(Sequence Control)
③ 단편화 및 재조합(Fragmentation & Reassembly)
④ 캡슐화(Encapsulation)
⑤ 연결 제어(Connection Control)
⑥ 흐름 제어(Flow Control)
⑦ 오류 제어(Error Control)
⑧ 동기화(Synchronization)
⑨ 다중화(Multiplexing)

06

다음 중 프로토콜의 기능이 아닌 것은?

① 흐름제어(Flow Control)
② 세분화(Fragmentation)
③ 정보보안(Information Security)
④ 캡슐화(Encapsulation)

[정답] ③
프로토콜의 기능
① 주소 설정(Addressing)
② 순서 제어(Sequence Control)
③ 단편화 및 재조합(Fragmentation & Reassembly)
④ 캡슐화(Encapsulation)
⑤ 연결 제어(Connection Control)
⑥ 흐름 제어(Flow Control)
⑦ 오류 제어(Error Control)
⑧ 동기화(Synchronization)
⑨ 다중화(Multiplexing)
⑩ 전송 서비스

07

계층간 통신에서 N+1 계층에 의해 N 계층과 계속해서 N-1 계층으로 투명하게 전달되는 사용자 데이터를 표현하는 것은 무엇인가?

① PDU ② SDU
③ IDU ④ PCI

[정답] ②
계층간 통신
PDU는 SDU(Service Data Unit)와 PCI(Protocol Control Information)로 구성되어 있다.
SDU는 전송하려는 데이터, PCI는 제어 정보이다.

PDU	SDU	PCI
수평적통신 N ↔ N	수직적통신 N ↔ N-1	SDU에 사용 되는 제어 정보

08

다음 중 OSI 참조모델에 대한 설명으로 맞지 않는 것은?

① 개방형시스템의 상호통신을 위한 참조모델이다.
② ISO에서 동일 기종 간의 컴퓨터 통신을 위한 구조 개발에 의해 만들어진 규정이다.
③ 통신기능을 7계층으로 나누어 각 계층의 기능을 정의하였다.
④ 서로 다른 컴퓨터나 정보통신시스템간의 연결과 원활한 정보 교환을 위한 표준화된 절차이다.

[정답] ②
OSI-7Layer 참조모델은 ISO에서 서로 다른 컴퓨터간 통신을 위한 구조개발에 의해 만들어진 규정이다.

09
다음 보기는 OSI 7계층을 나타낸 것이다. 하위 계층부터 상위 계층 순서대로 나열한 것은?

㉮ 네트워크 계층	㉯ 물리 계층
㉰ 전송 계층	㉱ 응용 계층
㉲ 세션 계층	㉳ 표현 계층
㉴ 데이터링크 계층	

① ㉯ → ㉴ → ㉮ → ㉰ → ㉲ → ㉱ → ㉳
② ㉯ → ㉴ → ㉰ → ㉮ → ㉲ → ㉳ → ㉱
③ ㉯ → ㉴ → ㉮ → ㉰ → ㉲ → ㉳ → ㉱
④ ㉯ → ㉴ → ㉰ → ㉮ → ㉳ → ㉲ → ㉱

[정답] ③
OSI 7Layer의 구조

계층	명칭	기능
7	응용계층	응용프로그램
6	프리젠테이션계층	데이터 압축 및 암호화
5	세션계층	세션 설정, 해제
4	전달계층	End to End 제어
3	네트워크계층	패킷 전송경로 설정
2	데이타링크계층	동기,에러,흐름제어
1	물리계층	물리적 인터페이스

10
다음 중 OSI-7계층의 하위계층에 해당하는 것은?

① 물리 계층, 데이터링크 계층, 네트워크 계층
② 세션 계층, 표현 계층, 네트워크 계층
③ 물리 계층, 트랜스포트 계층, 표현 계층
④ 데이터링크 계층, 트랜스포트 계층, 세션 계층

[정답] ①
OSI-7Layer의 상위계층과 하위계층

	7	어플리케이션 계층
상위	6	표현 계층
	5	세션 계층
	4	트랜스포드 계층
	3	네트워크 계층
하위	2	데이터링크 계층
	1	물리계층

11
OSI 7계층의 하위 계층에 해당하는 것은?

① 데이터링크계층
② 전송계층
③ 트랜스포트계층
④ 세션계층

[정답] ③
OSI-7Layer의 상위계층과 하위계층

	7	어플리케이션 계층
상위	6	표현 계층
	5	세션 계층
	4	트랜스포드 계층
	3	네트워크 계층
하위	2	데이터링크 계층
	1	물리계층

12
OSI 7계층 참조모델 중에서 물리계층이 하는 역할을 바르게 나타낸 것은?

① 회선의 제어 규약을 정의
② 회선의 전기적 규약을 정의
③ 회선의 다중화 규약을 정의
④ 회선의 유지보수 규약을 정의

[정답] ②
물리계층 인터페이스의 4대 특성
① 기계적 특성: 커넥션방식 등
② 전기적 특성: 전압레벨, 상승/하강시간 등
③ 기능적 특성: 제어, 타이밍 특성 등
④ 절차적 특성: 데이터 동작순서 등

13
ISO의 OSI 7계층의 RM(Reference Model)에서 데이터링크의 전송 에러로 부터의 영향을 제거하여 상위층에 신뢰성 있는 정보를 제공하는 기능을 갖는 계층은?

① Layer 1
② Layer 2
③ Layer 3
④ Layer 4

[정답] ②
Layer 2 주요 기능
인접 노드간 에러제어, 흐름제어, 동기제어

14

OSI 7 계층 참조모델 중 제 4계층에 해당되는 것은?

① 응용계층　　② 전송계층
③ 표현계층　　④ 물리계층

[정답] ②
OSI-7계층 참조 모델

계 층	명 칭	기 능
7	응용계층	응용 프로그램
6	프리젠테이션계층	데이터 압축 및 암호화
5	세션계층	세션 제어(설정, 해제)
4	전달계층	End to End 제어
3	네트워크계층	경로설정 및 혼잡제어
2	데이터링크계층	동기,흐름,오류,입출력,회선제어
1	물리계층	물리적 인터페이스

15

OSI 7계층에서 암호화, 해독, 정보압축 등을 수행하는 계층은?

① 전송계층　　② 세션계층
③ 표현계층　　④ 응용계층

[정답] ③
표현 계층은 다양한 정보의 표현 형식을 공통의 전송형식으로 변환, 암호와, 압축 등의 기능 수행한다.

16

OSI 모델의 7계층 중 암호화 및 데이터 압축 등을 수행하는 계층은?

① 응용 계층　　② 표현 계층
③ 전송 계층　　④ 세션 계층

[정답] ②
OSI 7Layer의 기능

계 층	명 칭	기 능
7	응용계층	응용프로그램
6	프리젠테이션계층	데이터 압축 및 암호화
5	세션계층	세션 설정, 해제
4	전달계층	End to End 제어
3	네트워크계층	패킷전송
2	데이타링크계층	동기, 에러, 흐름제어
1	물리계층	물리적 인터페이스

17

OSI 참조모델에서 구문(syntax)의 협상 및 재협상, 문맥(context) 제어기능, 암호화 및 데이터 압축 기능 등을 수행하는 계층은?

① 네트워크 계층　　② 전송 계층
③ 세션 계층　　　　④ 표현 계층

[정답] ④
표현 계층은 다양한 정보의 표현 형식을 공통의 전송형식으로 변환, 암호화 및 압축 등의 기능을 수행한다.

18

다음 중 OSI 7계층 참조모델의 각 계층별 설명으로 잘못된 것은?

① 제2계층(물리 계층) : 물리적 연결, 활성화와 비활성화
② 제3계층(네트워크 계층) : 통신망 내 및 통신망 사이의 경로 선택과 중계 기능
③ 제4계층(트랜스포트 계층) : 종단 상호간의 에러검출 및 서비스 품질 감시
④ 제5계층(세션 계층) : 회화 관리 및 동기 기능 수행

[정답] ①
OSI 7계층 주요기능
① 물리 계층 : 1계층
실제 물리적인 장치를 연결하는데 필요한 전기적, 기계적, 기능적,절차적 기능을 제공한다. 허브나 리피터가 물리 계층의 장치이다.
② 데이터 링크 계층 : 2계층
인접 노드간 신뢰성있는 전송을 보장하기 위한 계층이며 오류 제어와 흐름 제어 기능을 수행한다.
대표적인 장비로 브리지와 스위치가 있다.
③ 네트워크 계층 : 3계층
통신망 내 및 통신망 사이의 경로 선택과 중계 기능을 제공하는 계층이다. 대표적인 장비로 라우터, L3 스위치가 있다.
④ 전송 계층 : 4계층
종단간 에러 검출 등을 통하여 신뢰성 있는 데이터를 주고 받을 수 있도록 해주는 기능을 제공한다.
⑤ 세션 계층 : 5계층
종단 응용 프로세스간 세션 설정 및 해제 기능을 제공한다.
⑥ 표현 계층 : 6계층
다양한 정보의 표현 형식을 공통의 전송형식으로 변환, 암호화 및 압축 등의 기능을 수행한다.
⑦ 응용 계층 : 7계층
사용자나 응용 프로그램 사이에 데이터 교환을 가능하게 하는 계층이다. HTTP, FTP, TELNET, 메일 서비스 등이 있다.

19

인터넷 프로토콜을 대표하는 TCP/IP는 각각 OSI 7 Layer의 RM(Reference Model)에 대응시키면 어떤 Layer에 각각 해당되는가?

① L4/L3
② L7/L3
③ L4/L2
④ L4/L1

[정답] ①
OSI 7 Layer와 TCP/IP

TCP/IP	OSI 7Layer
응용계층	응용계층
	표현계층
	세션계층
TCP계층	전송계층
IP계층	네트워크계층
데이터링크계층	데이터링크계층
물리계층	물리계층

20

OSI 7계층 참조모델 중 2계층 프로토콜에 해당하지 않는 것은?

① HDLC
② PPP
③ SLIP
④ SNMP

[정답] ④
SNMP(Simple Network Management Protocol)는 네트워크 관리를 위한 7계층 프로토콜이다.

21

OSI 프로토콜 구조 중에서 데이터 링크계층이 하는 역할이 아닌 것은?

① 흐름제어
② 데이터 동기 제공
③ 에러의 검출 및 정정
④ 네트워크 어드레싱

[정답] ④
데이터 링크 계층은 인접 노드간 신뢰성있는 전송을 보장하기 위한 계층이다. 매체공유를 위한 매체접근제어(MAC)기능 및 동기제어, 오류제어, 흐름제어 기능을 수행한다.

22

ISO에서 제안한 LAN 프로토콜 중 논리링크 제어 및 매체 액세스 제어를 기술하고 있는 계층은 OSI의 어느 계층에 해당하는가?

① 물리 계층
② 데이터링크 계층
③ 네트워크 계층
④ 전달 계층

[정답] ②

LAN의 계층구조
① 논리 링크제어 계층 (LLC : Logical Link Control, 802.2) 각종 매체 액세스법에 공통으로 적용되는 데이터 링크 제어 서비스를 수행한다.
② 매체 액세스제어 계층 (MAC : Media Access Control) CSMA/CD(IEEE802.3), 토큰버스(802.4), 토큰링(802.5), MAN (DQDB, 802.6), CSMA/CA(802.11)등의 액세스방법에서 데이터 전송을 수행하기 위한 논리적인 서비스로서, 논리링크 제어계층과 물리계층 사이의 인터페이스 역할로서 수행한다.

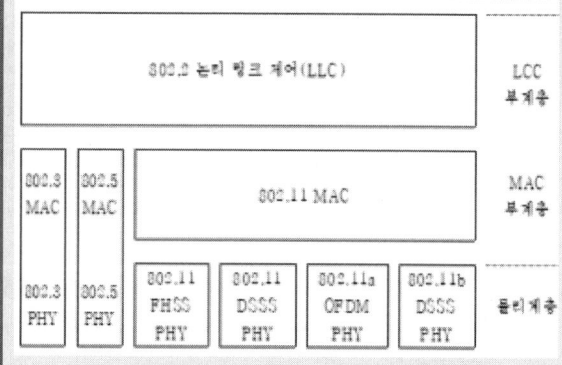

23

인터넷망에서 노드 역할을 하고 있는 Router의 기능은 OSI 7 Layer의 참조모델에서 보면, 어떤 계층의 기능을 주로 수행하는가?

① 데이터링크 계층
② 네트워크 계층
③ 전송 계층
④ 응용 계층

[정답] ②
라우터(Router)
① IP 경로제어의 역할을 하는 장비로써 3계층 (네트워크계층) 전송장비
② 라우팅프로토콜에는 RIP, OSPF 등이 있다.

24

OSI 계층에서 통신망 연결에 필요한 데이터 교환 기능의 제공 및 관리를 규정하는 계층으로서 네트워크 연결관리, 경로 설정 등의 기능을 수행하는 계층은?

① 데이터링크 계층
② 네트워크 계층
③ 전송 계층
④ 세션 계층

[정답] ②
네트워크 계층은 경로를 선택하고 주소를 정하고 경로에 따라 패킷을 전달해주는 역할을 수행한다.

25

OSI 7계층에서 네트워크계층 프로토콜이 아닌 것은?

① ARP(Address Resolution Protocol)
② RARP(Reverse Address Resolution Protocol)
③ ICMP(Internet Control Message Protocol)
④ UDP(User Datagram Protocol)

[정답] ④
OSI 7계층과 TCP/IP 프로토콜

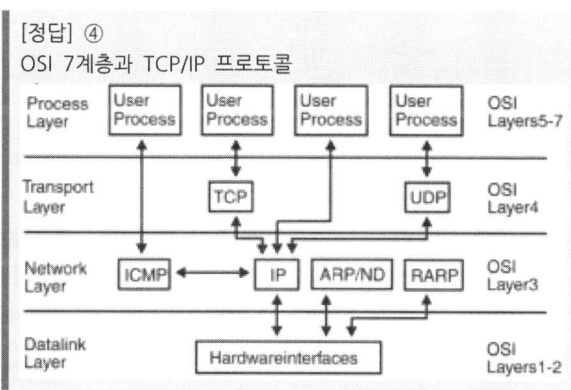

26

다음 중 IP NAT(Network Address Translation)의 장점으로 틀린 것은?

① 공인 IP 주소를 공유할 수 있다.
② 로컬 네트워크의 통제력을 강화할 수 있다.
③ 인터넷 서비스 제공자(ISP) 선택의 유연성을 가질 수 있다.
④ 외부에서 로컬 네트워크의 클라이언트로 접근하는 것이 쉽다.

[정답] ④
① NAT(Network Address Translator)란 OSI 모델의 3계층인 네트워크 계층에서 사설 IP 주소를 공인 IP 주소로 변환하는 데 사용하는 IP 주소 변환기임
② 여러 장치가 하나의 IP 주소를 공유가능(예: 인터넷 공유기)
③ 라우터의 일부로서 포함되고, 종종 통합된 방화벽의 일부가 되기도 함
④ 내부에서는 사설 IP를 사용하며 외부로 나갈 때 공인 IP를 사용

27

OSI 7계층에서 하위 3계층에서 발생한 데이터 분실 등의 오류를 회복시키는 계층은?

① 네트워크 계층   ② 트랜스포트 계층
③ 세션 계층   ④ 데이터링크 계층

[정답] ②

전송계층 프로토콜 TCP와 UDP
① TCP(Transmission Control Protocol)
연결형 전송 프로토콜로 양방향 데이터 전송을 제공한다. TCP는 메시지를 세그먼트로 잘게 분할하고 목적지에서 재조립하여 수신이 안 된 것은 재전송하여 세그먼트를 재조립하여 메시지로 복구한다.
② UDP(User Datagram Protocol)
비연결형 방식의 전송프로토콜로 수신확인이나 전송 보장 없이 데이터를 교환한다. 오류 처리나 재전송은 상위 프로토콜에서 행해져야 한다. 빠른 속도의 처리 속도를 보장하나 신뢰성의 문제점이 따른다.

28

다음 응용 프로그램(응용계층 서비스) 중 전송계층(Transport Layer) 프로토콜로 TCP를 사용하지 않는 것은?

① TFTP   ② SMTP
③ HTTP   ④ Telnet

[정답] ①
TFTP는 UDP 프로토콜을 사용한다.

29

FTP(File Transfer Protocol)는 OSI 7계층 중 어느 계층에 속하는가?

① 데이터링크계층   ② 네트워크계층
③ 세션계층   ④ 응용계층

[정답] ④
FTP는 File Transfer Protocol로 대용량 파일전송을 위한 응용계층프로토콜이다.

30

OSI 7계층에서 정보처리를 수행하는 응용프로그램과의 인터페이스를 제공하며 파일 전송, 메시지 통신 등의 서비스를 제공하는 계층은?

① 응용계층   ② 표현계층
③ 세션계층   ④ 전달계층

[정답] ①
응용 계층(Application layer)은 응용 프로그램과 직접 관계하여 파일전송, 메세지 통신 등의 일반적인 응용 서비스를 수행한다.

31
정보통신 관련 표준안을 제안하는 기구가 아닌 것은?
① ISO   ② ITU-T
③ ISDN   ④ ANSI

[정답] ③
ISO [International Organization for Standardization / 국제 표준화 기구]

ITU [International Telecommunication Union / 국제 전기 통신 연합]

ANSI [American National Standards Institute / 미국 규격 협회]

32
다음 중 비연결형 전달계층 프로토콜에 해당되는 것은?
① UDP   ② TCP
③ FTP   ④ VT

[정답] ①
비연결형 전송계층 프로토콜 : UDP
연결형 전송계층 프로토콜 : TCP

33
TCP(Transmisson Control Protocol)의 설명으로 틀린 것은?
① 연결형, 양방향성 프로토콜을 사용한다.
② 메시지 전송을 신뢰할 수 있고, 모든 데이터에 승인이 있다.
③ 모든 데이터 전송을 관리하며, 손실된 데이터는 자동으로 재전송한다.
④ 애플리케이션이 네트워크 계층에 접근할 수 있도록 하는 인터페이스만 제공한다.

[정답] ④
TCP와 UDP비교

프로토콜 항목	TCP	UDP
연결성	연결 지향 (Connection-oriented)	비연결형 (Connectionless)
수신 순서	송신 순서와 동일	송신 순서와 다름
오류제어, 흐름제어 기능	제공	제공 안함
적용	신뢰성이 요구되는 서비스	고속성이 요구되는 서비스

34
다음 중 TCP/IP 서비스에서 프로토콜과 용도가 상호 틀린 것은?
① FTP - 파일전송 프로그램
② RCP - 가상 터미널
③ SMTP - 전자우편
④ TELNET - 원격 시스템으로의 접속

[정답] ②
VT(Virtual Terminal) - 가상 터미널
RCP는 Routing Control Protocol의 준말이다.

35
TCP(Transmission Control Protocol)를 사용하는 애플리케이션과 잘 알려진 서버포트 번호연결이 잘못된 것은?
① Telnet - 23
② SMTP - 25
③ FTP - 18
④ HTTP - 80

[정답] ③
FTP의 서버포트 번호는 20/21 이다.

36
UDP(User Datagram Protocol)를 사용하는 애플리케이션은 무엇인가?
① DHCP   ② FTP
③ HTTP   ④ Telnt

[정답] ①

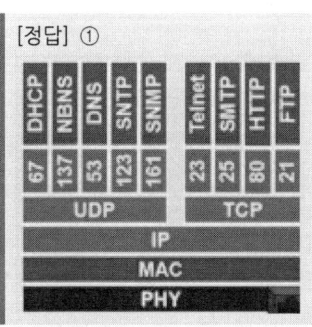

⑤ 네트워크

1 네트워크 개요

01 정보통신시스템에서 데이터 송신단과 수신단을 연결하는 것을 무엇이라 하는가?
① 네트워크 ② 노드
③ 트리 ④ 링크

[정답] ④
데이터의 송신단과 수신단이 논리적(Physical)으로 연결된 회선을 링크(Link)라 한다.

02 한 건물 안이나 제한된 지역 내에서 컴퓨터 및 주변장치 등을 연결하여 정보와 프로그램을 공유할 수 있도록 해주는 네트워크를 무엇이라 하는가?
① LAN ② MAN
③ WAN ④ PON

[정답] ①
네트워크의 종류
LAN < MAN < WAN

03 컴퓨터 네트워크 구성 형태에 대한 설명으로 틀린 것은?
① MAN : 대도시 정도의 넓은 지역을 연결하기 위한 네트워크
② PAN : 대학캠퍼스 또는 건물 등과 같은 일정지역 내의 네트워크
③ WAN : 도시와 도시 또는 국가와 국가를 연결하기 위한 네트워크
④ BAN : 인체를 중심으로 네트워크

[정답] ②
LAN : 대학캠퍼스 또는 건물 등과 같은 일정지역 내의 네트워크

04 다음 중 네트워크 토폴로지(topology , 망구성방식)에 해당하지 않는 것은?
① Star형 ② Mesh형
③ Bus형 ④ Node형

[정답] ④
네트워크 토폴로지의 종류는 Star, Bus, Mash, Ring, Tree형이 있다.

05 네트워크와 관련된 기술을 설계, 구현, 갱신, 관리, 작업하는 것과 관련된 절차를 의미하는 용어는 무엇인가?
① 라우팅 ② 네드워킹
③ TVP ④ UDP

[정답] ②

06 복수의 컴퓨터와 근거리통신망(LAN)등을 상호 접속할 때 컴퓨터와 공중통신망, LAN과 공중통신망 등을 접속하는 장치를 무엇이라 하는가?
① 브리지(Bridge) ② 허브(Hub)
③ 게이트웨이(Gateway) ④ 리피터(Repeater)

[정답] ③
인터네트워킹 장비의 종류 및 동작 계층

장비종류	동작 계층
리피터(Repeater)	물리 계층(신호재생)
브리지(Bridge)	데이터링크 계층
라우터(Router)	네트워크 계층
게이트웨이(Gateway)	응용계층

07 다음 중 TCP/IP에서 데이터링크 계층의 프로토콜 단위(PDU)는?
① 메시지 ② 세그먼트
③ 데이터그램 ④ 프레임

[정답] ④
계층별 프로토콜 단위
① 4계층: Segment
② 3계층: Packet
③ 2계층: Frame
④ 1계층: bit

08 네트워크 연결 장치에 속하는 브리지(Bridge)는 주소표의 정보와 프레임의 무엇을 비교하여 프레임을 전달하는가?
① 2계층의 발신자 주소
② 발신노드의 물리 주소
③ 2계층의 목적지 주소
④ 3계층의 목적지 주소

[정답] ③
브리지는 2계층장비로 주소정보와 2계층 목적지 주소를 비교하여 프레임을 전달한다.

09

물리적으로 동일한 네트워크에 연결되어 있지만 논리적으로 새로운 그룹을 만들어서 각각의 그룹 내에서만 통신이 가능하도록 구성되어 있는 것을 무엇이라 하는가?

① GSM ② VLAN
③ GPRS ④ DECT

[정답] ②
VLAN은 한 대의 스위치를 여러 개의 논리적인 네트워크로 나누기 위해서 사용한다. 한 가상 랜에서 발생된 브로드캐스팅 트래픽은 다른 가상 랜에 영향을 미치지 않으므로 Broadcast Storm현상을 줄일 수 있다.

10

네트워크 계층 중 접속형 연결방식에 대한 설명으로 맞지 않는 것은?

① 가상회선교환방식이다.
② 패킷 수신 순서는 전송순서의 역순이다.
③ 초기 설정과정이 필요하다.
④ 상대 주소는 접속 설정 시에만 필요하다

[정답] ②
네트워크 계층의 서비스
① 접속형(Connection-Oriented) 서비스
송신과 수신사이의 논리적인 연결을 확립하고 데이터를 전송하는 방법으로 송수신간 패킷들의 전송 순서가 일치하고, 오류 발생 시 재전송 요청을 할 수 있어 신뢰성 있는 전송이 가능하다.
할 수 있다.
② 비연결형(Connectionless) 서비스
송신과 수신사이에 연결을 확립하지 않고 데이터를 전송하는 방법이다. 오류 확인을 하지 못하므로 신뢰성은 부족하지만 연결확립에 걸리는 시간이 없어 전송 속도가 빠르다.

2 네트워크 주소체계

11

다음 중 class단위 주소지정 방법의 특징으로 잘못된 것은?

① 라우팅이 가능하다.
② 주소를 무한대로 사용 가능하다.
③ 선택할 수 있는 클래스가 몇 개 밖에 되지 않아 주소분리 기준을 이해하는 것이 쉽다.
④ 일부 주소는 특수 목적으로 예약되어 있다.

[정답] ②
IPv4의 주소는 A, B, C D E Class단위로 분리되어 있어 주소 사용이 제한적이고 주소손실이 많이 발생된다. 이를 개선하기 위해 CIDR(Classless Inter Domain Routing)기법을 사용한다. CIDR방법에는 Subnetting 방식과 Supernetting 방식이 있다.
* CIDR표기방법 예> C-Class 210.128.165.14/24

12

IP address 체계의 A class에서 사용 가능한 네트워크 비트수는?

① 7비트 ② 14비트
③ 21비트 ④ 28비트

[정답] ①
IPV4는 Class단위로 주소가 분리되어 있으며, Network 주소부와 Host주소부로 나뉘어져 있다.
A class에서 사용 가능한 네트워크 비트수는 7비트이다.

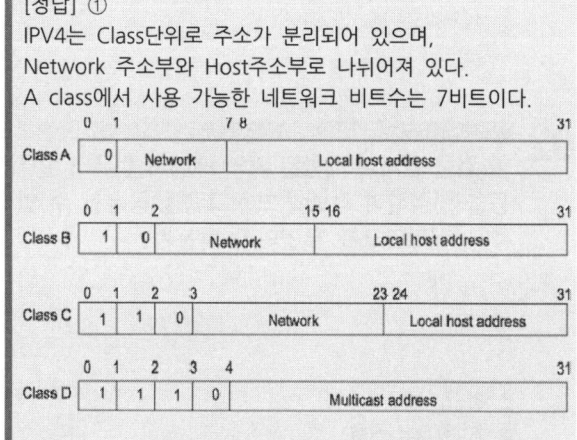

13

IP address 체계에서 class A의 사설 주소 블록으로 예약되어 있는 것은 무엇인가?

① 10.x.x.x ② 127.x.x.x
③ 172.16.x.x ④ 192.168.0.x

[정답] ①
IPv4 클래스 주소범위
A class: 0 ~ 127.x.x.x
B class: 128 ~ 191.x.x.x
C class: 192 ~ 223.x.x.x
D class: 224 ~ 239.x.x.x
E class: 240 ~ 255.x.x.x

14

IP address 체계의 B class에서 하나의 네트워크에서 수용할 수 있는 최대 호스트 수는 몇 개인가?

① 128개
② 254개
③ 65,534개
④ 16,277,214개

[정답] ③
IPV4는 Class단위로 주소가 구분되어 있다.
B-Calss의 Network 주소: 2^{16}개
B-Class의 Host주소: 2^{16}개 (65536-2=65534개)

15

IP address 체계의 C class에 유효한 주소는 무엇인가?

① 35.152.68.39
② 202.96.48.5
③ 36.224.250.92
④ 128.96.48.5

[정답] ②
IPv4 클래스 주소범위
Class A:　0.0.0.0 ~ 127.255.255.255
Class B: 128.0.0.0 ~191.255.255.255
Class C: 192.0.0.0~223.255.255.255
Class D: 224.0.0.0 ~239.255.255.255

16

인터넷 IP주소가 십진법으로 129.6.8.4 일 때, 이 주소는 어느 클래스에 속하는가?

① A클래스
② B클래스
③ C클래스
④ D클래스

[정답] ②
IPv4 클래스 주소범위
Class A:　0.0.0.0 ~ 127.255.255.255
Class B: 128.0.0.0 ~191.255.255.255
Class C: 192.0.0.0~223.255.255.255
Class D: 224.0.0.0 ~239.255.255.255

17

IPv4에서 class C의 경우 IP주소 범위를 바르게 나타낸 것은?

① 0.0.0.0 － 127.255.255.255
② 128.0.0.0 － 191.255.255.255
③ 192.0.0.0 － 223.255.255.255
④ 224.0.0.0 － 239.255.255.255

[정답] ③

IPv4 클래스 주소범위
Class A:　0.0.0.0 ~ 127.255.255.255
Class B: 128.0.0.0 ~191.255.255.255
Class C: 192.0.0.0~223.255.255.255
Class D: 224.0.0.0 ~239.255.255.255

18

IP address 체계 중 C class에서 네트워크 하나의 최대 호스트 ID 수는 몇 개인가?

① 64개
② 128개
③ 254개
④ 510개

[정답] ③

클래스	Bit	네트워크 수	호스트 수	주소 시작	주소 끝
A	0	2^8	2^{24}	0.0.0.0	127.255.255.255
B	10	2^{16}	2^{16}	128.0.0.0	191.255.255.255
C	110	2^{24}	2^8	192.0.0.0	223.255.255.255
D	1110	Multicast Address		224.0.0.0	239.255.255.255

Host 총 개수 = 28=256개, 이중에서 all 0, all 1을 제외한 사용가능한 Host 개수는 254개이다.

19

다음 중 서브넷 주소지정의 장점이 아닌 것은?

① 기관의 실제 물리 네트워크 구조에 맞게 호스트를 서브넷으로 묶을 수 있다.
② 서브넷 수와 서브넷별 호스트의 수를 기관별 필요에 맞게 맞출 수 있다.
③ 서브넷 구조는 특정 네트워크의 내부 구분이 오직 기관 내에서만 보이도록 구현되어 있다.
④ 라우팅 테이블 항목을 많이 넣어야 한다.

[정답] ④
서브넷팅이란 IP주소 중 호스트주소의 일부분을 필요한 만큼의 서브 네트워크로 분할 사용하여 한 서브 네트워크의 브로드캐스팅(Broadcasting)을 다른 서브 네트워크로 전송되지 않도록 하여 네트워크상의 불필요한 트래픽을 많이 줄일 수 있는 장점이 있다.

20 IP address 체계의 C class의 기본 서브넷 마스크에 해당하는 것은?

① 255.0.0.0 ② 255.255.0.0
③ 255.255.255.0 ④ 255.255.255.255

[정답] ③
서브넷 마스크는 라우터에서 서브넷 식별자를 구별하기 위해 필요한 것으로 IP주소와 마찬가지로 32비트로 이루어져 있다. IP주소가 클래스 C일 때 default mask는 255.255.255.0이다.

21 class C 네트워크 200.13.94.0의 서브넷 마스크가 255.255.255.0 일 경우 사용 가능한 최대 호스트 수는 몇 개인가?

① 30 ② 62
③ 126 ④ 254

[정답] ④
서브넷 마스크가 255.255.255.0 이므로 사용 가능한 최대 호스트 수는 256 1개의 서브넷은 1개의 네트워크 IP , 1개의 브로드캐스트 IP가 필요하므로 2개를 빼주어야 하므로 256-2 = 254개의 호스트 사용 가능하다.

22 C class 의 네트워크 200.13.95.0 의 서브넷 마스크가 255.255.255.224 일 경우 사용 가능한 최대 호스트 수는 몇 개 인가?

① 6 ② 14
③ 30 ④ 62

[정답] ③
서브넷 마스크가 255.255.255.1 1 1 0 0 0 0 0 (224) 이므로 C-Class를 2^3 = 8개 서브넷으로 분할 할 수 있다.
따라서, 256 / 8 = 32
1개의 서브넷은 1개의 네트워크 IP , 1개의 브로드캐스트 IP가 필요하므로 2개를 빼주어야 하므로 32-2 = 30개의 호스트사용 가능하다.

23 어떤 PC의 네트워크 정보 중 IP주소와 마스크가 각각 다음과 같을 때, 이 PC가 연결되어 있는 서브네트워크 주소는?(단, IP Address: 45. 23. 21. 8, MASK: 255.255.0.0 이다.)

① 45. 23. 0 .0 ② 45 .23. 21. 0
③ 45. 23. 21. 8 ④ 255. 255. 21. 8

[정답] ①
IP Address: 45. 23. 21. 8와 MASK: 255.255.0.0을 AND연산하면 서브네트워크 주소 45.23.0.0을 얻을 수 있다.

24 다음 IP address 중 지정된 네트워크의 모든 호스트에 브로드캐스팅이 불가능한 IP address는 무엇인가?

① 77.255.255.255 ② 154.3.255.255
③ 211.82.157.255 ④ 80.222.230.255

[정답] ④
A Class : 0.0.0.0 ~ 127.255.255.255
B Class : 128.16.0.0 ~ 191.255.255.255
C Class : 192.168.0.0 ~ 223.255.255.255
80.222.230.255는 A 클래스이며, 브로드캐스팅하기 위해서는 80.255.255.255가 되어야 한다.

25 IPv4의 부족한 주소문제를 해결하기 위해 개발된 기술은 무엇인가?

① NAT(Network Address Translation)
② DNS(Domain Name System)
③ NIC(Network Interface Card)
④ HTTP(Hyper Text Transfer Protocol)

[정답] ①
IPv4 주소 부족문제 해결방법
(1) 논리적 확장 방안
① Subnetting
② NAT(Network Address Translation)
③ DHCP(Dynamic Host Configuration Protocol)
(2) 물리적 확장 방안
IPv6 사용

26

Class 단위 IP주소 지정 방법의 문제점을 개선한 기술이 아닌 것은?

① DNS
② IPv6
③ NAT
④ 서브네팅(Subnetting)

[정답] ①
IPv4 주소 부족문제 해결방법
(1) 논리적 확장 방안
① Subnetting
② NAT(Network Address Translation)
③ DHCP(Dynamic Host Configuration Protocol)
(2) 물리적 확장 방안
IPv6 사용

27

인터넷 프로토콜 IPv4에서 IPv6로 전환됨에 따른 장점과 거리가 먼 것은?

① IP 주소 용량 증가
② 서비스 품질(QoS) 개선
③ Mobile IP 기능 개선
④ Multicasting 기능 개선

[정답] ④
IPv4와 IPv6 비교

구분	IPv4	IPv6
주소길이	32비트	128비트
표시방법	8비트씩 4부분으로 10진수로 표시	16비트씩 8부분으로 16진수 표시
주소개수	약 43억개	무한대
주소할당	A, B, C, D등 클래스 단위의 비순차적 할당(비효율적)	네트워크서 규모 및 단말기 수에 따른 수차적 할당(효율적)
품질(Qos)	품질 보장 곤란 (Qos 일부 지원)	품질보장이 용이(트래픽 클래스, Qos지원)
보안기능	IPSec 프로토콜 별도 설치	확장기능에서 기본으로 제공
모바일IP	곤란(비효율적)	용이(효율적)
웹캐스팅	곤란	용이(스코프 필드 증가)

28

IPv4의 주소체계는 몇 비트로 구성되어 있는가?

① 32[bit]
② 48[bit]
③ 64[bit]
④ 128[bit]

[정답] ①
IPv4의 주소는 10진수로 표시되고, 32[bit]로 구성

29

데이터를 전송하는 방법 중 한 장비에서 다른 한 장비로 1:1 메시지를 전송하는 방식은 무엇인가?

① 유니캐스트
② 브로드캐스트
③ 멀티캐스트
④ 애니캐스트

[정답] ①
유니캐스트
한 사람의 특정 수신자에게만 데이터 패킷을 전송하는 방식.
① 유니캐스트 : 1 대 1 전송
② 애니캐스트 : 가장 근접한 서버가 서비스 제공
③ 멀티캐스트 : 1 대 특정 다수 전송
④ 브로드캐스트 : 1 대 불특정 다수 전송

30

IPv6의 주소체계는 몇 비트로 구성되어 있는가?

① 32
② 48
③ 64
④ 128

[정답] ④
IPv6는 IPv4 주소공간의 4배인 128비트의 주소 공간을 갖는다.

31

IPv6의 특징으로 틀린 것은?

① 헤더 정보가 IPv4보다 간단하다.
② IPv4보다 패킷 처리가 빨라졌다.
③ Moblility 기능은 IPv4가 더 좋다.
④ 멀티캐스트가 IPv4의 브로드캐스트 역할을 대신한다.

[정답] ③
IPv4와 IPv6 비교

구분	IPv4	IPv6
주소길이	32비트	128비트
표시방법	8비트씩 4부분으로 10진수로 표시	16비트씩 8부분으로 16진수 표시
주소개수	약 43억개	무한대
주소할당	A, B, C, D등 클래스 단위의 비순차적 할당(비효율적)	네트워크서 규모 및 단말기 수에 따른 수차적 할당(효율적)
품질(Qos)	품질 보장 곤란 (Qos 일부 지원)	품질보장이 용이(트래픽 클래스, Qos지원)
보안기능	IPSec 프로토콜 별도 설치	확장기능에서 기본으로 제공
모바일IP	곤란(비효율적)	용이(효율적)
웹캐스팅	곤란	용이(스코프 필드 증가)

32. 다음 중 IPv6가 지원하는 주소 유형이 아닌 것은?

① 유니 캐스트 ② 멀티 캐스트
③ 브로드 캐스트 ④ 애니 캐스트

[정답] ③
IPv6 지원 주소 유형
① 유니캐스트 : 1 대 1 전송
② 애니캐스트 : 가장 근접한 서버가 서비스 제공
③ 멀티캐스트 : 1 대 특정 다수 전송

3 라우팅과 VLAN

33. 네트워크상에서 발생한 트래픽을 제어하며, 네트워크상의 경로설정 정보를 가지고 최적의 경로설정을 하는 장치는 무엇인가?

① 브리지(Bridge) ② 라우터(Router)
③ 리피터(Repeater) ④ 허브(Hub)

[정답] ②
라우터의 주요 기능
① 한 포트로 패킷을 받아서 다른 포트로 전송하는 패킷 스위칭 기능
② 패킷을 받은 다음 가장 적절한 포트를 선택 후 전송하는 경로설정 기능
③ 서로 다른 네트워크의 존재를 인식하고 기록, 관리하는 네트워크의 논리적 구조 습득 기능

34. 동적 라우팅 프로토콜(Dynamic Routing Protocol)에서 사용하는 알고리즘이 아닌 것은?

① 거리 벡터 알고리즘(Distance Vector Algorithm)
② 링크 상태 알고리즘(Link State Algorithm)
③ 패스 벡터 알고리즘(Path Vector Algorithm)
④ 디폴트 상태 알고리즘(Default State Algorithm)

[정답] ④
라우팅 프로토콜에는 동적(적응적인 경로설정)라우팅 프로토콜과 정적(고정된 경로설정)라우팅 프로토콜이 있다. 디폴트상태 알고리즘은 정적인 라우팅 프로토콜방식이다.

35. AS(Atonomous System) 외부에서 사용하는 라우팅 프로토콜은 무엇인가?

① RIP(Routing Information Protocol)
② IGRP(Interior Gateway Routing Protocol)
③ OSPF(Open Shortest Path First)
④ BGP(Border Gateway Protocol)

[정답] ④
BGP(Border Gateway Protocol)는 외부 라우팅 프로토콜로써, 인터넷에서 많이 사용된다. BGP는 서로 다른 종류의 자율 시스템에서 동작하는 라우터가 라우팅 정보를 교환할 수 있도록 해준다. 이와 같이 종류가 다른 환경에서 동작하는 라우터를 일반적으로 게이트웨이(Gateway)라고 한다. BGP는 TCP를 이용해 메시지를 교환한다.
AS(Autonomous System)
· 라우팅을 위해서 자율적으로 관리 할 수 있는 네트워크 그룹과 Gateway
① IGP : 여러 네트워크 그룹 중에서 같은 그룹 내에서 경로 정보를 교환하여 통신을 하는 라우팅 프로토콜
(ex : RIP, OSPF, IGRP 등)
② EGP : 네트웍이 다른, 그룹 사이에서 경로정보를 교환하여 통신을 하는 프로토콜(ex : BGP 등)

36. 다음에서 설명하는 라우팅 프로토콜은 무엇인가?

· 내부 라우팅 프로토콜의 일종이다.
· 경로 결정을 위해 거리 기반 벡터 알고리즘을 사용한다.
· 여러 한계에도 불구하고 설정하기 쉽고 간단해서 널리 사용된다.

① RIP(Routing Information Protocol)
② IGRP(Interior Gateway Routing Protocol)
③ OSPF(Open Shortest Path First)
④ BGP(Border Gateway Protocol)

[정답] ①
RIP와 OSPF 비교

구분	RIP	OSPF
사용 Algorithm	Distance Vector	Link state
경로선택기준	Hop 수	다양한 접속정보
구성	간단	복잡
Routing 정보송출간격	30초	Routing 정보변화시
최적 경로 선택	곤란	가능
적용	소규모 LAN	대규모 LAN

37 다음 중 라우팅 테이블에 포함되어 있지 않은 정보는?

① 송신지 IP address
② 목적지 네트워크
③ 다음 홉(hop) IP address
④ 로컬 인터페이스

[정답] ①
라우팅 테이블(routing table)
컴퓨터 네트워크에서 목적지 주소를 목적지에 도달하기 위한 네트워크 노선으로 변환시키는 목적으로 사용된다. 라우팅 프로토콜의 가장 중요한 목적이 바로 이러한 라우팅 테이블의 구성이다.

목적지 주소	Net Mask	Next Hop	라우팅 프로토콜

38 거리 벡터 라우팅을 이용하는 네트워크 간 연결에서 5개의 라우터와 6개의 네트워크가 있다면 몇 개의 라우팅 표가 있어야 하는가?

① 1   ② 5
③ 6   ④ 11

[정답] ②
거리벡터라우팅 알고리즘에는 RIP와 IGRP방식이 있으며, 모든 라우터마다 라우팅 테이블이 필요하다.

6 전송제어

01 데이터 통신에서 전송제어 절차를 바르게 나타낸 것은?

① 회선연결 → 전송 → 링크설정 → 링크절단
② 링크설정 → 회선연결 → 전송 → 회선절단 → 링크절단
③ 회선연결 → 링크설정 → 전송 → 링크절단 → 회선절단
④ 링크설정 → 데이터전송 → 회선설정 → 링크절단

[정답] ③
전송제어 절차 5단계
1단계 : 일반 교환망에서의 회선연결
2단계 : 데이터링크의 확립
3단계 : 정보의 전송
4단계 : 데이터링크의 절단
5단계 : 일반교환망에서의 회선절단

02 다음 중 문자 방식의 대표적인 프로토콜은?

① DDCMP   ② LAP-B
③ BSC   ④ SDLC

[정답] ③
전송제어 프로토콜 분류
① 바이트 방식 : DDCMP
② 비트방식 : LAP-B, LAP-B, SDLC, HDLC
③ 문자방식 : BSC

03 다음 중 전송제어 문자의 설명이 틀린 것은?

① STX: 텍스트의 시작을 표시한다.
② ETB: 전송블록의 종료를 표시 한다.
③ ENQ: 질의가 끝났음을 알린다.
④ SOH: 헤딩의 시작을 표시한다.

[정답] ③
전송제어문자

기호	명칭
SOH	start of heading
STX	start of text
ETX	end of text
ETB	end of transmission block
EOT	end of transmission
ENQ	enquiry
DLE	data link escape
SYN	synchronous idle
ACK	acknowledge
NAK	negative acknowledge

04

문자 동기 방식에서 문자동기를 유지시키거나 어떤 데이터 또는 제어 문자가 없을 때 채우기 위해서 사용하는 문자 기호는?

① STX ② ETX
③ SYN ④ SOH

[정답] ③
문자방식 프로토콜 전송제어문자의 기능

문자	기능
SYN (SYNchronous idle)	문자 동기
SOH (Start Of Heading)	헤딩의 시작
STX (Start of Text)	본문의 시작 및 헤딩의 종료
ETX (End of Text)	본문의 종료
ETB (End of Transmission Block)	블록의 종료
EOT (End of Transmission)	전송 종료 및 데이터 링크의 해제
ENQ (ENQuiry)	상대편에 데이터 링크 설정 및 응답을 요구
ACK (ACKnowledge)	수신된 메시지에 대한 긍정응답
BCC (Block Check Character)	에러체크

05

문자 동기 방식에서 사용하지 않는 문자 기호는?

① SOH ② STX
③ ETX ④ ARQ

[정답] ④
ARQ는 통신 회선에 착오가 발생한 경우 수신 측은 에러의 발생을 송신 측에 알리고 송신측은 에러가 발생한 블록을 재전송하는 방식이다.

06

데이터 전송제어에서 사용되는 전송제어 문자가 아닌 것은?

① ETB ② FCS
③ SOH ④ STX

[정답] ②
FCS는 frame이 잘 전송되었는지를 확인하기 위한 에러 검출용 16bit 코드이다.

07

문자 동기 전송방식에서 SYN 문자의 기능은?

① 수신측이 문자 동기를 맞추도록 한다.
② 블록의 완료를 표시한다.
③ 헤딩의 시작을 표시한다.
④ 질의가 끝났음을 알린다.

[정답] ①
문자방식 프로토콜 전송제어문자의 기능

문자	기능
SYN (SYNchronous idle)	문자 동기
SOH (Start Of Heading)	헤딩의 시작
STX (Start of Text)	본문의 시작 및 헤딩의 종료
ETX (End of Text)	본문의 종료
ETB (End of Transmission Block)	블록의 종료
EOT (End of Transmission)	전송 종료 및 데이터 링크의 해제
ENQ (ENQuiry)	상대편에 데이터 링크 설정 및 응답을 요구
ACK (ACKnowledge)	수신된 메시지에 대한 긍정응답
BCC (Block Check Character)	에러체크

08

다음 중 비트동기 방식의 설명으로 적합하지 않은 것은?

① 프레임 동기를 맞추기 위해 STX-ETX문자를 사용한다.
② 수신측이 동기를 유지하도록 송신측은 시작 플래그 이전에 휴지(idle) 바이트(01111111)를 계속 전송한다.
③ 비트블록(프레임)의 처음과 끝을 나타내는 특별한 비트 패턴을 덧붙여 전송한다.
④ 프레임의 중간에 플래그와 같은 비트패턴이 존재하면, 여분의 비트를 끼우는 방법(Bit Stuffing)이 사용된다.

[정답] ①
바트동기방식은 프레임 동기를 맞추기 위해 전송제어문자가 아닌 플래그(01111110)를 사용하는 방식이다.

09
다음 중 문자동기 방식에 대한 설명으로 적합한 것은?
① 프레임 동기를 맞추기 위해 SYN문자를 사용한다.
② 수신측이 동기를 유지하도록 송신측은 시작 플래그 이전에 휴지(Idle) 바이트(01111111)를 계속 전송한다.
③ 비트블록(프레임)의 처음과 끝을 나타내는 특별한 비트 패턴을 덧붙여 전송한다.
④ 프레임의 중간에 플래그와 같은 비트패턴이 존재하면, 여분의 비트를 끼우는 방법(Bit Stuffing)이 사용된다.

[정답] ①
문자동기방식은 프레임 동기를 맞추기 위해 전송제어문자를 사용하는 2계층 전송프로토콜이다.

10
다음 중 비트 동기 방식의 프로토콜이 아닌 것은?
① DDCMP ② HDLC
③ LAP-B ④ SDLC

[정답] ①
전송제어 프로토콜 분류
① 바이트 방식 : DDCMP
② 비트방식 : LAP-B,LAP-B, SDLC, HDLC
③ 문자방식 : BSC

11
다음 중 비트방식의 데이터링크 프로토콜이 아닌 것은?
① SDLC ② HDLC
③ BSC ④ LAP-B

[정답] ③
BSC는 문자동기방식 데이터링크 전송프로토콜이다.

12
다음 중 비트방식 프로토콜을 지원하지 않는 것은?
① BSC ② HDLC
③ SDLC ④ ADCCP

[정답] ①
데이터링크계층 프로토콜

비트방식 프로토콜	문자방식 프로토콜
HDLC, SDLC, ADCCP	BSC

13
HDLC(High-Level Data Link Control) 프로토콜의 전송방식은?
① 문자(중심)방식
② 바이트(중심)방식
③ 비트(중심)방식
④ 혼합동기방식

[정답] ③
전송제어 프로토콜 분류
① 바이트 방식 : DDCMP
② 비트방식 : LAP-B,LAP-B, SDLC, HDLC
③ 문자방식 : BSC

14
비트 전송방식의 특징이 아닌 것은?
① 수신측이 비트 동기를 유지하도록 송신측은 시작 플래그 이전에 휴지(idle) 바이트(01111111) 를 계속 전송한다.
② 비트블록(프레임)의 처음과 끝을 나타내는 플래그(01111110)를 덧붙여 전송한다.
③ 플래그와 같은 비트패턴이 프레임의 중간에 나타난다면 수신측에서는 이를 플래그로 인식하게 되는 문제가 발생하게 된다.
④ 프레임 동기를 맞추기 위해 STX-ETX 문자를 사용한다.

[정답] ④
바트동기방식은 프레임 동기를 맞추기 위해 전송제어문자가 아닌 플래그(01111110)를 사용하는 방식이다.

15
HDLC에 대한 설명으로 틀린 것은?
① 문자방식 프로토콜이다.
② 반이중, 전이중 통신방식에서 사용 가능하다.
③ 데이터링크 형식은 점대점, 멀티포인트에 사용 가능하다.
④ 에러검출방식으로 CRC방식을 사용한다.

[정답] ①
HDLC 프로토콜 특징
① 비트 방식 프로토콜
② 단방향, 반이중, 전이중 통신방식 모두 가능
③ 포인 투 포인트, 멀티 포인트, 루프 방식이 모두 가능
④ Go-back-N ARQ 방식을 사용
⑤ 전송제어상의 제한을 받지 않고 자유롭게 정보를 전송
⑥ 통신을 위한 명령과 응답 모든 정보에 대하여 오류검출(신뢰성)

16 HDLC 전송제어절차에서 프레임을 구성하는 각 필드의 명칭을 순서대로 올바르게 배치한 것은?

① 주소 필드-제어 필드-정보 필드-플래그 필드
   -오류검사 필드-플래그 필드
② 플래그 필드-주소 필드- 제어 필드-정보 필드
   - 오류검사 필드-플래그필드
③ 플래그 필드-제어 필드-주소 필드-정보 필드
   - 오류검사 필드-플래그 필드
④ 오류검사 필드-주소 필드-플래그 필드-정보 필드
   -제어 필드- 플래그 필드

[정답] ②
HDLC Frame 구조

시작 플래그	주소부	제어부	정보부	FCS	종료 플래그
01111110	8비트	8비트	임의 비트	16비트	01111110

17 다음 중 HDLC 프레임 구조에 포함되지 않는 것은?

① BCC ② FCS
③ 주소부 ④ 제어부

[정답] ①
HDLC Frame 구조

Flag	Address	Control	Data Block	FCS	Flag

18 다음 HDLC 구조에서 CRC기법에 의해 계산된 에러 검사용 정보를 나타내는 것은?

Flag	Address	Control	Data Block	FCS	Flag

① Flag ② Address
③ Control ④ FCS

[정답] ④
FCS는 CRC기법에 의해 프레임 에러를 체크하는데 사용되며 16비트(HDLC)가 기본이나 32비트(LAN)로 확장이 가능하다.

19 다음 중 HDLC 제어 필드의 구성으로 틀린 것은?

① 정보 프레임, 감시 프레임, 비번호제 프레임 등이 있다.
② 프레임의 동작 명령, 응답을 위한 제어 정보이다.
③ 프레임의 종류, 순서번호 등의 제어 정보이다.
④ 정보 프레임, 감시 프레임, 번호제 프레임 등이 있다.

[정답] ④
HDLC 제어필드의 구성

제어부	특 징
I Frame	정보전송용 프레임 (Information-Frame)
S Frame	감시 프레임 (Supervision-Frame)
U Frame	비번호제 프레임 (Unnumbered Frame)

20 HDLC 프로토콜의 FCS에 대한 설명으로 가장 적합한 것은?

① 2차국 또는 복합국의 주소를 나타낸다.
② 프레임의 동기를 맞추기 위해 사용된다.
③ 1차국 또는 복합국이 주소부에서 지정하는 2차국 또는 복합국에 대해 동작을 command로 지령한다.
④ 프레임 내용이 잘 전송되었는지 확인하기 위한 에러 검출용으로 사용되며 통상 16비트 CRC 방식을 이용한다.

[정답] ④
FCS는 CRC기법에 의해 프레임 에러를 체크하는데 사용되며 16비트(HDLC)가 기본이나 32비트(LAN)로 확장이 가능하다.

21 HDLC 프레임의 데이터 블록의 앞 부분에 있는 3개의 필드 F(Start Flag), A(Address), C(Control)에 할당된 크기의 총 합은 몇 비트인가?

① 24[bit] ② 21[bit]
③ 18[bit] ④ 12[bit]

[정답] ①
HDLC Frame 구조

시작 플래그	주소부	제어부	정보부	FCS	종료 플래그
01111110	8비트	8비트	임의 비트	16비트	01111110

F(Start Flag) : 8비트
A(Address) : 8비트
C(Control): 8비트
총 24비트가 할당되어 있다.

22
HDLC에서 사용자 데이터를 전송하는데 사용되는 프레임은?

① I-프레임　　② S-프레임
③ U-프레임　　④ D-프레임

[정답] ①
HDLC 전송 프레임 종류

제어부	특징
I Frame	정보전송용 프레임 (Information-Frame)
S Frame	감시 프레임 (Supervision-Frame)
U Frame	비번호제 프레임 (Unnumbered Frame)

23
비트 동기를 유지하는 방법이 아닌 것은?

① 클럭 인코딩과 추출
② DPLL(Digital Phase-Locked-Loop)
③ 하이브리드 방식
④ 어드레스(Address) 교환

[정답] ④
비트동기 유지방법
① 클록 인코딩과 추출 : 송신신호에 클럭 삽입
② DPLL : 수신측에 자체클럭 유지
③ 하이브리드 방식 : 두가지를 조합한 방식

24
다음 중 PLL(Phase Locked Loop)의 구성이 아닌 것은?

① 위상 검출기　　② 저역통과 필터
③ 계수기　　　　④ 전압제어 발진기

[정답] ③
PLL (Phase Lock Loop)은 위상루프발진기의 일종으로 위상검출기, 저역통과 필터(Loop Filter), 전압제어발진기 등으로 구성되어 있다.

25
다음 중 비트 동기를 얻을 수 있는 방법이 아닌 것은?

① 1차 또는 2차 표준(망동기 기준 클럭)으로부터 동기 클럭 신호를 추출하는 방법
② 주 신호 채널과 분리된 보조 채널의 동기화된 신호로부터 동기 클럭 신호를 추출하는 방법
③ 변조된 수신 신호로부터 동기 클럭 신호를 유도하는 방법
④ 1개 또는 2개 이상의 SYN 문자를 정보 블록 앞에 추가로 전송하여 동기를 확보하는 방법

[정답] ④
1개 또는 2개 이상의 SYN 문자를 정보 블록 앞에 추가로 전송하여 동기를 확보하는 방법은 문자동기방식이다.

26
다음 중 HDLC 링크 구성 방식에 따른 동작 모드에 속하지 않는 것은?

① 선택 서질 모드　　② 비동기 응답 모드
③ 정규 응답 모드　　④ 비동기 균형 모드

[정답] ①
HDLC의 3가지 동작모드

동작모드	기능
NRM (정상 응답모드)	1차국과 2차국 사이에 통신
ARM (비동기 응답모드)	1차국과 1차국 사이에 통신
ABM (비동기 균형모드)	복합국과 복합국 사이에 통신

27
다음 중 HDLC의 제어 명령어에 대한 설명으로 옳지 않은 것은?

① RR : 수신 준비가 되어 있다는 것을 알림
② UA : 비 번호제 명령에 대한 응답
③ SNRM : 정규 응답 모드로의 데이터링크 설정을 요청
④ SARM : 비동기 평형모드로의 연결설정 요구

[정답] ④
HDLC 프레임 명령어 종류와 기능
1) S-Frame(제어프레임)
① RR (Receive Ready, 수신 준비) : `00`
- 긍정확인응답 (프레임 수신을 확인)
② RNR (Receive Not Ready, 수신 불가) : `10`
- 긍정확인응답 (수신자 더 이상의 수신 불가)
③ REJ (Reject, 거부) : `01`
- 부정 확인응답(NAK) (Go Back N ARQ)
④ SREJ (Selective Reject, 선택적 거부) : `11`
- 부정 확인응답 (Selective ARQ)
2) U-Frame(관리프레임)
① SABM (Set ABM)
- 비동기균형모드(ABM)로의 연결설정 명령
② SNRM (Set NRM)
- 정규응답모드(NRM)로의 연결설정 명령
③ SARM (Set ARM)
- 비동기응답모드(ARM)로의 연결설정 명령
④ DISC (Disconnect)
- 연결설정 해제 명령
⑤ RSET (Reset)
- 비 정상적 프로토콜 동작에 대해 리셋 수행
⑥ FRMR (Frame Reject)
- 비 정상적 프레임 수신 거부
⑦ UA (Unnumbered ACK)
- 비번호프레임(I 프레임) 명령에 대한 응답

28

감시형식 프레임(S frame)에서 제어부의 8개의 비트 $b_1 \sim b_8$ 중 $b_1 \sim b_4$가 1010으로 구성되어 있다면 이는 어떤 기능을 의미하는가?

① RR(Receive Ready)
② RNR(Receive Not Ready)
③ REJ(Reject)
④ SREJ(Selective Reject)

[정답] ②
S-Frame(제어프레임)

정보 전송(I) 형식(I프레임)	0	송신 시퀀스 번호 N(S)	P/F	송신 시퀀스 번호 N(R)	정보부(I)
감시(S)형식 (S프레임)	1 0	감시기능 비트 S	P/F	수신 시퀀스 번호 N(R)	
비번호제(U) 형식 (U프레임)	1 1	수식기능 비트 S	P/F	수식 기능 비트 N(R)	I

① RR (Receive Ready, 수신 준비) : `00`
 - 긍정확인응답 (프레임 수신을 확인)
② RNR (Receive Not Ready, 수신 불가) : `10`
 - 긍정확인응답 (수신자 더 이상의 수신 불가)
③ REJ (Reject, 거부) : `01`
 - 부정 확인응답(NAK) (Go Back N ARQ)
④ SREJ (Selective Reject, 선택적 거부) : `11`
 - 부정 확인응답 (Selective ARQ)

29

통신상에서 수신측의 용량 초과로 인해 데이터가 넘치지 않도록 송신측을 제어하는 것을 무엇이라 하는가?

① 흐름제어
② 오류제어
③ 순서제어
④ 동기제어

[정답] ①
흐름제어
① 데이터링크 계층(2계층)의 역할은 전송제어(동기제어, 회선제어, 에러제어)와 흐름제어이다.
② 흐름제어는 수신측의 Buffer 사이즈를 고려하여 송신측의 전송속도를 제어하는 것으로 Sliding Window기법이 사용된다.

30

전송측이 전송한 프레임에 대한 ACK 프레임을 수신하지 않더라도, 여러개의 프레임을 연속적으로 전송하도록 허용하는 기법으로 옳은 것은?

① 슬라이딩 윈도우 흐름제어 기법
② 정지 대기 흐름제어 기법
③ 슬라이딩 대기 흐름제어 기법
④ 슬라이딩 정지 흐름제어 기법

[정답] ①
Sliding Window기법은 전송측이 전송한 프레임에 대한 ACK 프레임을 수신하지 않더라도, 여러개의 프레임을 연속적으로 전송할 수 있도록 한 흐름제어 기법이다.

31

흐름제어의 대표적인 기술로서 송수신측에 일정 버퍼를 두고 송수신 블록수와 ACK신호에 따라 버퍼크기를 조정해가면서 버퍼 오버플로우가 발생하지 않도록 하는 기술은 무엇인가?

① X-ON/X-OFF
② RTS/CTS
③ Sliding Window
④ ARQ

[정답] ③
Sliding Window는 '윈도(메모리 버퍼의 일정 영역)'에 포함되는 모든 패킷을 전송하고, 그 패킷들의 전달이 확인되는대로 이 윈도를 옆으로 움김(slide)으로서 그 다음 패킷들을 전송하는 방식이다.

32

통신 프로토콜의 기능 중 메시지에 주소, 오류검출 코드 등 데이터 제어 정보를 추가하는 과정을 무엇이라 하는가?

① Encapsulation
② Reassembly
③ Fragmentation
④ Error Control

[정답] ①
Encapsulation이란 상위계층에서 내려온 정보에 제어정보를 추가하는 과정을 말한다. 추가되는 제어정보에는 주소, 에러검출번호, 상위계층의 프로토콜정보, 데이터 길이 등이 포함된다.

33

다음 중 자기정정을 할 수 없는 코드는 무엇인가?

① 허프만 코드
② 컨벌루션 코드
③ 해밍 코드
④ BCH 코드

[정답] ①
허프만코드는 소스코딩의 일종으로 통계적 중복성을 이용해 정보를 압축하는 기법이다.

34
다음 중 오류 검사 방식으로 사용되지 않는 것은?
① 허프만코드　② 해밍코드
③ CRC　④ 군 계수 검사코드

[정답] ①
허프만코드는 소스코딩의 일종으로 통계적 중복성을 이용해 정보를 압축하는 기법이다.

35
오류 발생 유·무만을 판정하는 오류검출 코드는?
① 순환 중복검사(CRC) 코드
② BCH
③ Reed Solomon code
④ Convolution code

[정답] ①
에러검출코드
① 순환중복검사 코드(CRC)
② 블록합 검사 코드(Block Sum)
③ 패리티 검사 코드(Parity Check)
④ 수평중복검사 코드(LRC)
⑤ 체크섬(Checksum)

36
전송제어 프로토콜(TCP)에서 오류제어를 위해 사용하는 방식은?
① 패리티(Parity)　② CRC
③ Checksum　④ Blocksum

[정답] ③
TCP Checksum
TCP Segment data 송신 도중 발생될 수 있는 비트 오류를 검출하기 위해 체크섬을 사용한다. 송신자는 체크섬 계산알고리즘에 의해 계산한 체크섬을 TCP 체크섬 헤더에 삽입하여 송신하게 되며, 수신자는 동일 알고리즘으로 수신받은 데이터를 검사해 봄으로써 오류여부를 파악한다.

37
수신장치에서 송신된 데이터의 에러비트를 검출하고 정정할 수 있는 방식은?
① ARQ　② FEC
③ Bit stuffing　④ HDBn

[정답] ②
FEC(Forward Error Correction)
① 전송할 정보에 오류 정정을 위한 여분의 비트를 추가하여 전송하므로 수신쪽에서는 이를 이용하여 오류를 검출하여 정정하는 방식으로, 자기정정방식이라고도 한다.
② FEC code는 전송확인을 위한 역채널이 필요없고 연속적인 데이터 전송이 가능한 장점이 있지만 기기의 coding 방식이 복잡해지는 문제점을 가지고 있다..
③ hamming, BCH, LDPC, Reed Solemon code, Convolution code 등이 있다.

38
오류가 검출될 경우 송신측에 재전송을 요청하지 않고 스스로 오류를 정정하는 방식은?
① Forward Error Correction
② ARQ
③ CRC
④ Flow Control

[정답] ①
FEC(Forward Error Correction)는 에러검출기능뿐 아니라 에러정정 기능까지도 포함하고 있는 코드를 말한다.

39
FEC(Forward Error Correction) 코드에 포함되지 않는 것은?
① 해밍 코드　② Cyclic code
③ BCH 코드　④ 패리티 코드

[정답] ④
FEC(Forward Error Correction)코드 분류

Block 코드	비 Block 코드
메모리가 없다.	메모리가 있다.
① 해밍코드 ② CRC코드 ③ BCH코드	① 컨볼류션 코드 ② 터보코드

40. 수신측에서 데이터를 수신한 뒤 수신데이터에 오류가 없음을 송신측에 알린 후 그 다음 데이터에 대한 송신이 이루어지는 방식은 무엇인가?

① Stop-and-Wait ARQ ② Selective ARQ
③ Go-back-N ARQ   ④ Adaptive ARQ

[정답] ①
ARQ(Automatic Repeat Request)종류

방 법	특 징
Go-back-N ARQ	에러블럭이후 모두 재전송
Stop-and-Wait ARQ	ACK, NACK 사용 재전송
Selective-Repeat ARQ	에러블럭만 재전송
Adaptive ARQ	프레임의 크기를 동적으로 변경하여 재전송

41. 다음이 설명하고 있는 ARQ 방식은?

> 송신측이 하나의 프레임을 전송하면 수신측에서는 해당 프레임의 에러 유무를 판단하여 에러가 없는 경우 송신측에게 ACK를 전송하고 에러가 있는 경우 NAK를 전송한다.

① Stop-and-wait ARQ   ② Go-Back-N ARQ
③ Selective Repeat ARQ ④ Adaptive ARQ

[정답] ①
ARQ(Automatic Repeat Request)종류

방 법	특 징
Go-back-N ARQ	에러블럭이후 모두 재전송
Stop-and-Wait ARQ	ACK, NACK 사용 재전송
Selective-Repeat ARQ	에러블럭만 재전송
Adaptive ARQ	프레임의 크기를 동적으로 변경하여 재전송

42. 다음 중 ARQ의 종류가 아닌 것은?

① Stop and Wait ARQ   ② Selective Repeat ARQ
③ Discrete ARQ   ④ Adaptive ARQ

[정답] ③
ARQ(Automatic Repeat Request)종류

방 법	특 징
Go-back-N ARQ	에러블럭이후 모두 재전송
Stop-and-Wait ARQ	ACK, NACK 사용 재전송
Selective-Repeat ARQ	에러블럭만 재전송
Adaptive ARQ	프레임의 크기를 동적으로 변경하여 재전송

43. ARQ 전송방식에서, 상대방으로부터 ACK가 안 올 경우 어느 정도 기다렸다가 다음 행동을 하는데, 무엇을 근거로 기다리는 시간을 판단하는가?

① 타이머   ② 명령어
③ 운영체제   ④ 메시지

[정답] ①
ARQ 전송방식에서는 타이머(timer)를 사용하여 일정시간을 기다린 후에도 ACK(긍정응답)가 오지 않는 경우 다음 행동을 수행한다.

44. 정보전송 중 오류가 발생한 데이터 프레임만을 재전송하는 방식은?

① Go-Back-N ARQ   ② Stop-and-Wait ARQ
③ Selective-Repeat ARQ ④ Adaptive ARQ

[정답] ③
ARQ(Automatic Repeat Request)종류

방 법	특 징
Go-back-N ARQ	에러블럭이후 모두 재전송
Stop-and-Wait ARQ	ACK, NACK 사용 재전송
Selective-Repeat ARQ	에러블럭만 재전송
Adaptive ARQ	프레임의 크기를 동적으로 변경하여 재전송

45. 전송효율을 최대로 하기 위해서 프레임의 길이를 동적으로 변경시킬 수 있는 ARQ방식은?

① 정지 - 대기 ARQ   ② Go-back_N ARQ
③ Selective-repeat ARQ ④ Adaptive ARQ

[정답] ④
적응적 ARQ(adaptive ARQ)란 수신측에서의 재전송 요청비율에 따라 송신측에서 전송하는 프레임의 길이를 가변해서 전송하는 ARQ방식으로 전송효율은 높으나 제어방식이 복잡해 실제로는 거의 사용되지 않는다.

46 ARQ 방식 중에서 연속적으로 데이터를 보내고 오류가 발생하여 수신측에서 NAK을 전송하면 송신측은 오류가 발생한 데이터 프레임부터 재전송하는 방식을 무엇이라 하는가?

① Adaptive ARQ　　② Selective ARQ
③ Stop-and-Wait ARQ　　④ Go-Back-N ARQ

[정답] ④
Go-back-N ARQ)방식은 프레임에 순서 번호를 삽입하여 송신측이 NAK를 받으면 에러가 발생한 블록으로 되돌아가서 그 이후의 블록을 모두 재전송하는 방식이다.

47 채널에서 발생하는 잡음을 수신측에서 오류로 제어할 수 있도록 조작하는 과정은?

① 소스코딩　　② 채널코딩
③ 엔트로피　　④ 채널용량

[정답] ②
채널 코딩(Channel Coding)
에러정정을 위해 송신단에서 Redundancy Bit를 삽입하는 코딩으로 수신단에서 redundancy bit를 활용하여 스스로 에러정정이 가능하게 하는 방식이다.

48 데이터전송에서 다수의 에러를 검출하고 정정할 수 있는 부호방식은?

① ARQ　　② 군계수 체크코드
③ Reed-Solomon코드　　④ 패리티 체크코드

[정답] ③
Reed-Solomon 코드는 디지털 TV 전송로나 이동통신 채널에서 발생하는 연집에러(burst error)를 검출하고 정정하는데 사용되는 부호이다.

49 다음 중 ITU-T CRC-16 생성다항식으로 적합한 것은?

① $X^{16}+X^4+X^2+1$
② $X^{16}+X^{12}+X^5+1$
③ $X^{16}+X^{15}+X^2+1$
④ $X^{16}+X^{15}+X^3+X^1$

[정답] ②
ITU-T 권고하는 다항식
$X^{16}+X^{12}+X^5+1$

50 CRC 방식에서 생성 다항식이 $X^6+X^4+X^2+1$일 때 이를 비트부호로 표현하면?

① 0101010　　② 1010101
③ 101010　　④ 010101

[정답] ②
생성다항식의 차수가 존재하는 항만 1을 표기하고, 존재하지 않는 항은 0을 표기한다.
$X^6+X^4+X^2+1=1010101$

51 입력되는 정보 마지막에 1[bit]를 추가하여 추가된 Bit로 에러를 검사하는 것을 무엇이라고 하는가?

① ASCII　　② Parity check
③ CRC　　④ ARQ

[정답] ②
패리티 비트(Parity bit)는 정보의 전달 과정에서 오류가 생겼는지를 검사하기 위해 추가된 비트이다. 전송하고자 하는 데이터의 끝에 1 비트를 더하여 전송하는 방법으로 2가지 종류의 패리티 비트(홀수, 짝수)가 있다.
짝수 패리티 비트에서는 패리티 코드 내의 데이터 비트와 패리티 비트의 1의 전체 개수가 짝수가 되도록 패리티 비트를 '0' 혹은 '1'로 결정한다.

52 다음 중 홀수패리티 검사 방법에서 에러의 발생을 검출할 수 없는 경우는 몇 개의 오류가 동시에 발생할 경우인가?

① 4개　　② 3개
③ 5개　　④ 1개

[정답] ①
홀수 패리티 비트에 의한 에러 검출은 수신측 에러발생 비트가 짝수가 되면 에러를 검출할 수 없다.

53 다음 중 수신기에서 오류 검출 뿐만 아니라 오류가 발생한 비트를 스스로 정정하는 방식은?

① 허프만 코드　　② 해밍코드
③ Parity check　　④ Block check sum

[정답] ②
해밍코드는 1bit 에러정정이 가능한 자기정정 코드이다.

54 다음 중 에러정정이 가능한 방식은?

① 수직 패리티 체크방식
② 해밍(Hamming) 부호방식
③ 그룹 계수 검사 방식(Group Count Check)
④ 정 마크 부호 검사 방식

[정답] ②
해밍부호 방식은 1bit 에러정정을 할 수 있는 자기정정코드이다.

55 해밍거리가 7일 때 정정할 수 있는 에러개수는?

① 1 ② 2
③ 3 ④ 4

[정답] ③
① 최소 해밍거리가 짝수일 때 정정가능한 에러 개수
$$\frac{(d_{\min}-2)}{2}$$
② 최소 해밍거리가 홀수일 때 정정가능한 에러개수
$$\frac{(d_{\min}-1)}{2}=\frac{7-1}{2}=3 \text{ 개}$$

56 해밍거리(Hamming Distance)가 7일 때, 정정할 수 없는 에러수의 최소값은?

① 1 ② 2
③ 3 ④ 4

[정답] ④
해밍거리가 홀수일 때 정정가능한 에러갯수
$$\frac{(d_{\min}-1)}{2}=\frac{7-1}{2}=3 \text{ 개이므로}$$
에러갯수가 4개가 되면 정정할 수 없다.

57 7비트 해밍코드 1111101(D_7 D_6 D_5 P_4 D_3 P_2 P_1)이 수신되었을 때 정확한 전송비트는?

① 1110101 ② 1010101
③ 1111110 ④ 1111111

[정답] ④
해밍코드 에러정정 과정
① 1Bit 에러정정부호화 방식
② Error Check 과정
```
      7  0 1 1 1
      6  0 1 1 0
      5  0 1 0 1
      3  0 0 1 1
      P  0 1 0 1
EX-OR    0 0 1 0   → 2번 Bit에 Error 발생
```
따라서, 오류가 정정된 수신된 데이터는 "1 1 1 1 1 1 1"

58 두 부호어의 비트열이 A=(100100), B=(010100)일 때 두 부호어의 해밍 거리는 얼마인가?

① 1 ② 2
③ 3 ④ 4

[정답] ②
해밍거리란 두 부호어 사이의 서로 다른 비트의 개수이다
A 코드 : 100100
B 코드 : 010100 이므로
해밍거리는 2가 된다.

❹ 전자계산기 일반

1. 자료의 구성과 표현 ·····
2. 컴퓨터의 기본구조와 기능
3. 운영체제 ················
4. 소프트웨어 일반 ········
5. 마이크로프로프로세서의 구조와 기능 ············

········ **216**
········ **227**
········ **231**
········ **238**

········ **242**

정보통신산업기사 필기
영역별 기출문제풀이

1 자료의 구성과 표현

1 자료표현

01

10진수 $(38)_{10}$을 2진수로 올바르게 변환한 것은?

① $(100100)_2$ ② $(100101)_2$
③ $(100110)_2$ ④ $(100111)_2$

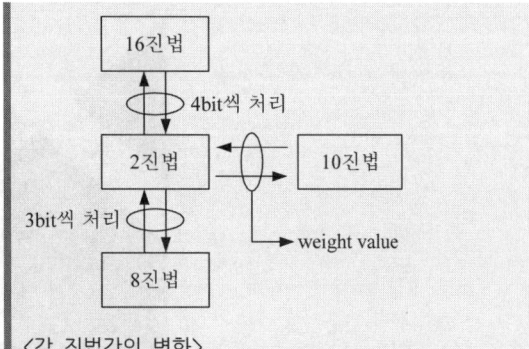

〈각 진법간의 변환〉
10진수를 2진수로 변환은 Weight Value를 이용해서 변환한다.

8	4	2	1	.	0.5	0.25	0.125
1	0	1	1	.	0	1	1

∴ $(38)_{10} = (100110)_2$

[정답] ③

02

다음 중 10진수 47.625를 2진수로 변환한 것으로 옳은 것은?

① 101111.111   ② 101111.010
③ 101111.001   ④ 101111.101

10진수를 2진수로 변환은 Weight Value를 이용해서 변환한다.

8	4	2	1	.	0.5	0.25	0.125
1	0	1	1	.	0	1	1

∴ $(47.625)_{10} = (10111.101)_2$

[정답] ④

03

다음 진수 표현 중 가장 큰 수는?

① EE(16)   ② 257(10)
③ 11111111(2)   ④ 377(8)

	2진수로 변환	10진수
EE(16)	11101110	238
257(10)	-	257
11111111(2)	11111111	255
377(8)	011111111	255

[정답] ②

04

8진수 1234는 십진수로 얼마인가?

① 278   ② 565
③ 668   ④ 1234

8진수를 10진수로 변환하면
$(1234)_8 = 1 \times 8^3 + 2 \times 8^2 + 3 \times 8^1 + 4 \times 8^0 = (668)_{10}$

[정답] ③

05

2진수 1100101을 8진수로 변환하면 다음 중 어느 것에 해당 하는가?

① $(102)_8$ ② $(107)_8$
③ $(141)_8$ ④ $(145)_8$

2진수를 8진수로 변환할 때는 왼쪽부터 3자리씩, 16진수는 4자리씩 계산한다.

[정답] ④

06

16진수 BEAD에서 숫자 E자리의 가중치(weighted value)는 얼마인가?

① 10   ② 16
③ 32   ④ 256

16진수(Hexadecimal Numbers)변환
$(BEAD)_{16} = B \times 16^3 + E \times 16^2 + A \times 16^1 + D \times 16^0$
즉, E의 가중치는 $16^2 = 256$이다.

[정답] ④

07

전자계산기에서 보수(Complement number)를 쓰는 이유 중 옳은 것은?

① 음의 소수를 나타내기 위하여
② 소수의 표현이 가능하도록 하기 위하여
③ 복소수의 허수부분을 표현하기 위하여
④ 가산기에 의해 뺄셈을 할 수 있도록 하기 위하여

뺄셈 알고리즘인 감산기가 별도로 존재할 경우 컴퓨터의 구성은 매우 복잡해진다.

[정답] ④

08
2진수 1001의 1의 보수에 해당하는 것은?

① 0001　　② 0110
③ 0111　　④ 0101

> 1의 보수는 0을 1로 1을 0으로 변경해준다.
> [정답] ②

09
2진수 0000000001111100의 2의 보수 값은 얼마인가?

① 1111111110000100　　② 1111111111000001
③ 1111111110000110　　④ 1111111110000010

> 보수(Complement)
> ① 2진수의 1의 보수는 "0"을 "1"로 변경하고, "1"은 "0"으로 바꿈으로써 구함
> ② 2진수의 2의 보수는 1의 보수에다 (1)₂를 더함으로써 구할 수 있다.
> ∴ $(0000000001111100)_2$의 1의 보수
> $= (1111111110000011)_2$
> ∴ $(0000000001111100)_2$의 2의 보수
> $= (1111111110000011)_2 + (1)_2$
> $= (1111111110000100)_2$
> [정답] ①

10
다음 중 2진수 $(100011)_2$ 의 2의 보수는 얼마인가?

① 100011　　② 011100
③ 011101　　④ 011110

> 2의 보수는 1의 보수를 구한 뒤 결과값에 1을 더함.
> $(100011)_2$ 의 1의 보수는 011100 + 1 = 011101
> [정답] ③

11
2진수 0.111의 2의 보수는 얼마인가?

① 0.001　　② 0.010
③ 0.011　　④ 1.001

> 소수 이하의 수는 1보다 작은 수이므로 2의 보수는 1 - 0.111 = 0.001 이 된다.
> [정답] ①

12
다음 중 2의 보수를 사용하여 "A-B" 연산을 수행하는 것은?

① $A + 1$　　② $\overline{A} - 1$
③ $A - \overline{B} + 1$　　④ $A + \overline{B} + 1$

> A에서 B를 빼는 의미는 A에서 B의 2의 보수를 더하는 의미와 같다. B에 대한 2의 보수는 $\overline{B} + 1$ 이다.
> [정답] ④

13
두 2진수 A, B에 대하여, 'A - B'는 다음의 어느 연산과정과 같은가? (단, 2진수는 2의 보수로 표현한다.)

① 각 A의 비트 값들에 NOT 연산을 한 후 B를 더한다.
② 각 B의 비트 값들에 NOT 연산을 한 후 A를 더한다.
③ 각 A의 비트 값들에 NOT 연산을 한 후 B를 더하고 1을 더한다.
④ 각 B의 비트 값들에 NOT 연산을 한 후 A를 더하고 1을 더한다.

> A-B는 2진 뺄셈기로 [A + (B에 대한 2의 보수)]
> * 1의 보수에 의한 뺄셈을 할 때, Carrier가 발생되면 +1 을 더해준다.
> [정답] ④

14
두 개의 레지스터에 십진수의 1과 -1에 해당하는 이진수가 저장되어 있다. 이 두 레지스터에 덧셈 연산을 수행한 결과는 다음의 어느 것인가?

① 결과 값은 0이고, 캐리(carry)가 발생하지 않는다.
② 결과 값은 0이고, 캐리가 발생한다.
③ 오버플로우(overflow)와 캐리가 발생한다.
④ 오버플로우는 발생하나 캐리는 발생하지 않는다.

> 2진수 연산
> ① "1" 과 "-1"의 덧셈은 보수를 이용하여 연산함
> ② "1"의 2진수(01)-> 1의 보수 : 10 -> 2의 보수 : 11
> ③ "01 + 11 = 100" 이 되어 맨앞의 "1"은 자리올림수(캐리) 임
> ④ 캐리 "1"을 버리면 결과값은 "0"임
> [정답] ②

15

시프트 레지스터(shift register)의 내용을 오른쪽으로 2비트 이동시키면 원래 저장되었던 값은 어떻게 변화되는가?

① 원래 값의 2배
② 원래 값의 4배
③ 원래 값의 1/2배
④ 원래 값의 1/4배

> Shift
> ① 우측이동에 의한 나눗셈, 좌측이동에 의한 곱셈을 수행하는 결과가 되어 곱셈 과 나눗셈의 보조역할
> ② 우측이동 : 원래값 $\div 2^n$ 이동되어 1/4 가 됨
> ③ 좌측이동 : 원래값 $\times 2^n$
>
> [정답] ④

16

다음 연산 중 일부분의 비트 또는 문자를 지울 때 사용하는 것은?

① MOVE
② AND
③ OR
④ COMPLEMENT

> AND 연산은 Mask Bit를 이용해 특정 비트의 정보를 삭제하는 데 이용
>
> [정답] ②

17

두 이진수 01101101 과 11100110을 연산하여 결과가 100110011이 나왔다. 다음의 어떤 연산을 한 것인가?

① AND 연산
② OR 연산
③ XOR 연산
④ NAND연산

> 0,1이 만나서 1이 되는 것은 OR과 NAND가 있는데 1,1이 만나서 0이 되는 것도 있으므로 NAND연산이다.
>
> [정답] ④

18

이진수를 1의 보수로 표현하는 컴퓨터가 있다. 연산 중 negate(피연산자의 부호변경) 연산과 같은 것은 무엇인가?

① NOT 연산
② SKIP 연산
③ SHIFT 연산
④ ROTATE 연산

> Not연산
> ① 인버터(Inverter)를 사용하여 1의 보수를 취할 수 있음
> ② Not연산은 "1"을 "0"으로, "0"을 "1"로 변환하는 것을 말함.
>
> [정답] ①

19

다음 중 자료의 논리적 구성에 대한 설명으로 틀린 것은?

① 필드(Field) : 자료처리의 최소단위이다.
② 파일(File) : 동일한 성질이나 유형을 지닌 레코드들의 집합이다.
③ 레코드(Record) : 하나 이상의 필드가 모여 구성된다.
④ 데이터베이스(Database) : 조직내의 응용프로그램들이 공동으로 사용하기 위한 공동의 파일집합이다.

> ① Field(항목) : 이름으로 표현되는 의미를 갖는 자료값
> ② Record(레코드) : 관련이 있는 항목들의 집합
> ③ File(파일): 동일한 성질이나 유형을 지닌 레코드들의 집합
> ④ Data Base(데이타베이스) : 조직내의 응용 프로그램들이 공통으로 사용하기 위한 데이터의 집합
>
> [정답] ④

20

데이터의 표현단위를 비트 수의 크기의 순서로 나열한 것은?

① 비트 - 니블 - 바이트 - 워드 - 필드 - 레코드 - 파일
② 비트 - 니블 - 바이트 - 워드 - 레코드 - 필드 - 파일
③ 비트 - 니블 - 바이트 - 워드 - 레코드 - 파일 - 필드
④ 비트 - 니블 - 바이트 - 레코드 - 워드 - 필드 - 파일

> 자료의 논리적 표현 단위
> Character → Field (Item) → Record → File → Data Base
>
> [정답] ①

21

다음 중 파일(File)의 개념을 바르게 표현한 것은?

① Code의 집합을 말한다.
② Character의 수를 말한다.
③ Database의 수를 말한다.
④ Record의 집합을 말한다.

> [정답] ④

22

정보의 표현 단위 중 문자를 표현하기 위한 것은 무엇인가?

① 비트(bit)
② 바이트(byte)
③ 워드(word)
④ 레코드(record)

> 정보표현 단위 중 문자를 표현하기 위한 최소 단위는 "Byte"이다.
>
> [정답] ②

23
500가지의 색상을 나타낼 정보를 저장하고자 할 경우, 최소 몇 비트가 필요한가?

① 6비트　　② 7비트
③ 8비트　　④ 9비트

$N \leq 2^n$, $500 \leq 2^9$ 최소 비트는 9비트이어야 한다.
[정답] ④

24
각 자료형 중에서 가장 적은 비트의 수를 필요로 하는 것은?

① 실수형 자료(Real Type)
② 정수형 자료(Integer Type)
③ 문자형 자료(Character Type)
④ 논리형 자료(Boolean Type)

자료형의 bit수
① 실수형 자료(Real Type) : 4byte~8byte
② 정수형 자료(Integer Type) : 2byte
③ 문자형 자료(Character Type) : 1byte
④ 논리형 자료(Boolean Typ) : 1bit

[정답] ④

25
10진수에 관한 다음 설명 중 틀린 것은?

① 컴퓨터 내부에서 10진수를 표현하는 방법에는 존(zone) 형식과 팩(pack)형식이 있다.
② 존 형식은 1바이트에 1자리 숫자를 표현한다.
③ 존 형식은 기억장소의 사용효율이 나쁘다.
④ 팩 형식은 연산이 불가능하다.

10진수 표현방식
① 팩 10진 형식(Packed Decimal)
정수의 각 자릿수를 4비트로 표현, 연산을 위한 형식, 1바이트에 2자리씩 표현. 마지막 부호니블에 양수이면 C(1100), 음수이면 D(1101)로 표기
예) 342 → 0011 0100 0010 1100
② 언팩 10진 형식(Unpacked Decimal = Zoned Decimal)
1바이트에 한문자씩 표현, 8비트는 4비트의 존비트와 4비트의 디지트로 구성, 숫자표현시 존부분은 "F"로 채움, 마지막 존부분에 부호표시를 하며 양수이면 C, 음수이면 D.
예) 342→ F3 F4 C2

[정답] ④

26
2진수의 음수(Negative number)를 표시하는 방법과 관계가 먼 것은?

① 부호화 절대값 표시
② 부호화된 1의 보수 표시
③ 부호화된 2의 보수 표시
④ 부호화된 10의 보수 표시

① 부호화절대치
　음수이면 1, 양수이면 0으로 첫 비트를 구성
　나머지 7개 비트에는 2진 바이너리로 구성
② 부호화1의 보수
　음수이면 1, 양수이면 0으로 첫 비트를 구성
　나머지 7개 비트에는 2진 바이너리값을 1은 0으로, 0은 1로 대입
③ 부호화2의보수
　음수이면 1, 양수이면 0으로 첫 비트를 구성
　부호화1의보수값에 +1 연산

[정답] ④

27
컴퓨터가 8비트 정수 표현을 사용할 경우 -25를 부호와 2의 보수로 올바르게 표현한 것은?

① 11100111　　② 11100011
③ 01100111　　④ 01100011

부호와 2의 보수(Signed 2's complement) 표현법
① 부호와 절대치 표현방법
첫 번째 비트(MSB)는 부호(sign)비트로 양수(+)는 '0', 음수(-)는 '1'로 표시한다.
② 부호와 1의 보수 표현법
부호비트를 제외한 데이터에서 0은 1로, 1은 0으로 변환하는 방법이다.
③ 부호와 2의보수 표현법
부호비트를 제외한 데이터에서 1의보수를 구한 다음 1을 더해 2의 보수로 표현하는 방법이다.
8[bit]로 표현한 10진수 -25 표현법
$(25)_{10} = (11001)_2$이므로 $(-25)_{10} = (10011001)_2$로 표현된다.

부호와 절대치 표현법	1의 보수 표현법	2의 보수 표현법
$(10011001)_2$	$(11100110)_2$	$(11100111)_2$

[정답] ①

28

2진수 7비트로 표현하는 경우 -9에 대해 부호화 절댓값, 부호화 1의 보수 및 부호화 2의 보수로 변환한 것으로 옳은 것은?

① 0001001, 0110110, 0110111
② 1001001, 0110110, 1110111
③ 1001001, 1110110, 1110111
④ 1001001, 0110110, 0110111

> 고정 소수점(fixed point number) 표현 방식
> ① 부호 절댓값(signed-magnitude) 표시 방법
>   MSB(최상위비트)를 부호비트(0이면 양수, 1LAUS 음수)로 사용하고, 나머지는 절댓값을 표현한다.
>   ∴ (-9)→(1001001)
> ② 부호화된 1의 보수(signed one's complement) 표시 방법
>   양의 2진수(x=(+9)$_{10}$=(0001001)$_2$)를 [11111111-x]의 형태로 저장하는 방식이다. 실제 계산결과는 각각의 비트를 반전(0→1, 1→0)한 것과 같은 결과이다.
>   ∴ (1111111)-(0001001)=(1110110)
> ③ 부호화된 2의 보수(signed two's complement)표시 방법
>   부호화된 1의 보수 표시 방법에 (1)$_2$을 더한 결과와 같다.
>   ∴ (1110110)+(0000001)=(1110111)

[정답] ③

29

8비트로 된 레지스터에서 첫째 비트는 부호비트로 0,1로 양, 음을 나타낸다고 할 때 2의 보수(2's Complement)로 숫자를 표시한다면 이 레지스터로 표현할 수 있는 10진수의 범위로 올바른 것은?

① −256 ~ +256
② −128 ~ +127
③ −128 ~ +128
④ −256 ~ +127

> $2^8 = 256$ 이므로
> 2의보수로 표현할 때 10진수범위는 −128 ~ +127 임.

[정답] ②

30

8비트에 저장된 값 10010111을 16비트로 확장한 결과 값은? (단, 가장 왼쪽의 비트는 부호(Sign)를 나타낸다.)

① 0000000010010111
② 1000000010010111
③ 1001011100000000
④ 1111111110010111

> 부호 확장(Sign extension)
> 부호 확장은 이진수의 bit 개수를 증가시키는 컴퓨터 산술연산자이다. 최상위 비트인 부호비트를 왼쪽방향으로 채움으로서 원래의 음수값이 유지되어야 한다.
> 10010111 ->1111111110010111 (음수 151)
> 00010111 ->0000000000010111 (양수 151)
> 즉, 확장된 bit로 표현 시 부호비트를 유지하여 값을 유지해야 한다.

[정답] ④

31

부동소수점 표현방식의 특징에 해당하지 않는 것은?

① 연산이 복잡하고 시간이 오래 걸린다.
② 대단히 큰 수치와 적은 수치의 표현이 용이하다.
③ 부동소수점 수치를 계산할 수 없는 컴퓨터는 서브루틴으로 처리한다.
④ 고정소수점 표현에 비해 bit 열이 적게 필요하다.

> 부동 소수점 표현방식은 고정소수점 표현에 비해 bit열이 많이 필요하다.
> 고정 소수점 표현방식
>
> | 부호 | 정수부(2진수)크기 |
> |---|---|
>
> 부동 소수점 표현방식
>
> | 부호 | 지수부 | 소수부 |
> |---|---|---|

[정답] ④

32

부동 소수점 표현의 수들 사이에서 곱셈 알고리즘 과정에 해당하지 않는 것은?

① 0(zero)인지의 여부를 조사한다.
② 가수의 위치를 조정한다.
③ 가수를 곱한다.
④ 결과를 정규화 한다.

> 부동 소수점 연산(Floating-point operation)곱셈 알고리즘
> $(0.1011 \times 2^3) \times (0.1001 \times 2^5)$
> ① 수가 0인지 여부를 조사한다.
> ② 가수 곱하기 : $1011 \times 1001 = 01100011$
> ③ 지수 더하기 : $3+5=8$
> ④ 정규화 : $0.01100011 \times 2^8 = 0.1100011 \times 2^7$

[정답] ②

33

10진수 56789에 대한 BCD코드(Binary Coded Decimal)은 어느 것인가?

① 0101 0110 0111 1000 1001
② 0011 0110 0111 1000 1001
③ 0111 0110 0111 1000 1001
④ 1001 0110 0111 1000 1001

> 8421코드(BCD코드)
>
> | 5 | 6 | 7 | 8 | 9 |
> |---|---|---|---|---|
> | 0101 | 0110 | 0111 | 1000 | 1001 |

[정답] ①

34

2진수 10111011에 대해 BCD 코드로 변환되고, 이를 3-초과 코드와 그레이 코드로 표현한 것으로 옳은 것은?
[BCD코드 : 3-초과 코드 : 그레이 코드]

① 0001 1000 0111 : 0100 1011 1010 : 0001 1010 0100
② 0001 1000 0111 : 0100 1011 1100 : 0001 1010 0100
③ 0001 1000 0111 : 0100 1011 1010 : 0001 1100 0100
④ 0001 1000 0111 : 0100 1011 1100 : 0001 1100 1001

```
BCD코드 : 8421코드
2진수 : 10111011 :    1     8     7
 sol1>  BCD코드  : 0001  1000  0111
 sol2>  3초과코드 : 0100  1011  1010
 sol3>  gray코드  : 0001  1100  0100
        2진 코드   0 ⊕ 1 ⊕ 1 ⊕ 1
                    ↓   ↓   ↓
        그레이 코드 0   1   0   0
```
[정답] ③

35

다음 중 그레이 코드(Gray code)의 특징이 아닌 것은?

① 2비트 변환되는 코드이다.
② 4칙 연산에 사용되는 것은 적합하지 않다.
③ A/D변환기에 사용한다.
④ 입출력 코드와 주변장치용으로 이용한다.

그레이 부호는 이진법 부호의 일종으로, 연속된 수가 1개의 비트만 다른 특징을 가짐.
연산에는 쓰이지 않고 주로 데이터 전송, 입출력 장치, 아날로그-디지털간 변환과 주변장치에 쓰임.

[정답] ①

36

2진수 0111을 그레이 코드(Gray code)로 바꾸면 무엇인가?

① 1010   ② 0100
③ 0000   ④ 1111

[정답] ②

37

다음 중 그레이 코드 10110110을 2진수로 변환한 것으로 맞는 것은?

① 11011011   ② 10101101
③ 01001100   ④ 01101011

```
그레이 코드를 2진수로 변환
Gray Code에서 2진수의 변환 (EX-OR 동작)
1 0 1 1   (G)
↓↙↓↙↓↙↓
1 1 0 1   (2)
```
[정답] ①

38

다음의 데이터 코드 중 가중치 코드가 아닌 것은?

① 8421 코드
② 바이퀴너리(Biquinary) 코드
③ 그레이(Gray) 코드
④ 링 카운터(Ring Counter) 코드

[정답] ③

39

다음 10진수 코드 중 자체보수화(self complementing)가 가능한 코드가 아닌 것은?

① 2 4 2 1 코드   ② 8 4 2 1 코드
③ 84$\overline{2}$$\overline{1}$ 코드   ④ Excess-3 코드

자기보수코드
① 각 자리 2진수 "0"을 "1"로 변환, "1"을 "0"으로 바꿈으로써 보수를 간단히 얻을 수 있는 코드이다.
② 3초과코드(Excess-3code), 2421코드, 84$\overline{2}$$\overline{1}$ 코드, 51111 코드 등이 있다.

[정답] ②

40

다음 중 오류검출과 오류교정까지도 가능한 코드는?

① Hamming Code   ② Biquinary Code
③ 2-out of-5 Code   ④ EBCDIC Code

코드
① Gray Code : A/D 변환기에 사용
② Hamming Code : 에러의 판단과 교정
③ ASCII Code : 데이터 통신과 마이크로 컴퓨터에 많이 사용
④ 8421 Code : 8421 BCD 코드, 2진 표현에 가장 가깝다.

[정답] ①

41

32비트의 데이터에서 단일 비트 오류를 정정하려고 한다. 해밍 오류 정정 코드(Hamming error correction code)를 사용한다면 몇 개의 검사 비트들이 필요한가?

① 4비트   ② 5비트
③ 6비트   ④ 7비트

해밍코드
① 단일비트 에러정정 코드로, 1bit 에러정정을 할 수 있는 비블럭 코드의 일종이다.
② 정보비트수 가 m개 일 때 패리티비트의 수 P
$2^p \geq m+p+1$의 관계식 성립
∴ $2^p - p - 1 \geq 32$ 이므로 p값은 6임.

[정답] ③

42

다음 중 BCD 코드 1001에 대한 해밍 코드를 구하면? (단, 짝수 패리티 체크를 수행한다.)

① 0011001   ② 1000011
③ 0100101   ④ 0110010

해밍비트 길이
$2^p \geq n+p+1$ (n 정보비트, p 해밍비트)
데이터bit가 4bit이므로, 해밍비트(H)는 3bit.

1	2	3	4	5	6	7
H1	H2	1	H3	0	0	1

```
  7  ->     1    1   1
  3  ->     0    1   1
짝수패리티   1    0   0
 (XOR)    (H3) (H2) (H1)
```

따라서 [0011001]이 해밍코드가 된다.

[정답] ①

43

다음 중 ASCII 코드에 대한 설명으로 틀린 것은?

① 미국표준협회에서 만든 미국 표준 코드이다.
② 7비트의 데이터 비트에 패리티 비트 1비트를 추가한다.
③ 7비트의 데이터 비트 중 앞의 7, 6, 5, 4비트는 존비트로 사용된다.
④ 데이터 통신용 문자 코드로 많이 사용되고 128문자를 표시한다.

존비트 : 3, 디지트 비트 : 4

[정답] ③

2 조합논리회로

44

다음의 time chart에 해당하는 것은 어느 Gate인가?

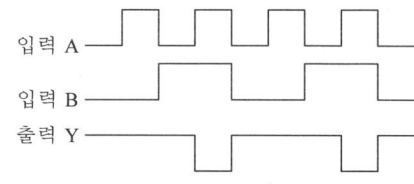

① AND   ② OR
③ NAND   ④ NOR

A,B는 입력비트이며 Y는 출력비트로서 AND 출력의 반대임을 알 수 있다.

[정답] ③

45

다음 중 논리회로의 출력은?

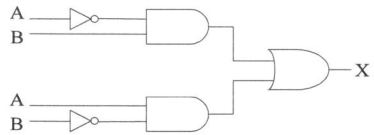

① $A \cdot B$ ② $\overline{A} \oplus \overline{B}$
③ $A \oplus B$ ④ $\overline{A \oplus B}$

위쪽 AND게이트에서는 A`B, 아래쪽 AND게이트에서는 AB`이고 이것을 합치면 A`B+AB`인데, A⊕B라고 쓸 수 있다.

[정답] ③

46

다음 스위칭 회로의 논리식으로 옳은 것은?

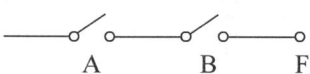

① F = A + B   ② F = A · B
③ F = A + B   ④ F = A / (B + A)

스위치 A 와 B 가 동시에 닫혀져야 F 의 결과가 1이 된다. 즉, AND 회로이다.

[정답] ②

47 다음 논리회로에 의해 계산된 결과 X는?

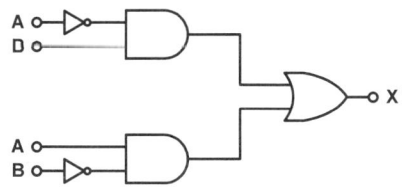

① $\overline{A \oplus B}$
② $\overline{A} \oplus \overline{B}$
③ $A \oplus B$
④ $A \cdot B$

위쪽 AND게이트에서는 A`B, 아래쪽 AND게이트에서는 AB`이고 이것을 합치면 A`B+AB`인데, A⊕B라고 쓸 수 있다.

[정답] ③

48 그림에서 출력 X를 입력 A, B의 함수로 바르게 표시한 것은?

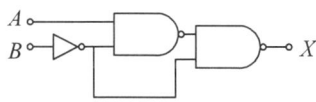

① X = AB
② X = A + B
③ X = A′B + AB′
④ X = AB + A′B′

앞에 NAND게이트의 결과는 (AB`)` =A`+B이고, 뒤에 NAND 게이트는 ((A`+B)B`)` =(A`B`)`=A+B가 된다.

[정답] ②

49 아래 그림과 같은 카르노맵(Karnaugh map)이 있을 때 이를 간략화하여 얻은 논리식으로 옳은 것은?

A\BC	00	01	11	10
0	1	0	0	1
1	1	1	X	1

① Y = A
② Y = BC + AC
③ Y = A + $\overline{C}$
④ Y = C + AB

A\BC	00	01	11	10
0	1	0	0	1
1	1	1	X	1

[정답] ③

50 출력되는 부울함수의 값이 입력값에 의해서만 정해지는 논리회로는?

① 조합회로
② 순서회로
③ 집적회로
④ 혼합회로

조합회로는 입력에 의해서만 출력이 결정되는 반면에 기억기능이 있는 순서회로는 기억장치를 가지고 있어 이전의 출력 값이 현재의 입력에 반영된다.

[정답] ①

51 그림과 같이 병렬가산기의 입력에 데이터를 인가하였을 때 이 회로의 출력 F에 대한 설명으로 옳은 것은?

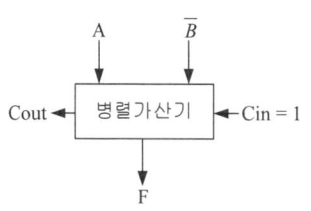

① 가산
② 감산
③ A를 전송
④ A를 1증가

[정답] ②

52

다음은 전감산기의 진리표이다. 이 진리표를 이용하여 두 개의 차 D의 불 함수에 대한 표현으로 옳은 것은?

입력(Input)			출력(Output)	
X	Y	B_0	D	B_1
0	0	0	0	0
0	0	1	1	1
0	1	0	1	1
0	1	1	0	1
1	0	0	1	0
1	0	1	0	0
1	1	0	0	0
1	1	1	1	1

① $D = X + Y \oplus B_0$
② $D = X \oplus Y + B_0$
③ $D = X \oplus Y \oplus B_0$
④ $D = \overline{X} \oplus Y \oplus B_0$

EX-OR 회로
① $Y = (A+B)(\overline{A}+\overline{B}) = A\overline{B} + \overline{A}B = A \oplus B$
② 입력 1의 개수가 홀수이면 1, 짝수이면 0이 출력
③ EX-OR 진리표

A	B	출력
0	0	0
0	1	1
1	0	1
1	1	0

[정답] ③

53

전자 계산기의 기본 논리 회로는 조합 논리 회로와 순서 논리 회로로 구분된다. 이중 조합 논리 회로에 해당 되는 것은?

① RAM
② 2진 다운 카운터
③ 반 가산기
④ 2진 업 카운터

조합회로는 순수한 논리게이트들의 조합으로 이루어진 회로이다.

[정답] ③

54

다음과 같은 진리표를 갖는 회로는?

x	y	D_0	D_1	D_2	D_3
0	0	1	0	0	0
0	1	0	1	0	0
1	0	0	0	1	0
1	1	0	0	0	1

① 비교기(Comparator)
② 멀티플렉서(Multiplexer)
③ 디코더(Decoder)
④ 인코더(Encoder)

디코더: 2진수->10진수,
입력단자수가 N개라면 출력 단자수는 2^N개

[정답] ③

55

단일채널로 복수개의 입·출력 장치를 연결할 수 있는 것은?

① Multiplexer
② Demultiplexer
③ Encoder
④ Decoder

① 엔코더(Encoder) : 부호기 - 입력이 가해지는 2진 조합 신호에 대응되는 신호가 출력 단자에 나타남.
② 레지스터(Register) : CPU 내부에 있는 기억 장치로서 n 비트의 정보를 일시적으로 기억하기 위해 플립플롭 n 개를 병렬로 접속한 장치
③ 카운터(Counter) : 일련의 순차적인 수를 세는 회로

[정답] ①

56

다음 회로의 명칭은?

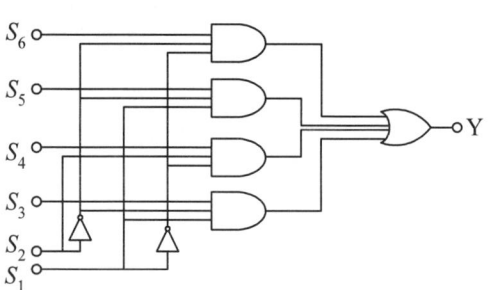

① Multiplexer
② Decoder
③ Adder
④ Encoder

데이터 선택기능을 갖는 MUX 회로이다

[정답] ①

3 자료구조

57

스택(STACK)의 설명 중 틀린 것은?

① Return Address를 저장하기 위한 메모리이다.
② PUSH 명령에 의해서 데이터를 저장한다.
③ FIFO의 구조를 갖고 있다.
④ RAM의 일부분이다.

스택(STACK) : Top이라 불리우는 한 쪽 끝에서만 입출력 발생 LIFO (후입선출)의 논리 부프로그램 사용할 때 복귀 번지의 위치저장, 수식연산, 인터럽트 발생시 PC의 위치 저장용으로 사용

[정답] ③

58
컴퓨터에서 인터럽트(interrupt) 발생시 return address 를 기억시키는 장소는?
① stack
② program counter
③ accumulator
④ data bus

스택(STACK)
한 프로그램에서 서브프로그램(Subprogram)을 부를(Call)때 되돌아 올 주소를 기억시켜 놓기 위해 쓰인다.
[정답] ①

59
서브루틴의 호출에 이용되는 자료구조는?
① 배열(array)
② 스택(stack)
③ 레코드(record)
④ 큐(queue)

스택(STACK)
한 프로그램에서 서브프로그램(Subprogram)을 부를(Call)때 되돌아 올 주소를 기억시켜 놓기 위해 쓰인다.
[정답] ②

60
프로그램에서 함수들을 호출하였을 때 복귀주소(return address)들을 보관하는데 사용하는 자료구조는 어느 것인가?
① 스택(stack)
② 큐(queue)
③ 트리(tree)
④ 그래프(graph)

스택(stack)은 프로그램에서 함수들을 호출할 때 복귀주소를 보관하는 자료구조를 말함. 함수를 연속적으로 호출을 할 경우 되돌아가는 순서는 호출의 역순이므로 스택에 보관하여 운영하면 편리하다.
스택 = LIFO(Last In First Out) 구조
큐 = FIFO(First In First Out) 구조
트리 = 1 : n 구조
그래프 = m : n 구조
[정답] ①

61
다음 선형 리스트 중에서 데이터의 입력순서와 출력순서가 바뀌는 것은?
① QUEUE
② STACK
③ FIFO
④ HEAP

스택 = LIFO(Last In First Out) 구조
[정답] ②

62
선형 리스트 중 마지막으로 입력한 자료가 제일 먼저 출력되는 LIFO(Last in first out)구조는?
① 트리
② 스택
③ 큐
④ 섹터

자료구조는 자료를 기억장치 내에 저장하는 방법임
① 선형구조 : 스택, 큐, 데크, 배열
② 비선형구조 : Tree, Graph
[정답] ②

63
자료가 리스트에 첨가되는 순서대로만 처리할 수 있는 것을 FIFO 구조라 하는데 다른 말로 표현한 것은?
① STACK
② DEQUE
③ QUEUE
④ SPREAD SHEET

제한조건 리스트
① Queue : FIFO(First-In-First-Out) 구조로 한쪽 끝으로 삽입되고 다른 반대쪽에서 삭제 되는 리스트 구조
② Stack : LIFO(Last-In-First-Out) 구조로 동적이며 순차적인 자료 목록을 삽입, 삭제가 가능한 구조
③ Deque : LIFO(Last-In-First-Out) 구조로 스택과 큐를 복합하여 삽입, 삭제가 어느 쪽에서도 가능한 구조
[정답] ③

64
Queue의 구조 중 오른쪽과 왼쪽에서 삽입연산이 가능하도록 만들어진 Queue의 변형된 구조를 무엇이라 하는가?
① Stack
② Point
③ Deque
④ Buffer

enqueue-> ☐☐☐☐☐ ->dequeue
[정답] ③

65
링크드 리스트(Linked list)의 특징이 아닌 것은?
① 자료들은 연속된 공간에 제공할 필요가 없다.
② 기억장치내의 다른 자료들을 움직일 필요가 없다.
③ 포인터를 위한 기억장소가 필요하다.
④ 임의의 자료를 읽는데 걸리는 시간이 선형리스트보다 짧다.

링크드 리스트는 각 자료마다 주소값인 포인터를 가지고 있어 다른 자료를 이동하지 않고도 자료를 꺼낼 수 있으나 포인터의 인식문제로 걸리는 시간은 큐나 스택보다 느리다.
[정답] ④

66 다음 중 제일 먼저 삽입된 데이터가 제일 먼저 출력되는 파일구조는?

① 스텍(Stack)　② 큐(Queue)
③ 리스트(List)　④ 트리(Tree)

큐(Queue)는 FIFO(First In First Out)파일구조를 갖는다.
[정답] ②

67 다음 중 큐(queue)의 구조에 해당하지 않는 것은 무엇인가?

① 줄서기에 의한 화장실 사용 순서
② 자동판매기의 종이컵의 배출순서
③ 은행에서의 대기 순서표 뽑기 및 이용순서
④ 주방에서의 씻어 놓은 접시 사용하는 순서

큐(Queue): 한쪽으로 삽입하고 다른 쪽 끝에서 제거가 이루어지는 구조로 선입선출(FIFO)의 논리를 가진다.
[정답] ④

68 다음 중 후입선출(LIFO) 처리제어 방식은?

① 스택　② 선형리스트
③ 큐　④ 원형 연결 리스트

① 스택(stack) : LIFO
　(Last In First Out : 후입 선출)
② 큐(Queue) : FIFO
　(First In First Out : 선입 선출)
[정답] ①

69 다음 중 선형 자료구조가 아닌 것은?

① 배열　② 스택
③ 그래프　④ 큐

자료구조는 자료를 기억장치 내에 저장하는 방법임
① 선형구조 : 스택 , 큐 , 데크 , 배열
② 비선형구조 : Tree , Graph
[정답] ③

70 운영체제에서 폴더와 파일들은 어떤 구조로 구성되어 있는가?

① 트리(Tree)　② 큐(Queue)
③ 스택(Stack)　④ 배열(Array)

운영체제의 폴더와 파일은 Tree구조로 구성됨.

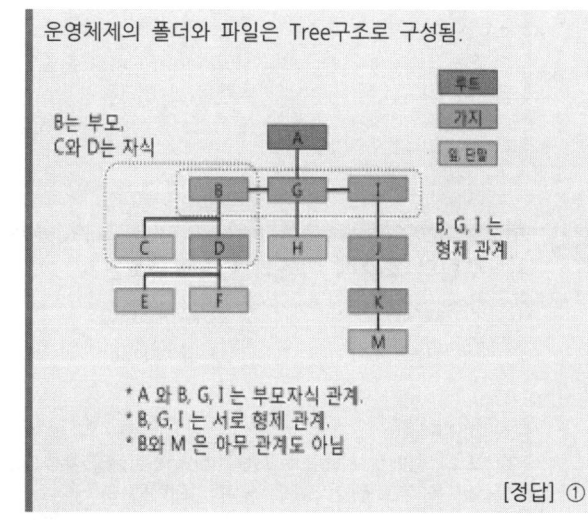

* A 와 B, G, I 는 부모자식 관계.
* B, G, I 는 서로 형제 관계.
* B와 M 은 아무 관계도 아님

[정답] ①

2 컴퓨터의 기본구조와 기능

01

다음 지문에 들어갈 내용으로 알맞은 용어끼리 짝지어진 것을 고르시오?

> 마이크로 컴퓨터는 연산 및 처리기능을 갖는 (㉠)부분과 연산 처리의 대상이 되며, 목적 기능을 갖는 (㉡)부분으로 나누어 볼 수 있다. (㉠)의 운영을 위해서는 반드시 (㉡)의 지원이 필요하다.

① ㉠ 하드웨어, ㉡ 소프트웨어
② ㉠ CPU, ㉡ Memory
③ ㉠ ALU, ㉡ DATA
④ ㉠ CPU, ㉡ 소프트웨어

컴퓨터 시스템의 구성
마이크로컴퓨터는 연산 및 처리기능을 갖는[하드웨어] 부분과 연산처리의 대상이 되며, 목적 기능을 갖는 [소프트웨어] 부분으로 나누어 볼 수 있다. [하드웨어] 운용을 위해서는 반드시 [소프트웨어]의 지원이 필요하다.

[정답] ①

02

다음의 그림은 CPU의 기능 블록도를 나타낸 것이다. 빈 칸에 들어갈 용어는?

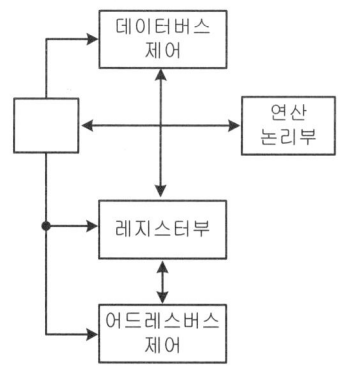

① 제어부
② 프로그램 카운터
③ 메모리 주소부
④ 명령어 해석부

CPU는 제어부, 연산부, 레지스터로 구성
① 연산부 : Data의 산술 및 논리 처리
② 제어부 : 명령 수행을 위한 제어신호 생성
③ 레지스터부 : 자료를 일시 기억하는 임시 기억장치

[정답] ①

03

다음 중 중앙처리장치(CPU)의 기능이 아닌 것은?

① 명령어 생성(Instruction Create)
② 명령어 인출(Instruction Fetch)
③ 명령어 해독(Instruction Deecode)
④ 데이타 인출(Data Fetch)

CPU(중앙처리장치)의 기능
① 명령어 인출   ② 명령어 해독
③ 데이타 인출   ④ 데이터 처리
⑤ 데이터 쓰기

[정답] ①

04

다음 중 CPU의 하드웨어(Hardware) 요소들을 기능별로 분류할 경우 포함되지 않는 것은?

① 연산 기능   ② 제어 기능
③ 입출력 기능 ④ 전달 기능

중앙처리장치(CPU:Central Processing Unit)
① CPU는 컴퓨터 시스템 전체의 작동을 통제하고 프로그램의 모든 연산을 수행하는 가장 핵심적인 장치이다.
② CPU의 기능 : 제어기능, 연산기능, 기억기능, 전달기능,
③ CPU의 구성 : 제어장치, 연산장치 그리고 이들을 연결하여 데이터를 주고받는 버스(내부버스)

[정답] ③

05

다음 중 누산기(Accumulator)에 대한 설명으로 옳은 것은?

① 연산장치에 있는 레지스터의 하나로서 연산결과를 기억하는 장치이다.
② 기억장치 주변에 있는 회로인데 가감승제 계산 논리 연산을 행하는 장치이다
③ 일정한 입력 숫자들을 더하여 그 누계를 항상 보존하는 장치이다
④ 정밀 계산을 위해 특별히 만들어 두어 유효 숫자 개수를 늘리기 위한 것이다.

누산기(Accumulator)
① 산술 및 논리연산의 결과를 일시적으로 기억하는 레지스터이다.
② 누산기는 기억장치의 일부로서 계산 속도가 빨라질 수 있도록 도와주는 역할을 한다.
③ 연산을 할 때는 누산기에 있는 데이터와 주기억 장소에 있는 데이터가 근본이 되어 연산회로에서 처리된 다음, 그 결과가 다시 누산기에 저장된다.

[정답] ①

06. 다음 중 자료의 병렬전송을 직렬전송으로 변경하는 레지스터는?

① 명령 레지스터(IR)
② 메모리 주소 레지스터(MAR)
③ 메모리 버퍼 레지스터(MBR)
④ 쉬프트 레지스터(Shift Register)

> 쉬프트 레지스터(shift Register)는 클럭 펄스에 의해 저장된 데이터를 왼쪽 또는 오른쪽으로 한 비트씩 쉬프트하는 레지스터로서 승산, 제산에 이용한다.
>
> [정답] ④

07. 다음 지문이 설명하고 있는 것은?

> 인출할 명령어의 주소를 가지고 있는 레지스터로 명령어가 인출된 후 내용이 자동적으로 1 또는 명령어 길이만큼 증가하며, 분기 명령어가 실행될 경우 목적지 주소로 갱신한다.

① 기억장치 버퍼 레지스터 ② 누산기
③ 프로그램 카운터 ④ 명령 레지스터

> 레지스터
> ① 명령레지스터 : 현재 수행중인 명령의 내용을 보관
> ② 프로그램 카운터 : 다음에 실행하게 될 명령어가 기억되어 있는 주기억 장치의 번지를 기억
> ③ 메모리 버퍼 레지스터 : 기억장치에 기억될 자료나 기억장치에서 읽어올 자료 보관
> ④ 누산기 : 연사 시 피가수 및 연산의 결과를 일시적으로 보관하는 레지스터
> 명령 레지스터 : 명령어를 기억하고 있는 레지스터
>
> [정답] ③

08. 다음 중 중앙처리장치에서 사용하고 있는 버스(BUS)의 형태에 속하지 않는 것은?

① Address Bus ② Control Bus
③ Data Bus ④ System Bus

> 버스의 종류
> ① Data Bus : Word 크기를 가진다.(양방향 버스)
> ② Address Bus : 메모리 용량과 관계있는 크기를 갖는다. (단방향 버스)
> ③ Control Bus(단방향 버스)
>
> [정답] ④

09. 다음 보기의 기억장치 중 속도가 가장 빠른 것에서 느린 순서대로 나열한 것으로 맞는 것은?

(1) 캐쉬 (2) 보조 기억장치
(3) 주 기억장치 (4) 레지스터
(5) 디스크 캐쉬

① (4)-(3)-(1)-(5)-(2)
② (4)-(5)-(3)-(1)-(2)
③ (4)-(1)-(3)-(5)-(2)
④ (4)-(5)-(1)-(3)-(2)

> 기억장치 속도
>
> | 순서 | 이름 | 특징 또는 종류 |
> |---|---|---|
> | 1 | 레지스터 | 연산장치(고속) |
> | 2 | 캐쉬 | 임시 저장장치 |
> | 3 | 주기억장치 | ROM, RAM저장 |
> | 4 | 디스크 캐쉬 | 디스크 임시저장 |
> | 5 | 보조기억장치 | HDD 저장(저속) |
>
> [정답] ③

10. 자외선을 이용하여 지울 수 있는 메모리로 맞는 것은?

① PROM
② EPROM
③ EEPROM
④ 플래쉬 메모리(Flash Memory)

> ROM (Read Only Memory)
>
> | 기능 | 특징 |
> |---|---|
> | PROM | 1회에 한해 지울 수 있음 |
> | EPROM | 자외선을 이용해 지울 수 있음 |
> | EEPROM | 전기를 이용해 지울 수 있음 (Electrically Erasable Programmable Rom) |
>
> [정답] ②

11 다음 중 동적 RAM(Dynamic RAM)의 특징에 대한 설명으로 틀린 것은?

① 전하의 양을 측정하여 저장 논리 값을 판단한다.
② 전하의 방전 때문에 주기적으로 재충전(Refresh)해야 한다.
③ 1비트를 구성하는 소자가 적어서 단위 면적에 많은 저장장소를 만들 수 있다.
④ 1비트를 구성하는 소자가 적어서 메모리 액세스 속도가 정적 RAM(Static RAM)보다 빠르다.

DRAM과 SRAM

DRAM	SRAM
휘발성 임	휘발성 임
집적도가 높음	집적도가 낮음
제조가 간편하고 대용량	제조가 어렵고 소용량
Refresh가 필요함	Refresh가 필요치 없음
처리 속도가 빠름	처리 속도가 느림

RAM(Random Access Memory)
① RAM은 사용자가 자유롭게 내용을 읽고 쓰고 지울 수 있는 반도체 기억장치이다.
② RAM에 기억된 내용은 전원이 끊기면 지워지는 휘발성 기억장치이다. 이런 특성 때문에 속도는 느리지만 전원이 끊어져도 정보를 저장할 수 있는 자기테이프, 플로피디스크, 하드디스크 등의 보조기억장치에 사용된다.
③ RAM에는 정적 램(Static RAM)과 동적 램(Dynamic RAM)이 있다.

[정답] ④

12 다음 중 플립플롭(Flip - Flop) 회로를 사용하여 만들어진 메모리는?

① Dram(Dynamic Random Access Memory)
② SRAM(Static Random Access Memory)
③ ROM(Read Only Memory)
④ BIOS(Basic Input Output System)

SRAM은 플립플롭으로 제작
DRAM은 전하 충전을 이용하는 콘덴서로 제작

[정답] ②

13 다음 내용은 어떤 용어에 대한 설명인가?

가상기억장치 시스템에서, 프로그램이 접근한 페이지나 세그먼트를 디스크에서 주기억 장치로 로드(Load)하기 위한 과정에서 페이지 부재(Page Fault)가 빈번히 발생하여 프로그램의 처리속도가 급격히 떨어지는 상태를 말하며, 이러한 상태는 시스템이 처리할 수 있는 것보다 더 많은 작업을 실행시킬 경우 발생한다.

① 오버레이(Overlay)   ② 스래싱(Thrashing)
③ 데드락(Deadlocks)   ④ 덤프(Dump)

스래싱(Thrashing)현상
프로세스들이 진행되는 과정에서 페이지 부재가 너무 빈번하게 발생되어 실제로 프로세스들을 처리하는 시간보다 페이지 교체 시간이 더 많아 CPU의 효율이 떨어지는 현상

[정답] ②

14 메모리 인터리빙(Memory Interleaving)의 사용 목적은?

① 메모리의 저장 공간을 높이기 위해서
② CPU의 Idle Time을 없애기 위해서
③ 메모리의 Access 횟수를 줄이기 위해서
④ 명령들의 Memory Access 충돌을 막기 위해서

메모리 인터리빙이란 명령들의 Memory Access 충돌을 막기 위해서 사용된다.

[정답] ④

15 다음 중 자기 디스크의 특징이 아닌 것은?

① 자기 드럼보다 Access Time이 빠르다
② 자기 드럼보다 기억용량이 매우 크다.
③ 각각의 트랙에는 데이터가 고정 크기의 블록 단위로 저장된다.
④ 고속, 대용량의 보조기억장치로 널리 이용된다.

자기디스크
① 고정길이 블록으로 트랙에 저장
② 고속, 대용량 보조기억장치다.
③ 자기드럼 보다 기억용량이 큼
④ 단, 자기드럼은 Access Time이 매우 빠름

[정답] ①

16 디스크를 사용하려면 최초에 반드시 해야 할 사항은 무엇인가?

① 내용을 지우고 잠근다.
② 파티션을 만들고 포맷한다.
③ 폴더와 파일들로 채운다.
④ 시분할(time slice)한다.

파티션(Partition) 과 포맷(Format)
하드디스크를 처음 사용하기 위해 부팅디스크의 파티션을 나눈 뒤, Format을 해야만 사용가능하다.

[정답] ②

17

디스크 오류가 발생하였을 때, 디스크를 재구성하지 않고 복사된 것을 대체함으로써 데이터를 복구할 수 있는 RAID 레벨(Level)은?

① RAID 0
② RAID 1
③ RAID 3
④ RAID 5

[정답] ②

18

다음 출력 장치들 중 인쇄활자를 이용하는 것은 무엇인가?

① 라인 프린터(line printer)
② 도트 매트릭스 프린터(dot matrix printer)
③ 레이저 프린터(laser printer)
④ 잉크젯 프린터(inkjet printer)

프린터

프린터	특 징
라인 프린터	활자식 라인프린터
도트 매트릭스 프린터	충격식 프린터
레이저 프린터	비충격식 프린터
잉크젯 프린터	비충격식 프린터

[정답] ①

19

다음 중 입력 장치에 사용되는 매체가 아닌 것은?

① 천공 카드(punch card)
② 사운드 카드(sound card)
③ OMR 카드
④ 바 코드(bar code)

입력장치(Input Device)
문자, 기호, 그림들을 컴퓨터에 입력할 수 있는 외부 장치다.
사운드 카드는 오디오 출력장치다.

[정답] ②

20

다음 중 콘솔(Console)에 대한 설명으로 옳은 것은?

① 컴퓨터의 상태를 감시하고, 운용자의 필요에 의해서 동작에 개입할 수 있도록 설치된 단말기이다.
② 주 기억 장치의 용량 부족을 보충하기 위해 외부에 부착하는 저장용 단말기이다.
③ 타자기와 비슷한 형태의 입력 장치로서, 문자나 숫자의 키(Key)를 눌러서 컴퓨터에 입력시키는 단말기이다.
④ 컴퓨터에서 처리된 결과를 인쇄하는 데 사용되는 단말기이다.

콘솔(Console) = 표준 입출력 장치 = Keyboard + Monitor
키보드와 모니터로 구성되어 오퍼레이터가 컴퓨터의 작동을 통제하는 장치로 다음과 같은 일을 수행한다.
① 작업의 시동과 정지를 명한다.
② 레지스터나 카운터의 값을 결정
③ 컴퓨터의 작동 정지시 작업의 재개
④ 입출력 장치의 선택과 변경

[정답] ①

21

I/O 채널(channel)의 설명 중 맞지 않는 것은?

① CPU는 일련의 I/O동작을 지시하고 그 동작 전체가 완료된 시점에서만 인터럽트를 받는다.
② 입출력 동작을 위한 명령문 세트를 가진 프로세서를 포함하고 있다.
③ 선택기 채널(selector channel)은 여러 개의 고속 장치들을 제어한다.
④ 멀티플렉서 채널(multiplex channel)에는 보통 하드디스크 장치들을 연결한다.

I/O Channel
입출력 채널은 입출력장치 와 주기억장치 사이에서 데이터 전송을 담당하는 전용처리기임.

종 류	특 징
셀렉터 채널	고속 입출력장치 채널
멀티 플렉서 채널	저속 입출력장치 채널
블록 멀티 플렉서 채널	여러 대의 고속장치 채널

[정답] ④

22

다음 중 비동기 인터페이스(Asynchronous Interface)에 대한 설명으로 틀린 것은?

① 컴퓨터와 입출력 장치가 데이터를 주고받을 때 일정한 클록 신호의 속도에 맞추어 약정된 신호에 의해 동기를 맞추는 방식이다.
② 동기를 맞추는 약정된 신호는 시작(Start),종료(Stop) 비트 신호이다.
③ 컴퓨터 내에 있는 입출력 시스템의 전송 속도와 입출력 장치의 속도가 현저하게 다를 때 사용한다.
④ 일반적으로 컴퓨터 본체와 주변 장치 간에 직렬 데이터 전송을 하기 위해 사용된다.

비동기 처리 방법은 독립적인 처리 방법을 의미한다. 클럭 신호에 맞춰서 처리하는 하는 방법은 동기 방법을 의미한다.

[정답] ①

23 다음 중 병렬 입출력 방식(Parallel Input Output)에 대한 설명이 아닌 것은?

① 입·출력 제어장치와 입·출력 장치 사이에 데이터 1~N 바이트(byte)씩 병렬로 전송하는 방식이다.
② 고속 데이터 전송에 적합하다
③ 단거리 전송에 이용된다.
④ 데이터 각 byte의 시작과 끝을 인식하도록 시작과 정지 비트를 사용한다.

> 병렬 입출력(PIPO : Parallel Input Parallel Output)
> ① PIPO는 병렬 인터페이스를 통해 중앙처리장치와 주변장치 사이에서 데이터를 주고받는 것을 말한다.
> ② PIPO는 하나의 데이터를 구성하는 여러 개의 비트를 동시에 입출력하는 방식이다.
>
> [정답] ④

25 시스템 내에 여러 프로세서를 통해 처리 작업을 분담하여 동시에 처리할 수 있다. 따라서 많은 양의 데이터를 처리하고, 빠르게 작업을 완료할 수 있으며, 많은 입출력 장치의 요구를 수용할 수 있다. 이와 같은 시스템은?

① 다중 처리 시스템   ② 혼합 시스템
③ 병렬 인터페이스   ④ 직렬 시스템

> 다중처리시스템(Multi Processing)시스템
> ① 하나의 컴퓨터 시스템 내에서 여러개의 CPU가 존재하여 CPU들이 각각 작업을 분담하는 것이다.
> ② 각각의 자료가 병렬처리 되어 결과가 합쳐진다.
> ③ 작업속도와 신뢰성이 향상된다.
>
> [정답] ①

③ 운영체제

01 운영체제는 컴퓨터 시스템을 구성하는 요소 중의 하나로 시스템에 제공되는 기능(또는 목적)으로 올바르게 짝지어진 것은?

① 편의성-효율성   ② 청각성-정확성
③ 시각성-편의성   ④ 청각성-신속성

> 운영체제(OS Opertating System)
> ① 컴퓨터와 하드웨어, 사용자 간의 Interface를 위 통합 소프트웨어 개념이다.
> ② 컴퓨터를 구성하는 각종자원을 효율적으로 관리 할 수 있고, 운영하여 시스템 자원을 향상시키는 시스템프로그램이다.
>
> [정답] ①

02 운영체제가 추구하는 목적의 짝이 제대로 지어진 것은?

① 사용자의 독점성과 자원의 효율적 이용
② 사용자의 편리성과 자원의 독점적 이용
③ 사용자의 독점성과 자원의 독점적 이용
④ 사용자의 편리성과 자원의 효율적 이용

> OS(Operation System) 운영체제
>
> | 사용자의 편의성 | 시스템의 성능향상 |
> |---|---|
> | • 다양한 자원을 효율적으로 관리할 수 있음 | • 처리능력의 향상
• 응답시간의 단축
• 신뢰성의 향상
• 사용가능도의 향상 |
>
> [정답] ④

03 다음 지문은 운영체제의 4가지 목적 중 한 가지를 설명한 것이다. 어떠한 것에 대한 설명인가?

> 컴퓨터 시스템 사용 시 어느 정도로 빨리 이용할 수 있는지를 나타내는 것으로서, 시스템 자체에 이상이 생겼을 경우, 즉시 회복하여 사용할 수 있는지를 알 수 있다.

① 응답시간의 단축   ② 처리 능력 향상
③ 사용가능성   ④ 자원 스케줄링 기능

> 운영체제의 목적
>
> | 사용자의 편의성 | 시스템의 성능향상 |
> |---|---|
> | 처리시간의 향상 | 단위시간당 처리량 많음 |
> | 응답시간의 단축 | 결과의 응답시간 단축 |
> | 신뢰성의 향상 | 올바른 결과를 낼 수 있음 |
> | 사용가능도의 향상 | 컴퓨터의 재이용성 향상 |
>
> [정답] ③

04. 다음 중 운영체제(Operating System)의 성능을 극대화하기 위한 조건이 아닌 것은?

① 사용 가능도 증대
② 신뢰도성 향상
③ 처리능력 증대
④ 응답시간(Turn Around Time) 연장

> 운영체제의 성능평가기준
> ① 처리능력(Throughput)
> ② 응답시간(Turn Around Time)
> ③ 신뢰도(Reliability)
> ④ 사용가능도(Availability)
>
> [정답] ④

05. 다음 중 운영체제에 대한 특징으로 틀린 것은?

① 유닉스(Unix) : 네트워크 기능이 강력하며, 다중 사용자 지원이 가능하고, PC에서도 설치 및 운용이 가능한 버전이 있다
② 리눅스(Linux) : 무료로 다운받아 모든 분야에 무료로 널리 사용할 수 있으며, 윈도우즈와 동일한 환경을 제공한다.
③ 윈도우즈(Windows) : 소스가 공개되어 있지 않으며, 많은 사용자들이 보편적으로 사용하고 있다. 서버급 보다는 클라이언트 용으로 주로 사용되고 있다.
④ 도스(DOS) : 명령어를 입력방식으로 불편하며, DOS지원을 위해 메모리와 디스크의 용량에 한계가 있다. 여러 사람이 작업을 할 수 없다.

> Linux와 Windows와의 차이점
> ① 리눅스의 커널은 사용자 환경과 커널을 분리하고 있지만, 윈도우의 경우 사용자 인터페이스와 커널이 결합되어 있다.
> ② 리눅스는 여러 사용자가 동시에 서버에 접속하여 사용하도록 고안된 운영체제이지만 윈도우는 개발 당시부터 개인 PC 사용하는 단일 사용자 환경을 고려하여 만들어진 운영체제이다.
> ③ 리눅스의 경우 OS 및 응용프로그램들의 환경 설정 파일을 대부분 텍스트 파일 형식으로 저장하여 사용하는 것이 대부분이지만, 윈도우의 경우 레지스트리라는 특별한 데이터베이스에 설정 정보를 저장한다.
>
> [정답] ②

06. 다음 중 운영체제에 대한 설명으로 틀린 것은?

① 시스템을 관리하고 제어하는 기능을 가진다.
② 윈도우나 유닉스는 명령어 실행과 수행방법이 같다.
③ 대표적인 운영체제는 윈도우 XP, 윈도우 7, 리눅스 등이 있다.
④ 컴퓨터와 사용자 간에 중재적인 역할을 한다.

> Windows, Linux는 서로 다른 운영체제이기 때문에 명령어 실행과 수행방법이 다르다. 윈도우는 GUI형태이지만 리눅스는 Commend형태로 사용된다. (리눅스도 GUI 버전이 있음)
>
> [정답] ②

07. 다음 지문에서 설명하고 있는 운영체제의 종류는?

> 서버급 운영체제이면서도 무료 버전이며, 소스가 공개되어 있어 사용자들이 원하는 기능을 추가하거나 변경할 수 있다. 또한 서버용 프로그램들이 기본으로 갖고 있으며, 임베디드에도 널리 응용되고 있다.

① 유닉스(Unix)
② 리눅스(Linux)
③ 윈도우즈(Windows)
④ 맥(Mac) O/S

> 리눅스
> ① 유닉스 기반의 모델로 다중작업, 다중사용자 시스템으로 설계되었다. 리눅스는 워크스테이션이나 개인용 컴퓨터에서 주요 활용된다.
> ② 공개된 OPEN Source OS로 사용자가 사용하고 쉽고 무료이다.
> ③ 사용자 스스로 프로그램에 대한 책임을 져야하며, 사후관리가 어려운 문제 등이 있다.
>
> [정답] ②

08. 다음 문장에서 설명하는 운영체제의 유형은?

> 부분적으로 일어나는 장애를 시스템이 즉시 찾아내어 순간적으로 복구함으로써 시스템의 처리중단이나 데이터의 유실과 훼손을 막을 수 있는 시스템 방식으로 특히 자원의 중복성에도 불구하고 특별한 관리가 필요한 정보처리에 매우 유용하다.

① 시분할 시스템(Time-sharing System)
② 다중 처리(Multi-processing)
③ 다중 프로그램(Multi-programming)
④ 결함허용 시스템(Fault-tolerant System)

> 운영체제의 운영방식
> ① 다중프로그래밍(Multiprogramming)
>   한대의 컴퓨터에 여러 프로그램을 동시에 실행
> ② 다중처리(Multiprocessing,멀티프로세싱)
>   한대의 컴퓨터에 두개이상의 CPU가 설치 실행
> ③ 실시간처리(Real Time Processing)
>   즉시 처리하는 시스템
> ④ 일괄처리(Batch Processing)
>   데이터가 일정양 모이거나 일정시간이 되면 한꺼번에 처리
> ⑤ 시분할시스템(TSS: Time Sharing System)
>   시간을 분할하여 다수의 작업을 실행하는 시스템
>
> [정답] ④

09
하나의 컴퓨터에서 한 시점에 한 개 이상의 프로세스들을 효율적으로 지원하는 운영체제의 기능은 무엇인가?

① 나중프로그래밍(multiprogramming)
② 다중프로세싱(multiprocessing)
③ 다중태스킹(multitasking)
④ 다중스레딩(multithreading)

> 다중태스킹(Multi Tasking)
> 여러 개의 작업을 동시에 수행 할 수 있다는 뜻으로, 다수의 프로그램을 동시에 실행함을 말한다.
>
> | | 특 징 |
> |---|---|
> | 멀티프로그래밍 | 하나의 프로세스에서 다수의 프로세스를 교대로 수행 |
> | 멀티프로세싱 | 하나이상의 프로세서가 서로 협력하여 일을 처리함 |
> | 멀티스레딩 | 같은 프로그램 여러 개를 동시에 사용하도록 관리하는 것 |
>
> [정답] ③

10
다음 중 사용자가 단말기에서 여러 프로그램을 동시에 실행시키는 기법은?

① 스풀링(Spooling)
② 다중 프로그래밍(Multi-programming)
③ 다중 처리기(Multi-processor)
④ 다중 태스킹(Multi-tasking)

> 다중태스킹(Multi Tasking)
> 여러 개의 작업을 동시에 수행 할 수 있다는 뜻으로, 다수의 프로그램을 동시에 실행함을 말한다.
>
> [정답] ④

11
다중프로그래밍(multi programming)을 위하여 시스템이 갖추어야 할 것 중 관계가 가장 적은 것은?

① 인터럽트(interrupt)
② 가상메모리(virtual memory)
③ 시분할(time slicing)
④ 스풀링(spooling)

> 다중프로그래밍 (Multi Programming)
> ① 두 개 이상의 프로그램이 주기억장치에 탑재되어 있어 동시에 시행되는 것을 말한다.
> ② 처리능력을 향상시킬 수 있으며, 시스템은 인터럽트, 가상메모리, 스풀링 등의 기능을 요구한다.
> * 시분할은 중앙컴퓨터에 접속할 때 시간적으로 분할(slot)하여 전송하는 방식이다.
>
> [정답] ③

12
다음 체제에서 설명하는 운영체제 유형은?

> 여러 사용자들이 직접 컴퓨터를 사용하면서 처리하는 방식으로 사용자 위주의 처리방식이다. 중앙의 대형 컴퓨터에 여러 개의 단말기를 연결하여 여러 사용자들의 요구를 처리한다. 예를 들면 은행의 현금 자동 출납기로서 통상 실시간(온라인)처리 시스템이 있다.

① 시분할 시스템 (Time-Sharing System)
② 다중 처리 (Multi-Processing)
③ 대화 처리 (Interactive Processing)
④ 분산 시스템 (Distributed System)

> 대화식/온라인 시스템 : 사용자와 컴퓨터 간에 온라인으로 연결되어 직접 명령을 주고 바로 응답을 받을 수 있는 시스템
>
> [정답] ③

13
일정시간 모여진 변동 자료를 어느 시기에 일괄적으로 처리하는 방법은?

① 리얼 타임 프로세싱(Real Time Process -ing) 방식
② 배치 프로세싱(Batch Processing) 방식
③ 타임 세어링 시스템(Time Sharing Sys -tem) 방식
④ 멀티 프로그래밍(Multi Programming) 방식

> 배치 프로세싱(Batch Processing) 방식
> 데이터가 일정량 모이거나 일정시간이 되면 한꺼번에 일괄처리하는 방식
>
> [정답] ②

14
다음 중 분산 처리 시스템에 대한 설명으로 틀린 것은?

① 중앙 집중형 시스템 개념과는 반대되는 시스템이다.
② 한 업무를 여러 컴퓨터로 작업을 분담시킴으로써 처리량을 높일 수 있다.
③ 보안성이 매우 높다.
④ 업무량 증가에 따른 점진적인 확장이 용이하다.

> 분산 처리 시스템의 장점
> ① 여러 사용자들 사용 가능
> ② 중앙 컴퓨터의 시스템 부하 감소
> ③ 연산속도, 신뢰도, 사용가능도 향상
>
> 분산 처리 시스템의 단점
> ① 구현 어려움
> ② 보안 문제 및 시스템의 통일성 저하
> ③ 설계가 복잡
>
> [정답] ③

15. 다음 중 오퍼레이팅 시스템에서 제어프로그램에 속하는 것은?

① 데이터관리 프로그램 ② 언어처리 프로그램
③ 서비스 프로그램 ④ 컴파일러

> 운영체제
> ① 제어프로그램
> - 감시프로그램(Supervisor Program)
> - 작업관리 프로그램(Job Management Program)
> - 자료관리 프로그램(Data Management Program)
> - 통신제어 프로그램(Communication Control Program)
> ② 처리프로그램
> - 언어번역 프로그램(Language Translator)
> - 서비스 프로그램(Service Program)
> - 사용자 작성 문제 처리 프로그램
>
> [정답] ①

16. 다음 중 운영체제의 기능이 아닌 것은?

① 파일 관리 ② 장치 관리
③ 메모리 관리 ④ 자료 관리

> 운영체제의 기능
> ① 파일관리
> ② 장치관리
> ③ 메모리관리
> ④ 시스템관리
> ⑤ 메모리 및 저장장치 관리
>
> [정답] ④

17. OS(Operating System) 기능 중 자원 관리에 속하지 않는 것은?

① 기억장치 관리 ② 프로세스 관리
③ 파일 관리 ④ 시스템 관리

> OS(Operating System) 기능 중 자원 관리
> ① Hardware : CPU, Memory, 주변 장치
> ② Software : Process, Program, File
>
> [정답] ④

18. 다음 중 운영체제의 프로세스 관리기능에 속하지 않는 것은?

① 사용자 및 시스템 프로세스의 생성과 제거
② 프로그램내 명령어 형식의 변경
③ 프로세스 동기화를 위한 기법 제공
④ 교착상태 방지를 위한 기법 제공

> 프로세스(Process)란 현재 CPU에 의해 실행 중인 프로그램으로 프로그램 내의 명령어 형식을 변경하는 기능은 없다.
>
> [정답] ②

19. 운영체제는 동일하지 않은 시스템 구조를 지원하기 위해 여러 시스템의 구성요소들을 제공한다. 이러한 시스템의 구성요소 중 지문에 해당하는 용어로 맞는 것은?

> 운영체제의 구성에서 가장 많이 사용되는 요소 중 하나로 일반적인 저장 형태로 정보를 저장할 수 있고, 이를 대용량 저장장치들에 저장 및 관리함으로써 쉽게 사용할 수 있도록 한다.

① 파일 관리 ② 프로세스 관리
③ 주변장치 관리 ④ 레지스터 관리

> 운영체제의 기능
>
> | 기능 | 특징 |
> | --- | --- |
> | 파일 관리 | 정보의 저장방법에 대한 기능 |
> | 프로세스 관리 | 인터럽트등에 대한 대응 |
> | 주변장치 관리 | 프린터, HDD등 주변장치 대응 |
> | 레지스터 관리 | 연산장치에 대한 대응 |
>
> [정답] ①

20. 자원을 효율적으로 관리하기 위한 운영체제의 추가관리 기능들로 올바르게 나열 된 것은?

① 프로세스관리기능-명령해석기시스템-보호시스템
② 명령해석기시스템-보호시스템-네트워킹
③ 주기억장치관리-네트워킹-명령해석기시스템
④ 주변장치관리기능-보호시스템-네트워킹

> 운영체제의 구성
>
> | 시스템구성요소 | 추가구성요소 |
> | --- | --- |
> | • 메모리 및 프로세스
• 장치 및 파일 | • 보호시스템
• 네트워킹
• 명령해석기 시스템 |
>
> [정답] ②

21
최근 운영체제들은 다양한 기능과 사용자의 편의성을 개선한 GUI가 개발되고 있으며 컴퓨터 시스템의 운영에 필요한 자원관리기능을 향상시키기 위한 연구도 진행되고 있다. 이와 같은 운영체제의 지원관리기능에 속하지 않는 것은?

① 메모리 ② 컴파일러
③ 주변장치 ④ 데이터

> 컴파일러는 기계어를 응용프로그램으로 변환시켜주는 일종의 언어 변환기로 원시 프로그램을 실제 사용 할 수 있도록 목적 프로그램으로 변환시켜 주는 기능을 수행한다.
> 원시프로그램-> 컴파일러-> 목적프로그램"
> [정답] ②

22
운영체제에서 컴퓨터 시스템 내의 물리적인 장치인 CPU, 메모리, 입출력장치 등과 논리적 자원인 파일들이 효율적으로 고유의 기능을 수행하도록 관리하고 제어하는 부분은 다음 중 무엇인가?

① 메모리 ② GUI
③ 커널 ④ I/O

> 커널은 하드웨어와 운영체제 사이에서 핵심자원들을(메모리, Processor)관리해 주는 핵심적인 역할을 수행한다.
> [정답] ③

23
가상기억장치 구현방법의 한 가지로, 기억 장치를 동일한 크기의 페이지 단위로 나누고 페이지 단위로 주소 변환 및 대체를 하는 방식은??

① 논리 메모리 분할 기법
② 페이징 기법
③ 스케줄링 기법
④ 세그먼테이션 기법

> 가상기억장치 관리기법
> ① 페이징 기법
> 　가상기억장치를 모두 같은 크기의 블록으로 편성하여 운용하는 기법이다. 이때의 일정한 크기를 가진 블록을 페이지(page)라고 한다
> ② 세그먼테이션 기법
> 　세그먼테이션(블록크기 다름)로 기억장치를 구성하는 방식
> [정답] ②

24
효율적인 입·출력을 위하여 고속의 CPU와 저속의 입·출력장치가 동시에 독립적으로 동작하게 하여 높은 효율로 여러 작업을 병행 수행할 수 있도록 해줌으로써 다중 프로그래밍 시스템의 성능 향상을 가져올 수 있게 하는 방법은?

① 페이징(Paging) ② 버퍼링(Buffering)
③ 스풀링(Spooling) ④ 인터럽트(Interrupt)

> 스풀링(spooling)
> ① 스풀링은 버퍼링의 일종으로, 주변장치와 중앙처리장치의 처리 속도 차이에 의한 대기시간을 줄이기 위해 사용하는 기법이다.
> ② 스풀링이란 병행 처리라고 하며 프린터와 같은 저속의 입출력장치를 중앙처리장치와 병행하여 작동시켜 컴퓨터 전체의 처리 효율을 높이는 기능을 한다.
> ③ CPU나 사용자는 저속의 주변 장치의 처리를 기다리지 않고 처리를 계속하기 때문에, 작업 효율이 대폭 향상되므로 복수의 프로그램이나 작업을 병행 처리할 수 있다 .
> [정답] ③

25
대기 중인 프로세서가 요청한 자원들이 다른 대기 중인 프로세스에 의해서 점유되어 다시 프로세스 상태를 변경시킬 수 없는 경우가 발생하게 되는데 이러한 상황을 무엇이라 하는가?

① 한계 버퍼 문제 ② 교착상태
③ 페이지 부재상태 ④ 스레싱(Thrashing)

> 교착상태(Deadlock)
> ① 프로세스가 작업을 계속할 수 없는 상태를 말한다.
> ② 다중프로그램 상에서 자원을 공유할 때 , 프로세스간의 충돌 또는 지연되는 현상을 말한다.
> ③ 교착상태를 해결하기 위해 교착상태예방, 교착상태 회피 방법을 사용한다.
> [정답] ②

26
다음 중 교착상태(Deadlock)의 필요조건이 아닌것은?

① 상호배제 ② 점유와 대기
③ 자원할당 ④ 비선점

> 교착상태 발생의 4가지 필요충분조건
> ① 상호배제 : 필요한 자원에 대한 각 프로세서가 배타적 통제권을 요구할 때
> ② 점유와 대기 : 자원을 할당받은 상태에서 다른 자원을 요구할 때
> ③ 비선점: 프로세서의 자원을 강제로 빼앗을 수 없을 때
> ④ 환형대기 : 여러 프로세서가 연속적으로 자원요구 사슬을 구성할 때
> [정답] ③

27
다음 중 순차파일(sequential file)의 특징이 아닌 것은?

① 새로운 레코드를 삽입하는데 효율적이다.
② 레코드 탐색시 선형탐색을 해야 한다.
③ 이전의 레코드를 탐색하려면 파일을 되돌리면 된다.
④ 레코드를 삭제하려면 새로운 파일을 작성해야 한다.

> 순차파일(Sequential Access Method File)
> ① 파일이 만들어 지거나 파일을 검색할 때, 처음부터 끝까지 순서대로 기록되고 검색되어지는 파일접근 형식을 말함
> ② 기억장소의 낭비가 없고, 순서대로 자료가 기억되어 취급이 용이함
> ③ 레코드 삽입/삭제 시 시간이 오래 걸림
>
> [정답] ③

28
파일 관리자는 파일 구조에 따라 각기 다른 접근 방법으로 관리한다. 다음 중 저장공간의 효율성이 가장 높은 파일 구조는 어느 것인가?

① 직접 파일(Direct File)
② 순차 파일(Sequential File)
③ 색인 순차 파일(Indexed Sequential File)
④ 분할 파일(Partitioned File)

> 순차파일(Sequential Access Method File)
> ① 파일이 만들어 지거나 파일을 검색할 때, 처음부터 끝까지 순서대로 기록되고 검색되어지는 파일접근 형식을 말함
> ② 기억장소의 낭비가 없고, 순서대로 자료가 기억되어 취급이 용이함
> ③ 레코드 삽입/삭제 시 시간이 오래 걸림
>
> [정답] ②

29
순차탐색(sequential search)에서 n개의 자료에 대해 평균 키 비교 횟수는 얼마인가?

① $n/2$
② n
③ $(n+1)/2$
④ $n+1$

> 일렬로 된 자료를 처음부터 마지막까지 순서대로 검색하는 방법을 순차검색이라 함. 순차검색의 평균 비교횟수는 $(n+1)/2$ 다.
> 탐색(Search)
> ① 기억장치에 저장된 파일에서 주어진 조건에 맞는 자료를 찾는 작업이다.
> ② 순차탐색 또는 선형탐색은 탐색대상이 되는 파일에서 특정 레코드를 탐색할 때 처음부터 하나씩 탐색하여 찾는 방법이다.
> ③ 파일이 크면 탐색시간이 증가된다.
> ∴ 평균 비교 횟수 = $(n+1)/2$
>
> [정답] ③

30
다음 중 선점형 스케줄링 (Preemptive Process Scheduling)에 해당하지 않는 것은?

① SJF(Shortest Job First) 스케줄링
② RR(Round Robin) 스케줄링
③ SRT(Shortest Remaining Time) 스케줄링
④ MFQ(Multi-level Feedback Queue) 스케줄링

> 선점형 스케줄링(Preemptive Process Scheduling)
> 어떤 프로세스가 CPU를 할당받아 실행중에 있어도, 다른프로세서가 CPU를 강제로 점유 할 수 있는 방식
> ① 라운드로빈(Round-robin):시분할시스템에서 사용
> ② SRT(Shortest Remaining Time): 남은 작업시간이 짧은 것부터
> ③ MFQ(Multi-level Feedback Queue)
>   SJF(Shortest Job First) 스케줄링은 비선점형이다
>
> [정답] ①

31
다음 지문의 내용에 해당하는 프로세스 스케줄링기법은?

> 실행중인 프로세서로부터 프로세서를 선점할 수 있게 하는 선점 스케줄링 기법 중에 하나이다. 각각의 프로세서에게 시간할당을 신중히 해야 하며, 시스템 성능이 많이 달라질 수 있으며, 대화형 시스템이나 시분할 시스템에 적합하다. 만약 할당된 시간 내에 작업을 처리하지 못하면 준비 큐의 맨 뒤로 가게 되고 준비 중인 다음 프로세서에게 프로세서를 할당하는 기법이다.

① HRN(High Response ratio Next Scheduling)
② SRT(Shortest Remanining Time Scheduling)
③ SPN(Shortest Process Next Scheduling)
④ RR(Round Robin Scheduling)

> 스케줄링
> ① 다중 프로그래밍 운영체제에서 자원의 성능을 향상하고, 효율적인 프로세스의 관리를 위해 작업순서를 결정하는 것을 말한다.
> ② 라운드로빈 스케줄링
>   - FIFO(First Input First Output)으로 동작
>   - 타임 슬라이스에 의해 시간적 제한이 있다.
>   - 시분할 시스템에 효과적인 방식이다.
>
> [정답] ④

32. 다음 중 스케줄링에 대한 설명으로 틀린 것은?

① 스케줄링이란 프로세스들의 자원 사용 순서를 결정하는 것을 말한다.
② 선점 기법은 프로세스가 점유하고 있는 자원을 다른 프로세스가 빼앗을 수 있는 기법을 말한다.
③ 선점 기법은 우선순위가 높은 프로세스가 급히 수행되어야 할 경우 사용된다.
④ 비선점 기법은 실시간 대화식 시스템에서 주로 사용된다.

실시간 대화식 시스템에서는 선점 기법이 사용된다.
[정답] ④

34. 다음 보기에 해당하는 디스크 스케줄링 기법은?

어떠한 디스크 요청을 처리하기 위해 헤드가 먼 곳까지 이동하기 전에 헤드위치에 가까운 요구를 먼저 처리한다.

① 선입 선처리 스케줄링(First Come First Served)
② 최소 탐색 우선 스케줄링(Shortest Seek Time First)
③ 주사(Scan) 스케줄링
④ 순환주사(Circular Scan) 스케줄링

디스크 스케줄링
운영체제가 프로세스들이 디스크를 읽거나 쓰려는 요청을 받아올 때 우선순위를 정해주고 관리하는 것을 말한다.

스케줄링	특 징
FCFS	요청이 들어온 순서대로 처리
SSTF	가까운 실린더에 대한 요청부터 처리
SCAN	디스크 한쪽 끝에서 반대쪽이동 처리 마지막도착 후 반대방향으로 Scan
C-SCAN	디스크 한쪽 끝에서 반대쪽이동 처리 마지막도착 후 처음부터 Scan
C-LOOK	C-SCAN에서 첫 단계 까지만 실행
SLTF	회전지연시간을 측정하여 적응적 처리

[정답] ②

35. 메모리관리에서 빈 공간을 관리하는 free 리스트를 끝까지 탐색하여 요구되는 크기보다 더 크며 그 차이가 제일 작은 노드를 찾아 할당해주는 방법은 어느 것인가?

① 최초적합(first-fit)
② 최적적합(best-fit)
③ 최악적합(worst-fit)
④ 최후적합(last-fit)

Fit의 종류
하드디스크를 할당할 때 빈공간을 찾아주고 할당해 주는 기능을 말함

종 류	특 징
First Fit	가장 첫 번째 만나는 영역을 할당
Best Fit	메모리 크기에 적응적으로 할당
Worst Fit	최대 가용 공간을 할당

[정답] ②

36. SJF(Shortest-Job-First)정책으로 관리하는 시스템에 프로세스 p1, p2, p3, p4, p5가 동시에 도착했다. 다음 표와 같이 프로세스가 정의되었을 때 p3의 반환시간(Turn-Around Time)은 얼마인가?

프로세스	CPU 사용시간	우선순위
p1	2 [ms]	3
p2	1 [ms]	1
p3	8 [ms]	3
p4	5 [ms]	2
p5	1 [ms]	4

① 11[ms]
② 14[ms]
③ 16[ms]
④ 17[ms]

SJF(Shortest-Job-First)정책
우선순위의 숫자가 낮은 것부터 시작
우선순위가 같을 때는 CPU사용시간이 작은 것부터 시작

| P2 | P4 | P1 | P3 | P5 |
| 0 | 1 | 6 | 8 | 16 | 17 |

반환시간은 작업완료시간-도착시간이므로 16-0, 따라서 16[ms]
[정답] ③

4 소프트웨어 일반

01 `13/3, 12/3`

마이크로컴퓨터의 기본 정보는 '0'과 '1'로만 표현되며, 이러한 부호의 조합을 명령(instruction)이라고 한다. 그리고 명령들은 어떤 목적과 규칙에 따라 나열되고, 메모리에 저장되는데 이것을 무엇이라 하는가?

① 데이터(DATA)　　② 소프트웨어(Software)
③ 신호(Signal)　　　④ 2진 코드

> 소프트웨어에 대한 설명이다.
> [정답] ②

02 `16/6, 14/10`

다음 중 소프트웨어의 유형과 특징이 올바른 것은?

① 베타버전 : 개발 중인 하드웨어/소프트웨어에 붙는 제품 버전으로 개발 초기 단계에서 개발 기업 내 또는 일반의 사용자에게 배포하여 시험하는 초기 버전
② 알파버전 : 소프트웨어를 정식으로 발표하기 전에 발견하지 못한 오류를 찾아내기 위해 회사가 특정 사용자들에게 배포하는 시험용 소프트웨어
③ 프리웨어 : 별도로 판매되는 제품들을 묶어 하나의 패키지로 만들어 판매하는 형태로, 컴퓨터 시스템을 구입할 때 컴퓨터 시스템을 구성하는 하드웨어 장치와 프로그램 등을 모두 하나로 묶어 구입하는 방법
④ 공개소프트웨어 : 누구나 자유롭게 사용하고 수정하거나 재배포 할 수 있도록 공개하는 소프트웨어로, 누구에게나 이용과 복제, 배포가 자유롭다는 뜻의 소프트웨어

> ① 베타버전: 정식 출시전에 유저에게 시험 사용
> ② 알파버전: 개발 초기에 성능이나 사용성 평가를 위해 테스터나 개발자를 위한 버전
> ③ 프리웨어: 제작자가 무료로 쓰도록 제작한 소프트웨어
> [정답] ④

03 `15/3, 12/6`

다음 중 프로그램의 종류에 대한 설명으로 틀린 것은?

① 베타버전이란 개발자가 사용화하기 전에 테스트용으로 배포하는 것을 말한다.
② 쉐어웨이란 기간이나 기능 제한 없이 무료로 사용하는 것을 말한다.
③ 데모버전이란 기간이나 기능을 제한을 두고 무료로 사용하는 것을 말한다.
③ 테스트버전이란 데모버전이나 오류를 찾기 위해 배포하는 것을 말한다.

> ① 쉐어 웨어 : 일정 기간 동안 사용해 본 후 필요시 구매하여 사용하는 소프트웨어이다.
> ② 프리 웨어 : 기간이나 기능 제한 없이 무료로 사용하는 소프트웨어이다.
> [정답] ②

04 `10/3`

저작자(개발자)에 의해 무상으로 배포되는 컴퓨터 프로그램으로 개인이나 열광자(enthusiast)가 자기의 작품에 대해 동호인들의 평가를 받기 위해서 또는 개인적 만족감을 얻기 위해서 사용자 집단(user group), PC 통신망의 전자 게시판이나 공개 자료실, 인터넷의 유즈넷(Usenet)등을 통해 배포하는 소프트웨어는?

① 프리웨어　　　② 공개소프트웨어(PDS)
③ 쉐어웨어　　　④ 번들

> 프리웨어
> ① 웹상에서 사용할 수 있는 프로그램으로, 무료로 사용할 수 있지만 기능은 제한적이다.
> ② 쉐어웨어 : 일정기간 동안만 무료로 사용
> [정답] ①

05 `14/6`

다음 중 공개 소프트웨어에 대한 설명으로 틀린 것은?

① 무료의 의미보다는 개방의 의미가 있다.
② 라이센스(License) 정책을 만들어 유지하도록 한다.
③ 모든 상업적인 목적에 사용은 불가하다.
④ 공개 소스 소프트웨어와 같은 의미로 사용한다.

> 공개소프트웨어는 누구나 사용 할 수 있도록 배포되는 소프트웨어를 말한다. 상업 및 비상업용으로 사용할 수 있다.
> [정답] ③

06 `10/10`

컴퓨터에 글이나 그림을 그리는 작업을 위해 사용되는 소프트웨어를 무엇이라 하는가?

① 운영체제　　　② 유틸리티
③ 응용소프트웨어　　　④ 시스템소프트웨어

> 컴퓨터에서 사용되는 모든 프로그램을 응용소프트웨어라 한다.
> [정답] ③

07 다음 중 소프트웨어 프로그램이 아닌 것은?

① 스택　　　　　　　② 컴파일러
③ 로더　　　　　　　④ 응용패키지

스택은 소프트웨어 프로그램이 아니라 레지스터의 일종이다.
[정답] ①

08 몇 개의 관련 있는 데이터 파일을 조직적으로 작성하여 중복된 데이터 항목을 제거한 구조를 무엇이라 하는가?

① Data File　　　　② Data Base
③ Data Program　　 ④ Data Link

Data Base는 몇 개의 관련 있는 데이터 파일을 조직적으로 작성하여 중복된 데이터 항목을 제거한 구조를 말한다.
[정답] ②

09 다음 지문에서 설명하고 있는 소프트웨어의 종류는?

컴퓨터의 작업처리 과정 동안에 동적으로 변경이 불가능한 기억 장치에 적재된 프로그램 또는 자료를 말하며, 이를 사용자가 변경할 수 없다. 이러한 프로그램 또는 자료를 소프트웨어로 분류하고, 프로그램 또는 자료가 들어 있는 전기 회로를 하드웨어로 분류한다.

① 펌웨어　　　　　　② 시스템 소프트웨어
③ 응용 소프트웨어　　④ 디바이스 드라이버

Firmware (펌웨어)
① 하드웨어 + 소프트웨어의 기능을 가진 것으로 최소한의 동작(기능)을 할 수 있도록 제작한 모듈이다.
② 펌웨어는 시스템의 효율을 향상시키기 위해 기억장치(ROM)에 적재된 프로그램을 말한다.
[정답] ①

10 다음 내용이 의미하는 소프트웨어는 무엇인가?

상하 관계나 동종 관계로 구분할 수 있는 프로그램들 사이에서 매개 역할을 하거나 프레임크 역할을 하는 일련의 중간 계층 프로그램을 말하며, 일반적으로 응용 프로그램과 운영체제의 중간에 위치하여 사용자에게 시스템 하부에 존재하는 하드웨어, 운영체제, 네트워크에 상관없이 서비스를 제공한다.

① 유틸리티　　　　　② 디바이스 드라이버
③ 응용소프트웨어　　④ 미들웨어

미들웨어(middleware)
① 미들웨어는 여러 운영 체제(Unix, Windows등)에서 응용 프로그램들 사이에 위치한 소프트웨어를 말한다.
② 미들웨어는 각기 분리된 두 개의 프로그램 사이에서, 매개 역할을 하거나 연합시켜주는 프로그램을 지칭하는 용어다.
③ 미들웨어의 종류에는 TP monitors, DCE, RPC, Database access systems, Message Passing 등
[정답] ④

11 다음 지문의 괄호 안에 들어갈 용어를 올바르게 나열한 것은?

소프트웨어는 (㉠)와/과 (㉡)으로 나누어 볼 수 있으며, (㉠)에는 (㉢)와/과 운영체제가 있고, (㉡)에는 (㉣)와/과 주문형 소프트웨어가 있다.

① ㉠ 응용소프트웨어　㉡ 시스템소프트웨어
　 ㉢ 유틸리티　　　　㉣ 패키지
② ㉠ 시스템소프트웨어　㉡ 응용소프트웨어
　 ㉢ 유틸리티　　　　㉣ 패키지
③ ㉠ 시스템소프트웨어　㉡ 유틸리티
　 ㉢ 응용소프트웨어　㉣ 패키지
④ ㉠ 응용소프트웨어　㉡ 시스템소프트웨어
　 ㉢ 패키지　　　　　㉣ 유틸리티

[정답] ②

12 다음 괄호 안에 들어갈 알맞은 것은?

소프트웨어는 프로그래밍 언어를 통해 개발되는데, 여기에는 소스코드를 모두 기계코드로 변환하고, 하나의 실행파일을 만들어 목적코드를 출력하는 (ⓐ)와(과) 한 번에 한 라인씩 그 프로그램의 각 라인을 번역하고 나서 실행하는 (ⓑ)이(가) 있다.

① ⓐ 컴파일러　　　　ⓑ 인터프리터
② ⓐ 인터프리터　　　ⓑ 컴파일러
③ ⓐ 어셈블리어　　　ⓑ 컴파일러
④ ⓐ 인터프리터　　　ⓑ 어셈블리어

컴파일러와 인터프리터에 대한 설명임.
[정답] ①

13. 다음 중 시스템 소프트웨어에 대한 설명으로 틀린것은?

① 시스템 소프트웨어와 응용 소프트웨어로 구별할 수 있다.
② 시스템 소프트웨어는 관리, 지원, 개발 등으로 분류할 수 있다.
③ 스프레드시트, 데이터베이스 등은 대표적인 시스템 소프트웨어이다.
④ 운영체제는 대표적인 시스템 소프트웨어이다.

> 응용 소프트웨어는 어떤 목적을 달성하기 위해서 만들어진 프로그램으로 워드 프로세서, 스트레드시트 등이 있다.
> [정답] ③

14. 전자계산기 소프트웨어는 시스템 소프트웨어와 응용 소프트웨어의 두 가지 종류로 구분될 수 있다. 다음 중 시스템 소프트웨어가 아닌 것은?

① 과학용 프로그램
② 운영 시스템
③ 데이터베이스 관리 시스템
④ 통신 제어 프로그램

> 용 소프트웨어는 어떤 목적을 달성하기 위해서 만들어진 프로그램으로 과학용 프로그램은 이에 해당한다고 볼 수 있다.
> [정답] ①

15. 다음 중 설명이 틀린 것은?

① 하드웨어가 이해할 수 있는 언어를 기계어라고 부른다.
② 기계어에 대응되어 만들어지는 어셈블리어는 각각 다르다.
③ C, PASCAL, FORTRAN 등은 고급언어이다.
④ 어셈블리어는 기계어라고 부른다.

> ① 기계어는 0과 1로 표현되는 언어(Low Level)임.
> ② 어셈블리어는 명령어를 가진 프로그래밍언어임.
> ③ 프로그래밍 언어를 좀더 쉽고 간편하게 만든 것이 C, PASCAL, FORTRAN 등이 있다.
> [정답] ④

16. 다음 중 기계어로 번역된 프로그램은?

① 목적 프로그램(Object Program)
② 원시 프로그램(Source Program)
③ 컴파일러(Compiler)
④ 로더(Loader)

> 원시 프로그램을 컴파일러나 어셈블러에 의해 번역하면 목적 프로그램이 만들어 진다. 목적 프로그램은 링커에 의해 실행 가능한 프로그램을 만들어진다.
> ① 컴파일러 : 고급언어로 작성된 원시 프로그램을 번역해주는 번역기이다.
> ② 로더 : 실행 가능한 프로그램을 메모리에 적재시키는 소프트웨어이다.
> [정답] ①

17. 다음 문장의 결과 값은?

| mov cx, 4 | mov dx, 7 | sub dx, cx |

① 3　　② 4
③ 5　　④ 2

> 어셈블리어(Assembly Language)
> 어셈블리어는 기계어를 인간이 기억하기 쉬운 기호로 바꾸어 놓은 기호식 언어
>
> | 명령어 | 의 미 |
> |---|---|
> | mov cx, 4 | cx 레지스터에 4를 저장 |
> | mov dx, 7 | dx 레지스터에 7을 저장 |
> | sub dx, cx | dx에서 cx를 뺀 후 내용을 dx에 저장한다. $\therefore 7-4=3$ |
>
> [정답] ①

18. 다음 중 컴파일러(Compiler)에 대한 설명으로 옳은 것은?

① 고급(High Level) 언어를 기계어로 번역하는 언어번역 프로그램이다.
② 일정한 기호형태를 기계어와 일대일로 대응시키는 언어번역 프로그램이다.
③ 시스템이 취급하는 여러 가지의 데이터를 표준적인 방법으로 총괄 관리하는 프로그램이다.
④ 프로그램과 프로그램 간에 주어진 요소(Factor)들을 서로 연계시켜 하나로 결합하는 기능을 수행하는 프로그램이다.

> 컴파일러(Compiler)는 고급(High Level) 언어를 기계어로 번역하는 언어번역 프로그램이다.
> [정답] ①

19 다음 중 컴파일러(Compiler) 언어에 대한 설명으로 틀린 것은?
① 문제 중심의 고급언어
② 프로그램 작성과 수정이 용이
③ 기계중심의 언어
④ 컴퓨터 기종에 관계없이 공통사용

> 기계 중심의 언어는 기계어나 어셈블리어가 있다.
> [정답] ③

20 다음 중 자바(java) 언어의 특징으로 옳지 않은 것은?
① 객체지향언어의 장점을 가지고 있다.
② 컴파일러 언어이다.
③ 분산 환경에 알맞은 네트워크 언어이다.
④ 플랫폼에 무관한 이식이 가능한 언어이다.

> 자바는 객체 지향적이며, 분산 환경을 지원함. 이식성이 매우 높으며, 웹을 기본환경으로 하고 있음. 자바는 인터프리터 언어이다.
> [정답] ②

21 다음 중 언어번역 프로그램에 속하지 않는 것은?
① Assembler ② Compiler
③ Generator ④ Supervisor

> Supervisor는 OS의 제어 프로그램에 속한다.
> [정답] ④

22 프로그램 구현 시 목적파일(Object File)을 실행 파일(Execute File)로 변환해 주는 프로그램은?
① 링커(Linker)
② 프리프로세서(Preprocessor)
③ 인터프리터(Interpreter)
④ 컴파일러(Compiler)

> 프리프로세서, 인터프리터, 컴파일러는 언어 번역기 프로그램이다.
> [정답] ①

23 컴퓨터의 운영체제에서 로더(loader)란 실행 프로그램 혹은 데이터를 주기억 장치내의 일정한 번지에 저장하는 작업을 말하는 것이다. 다음 중 로더의 주요 기능이 아닌 것은?
① 프로그램과 프로그램 간의 연결(Linking)을 수행한다.
② 출력 데이터에 대해 일시 저장(spooling) 기능을 수행한다.
③ 프로그램이 실행될 수 있도록 번지수를 재배치(relocation)한다.
④ 프로그램 또는 데이터가 저장된 번지수를 계산하고 할당(allocation)한다.

> 로더의 주요기능
> ① 컴퓨터 운영체제의 일부분이다.
> ② 하드디스크에 저장되어있는 특정 프로그램을 찾아 주기억장치에 적재하고, 실행하도록 하는 역할
> ③ 컴퓨터 시스템 소프트웨어는 운영체제, 컴파일러, 어셈블러, 로더 등으로 구성된다.
> [정답] ②

24 다음중 C언어의 특징으로 틀린것은?
① C언어자체는 입출력 기능이 없다.
② C언어는 포인터의 주소를 계산할 수 있다.
③ C언어는 연산자가 풍부하지 못하다.
④ 데이터에는 반드시 형(type)선언을 해야 한다.

> C언어(시스템 프로그래밍)
> ① 다양한 자료형과 풍부한 연산자를 제공하는 언어로 고급언어이면서도 하드웨어 특성을 제어할 수 있다.
> ② 구조화 프로그램이 가능하며, 확장성과 범용성이 뛰어나다.
> [정답] ③

25 객체지향 언어의 세 가지 언어적 주요 특징이 아닌 것은?
① 추상 데이터 타입 ② 상속
③ 동적 바인딩   ④ 로더(Loader)

> 객체지향 언어의 특징
> ① 상속성 : 재사용의 의미
> ② 캡슐화 : 정보 숨김의 의미
> ③ 다형성 : 오버로딩과 오버라이딩 동적 바인딩의 의미
> 로더는 보조기억장치에 저장된 파일을 메모리에 적재시키는 기능이다.
> [정답] ④

26. 다음 중 인터넷 응용에 적합한 객체지향 언어는?

① Fortran ② Ada
③ Java ④ Lisp

> 인터넷 응용프로그램 개발에 가장 많이 사용되고 있는 언어는 JAVA, PHP, JSP, C# 등이 있다.

[정답] ③

5 마이크로프로세서의 구조와 기능

01. 다음 중 마이크로컴퓨터의 구성요소가 아닌 것은?

① 마이크로프로세서 ② 운영체제
③ 입출력 인터페이스 ④ 입출력기기

> 마이크로컴퓨터(MicroComputer)
> ① 프로그램 메모리, 데이터 메모리, 입출력 포트 등으로 구성된 작은 규모의 컴퓨터 시스템이다.
> ② 기본시스템의 구성
> • 마이크로프로세서 • I/O인터페이스
> • 메모리 • BUS

[정답] ②

02. 다음 지문에 해당하는 것은?

> 이것은 연산과 제어 기능을 갖고 있으며, 소형 컴퓨터나 전자제품 등에 활용된다. 또한 중앙장치의 한 개의 칩으로 구현하였고, 내부에 소형 기억장치를 포함하고 있다.

① 마이크로프로세서 ② 마이크로컴퓨터
③ 연산장치 ④ 마더보드

> 마이크로프로세서
> ① CPU(중앙처리장치)를 단일 Chip화 시킨 반도체 소자다.
> ② 주기억장치를 제외한 연산장치, 제어장치, 레지스터를 집적한 것으로 기본적인 연산, 제어, 판단, 기억 의 처리기능을 가진다.

[정답] ①

03. 다음 그림은 마이크로컴퓨터의 동작 원리를 나타내는 것이다. 빈칸에 들어갈 알맞은 용어는?

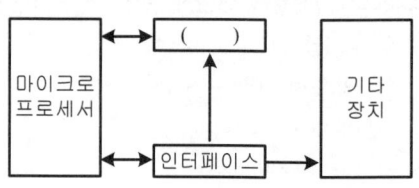

① RAM ② 중앙처리장치
③ 플로피 디스크 드라이버 ④ 하드디스크

> 중앙처리장치는 마이크로프로세서, 하드디스크 와 플로피 디스크는 기타장치 이며, RAM은 저장장치로 하드디스크의 처리 속도를 향상시키기 위해 사용되는 임시저장장치다.

[정답] ①

04
마이크로프로세서를 구성하는 요소 장치로 데이터 처리 과정에서 필수적으로 요구되는 것들로 올바르게 짝지어진 것은?

① 제어장치, 저장장치
② 연산장치, 제어장치
③ 저장장치, 산술장치
④ 논리장치, 산술장치

마이크로프로세서의 구성

제어장치	연산장치
• 시스템의 동작 및 감독 • 컴퓨터의 제반사항 제어	• 수치연산 및 논리연산

[정답] ②

05
다음 중 마이크로프로세서에 대한 설명으로 틀린 것은?

① 마이크로프로세서는 데이터를 시스템 메모리에 쓰거나 시스템 메모리로부터 읽어 들일 수 있다.
② 마이크로프로세서는 데이터를 입출력장치에 쓰거나 입출력장치로부터 읽어 들일 수 있다.
③ 마이크로프로세서는 시스템 메모리로부터 명령어를 읽어 들일 수 없다.
④ 마이크로프로세서는 데이터를 가공할 수 있다.

마이크로프로세서는 메모리에서 명령을 읽고 이를 수행함으로써, 계산을 하고 논리연산을 수행하고 데이터 흐름을 관리한다.

[정답] ③

06
마이크로프로세서의 구성요소 중에 하나로, CPU와 각 장치들 간에 정보를 교환하기 위한 전송로로서 사용되는 이것을 부르는 용어는?

① 회로
② 전송선
③ 전선
④ 버스

버스(Bus)
컴퓨터 신호는 공통된 통신 채널(Communication Channel)을 통해 전송이 이루어지고, 이때 각종 신호들을 운반하는 채널을 'bus'라고 한다.

버 스	특 징
Data Bus	CPU 와 메모리 사이에서 자료전달
Address Bus	메모리 주소를 지정하는 신호선
Control Bus	CPU내부요소에 제어신호 전달

[정답] ④

07
다음 중 16비트 마이크로프로세서에 속하지 않은 것은?

① 인텔(Intel) 8088
② Zilog Z-8000
③ Motorola 68020
④ 인텔(Intel) 80286

마이크로프로세서(Micro-processor)
마이크로프로세서는 컴퓨터의 중앙처리장치(CPU)를 단일 IC칩에 집적시켜 만든 반도체 소자다.

프로세서	종 류	용 도
16-bit	Intel 8088, 80286, Zilog Z8000, Motorola M6800	개인컴퓨터용
32-bit	Zilog Z80000, Motorola 68020	속도향상 (33[MHz])
64-bit	IBM686, ALPHA CHIP	워크스테이션, 서버용

[정답] ③

08
마이크로프로세서로 구성된 중앙처리장치는 명령어의 구성방식에 따라 2가지로 나누어 볼 수 있는데 이중 연산 속도를 높이기 위해 처리할 수 있는 명령어의 수를 줄였으며, 단순화된 명령구조로 속도를 최대한 높일 수 있도록 한 것은?

① SCSI
② MISC
③ CISC
④ RISC

RISC와 CISC
① RISC(Reduced Instruction Set Computer)로 단순한 고정길이의 명령어 집합을 제공하여 속도향상을 목표로 한 CPU 임
② CISC(Complex Instruction Set Computer)로 가변 길이의 다양한 명령어를 갖는 CPU종류다.

[정답] ④

09
다음 중 RISC의 특징이 아닌 것은?

① 고정된 길이의 명령어 형식으로 디코딩이 간단하다.
② 단일 사이클의 명령어 실행
③ 마이크로프로그램 된 제어보다는 하드와이어된 제어를 채택한다.
④ CISC보다 다양한 어드레싱 모드

RISC(Reduced Instruction Set Computer)로 단순한 고정 길이의 명령어 집합을 제공하여 속도향상을 목표로 한 CPU다.

[정답] ④

10
다음 문장의 괄호 안에 들어갈 용어로 올바른 것은?

> PC에서 사용되는 대부분의 프로세서는 (ⓐ) 기술에 기반을 둔다. (ⓑ) 프로세서와 다른 종류의 컴퓨터에 사용되는 프로세서는 (ⓒ) 기술에 기반을 둔다. (ⓒ) 프로세서는 더 적은 수의 명령을 가지고 있으며, (ⓐ) 프로세서 보다 더 빠르게 수행된다.

① ⓐ CISC ⓑ PowerPC ⓒ RISC
② ⓐ PowerPC ⓑ CISC ⓒ RISC
③ ⓐ RISC ⓑ PowerPC ⓒ CISC
④ ⓐ CISC ⓑ RISC ⓒ PowerPC

> PC에서 사용되는 대부분의 프로세서는 CISC 기술에 기반을 둔다. PowerPC프로세서와 다른 종류의 컴퓨터에 사용되는 프로세서는 RISC 기술에 기반을 둔다. RISC 프로세서는 더 적은 수의 명령을 가지고 있으며, CISC 프로세서 보다 더 빠르게 수행된다.
>
> [정답] ①

11
다음중 마이크로컴퓨터에서 주소(Address) 설계 시 고려사항이 아닌 것은?

① 주소와 기억공간을 독립한다.
② 가상기억방식만 채택한다.
③ 번지는 효율적으로 표현한다.
④ 사용하기 편해야 한다.

> 마이크로컴퓨터에서 주소 설계 시 고려사항은 독립성, 효율성, 편리성이 있다.
>
> [정답] ②

12
제어장치를 마이크로프로그래밍(Microprogramming)으로 구현하였을 때 하드와이어(Hardwired) 제어장치에 비하여 장점이 되지 않는 것은?

① 제어 속도가 빠르다.
② 제어 장치의 설계를 단순화할 수 있다.
③ 오류 발생률이 낮다.
④ 구현 비용이 적게 든다.

> 제어장치를 구현하는 방법으로는 논리회로 기법을 이용하는 와이어기법 과 마이크로프로그래밍 기법이 있다.

고정배선방식	마이크로프로그램방식
• 게이트, 플립플롭 등의 디지털회로를 이용함	• 제어 메모리에 저장된 제어정보를 이용함
• 속도가 빠름	• 속도가 느림
• 구조변경이 어려움	• 구조변경이 간단함

> [정답] ①

13
접근시간(Access Time)과 사이클시간(Cycle Time)에 관한 설명으로 틀린 것은?

① 사이클시간이 접근시간보다 대개 시간이 더 걸린다.
② 접근시간은 메모리로부터 정보를 거쳐 오는데 걸리는 시간이다.
③ 접근시간은 주기억장치에만 관계되며 보조기억장치와는 상관이 없다.
④ 접근시간은 메모리로부터 정보를 가지고 나와서 다시 재 기억시키는데 걸리는 시간이다.

> ① 메모리 접근 시간 (access time) :. 메모리에 읽기/쓰기 요청이 있은 후 실제 읽기/쓰기 동작이 완료될 때까지 걸리는 시간
> ② 메모리 사이클 시간 (cycle time)
> - 한번 액세스를 시작한 시각으로부터 다음 액세스가 시작될 때 까지의 시간
> - 메모리 접근 시간 + 다음 접근을 위해 준비에 걸리는 시간
>
> [정답] ③

14
다음 중 컴퓨터 프로그램의 명령에서 연산자의 기능이 아닌 것은?

① 함수연산 기능 ② 전달 기능
③ 제어 기능 ④ 인터럽트 기능

기 능	특 징
전송기능	레지스터와 레지스터간의 데이타전송
연산기능	레지스터의 정보가 연산장치에 전달
제어기능	제어기능에 의해 정보전달

> [정답] ④

15
다음 중 지문에 있는 명령어와 종류가 다른 것은?

> 마이크로소프트세서를 구동하는 명령어에는 데이터전송 명령어, 처리명령어 및 제어 명령어로 나누어 볼 수 있다.

① Move ② Store
③ Push ④ Add

> Add는 데이터 처리 명령어중 산술 연산 명령어이고 Move,Store, Push는 데이터 전송 명령어이다.
>
> [정답] ④

16
주소영역(address space)이 1[GB]인 컴퓨터가 있다. 이 컴퓨터의 MAR(memory address register)의 크기는 얼마인가?

① 30 비트 ② 30 바이트
③ 32 비트 ④ 32 바이트

메모리 주소 레지스터
① MAR은 실행에 필요한 프로그램이나 데이터가 저장되어 있는 주기억장치의 주소를 기억한다.
② 주소선이 N개(MAR $= N$[bit])라면 기억용량,
M[bit]$= 2^{(MAR\,bit\,수)} \times (word길이)$
Giga byte $= 2^{30}$[byte]$= 2^{30} \times 8$[bit]
∴ MAR의 크기는 30[bit]이다.

[정답] ①

17
CPU가 무엇인가를 하고 있는가를 나타내는 상태를 메이저 상태라고 하는데 다음 중 메이저 상태의 종류에 해당되지 않는 것은?

① Fetch 상태 ② Indirect 상태
③ Timing 상태 ④ Interrupt 상태

Major State는 현재 CPU의 상태를 나타낸다.

명령사이클	역할
호출(Fitch)	명령을 기억장치에서 읽음
간접(Indirect)	주소를 기억장치에서 읽음
실행(Execute)	데이터를 기억장치에서 읽음
인터럽트(Interrupt)	프로그램내용을 스택에 저장

[정답] ③

18
다음 중앙처리장치의 명령어 사이클 중 (가)에 알맞은 것은?

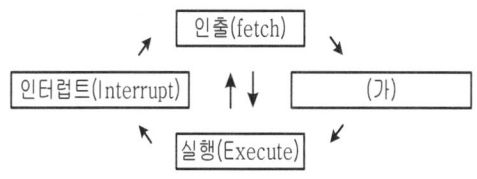

① Instruction ② Indirect
③ Counter ④ Control

메이저 상태(Major State)
현재 CPU의 상태를 나타낸다.

명령 사이클	역할
호출(Fitch)	명령을 기억장치에서 읽음
간접(Indirect)	주소를 기억장치에서 읽음
실행(Execute)	데이터를 기억장치에서 읽음
인터럽트(Interrupt)	프로그램 내용을 스택에 저장

[정답] ②

19
마이크로프로세서의 명령어 실행과정 중, 데이터가 기억장치에 저장되어 있다면, 명령어는 데이터가 저장된 기억장치 주소를 포함한다. 그러나 명령어에 포함되는 주소가 데이터의 주소를 저장하고 있는 기억장치 주소라고 한다면 실행되기 전에 주소를 기억장치로부터 읽어 와야 한다. 이러한 과정을 무엇이라고 하는가?

① 인출 사이클 ② 실행 사이클
③ 간접 사이클 ④ 직접 사이클

간접 사이클
① 명령사이클은 간접사이클(Indirect Cycle)과 인터럽트 사이클(Interrupt Cycle)이 있다.
② 간접 사이클은 주기억장치에서 판독한 명령어가 간접 주소지정방식일 때 유효 주소를 주기억장치에서 읽어내는 기능을 수행한다.
③ 인터럽트 사이클은 명령어를 실행 도중에 인터럽트가 발생하면 그에 합당하는 인터럽트 처리를 수행한다

[정답] ③.

20
다음 마이크로프로세서의 명령인출 과정을 올바르게 나열한 것은?

㉠ 기억장치 버퍼레지스터(MBR) ㉡ 기억장치 주소 레지스터(MAR) ㉢ 프로그램 카운터(PC) ㉣ 명령 레지스터(IR)

① IR→ MBR→ MAR→ PC
② PC→ MBR→ MAR→ IR
③ PC→ MAR→ MBR→ IR
④ IR→ MAR→ MBR→ PC

명령인출(Fetch Cycle)
기억장치내의 지정된 주소에서 명령어가 제어장치에 호출되어 해독되는 과정이다.
① PC → MAR : PC의 내용을 MAR로 전송
② MAR → MBR (PC+1 → PC) : 주소가 지정하는 기억장치로부터 읽혀진 명령어가 MBR에 적재
③ MBR → IR : MBR의 명령어가 레지스터(IR)로 이동

[정답] ③

21
다음 지문의 괄호 안에 들어갈 용어는?

> 컴퓨터는 ( ) 요청신호가 입력되면 프로그램 실행 중에 있는 CPU가 정상적인 처리를 멈추고, ( )에 대한 처리를 마친 후, 정상적인 처리를 다시 수행하게 된다.

① Recursive ② DUMP
③ DMA ④ Interrupt

인터럽트(Interrupt)
시스템의 예기치 않은 상황이 발생한 것을 인터럽트라고 하며 인터럽트 복귀 주소 저장은 스택포인터에 한다.
[정답] ④

22
다음 중 인터럽트의 발생 원인에 대한 설명으로 틀린 것은?

① 컴퓨터 구성품의 물리적 결함
② 주변 장치들의 동작에 따른 중앙처리장치에 대한 기능 요청
③ 프로그램 내 A 루틴에서 B 루틴으로의 연결
④ 긴급 정전사태 발생으로 인한 컴퓨터 전원 OFF

인터럽트란 물리적, 논리적인 문제로 인해 컴퓨터가 일시적으로 이상 동작하는 현상을 말함. 인터럽트가 발생되면 중앙처리장치에 현재까지의 기능이 저장되며 재사용 시 중앙처리장치로부터 Reload 함.
[정답] ③

23
다음 지문은 인터럽트 처리과정을 나타낸 것이다. 처리과정의 순서를 올바르게 나열한 것은?

> ⓐ 주변장치로부터 인터럽트 요구가 들어옴
> ⓑ PC 내용을 스택에서 꺼냄
> ⓒ 본 프로그램으로 복귀
> ⓓ 인터럽트 서비스 루틴의 시작번지로 점프해서 프로그램 수행
> ⓔ PC 내용을 스택에서 저장
> ⓕ 중단했던 원래의 프로그램반지로부터 수행

① ⓐ → ⓓ → ⓑ → ⓒ → ⓕ → ⓔ
② ⓐ → ⓔ → ⓓ → ⓑ → ⓒ → ⓕ
③ ⓔ → ⓐ → ⓓ → ⓑ → ⓒ → ⓕ
④ ⓔ → ⓐ → ⓑ → ⓓ → ⓒ → ⓕ

인터럽트 처리과정
① 인터럽트 발생
② Program Counter값을 제어스택에 저장
③ 서브루틴의 시작주소 값을 PC에 적재
④ 인터럽트 처리
⑤ 스택에 저장했던 정보 로드
⑥ 저장했던 Program counter값 복구
[정답] ②

24
인터럽트의 처리과정에서 인터럽트 처리 프로그램(interrupt handling program)으로 이전하기 전에 시스템 제어 스택(system control stack)에 저장해야 할 정보는 무엇인가?

① 현재의 프로그램 계수기(program counter)의 값
② 이전에 수행하던 프로그램의 명칭
③ 인터럽트를 발생시킨 장치의 명칭
④ 인터럽트 처리 프로그램의 시작주소

인터럽트 처리과정
① 인터럽트 발생
② Program Counter값을 제어스택에 저장
③ 서브루틴의 시작주소 값을 PC에 적재
④ 인터럽트 처리
⑤ 스택에 저장했던 정보 로드
⑥ 저장했던 Program counter값 복구
[정답] ①

25
다음 중 인터럽트의 우선순위가 가장 높은 것은?

① 기계착오 ② 외부신호
③ SVC ④ 전원이상

인터럽트 우선순위
둘 이상의 외부 장치가 끼어들기 요구 신호를 동시에 보낼 때, 어느 외부 장치가 끼어들기 명령 (IACK : interrupt acknowledge)을 얻는가를 결정하는 순위. 전원이상이 우선순위가 가장 높다.
[정답] ④

26
인터럽트의 우선 순위를 바르게 나열한 것은?

① 전원이상 → 기계착오 → 외부신호 → 입·출력 → 명령의 잘못 사용 → 슈퍼바이저 호출(SVC)
② 슈퍼바이저 호출(SVC) → 전원이상 → 기계착오 → 외부신호 → 입·출력 → 명령의 잘못 사용
③ 슈퍼바이저 호출(SVC) → 입·출력 → 외부신호 → 기계착오 → 전원 이상 → 명령의 잘못 사용
④ 기계착오 → 외부신호 → 입·출력 → 명령의 잘못 사용 → 전원 이상 → 슈퍼바이저 호출(SVC)

Interrupt 우선순위 : 정전 전원 이상 인터럽트 > 기계고장 인터럽트 > 외부(신호) 인터럽트 > 입 출력 인터럽트 > 프로그램 인터럽트 > SVC 인터럽트
[정답] ①

27

CPU가 어떤 프로그램을 순차적으로 수행하는 도중에 외부로부터 인터럽트 요구가 들어오면, 원래의 프로그램을 중단하고, 인터럽트를 위한 프로그램을 먼저 수행하게 되는데 이와 같은 프로그램을 무엇이라 하는가?

① 명령 실행 사이클
② 인터럽트 서비스 루틴
③ 인터럽트 사이클
④ 인터럽트 플래그

> 인터럽트란 시스템의 예기치 않은 상황이 발생한 것을 인터럽트라고 하며 인터럽트 복귀주소 저장은 스택포인터에 한다. 인터럽트 발생 시 인터럽트를 위한 프로그램을 먼저 수행하는 것을 인터럽트서비스루틴이라 한다.
>
> [정답] ②

28

다음은 인터럽스 서비스 루틴에 해당하는 연산을 나타낸 것이다. 괄호 안에 들어갈 연산과정은?

```
t0 : MBR ← PC
t1 : MAR ← SP , (     )
t2 : M[MAR] ← MBR , SP ← SP -1
```

① AC ← ISR의 시작주소
② SP ← ISR의 시작주소
③ PC ← ISR의 시작주소
④ MBR ← ISR의 시작주소

> t1 : MAR ← SP , PC ← ISR의 시작주소
> t1에서 PC 내용을 인터럽트 서비스 루틴(ISR)의 시작주소로 변경
>
> [정답] ③

29

다음 중 여러 I/O 모듈들이 인터럽트를 발생시켰을 때 CPU가 확인하는 시간이 가장 긴 것은?

① 다수 인터럽트 선(Multiple Interrupt Lines)
② 소프트웨어 폴(Software Poll)
③ 데이지 체인(Daisy Chain)
④ 버스 중재(Bus Arbitration)

> 하드웨어적인 우선순위보다 소프트웨어적인 우선순위 방법이 느리다.
>
> [정답] ②

30

다음 중 마이크로프로그램에 의한 마이크로 오퍼레이션의 동작으로 틀린 것은?

① 주기억 장치에서 명령어 인출하는 동작
② 오퍼랜드의 유효 주소를 계산하는 동작
③ 지정된 연산을 수행하는 동작
④ 다음 단계의 주소를 결정하는 동작

> 세부적인 동작을 하는 것을 마이크로 오퍼레이션이라 하고 4개의 사이클이 있는데 다음 단계의 주소를 결정하는 동작을 하는 사이클은 없다.
> ① Fetch cycle : 주기억장소로부터 명령을 읽어 CPU로 가져오는 주기
> ② Indirect cycle : operand가 간접주소일 때 operand가 지정하는 곳으로부터 유효주소를 읽기 위해 기억장치에 접근하는 주기
> ③ Execute cycle : 기억장치에 접근하여 자료를 읽어 연산을 실행 하는주기
> ④ Interrupt cycle : 현재 수행 중인 명령이 중단되는 상태
>
> [정답] ④

31

다음 중 마이크로 명령어에 대한 설명으로 틀린 것은?

① OP코드와 오퍼랜드로 구분한다.
② 오퍼랜드에는 주소, 데이터 등이 저장된다.
③ 오퍼랜드는 오직 한 개의 주소만 존재한다.
④ 컴퓨터 기계어 명령을 실행하기 위해 수행되는 낮은 수준의 명령어이다.

> 명령어
> ① 명령어는 크게 명령코드(Operation code)와 오퍼랜드(Operand)의 2부분으로 구성된다.
> ② 명령어는 하나의 명령코드(OP code) 부분과 몇 개의 address 부분으로 구성되는데 이 address가 몇 개인가에 따라 1번지 명령, 2번지 명령 등으로 나뉜다.
>
> [정답] ③

32

16비트 명령어 형식에서 연산코드 5비트, 오퍼랜드 1은 3비트, 오퍼랜드 2는 8비트일 경우, ⓐ 연산종류와 사용할 수 있는 ⓑ 래지스터의 수를 올바르게 나열한 것은?

① ⓐ 32가지 ⓑ 512
② ⓐ 31가지 ⓑ 8
③ ⓐ 32가지 ⓑ 8
④ ⓐ 8가지 ⓑ 511

> 명령어 형식(Instruction format)
> ① 명령어 내 필드들의 수 와 배치방식 및 각 필드의 비트 수를 나타냄
> ② 명령어의 구성은
>   연산코드(5[bit])+오퍼랜드1(3[bit])+오퍼랜드2(8[bit]) = 16−bit 명령어이다.
> ③ 연산코드= 5[bit]이므로 $2^5 = 32$ 연산종류 가능
> ④ 오퍼랜드1= 3[bit]이므로 $2^3 = 8$ 레지스터를 사용
> ⑤ 오퍼랜드2= 8[bit]이므로, 기억장치 주소범위는 0~255번지 임
>
> [정답] ③

33
0-주소 명령어(zero-address insturction)에서 사용하는 특정한 기억장치 조직은 무엇인가?
① 그래프(graph)   ② 스택(stack)
③ 큐(queue)   ④ 트리(tree)

> 명령어 형식
> ① 명령어는 다음과 같이 크게 2부분으로 구성된다.
>
> | 연산자부분 | 주소부분 |
> |---|---|
> | 명령코드 (operation code) | 오퍼랜드 (operand) |
>
> ② 명령어는 하나의 명령코드(OP code) 부분과 몇 개의 address 부분으로 구성되는데 이 address가 몇 개 인가에 따라 0, 1, 2, 3-번지 명령 등으로 나눌 수 있다.
> ③ 0-주소 명령어 형식의 경우, 모든 연산은 피연산자를 이용하여 수행하고 그 결과를 스택에 저장한다.
>
> [정답] ②

34
주소 지정방식 중 명령어 내에 오퍼랜드 필드의 내용이 데이터의 유효주소가 되는 주소지정방식은?
① 직접 주소지정방식
② 간접 주소지정방식
③ 레지스터 주소지정방식
④ 레지스터 간접 주소지정방식

> 직접주소방식은 오퍼랜드의 내용으로 실제 Data의 주소가 들어 있는 방식으로 실제 Data에 접근하기 위해 주기억장치를 참조해야 하는 횟수는 1번 뿐이다.
>
> 주소지정방식 (Addressing Mode)의 종류
>
> | 지정방식 | 특 징 |
> |---|---|
> | 즉시 주소지정방식 | 오퍼랜드(주소)가 실제 데이터값을 지정함 |
> | 직접 주소지정방식 | 주소필드가 오퍼랜드의 실제 주소값을 포함함 |
> | 간접 주소지정방식 | 오퍼랜드 필드가 메모리의 주소를 참조하여 접근함 |
> | 레지스터 주소지정방식 | 직접주소 방식과 유사함(오퍼랜드는 레지스터 참조) |
> | 레지스터 간접 소지정방식 | 간접주소 방식과 유사함 |
>
> [정답] ①

35
다음 중 주소지정방식에 대한 설명으로 틀린 것은?
① 직접주소지정방식에서 오퍼랜드는 실제 주소 값이다.
② 간접주소지정방식은 최소 두 번 메모리에 접속해야 실제 데이터를 가져온다.
③ 즉시주소지정방식에서 오퍼랜드는 실제 데이터 값이다.
④ 레지스터주소지정방식은 프로그램카운터(PC)와 관련이 있다.

> 주소지정방식(Addressing Mode)의 종류
>
> | 방 식 | 특 징 |
> |---|---|
> | 직접(Direct)주소지정 | 실제 Data의 주소가 있음 |
> | 간접(Indirect)주소지정 | Pointer의 주소가 있음 |
> | 즉시(Immediate)주소지정 | 실제 Data가 기록되어 있음 |
> | 레지스터(Register)주소지정 | 주소부의 레지스터를 지정 * PC와는 관련 없음 |
>
> [정답] ④

⑤ 정보설비 기준

1. 전기통신사업법 ·········
2. 전기통신사업법 시행령
3. 정보통신공사업법 ······
4. 국가정보화 기본법 ······

······· **252**
······· **255**
······· **258**
······· **264**

정보통신산업기사 필기
영역별 기출문제풀이

① 전기통신사업법

01 18/6

다음 중 전기통신기본법의 목적이 아닌 것은?

① 전기통신을 효율적으로 관리
② 전기통신의 발전을 촉진
③ 공공복리의 증진에 이바지
④ 전기통신기술의 표준 개정

전기통신기본법/ 제1장 총칙/ 제1조(목적)
이 법은 전기통신에 관한 기본적인 사항을 정하여 전기통신을 효율적으로 관리하고 그 발전을 촉진함으로써 공공복리의 증진에 이바지함을 목적으로 한다

[정답] ④

02 17/6

다음 중 전기통신사업법에서 규정하는 "전기통신"에 대한 정의로 틀린 것은?

① 유선 방식으로 부호·문언·음향 또는 영상을 송신하거나 수신하는 것
② 무선 방식으로 부호·문언·음향 또는 영상을 송신하거나 수신하는 것
③ 광선 방식으로 부호·문언·음향 또는 영상을 송신하거나 수신하는 것
④ 전기적 방식으로 부호·문언·음향 또는 영상을 송신하거나 수신하는 것

전기통신사업법 제1장 2조
"전기통신"이란 유선·무선·광선 또는 그 밖의 전자적 방식으로 부호·문언·음향 또는 영상을 송신하거나 수신하는 것을 말한다.

[정답] ④

03 17/3

다음 중 전기통신사업자의 전기통신역무 제공 의무사항이 아닌 것은?

① 전기통신사업자는 정당한 사유 없이 전기통신 역무의 제공을 거부하여서는 아니 된다.
② 전기통신사업자는 그 업무 처리에 있어서 공평하고 신속하며 정확하게 하여야 한다.
③ 전기통신역무의 요금은 전기통신역무를 공평하고 저렴하게 제공받을 수 있도록 합리적으로 결정되어야 한다.
④ 기간통신사업자는 전기통신설비 등을 통합 운영하여서는 아니 된다.

전기통신사업법 제1장 제3조(역무의 제공 의무 등)
① 전기통신사업자는 정당한 사유 없이 전기통신역무의 제공을 거부하여서는 아니 된다.
② 전기통신사업자는 그 업무를 처리할 때 공평하고 신속하며 정확하게 하여야 한다.
③ 전기통신역무의 요금은 전기통신사업이 원활하게 발전할 수 있고 이용자가 편리하고 다양한 전기통신역무를 공평하고 저렴하게 제공받을 수 있도록 합리적으로 결정되어야 한다.

[정답] ④

03 16/6

전기통신설비를 이용하여 타인의 통신을 매개하거나 전기통신설비를 타인의 통신용으로 제공하는 것을 무엇이라 하는가?

① 정보통신서비스
② 전기통신서비스
③ 전기통신역무
④ 정보통신역무

전기통신역무 : 전기통신설비를 이용하여 타인의 통신을 연결하거나 제공하는 업무

[정답] ③

04 18/3, 16/10

다음 중 보편적 역무를 제공하는 전기통신사업자를 지정할 때 고려하는 사항이 아닌 것은?

① 정보통신기술의 발전 정도
② 전기통신사업자의 기술적 능력
③ 제공할 보편적 역무의 요금수준
④ 제공할 보편적 역무의 사업규모 및 품질

전기통신사업법 제1장 제4조
과학기술정보통신부장관은 보편적 역무를 효율적이고 안정적으로 제공하기 위하여 보편적 역무의 사업규모·품질 및 요금수준과 전기통신사업자의 기술적 능력 등을 고려하여 대통령령으로 정하는 기준과 절차에 따라 보편적 역무를 제공하는 전기통신사업자를 지정할 수 있다.

[정답] ①

05
다음 중 전기통신사업자가 제공하는 보편적 역무와 구체적인 내용을 정할 때 고려사항이 아닌 것은?

① 사회복지 증진　　② 정보화 촉진
③ 공공의 이익과 안전　　④ 역무의 보급 방법

전기통신사업법 제1장 제4조
보편적 역무의 구체적 내용은 다음 각 호의 사항을 고려하여 대통령령으로 정한다.
[전기통신사업자 지정시 고려사항]
1. 정보통신기술의 발전 정도
2. 전기통신역무의 보급 정도
3. 공공의 이익과 안전
4. 사회복지 증진
5. 정보화 촉진

[정답] ④

06
다음 중 전기통신사업법령이 정하는 사항을 갖추어 미래창조과학부 장관에게 등록하면 경영할 수 있는 전기통신사업은?

① 기간통신사업　　② 별정통신사업
③ 통합통신사업　　④ 부가통신사업

별정통신사업
기간통신사업자의 전기통신회선설비를 이용하여 기간통신역무를 제공하는 사업으로 별정통신사업을 경영하고자 하는 자는 법인에 한하며, 미래창조과학부에 등록하여야 한다.

[정답] ②

07
다음 중 별정통신사업에 해당하는 것은?

① 전기통신회선설비를 설치하고 이를 이용하여 특별통신역무를 제공하는 사업
② 기간통신사업자로부터 전기통신회선설비를 임차하여 기간통신역무외의 전기통신역무를 제공하는 사업
③ 기간통신사업자의 전기통신회선설비 등을 이용하여 기간통신역무를 제공하는 사업
④ 특별히 정한 전기통신설비를 설치하고 이를 이용하여 기간통신역무외의 특정 전기통신역무를 제공하는 사업

전기통신사업법 제2장 전기통신사업
제5조(전기통신사업의 구분 등)
별정통신사업 -기간통신사업자의 전기통신회선 설비 등을 이용하여 기간통신역무를 제공하는 사업

[정답] ③

08
다음 중 별정통신사업의 등록요건이 아닌 것은?

① 납입자본금 등 재정적 능력
② 기술방식 및 기술인력 등 기술적 능력
③ 이용자 보호계획
④ 정보통신자원 관리계획

전기통신사업법 제2장 전기통신사업
제5조(전기통신사업의 구분 등)
별정통신사업 등록시 구비사항
- 재정 및 기술적 능력
- 이용자 보호계획
- 그 밖에 사업계획서 등

[정답] ④

09
다음 중 전기통신사업의 구분으로 틀린 것은?

① 기간통신사업　　② 별정통신사업
③ 부가통신사업　　④ 정보통신사업

전기통신기본법 제7조(전기통신사업자의 구분)
전기통신사업자는 전기통신사업법이 정하는 바에 의하여 기간통신사업자, 별정통신사업자 및 부가통신사업자로 구분한다.

[정답] ④

10
다음 중 전기통신설비를 공동 구축할 수 있는 대상은?

① 국가 또는 지방자치단체와 국민 사이
② 전기통신사업자와 전기통신이용자 사이
③ 기간통신사업자와 자가통신사업자 사이
④ 기간통신사업자와 기간통신사업자 사이

전기통신설비 공동구축 제 2조(적용범위)
기간통신사업자가 다른 기간통신사업자와 협의하여 전기통신설비를 공동으로 구축하는데 적용한다.

[정답] ④

11
다음 중 과학기술정보통신부장관이 전기통신번호 관리계획을 수립·시행하는 목적이 아닌 것은?

① 전기통신사업자 간의 공정한 경쟁환경 조성
② 통신기술 인력의 양성 사업자를 지원
③ 이용자의 편익 제공
④ 전기통신역무의 효율적인 제공

> 전기통신번호관리세칙의 제20조(번호의 신청 및 부여)
> ① 전기통신역무의 효율적 제공
> ② 이용자편익과 공공이익의 증진
> ③ 공정경쟁 환경 조성
>
> [정답] ②

12
과학기술정보통신부장관이 전기통신의 원활한 발전과 정보사회의 촉진을 위하여 수립해야 하는 전기통신기본계획에 포함되지 않는 것은?

① 전기통신의 이용효율화에 관한 사항
② 전기통신역무에 관한 사항
③ 전기통신의 질서유지에 관한 사항
④ 전기통신설비에 관한 사항

> 전기통신사업법 제4조(정부의 시책)
> 과학기술정보통신부장관이 수립하는 전기통신기본계획에는 다음 각호의 사항이 포함되어야 한다.
> [전기통신 기본계획 포함사항]
> 1. 전기통신의 이용효율화에 관한 사항
> 2. 전기통신의 질서유지에 관한 사항
> 3. 전기통신사업에 관한 사항
> 4. 전기통신설비에 관한 사항
> 5. 전기통신기술(전기통신공사에 관한 기술을 포함한다. 이하 같다)의 진흥에 관한 사항
> 6. 기타 전기통신에 관한 기본적인 사항
>
> [정답] ②

13
다음 중 과학기술정보통신부장관이 전기통신번호 관리계획을 수립·시행하는 목적으로 볼 수 없는 것은?

① 전기통신무역의 효율적인 제공을 위하여
② 통신기술 인력의 양성사업을 지원하기 위하여
③ 이용자의 편익을 위하여
④ 전기통신사업자간의 공정한 경쟁 환경의 조성을 위하여

> 전기통신사업법 제 4장
> 제48조(전기통신번호자원 관리계획)
> 과학기술정보통신부장관은 전기통신역무의 효율적인 제공 및 이용자의 편익과 전기통신사업자 간의 공정한 경쟁환경 조성, 유한한 국가자원인 전기통신번호의 효율적 활용 등을 위하여 전기통신번호체계 및 전기통신번호의 부여·회수·통합 등에 관한 사항을 포함한 전기통신번호자원 관리계획을 수립·시행하여야 한다.
>
> [정답] ②

14
전기통신사업자가 법원·검사·수사관서의 장, 정보수사기관의 장으로 부터 재판, 수사, 형의집행 또는 국가안전보장에 대한 위해를 방지하기 위한 정보수집을 위하여 자료의 열람이나 제출을 요청받을 때에 응할 수 있는 대상이 아닌 것은?

① 이용자의 성명과 주민등록번호
② 이용자의 주소와 전화번호
③ 이용자의 아이디
④ 이용자의 동산 및 부동산

> 전기통신사업법 제6장 보칙 제83조(통신비밀의 보호)
> 1. 이용자의 성명
> 2. 이용자의 주민등록번호
> 3. 이용자의 주소
> 4. 이용자의 전화번호
> 5. 이용자의 아이디(컴퓨터시스템이나 통신망의 정당한 이용자임을 알아보기 위한 이용자 식별부호를 말한다)
> 6. 이용자의 가입일 또는 해지일
>
> [정답] ④

15
다음 중 기간통신사업자가 제공하려는 전기통신서비스에 관하여 정하는 이용약관에 포함되지 않는 것은?

① 전기통신역무를 제공하는데 필요한 설비
② 전기통신사업자 및 이용자의 책임에 관한 사항
③ 수수료·실비를 포함한 전기통신 서비스의 요금
④ 전기통신서비스의 종류 및 내용

> 이용약관은 제 1장 총칙, 2장 서비스 이용계약, 3장 계약 당사자의 의무 및 통지, 4장 서비스 이용, 5장 계약해지 및 청약철회, 6장 손해배상 및 기타사항이 있다. 설비와 관련한 내용은 포함되지 않는다.
>
> [정답] ①

16 다음 중 전력선통신을 행하기 위한 방송통신설비가 갖추어야 할 기능으로 옳은 것은?

① 전력선과의 접속부분을 안전하게 분리하고 이를 연결할 수 있는 기능
② 전력선으로부터 이상 전류가 유입된 경우 접지될 수 있는 기능
③ 단말기의 전력분배 기능
④ 주변장치의 이상 현상으로부터 보호할 수 있는 기능

전기통신설비의 기술기준에 관한 규칙 제6조 (위해 등의 방지)에 따르면 아래와 같은 기능이 있다.
① 전력선과의 접속부분을 안전하게 분리하고 이를 연결할 수 있는 기능
② 전력선으로부터 이상전압이 유입된 경우 인명·재산 및 설비 자체를 보호할 수 있는 기능(나에서 이상 전류가 아니다)

[정답] ①

② 전기통신사업법 시행령

01 다음 중 "지능형 홈 네트워크설비 설치 및 기술기준"에 관한 사무를 관장하는 기관이 아닌 곳은?

① 미래창조과학부   ② 산업통상자원부
③ 국토교통부   ④ 교육부

전기통신법 시행령
제39조의4(공중케이블정비협의회의 구성 및 운영)
정비협의회의 위원장(이하 이 조 및 제39조의5에서 "위원장"이라 한다)은 미래창조과학부 제2차관이 되며, 정비협의회의 위원(이하 이 조에서 "위원"이라 한다)은 다음 각 호의 사람 중에서 과학기술정보통신부장관이 임명하거나 위촉한다.
1. 미래창조과학부의 고위공무원단에 속하는 일반직공무원
2. 산업통상자원부 및 국토교통부의 고위공무원단에 속하는 일반직공무원 중에서 소속기관의 장이 지명하는 사람

[정답] ④

02 다음 중 정보통신설비 보전을 위한 예비기기 설치 시 고려대상이 아닌 것은?

① 설비의 중요도   ② 고장발생률
③ 설치의 설치비용 ④ 복구소요시간

예비기기 설치 시 고려사항
설비의 중요도, 고장발생률, 복구소요시간 등을 고려하여 예비기기를 설치한다.

[정답] ③

03 다음 중 방송통신설비가 다른 사람의 방송통신설비와 접속되는 경우에 그 건설과 보전에 관한 책임 등의 한계를 명확하게 하기 위하여 설정하여야 하는 것은?

① 분기점   ② 분계점
③ 국선분계점 ④ 국선분기점

전통법시행령 제2장 일반적 조건 제4조(분계점)
방송통신설비가 다른 사람의 방송통신설비와 접속되는 경우에는 그 건설과 보전에 관한 책임 등의 한계를 명확하게 하기 위하여 분계점이 설정되어야 한다.

[정답] ②

04
사업용방송통신설비와 이용자방송통신설비의 분계점을 설명하는데 국선과 구내선의 분계점을 어떻게 설정하는가?

① 사업용방송통신설비의 국선수용단자반과 이용자방송통신설비의 단말장치와의 접속되는 점으로 한다.
② 사업용방송통신설비의 국선접속설비와 이용자방송통신설비가 최초로 접속되는 점으로 한다.
③ 사업용방송통신설비의 전송설비와 이용자방송통신설비의 구내통신선로설비가 최초로 접속되는 점으로 한다.
④ 사업용방송통신설비의 교환설비와 이용자방송통신설비의 최초단자 사이에 구성되는 회선으로 한다.

> 전통법시행령
> 방송통신설비의 기술기준에 관한 규정
> 사업용방송통신설비와 이용자방송통신설비의 분계점은 도로와 택지 또는 공동주택단지의 각 단지와의 경계점으로 한다. 다만, 국선과 구내선의 분계점은 사업용방송통신설비의 국선접속설비와 이용자방송통신설비가 최초로 접속되는 점으로 한다.
>
> [정답] ②

05
다음 중 전송설비 및 선로설비의 보호대책과 관계가 없는 것은?

① 전송설비와 선로설비간의 분계점을 명확히 한다.
② 다른 사람이 설치한 설비에 피해를 받지 않도록 한다.
③ 설비 주위에 설비에 관한 안전표지를 한다.
④ 강전류전선에 대한 보호망이나 보호선을 설치한다.

> 전통법시행령 방송통신설비의 기술기준에 관한 규정 제8조
> 전송설비 및 선로설비는 다른 사람이 설치한 설비나 사람·차량 또는 선박 등의 통행에 피해를 주거나 이로부터 피해를 받지 아니하도록 하여야 하며, 시공상 불가피한 경우에는 그 주위에 설비에 관한 안전표지를 설치하는 등의 보호대책을 마련하여야 한다.
>
> [정답] ①

06
방송통신설비의 설치 및 보전은 무엇에 따라 하여야 하는가?

① 설계도서   ② 프로토콜
③ 전기통신기술기준   ④ 정보통신공사업법

> 전통법시행령 제51조의 7(설치공사 등의 확인)
> 방송통신발전 기본법」 제28조 제3항에 따른 설계도서에 따라 시공되었음을 확인할 수 있는 서류
>
> [정답] ①

07
방송통신설비의 기술기준에 관한 규정에서 정의한 '특고압'은?

① 7,000볼트를 초과하는 전압
② 5,000볼트를 초과하는 전압
③ 2,500볼트를 초과하는 전압
④ 직류는 750볼트, 교류는 600볼트를 초과하는 전압

> 전기통신법시행령 방송통신설비의 기술기준에 관한 규정
> "특고압"이란 7,000볼트를 초과하는 전압을 말한다.
>
> [정답] ①

08
방송통신설비에 사용되는 전원설비는 동작전압과 전류의 변동률을 정격전압 및 정격전류의 얼마 이내로 유지할 수 있어야 하는가?

① ±10[%]   ② ±15[%]
③ ±20[%]   ④ ±25[%]

> 전통법시행령/ 방송통신설비의 기술기준에 관한 규정
> 방송통신설비에 사용되는 전원설비는 그 방송통신설비가 최대로 사용되는 때의 전력을 안정적으로 공급할 수 있는 용량으로서 동작전압과 전류의 변동률을 정격전압 및 정격전류의 ±1
>
> [정답] ①

09
방송통신을 행하기 위하여 계통적·유기적으로 연결·구성된 방송통신 설비의 집합체는?

① 전화망   ② 전송설비
③ 전원설비   ④ 방송통신망

> 전기통신법시행령 방송통신설비의 기술기준에 관한 규정
> "방송통신망"이란 방송통신을 행하기 위하여 계통적·유기적으로 연결·구성된 방송통신설비의 집합체를 말한다.
>
> [정답] ④

10

전기도체, 절연물로 싼 전기도체 또는 절연물로 싼 것의 위를 보호피막으로 보호한 전기도체 등으로서 300볼트 이상의 전력을 송전하거나 배전하는 전선을 무엇이라 하는가?

① 전력선 ② 통신선
③ 통신케이블 ④ 강전류전선

방송통신설비의 기술기준 제3조
"강전류전선"이란 전기도체, 절연물로 싼 전기도체 또는 절연물로 싼 것의 위를 보호피막으로 보호한 전기도체 등으로서 300볼트 이상의 전력을 송전하거나 배전하는 전선을 말한다.

[정답] ④

11

방송통신서비스를 제공받기 위하여 이용자가 관리 · 사용하는 구내통신선로설비, 이동통신구내선로설비, 방송공동수신설비, 단말장치 및 전송설비 등을 무엇이라고 하는가?

① 국선접속설비 ② 사업용 전기통신설비
③ 이용자방송통신설비 ④ 자가전기통신설비

전기통신법시행령 방송통신설비의 기술기준에 관한 규정
"이용자방송통신설비"란 방송통신서비스를 제공받기 위하여 이용자가 관리·사용하는 구내통신선로설비, 이동통신구내선로설비, 방송공동수신설비, 단말장치 및 전송설비 등을 말한다.

[정답] ③

12

방송통신설비가 이에 접속되는 다른 방송통신설비의 위해 등을 방지하기 위한 대책으로 적합하지 않은 것은?

① 전력선통신을 행하는 방송통신설비는 이상전압이나 이상전류에 대한 방지대책이 요구되지 않는다.
② 다른 방송통신설비를 손상시킬 우려가 있는 전류가 송출되는 것이어서는 아니 된다.
③ 다른 방송통신설비의 기능에 지장을 주는 방송통신콘텐츠가 송출되어서는 아니 된다.
④ 다른 방송통신설비를 손상시킬 우려가 있는 전압이 송출되는 것이어서는 아니 된다.

전기통신법시행령 방송통신설비의 기술기준에 관한 규정
방송통신설비는 이에 접속되는 다른 방송통신설비를 손상시키거나 손상시킬 우려가 있는 전압 또는 전류가 송출되는 것이어서는 아니 된다.

[정답] ①

13

일정한 형태의 방송콘텐츠를 전송하기 위하여 사용하는 동선, 광섬유 등의 전송매체로 제작된 선조, 케이블 등과 이를 수용 또는 접속하기 위하여 제작된 전주, 관로, 통신터널, 배관, 맨홀, 핸드홀, 배선반 등과 그 부대설비를 무엇이라 하는가?

① 선로설비 ② 전송설비
③ 통신설비 ④ 구내설비

전기통신법시행령 방송통신설비의 기술기준에 관한 규정
"선로설비"란 일정한 형태의 방송통신콘텐츠를 전송하기 위하여 사용하는 동선·광섬유 등의 전송매체로 제작된 선로·케이블 등과 이를 수용 또는 접속하기 위하여 제작된 전주·관로·통신터널·배관·맨홀(manhole)·핸드홀(handhole)·배선반 등과 그 부대설비를 말한다.

[정답] ①

14

교환설비 등으로부터 수신된 방송통신콘텐츠를 변환·재생 또는 증폭하여 유선 또는 무선으로 송신하거나 수신하는 설비로서 전송단국장치·중계장치·다중화장치·분배장치 등과 그 부대설비를 총괄하여 무엇이라 하는가?

① 선로설비 ② 전송설비
③ 정보통신망 ④ 전기통신망

전기통신법시행령 방송통신설비의 기술기준에 관한 규정
"전송설비"란 교환설비·단말장치 등으로부터 수신된 방송통신콘텐츠를 변환·재생 또는 증폭하여 유선 또는 무선으로 송신하거나 수신하는 설비로서 전송단국장치·중계장치·다중화장치·분배장치 등과 그 부대설비를 말한다.

[정답] ②

15

다음 중 통신망의 보전 및 운영관리기준에 해당하지 않는 것은?

① 보전 및 운영기준을 설정하고 이에 관한 각종 데이터를 집계·관리한다.
② 상호접속을 하는 경우 설계 시 접속 대상 설계 공장을 명확히 한다.
③ 상호접속에 대한 작업의 분담, 책임범위 등을 명확히 한다.
④ 통신망의 계량 및 교체주기를 짧게 관리한다.

[정답] ③

16
선로설비의 회선 상호간, 회선과 대지간 및 회선의 심선 상호 간의 절연저항은 직류 500볼트 절연저항계로 측정하여 몇 옴 이상이어야 하는가?

① 1메가 옴 ② 10메가 옴
③ 50메가 옴 ④ 100메가 옴

절연저항
절연저항은 직류 500[V] 절연저항계로 측정 하여 10[MΩ] 이상이어야 한다.

[정답] ②

17
다음 중 방송통신서비스를 제공하는 사업자가 구비하여야 할 안전성과 신뢰성에 해당하는 것으로 관계가 적은 것은?

① 방송통신설비 이용자의 안전 확보에 필요한 사항
② 방송통신설비의 안전성 및 신뢰성 확보를 위하여 필요한 사항
③ 방송통신설비의 운용에 필요한 시험·감시 기능에 관한 사항
④ 방송통신설비를 판매하기 위한 건축물의 화재대책 등에 관한 사항

전기통신법시행령 제4장 사업용방송통신설비
제22조(안전성 및 신뢰성 등)
사업자는 이용자가 안전하고 신뢰성 있는 방송통신서비스를 제공받을 수 있도록 다음 각 호의 사항을 구비하여 운용하여야 한다.
1. 방송통신설비를 수용하기 위한 건축물 또는 구조물의 안전 및 화재대책 등에 관한 사항
2. 방송통신설비를 이용 또는 운용하는 자의 안전 확보에 필요한 사항
3. 방송통신설비의 운용에 필요한 시험·감시 및 통제를 할 수 있는 기능에 관한 사항
4. 그 밖에 방송통신설비의 안전성 및 신뢰성 확보를 위하여 필요한 사항

[정답] ④

18
전기통신사업자는 법의 절차에 따라 통신자료제공을 한 경우에는 그 사실을 기재한 통신자료제공대장을 몇 년간 보존하여야 하는가?

① 10년 ② 5년
③ 2년 ④ 1년

전기통신법시행령 제6장 보칙 제53조(통신비밀의 보호)
전기통신사업자는 법 제83조 제5항에 따른 통신자료제공대장을 1년간 보존하여야 한다.

[정답] ④

③ 정보통신공사업법

01
다음 중 정보통신공사업을 경영하려는 자는 누구에게 등록을 하여야 하는가?

① 한국정보통신공사협회장
② 국립전파연구원장
③ 과학기술정보통신부장관
④ 시·도지사

정보통신공사업법 제14조(공사업의 등록 등)
공사업을 경영하려는 자는 대통령령으로 정하는 바에 따라 시·도지사에게 등록하여야 한다.

[정답] ④

02
다음 중 정보통신공사업의 운영에 대한 설명으로 옳지 않은 것은?

① 공사업을 양도할 수 있다.
② 공사업자인 법인 간에 합병할 수 있다.
③ 공사업자인 법인을 분할하여 설립할 수 있다.
④ 합병에 의하여 설립된 법인은 소멸되는 법인의 지위를 승계하지 못한다.

정보통신공사업법 제1장 제17조(공사업의 양도 등)
공사업자인 법인 간에 합병하려는 경우 또는 공사업자인 법인과 공사업자가 아닌 법인이 합병하려는 경우
제1항에 따른 공사업 양도의 신고가 있을 때에는 공사업을 양수한 자는 공사업을 양도한 자의 공사업자로서의 지위를 승계하며, 법인의 합병신고가 있을 때에는 합병으로 설립되거나 존속하는 법인이 합병으로 소멸되는 법인의 공사업자로서의 지위를 승계한다.

[정답] ④

03
다음 중 정보통신공사업자의 시공능력평가에 포함되지 않는 사항은?

① 경영진 평가 ② 자본금 평가
③ 기술력 평가 ④ 경력 평가

정보통신공사업법 제27조(공사업에 관한 정보관리 등)
과학기술정보통신부장관은 공사에 필요한 자재·인력의 수급 상황 등 공사업에 관한 정보와 공사업자의 공사 종류별 실적, 자본금, 기술력 등에 관한 정보를 종합관리하여야 한다.

[정답] ①

04. 정보통신공사에서 실시설계의 과업내용이 아닌 것은?

① 설계설명서 ② 설비계산서
③ 회사소개서 ④ 설계도면

> 실시설계 : 기본설계나 계획의 검토를 통해, 실제 설계에 필요한 자료의 수집이나, 설계지침, 도면, 계산서, 시방서, 예정 공정표, 공사내역서 및 공사비, 견적 등을 작성하는 것을 말한다. 성과물로는 설계도면, 시방서, 공사비적산서, 각종계산서, 기타 협의 기록 등으로 이루어진다.
>
> [정답] ③

05. 다음 정보통신공사 중 하자담보책임기간이 다른 하나는?

① 철탑공사 ② 교환기설치공사
③ 개착식 통신구공사 ④ 위성통신설비공사

> 하자담보기간
>
> | 공사종류 | 기간 |
> |---|---|
> | 터널식 또는 개착식 통신구 | 5년 |
> | 전기통신설비 중 케이블공사, 관로공사, 철탑공사, 교환기공사, 전송설비공사, 위성통신공사 등 | 3년 |
>
> [정답] ③

06. 다음 중 공사 도급의 정의를 가장 바르게 설명한 것은?

① 발주자가 의뢰한 공사의 설계도서를 작성하고 이에 따라 공사의 공정을 기획 작성
② 공사업자가 공사를 완공할 것을 약정하고, 발주자가 그 일의 결과에 대하여 대가를 지급할 것을 약정하는 계약
③ 용역업자가 공사의 시방서를 작성하고 이에 따라 공사기자재를 준비
④ 공사업자가 용역업자의 설계도서와 공사시방서에 따라 공사를 시공

> 정보통신공사업법
> "도급"이란 원도급(原都給), 하도급, 위탁, 그 밖에 명칭이 무엇이든 공사를 완공할 것을 약정하고, 발주자가 그 일의 결과에 대하여 대가를 지급할 것을 약정하는 계약을 말한다.
>
> [정답] ②

07. 원도급, 하도급, 위탁 그 밖에 명칭이 무엇이든 공사를 완공할 것을 약정하고, 발주자가 그일의 결과에 대하여 대가를 지급할 것을 약정하는 계약을 무엇이라 하는가?

① 수급 ② 도급
③ 용역 ④ 감리

> 정보통신공사업법
> "도급"이란 원도급(原都給), 하도급, 위탁, 그 밖에 명칭이 무엇이든 공사를 완공할 것을 약정하고, 발주자가 그 일의 결과에 대하여 대가를 지급할 것을 약정하는 계약을 말한다.
>
> [정답] ②

08. 다음 중 정보통신공사업법에서 규정하는 '하도급'에 대한 설명으로 옳은 것은?

① 도급받은 공사의 전부에 대하여 수급인이 제3자와 체결하는 계약을 말한다.
② 도급받은 공사의 일부에 대하여 하도급인이 제3자와 체결하는 계약을 말한다.
③ 도급받은 공사의 일부에 대하여 수급인이 제3자와 체결하는 계약을 말한다.
④ 도급받은 공사의 전부에 대하여 하도급인이 제3자와 체결하는 계약을 말한다.

> 정보통신공사업법
> "하도급"이란 도급받은 공사의 일부에 대하여 수급인이 제3자와 체결하는 계약을 말한다.
>
> [정답] ③

09. 다음 문장의 괄호 안에 들어갈 알맞은 것은?

> 정보통신공사업자는 도급받은 공사의 100분의 ( )을 초과하여 다른 공사업자에게 하도급을 하여서는 아니 된다.

① 20 ② 30
③ 50 ④ 60

> 정보통신공사업법 제31조(하도급의 제한 등)
> 공사업자는 도급받은 공사의 100분의 50을 초과하여 다른 공사업자에게 하도급을 하여서는 아니된다.
>
> [정답] ③

10. 다음 중 정보통신공사업법령에 의한 '용역'의 역무에 해당하지 않는 것은?

① 설계업무 ② 시공업무
③ 감리업무 ④ 유지관리업무

> 정보통신공사업법
> "용역"이란 다른 사람의 위탁을 받아 공사에 관한 조사, 설계, 감리, 사업관리 및 유지관리 등의 역무를 하는 것을 말한다.
>
> [정답] ②

11

다음 중 정보통신공사를 발주하는 자가 용역업자에게 설계를 발주하지 않고 시행할 수 있는 경우에 해당하지 않는 것은?

① 새로운 설계도면 작성이 필요 없는 기존 설비 대체공사
② 통신구설비공사
③ 비상재해로 인한 긴급복구공사
④ 50회선 이하의 구내통신선로설비공사

> 정보통신공사업법 제2장 공사의 설계·감리
> 제6조(설계대상인 공사의 범위)
> 법 제7조에 따라 용역업자에게 설계를 발주하여야 하는 공사는 다음 각 호의 어느 하나에 해당하는 공사를 제외한 공사로 한다.
> [설계제외대상 공사]
> 1. 제4조에 따른 경미한 공사
> 2. 천재·지변 또는 비상재해로 인한 긴급복구공사 및 그 부대공사
> 3. 별표 1에 따른 통신구설비공사
> 4. 기존 설비를 대·개체하는 공사로서 설계도면의 새로운 작성이 불필요한 공사
>
> [정답] ④

12

정보통신공사업법에서 정하는 용어의 정의로 옳지 않은 것은?

① '정보통신설비'란 유선, 무선, 광선, 그 밖의 전자적 방식으로 정보를 저장·제어·처리하거나 송수신하기 위한 설비를 말한다.
② '설계'란 공사에 관한 계획서, 설계도면, 시방서(示方書), 공사비명세서, 기술 계산서 및 이와 관련된 서류를 작성하는 행위를 말한다.
③ '용역'이란 다른 사람의 위탁을 받아 공사에 관한 조사, 설계, 감리, 사업관리 및 유지관리 등의 역무를 하는 것을 말한다.
④ '감리'란 품질관리·시공관리에 대한 지도 등에 관한 시공자의 권한을 대행하는 것을 말한다.

> 정보통신공사업법 제1장 제2조
> "감리"란 공사(「건축사법」 제4조에 따른 건축물의 건축등은 제외한다)에 대하여 발주자의 위탁을 받은 용역업자가 설계도서 및 관련 규정의 내용대로 시공되는지를 감독하고, 품질관리·시공관리 및 안전관리에 대한 지도 등에 관한 발주자의 권한을 대행하는 것을 말한다.
>
> [정답] ④

13

다음 문장의 괄호 안에 들어갈 내용으로 옳지 않은 것은?

> 감리란 공사에 대하여 발주자의 위탁을 받은 용역업자가 설계도서 및 관련 규정의 내용대로 시공되는지를 감독하고, ( )·( ) 및 ( )에 대한 지도 등에 관한 발주자의 권한을 대행하는 것을 말한다.

① 품질관리
② 시공관리
③ 사후관리
④ 안전관리

> 감리란, 발주자의 위탁을 받은 용역업자가 설계도서 및 관련규정의 내용대로 시공되는지를 감독하고 품질관리, 시공관리, 안전관리에 대한 지도 등에 관한 발주자의 권한을 대행하는 것이다.
>
> [정답] ③

14

다음 중 정보통신공사의 설계 및 감리에 관한 설명으로 옳지 않은 것은?

① 감리원은 설계도서 및 관련 규정에 적합하게 공사를 감리해야 한다.
② 설계도서를 작성한 자는 그 설계도서에 서명 또는 기명날인하여야 한다.
③ 발주자는 용역업자에게 공사의 설계를 발주하고 소속 기술자만으로 감리업무를 수행하게 해야 한다.
④ 공사를 설계하는 자는 기술기준에 적합하게 설계해야 한다.

> 발주자는 용역업자에게 공사의 설계를 발주하고(정보통신공사업법 설계대상인 공사의 범위) 소속 기술자만으로 감리를 할 수 있는 범위는 감리대상의 예외사항에 대해서만 가능하다.
>
> [정답] ③

15

다음 중 정보통신 감리에 대한 설명으로 옳지 않은 것은?

① 발주자는 용역업자에게 공사의 감리를 발주하여야 한다.
② 감리는 품질관리, 시공관리 및 안전관리 지도 등에 관한 발주자의 권한을 대행한다.
③ 감리원은 고용노동부장관의 인정을 받은 사람을 말한다.
④ 감리원은 설계도서 및 관련 규정의 내용대로 시공되는지를 감독한다.

> [정답] ③

16. 다음 중 감리원이 공사업자가 설계도서 및 관련 규정의 내용에 적합하지 아니하게 공사를 시공하는 경우 취할 수 있는 조치는 무엇인가?

① 하도급인과 협의하여 설계변경 명령을 할 수 있다.
② 발주자의 동의를 얻어 공사중지 명령을 할 수 있다.
③ 수급인에게 보고하고 공사업자를 교체할 수 있다
④ 한국정보통신공사협회에 신고하고 공사업자에 과태료를 부과한다.

> 정보통신공사업법 제1장 제9조(감리원의 공사중지명령 등)
> 감리원은 공사업자가 설계도서 및 관련 규정의 내용에 적합하지 아니하게 해당 공사를 시공하는 경우에는 발주자의 동의를 받아 재시공 또는 공사중지명령이나 그 밖에 필요한 조치를 할 수 있다.
>
> [정답] ②

17. 정보통신공사에서 공사와 감리를 함께 할 수 없도록 되어 있는 경우가 아닌 것은?

① 공사업자와 감리용역업자가 동일인인 경우
② 공사업자와 감리용역업자가 모회사와 자회사의 관계에 있는 경우
③ 공사업자와 감리용역업자가 서로 해당 법인의 임직원의 관계인 경우
④ 공사업자와 감리용역업자가 모두 한국정보통신공사협회에 가입되어 있는 경우

> 정보통신공사업법 제1장 총칙
> 제12조(공사업자의 감리 제한)
> 공사업자와 용역업자가 동일인이거나 다음 각 호의 어느 하나의 관계에 해당되면 해당 공사에 관하여 공사와 감리를 함께 할 수 없다.
> 1. 대통령령으로 정하는 모회사(母會社)와 자회사(子會社)의 관계인 경우
> 2. 법인과 그 법인의 임직원의 관계인 경우
> 3. 「민법」제777조에 따른 친족관계인 경우
>
> [정답] ④

18. 다음 중 감리원이 감리결과를 보고하는 방법으로 옳은 것은?

① 발주자에게 이동전화로 구두 보고
② 서면으로 작성하여 우편으로 제출
③ 발주자와 대면하여 구두로 보고
④ 발주자에게 이메일로 제출

> 정보통신공사업법 제11조(감리결과의 통보)의 제8조 제1항에 따라 공사의 감리를 발주받은 용역업자는 공사에 대한 감리를 끝냈을 때에는 대통령령으로 정하는 바에 따라 그 감리 결과를 발주자에게 서면으로 알려야 한다.
>
> [정답] ②

19. 다음 중 감리원이 공사업자가 설계도서 및 관련 규정의 내용에 적합하지 아니하게 공사를 시공하는 경우 취할 수 있는 조치는 무엇인가?

① 하도급인과 협의하여 설계변경 명령을 할 수 있다.
② 발주자의 동의를 얻어 공사중지 명령을 할 수 있다.
③ 수급인에게 보고하고 공사업자를 교체할 수 있다.
④ 한국정보통신공사협회에 신고하고 공사업자에 과태료를 부과한다.

> 정보통신공사업법 제1장 제9조(감리원의 공사중지명령 등)
> 감리원은 공사업자가 설계도서 및 관련 규정의 내용에 적합하지 아니하게 해당 공사를 시공하는 경우에는 발주자의 동의를 받아 재시공 또는 공사중지명령이나 그 밖에 필요한 조치를 할 수 있다.
>
> [정답] ②

20. 다음 중 총 공사금액에 따른 감리원 배치기준으로 옳지 않은 것은?

① 30억원 이상 70억원 : 고급감리원 이상의 감리원
② 70억원 이상 100억원 : 특급감리원
③ 5억원 미만 : 중급감리원 이상의 감리원
④ 100억원 이상 : 기술사

감리원 배치기준

총 공사금액 100억원 이상 공사	기술사
총 공사금액 70억원 이상 100억원 미만인 공사	특급감리원
총 공사금액 30억원 이상 70억원 미만인 공사	고급감리원 이상의 감리원
총 공사금액 5억원 이상 30억원 미만인 공사	중급감리원 이상의 감리원
총 공사금액 5억원 미만의 공사	초급감리원 이상의 감리원

[정답] ③

21 공사 발주자가 감리원에 대해 취할 수 있는 시정조치에 해당하는 것은?

① 시정지시
② 감리원의 업무정지
③ 감리원의 감봉조치
④ 감리원의 철수요구

> 정보통신공사업법 제10조 (감리원에 대한 시정조치)
> 발주자는 감리원이 업무를 성실하게 수행하지 아니하여 공사가 부실하게 될 우려가 있을 때에는 대통령령으로 정하는 바에 따라 그 감리원에 대하여 시정지시 등 필요한 조치를 할 수 있다.
>
> [정답] ①

22 다음 중 정보통신공사의 설계 및 시공에 관한 설명으로 틀린 것은?

① 공사를 설계하는 자는 기술기준에 적합하도록 설계하여야 한다.
② 설계도서를 작성하는 자는 그 설계도서에 서명 또는 기명날인하여야 한다.
③ 감리원은 설계도서 및 관련 규정에 적합하도록 공사를 감리하여야 한다.
④ 감리업체는 그가 감리한 공사의 준공설계도서를 준공 후 5년간 보관하여야 한다.

> 정보통신공사업법
> ① 공사를 설계하는 자는 대통령령으로 정하는 기술기준에 적합하게 설계하여야 한다.
> ② 감리원은 설계도서 및 관련 규정에 적합하게 공사를 감리하여야 한다.
> ③ 설계도서를 작성한 자는 그 설계도서에 서명 또는 기명날인하여야 한다.
> ④ 공사를 감리한 감리업체는 그가 감리한 공사의 준공 설계도서를 하자담보 책임기간이 종료될 때까지 보관해야 한다.
>
> [정답] ④

23 다음 중 정보통신공사업법에서 규정한 정보통신설비의 설치 및 유지·보수에 관한 공사와 이에 따른 부대공사가 아닌 것은?

① 수전설비를 포함한 정보통신전용 전기시설설비공사 등 그 밖의 설비공사
② 전기통신관계법령 및 전파관계법령에 의한 통신설비공사
③ 정보통신관계법령에 의하여 정보통신설비를 이용하여 정보를 제어·저장 및 처리하는 정보설비공사
④ 방송법 등 방송관계법령에 의한 방송설비공사

> 정보통신공사업법시행령 제1장 총칙 제2조(공사의 범위)
> 1. 전기통신관계법령 및 전파관계법령에 따른 통신설비공사
> 2. 「방송법」 등 방송관계법령에 따른 방송설비공사
> 3. 정보통신관계법령에 따라 정보통신설비를 이용하여 정보를 제어·저장 및 처리하는 정보설비공사
> 4. 수전설비를 제외한 정보통신전용 전기시설설비공사 등 그 밖의 설비공사
> 5. 제1호부터 제4호까지의 규정에 따른 공사의 부대공사
> 6. 제1호부터 제5호까지의 규정에 따른 공사의 유지·보수공사
>
> [정답] ①

24 다음 중 구내통신선로설비의 설치 및 철거 방법으로 잘못된 것은?

① 구내에 5회선 이상의 국선을 인입하는 경우 옥외회선은 지하로 인입한다.
② 사업자는 이용약관에 따라 체결된 서비스 이용계약이 해지된 경우에는 설치된 옥외회선을 철거하여야 한다.
③ 배관시설은 설치된 후 배선의 교체 및 증설시공이 쉽게 이루어 질 수 있는 구조로 설치하여야 한다.
④ 인입맨홀·핸드홀 또는 인입주까지 지하인입배관을 설치한 경우에는 지하로 인입하지 않아도 된다.

> 정보통신공사업법 제4장 구내통신설비 설치방법 제 26조
> 건축주가 5회선 미만의 국선을 지하로 인입시키기 위해 사업자가 이용하는 인입맨홀·핸드홀 또는 인입주까지 지하배관을 설치하는 경우에는 별표2의 1 표준도에 준하여 설치하여야 한다.
>
> [정답] ④

25 다음 중 구내통신선로설비의 설치 및 철거 방법으로 잘못된 것은?

① 구내에 5회선 이상의 국선을 인입하는 경우 옥외회선은 지하로 인입한다.
② 사업자는 이용약관에 따라 체결된 서비스 이용계약이 해지된 경우에는 설치된 옥외회선을 철거하여야 한다.
③ 배관시설은 설치된 후 배선의 교체 및 증설시공이 쉽게 이루어질 수 있는 구조로 설치하여야 한다.
④ 인입맨홀·핸드홀 또는 인입주까지 지하인입배관을 설치한 경우에는 지하로 인입하지 않아도 된다.

> 방송통신설비의 기술기준에 관한 규정 제18조
> (설치 및 철거방법)
> 인입맨홀 핸드홀 또는 인입주까지 지하인입 배관을 설치한 경우에는 지하로 인입하여야 한다.
>
> [정답] ④

26. 다음 중 옥내에 설치하는 닥트의 요건으로 옳지 않은 것은?

① 유지보수를 위한 충분한 공간 확보
② 선로 받침대를 60[cm] 내지 150[cm]의 간격으로 설치
③ 닥트 내부에는 누전위험이 있으므로 전기콘센트 미설치
④ 수직으로 설치된 닥트는 작업을 용이하게 할 수 있는 디딤대 설치

옥내에 설치하는 닥트 요건
① 선로를 용이하게 수용할 수 있는 구조와 충분한 유지보수 공간
② 수직 닥트는 디딤대 설치
③ 60cm ~ 150cm 간격의 선로 받침대 설치
④ 닥트 내부에 작업용 조명 또는 콘센트 설치 (바닥닥트 제외)
[정답] ③

27. 일반적으로 도로상에 설치되는 가공통신선의 높이는 노면으로부터 얼마 이상으로 설치하는가?

① 2[m]　　② 3[m]
③ 4.5[m]　　④ 6.5[m]

정보통신공사업법 제3장 선로설비 설치방법
제11조(가공통신선의 높이)
설치장소 여건에 따른 가공통신선의 높이는 다음 각호와 같다. 도로상에 설치되는 경우에는 노면으로부터 4.5m이상으로 한다. 다만, 교통에 지장을 줄 우려가 없고 시공상 불가피할 경우 보도와 차도의 구별이 있는 도로의 보도상에서는 3m이상으로 한다.
[정답] ③

28. 다음 중 보호기와 금속으로 된 주배선반, 지지물, 단자함 등이 사람 또는 방송통신설비에 피해를 줄 우려가 있을 때에 하는 시설은?

① 보안 시설　　② 통전 시설
③ 절연 시설　　④ 접지 시설

접지의 목적은 전자기적 충격으로부터 인체의 안전성 확보와 전기전자, 통신설비와 같은 대상 설비를 보호하고 그 기능을 향상시켜서 안정적인 운용을 달성하고자 하는 것이다.
[정답] ④

29. 다음 중 정보통신공사업에 종사하는 정보통신기술자에 관한 설명으로 옳지 않은 것은?

① 정보통신기술자는 동시에 두 곳 이상의 공사업체에 종사할 수 없다.
② 동일한 종류의 공사인 경우 1명의 정보통신기술자가 다수의 공사를 관리할 수 있다.
③ 정보통신기술자는 자기의 경력수첩이나 기술자격증을 대여하여서는 아니된다.
④ 정보통신기술자는 타인에게 자기의 성명을 사용하여 용역 또는 공사를 하게 하여서는 아니 된다.

정보통신공사업법
제40조(정보통신기술자의 겸직 등의 금지)
① 정보통신기술자는 동시에 두 곳 이상의 공사업체에 종사할 수 없다.
② 정보통신기술자는 다른 사람에게 자기의 성명을 사용하여 용역 또는 공사를 하게 하거나 경력수첩을 빌려 주어서는 아니 된다.
[정답] ②

30. 다음 중 정보통신기술자의 배치에 대한 설명으로 옳지 않은 것은?

① 공사업자는 공사의 시공관리와 그 밖의 기술상의 관리를 하기 위해 공사현장에 정보통신기술자를 1명 이상 배치해야 한다.
② 공사현장에 배치된 정보통신기술자는 공사 발주자의 승낙을 받지 아니하고는 정당한 사유 없이 그 공사현장을 이탈할 수 없다.
③ 공사업자는 공사가 중단된 기간이라도 정보통신기술자를 공사현장에 상주하게 하여 공사관리를 해야 한다.
④ 공사 발주자는 배치된 정보통신기술자가 업무수행능력이 현저히 부족하다고 인정되는 경우에는 교체를 요청할 수 있다.

정보통신공사업법 제33조(정보통신기술자의 배치)
① 공사업자는 공사의 시공관리와 그 밖의 기술상의 관리를 하기 위하여 대통령령으로 정하는 바에 따라 공사 현장에 정보통신기술자 1명 이상을 배치하고, 이를 그 공사의 발주자에게 알려야 한다.
② 제1항에 따라 배치된 정보통신기술자는 해당 공사의 발주자의 승낙을 받지 아니하고는 정당한 사유 없이 그 공사 현장을 이탈하여서는 아니 된다.
③ 발주자는 제1항에 따라 배치된 정보통신기술자가 업무수행의 능력이 현저히 부족하다고 인정되는 경우에는 수급인에게 정보통신기술자의 교체를 요청할 수 있다. 이 경우 수급인은 정당한 사유가 없으면 이에 따라야 한다.
[정답] ③

31 다음 중 정보통신공사업법령에서 규정한 정보통신기술자의 인정을 취소할 수 있는 경우는?

① 동시에 두 곳 이상의 공사업체에 종사한 경우
② 타인에게 자기의 성명을 사용하여 공사를 수행하게 한 경우
③ 해당 국가기술자격이 취소된 경우
④ 다른 사람에게 자기의 경력수첩을 대여해준 경우

> ①, ②, ④는 업무정지에 해당된다.
> 제68조의2 (정보통신기술자의 인정취소)
> 방송통신위원회는 다음에 해당하는 자에 대하여는 정보통신기술자의 인정을 취소하여야 한다.
> ① 거짓 그 밖의 부정한 방법으로 정보통신 기술자의 자격을 인정받은 자
> ② 해당 국가기술자격이 취소된 자
>
> [정답] ③

④ 국가정보화 기본법

01 다음 중 정부가 정보통신 표준화를 추진하는 목적으로 옳지 않은 것은?

① 정보통신의 효율적인 운영
② 정보통신 기술인력의 양성
③ 정보의 공동활용을 촉진
④ 정보통신의 호환성 확보

> 정부가 정보통신 기술인력을 양성하기 위해 표준화를 추진한다고 보기 어렵다.
> [정답] ②

02 방송통신발전기본법에서 규정한 '방송통신 표준화'의 목적이 아닌 것은?

① 방송통신의 건전한 발전을 위하여
② 방송통신기자재 생산업자의 편의를 도모하기 위하여
③ 방송시청자의 편의를 도모하기 위하여
④ 방송이용자의 편의를 도모하기 위하여

> 제1조(목적)
> 방송과 통신이 융합되는 새로운 커뮤니케이션 환경에 대응하여 방송통신의 공익성·공공성을 보장하고, 방송통신의 진흥 및 방송통신의 기술기준·재난관리 등에 관한 사항을 정함으로써 공공복리의 증진과 방송통신 발전에 이바지함을 목적으로 한다.
> [정답] ②

03 과학기술정보통신부장관이 정보통신 서비스 제공자에게 정보통신서비스 제공에 사용되는 정보통신망의 안정성 및 정보의 신뢰성을 확보하기 위한 보호조치의 구체적인 내용을 정하여 고시하는 것을 무엇이라 하는가?

① 정보보호지침
② 정보의 신뢰성 기준
③ 정보통신망 안정기준
④ 정보통신서비스 준칙

> 정보보호조치에 관한 지침
> 제1조(목적) 이 지침은 「정보통신서비스 제공자가 정보통신서비스를 제공하는데 사용되는 정보통신망의 안정성 및 정보의 신뢰성을 확보하기 위한 보호조치의 구체적인 내용에 대하여 정하는 것을 목적으로 한다.
> [정답] ①

04
전기통신설비를 이용하거나 전기통신설비와 컴퓨터 및 컴퓨터의 이용기술을 활용하여 정보를 수집, 가공, 저장, 검색, 송신 또는 수신하는 정보통신체제는 무엇인가?

① 부가통신망　　② 전기통신망
③ 정보통신망　　④ 전자통신망

> "정보통신망"이란 「전기통신기본법」 제2조제2호에 따른 전기통신설비를 이용하거나 전기통신설비와 컴퓨터 및 컴퓨터의 이용기술을 활용하여 정보를 수집, 가공, 저장, 검색, 송신 또는 수신하는 정보통신체제를 말한다.
>
> [정답] ③

05
다음 중 전기통신설비를 이용하여 타인의 통신을 매개하거나 전기통신 설비를 타인의 통신용으로 제공하는 것을 무엇이라 하는가?

① 정보통신서비스　　② 전기통신서비스
③ 전기통신역무　　　④ 정보통신역무

> "정보통신서비스 제공자"란 「전기통신사업법」 제2조제8호에 따른 전기통신사업자와 영리를 목적으로 전기통신사업자의 전기통신역무를 이용하여 정보를 제공하거나 정보의 제공을 매개하는 자를 말한다.
>
> [정답] ③

06
다음 중 '광대역 통합정보 통신기반'의 용어 정의로 알맞은 것은?

① 통신·방송·인터넷이 융합된 멀티미디어 서비스를 언제 어디서나 고속·대용량으로 이용할 수 있는 정보통신망을 말한다.
② 실시간으로 동영상 정보를 주고받을 수 있는 고속·대용량의 종합정보통신망과 이와 관련된 기술 및 서비스 내용 등을 말한다.
③ 광대역 통합정보 통신망과 이에 접속되어 이용되는 정보통신기기·소프트웨어 및 데이터베이스 등을 말한다.
④ 모든 정보통신망을 이용하여 정보를 생산, 유통, 활용의 효율화를 도모하기 위한 모든 종류의 자료와 지식, 활동 등을 말한다.

> "광대역통합정보통신기반"이란 광대역통합정보통신망과 이에 접속되어 이용되는 정보통신기기·소프트웨어 및 데이터베이스 등을 말한다.
>
> [정답] ③

07
다른 인터넷 멀티미디어 방송 제공사업자가 사용 중인 자기 보유설비의 제공을 중단하거나 제한할 수 있는 정당한 사유가 아닌 것은?

① 손실 또는 장애는 없으나 기술적 방식의 차이가 있는 경우
② 해킹, 컴퓨터 바이러스 등으로 인한 기술적 장애가 있는 경우
③ 사업의 휴지 또는 폐지
④ 천재지변으로 정상적인 운영이 어려운 경우

> 인터넷멀티미디어 사업법의 제공중단 사유
> ① 해킹, 컴퓨터 바이러스 등으로 인한 기술적 장애
> ② 사업의 휴지 또는 폐지
> ③ 천재지변으로 정상적인 운영이 어려운 경우
>
> [정답] ①

08
다음 중 공동주택 홈네트워크를 설치하는 경우 갖추어야 할 홈 네트워크장비에 해당하지 않는 것은?

① 집중구내통신실
② 단기네트워크장비
③ 폐쇄회로텔레비전장비
④ 홈게이트웨이

> 집중구내통신실
> 업무용건축물에는 국선·국선단자함 또는 국선배선반과 초고속통신망장비, 이동통신망장비 등 각종 구내통신선로설비를 설치하기 위한 공간(이하 "집중구내통신실"이라 한다).
> 지능형 홈네트워크 설비 설치 및 기술기준
> 1. "홈네트워크망"이란 홈네트워크 설비를 연결하는 것을 말하며 다음 각 목으로 구분한다.
>   ① 단지망 : 집중구내통신실에서 세대까지를 연결하는 망
>   ② 세대망 : 전유부분(각 세대내)을 연결하는 망
> 2. "홈게이트웨이(홈서버를 포함한다. 이하 같다)"란 세대망과 단지망을 상호 접속하는 장치로서, 세대내에서 사용되는 홈네트워크 기기들을 유선 네트워크 기반으로 연결하고 홈네트워크 서비스를 제공하는 기기를 말한다.
> 3. "월패드"란 세대 내의 홈네트워크 시스템을 제어할 수 있는 기기를 말한다
>
> [정답] ①

09 [18/10]

다음 중 방송통신을 통한 국민의 복리 향상과 방송통신의 원활한 발전을 위하여 수립하고 공고하는 방송통신기본계획에 포함되는 사항이 아닌 것은?

① 방송통신서비스에 관한 사항
② 방송정보통신공사업의 연구에 관한 사항
③ 방송통신콘텐츠에 관한 사항
④ 방송통신기술의 진흥에 관한 사항

국가정보화기본법 방송통신발전기본법 제2장 제8조
[기본계획 포함 사항]
1. 방송통신서비스에 관한 사항
2. 방송통신콘텐츠에 관한 사항
3. 방송통신설비 및 방송통신에 이용되는 유·무선 망에 관한 사항
4. 방송통신광고에 관한 사항
5. 방송통신기술의 진흥에 관한 사항
6. 방송통신의 보편적 서비스 제공 및 공공성 확보에 관한 사항
7. 방송통신의 남북협력 및 국제협력에 관한 사항
8. 그 밖에 방송통신에 관한 기본적인 사항

[정답] ②

10 [18/10]

방송통신재난을 신속히 수습·복구하기 위한 방송통신재난관리기본 계획을 수립하는 곳은?

① 한국통신(KT) ② 방송통신위원회
③ 소방청 ④ 행정안전부

국가정보화기본법 제6장 방송통신재난의 관리
과학기술정보통신부장관 또는 방송통신위원회는 법 제36조 제1항에 따라 매년 5월 31일까지 다음 연도의 방송통신재난관리기본계획의 수립지침을 작성하여 주요방송통신사업자에게 통보하여야 한다.

[정답] ②

11 [16/6]

다음 중 방송통신재난관리 기본계획에 포함되는 사항이 아닌 것은?

① 방송통신재난의 예방을 위하여 계속적으로 관리할 필요가 있는 방송통신설비와 그 설치 지역 등의 지정 및 관리에 관한 사항
② 국민의 생명과 재산 보호를 위한 신속한 재난방송 실시에 관한 사항
③ 방송통신재난에 대비하기 위하여 방송통신설비의 연계 운용을 위한 정보체계의 구성에 관한 사항
④ 재난관리에 관한 기본약관 승인에 관한 사항

방송통신재난관리 기본계획
① 우회 방송통신 경로의 확보
② 방송통신설비의 연계 운용을 위한 정보체계의 구성
③ 피해복구 물자의 확보

[정답] ④

12 [18/6]

다음 중 방송통신의 원활한 발전을 위하여 새로운 방송통신 방식을 채택할 수 있는 기관은?

① 한국정보통신기술협회
② 국립전파연구원
③ 과학기술정보통신부
④ 한국정보화진흥원

방송통신발전기본법 제17조(방송통신에 관한 기술정보의 관리)
과학기술정보통신부장관은 방송통신의 원활한 발전을 위하여 방송통신에 관한 새로운 기술을 예고할 수 있다

[정답] ③

13 [16/3, 18/10]

다음 중 과학기술정보통신부장관이 소속 공무원으로 하여금 방송통신설비를 설치·운영하는 자의 설비를 조사하거나 시험하게 할 수 있는 경우가 아닌 것은?

① 방송통신설비 관련 시책을 수립하기 위한 경우
② 국가 비상사태에 대비하기 위한 경우
③ 재난 재해 예방을 위한 경우
④ 설치한 목적에 반하여 운용한 경우

제28조 (기술기준)
과학기술정보통신부장관은 방송통신설비가 기술기준에 적합하게 설치·운영되는지를 확인하기 위하여 다음 각 호의 어느 하나에 해당하는 경우에는 소속 공무원으로 하여금 방송통신설비를 설치·운영하는 자의 설비를 조사하거나 시험하게 할 수 있다.
① 방송통신설비 관련 시책을 수립하기 위한 경우
② 국가비상사태에 대비하기 위한 경우
③ 재해·재난 예방을 위한 경우 및 재해·재난이 발생한 경우
④ 방송통신설비의 이상으로 광범위한 방송통신 장애가 발생할 우려가 있는 경우

[정답] ④

14 방송통신설비의 제거명령을 위반한 자에 대한 벌칙규정은?

① 1년 이하의 징역 또는 1천만원 이하의 벌금에 처한다.
② 2년 이하의 징역 또는 2천만원 이하의 벌금에 처한다.
③ 3년 이하의 징역 또는 3천만원 이하의 벌금에 처한다.
④ 5년 이하의 징역 또는 5천만원 이하의 벌금에 처한다.

국가정보화기본법 제8장 벌칙
방송통신설비의 제거명령을 위반한 자는 1년 이하의 징역 또는 1천만원 이하의 벌금에 처한다

[정답] ①

15 다음 중 과학기술정보통신부장관이 소속 공무원으로 하여금 방송통신 설비를 설치·운영하는 자의 설비를 조사하거나 시험하게 할 수 있는 경우가 아닌 것은?

① 유지·보수중인 방송통신설비인 경우
② 국가비상사태에 대비하기 위한 경우
③ 재해·재난 예방을 위한 경우 및 재해·재난 발생한 경우
④ 방송통신설비 관련 시책을 수립하기 위한 경우

제28조 (기술기준)
과학기술정보통신부장관은 방송통신설비가 기술기준에 적합하게 설치·운영되는지를 확인하기 위하여 다음 각 호의 어느 하나에 해당하는 경우에는 소속 공무원으로 하여금 방송통신설비를 설치·운영하는 자의 설비를 조사하거나 시험하게 할 수 있다.
① 방송통신설비 관련 시책을 수립하기 위한 경우
② 국가비상사태에 대비하기 위한 경우
③ 재해·재난 예방을 위한 경우 및 재해·재난이 발생한 경우
④ 방송통신설비의 이상으로 광범위한 방송통신 장애가 발생할 우려가 있는 경우

[정답] ①

6 최근년도 기출문제풀이

1. 2019년 1회 ··········
2. 2019년 2회 ··········
3. 2019년 4회 ··········
4. 2020년 1회 ··········
5. 2020년 2회 ··········
6. 2020년 4회 ··········

.... 270
.... 284
.... 300
.... 318
.... 332
.... 346

정보통신산업기사 필기
영역별 기출문제풀이

① 2019년 1회

1 디지털 전자회로

01 전파 정류회로의 맥동률은 얼마인가?
① 약 0.482% ② 약 1.21%
③ 약 11.1%   ④ 약 48.2%

맥동률(Ripple Factor)
정류된 직류출력에 포함되어 있는 교류분의 정도이다

리플률 = $\dfrac{맥동신호의 실효전압}{출력신호의 평균전압} \times 100$

리플률 비교

반파정류	전파정류
리플률 : 1.21	리플률 : 0.482
효율 : 40.6[%]	효율 : 81.2[%]

[정답] ④

02 다음 중 직류 전원회로의 구성 순서로 옳은 것은?
① 정류회로 → 변압회로 → 평활회로 → 정전압회로
② 변압회로 → 정류회로 → 평활회로 → 정전압회로
③ 변압회로 → 평활회로 → 정류회로 → 정전압회로
④ 변압회로 → 정류회로 → 정전압회로 → 평활회로

직류 전원회로의 구성
① 정류회로 : 다이오드를 이용하여 교류를 직류로 변환
② 평활회로 : 변환된 직류 속에 포함된 교류 성분을 제거
③ 정전압 전원회로 : 일정한 직류전압 유지
∴ 직류 전원회로 : (전원)변압회로 → 정류회로 → 평활회로 → 정전압회로

[정답] ②

03 다음 중 정전압회로의 파라미터에 속하지 않는 것은?
① 전압안정계수(S_v)   ② 온도안정계수(S_t)
③ 출력저항(R_0)   ④ 최대제너전류(I_Z)

정전압 전원의 안정도를 나타내는 파라미터
① 전압 안정 계수

$S_v = \dfrac{\partial V_L}{\partial V_s} = \dfrac{\Delta V_L}{\Delta V_s}\bigg|_{\Delta V_L = \Delta T = 0}$

② 온도 안정 계수

$S_T = \dfrac{\partial V_L}{\partial T} = \dfrac{\Delta V_L}{\Delta T}\bigg|_{\Delta V_L = \Delta I_L = 0}$

③ 출력 저항

$R_o = \dfrac{\partial V_L}{\partial I_L} = \dfrac{\Delta V_L}{\Delta I_L}\bigg|_{\Delta V_s = \Delta T = 0}$

정전압 회로는 S_V, R_0, S_T 값이 적게 되도록 설계를 하는 것이 바람직하다.

[정답] ④

04 다음 중 2단 이상의 증폭기에서 잡음을 줄일 수 있는 가장 효과적인 방법은?
① 종단 증폭기의 이득은 첫단 증폭기에 비해 가능한 낮게 설계한다.
② 첫단 증폭기는 가능한 이득이 작은 증폭기로 구성한다.
③ 첫단 증폭기를 트랜지스터(쌍극성 트랜지스터) 증폭기로 구성한다.
④ 첫단 증폭기를 잡음지수(Noise Figure)가 낮은 증폭기로 구성한다.

수신기의 잡음지수(NF)는 수신기 초단 증폭기의 잡음지수가 수신기 전체잡음지수에 매우 큰 영향을 미친다.

$F = F_1 + \dfrac{F_2 - 1}{G_1} \fallingdotseq F_1$

[정답] ④

05 다음 회로에서 R_e의 값과 관계가 없는 것은?

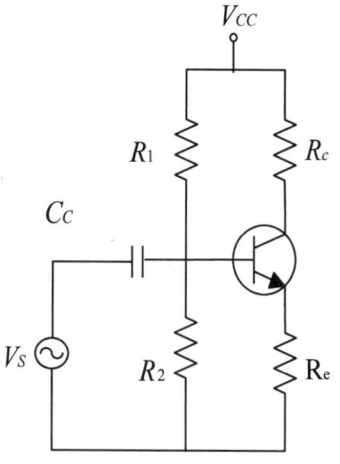

① R_e가 크면 클수록 입력 임피던스는 커진다.
② R_e가 크면 클수록 안정계수 S는 적어진다.
③ R_e가 크면 클수록 증폭된 컬렉터 전류는 적어진다.
④ R_e가 크면 클수록 전압 증폭도는 커진다.

이미터저항(R_e)을 갖는 CE 증폭기의 R_e가 클수록 다음의 결과를 얻는다.
① 입력 임피던스(R_i)가 커진다.
② 출력 임피던스(R_o)가 커진다.
③ 안정계수(S)가 1에 가까워진다.
④ 전압증폭도(A_v)는 감소한다.
⑤ 전류이득(A_i)은 그다지 변하지 않는다.

[정답] ④

06
다음 중 궤환증폭기의 특성에 관한 설명으로 틀린 것은?

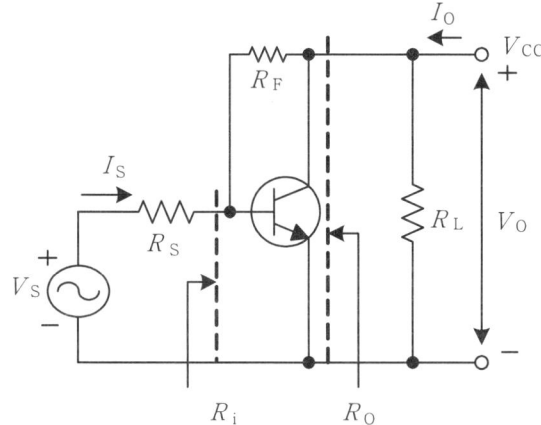

① 궤환으로 입력 임피던스 R_i는 감소한다.
② 궤환으로 출력 임피던스 R_0는 감소한다.
③ 궤환으로 전류이득 I_0/I_S는 감소한다.
④ R_F가 작을수록 출력전압 V_0는 커진다.

병렬전압 궤환증폭회로
① 병렬궤환 접속은 입력 임피던스를 감소시킨다.
② 전압궤환은 출력 임피던스를 감소시킨다.
③ CE 증폭기의 출력측과 입력측을 저항 R_F로 접속한 회로이다.
④ 동작점 Q를 안정화 시킨다.
⑤ 병렬전압 궤환회로의 궤환비, $\beta = \dfrac{I_{fb}}{V_o} = \dfrac{1}{R_F}$
∴ R_F와 V_o는 비례한다.

[정답] ④

07
전압궤환증폭기에서 무궤한 시 이득이 A, 궤환율이 β일 때 궤환 시 전압 이득은 $A_f = A/(1-\beta A)$이다. $\beta A = 1$인 경우 어떠한 회로로 동작한 것인가?
① 부궤환회로이다.
② 파형정형회로이다.
③ 발진회로이다.
④ 궤환회로도 아니고 발진회로도 아니다.

$A\beta = 1$은 바크하우젠의 발진조건으로 일정한 진폭의 교류 발진출력을 얻을 수 있다.

[정답] ③

08
수정 발진회로에서 수정 진동자의 전기적 직렬 공진 주파수를 f_s, 병렬 공진 주파수를 f_p라 할 때, 가장 안정된 발진을 하기 위한 조건은? (단, f_a는 발진 주파수이다.)
① $f_p < f_a < f_s$ ② $f_a = f_s$
③ $f_s < f_a < f_p$ ④ $f_a = f_p$

수정진동자가 발진 소자로 사용되는 이유는 유도성이 되는 범위, 즉 $f_s < f_a < f_p$인 주파수 범위가 좁아 수정발진기의 발진주파수가 매우 안정하기 때문이다.

[정답] ③

09
다음 중 클랩(Clapp)발진기의 설명으로 틀린 것은?
① 콜피츠 발진기를 변형한 것이다.
② 발진주파수가 안정하다.
③ 발진주파수 범위가 작다.
④ 발진출력이 크다.

클랩(Clap) 발진기

콜피츠 발진기를 개선한 형태로, C_3에 의해 발진주파수가 결정된다.
$f_o = \dfrac{1}{2\pi\sqrt{LC_3}}$ [Hz]

[정답] ④

10
다음의 회로에서 발진기 명칭과 C_3의 역할이 맞는 것은?

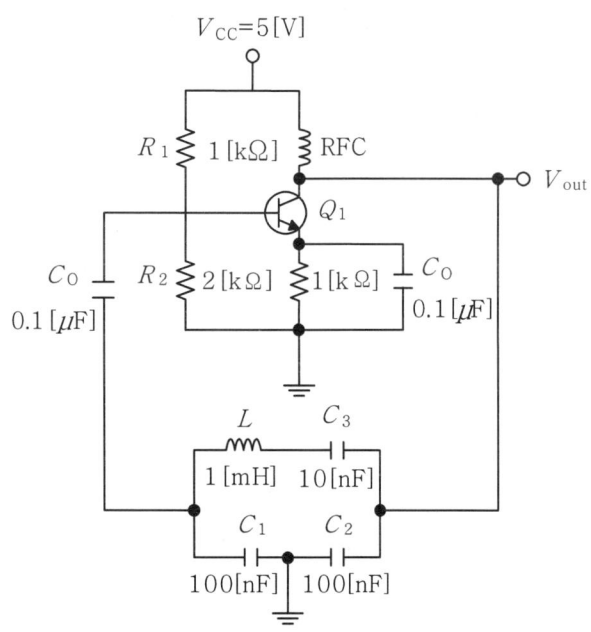

① 클랩 발진기, 발진 주파수 안정화
② 컬렉터 동조형 발진기, 발진 이득의 안정화
③ 콜피츠 발진기, 위상 안정화
④ 하틀리 발진기, 왜율 개선

> 클랩(Clap) 발진기는 콜피츠 발진회로 트랜지스터의 용량변화 등에 기인한 발진 주파수 변동을 방지하기 위하여 L과 직렬로 C_3를 배치한 발진 주파수 안정화 발진기이다
> [정답] ①

11
진폭변조 회로에서 피변조파 전력이 30[kW]이고 변조도가 100[%]라면 반송파 전력은 얼마인가?

① 10[kW]　② 20[kW]
③ 30[kW]　④ 40[kW]

> AM 피변조파 전력
> $P_m = P_C(1+\frac{m^2}{2})$
> $30[kW] = P_C(1+\frac{1^2}{2})[kW]$
> $\therefore P_c = 20[kW]$
> [정답] ②

12
다음 중 DSB-LC(DSB-TC) 변조 후에 발생되는 (피)변조신호를 구성하는 성분이 아닌 것은?

① 반송파　② USB
③ LSB　④ FSB

> AM 피변조전력의 구성
>
> | 반송파 전력 | 상측파 전력 (USB) | 하측파 전력 (LSB) |
> |---|---|---|
> | P_c | $(\frac{m^2}{4})P_c$ | $(\frac{m^2}{4})P_c$ |
>
> [정답] ④

13
다음 중 간접 FM 변조회로에서 변조용으로 사용되는 다이오드는?

① 가변용량 다이오드　② 터널 다이오드
③ 제너 다이오드　④ 쇼트키 다이오드

> 다이오드의 용도
> ① 리미터용 : 일반 다이오드, 제너 다이오드
> ② FM 변조용 : 가변용량 다이오드
> ③ 믹서용 : 쇼트키 다이오드
> [정답] ①

14
진폭변조(AM)에서 반송파 주파수(f_c)가 1,000[kHz]이고, 신호파 주파수(f_s)가 2[kHz]일 때 필요한 주파수대역폭(BW)은?

① 1[kHz]　② 4[kHz]
③ 1,000[kHz]　④ 4,000[kHz]

> $B_{AM} = 2f_m = 2 \times 2[kHz] = 4[kHz]$
> *신호파 주파수(f_s) = 변조 주파수(f_m)
> *참고 $B_{FM} = 2f_m(1+m_f)$
> [정답] ②

15
다음 중 멀티바이브레이터의 단안정회로와 쌍안정회로는 어떻게 결정되는가?

① 결합회로의 구성에 따라 결정된다.
② 출력전압의 부궤환율에 따라 결정된다.
③ 입력전류의 크기에 따라 결정된다.
④ 바이러스 전압 크기에 따라 결정된다.

멀티 바이브레이터(Multivibrator)
멀티 바이브레이터는 결합회로의 구성에 따라 다음 3가지로 구분된다.

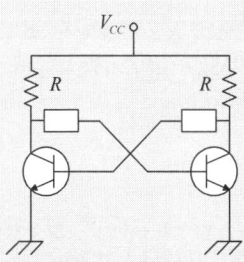

구분	결합소자	결합상태	안정
쌍안정 MV	R+R	DC적+DC적	2개
단안정 MV	R+C	DC적+AC적	1개
비안정 MV	C+C	AC적+AC적	없음

[정답] ①

16
다음 중 클리핑 레벨의 위 레벨과 아래 레벨 사이의 간격을 좁게 하여 입력파형의 특정 부분을 잘라내는 회로는?

① 클램핑 회로(Clamping Circuit)
② 슬라이서 회로(Slicer Circuit)
③ 적분 회로(Integral Circuit)
④ 클리핑 회로(Clipping Circuit)

슬라이서 회로(Slicer Circuit)는 위 레벨과 아래 레벨 사이의 간격을 좁게 하여 입력파형의 특정 부분을 잘라내는 회로이다.

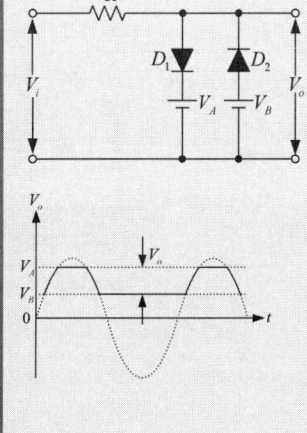

[정답] ②

17
다음 중 이진수 101011을 십진수로 표시한 것은?

① 37   ② 41
③ 43   ④ 45

가중치로 계산
$(101011)_2$
$= 32 \times 1 + 16 \times 0 + 8 \times 1 + 4 \times 0 + 2 \times 1 + 1 \times 1$
$= (43)_{10}$

[정답] ③

18
다음 회로에서 Y는 어떤 파형이 출력되는가? (단, 입력은 64[kHz]구형파이다.)

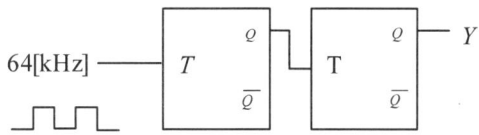

① 32[kHz] 구형파   ② 24[kHz] 구형파
③ 16[kHz] 구형파   ④ 8[kHz] 구형파

2개의 플립플롭을 사용했으므로 출력에는
$2^2 = 4$분주된 출력 주파수가 나온다.
$f = \dfrac{64[\text{KHz}]}{4} = 16[\text{KHz}]$

[정답] ③

19
다음 중 동기식 카운터와 가장 관계가 없는 것은?

① 리플 카운터라고도 한다.
② 동일 클록으로 동작한다.
③ 고속 카운팅에 적합하다.
④ 회로 설계 시 주의를 요한다.

동기식 카운터(counter)
① 병렬식 counter라고도 하며 각 플립플롭에 동시에 클록펄스가 인가되는 회로를 말한다.
② 각 플립플롭의 출력 단자로부터 계수할 때, 출력의 위상차가 거의 없어 일그러짐이 매우 적기 때문에 현재의 계산기에서 널리 사용되는 방식이다.
③ 여러 단이 동시에 동작되므로 고속으로 동작되는 회로에 널리 사용된다.

비동기식 카운터
① 리플 카운터라고도 하며, 전단의 플립플롭의 출력을 받아 순서대로 플립플롭이 동작되도록 연결되어 있다.
② 설계는 쉽지만 캐리타임이 문제가 되며, 동기식보다 동작 속도가 느리다.

[정답] ①

20 다음 중 마스터-슬레이브 플립플롭으로 해결할 수 있는 현상으로 알맞은 것은?
① Toggle 현상
② Race 현상
③ Storage 현상
④ Hogging 현상

마스터 슬레이브(Master/Slave)플립플롭은 2개의 RS 플립플롭이 직렬로 연결된 회로로서 출력은 클럭펄스가 0으로 복귀할 때까지는 변화되지 않는다. 이 회로는 클럭펄스가 1일 때 출력 상태가 변화되면 입력 측에 변화를 일으켜 오동작이 발생되는 현상 Race현상을 해결 할 수 있다.

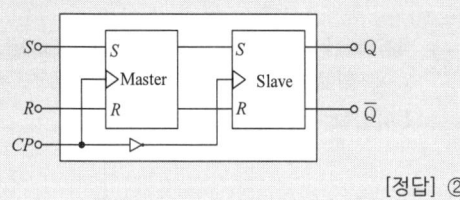

[정답] ②

2 정보통신 기기

21 컴퓨터 시스템의 처리결과를 데이터 또는 문자로 바꿔주는 장치는?
① 플로터
② OMR
③ OCR
④ 카드 리더

플로터는 상, 하, 좌, 우로 움직이는 펜을 이용하여 단순한 글자에서부터 복잡한 그림, 설계 도면까지 거의 모든 정보를 인쇄할 수 있는 출력 장치이다.

[정답] ①

22 데이터 통신시스템에서 범용 단말기로 사용되는 PC나 워크스테이션과 같은 데이터 통신 단말기의 기능으로 틀린 것은?
① 인간과의 인터페이스가 되는 입·출력되는 기능
② 통신회선을 거쳐서 컴퓨터와 통신하는 전송제어기능
③ 타 기종의 컴퓨터 액세스를 위하여 프로토콜을 변환하는 기능
④ 저장 장치를 갖추어 데이터를 축적하거나 간단한 처리를 하는 로컬 처리 기능

단말장치(DTE: Data Terminal Equipment)의 기능
① 입출력 기능 : 입력된 데이터를 컴퓨터가 처리할 수 있는 2진 신호의 형태로 변환하는 입력 기능과 처리된 데이터를 사용자가 인식할 수 있는 문자, 숫자, 화상의 형태로 변환하는 출력 기능 수행
② 전송제어 기능 : 입·출력 제어기능, 회선 제어기능(송·수신 제어, 오류제어), 회선 접속 기능 수행
③ 기억 기능: 입력된 데이터를 통신회선을 통해 전송하기 전에 그리고 출력된 데이터를 단말장치에 표시하기 전에 잠시 보관하는 기능 수행 등

[정답] ③

23 다음 중 VDSL 서비스 방식에서 가입자 댁내 장비는?
① 다중화장비(DSLAM)
② 네트워크접속장치(NAS)
③ EMS
④ 모뎀(Modem)

VDSL(very high-bit rate digital subscriber line)은 기존 전화선을 이용해 양방향 통신이 가능한 통신망으로, VDSL 시스템은 VDSL 모뎀을 통하여 가입자 단말과 연결된다.
* MODEM : 아날로그 회선에 정보를 변조해서 전송하는 장비

[정답] ④

24 다음 중 DSU와 MODEM에 대한 설명으로 옳지 않은 것은?
① MODEM은 DTE와 아날로그 회선망을 접속한다.
② MODEM 간의 신호 전송형태는 디지털이다.
③ DSU는 DTE와 디지털 회선망을 접속한다.
④ DSU는 DTE로부터 단극성 펄스를 복극성 펄스로 변환한다.

DSU는 디지털데이터를 디지털신호로 변환하거나 디지털신호를 디지털데이터로 변환하는 기능이 있다.
MODEM은 디지털 데이터를 아날로그 신호로 변환하거나, 아날로그 신호를 디지털데이터로 변환하는 기능이다.

신호변환장치	통신회선형태	신호변환
전화	아날로그 회선	아날로그 데이터 ↔ 아날로그 신호
MODEM	아날로그 회선	디지털 데이터 ↔ 아날로그 신호
CODEC	디지털 회선	아날로그 데이터 ↔ 디지털 신호
DSU	디지털 회선	디지털데이터 ↔ 디지털 신호

[정답] ②

25
입력 장비가 3개인 동기식 TDM에서 각 프레임은 7개의 문자로 구성되어 있으며 프레임마다 동기를 위해서 2[bits]를 할당한다. 각 문자는 8[bits]이고, 각 입력단의 장비는 5,800[bps]로 보낸다고 할 때 다중화된 후의 프레임 속도는?

① 100[Frames/Second]
② 200[Frames/Second]
③ 300[Frames/Second]
④ 400[Frames/Second]

다중화된 후의 프레임 속도
① 1프레임
= 7[문자] x 8[bit] + 2[Bit] = 58[bit/Frame]
② 각 장비가 5800[bps]이므로 100[프레임/장비당]
③ 3개의 장비가 TDM 되므로 300[프레임]

[정답] ③

26
LAN 장비 중에 더미 허브의 설명으로 맞는 것은?

① 단순히 컴퓨터와 컴퓨터 간의 네트워크를 중계하는 역할
② 단순한 전송하는 기능을 넘어 수신지 주소로 스위칭하는 역할
③ 허브와 허브 사이를 연결하여 용량을 확장하는 역할
④ 네트워크 관리 시스템을 이용하여 신호의 조절과 변경 등 다양한 지능형 기능을 포함한 허브 역할

더미허브는 1계층 장비로 물리계층에서 케이블을 통해 단순히 신호를 분배해주는 장비를 말한다.
① 1계층 장비 : 허브/리피터 (물리적인 회선연결)
② 2계층 장비 : 스위치/브리지 (MAC Address)
③ 3계층 장비 : 라우터 (IP Address)

[정답] ①

27
다음 중 집중화기의 설명으로 거리가 먼 것은?

① 집중화기는 m개의 입력 회선을 n개의 출력 회선에 집중화 시키는 장비이다.
② 집중화기는 m개의 입력 회선이 n개의 출력 회선보다 작거나 같아야 한다.
③ 집중화기의 입력 회선은 단말기와 집중화기를 연결하는 기능이다.
④ 집중화기의 출력 회선은 집중화기와 다른 집중화기를 연결하거나 호스트 컴퓨터와 전처리와 연결된다.

집중화기는 하나 또는 소수의 회선에 여러 대의 단말기를 접속하여 사용할 수 있도록 하는 장치이다.
m개의 입력회선을 n개의 출력회선으로 집중화하는 장치로, 입력회선의 수가 출력회선의 수보다 같거나 많다.

[정답] ②

28
디지털 가입자 회선기술로서 망측과 가입자측에 각각 설치되어 가입자 선로상으로 효율적인 데이터 전송을 위한 것이 아닌 것은?

① HDSL
② ADSL
③ VDSL
④ DSSL

전화선을 이용한 디지털 가입자회선기술에는 대칭 방식의 HDSL, SDSL과 비대칭 방식의 VDSL, ADSL 기술이 있다.

[정답] ④

29
N 위상 변조에서 동기식 모뎀의 신호 속도가 M[Baud/sec]인 경우 비트 속도를 구하는 식은?

① $M\log_2 N$
② $N\log_2 M$
③ $M\log_{10} N$
④ $N\log_{10} M$

비트속도 R [bps] = $M \times log_2 N$

[정답] ①

30
다음 중 영상압축에 대한 설명으로 거리가 먼 것은?

① 저장장치의 영상 저장 효율 증가
② 데이터 양이 경감됨으로 하드웨어의 크기 감소
③ 전송시스템에서 대역폭을 절감하게 됨으로 대역폭이 고정된 시스템은 전송속도가 감소됨
④ 데이터 양, 대역폭 및 속도가 감소됨으로 하드웨어 제품의 비용과 전송비용이 절감됨

대역폭이 고정된 시스템에서 영상 압축을 통해 대역폭을 절감하여 데이터 전송속도를 빠르게 할 수 있다.

[정답] ③

31
특수한 목적으로 간단한 카메라와 모니터링 화면 및 이를 총괄하여 처리하는 컴퓨터 시스템으로 구성된 통신기기는?

① CATV
② CCTV
③ FAX
④ HDTV

CCTV(Closed Circuit Television)는 특정 수신자를 대상으로 화상을 전송하는 텔레비전 방식으로 화상의 송·수신은 유선 또는 무선으로 연결되며 수신대상 이외는 임의로 수신할 수 없도록 돼 있어 폐쇄회로 텔레비전이라고도 한다.

[정답] ②

32
CATV방송에서 입력측 (C/N)=20이고, 출력측 (C/N)=10이라고 가정하면 잡음지수(Noise Factor)는?
① 0.5
② 1
③ 2
④ 3

> 잡음지수는 어떤 시스템이나 회로블럭을 신호가 지나가면서, 얼마나 잡음이 추가되는지를 나타내는 지표이다.
> $$NF = \frac{입력측\ (C/N)_i}{출력측\ (C/N)_0} = \frac{20}{10} = 2$$
>
> [정답] ③

33
다음 중 디지털 TV 방송의 특성에 대한 설명으로 틀린 것은?
① 영상 및 음향신호의 압축이 용이하고 녹화 재생 시 화질이나 음질의 열화가 적다.
② 다양한 멀티미디어의 많은 정보를 서비스할 수 있다.
③ 오류 정정 기술을 사용할 수 있고 저장 및 복제에 따른 손실이 적다.
④ 상호간섭이 비교적 많고, 신호의 열화가 완만하다.

> 지상파 디지털 TV
> 북미표준인 ATSC를 사용하고, 비디오는 MPEG-2, 오디오는 Dolby AC-3방식, 시스템 전송은 MPEG-2시스템 규격을 채택하고 있다.
> 디지털 TV 특징
> ① 고해상도와 선명한 화질
> ② 고음질로 구현되는 다채널 오디오
> ③ 와이드 스크린
> ④ 방송의 다기능화 구현
> ⑤ 방송의 다채널화
>
> [정답] ④

34
다음 중 위성통신 방식의 종류를 구분하는 요소로서 적합하지 않은 것은?
① 위성 중계기의 기능
② 위성 중계기의 위치
③ 위성 중계기의 수량
④ 위성 중계기의 고도

> 위성통신의 종류
>
> | 능동위성 | 특 징 |
> |---|---|
> | 랜덤위성 | 지구상공 수백km에서 운용(저궤도) |
> | 위상위성 | 극궤도 상공에 운용 (타원궤도) |
> | 정지위성 | 정지궤도 상공에서 운용(36,000[Km]) |
>
> 위성의 용도
> ① 통신 위성 ② 우주 관측 위성
> ③ 지구 관측 위성 ④ 과학 연구 위성
> ⑤ 해사 위성 ⑥ 군사 위성
>
> * 위성 중계기의 수량으로 위성통신 방식의 종류를 구분하진 않는다.
>
> [정답] ③

35
다음은 TRS(Trunked Radio System)에 관한 설명으로 옳지 않은 것은?
① 주로 하나의 기지국은 Cellular 보다 좁은 서비스 지역(Area)를 구성한다.
② 사용자가 사용하지 않는 시간을 이용하여 다수의 가입자 군이 일정 주파수 채널을 공동으로 사용한다.
③ 일체통화, 선별통화, 개별통화 기능이 있다.
④ 통화누설이 없고, 잡음과 혼신이 적은 양호한 통화품질을 유지한다.

> TRS(Trunked Radio System)
> ① 한정된 주파수를 다수의 가입자가 공유하여 통신하는 시스템이다.
> ② 일정한 주파수를 전용하는 이동전화 등 셀룰러 시스템과는 달리, TRS는 독립된 각각의 채널을 하나로 묶고 다수가 공용하여 주파수의 활용폭을 극대화한 시스템이다.
>
> [정답] ①

36
최근 위성방송에서 일반적으로 사용하는 디지털 변조방식은?
① PSK
② OFDM
③ QAM
④ VSB

> 변조방식별 사용 예
>
> | PSK | OFDM | QAM | VSB |
> |---|---|---|---|
> | 위성방송 | 4G | HSDPA | NTSC |
>
> [정답] ①

37
다음 중 VOD(Video On Demand) 시스템의 Main Control부에 대한 설명으로 틀린 것은?
① 전체시스템 관리의 머리역할을 담당한다.
② 각 시스템과의 유기적 관계를 관리한다.
③ 통합 사이트와 로컬 사이트의 콘텐츠 문제 역할을 담당한다.
④ 시스템의 중앙 처리부를 담당한다.

> VOD(Video On Demand) 시스템의 Main Control부
> 전체 시스템의 리소스를 조정하며, 운용하는 시스템의 중앙 처리부이다.
>
> [정답] ③

38 VOD(Video On Demand) 시스템의 구성 중 Main Control부에서 인증된 클라이언트에게 실제 처리할 VOD 서버 및 QAM Port 관리 Session에 대한 물리적 관리를 진행하는 구간을 무엇이라 하는가?

① Pumming부 ② 전송부
③ 사용자부(Client) ④ 데이터 변환부

> VOD(Video On Demand)시스템의 구성 중 실제 사용자 단까지 CDN 등을 통하여 전달되는 부분을 전송부라 한다.
> [정답] ①

39 다음 멀티미디어 중 음성계 미디어로 가장 적절한 것은?

① DAT(Digital Audio Tape)
② HDTV
③ 전자북(e-book)
④ VoD

> DAT(Digital Audio Tape)는 디지털 방식으로 녹음 재생이 되는 테이프 리코더이다.
> [정답] ①

40 샤논의 통신용량 공식에서 통신용량과 대역폭은 몇배 비례하는가?

① 1배 ② 1.5배
③ 2배 ④ 3배

> 샤논의 통신용량
> $C = W \cdot \log_2(1 + \dfrac{S}{N})$
> 채널용량과 대역폭과 비례한다.
> [정답] ①

3 정보전송 개론

41 공동 이용기(Sharing Unit)의 도입 시 고려할 요소로 가장 거리가 먼 것은?

① 네트워크 환경 ② 자동 응답기
③ 접속 가능한 모뎀 ④ 동시 접속 단말기 수

> 공동이용기
> ① 단일장비나 기기를 다수의 사용자가 동시에 이용하도록 하는 장비를 말한다.
> ② 모뎀 공동이용기, 선로 공동이용기, 포트 공동 이용기 등이 있다.
> ③ 고려사항은 네트워크 환경, 사용자수, 접속가능한 모뎀 등이 있다.
> [정답] ②

42 각 펄스에 대한 직류성분을 제거시키고 등기유지와 전송 대역폭을 줄이는 방법으로 바이폴라(Bipolar) 방식과 맨체스터(Manchester) 방식을 결합한 것은?

① 차등(Differential) 부호 방식
② 다이코드(Dicode) 방식
③ CMI 방식
④ HDB3 방식

> CMI
> ① "1" 데이터를 (+) 레벨과 (-)레벨을 번갈아 가면서 전송하는 방식
> ② 직류성분이 존재하지 않는다.
> ③ 전송부호의 클럭은 전송신호의 2배이다.
> ④ 바이폴라 방식과 멘체스터 방식을 결합
> [정답] ③

43 다음 중 QPSK에 대한 설명으로 틀린 것은?

① 두 개의 DPSK를 합성한 것이다.
② 피변조파의 크기는 항상 일정하다.
③ 반송파간의 위상차는 90°이다.
④ I채널과 Q채널 두 개가 있다.

> QPSK (직교 위상천이변조)
> ① 4개 종류의 디지털 심볼로 전송하는 4진 PSK 방식
> ② QPSK 변조방식의 반송파 위상차
> $\theta = \dfrac{2\pi}{M} = \dfrac{2\pi}{4} = \dfrac{\pi}{2}$
> ③ 2개의 독립된 I(In-phase) 및 Q(Quadrature) 채널을 가지고 있다.
> [정답] ①

44 다음 중 CWDM 전송 대역으로 사용할 수 없는 파장 대역은?

① 1.550[nm] ② 1.610[nm]
③ 1.310[nm] ④ 1.250[nm]

> ITU-T에서 CWDM 용도의 파장대역 표준 권고
> : 1270~1610 nm
> [정답] ④

45
동축케이블을 이용한 케이블 TV 망에서 케이블 TV 회선과 인터넷 사용을 위한 사용자 PC를 연결해 주는 장치는?
① 광중계기　　② 케이블 모뎀
③ 헤드엔드　　④ 트랜시버

광케이블 모뎀을 통해서 CATV망에서 인터넷 서비스를 할 수 있음. 전송표준은 DOCSIS 표준을 사용한다.
[정답] ②

46
5[dBm] 레벨의 신호가 전송 매체상의 A지점, B지점, C지점을 거쳐서 D지점까지 전달되는 경우, A지점-B지점 간에서 3[dB]의 손실이 발생하고, B지점-C지점 사이에는 증폭기가 있어서 7[dB]의 이득이 있고, C지점-D지점간에 3[dB]의 손실이 발생한다면, D지점에서의 신호의 전력 레벨은?
① 0[dBm]　　② 1[dBm]
③ 3[dBm]　　④ 6[dBm]

D지점에서의 신호의 전력 레벨
= 5[dBm]-3[dB]+7[dB]-3[dB]
= 6[dBm]
[정답] ④

47
다음 중 광섬유의 장점으로 틀린 것은?
① 대역폭이 대단히 넓다.
② 보안성이 우수하다.
③ 전자기 간섭에 강하다.
④ 배선공간 등의 측면에서 활용성이 어렵다.

광통신 시스템의 특징
① 광대역성 : 전송대역폭이 넓어 초고속, 대용량 전송이 가능
② 저손실성 : 전송손실이 적어 중계기 간의 설치 간격이 멀다.
③ 세심 경량으로 취급용이 : 유지 보수 비용이 절감된다.
④ 무유도, 무누화 : 잡음없는 전송이 가능, Noise의 영향을 적게 받는다.
⑤ 자원이 풍부하며, 보안이 우수하고, 긴 수명, 높은 신뢰성 등이 있다.
[정답] ④

48
다음 동축케이블 측정값 중 특성 임피던스가 가장 적은 것은? (단, D[mn] : 외부도체의 직경, d[mn] : 내부도체 직경)
① D=2, d=1　　② D=8, d=3
③ D=3, d=1　　④ D=8, d=2

동축 케이블의 특성 임피던스
$$Z_0 = \frac{1}{2\pi}\sqrt{\frac{\mu}{\varepsilon}} \log\frac{b}{a} [\Omega]$$
(a: 외부도체의 직경, b: 내부도체의 직경)
[정답] ①

49
다음 중 문자 방식의 대표적인 프로토콜은?
① DDCMP　　② LAP-B
③ BSC　　④ SDLC

전송제어 프로토콜의 종류

프로토콜	종 류
문자방식 프로토콜	BSC
바이트방식 프로토콜	DDCMP
비트방식 프로토콜	SDLC, HDLC, ADCCP, LAP-B

[정답] ③

50
다음 중 문자 동기 전송방식에서 SYN 문자의 기능으로 맞는 것은?
① 수신측이 문자 동기를 맞추도록 한다.
② 데이터의 완료를 표시한다.
③ 데이터의 시작을 표시한다.
④ 질의가 끝났음을 알린다.

문자방식 프로토콜의 전송제어문자

부호	명칭	기능
SYN	Synchronous Idle	문자동기
SOH	Start Of Heading	시작
STX	Start of Text	종료
ETX	End of Text	Text 끝
ETB	End of Transmission Block	Block 끝
EOT	End Of Transmission	전송 끝
ENQ	Enquiry	회선사용요구
DLE	Data Link Escape	Option 제어
ACK	Acknowledge	긍정응답
NAK	Negative Acknowledge	부정응답

[정답] ①

51
일반적으로 비동기식 전송보다 빠르고 동기식 전송보다 느린 방식은?

① 비트 방식
② 문자 방식
③ 혼합형 동기식 방식
④ 비혼합형 동기식 방식

> 동기방식에는 비트동기(동기/비동기, Clock필요)이 있다. 혼합형 동기는 동기와 비동기 방식을 모두 사용하는 방식이다.. 속도면에서 중간 정도다.
>
> [정답] ③

52
문자 동기 방식에서 사용하지 않는 문자 기호는?

① SOH
② STX
③ ETX
④ ARQ

> ARQ(Auto Repeat reQuest)는 수신측에서 송신데이타의 유무를 검사하여 에러 발생을 송신측에 알리고, 송신측은 에러가 발생한 데이타를 재전송하는 방식이다.(에러검출 후 재전송)
>
> [정답] ④

53
다음 중 프로토콜의 기본 구성요소로 틀린 것은?

① 구문
② 의미
③ 타이밍
④ 규칙

> 프로토콜의 기본 구성요소
> ① 구문 : 데이터 형식, 부호화, 신호크기 등 규정
> ② 의미 : 제어와 오류복원을 위한 제어정보
> ③ 타이밍 : 속도 맞춤이나 정보의 순서
>
> [정답] ④

54
ISO의 OSI 7계층의 RM(Reference Model)에서 데이터 링크의 전송 에러로부터의 영향을 제거하여 상위층에 신뢰성있는 정보를 제공하는 기능을 갖는 계층은?

① Layer 1
② Layer 2
③ Layer 3
④ Layer 4

> 데이터 링크 계층(data link Layer, OSI 제 2계층)
> ① 신뢰성 있는 데이터를 수행하기 위한 전송 제어를 수행
> ② 입출력 장치 제어, 동기 제어, 회선 제어, 착오 제어 등의 기능 수행
>
> [정답] ②

55
정보통신 관련 표준안을 제안하는 기구가 아닌 것은?

① ISO
② ITU-T
③ ISDN
④ ANSI

> 정보통신관련 국제표준화 기구
>
> | 표준화기구 | 역할 |
> |---|---|
> | ITU | 국제 정보통신기술분야 표준화 (ITU-R(무선), ITU-T(유선)) |
> | ISO/IEC | 국제표준화 기구(전기, 전자 분야) |
> | ANSI | 미국의 산업 분야 표준화기구 |
> | TTA | 국내의 정보통신기술 표준화 기구 |
>
> [정답] ③

56
컴퓨터 네트워크 구성 형태에 대한 설명으로 틀린 것은?

① MAN : 대도시 정도의 넓은 지역을 연결하기 위한 네트워크
② PAN : 대학캠퍼스 또는 건물 등과 같은 일정지역 내의 네트워크
③ WAN : 도시와 도시 또는 국가와 국가를 연결하기 위한 네트워크
④ BAN : 인체 중심의 네트워크

> PAN(Personal Area Network)는 10m 이내의 짧은 거리에 존재하는 컴퓨터와 주변기기, 휴대폰 가전제품 등을 유선이나 무선으로 연결하여 이들 기기간의 통신을 지원함으로써 다양한 응용서비스를 하게 하는 무선 네트워크이다.
>
> [정답] ②

57
다음 중 네트워크 계층 중 접속형연결방식에 대한 설명으로 맞지 않는 것은?

① 가상회선교환방식이다.
② 패킷 수신 순서는 전송순서와 다르다.
③ 초기 설정 과정이 필요하다.
④ 상대 주소는 접속 설정 시에만 필요하다.

> 네트워크 계층 접속형 연결방식
> ① 초기설정과정이 필요하다.
> ② 상대 주소는 접속 설정 시에만 필요하다.
> ③ 모든 패킷은 설정된 VP(Virtual Path)와 VC(Virtual Channel)를 따라 순차적으로 전송된다. 따라서 송신측에서 전송한 패킷 순서와 수신측에 도착하는 패킷 순서가 같다.
>
> [정답] ②

58
IP address 체계의 A class에서 사용 가능한 네트워크 비트 수는?

① 7비트 ② 14비트
③ 21비트 ④ 28비트

> IPv4는 Class단위로 주소가 분리되어 있으며, Network 주소부 와 Host주소부로 나뉘어져 있다.
>
> * A class에서 네트워크 주소로 사용가능한 비트수는 7비트이며, 호스트 주소로 사용가능한 비트수는 24비트이다.
>
> [정답] ①

59
디지털 통신망을 구성하는 디지털 교환기 사이에 클럭 주파수의 차이가 생기면 데이터의 손실이 발생할 수 있는데 이를 무엇이라 하는가?

① 슬립(Slip) ② 폴링(Polling)
③ 피기백(Piggyback) ④ 인터리빙(Interleaving)

> 슬립(Slip)이란 망 장비 상호간의 동기 클럭주파수가 다를 때 디지털 신호의 한 비트 또는 여러 연속 비트들이 손실되거나 중복되는 현상이다.
>
> [정답] ①

60
다음 중 병렬 전송 방식에 대한 특징을 잘 나타낸 것은?

① 전송속도가 느리다.
② 전송로 비용이 상승한다.
③ 주로 원거리 전송에 사용한다.
④ 직병렬 변환회로가 필요하다.

> 병렬전송은 고속전송이 가능하며, 근거리에서 통신이 가능하지만 설치비용이 증가하는 단점이 있다.
>
> [정답] ②

4 전자계산기 일반 및 정보설비기준

61
다음 중 RAM에 관한 설명으로 틀린 것은?

① RAM은 반도체 기억 소자를 물리적으로 배열함으로써 이루어진 8X8 크기를 갖는 구조를 나타내고 있다.
② MBR은 기억 장치의 주소선에 연결되어 있으며, 특정한 기억공간을 지정하기 위한 주소들을 기억한다.
③ 한 개의 RAM에 집적할 수 있는 기억 용량에는 한계가 있으므로 보통 여러 개의 RAM을 이용하여 원하는 용량의 기억장치를 구성한다.
④ RAM의 동작은 기억 장치를 중심으로 MAR(Memory Address Register), MBR(Memory Buffer Register) 그리고 RAM의 동작을 제어하기 위한 선택 신호(CS), 읽기/쓰기(R/W) 신호들에 의해 이루어진다.

> 기억장치 버퍼 레지스터(MBR: Memory Buffer Register)는 기억장치에 저장될 데이터 혹은 기억장치로부터 읽은 데이터를 임시적으로 저장하는 레지스터다.
>
> [정답] ②

62
2진수 11001-10001을 2의 보수를 이용하여 연산할 경우 (가)와 (나)의 표현으로 옳은 것은?

	11001
+	(가)
	(나)

① 01110, 00111 ② 01111, 01000
③ 01110, 01000 ④ 10000, 01001

> 11001-10001의 연산
> ① 10001의 1의 보수화=01110
> ② 10001의 2의 보수화=01110+00001=01111=(가)
> ③ 11001+(가)=(나)
> ④ 11001+01111=01000=(나)
>
> [정답] ②

63
논리 연산 동작을 수행한 후 결과를 축적하는 레지스터는?

① 어큐뮬레이터(Accumulator)
② 인덱스 레지스터(Index register)
③ 플래그 레지스터(Flag register)
④ 시프트 레지스터(Shift register)

Accumulators : 연산 장치에 있는 주요 레지스터로서, 4칙 연산, 논리 연산 등의 결과를 기억한다. 보통 어떤 수치를 기억하고 있다가 딴 곳에서 수치가 들어오면 두 값을 대수합으로 이것을 대치한다.
레지스터
① 명령레지스터 : 현재 수행중인 명령의 내용을 보관
② 프로그램 카운터 : 다음에 실행하게 될 명령어가 기억되어 있는 주기억 장치의 번지를 기억
③ 메모리 버퍼 레지스터 : 기억장치에 기억될 자료나 기억장치에서 읽어올 자료 보관
④ 누산기 : 연사 시 피가수 및 연산의 결과를 일시적으로 보관하는 레지스터
⑤ 명령 레지스터 : 명령어를 기억하고 있는 레지스터

[정답] ①

64
다음 중 2진수 1011을 0100으로 각 비트의 값을 반전시키거나 보수를 구할 때 사용하는 연산은?

① AND 연산   ② OR 연산
③ NOT 연산   ④ XOR 연산

2진수를 1의 보수로 만들 때는 NOT연산을 수행한다.
예) 1011 → Not → 0100

[정답] ③

65
다음 중 운영체제의 역할이 아닌 것은?

① 사용자와의 인터페이스 정의
② 사용자 간의 데이터 공유
③ 사용자 간의 자원 스케줄링
④ 파일 구조 설계

운영체제(OS)는 자원관리, 스케줄링, 사용자와 시스템 간의 인터페이스 등의 역할을 한다.

[정답] ④

66
다음 중 스택(Stack)에 대한 설명으로 옳은 것은?

① 1-주소(번지) 명령어 형식에 주로 사용된다.
② 복귀번지를 저장할 때 유용하게 사용된다.
③ FIFO(First In First Out) 구조를 갖는다.
④ 팝(POP)은 스택에 새로운 자료를 추가하는 연산이다.

스택(Stack)
① 정보를 일시적으로 저장하기 위한 주기억장치나 레지스터의 일부로, 메모리 내에 연속적으로 기억된 데이터 항목으로 구성된다.
② 서브프로그램을 Call 할 때 되돌아오는 복귀주소를 기억시키기 위해 쓰인다.

[정답] ②

67
다음 중 운영체제의 기능에서 프로세서 관리에 대한 설명으로 틀린 것은?

① 프로세서 실행 중이란 반드시 중앙처리장치에서 실행(Running)되고 있음을 의미한다.
② 프로세서란 컴퓨터 시스템에 입력되어 운영체제의 관리 하에 들어갔으며, 아직 수행이 종료되지 않은 상태를 의미한다.
③ 각 프로세서들에 대해 지금까지의 총 실행시간이 얼마인지 등에 대한 정보를 기억하고 있어야 한다.
④ 프로세서들을 관리하는 과정에서 자원을 동시에 사용하고자 할 경우 이를 중재하여 데이터의 무결성(Integrity)을 잃지 않도록 한다.

프로세서는 실행상태일 수도 있지만 스케줄링이 만료되면 준비상태가 되거나 입출력이 발생하면 대기상태가 될 수도 있으므로 반드시 실행되고 있다고 보기 어렵다.

[정답] ①

68
다음 중 병렬처리 시스템의 설명으로 틀린 것은?

① 병렬처리는 다수의 프로세서들이 여러 개의 프로그램들 또는 한 프로그램의 분할된 부분들을 분담하여 동시에 처리하는 기술이다.
② 컴퓨터 시스템의 계산속도 향상이 목적이다.
③ 시스템의 비용 증가가 없고 별도의 하드웨어가 필요하지 않다.
④ 분할된 부분들을 병렬로 처리한 결과가 전체 프로그램을 순차적으로 처리한 경우와 동일한 결과를 얻을 수 있다.

병렬처리는 여러 개의 프로그램을 분담하여 동시에 처리하기에 별도의 하드웨어가 필요하여 비용이 증가된다.

[정답] ③

69
소프트웨어 프로세스 품질보증에서 CMM의 성숙 단계로 맞는 것은?

① 초보단계 – 정의단계 – 반복단계 – 관리단계 – 최적화단계
② 초보단계 – 반복단계 – 관리단계 – 정의단계 – 최적화단계
③ 초보단계 – 반복단계 – 최적화단계 – 관리단계 – 정의단계
④ 초보단계 – 반복단계 – 정의단계 – 관리단계 – 최적화단계

능력 성숙도 모델(CMM: Capability Maturity Model) 5단계	
성숙 단계	내용
1단계 (초보)	관리 프로세스가 없는 상태
2단계 (반복)	비용, 일정관리 등 기본적은 관리절차 존재
3단계 (정의)	조직 차원에서 관리 프로세스 정의 (정성적 측정 가능 체계)
4단계 (관리)	S/W 프로세스나 제품의 품질을 수량화(정량적)하여 평가하고 관리할 수 있는 단계
5단계 (최적화)	프로세스 개선이 지속적인 피드백을 통해 이루어지고 최신 기술의 적용이 가능한 단계

[정답] ④

70
입출력 주소지정방식에 있어 메모리 주소와 입출력 주소가 단일 주소공간으로 구성되어 주소관리는 용이하나, 메모리 주소공간이 입출력 주소공간에 의해 축소되는 단점을 갖는 주소지정방식은 무엇인가?

① Programmed I/O
② Interrupt I/O
③ Memory-Mapped I/O
④ I/O-Mapped I/O

입출력 주소지정방식
① I/O Mapped I/O : 보조 기억장치와 주기억장치가 독립적으로 운영, 즉 공유 공간의 의미이다.
② Memory Mapped I/O : 보조 기억장치와 주기억장치가 종속적으로 운영, 즉 전용 공간을 의미한다.

[정답] ③

71
정보통신설비의 설치 및 유지·보수에 관한 공사와 이에 따른 부대공사중 통신설비공사에 해당하지 않는 것은?

① 전송단국설비, 다중화설비, 중계설비, 분배설비 등의 공사
② 무선CATV설비, 방송통신융합시스템설비, 무선적외선설비 등의 공사
③ 구내통신선로설비, 키폰전화설비, 방송공동수신설비 등의 공사
④ 영상 및 음향설비, 송출설비, 방송관리시스템설비 등의 공사

통신설비공사는 통신선로설비공사, 교환설비공사, 전송설비공사, 구내통신설비공사, 이동통신설비공사, 위성통신설비공사, 고정무선통신설비공사 등으로 분류된다.
① 전송설비공사
② 고정무선통신설비공사
③ 구내통신설비공사
④ 방송설비공사(방송국설비공사)

[정답] ④

72
영상정보처리기기를 임의로 조작하거나 녹음기능을 사용하다 적발될 경우 적용되는 벌칙으로 맞는 것은?

① 1년 이하의 징역 또는 1천만원 이하 벌금
② 2년 이하의 징역 또는 2천만원 이하 벌금
③ 3년 이하의 징역 또는 3천만원 이하 벌금
④ 4년 이하의 징역 또는 4천만원 이하 벌금

개인정보 보호법 제72조 (제1호)
영상정보처리기기의 설치 목적과 다른 목적으로 영상정보처리기기를 임의로 조작하거나 다른 곳을 비추는 자 또는 녹음기능을 사용한 자는 3년 이하의 징역 또는 3천만원 이하의 벌금에 처해진다.

[정답] ③

73
다음 중 과학기술정보통신부장관이 전기통신의 원활한 발전과 정보사회의 촉진을 위하여 수립하는 전기통신기본계획에 포함되는 사항이 아닌 것은?

① 전기통신의 이용효율화에 관한 사항
② 전기통신사업에 관한 사항
③ 전기통신설비에 관한 사항
④ 전기통신기자재 관리에 관한 사항

전기통신기본법 제5조(전기통신기본계획의 수립)
기본계획에는 다음 각호의 사항이 포함되어야 한다.
1. 전기통신의 이용효율화에 관한 사항
2. 전기통신의 질서유지에 관한 사항
3. 전기통신사업에 관한 사항
4. 전기통신설비에 관한 사항
5. 전기통신기술(電氣通信工事에 관한 기술을 포함한다. 이하 같다)의 진흥에 관한 사항
6. 기타 전기통신에 관한 기본적인 사항

[정답] ④

74 다음 중 정보통신공사 감리원의 자격기준은 등급으로 구분되어 정하는데, 등급의 종류에 해당되지 않는 것은?

① 특급감리원 ② 고급감리원
③ 중급감리원 ④ 하급감리원

> 등급의 종류
> 1. 총공사금액 100억원 이상 공사: 기술사
> 2. 총공사금액 70억원 이상 100억원 미만인 공사: 특급감리원
> 3. 총공사금액 30억원 이상 70억원 미만인 공사: 고급감리원 이상의 감리원
> 4. 총공사금액 5억원 이상 30억원 미만인 공사: 중급감리원 이상의 감리원
> 5. 총공사금액 5억원 미만의 공사: 초급감리원 이상의 감리원
>
> [정답] ④

75 다음 중 과학기술정보통신부장관이 관련 연구기관으로 하여금 정보통신망과 관련된 기술 및 기기의 개발을 추진하도록 하게 하는 주된 사업으로 볼 수 없는 것은?

① 기술지도 ② 기술이전
③ 기술판매 ④ 기술협력

> 정보통신산업 진흥법 제7조(정보통신기술진흥 시행계획)
> 과학기술정보통신부장관은 정보통신기술의 진흥을 위하여 진흥계획에 따라 정보통신기술의 협력, 지도 및 이전에 관한 사항이 포함된 정보통신기술 진흥 시행계획을 매년 수립·시행하여야 한다.
>
> [정답] ③

76 다음 문장의 괄호 안에 들어갈 내용으로 적합한 것은?

> 낙뢰 또는 강전류전선과의 접촉 등으로 이상전류 또는 이상전압이 유입될 우려가 있는 방송통신설비에는 과전류 또는 과전압을 방전시키거나 이를 제한 또는 차단하는 ( )가 설치되어야 한다.

① 보호기 ② 증폭기
③ 변조기 ④ 유도기

> 방송통신설비의 기술기준에 관한 규정
> 제7조(보호기 및 접지)
> "낙뢰 또는 강전류 전선과의 접촉 등으로 이상전류 또는 이상전압이 유입될 우려가 있는 전기통신설비에는 과전류 또는 과전압을 방전시키거나 이를 제한 또는 차단하는 [보호기]가 설치되어야 한다."
>
> [정답] ①

77 다음 중 국가정보화를 추진할 때 이용자의 권익보호를 위한 시책 마련에 포함되지 않는 것은?

① 이용자 권익보호를 위한 홍보·교육 및 연구
② 이용자의 불만 및 피해에 대한 신속·공정한 구제조치
③ 이용자의 명예·생명·신체 및 재산상의 위해 방지
④ 이용자에 대한 공정한 가치 평가와 분석

> 국가정보화 기본법
> 제41조(이용자의 권익 보호 등)
> 국가기관과 지방자치단체는 국가정보화를 추진할 때 이용자의 권익보호를 위하여 다음 각 호의 시책을 마련하여야 한다.
> 1. 이용자의 권익보호를 위한 홍보·교육 및 연구
> 2. 이용자의 권익보호를 위한 조직 활동의 지원 및 육성
> 3. 이용자의 명예·생명·신체 및 재산상의 위해 방지
> 4. 이용자의 불만 및 피해에 대한 신속·공정한 구제조치
> 5. 그 밖에 이용자 보호와 관련된 사항
>
> [정답] ④

78 다음 중 방송통신설비에서 "옥외설비"의 안전성 및 신뢰성 확보를 위한 항목으로 옳지 않은 것은?

① 풍해대책 ② 낙뢰대책
③ 동결대책 ④ 분진대책

> 방송통신설비의 안전성·신뢰성 및 통신규약에 대한 기술기준
> 안전성 및 신뢰성 기준(제4조 관련)
> 1. 풍해 대책
> 2. 낙뢰 대책
> 3. 진동대책
> 4. 지진대책
> 5. 화재 대책
> 6. 내수 등의 대책
> 7. 수해 대책
> 8. 동결 대책
> 9. 염해 등 대책
> 10. 고온·저온 대책
> 11. 다습도 대책
>
> [정답] ④

79 다음은 영상정보처리기기 운영·관리 방침 마련시 포함되어야 할 사항을 나열한 것이다. 잘못된 것은?

① 영상정보처리기기의 설치 근거 및 목적
② 영상정보처리기기의 설치 대수, 설치 위치 및 촬영 범위
③ 영상정보처리기기운영자의 영상·음성정보 확인방법 및 장소
④ 영상정보의 촬영시간, 보관기간, 보관장소 및 처리방법

영상정보처리기기 운영관리 방침
1. 영상정보처리기기의 설치 근거 및 설치 목적
2. 영상정보처리기기 운영현황 및 처리방법
3. 개인영상정보 보호책임자
4. 영상정보처리기기 관리책임자 및 관리담당자
5. 개인영상정보의 확인방법 및 장소에 관한 사항
6. 정보주체의 영상정보 열람 등 요구에 대한 조치
7. 영상정보처리기기 설치 및 관리 등의 위탁에 관한 사항
8. 영상정보의 안전성 확보조치
9. 영상정보처리기기 운영·관리 방침의 변경에 관한 사항

[정답] ③

80 정보통신기술자의 현장배치기준에 대해 설명한 것이다. 괄호안에 들어 갈 내용으로 맞는 것은?

도급금액이 (   ) 미만의 공사로서 동일한 시·군에서 행하여 지는 동일한 종류의 공사에 대해서는 발주자의 승낙을 얻어 1명의 정보통신기술자에게 2개의 공사를 관리하게 할 수 있다.

① 5천만원　　② 1억원
③ 3억원　　　④ 5억원

정보통신공사업법 시행령
제34조(정보통신기술자의 현장배치기준 등)
공사업자는 다음 각 호의 어느 하나에 해당하는 경우에는 발주자의 승낙을 얻어 1명의 정보통신기술자에게 2개의 공사를 관리하게 할 수 있다.
1. 도급금액이 1억원 미만의 공사로서 동일한 시(특별시·광역시 및 특별자치시를 포함한다)·군에서 행하여지는 동일한 종류의 공사
2. 이미 시공 중에 있는 공사의 현장에서 새로이 행하여지는 동일한 종류의 공사

[정답] ②

② 2019년 2회

1 디지털 전자회로

01 다음 중 전압, 전류, 저항의 보조단위를 정리한 것으로 맞지 않는 것은?

① $\dfrac{[V]}{[mA]} = [k\Omega]$

② $\dfrac{[V]}{[\mu A]} = [M\Omega]$

③ $[mA] \cdot [k\Omega] = [V]$

④ $[\mu A] \cdot [M\Omega] = [mV]$

옴의 법칙
전류의 세기는 두 점 사이의 전위차에 비례하고, 전기저항에 반비례한다는 법칙
$\dfrac{V[V]}{I[A]} = R[\Omega]$
$I[A] \cdot R[\Omega] = V[V]$
$[\mu A] \cdot [M\Omega]$ 에서 $\mu = 10^{-6}$, $M = 10^{6}$ 이므로
$[\mu A] \cdot [M\Omega] = [V]$

[정답] ④

02 다음 중 브리지 전파 정류회로의 특징으로 틀린 것은?

① 맥동(Ripple) 주파수는 전원주파수의 3배이다.
② 최대역전압(PIV)은 전원전압의 최대값[Vm]이다.
③ 변압기의 직류자화가 없어 변압기의 이용률이 높다.
④ 전원변압기의 2차측 권선의 중간탭이 불필요하며, 권선도 반이면 된다.

브리지(Bridge) 정류 회로

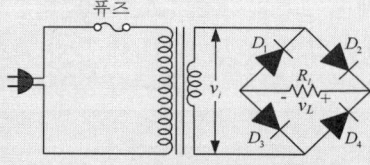

① 교류 입력 전압의 (+) 반주기가 동안에는 D_2 과 D_3 가 동작하고, (-) 반주기 동안에는 D_1 와 D_4 로 동작하여 전류가 흐른다.
② 전원변압기의 2차측 권선의 중간탭이 불필요하며, 권선도 반이면 되므로 소형변압기 제작이 가능하다.
③ 각 정류 소자에 대한 PIV는 2차 전압의 최대값 V_m 밖에 되지 않으므로 고압 정류 회로에 적합하다.
④ 맥동주파수는 전원주파수(60[Hz])의 2배(120[Hz])이다.

[정답] ①

03
다음 중 중간 탭형 전파 정류와 비교했을 때, 브리지형 전파 정류회로의 특징이 아닌 것은?

① 고압 정류회로에 적합하다.
② 변압기 자기 포화 현상이 거의 없다.
③ 높은 출력 전압을 얻을 수 있다.
④ 소형 변압기를 전혀 사용할 수 없다.

> 브리지형 전파 정류회로는 전원변압기의 2차측 권선의 중간탭이 불필요하며, 권선도 중간탭형 전파정류회로의 반이면 되므로 소형변압기 제작이 가능하다.

[정답] ④

04
FET(Field Effect Transistor)의 특성으로 옳은 것은?

① 쌍극성 소자이다.
② 입력신호 전압을 게이트에 인가해서 채널 전류를 제어한다.
③ BJT보다 저입력 임피던스를 갖는다.
④ P채널 FET에 흐르는 전류는 전자의 확산현상에 의해 발생한다.

> FET(Field Effect Transistor)
> 음극에서 양극으로 향하는 전자의 흐름을 격자(gate)전압에 의하여 제어하는 소자이다.
> FET의 주요 특징
> ① 입력임피던스가 높다.
> ② 다수 carrier만의 동작
> ③ 잡음이 적다.
> ④ 이득, 대역폭이 BJT보다 적다.
> ⑤ 동작속도는 접합트랜지스터(BJT)보다 느리다.

[정답] ②

05
다음 그림과 같은 전류궤환 Bias회로에서 I_B는 약 얼마인가?(단, $\beta=100$, $V_{BE}=0.7[V]$, $V_{CC}=20[V]$이다.)

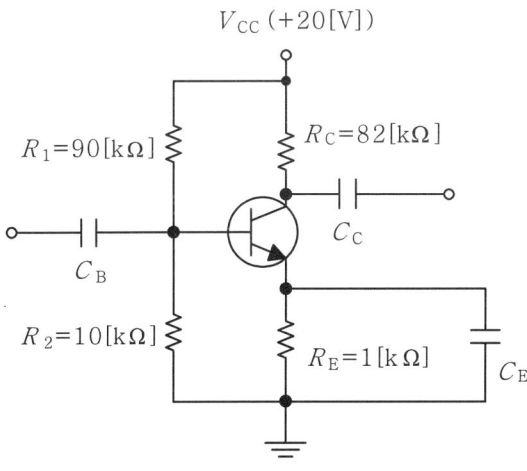

① 1.29[μA] ② 12.9[μA]
③ 2.91[μA] ④ 29.1[μA]

$$I_B = \frac{V_B - V_{BE}}{R_B + (1+\beta)R_E}$$

여기서

$$R_B = \frac{R_1 \times R_2}{R_1 + R_2} = \frac{90[k\Omega] \times 10[k\Omega]}{90[k\Omega] + 10[k\Omega]} = 9[k\Omega]$$

$$V_B = \left(\frac{R_2}{R_1 + R_2}\right)V_{CC}$$

$$= \frac{10[k\Omega]}{90[k\Omega] + 10[k\Omega]} \cdot 20[V] = 2[V]$$

$$\therefore I_B = \frac{2 - 0.7}{9[k\Omega] + (1+100) \times 1[k\Omega]}$$

$$= \frac{1.3}{110[k\Omega]} \fallingdotseq 12[\mu A]$$

* C_E : 이득감소방지, 저주파 특성 개선 역할
  R_E : 동작점 안정화 역할

[정답] ②

06
트랜지스터의 바이어스회로 방식 중에서 안정도가 가장 높은 것은?

① 고정 바이어스
② 전압궤환 바이어스
③ 전류궤환 바이어스
④ 전압전류궤환 바이어스

> 바이어스 회로
> 트랜지스터(TR)에 교류신호를 입력하여 찌그러지지 않게 증폭하려면 적절한 동작점으로 바이어스 시켜야 한다.
> 트랜지스터의 바이어스 방법

방식	특징
고정 바이어스	① 회로가 단순하고 가격이 싸다. ② 온도 특성이 불안정
전류궤환 바이어스	① 전원전압 변동에 대해 안정도가 비교적 높다. ② 신호에 대한 바이어스회로의 손실이 작다.
자기 바이어스	① I_B를 전원으로부터 얻지 않고 컬렉터로부터 얻는다. ② 고정 바이어스방식에 비해 안정하나 입력 임피던스가 낮게 되는 단점이 있다.
전압·전류궤환 바이어스	① 전압궤환 바이어스방식+자기 바이어스결합방식이다. ② 온도변화에 의한 안정도가 좋다. ③ 입력 임피던스가 크며, 회로 효율이 나쁘다.

[정답] ④

07

0.1[V]의 교류 입력이 10[V]로 증폭되었을 때, 증폭도는 몇 [dB]인가?

① 10[dB] ② 20[dB]
③ 30[dB] ④ 40[dB]

전압 증폭도

$$A_v = 20\log_{10}\frac{10}{0.1}$$
$$= 20\log_{10}100 = 40[dB]$$

[정답] ④

08

다음 중 비정현파 발진기가 아닌 것은?

① 멀티바이브레이터 ② 피어스 BE 발진기
③ 블로킹 발진기 ④ 톱니파 발진기

발진기분류

발진기	정현파 발진기	LC 발진기	동조형 발진기
			하틀리 발진기
			콜피츠 발진기
		수정 발진기	피어스 BE형 발진기
			피어스 CB형 발진기
		RC 발진기	이상형 발진기
			빈 브리지
	비정형파 발진기	멀티바이브레이터	
		블로킹 발진기	
		톱니파 발진기	

[정답] ②

09

다음 중 CR형 발진기에 대한 설명으로 틀린 것은?

① LC동조회로를 사용하지 않는다.
② 발진주파수는 CR의 시정수에 의해 정해진다.
③ C와 R을 사용하여 부궤환에 의해 발진한다.
④ 저주파 발진 특성이 우수하다.

CR 발진기는 콘덴서(C)와 저항(R)의 정궤환에 의하여 발진한다.

[정답] ③

10

다음 중 발진 주파수가 변하는 주요 요인이 아닌 것은?

① 전원 변압의 변동 ② 주위의 온도 변화
③ 부하의 변동 ④ 대역폭의 변화

주파수변동의 요인 과 대책

변동의 요인	대책
부하의 변동	완충증폭회로 사용
전원전압의 변동	정전압 전원회로 사용
주위 온도의 변화	온도 보상회로(항온조)

[정답] ④

11

다음 중 교류 신호를 구성하는 기본적인 요소가 아닌 것은?

① 진폭 ② 주파수
③ 증폭도 ④ 위상

교류는 시간에 따라 흐르는 방향과 크기가 주기적으로 변하는 신호의 흐름이다. 교류 신호의 기본적인 구성요소는 진폭, 주파수, 위상이 있다.

[정답] ③

12

다음 중 아날로그 진폭 변조 방식의 종류가 아닌 것은?

① DSB-LC(DSB-TC) ② DSB-SC
③ FM ④ SSB

정현파 변조방식의 종류

구분	아날로그 변조	디지털 변조
진폭 변조	DSB(양측파대 변조) SSB(단측파대 변조) VSB(잔류측파대 변조)	ASK(진폭편이 변조)

구분	아날로그 변조	디지털 변조
각도 변조	FM(주파수 변조)	FSK(주파수 편이 변조)
	PM(위상 변조)	PSK(위상 편이 변조) DPSK(차동 위상 편이 변조) MSK(Minimum Shift Mode)
복합 변조	AM-PM (진폭 위상 변조) SCFM(진폭 주파수 2중 변조)	QAM(직교 진폭 변조) APSK(진폭 위상편이 변조)

[정답] ③

13

다음 중 펄스변조 방식이 아닌 것은?

① PCM ② PWM
③ PPM ④ PM

> 펄스 변조(Pulse Modulation)의 분류
> ① 펄스 진폭(Amplitude) 변조 (PAM)
>   : 신호레벨에 따라 펄스 진폭 변화
> ② 펄스 폭(Width /Duration)변조 (PWM=PDM)
>   : 신호레벨에 따라 펄스 시간폭을 변화
> ③ 펄스 위상(Phase)변조 (PPM)
>   : 신호레벨에 따라 펄스 위상을 변화.s
> ④ 펄스 주파수(Frequency)변조(PFM)
>   : 신호레벨에 따라 펄스 주파수가 변화
> ⑤ 펄스 수(Number)변조 (PNM)
>   : 신호레벨에 따라 펄스 수를 변화.
> ⑥ 펄스 부호(Code)변조 (PCM)
>   : 신호 레벨에 따라 펄스 열의 유무를 변화.
>
> [정답] ④

14

동일 조건의 환경에서 PSK, DPSK 및 비동기 FSK 변조방식에 대한 각각의 오류확률에 따른 신호대 잡음비의 품질이 우수한 순서대로 나열한 것 중 옳은 것은?

① PSK > DPSK > FSK ② DPSK > PSK > FSK
③ FSK > PSK > DPSK ④ FSK > DPSK > PSK

> 디지털 변조방식 오류확률 비교
> ① 동기 복조방식이 비동기 복조방식보다 성능이 좋다. (오류확률이 적다.)
> ② ASK와 FSK는 동기 및 비동기로 수신이 가능하다.
> ③ PSK는 동기방식으로만 수신이 가능하고, 비동기 방식으로 수신하려면 DPSK방식을 사용한다.
> ④ 동일조건에서 PSK는 FSK(또는 ASK)보다 성능이 좋다.
>
> [정답] ①

15

트랜지스터의 스위칭 시간에서 Turn-on 시간을 의미하는 것은?

① Fail Time ② Rise Time + Delay Time
③ Rise Time ④ Fail Time + Storage Time

> ① t_r : 펄스의 상승 시간(Rise Time)
>   펄스가 최대 진폭의 10[%]에서 90[%]까지 상승하는 시간
> ② t_f : 펄스의 하강 시간(Fall Time)
>   펄스가 최대 진폭의 90[%]에서 10[%]까지 하강하는 시간
> ③ t_d : 펄스의 지연 시간(Delay Time)
>   입력 펄스가 들어온 후, 출력 펄스의 최대 진폭의 10[%]까지의 지연 시간
> ④ t_s : 펄스의 축적 시간(Storage Time)
>   입력 펄스가 끝난 후 출력 펄스가 최대 진폭의 90[%]까지 감소하는 시간
> ⑤ t_{on} : 턴 온 시간(Turn-On Time)= 상승시간 + 지연시간
> ⑥ t_{off} : 턴 오프 시간(Turn-Off Time)= 하강시간 + 축적시간
>
> [정답] ②

16

쌍안정 멀티바이브레이터 회로에서 저항에 병렬로 접속된 콘덴서의 주요 목적은?

① 증폭도를 높이기 위해
② 스위칭 속도를 높이기 위해
③ 베이스 전위를 일정하게 하기 위해
④ 이미터 전위를 일정하게 하기 위해

> Speed 콘덴서(가속 콘덴서)는 Base 영역 내 존재하는 과잉 캐리어 축적지연시간을 짧게 하여 스위칭 속도를 향상시키는 역할을 한다.
>
> [정답] ②

17

8진수 67을 16진수로 바르게 변환한 것은?

① 43 ② 37
③ 55 ④ 34

> $(67)_8 = 6 \times 8^1 + 7 \times 8^0$
> $= 3 \times 16^1 + 7 \times 16^0 = (37)_{16}$
>
> [정답] ②

18
J-K 플립플롭을 이용하여 T 플립플롭을 구현한 것으로 옳은 것은?

①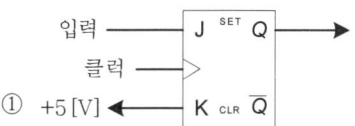

②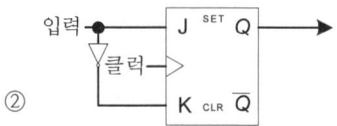

③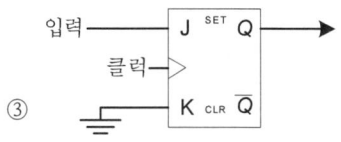

④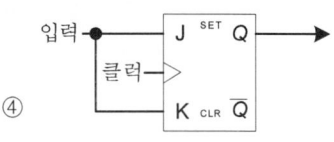

T 플립플롭 (Toggle Flip flop)
① T플립플롭의 입력은 하나인데, 입력이 있을 때마다 플립플롭의 값이 반전된다. 이러한 기능은 주로 계수기(counter)회로에 사용된다.
② J-K 플립플롭을 T플립플롭으로 구성하기 위해서는 JK플립플롭의 J와 K단자를 연결한다.
③ J-K플립플롭에서 J와 K 입력 사이를 NOT gate로 연결하면 D F/F이 된다.

[정답] ④

19
다음 중 RS 플립플롭으로 구현된 D플립플롭 회로는?

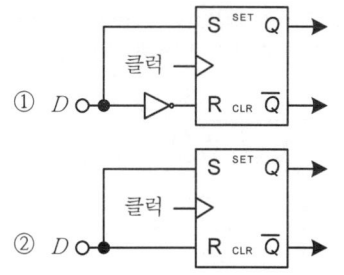

③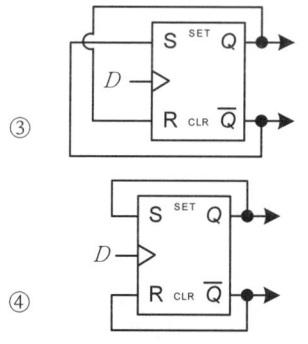

④

D(Delay) 플립플롭
① 데이터 전송을 1 clock pulse 동안 지연시킬 수 있다는 의미에서 D F/F라 한다.
② RS플립플롭에서 R,S 신호가 동시에 1인 경우는 사용할 수 없다는 문제를 해결하기 위해, 신호를 하나로 묶어 NOT-gate를 연결한 것이 D플립플롭이다.

[정답] ①

20
다음 중 메모리에 대한 설명으로 틀린 것은?
① SRAM(Static RAM)과 DRAM(Dynamic RAM)은 전원이 차단되면 데이터가 소멸된다.
② DRAM은 SRAM에 비해 데이터 저장 용량을 높이는데 용이하다.
③ SRAM은 DRAM에 비해 고속이다.
④ SRAM과 DRAM은 일정 주기마다 재충전이 필요하다.

SRAM과 DRAM 비교

	SRAM(Static RAM)	DRAM(Dramatic RAM)
개요	정적 RAM으로 전원이 공급되는 한 정보를 유지시키는 RAM	동적 RAM으로 전원이 공급되어도 일정시간이 지나면 내용이 지워지므로 재충전시켜야 하는 RAM
구성	플립플롭	FET
재충전 회로	불필요	필요

	SRAM(Static RAM)	DRAM(Dramatic RAM)
전력 소모	많다	적다
동작속도	고속	저속
집적도	낮다	높다
특성	비휘발성	휘발성

[정답] ④

2 정보통신 기기

21 정보통신시스템의 설명으로 맞지 않은 것은?
① 컴퓨터 상호간을 통신회선으로 접속하여 정보처리를 하는 오프라인 시스템이다.
② 이용자와 정보통신시스템에서 데이터의 입출력을 담당하는 데이터 단말기가 있다.
③ 컴퓨터 상호간을 통신회선으로 접속하여 정보의 가공, 처리, 저장 등을 수행하는 정보처리시스템이 있다.
④ 단말기 또는 컴퓨터 상호간을 유기적으로 결합하여 어떤 목적이나 기능을 수행하기 위해 연결하는 정보전송회선으로 되어 있다.

> 정보통신시스템은 원격지에 분산 설치된 각 단말장치의 컴퓨터 간, 또는 컴퓨터 상호간을 통신회선으로 접속하여 정보를 가공, 처리, 보관 및 전송하기 위하여 유기적으로 결합된 온라인 시스템이다.
> 오프라인 시스템은 기계적, 전자적 또는 열적 감지 장치가 입력 또는 출력에 사용되나 이들 중 어느 것도 컴퓨터에 직접 연결되어 있지 않은 원격 시스템이다.
> [정답] ①

22 전송 제어 장치(TCU)에서 입·출력 장치에 대해 직접적인 제어 및 상태를 감시하는 것은?
① 입·출력 제어부   ② 입·출력 장치부
③ 회선 접속부   ④ 회선 제어부

> 전송제어장치 (TCU)
> ① 데이터 전송시에 발생되는 에러를 검출/정정하는 장치
> ② 회선 접속부 : 변복조기의 인터페이스
> ③ 회선 제어부 : 데이터의 조립, 분해, 에러제어
> ④ 입·출력 제어부 : 입출력 장치를 직접 제어
> [정답] ①

23 정보 단말기의 기능 중 사람이 식별 가능한 데이터를 통신 장비가 처리 가능한 2진 신호로 변환하거나 그 역(逆)을 행하는 기능은?
① 신호 변환 기능   ② 입·출력 기능
③ 송·수신 제어 기능 ④ 에러 제어 기능

> 정보단말기는 데이터 전송시스템에서 정보 단말기는 최종적으로 데이터를 보내거나 받는 기능을 수행하는 장치이다.

> 단말기기의 기능
> ① 입출력 기능 : 사람이 식별 가능한 데이터를 통신 장비가 처리 가능한 2진 신호로 변환하거나 그 역을 행하는 기능을 말한다.
> ② 전송제어 기능 : 선택된 전송제어 절차에 따라 정확한 데이터의 송수신을 하기 위한 것이다.
> 1) 입출력제어기능 : 입력되는 신호를 검출하여 데이터를 입력/출력하는 기능
> 2) 에러제어기능 : 두 통신 장비 간에 에러를 검출하는 기능
> 3) 송수신제어기능 : 데이터의 송수신 기능
> [정답] ②

24 DTE와 DCE 사이의 인터페이스에 대한 중요 특성으로 틀린 것은?
① 절차적 특성   ② 전기적 특성
③ 기능적 특성   ④ 사회적 특성

> DTE와 DCE의 인터페이스
> ① 전기적 특성 : 전압수준과 전압변화
> ② 기계적 특성 : 물리적인 연결특성
> ③ 기능적 특성 : 통제, 타이밍모드 수행
> ④ 절차적 특성 : 데이터 전송을 위한 절차
> [정답] ④

25 비트 단위의 다중화에 사용되고, 시간 슬롯이 낭비되는 경우가 많이 발생하는 다중화는?
① 주파수 분할 다중화
② 동기식 시분할 다중화
③ 비동기식 시분할 다중화
④ 코드 분할 다중화

> TDM의 특징
> ① 각 채널을 차례로 스캔하며, 전송할 데이터가 없는 채널에도 일정 시간 폭이 할당됨.
> ② 비트 삽입식과 문자 삽입식이 있으며, 비트 삽입식은 동기식에 문자 삽입식은 비동기식 다중화에 이용됨.
> 동기식 시분할 방식
> ① 각각의 채널에 할당된 시간 슬롯(slot)이 점유할 수 있는 대역폭이 미리 할당
> ② 하드웨어적 구성 용이
> ③ 대역폭을 낭비 → 전송시스템 성능 감소
> [정답] ②

26 정보통신시스템의 통신회선 종단에 위치한 신호변환장치 중에서 디지털 전송로인 경우 단극성 신호를 쌍극성 신호로 변환이 가능한 장치는?

① 코덱
② 음향결합기
③ 코드변환기
④ 디지털 서비스 유니트

> DSU(Digital Service Unit)
> 디지털 서비스 유닛(DSU)이란 디지털 데이터 전송회선 양 끝에 설치되어 디지털 데이터를 디지털 데이터 전송로에 알맞은 형태로 변환하여 전송하고, 수신측에서는 반대의 과정을 거쳐 원래의 디지털 데이터 형태로 변환시켜 주는 장비로 베이스밴드 전송을 행하는 데이터 회선종단장치(DCE)의 일종이다.
>
> [정답] ④

27 디지털 케이블방송에서 케이블모뎀의 변·복조방식이 아닌 것은?

① 2FSK
② QPSK
③ 64QAM
④ 256QAM

> 케이블 모뎀(Cable MODEM)은 케이블망을 통해 인터넷에 고속으로 접속할 수 있게 해주는 장치이다.
> 케이블 모뎀의 상하향 변복조 방식
> ① 상향링크: QPSK, 16-QAM
> ② 하향링크: 64-QAM, 256-QAM
>
> [정답] ①

28 PCM(Pulse Code Modulation)에 대한 설명으로 틀린 것은?

① 아날로그 데이터를 디지털 신호로 변환하여 전송하고 재생하는 방식이다.
② 표본화, 양자화, 부호화 단계로 구성된다.
③ PCM 잡음에는 양자화잡음 등이 있다.
④ 표본화율(Sampling Rate)은 원신호 최소 주파수의 1/2 이하로 하는 나이키스트(Nyquist) 이론을 바탕으로 한다.

> PCM(Pulse Code Modulation)은 샘플링-양자화-부호화 과정을 거쳐 아날로그 신호를 디지털 신호로 변환시키는 ADC(Analog to Digital Converter) 이다.
> 나이키스트 표본화 정리 [$f_s \geq 2f_m$] : 샘플링 주파수가 원신호 최대 주파수의 2배 이상이면 이산시간의 표본으로부터 원래의 아날로그 신호를 완벽하게 복원할 수 있다.
>
> [정답] ④

29 디지털 케이블방송의 모뎀에서 64QAM으로 변조하였다. 64-ary(또는 심볼)는 몇 비트로 구성되는가?

① 2
② 6
③ 32
④ 64

> $M(진수) = 2^n$의 관계를 갖는다.
> n은 심볼당 전송 비트수이다.
> $n = \log_2 M = \log_2 64 = \log_2 2^6 = 6$
>
> [정답] ②

30 다음 CATV의 구성 중 전송계의 구성요소가 아닌 것은?

① 분배선
② 간선증폭기
③ 연장증폭기
④ 헤드엔드

> Cable TV
>
> | 구성 | 기능 |
> |---|---|
> | 센터계 | 수신점설비, 헤드엔드, 방송설비 |
> | 전송계 | 간선, 분배선, 간선증폭기, 분배증폭기 |
> | 단말계 | 컨버터, 옥내분배기, TV |
>
> * 헤드엔드는 중간주파수로 변환 영상 및 음성레벨을 조정한 후 중계전송망으로 송출하는 역할을 한다.
>
> [정답] ④

31 다음 중 IP CCTV 시스템을 구성하는 장비로 가장 거리가 먼 장치는?

① VTR
② PoE 지원형 Switch
③ UTP Cable
④ 광 전송장치

> 인터넷 프로토콜 폐쇄회로 (IP CCTV) 구성
> ① UTP 케이블: 근거리 통신망(LAN)을 구축하기 위해 사용되는 케이블
> ② PoE 스위치: UTP를 통해 전원과 데이터를 동시에 받는 역할
> ③ PLC(전력선): 가정집이나 사무실 등의 전력선에 인터넷신호를 전송
> ④ 광(fiber) 전송장치: UTP 등의 케이블에 데이터를 광신호로 변환하여 장거리로 전송
>
> [정답] ①

32
우리나라 지상파 디지털 HDTV에서 사용하는 영상 변조 방식은?
① VSB
② 8VSB
③ OFDM
④ DVB

우리나라 지상파 디지털 TV제원

기술방식	ATSC
방 송	HDTV
화면비	16:9
대역폭	6MHz
변 조	8VSB

[정답] ②

33
전화기의 기능 중 상대방의 번호를 발생시키는 기구로 다이얼(Dial)이 있다. 다음 중 다이얼 신호가 아닌 것은?
① DP(Dial Pulse)신호
② PB(Push Button)신호
③ MFC(Multi Frequency Code)
④ HS(Hook Switch)신호

다이얼 신호
① DP(Dial Pulse)신호 : 구형 전화기 다이얼(로타리 방식)을 회전시킴으로써 발생되는 디지트
② PB(Push Button)신호 : 누름단추 다이얼을 누를 때 생기는 음성주파수 중 두 주파수의 정현파를 혼합한 신호
③ HS(Hook Switch)신호 : 수화기를 들거나 놓음으로써 수화기를 자동적으로 대기 상태와 통화 상태로 전환하는 스위치.

[정답] ④

34
다음 중 4세대 이동통신 서비스를 이용하기 위해 사용되는 단말기는?
① PCS 단말
② CDMA 단말
③ PSTN 단말
④ LTE Advanced 단말

이동통신서비스 세대구분
1세대 : FDMA(AMPS)
2세대 : CDMA(IS95)
3세대 : WCDMA(UMTS)
4세대 : LTE와 LTE-A

[정답] ④

35
다음 중 위성통신에서 자유공간 전파손실에 대한 설명으로 옳은 것은?
① 전파거리의 제곱에 비례한다.
② 전자밀도의 제곱에 반비례한다.
③ 파장의 제곱에 비례한다.
④ 주파수의 제곱에 반비례한다.

자유공간 전파손실 (Free Space Loss)
$$L = \left(\frac{4\pi d}{\lambda}\right)^2$$

[정답] ①

36
다음 중 위성통신을 위한 시스템 구성요소에 해당하지 않는 것은?
① 지구국
② 관제국
③ 통신위성
④ 위성발사체

위성통신 시스템의 구성요소
① 통신위성: 통신을 주목적으로 우주에 머무르고 있는 인공위성이다.
② 지구국: 통신위성과 직접 신호를 송·수신하는 기지국이다.
③ 관제소: 위성체의 각종 자료 상태를 분석하여 위성체가 적절하게 임무를 수행하고 있는지 감시하고 필요한 경우 위성체에 명령을 보내어 잘못된 부분을 교정하는 역할을 한다.

[정답] ④

37
다음 중 멀티미디어 기기의 기능으로 맞지 않는 것은?
① 고사양 CPU
② 저해상도 디스플레이
③ 고속지원
④ 다양한 서비스 형태 이용

멀티미디어기기의 최신 트렌드는 고사양 CPU, 고 해상도 디스플레이, 고속지원, 다양한서비스지원, 대형화면, 무선인터넷 등이 있다.

[정답] ②

38. 다음 중 뉴미디어의 특징이 아닌 것은?
① 즉시성과 공평성　② 간편성과 수익성
③ 개인화와 능동성　④ 단일화와 단방향성

뉴미디어(New Media)
① 현재 사용되고 있는 미디어에 새로운 기능을 결합하여 사용자의 요구충족을 위해 개발된 미디어이다.
② 디지털화, 미디어의 종합화, 정보의 양과 채널수의 증가, 쌍방향성, 탈대중화, 비동시성, 영상화 속보성 등이 가능하다.
[정답] ④

39. 다음 중 음악 압축에 사용되는 것으로 CD 수준의 음질로 압축하는 표준은?
① JPEG　② MPEG-2
③ MP3　④ MPEG-4

MP3 (MPEG Audio Layer-3)
MPEG1에서 정한 고음질의 오디오 압축기술의 하나이다. 음반 CD에 가까운 음질을 유지하면서 CD의 50배로 압축이 가능하다.
[정답] ③

40. 스마트폰, 태블릿, 스마트 TV 등과 같이 기존의 기능에 컴퓨터의 기능이 부가된 기기를 무엇이라 하는가?
① 와이브로기기　② 블루투스기기
③ 유선데이터기기　④ 스마트기기

스마트기기는 컴퓨터의 기능이 부가되어 기능이 제한되어 있지 않고 응용 프로그램을 통해 상당 부분 기능을 변경하거나 확장할 수 있는 제품을 말한다.
[정답] ④

3 정보전송 개론

41. 16위상 변조방식을 사용하는 변복조기에서 단위 펄스의 시간간격이 $T=8*10^{-4}[s]$일 때, 데이터 전송속도와 변조속도는 각각 얼마인가?
① 2,500[bps], 1,250[baud]　② 5,000[bps], 1,250[baud]
③ 2,500[bps], 2,500[baud]　④ 5,000[bps], 2,500[baud]

변조속도 $= \dfrac{1}{단위펄스간격} = \dfrac{1}{8 \times 10^{-4}} = 1250[baud]$

데이터 전송속도 = 비트수 x 변조속도
　　　　　　= 4[bit] x 1250 = 5000[bps]
* 16위상 $= \log_2 16 = \log_2 2^4 = 4[bit]$
[정답] ②

42. 다음 중 PCM-24/TDM 시스템에 대한 설명으로 잘못된 것은?
① 1프레임의 비트수는 193개이다.
② 표본화 주파수로는 8[kHz]를 사용한다.
③ 한 채널의 정보 전송량은 64[kbps]이다.
④ 펄스전송속도는 2,048[Mbps]이다.

PCM-24는 T1 전송은 1.544Mbps.
((24ch x 8bit) + 1bit) x 8000Hz = 1.544[Mbps]
PCM-32 E1 전송은 2.084Mbps.
(32ch x 8bit) x 8000Hz = 2.048[Mbps]
[정답] ④

43. 다음 중 시분할 다중화 방식과 가장 관계가 적은 것은?
① 가드밴드(Guard Band) 설정
② 비트 삽입식(Bit Interleaving)
③ 문자 삽입식(Character Interleaving)
④ 점 대 점 연결방식(Point To Point)

TDM 특징
① 시분할다중화는 한 전송로의 데이터 전송시간을 일정한 시간 폭으로 나누어 몇 개의 저속 부채널이 한 개의 고속 전송선을 이용하는 것을 말한다.
② 각 채널을 차례로 스캔하며, 전송할 데이터가 없는 채널에도 일정 시간 폭이 할당된다.
③ 비트 삽입식과 문자 삽입식이 있으며, 비트 삽입식은 동기식에 문자 삽입식은 비동기식 다중화에 이용된다.
(가드밴드는 주파수 다중화 방식에 사용한다.)
[정답] ①

44. 다음의 변조방식 중 전송과정에서 에러발생 가능성(Error Probability)이 가장 낮은 것은?
① ASK　② FSK
③ QAM　④ PSK

동일한 M진에서의 에러확율
ASK > FSK > PSK > QAM, QAM이 우수
[정답] ③

45
UTP 케이블을 이용하여 네트워크 구성 시 1[Gbps] 속도를 지원하는 케이블 등급은?
① Category 1 ② Category 3
③ Category 5 ④ Category 6

UTP Cable(Unshield Twisted Pair) Category별 분류		
Category	최대속도	용도
1	1Mbps 미만	아날로그 음성
2	4Mbps	토큰링
3	16Mbps	10Base-T
4	20Mbps	토큰링
5	100Mbps	LAN, ATM
6	250Mbps	초고속 광대역

[정답] ④

46
무선랜 주파수로 사용되고 있는 5[GHz] 주파수의 파장은?(단, 전파속도 = $3*10^8[m/s]$)
① 16.6[m] ② 16.7[m]
③ 0.05[m] ④ 0.06[m]

$$\lambda = \frac{C(전파속도)}{f(주파수)} = \frac{3 \times 10^8}{5 \times 10^9} = 0.06\,[m]$$

[정답] ④

47
다음 중 광통신시스템에서 손실의 종류에 해당되지 않는 것은?
① 커넥터 손실 ② 접속 손실
③ 전반사 손실 ④ 광섬유 손실

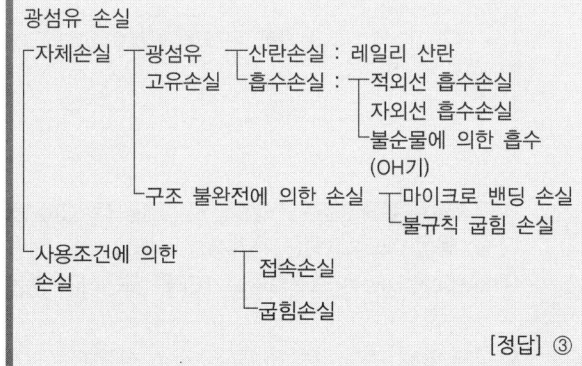

[정답] ③

48
다음 중 외부 피복이나 차폐재가 추가되어 있어 옥외에서 통신기기간에 사용하기 가정 적합한 케이블은 어느 것인가?
① UTP ② STP
③ ATP ④ KTP

① UTP (Unshielded Twist Pair : 비차폐연선): 두 선간의 전자기 유도를 줄이기 위하여 서로 꼬여져 있는 케이블인데 제품 전선과 피복만으로 구성되어 있다. 이건 보통 일반적인 랜케이블에 사용한다.
② FTP (Foil Screened Twist Pair Cable): 쉴드 처리는 되어있지 않고, 알루미늄 은박이 4가닥의 선을 감싸고 있는 케이블이다. UTP에 비해 절연 기능이 좋고 공장 배선용으로 많이 사용한다.
③ STP (Shielded Twist Pair Cable : 차폐연선): 쉴드라 하는 것은 연선으로 된 케이블 겉에 외부 피복, 또는 차폐재가 추가되는 것을 말한다. 이것은 외부의 노이즈를 차단하거나 전기적 신호의 간섭을 대폭 줄여준다.

[정답] ②

49
다음 중 No.7 신호방식의 프로토콜 계층 구조로 틀린 것은?
① 메시지 전송부 ② 신호접속 제어부
③ 이용자부 ④ 주소부

NO.7 신호방식의 계층구조
① MTP : 메시지 전달부
② SCCP : 신호연결 제어부
③ ISUP : ISDN 사용부
④ TCAP : 문답처리 응용부
⑤ TUP : 전화 사용자부

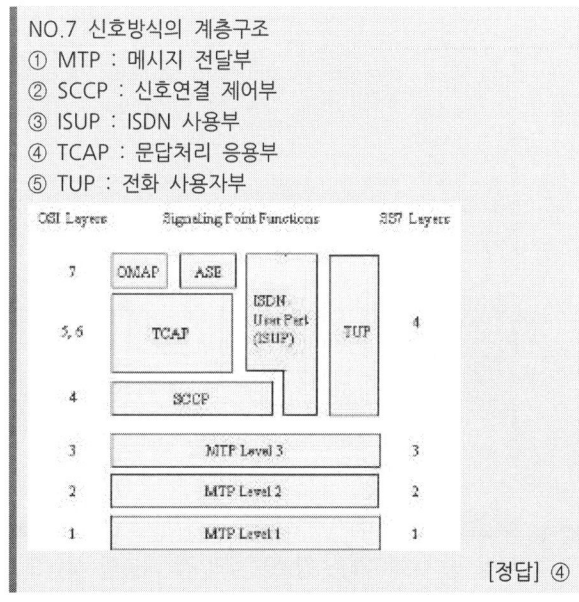

[정답] ④

50
다음 중 혼합형 동기식 전송방식(Isochronous Transmission)의 특징이 아닌 것은?

① 일반적으로 비동기식 전송보다 전송속도가 빠르다.
② 동기식 전송과 비동기 전송의 특성을 혼합한 방식이다.
③ 문자와 문자 사이에 휴지시간이 없다.
④ Start bit와 Stop bit를 가진다.

혼합형 동기식 전송방식
① 동기식 전송처럼 송수신 측이 서로 동기 상태에 있어야 한다.
② 비동기식 전송처럼 스타트 비트와 스톱 비트를 가진다.
③ 각 문자 사이에는 유휴 시간이 존재한다.
④ 전송 속도가 비동기식 전송보다 빠르다.

[정답] ③

51
다음 중 HDLC 제어 필드의 구성으로 틀린 것은?

① 정보 프레임, 감시 프레임, 비번호제 프레임 등이 있다.
② 프레임의 동작 명령, 응답을 위한 제어 정보이다.
③ 프레임의 종류, 순서번호 등의 제어 정보이다.
④ 정보 프레임, 감시 프레임, 번호제 프레임 등이 있다.

HDLC 제어필드의 형식

제어부	특 징
I Frame	정보전송용 기본 (Information-Frame)
S Frame	감시형식 (Supervision-Frame)
U Frame	비번호제 형식 (Unnumbered Frame)

[정답] ④

52
다음 중 OSI 7계층 참조모델의 각 계층별 설명으로 잘못된 것은?

① 제 2계층(물리 계층) : 물리적 연결, 활성화와 비활성화
② 제 3계층(네트워크 계층) : 통신망 내 및 통신망 사이의 경로 선택과 중계 기능
③ 제 4계층(트랜스포트 계층) : 종단 상호간의 에러검출 및 서비스 품질 감시
④ 제 5계층(세션 계층) : 회화 관리 및 동기 기능 수행

OSI 7 Layer의 계층구조

계층	명 칭	기 능
7	응용계층	응용프로그램
6	프리젠테이션계층	데이터 압축 및 암호화
5	세션계층	세션 설정, 해제
4	전달계층	End to End 제어
3	네트워크계층	경로설정 및 혼잡제어
2	데이터링크계층	동기,회선,입출력제어
1	물리계층	물리적 인터페이스

[정답] ①

53
OSI 7계층 참조모델 중에서 물리 계층이 하는 역할을 바르게 나타낸 것은?

① 회선의 제어 규약을 정의
② 회선의 전기적 규약을 정의
③ 회선의 다중화 규약을 정의
④ 회선의 유지보수 규약을 정의

물리계층 인터페이스의 4대 특성
① 기계적 특성: 커넥션방식 등
② 전기적 특성: 전압레벨, 상승/하강시간 등
③ 기능적 특성: 제어, 타이밍 특성 등
④ 절차적 특성: 데이터 동작순서 등

[정답] ②

54
OSI 계층에서 통신망 연결에 필요한 데이터 교환 기능의 제공 및 관리를 규정하는 계층으로서 네트워크 연결관리, 경로 설정 등의 기능을 수행하는 계층은?

① 데이터링크 계층   ② 네트워크 계층
③ 전송 계층   ④ 세션 계층

네트워크 계층
두 단말 시스템 간의 논리적 어드레싱과 경로 선택 및 라우팅을 기능을 수행한다.

[정답] ②

55
다음 응용 프로그램(응용계층 서비스) 중 전송 계층(Transport Layer) 프로토콜로 TCP를 사용하지 않는 것은?

① TFTP   ② SMTP
③ HTTP   ④ Telnet

전송계층 프로토콜 TCP를 사용하는 응용프로그램에는 HTTP, SNMP, SMTP, Telnet등이 있고, UDP를 사용하는 응용프로그램에는 TFTP가 있다. DNS와 NFS는 TCP와 UDP 모두를 사용할 수 있다.

[정답] ①

56
다음 중 서브넷 주소지정의 장점이 아닌 것은?
① 기관의 실제 물리 네트워크 구조에 맞게 호스트를 서브넷으로 묶을 수 있다.
② 서브넷 수와 서브넷별 호스트의 수를 기관별 필요에 맞게 맞출 수 있다.
③ 서브넷 구조는 특정 네트워크의 내부 구분이 오직 기관 내에서만 보이도록 구현되어 있다.
④ 라우팅 테이블 항목을 많이 넣어야 한다.

> 서브넷팅
> IP주소 중 호스트주소의 일부분을 필요한 만큼의 서브 네트워크로 분할/사용하여 한 네트워크의 브로드캐스팅(Broadcasting)을 다른 네트워크로 전송되지 않도록 하여 네트워크상의 불필요한 트래픽을 많이 줄일 수 있는 장점이 있다
> [정답] ④

57
TCP(Transmisson Control Protocol)의 설명으로 틀린 것은?
① 연결형, 양방향성 프로토콜을 사용한다.
② 메시지 전송을 신뢰할 수 있고, 모든 데이터에 승인이 있다.
③ 모든 데이터 전송을 관리하며, 손실된 데이터는 자동으로 재전송한다.
④ 애플리케이션이 네트워크 계층에 접근할 수 있도록 하는 인터페이스만 제공한다.

> TCP(Transmission Control Protocol)
> 연결형 전송 프로토콜로 양방향 데이터 전송을 제공한다. TCP는 메시지를 세그먼트로 잘게 분할하고 목적지에서 재조립하여 수신이 안 된 것은 재전송하여 세그먼트를 재조립하여 메시지로 복구한다.
> [정답] ④

58
인터넷 IP 주소가 십진법으로 129.6.8.4 일 때, 이 주소는 어느 클래스에 속하는가?
① A클래스　　② B클래스
③ C클래스　　④ D클래스

> IPv4의 Class
> ① A클래스 : 최초 첫단위 IP 고정
>   0.0.0.0 ~127.255.255.255 대형 네트워크
> ② B클래스 : 2단위IP 까지 고정
>   : 128.0.0.0~191.255.255.255 중대형 네트워크
> ③ C클래스 : 3단위IP 까지 고정
>   : 192.0.0.0~223.255.255.255 소형 네트워크
> ④ D클래스 : 멀티캐스트 주소
>   : 224.0.0.0~239.255.255.255
> [정답] ②

59
HDLC 프레임의 데이터 블록의 앞 부분에 있는 3개의 필드 F(Start Flag), A(Address), C(Control)에 할당된 크기의 총합은 몇 비트인가?
① 24[bit]　　② 21[bit]
③ 18[bit]　　④ 12[bit]

> HDLC 순서에서는 국 사이에 교환 되는 데이터 전송 단위를 프레임이라고 부른다.
>
> | 플래그 시퀀스 (F) | 어드레스부 (A) | 제어부 (C) | 정보부 (I) | 프레임 검사 시퀀스 (FCS) | 플래그 시퀀스 (F) |
> |---|---|---|---|---|---|
> | 01111110 (8비트) | 8비트 | 8비트 | 임의 | 16 또는 32비트 | 01111110 |
>
> 플래그 시퀀스(F)
> 프레임개시 또는 종결을 나타내는 특유의 패턴(01111110)이며, 프레임 동기를 취하기 위해서 사용된다.
> [정답] ①

60
전송측이 전송한 프레임에 대한 ACK 프레임을 수신하지 않더라도, 여러개의 프레임을 연속적으로 전송하도록 허용하는 기법으로 옳은 것은?
① 슬라이딩 윈도우 흐름제어 기법
② 정지 대기 흐름제어 기법
③ 슬라이딩 대기 흐름제어 기법
④ 슬라이딩 정지 흐름제어 기법

> 슬라이딩 윈도우 방식
> 흐름제어를 위한 검출 후 재전송 방식(ARQ)의 일종
> ① 일정한 윈도우 크기 이내에서 한 번에 여러 패킷을 송신한다.
> ② 이들 패킷에 대하여 단지 한 번의 ACK 로써 수신을 확인한다.
> ③ 윈도우 크기를 변경시키는 흐름제어 기법이다.
> [정답] ①

4 전자계산기 일반 및 정보설비기준

61 어떤 시프트 레지스터의 내용을 우측으로 3번 시프트하면 원래의 데이터 값에서 어떤 변화가 일어나는가?

① 원래 데이터 값의 8배
② 원래 데이터 값의 1/8배
③ 원래 데이터 값의 3배
④ 원래 데이터 값의 1/3배

Shift
① 우측이동에 의한 나눗셈, 좌측이동에 의한 곱셈을 수행하는 결과가 되어 곱셈과 나눗셈의 보조역할을 한다.
② 우측이동 : 원래값 $\div 2^n$ 이동되어 1/8이 된다.
③ 좌측이동 : 원래값 $\times 2^n$

[정답] ②

62 다음 중 10진수 13과 같지 않은 것은?

① 2진수 1101　　② 5진수 23
③ 8진수 15　　　④ 16진수 C

$$(13)_{10} = (1101)_2 = 2^3 \times 1 + 2^2 \times 1 + 2^1 \times 0 + 2^0 \times 1$$
$$= (23)_5 = 5^1 \times 2 + 5^0 \times 3$$
$$= (15)_8 = 8^1 \times 1 + 8^0 \times 5$$
$$= (D)_{16}$$

[정답] ④

63 다음 중 정보의 단위가 작은 것에서 큰 순으로 바르게 나열된 것은?

① 파일, 레코드, 필드, 문자, 데이터베이스
② 워드, 필드, 레코드, 파일, 데이터베이스
③ 워드, 레코드, 파일, 필드, 데이터베이스
④ 레코드, 필드, 파일, 문자, 데이터베이스

자료의 단위 크기
비트 < 바이트 < 워드 < 필드 < 레코드 < 파일 < 데이터 베이스

[정답] ②

64 다음 중 ASCII 코드에 대한 설명으로 옳은 것은?

① 자료를 전송할 때 8비트 중 1비트는 패리티 비트로 사용하고 나머지 7비트로 $2^7 = 128$가지 문자를 표현할 수 있는 코드이다.
② 영자나 특수 문자까지 확대하기 위해 6비트를 사용하며, 2비트는 Zone 비트이고, 4비트는 수치비트로서 $2^6 = 64$가지 종류의 문자를 표현할 수 있는 코드이다.
③ 8비트를 사용하여 $2^8 = 256$가지의 넓은 범위의 문자를 표현할 수 있어 현재 범용으로 사용되는 코드이다.
④ 순 2진수 표현 형태로 문자를 나타낼 수 있으며, 자리수마다 가중치로서 계산하여 사용하는 코드이다.

ASCII 코드
미국표준협회에서 만든 것으로 7비트로 되어있고 아스키코드를 사용하는 문자는 여기에 1비트의 체크비트를 포함하므로 총 8비트로 구성된다. 문자를 비동기 방식으로 전송하는 경우 각 문자의 시작을 알리는 스타트 비트와 끝을 알리는 스톱비트를 1비트씩 사용하면 한 문자를 전송하는데 10비트가 필요하다.

[정답] ①

65 다음 중 운영체제 제어 프로그램에 속하는 것으로 알맞게 구성된 것은?

① 감시 관리 프로그램, 태스크 관리 프로그램, 시스템 편집 프로그램
② 태스크 관리 프로그램, 데이터 관리 프로그램, 작업 관리 프로그램
③ 작업 관리 프로그램, 언어처리 프로그램, 유틸리티 프로그램
④ 유틸리티 프로그램, 언어처리 프로그램, 시스템 편집 프로그램

운영체제 제어프로그램
① 감시프로그램(Supervisor Program)
② 작업관리 프로그램(Job Management Program)
③ 자료관리 프로그램(Data Management Program)
④ 통신제어프로그램(Communication Control Program)

[정답] ②

66. 다음 보기는 시스템 소프트웨어 구성 프로그램 중 어떤 것을 설명하고 있는가?

> 이 프로그램은 어떤 작업을 처리하고, 다른 작업으로의 수행을 자동으로 하기 위해 준비와 처리의 완료를 담당한다. 또한 연속 작업의 처리를 위해 스케줄과 시스템 자원의 할당 등을 담당한다.

① 작업제어 프로그램　② 감시 프로그램
③ 언어번역 프로그램　④ 서비스 프로그램

운영체제의 구분
① 제어프로그램은 운영체제의 중심인 프로그램
② 처리프로그램은 제어프로그램의 제어 하에 실제 데이터를 총괄하여 관리하는 프로그램

제어프로그램	처리프로그램
· 감시프로그램	· 언어처리 프로그램
· 작업 관리 프로그램	· 서비스 프로그램
· 데이터 관리 프로그램	· 문제처리 프로그램

* 작업제어 프로그램은 입출력 장치를 부호 이름으로 지정하거나 프로그램에서 사용되는 스위치들을 조정하는 등의 역할을 한다.

[정답] ①

67. 다음 중 일반 컴퓨터 형태가 아닌 주로 회로 기판 형태의 반도체 기억 소자에 응용 프로그램을 탑재하여 컴퓨터의 기능을 수행하는 시스템은?

① 임베디드 시스템　② 분산처리 시스템
③ 병렬 처리 시스템　④ 멀티 프로세싱 시스템

임베디드 시스템
① 시스템을 동작시키는 소프트웨어를 하드웨어에 내장하여 특수한 기능만을 가진 시스템이다.
② 어떤 특정한 처리를 하기 위해 전용으로 설계되어 내장된 시스템이라 할 수 있다.

[정답] ①

68. 하나의 프로세서 안에서 여러 개의 프로그램을 처리하는 방식을 무엇이라고 하는가?

① Multi Processing　② Multi Programming
③ Distributed Processing　④ Real Time Processing

운영체제의 운영방식
① 다중프로그래밍(Multiprogramming, 멀티프로그래밍)
: 한 대의 컴퓨터에 여러 프로그램을 동시에 실행한다.
② 다중처리(Multiprocessing, 멀티프로세싱)
: 한 대의 컴퓨터에 두 개 이상의 CPU가 설치·실행된다.

③ 분산 처리 (Distributed Processing)
: 네트워크 상에 여러 컴퓨팅 플랫폼에 프로세스를 분산시키고, 분산 프로세스를 논리적으로 마치 하나의 프로세스처럼 수행하도록 하는 기술이다.
④ 실시간처리(Real Time Processing)
: 즉시 처리하는 시스템이다.

[정답] ②

69. 다음 Processing Scheduling 정책 중 현재 작업 중인 프로세스를 중단시키고, 남은 시간이 가장 짧은 JOB을 우선적으로 처리하는 방식은?

① FIFO　② RR
③ HRN　④ SRT

스케줄링 알고리즘
① FIFO (First-In First-Out; FCFS): 선입선출 방식이다.
② RR (Round Robin Scheduling): 분류되어진 여러 큐에 각각 보낼 수 있는 기회를 차례로 주는 방식이다.
③ HRN (High Response ratio Next Scheduling): 프로세스 처리의 우선 순위를 CPU 처리 기간과 해당 프로세스의 대기 시간을 동시에 고려해 선정하는 방식이다.
④ SRT(Shortest Remaining Time): 남은 작업시간이 짧은 것 부터 우선적으로 처리하는 방식이다.

[정답] ④

70. 다음 중 직접 어드레스 지정 방식으로 Jump 명령을 올바르게 표현한 것은?

① jump a, 100　② jump 100
③ jump pc　④ jump

직접 주소지정방식
① 직접 주소지정방식은 명령의 주소부(Operand)가 사용할 자료의 번지를 표현하고 있는 방식이다.
② 오퍼랜드의 내용이 유효주소가 되는 방식이다.
③ 점프(jump) 명령어는 특정 위치로 프로그램의 흐름을 건너뛰는 역할을 한다.
[예] jump 100 - 주기억장치 주소 100으로 분기하는 명령어

[정답] ②

71
다음 중 정보통신망 응용서비스의 개발에 필요한 기술인력을 양성하기 위해 정부가 마련해야 하는 시책과 거리가 먼 것은?

① 국민에 대한 인터넷 교육의 확대
② 정보통신망 전문기술인력 양성기관의 설립, 지원
③ 정보통신망 이용 교육 프로그램의 개발 및 보급지원
④ 개인정보보호를 위한 설비 확충

> 정보통신산업 진흥법
> 제16조(전문인력의 양성) 과학기술정보통신부장관은 정보통신산업의 진흥에 필요한 전문인력을 양성하기 위하여 다음 각 호의 시책을 마련하여야 한다.
> 1. 전문인력의 수요 실태 파악 및 중·장기 수급 전망 수립
> 2. 전문인력 양성기관의 설립·지원
> 3. 전문인력 양성 교육프로그램의 개발 및 보급 지원
> 4. 정보통신기술 관련 자격제도의 정착 및 전문인력 수급 지원
> 5. 각급 학교 및 그 밖의 교육기관에서 시행하는 정보통신기술 및 정보통신산업 관련 교육의 지원
> 6. 그 밖에 전문인력 양성에 필요한 사항
>
> [정답] ④

72
다음 정보통신공사업에 관련 벌칙 중 가장 엄한 것은?

① 공사업 경력수첩을 대여한 경우
② 정보통신기술자가 두 곳 이상의 공사업체에 종사하는 경우
③ 정보통신공사와 감리를 함께 행한 경우
④ 기술기준에 위반하여 설계를 한 경우

> ① 공사업 경력수첩을 대여한 경우
> : 1년 이하의 징역 또는 1천만원 이하의 벌금
> ② 정보통신기술자가 두 곳 이상의 공사업체에 종사하는 경우 : 300만원 이하의 과태료
> ③ 정보통신공사와 감리를 함께 행한 경우
> : 3년 이하의 징역 또는 2천만원 이하의 벌금
> ④ 기술기준에 위반하여 설계를 한 경우
> : 500만원 이하의 벌금
>
> [정답] ③

73
다음은 방송통신재난관리기본계획 중 방송통신재난에 대비하기 위하여 필요한 사항을 나열한 것이다. 잘못된 것은?

① 우회 방송통신 경로의 확보
② 방송통신설비의 연계 운용을 위한 정보체계의 구성
③ 피해보상에 관한 사항
④ 피해복구 물자의 확보

> 방송통신발전 기본법
> 제35조(방송통신재난관리기본계획의 수립)
> 방송통신재난에 대비하기 위하여 필요한 다음 각 목에 관한 사항
> 가. 우회 방송통신 경로의 확보
> 나. 방송통신설비의 연계 운용을 위한 정보체계의 구성
> 다. 피해복구 물자의 확보
>
> [정답] ③

74
방송통신설비의 보호기 성능 및 접지에 관한 세부기술기준의 고시하는 기관은?

① 과학기술정보통신부
② 한국방송통신전파진흥원
③ 중앙전파관리소
④ 한국정보통신공사협회

> 방송통신설비의 기술기준에 관한 규정
> 제7조(보호기 및 접지)
> 제1항 및 제2항에 따른 방송통신설비의 보호기 성능 및 접지에 대한 세부기술기준은 과학기술정보통신부장관이 정하여 고시한다.
>
> [정답] ①

75
다음 중 해당공사의 총 공사금액이 70억원 이상 100억원 미만인 경우 감리원의 배치기준으로 가장 적합한 것은?

① 특급감리원 ② 고급감리원
③ 중급감리원 ④ 초급감리원

> 감리원 배치기준
>
> | 공사금액 | 배치기준 |
> |---|---|
> | 100억 이상 | 기술사 |
> | 100억 이하 70억 이상 | 특급감리원 |
> | 30억 이상 70억 이하 | 고급감리원 |
> | 30억 이사 5억 이상 | 중급감리원 |
> | 5억 이하 | 초급감리원 |
>
> [정답] ①

76
다음 중 정보통신공사업 등록의 결격사유에 해당되지 않는 사람은?

① 파산선고를 받고 복권되지 않은 사람
② 정보통신사업법의 규정에 위반하여 벌금형의 선고를 받고 2년이 지나지 않은 사람
③ 정보통신사업법의 규정에 의하여 등록이 취소된 후 1년 초과 2년 이내에 있는 사람
④ 국가보안법 규정에 죄를 범하여 벌금형을 선고 받고 그 집행이 종료된 지 3년 초과 5년 이내에 있는 사람

정보통신공사업법
제16조(등록의 결격사유)
「국가보안법」 또는 「형법」 제2편제1장 또는 제2장에 규정된 죄를 저질러 금고 이상의 실형을 선고받고 그 집행이 끝나거나(집행이 끝난 것으로 보는 경우를 포함한다) 그 집행이 면제된 날부터 3년이 지나지 아니한 사람 또는 그 형의 집행유예를 선고받고 그 유예기간 중에 있는 사람

[정답] ④

77
전기통신사업법에서 사용하는 용어에 대해 설명한 것이다. 괄호에 들어갈 내용으로 맞는 것은?

( )란 전화·인터넷 접속 등과 같이 음성·데이터·영상 등을 그 내용이나 형태의 변경 없이 송신 또는 수신하게 하는 전기통신 역무 및 음성·데이터·영상 등의 송신 또는 수신이 가능하도록 전기통신회선설비를 임대하는 전기통신 역무를 말한다.

① 기간통신역무　　② 정보통신역무
③ 별정통신역무　　④ 부가통신역무

전기통신사업법 제2조(정의)
"기간통신역무"란 전화·인터넷접속 등과 같이 음성·데이터·영상 등을 그 내용이나 형태의 변경 없이 송신 또는 수신하게 하는 전기통신역무 및 음성·데이터·영상 등의 송신 또는 수신이 가능하도록 전기통신회선설비를 임대하는 전기통신역무를 말한다.

[정답] ①

78
정보통신사업법에서 발주자로부터 공사를 도급받은 공사업자를 무엇이라 하는가? (상한 허용치, 하한 허용치)

① 수급인　　② 하수급인
③ 용역업자　④ 감리업자

"수급인"이란 발주자로부터 공사를 도급받은 공사업자를 말한다.

[정답] ①

79
다음 중 선로의 도달이 어려운 지역을 해소하기 위해 사용하는 증폭 장치는?

① 전송장치　　② 빌전장치
③ 제어장치　　④ 중계장치

접지설비·구내통신설비·선로설비 및 통신공동구등에 대한 기술기준
"중계장치"라 함은 선로의 도달이 어려운 지역을 해소하기 위해 사용하는 증폭장치 등을 말한다.

[정답] ④

80
다음 중 정보통신공사업법령에 의한 정보통신공사에 해당하지 않는 것은?

① 아파트의 방송공동수신설비공사
② 물류 창고의 방범을 위한 CCTV 설치공사
③ 우체국의 수전설비 설치공사
④ 구청의 화상회의시스템 설비공사

정보통신공사업법 시행령 공사의 종류(제2조제2항 관련)
구내통신설비공사 : 방송공동수신설비공사
정보제어·보안설비공사 : 폐쇄회로텔레비전(CCTV)설비
정보매체 설비공사 : 화상(영상)회의시스템설비

[정답] ③

③ 2019년 4회

1 디지털전자회로

01 다음 중 전원 정류 회로의 리플 함유율을 적게 하는 방법으로 틀린 것은?

① 출력측 평활형 콘덴서의 정전용량을 작게 한다.
② 평활형 초크 코일의 인덕턴스를 크게 한다.
③ 입력측 평활형 콘덴서의 정전용량을 크게 한다.
④ 교류입력전원의 주파수를 높게 한다.

평활회로(Smoothing circuit)
① 정류회로를 통과한 맥류(ripple)는 직류와 교류성분을 모두 가지고 있어 직류전원 회로에 사용할 수가 없으므로, 맥류에서 교류 성분과 불필요파를 제거하고 직류와 가깝게 만들어 내는 평활회로를 사용한다.
② 평활회로에는 콘덴서 입력형과 쵸크입력형 평활회로가 있다.

구분	콘덴서입력형(π)	쵸크입력형(L)
구성		
맥동율	$r \propto \dfrac{1}{L, C, R_L, f}$	$r \propto \dfrac{R_L}{L, C, f}$
출력직류전압	높다	낮다
전압 변동율	크다	작다
최대 역전압	높다	낮다

∴ 리플 함유율을 적게 하기 위해서 입력주파수(f), 정전용량(C)과 인덕턴스(L)을 크게 한다.

[정답] ①

02 다음 중 정류기의 평활회로에 사용되지 않는 것은?

① 콘덴서 ② 저항
③ 초크 코일 ④ 다이오드

평활회로는 코일(L)과 콘덴서(C)를 조합한 회로를 통해 정류기 출력의 맥동 전압을 제거한다.

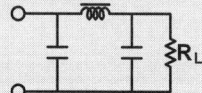

또한 간단한 평활회로에서는 코일(L)대신 저항기(R)를 사용하여 콘덴서의 평활 기능만 이용하는 경우도 있다.

[정답] ④

03 다음 3단자 전압 레귤레이터 IC회로에서 직류 출력전압을 조절할 수 있는 파라미터가 아닌 것은?

(단, $V_{reg} = 1.25[V]$, $I_{R_1} = 5[mA]$, $I_{ADJ} = 100[\mu A]$이다.)

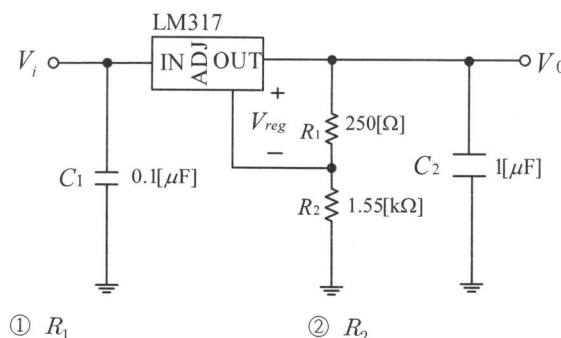

① R_1 ② R_2
③ C_2 ④ V_{reg}

3단자 전압 레귤레이터(Voltage Regulator)
① 3단자 전압 레귤레이터를 사용함으로써 간단하게 IC 등에 사용하는 안정한 전압(정전압)을 얻을 수 있다.
② LM317 장치는 1.25[V] ~ 37[V]의 출력 전압 범위를 공급할 수 있는 가변 3단자 (+)전압 조정기이다.
③ 전압조정기의 출력전압,

$$V_{out} = V_{ref} \times \left(1 + \dfrac{R_2}{R_1}\right) + I_{ADJ} \times R_2$$

∴ C_2는 출력전압을 조절하는 파라미터가 아니다.

[정답] ③

04 다음 중 저주파에서 고주파에 이르기까지 일정한 스펙트럼을 갖고 나타나는 잡음으로 알맞은 것은?

① 트랜지스터 잡음 ② 자연잡음
③ 백색잡음 ④ 지터잡음

백색잡음(White Noise)
① 잡음은 정보의 전송을 방해하는 성분을 의미하며, 또한 수신 시 원하는 신호의 수신과 재생을 어렵게 하는 바람직하지 않은 신호이다.
② 백색잡음이란 모든 주파수 대역에서 고르게 분포하는 잡음을 말한다.
∴ 전 주파수 대역에서 전력 밀도의 스펙트럼이 일정한 잡음이다.
③ 백색잡음은 Gaussian Noise라고도 하며, 가장 근사적인 잡음으로 열잡음이 있다.

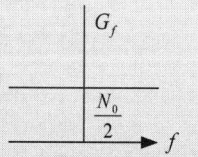

[noise power spectral density]

[정답] ③

05
다음 중 NPN 트랜지스터가 활성영역에서 동작한다고 할 때 바이어스 설명으로 옳은 것은?

① B-C는 순방향, B-E는 역방향으로 공급한다.
② B-C는 역방향, B-E는 순방향으로 공급한다.
③ B-C는 순방향, B-E는 순방향으로 공급한다.
④ B-C는 역방향, B-E는 역방향으로 공급한다.

트랜지스터 바이어스에 따른 사용용도

동작 영역	E-B 접합	C-B 접합	사용 용도
포화 영역	순바이어스	순바이어스	스위칭회로
활성 영역	순바이어스	역바이어스	증폭기
차단 영역	역바이어스	역바이어스	스위칭회로
역활성 영역	역바이어스	순바이어스	사용하지 않음

[정답] ②

06
다음 그림은 베이스 바이어스 회로이다. 동작점에서 V_{CE} 전압은? (단, 베이스에미터 전압 $V_{BE}=0.7[V]$이다.)

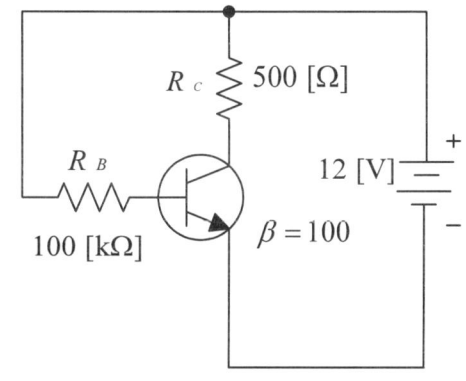

① 2.25[V]   ② 6.35[V]
③ 11.3[V]   ④ 12.0[V]

베이스 바이어스(Base bias)회로
① 베이스 바이어스회로는 베이스 바이어스 전압 공급에 따라 베이스 전류가 일정하게 고정되지만, 온도변화 등 전류이득 변화에 따라 컬렉터 전류 변동이 확대되어 불안정 하다.
② 베이스 바이어스회로는 불안정한 동작점(Q)으로 인해 스위칭 소자로만 사용된다.
③ R_B의 전압강하는 $V_{CC}-V_{BE}$이므로

$$I_B = \frac{V_{CC}-V_{BE}}{R_B} = \frac{12-0.7}{100[k\Omega]} = 0.113[mA]$$
$$I_C = \beta I_B = 11.3[mA]$$
$$V_{CE} = V_{CC}-I_C R_C$$
$$= 12-(11.3[mA])\times 500[\Omega] = 6.35[V]$$

[정답] ②

07
차동증폭기의 두 입력전압에 각각 $v_1=7[mV]$, $v_2=5[mV]$가 인가되었다. 차동전압 이득이 150이고 동상 이득이 0.5일 때 출력전압은?

① 301[mV]   ② 306[mV]
③ 1,801[mV]   ④ 1,806[mV]

차동 증폭기(Differential Amplifier)
① 차동증폭기는 2개로 된 반전 및 비반전 입력 단자로 들어간 입력 신호의 차를 증폭하여 출력하는 회로이다.
② 두 입력 단자 전압을 각각 V_{in}^+, V_{in}^-라면, 출력단자의 전압 (V_{out})

$$V_{out} = A_d(V_{in}^+ - V_{in}^-) + A_c\left(\frac{V_{in}^+ + V_{in}^-}{2}\right)$$

여기서 A_d는 차동신호이득(differential mode gain), A_c는 동상신호이득(common mode gain)이다.

$$\therefore V_{out} = 150\times(7-5) + 0.5\times\left(\frac{7+5}{2}\right) = 303[mV]$$

[정답] ②

08
다음 중 지속적인 출력을 내기 위한 발진기에 이용하는 원리는?

① 정궤환   ② 부궤환
③ 홀 효과   ④ 펠티에 효과

바크하우젠 발진조건

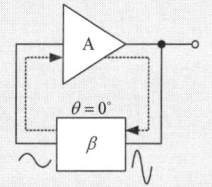
phase shift

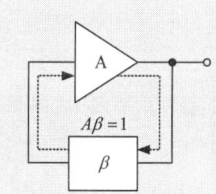
loop gain

① loop gain($A\beta$)=1
② phase shift =0°

발진회로는 직류전원만 공급하면 지속적으로 일정한 주파수를 발생시키는 회로이다. 증폭기의 출력신호의 일부를 입력측으로 정궤환하여 입력과 동위상이 되게 하면 출력이 성장해 일정진폭의 정현파 출력을 얻을 수 있다.

[정답] ①

09
다음 발진기에서 자가 발진을 위한 전압이득 A_V의 조건은?

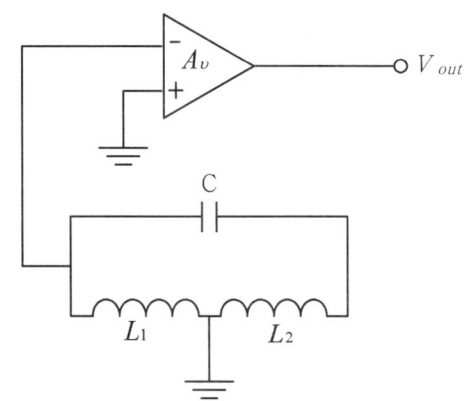

① $A_V = \dfrac{L_2}{L_1}$ ② $A_V = \dfrac{L_1}{L_2}$

③ $A_V > \dfrac{L_2}{L_1}$ ④ $A_V > \dfrac{L_1}{L_2}$

① 발진조건
궤환루프의 위상전이가 0, 정궤환 루프의 전압이득(βA)이 1이 되어야 한다.
② 발진이 일어나기 위한 시동조건 : $\beta A > 1(A > 1/\beta)$이어야 출력 전압이 원하는 레벨로 증가한다.
③ 하틀리발진기는 두 개의 직렬 인덕터와 한 개의 병렬 커패시터로 궤환회로가 구성되어 있다.
④ 인덕터는 궤환률(β)에 영향을 주며, 발진이 시작되기 위한 전압 이득(A)

$$A > \dfrac{1}{\beta} = \dfrac{1}{L_1/L_2} = \dfrac{L_2}{L_1}$$

콜피츠 발진기의 경우 $\beta = \dfrac{C_2}{C_1}$, $A > \dfrac{C_1}{C_2}$

[정답] ③

10
다음 그림과 같은 윈 브리지(Wien Bridge) 발진기에서 제너 다이오드의 역할은 무엇인가?

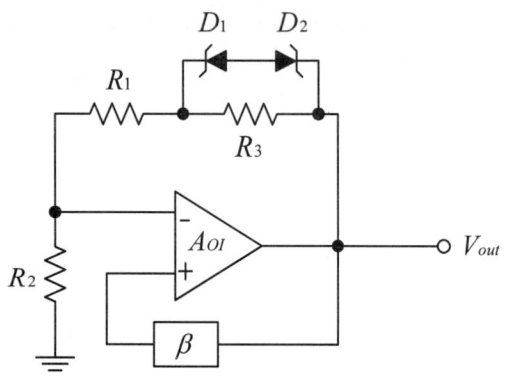

① 발진기의 출력전압을 제어하기 위한 것이다.
② 발진기의 초기시동을 위한 조건을 만든다.
③ 페루프 이득이 1이 되도록 한다.
④ 궤환신호의 위상이 입력위상과 동상이 되도록 한다.

제너다이오드의 역할
시동 시에는 제너다이오드가 OFF상태가 되어 시동 조건을 만족하게 하며, 출력이 일정전압 이상으로 상승하면 제너 다이오드가 ON상태가 되어 발진 지속조건을 만족하게 하는 역할을 수행한다.

[정답] ②

11
900[kHz]의 반송파를 5[kHz]의 신호주파수로 진폭 변조한 경우 피변조파에 나타나는 주파수 성분이 아닌 것은?

① 895[kHz]   ② 900[kHz]
③ 905[kHz]   ④ 910[kHz]

진폭 변조(AM, Amplitude Modulation)
① 반송파를 $A_c\sin 2\pi f_c t$, 신호파를 $A_s\sin 2\pi f_s t$라면 AM의 피변조파는 다음과 같다.(여기서 $\omega = 2\pi f$)

$$f(t) = (A_c + A_s\sin\omega_s t)\sin\omega_c t = A_c\left(1 + \dfrac{A_s}{A_c}\sin\omega_s t\right)\sin\omega_c t$$
$$= A_c(1 + m\sin\omega_s t)\sin\omega_c t$$
$$A_c\sin 2\pi f_c t + \dfrac{m}{2}A_c\cos 2\pi(f_c - f_s)t + \dfrac{m}{2}A_c\cos 2\pi(f_c + f_s)t$$

여기서 m은 변조지수(modulation index)이다.
∴ 출력측에 나타나는 주파수는 $f_c, f_c + f_s, f_c - f_s$
이므로 각각 900[kHz], 905[kHz], 895[kHz]이다.

[정답] ④

12
AM 변조방식에서 변조도에 대한 설명으로 틀린 것은?
① 신호파의 최대값을 반송파의 최대값으로 나눈 값이다.
② 반송파의 크기와 신호파의 크기에 따라 정해진다.
③ 최대주파수편이와 신호주파수와의 비이다.
④ 진폭변화의 정도를 나타낸다.

AM의 변조도(Modulation Index)
① 변조도(변조지수)는 원신호가 반송파를 어느 정도 변조하는가를 나타내는 값을 말한다.
② 변조도는 통상 변조효율과도 상관이 있다. 즉, 변조지수가 낮으면 변조효율도 감소한다.
③ 변조도는 변조된 항의 최대진폭 대 반송파의 진폭비를 말한다.

$$m = \dfrac{\text{최대 신호파 진폭}(V_m)}{\text{최대 반송파 진폭}(V_c)}$$

④ 최대주파수편이와 신호주파수와의 비는 FM의 변조지수를 나타낸다.

[정답] ③

13
다음의 파형은 디지털 변조 방식의 파형이다. 어느 방식의 파형인가?

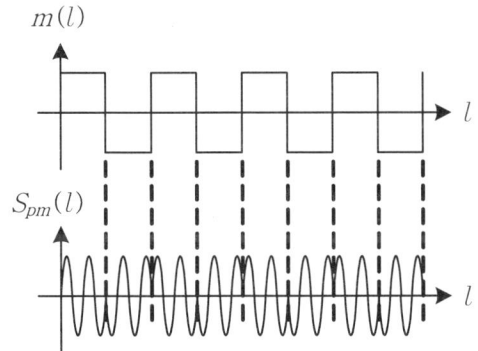

① ASK
② FSK
③ PSK
④ QAM

신호 '1'에는 $A\sin(\omega_c t + 0°)$, 신호 '0'에는 $A\sin(\omega_c t + 180°)$를 할당하는 2진-PSK변조방식이다.

디지털 변복조방식
① ASK(Amplitude Shift Keying) : 디지털신호 0, 1에 따라 반송파의 진폭을 변화시키는 방식
② FSK(Frequency Shift Keying) : 디지털신호 0, 1에 따라 반송파의 주파수를 변화시키는 방식
③ PSK(Phase Shift Keying) : 디지털신호 0, 1에 따라 반송파의 위상을 변화시키는 방식
④ QAM(Quadrature Amplitude Modulation) : 디지털신호 0, 1에 따라 반송파의 진폭과 위상을 동시에 변화시키는 방식

[정답] ③

14
PCM 통신 방식에서 송신 과정으로 맞는 것은?

① 표본화 -> 부호화 -> 양자화 -> 압축
② 표본화 -> 양자화 -> 부호화 -> 압축
③ 표본화 -> 부호화 -> 압축 -> 부호화
④ 표본화 -> 압축 -> 양자화 -> 부호화

펄스부호변조(PCM, Pulse Code Modulation)
① PCM방식은 표본화-양자화-부호화 과정을 거쳐 아날로그 입력신호를 2진 디지털신호로 변화시키는 방식이다.
② 압축
큰 신호 값을 가지는 부분보다 작은 신호 값을 가지는 부분에서 양자화 간격을 좁게 하는 로그함수 곡선특성을 이용하여 송신에서는 압축기(compressor)를 사용하고, 수신측에서는 변형된 신호를 원래대로 복구하는 신장기(expander)를 사용하는 것으로 이것을 합쳐서 압신(companding)이라 한다.

③ PCM 구성

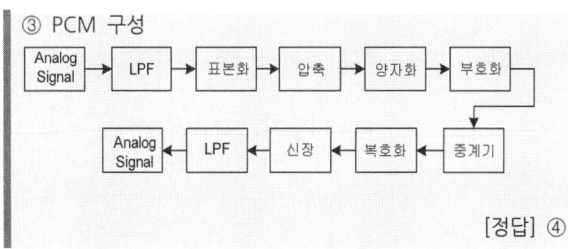

[정답] ④

15
다음 중 플립플롭(Flip-Flop)과 같은 동작을 하는 회로는?

① LC 발진기
② 수정 발진기
③ 쌍안정 멀티바이브레이터
④ 단안정 멀티바이브레이터

플립플롭(flip-flop)회로
① 쌍안정 멀티바이브레이터를 플립플롭(flip-flop)이라고 한다.
② 2진수로 이루어진 정보를 2개의 안정 상태를 가진 기억 소자로 1비트의 정보를 기억하기 위하여 쌍안정 멀티바이브레이터로 된 플립플롭을 사용한다.
③ 플립플롭 회로는 분주회로, 계수회로, 정보의 기억회로로 쓰이고 있다.

[정답] ③

16
다음 회로에서 입력되는 정현파의 최대 진폭이 6[V]일 때 출력에 나타나는 최대 진폭은? (단, $R_S = 200[\Omega]$, $R_L = 400[\Omega]$이다.)

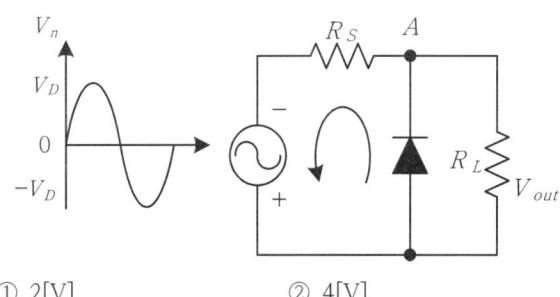

① 2[V]
② 4[V]
③ 6[V]
④ 8[V]

클리퍼(clipper)회로 출력
① + 의 반주기 : Diode off
$$V_o = \frac{R_L}{R_S + R_L} V_i = \frac{400}{200+400} \times 6 = 4[V]$$
② - 의 반주기 : Diode ON
$V_{out} = 0[V]$

[정답] ②

17 다음 진리표를 간략화한 것으로 같아 적합한 논리회로는?

C	B	A	Y
0	0	0	1
0	0	1	1
0	1	0	1
0	1	1	0
1	0	0	1
1	0	1	1
1	1	0	1
1	1	1	0

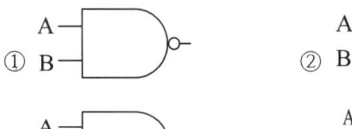

$Y = \overline{A} + \overline{B} = \overline{A \cdot B}$

C \ BA	00	01	11	10
0	1	1		1
1	1	1		1

[정답] ①

18 다음 그림의 회로에 해당하는 논리기호는? (단, 정논리이다.)

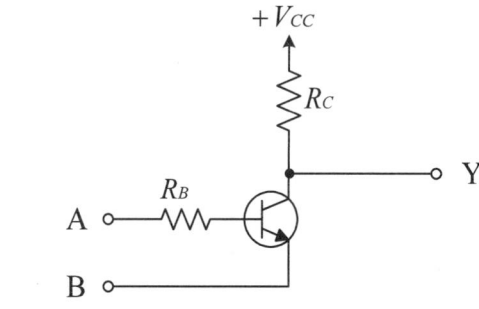

① 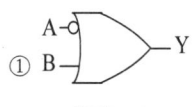   ②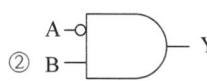

③ 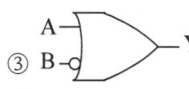   ④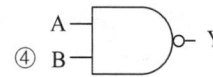

트랜지스터 논리회로
[정답] ①

① 진리표

입 력		출력
A	B	Y
0	0	1
0	1	1
1	0	0
1	1	1

$Y = \overline{A}\,\overline{B} + \overline{A}B + AB$

② 카르노 맵 간략화

A \ B	0	1
0	1	1
1	0	1

$Y = \overline{A}\,\overline{B} + \overline{A}B + AB = \overline{A} + B$

[정답] ①

19 다음 중 링 카운터에 대한 설명으로 틀린 것은?
① 클럭 신호를 받을 때 마다 상태가 하나씩 다음으로 이동한 카운터이다.
② 각각의 상태마다 한 개의 플립플롭을 사용하는 카운터이다.
③ 디코딩게이트를 사용해야만 디코딩할 수 있다.
④ 시프트 레지스터의 마지막 단 출력을 첫 단에 궤환시킨다.

Ring Counter
① 첫단의 플립플롭의 출력은 2단으로, 2단 플립플롭의 출력은 3단으로 연결되어 마지막 단 플립플롭의 출력이 첫단으로 되돌아가도록 연결하면 플립플롭이 하나의 고리모양으로 연결되는데 이와 같은 형식의 카운터를 링 카운터라고 한다.
② 링 카운터는 마지막 플립플롭의 값을 처음 플립플롭으로 시프트(shift)할 수 있도록 연결된 순환 시프트 레지스터이다.
③ 링 카운터는 플립플롭의 사용이 효율적이지 못함에도 불구하고, 디코딩 게이트를 사용하지 않고도 디코딩할 수 있기 때문에 많이 사용되고 있다.

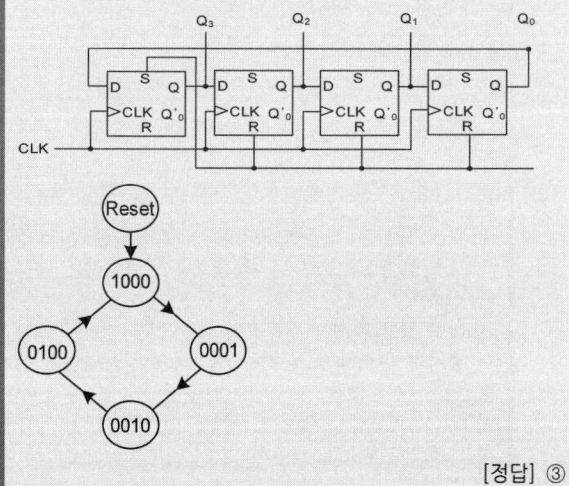

[정답] ③

20
다음 그림과 같이 2^n개(0~7)의 10진수 입력을 넣었을 때, 출력이 2진수(000~111)로 나오는 회로의 명칭은?

① 디코더 회로 ② A-D 변환회로
③ D-A 변환회로 ④ 인코더 회로

인코더(부호기, Encoder)
① 부호화되지 않은 2^n개의 입력을 받아서 부호화된 n개의 출력 코드를 발생시킨다.
예를 들어 10진수나 8진수를 입력으로 받아들여 2진수나 BCD와 같은 코드로 변환해 주는 조합논리회로이다.
② 2^n개의 입력 변수에 따라 2진 코드를 생성한다.
디코더(복호기, Decoder)
n비트 정보를 입력받아 2^n개 출력으로 해독한다. 디코더는 명령해독이나 번지를 해독할 때 사용한다.

[정답] ④

2 정보통신기기

21
정보 단말기의 기능 중 통신 장비 간의 약속된 부호를 송수신하여 에러 검출 및 정정하는 기능은?

① 입출력 제어 기능 ② 다중화 제어 기능
③ 송수신 제어 기능 ④ 에러 제어 기능

정보 단말기기(Terminal)
① 정보 단말기기는 데이터 전송시스템에서 최종적으로 데이터를 보내거나 받는 기능을 수행하는 장치이다.
② 단말기기의 기능
㉮ 입출력 기능 : 사람이 식별 가능한 데이터를 통신 장비가 처리 가능한 2진 신호로 변환하거나 그 역을 행하는 기능
㉯ 전송 제어 기능 : 선택된 전송 제어 절차에 따라 정확한 데이터의 송수신을 하기 위한 것
㉠ 입출력 제어기능 : 입력되는 신호를 검출하여 데이터를 입력/출력하는 기능
㉡ 에러 제어기능 : 쌍방 통신 장비 간에 에러를 검출하고 정정하는 기능
㉢ 송수신 제어기능 : 데이터의 송수신 기능

[정답] ④

22
정보통신시스템을 운용하기 위한 소프트웨어 파일 관리 기능만을 열거한 것으로 적합하지 않은 것은?

① 매체공간 관리기능 ② 기억소자 관리기능
③ 에러제어 관리기능 ④ 액세스 제어기능

운영체제(OS)의 자원관리 기능
① 운영체제의 기능은 크게 자원 관리 기능과 기타 기능으로 나눈다.
② 메모리, 프로세스, 장치, 파일 등의 시스템 구성 요소를 자원이라 하며, 운영체제는 이런 자원을 관리하는 역할을 수행한다.
③ 파일 관리 기능 : 운영체제는 파일의 추상적인 개념을 운영하고 쉽게 사용하기 위해 디렉터리로 구성, 다수의 사용자에 의한 파일 접근을 제어한다.
∴ 메모리 관리에서 기억장치의 할당과 회수 및 사용을 관리한다.

[정답] ②

23
다음 중 VDSL 방식에서 가입자의 컴퓨터가 인터넷에 접속하는 방식으로 알맞은 것은?

① IP를 자동으로 할당하는 DHCP 방식
② 별도의 PPPoE(외장형 모뎀), PPPoA(내장형 모뎀) 접속 프로그램을 이용하여 인증을 통하여 접속
③ NMS를 통하여 자동으로 할당하는 방식
④ EMS를 통하여 고정IP를 할당하는 방식

① 컴퓨터 등에 IP주소를 할당하는 방식에는 2가지가 있다.
㉠ Static 방식(고정 IP) : 하나의 컴퓨터가 하나의 IP주소를 고정적으로 가지고 있으며, IP가 변하지 않는다.
㉡ DHCP 방식(동적 IP) : DHCP 서버로부터 IP를 할당받아 사용하고, 사용 기간이 지나면 IP주소를 반납한 후 다시 할당받는 형태이다.
∴ DHCP 서버가 현재 사용하지 않는 IP를 잠시 임대 해주는 방식으로, 동적으로 IP가 변경 될 수 있다.
② ADSL/VDSL은 DHCP 서버 방식으로 각 PC 사용자들에게 동적으로 IP를 할당해 주고 있다.
④ VDSL은 동선 선로를 통한 고속의 디지털 데이터 전송을 위한 xDSL 기술 중 주로 단거리에서 가장 높은 속도로 동작하는 변복조 기술이다.

[정답] ①

24
다음 모뎀의 송신부 구성도에서 괄호 안에 들어갈 것으로 바르게 짝지어진 것은?

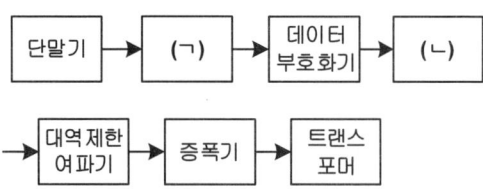

① ㉠ Scrambler, ㉡ 변조기
② ㉠ Scrambler, ㉡ 복조기
③ ㉠ Descrambler, ㉡ 변조기
④ ㉠ Descrambler, ㉡ 복조기

모뎀(MODEM)의 송신부 구조
① 스크램블로(scrambler) : 0, 1이 중복되는 것을 피하기 위해 데이터의 패턴을 랜덤하게 하여 수신측에서 동기를 잃지 않게 한다.
② 부호화기(encoder) : 아날로그 전송로에 적합한 부호 형식으로 변환한다.
③ 변조기 : 부호화된 디지털 신호를 반송 주파수를 이용하여 아날로그 신호로 디지털 변조한다.
④ 대역 제한 여파기(Band Limiting Filter) : 아날로그 전송선로에 맞게 대역 제한한다.
⑤ 증폭기(amplifier) : 아날로그 전송로에 맞는 전송 레벨로 증폭한다.
⑥ 변성기(Transformer) : 모뎀과 통신 선로간의 임피던스 정합 작용을 한다.
Descrambler는 scrambler의 역기능을 수행하는 MODEM의 수신부 구성요소이다.

[정답] ①

25
4위상 PSK 변복조기에서 변조속도가 2,400[baud]일 때 데이터 전송속도는?

① 9,600[bps] ② 4,800[bps]
③ 2,400[bps] ④ 1,200[bps]

전송속도와 변조속도
① 전송속도는 1초간에 전송할 수 있는 bit의 수를 의미하며 단위는 [bps]이다. 변조속도는 1초간에 전송할 수 있는 최단 펄스의 수 또는 바이트(byte)의 수이며, 단위는 보[baud]이다.
② 변조속도와 데이터 전송속도와의 관계 $M(=2^n)$진 방식의 경우 : 전송속도[bps]= 변조속도$[baud] \times log_2 M$
③ 4위상 변조방식을 사용하므로 $M = 4 = 2^2$이다.
∴ $2,400[baud] \times log_2 4 = 4,800[bps]$

[정답] ②

26
Digital 회선망용 댁내/국내 회선 종단 장치라고 하며, 신호 변환기(DCE)의 장치인 것은?

① DSU   ② MODEM
③ CPU   ④ FEP

디지털 서비스 유닛(DSU : Digital Service Unit)
① DSU는 디지털 회선망용 댁내/국내 회선종단장치라고도 하며 신호변환기(DCE)의 일종이다.
② 아날로그 전송로의 DCE는 모뎀인 반면, 디지털 전송로에서는 DSU를 사용한다.
③ DSU는 디지털 선로 양단에서 디지털 신호가 전송로에 적합하도록 변환한다.
∴ 송신측에서는 단극성 신호를 양극성 신호로 변환하고 수신측은 역과정을 수행한다.

[정답] ①

27
서로 다른 네트워크 구조를 갖는 컴퓨터간 데이터를 송수신할 경우, 이기종 간을 상호 접속하여 통신이 가능하도록 해주는 인터네트워킹장비가 아닌 것은?

① Transceiver   ② Repeater
③ Hub   ④ Router

케이블 모뎀(Cable MODEM)
① 두 개의 서로 다른 네트워크 구조를 갖는 컴퓨터끼리 데이터 송수신을 하는 경우 OSI의 7계층을 서로 맞추어야 하는데 이와 같이 이기종간을 상호 접속하여 통신이 가능하도록 해주는 장비를 인터넷워킹 기기라 한다.
② 인터넷워킹을 위한 장비는 리피터(Repeater), 브리지(Bridge), 라우터(Router) 및 게이트웨이(Gateway)등이 있다.
트랜시버(Transceiver)는 PC나 Repeater 등 모든 통신 장비를 이더넷(Ethernet)에 접속시키는 장비이다.

[정답] ①

28
WAN, MAN, LAN등의 서로 다른 네트워크간에 통신하는 장치로 맞는 것은?

① 라우터   ② 스위치
③ 브리지   ④ 허브

라우터(Router)
① 라우터는 각기 독립된 네트워크들을 연결시켜주는 장치이다.
② 라우터는 서로 다른 근거리통신망(LAN)을 중계하거나 근거리통신망을 광역통신망(WAN)에 연결할 때 주로 사용한다.
③ 라우터는 서로 다른 네트워크를 연결하여 정보를 주고 받을 때, 송신정보(packet)에 담긴 수신처의 주소를 읽고 가장 적절한 통신통로를 이용하여 다른 통신망으로 전송하는 장치이다.

[정답] ①

29
다음 중 네트워크에 연결된 기기에서 공격 신호를 탐지하여 자동으로 차단 조치를 취하는 보안 솔루션으로 비정상적인 이상신호를 발견시 **능동적**으로 조치를 취하는 시스템은?

① 침입 탐지 시스템(IDS)　② 방화벽(Firewall)
③ 침입 방지 시스템(IPS)　④ 가상사설망(VPN)

정보 보호 시스템
① 방화벽(Firewall) : 외부에서 네트워크를 통해 들어오는 패킷들을 사전에 "관리자가 설정해 놓은 보안 규칙"에 따라 허용 또는 차단한다.
∴ Firewall은 새로운 패턴의 공격에 취약하며, 실시간 대응이 불가하다.
② 침입 탐지 시스템(IDS, Intrusion Detection System) : 컴퓨터 네트워크에서 발생하는 상황들을 모니터링하고, 침입 발생 여부를 탐지(detection)하여, 대응(response)하는 자동화된 시스템이다.
∴ IDS는 사전 방어가 아니라 사후 방어 시스템이다.
③ 침입 방지 시스템(IPS, Intrusion Protection System) : 침입이 일어나기 전에 실시간으로 침입을 막고, 유해 트래픽을 막기 위한 능동형 보안 시스템이다.
∴ IPS는 침입을 탐지하는 것뿐만 아니라, 침입이 일어나는 것을 근본적으로 방어하는 것을 목적으로 하는 능동적 개념의 시스템이다.

[정답] ③

30
전화 전송에 있어서 송화단의 전압과 수화단의 전압의 비가 100:1일 때 전송량은 얼마인가?

① 10[dB]　② 20[dB]
③ 30[dB]　④ 40[dB]

전송량의 단위(dB)
① 전송량은 트래픽(traffic)이라고도 하며 어떤 통신장치나 시스템에 걸리는 부하를 말한다.
② 전송량의 단위는 신호의 감쇠나 이득을 표현하는 [dB], [Nep]를 사용한다.

㉠ 전력량 이득표현 : $10\log_{10}\dfrac{P_1}{P_2}[dB]$

㉡ 전압(전류)량 이득표현 : $20\log_{10}\dfrac{V_1(또는 I_1)}{V_2(또는 I_2)}[dB]$

여기서 V_1, I_1, P_1 : 송신단 전압, 전류, 전력,
V_2, I_2, P_2 : 수신단 전압, 전류, 전력

∴ $20\log_{10}\dfrac{V_1}{V_2} = 20\log_{10}\dfrac{100}{1}$
$= 20\log_{10}(10^2) = 40[dB]$

[정답] ④

31
교환기의 교환방식은 수동식과 자동식으로 구분된다. 다음 중 자동식 교환기가 아닌 것은?

① 기계식　② 전자교환식
③ 광교환식　④ 공전식

수동식 전화 교환기와 자동식 전화 교환기
① 수동식 교환기는 교환수가 통화를 원하는 가입자를 상대편에 직접 연결시켜 주는 교환방식
② 자동식 교환기는 발신자와 수신자 사이의 접속이 기계 장치에 의해 자동적으로 이루어지는 방식
③ 전화 교환기의 종류
 - 수동식 : 자석식, 공전식
 - 자동식 : 기계식, 전자 교환식, 광 교환식

[정답] ④

32
VoIP 서비스를 위해서 일반 전화기와 직접 연결된 통신망이 인터넷과 연결되어야 하는데, 이 때 필요한 인터페이스 역할을 하는 장치는?

① PC　② 인텔리젠트 허브
③ 스위치　④ 게이트웨이

VoIP(Voice over Internet Protocol)
① VoIP란 PSTN 네트워크를 통해 이루어졌던 음성 서비스를, IP네트워크에 음성을 패킷 형태로 전송하는 음성서비스이다. IP 전화, 인터넷 전화 등으로 불린다.
② 일반적인 VoIP 서비스는 사용자가 전화를 걸기 위해 드는 수화기로부터 시작해 게이트웨이, 게이트키퍼, 소프트스위치, 프록시 서버 등으로 이어져 VoIP 네트워크에 연결된다.
③ (VoIP) 게이트웨이
 ㉠ 게이트웨이는 서로 다른 두 망간의 미디어의 정합, 시그널링의 정합 등을 수행하여 이질적인 두 망을 통한 종단간의 연결이 가능하도록 하는 변환 장치이다.
 ㉡ 게이트웨이는 주로, 인터넷망과 전화망과의 상호연동을 위한 인터페이스 장치이다.

[정답] ④

33
CATV 구성을 센터계, 전송계, 단말계로 나눌 때 센터계 장치가 아닌 것은?

① 간선증폭기(Trunk Amplifier)
② 변복조기
③ 채널 결합기(Combiner)
④ CMTS(Cable Modem Termination System)

케이블 TV(CATV, Cable Television)
① CATV는 유선방송국과 수신자 사이를 동축케이블 또는 광케이블로 연결하여 영상 음악 음향 등의 프로그램이나 데이터 등의 다양한 채널을 가입자들이 선택할 수 있게 한다.
② CATV의 기본 구성은 크게 센터계, 전송계 및 단말계로 이루어진다.
㉠ 센터계 : 헤드엔드설비, 스튜디오설비, 수신설비, 편집 검색설비, 송출설비, 망 감시설비, 가입자 관리설비, 부속설비 등으로 구성된다.
㉡ 전송계 : 중계 전송망으로 간선, 분배선, 증폭기, 분배기 등으로 구성된다.
㉢ 단말계 : 외부에서의 위험전압의 유입을 막는 보안기 임피던스 정합기, 복수 단말장치와 연결하기 위한 단말 분기기, TV 수상기, 컨버터 등 서비스 종류에 따라 다양한 종류가 있다.
∴ 간선증폭기는 전송계 장치이다.

[정답] ①

34
IPTV에서 특정 그룹 가입자에게 실시간 방송서비스를 가능하게 하는 네트워크 상의 패킷전송 기술은?

① Unicasting ② Broadcasting
③ Multicasting ④ Intercasting

패킷 서비스 제공방식
① Unicast : 일대일 전송방식으로 하나의 송신자가 하나의 수신자에게 데이터를 전송하는 방식이다.
② Multicasting : 일대다 전송방식으로 하나의 송신자가 동일한 데이터를 요구하는 하나 이상의 수신자들이 속해있는 특정 그룹에게 데이터를 동시에 전송하는 방식이다.
③ Broadcasting : 하나의 송신자가 모든 수신자에게 데이터를 전송하는 방식이다.
④ Anycast : 단일 송신자가 그룹 내에게 가장 가까운 곳에 있는 일부 수신자들에게 전송하는 방식이다.

[정답] ③

35
다음 중 정지 위성 통신에 대한 설명으로 옳지 않은 것은?

① 통신 영역이 넓고, 안정적인 통신이 가능하다.
② 다중 접속(Multiple Access)이 가능하다.
③ 방송에 이용시 난시청 지역을 해소할 수 있다.
④ 전파의 전송지연이 발생하지 않는다.

정지위성(Geostationary Satellite)방식
① 정지위성은 지구 적도 상공 35,860[km]에 지구의 자전과 같은 공전주기를 갖는 위성 3개를 이용하여 안정된 대용량의 통신을 가능하게 하는 방식이다.
② 신호가 약 36,000[km] 이상을 전파할 때 심한 감쇠 현상이 발생한다.
③ 지구국과 지구국 간의 통신시 거리가 멀기 때문에 약 0.25초 정도의 지연이 발생한다.
∴ 전파이동시간 때문에 지연시간이 생긴다.

[정답] ④

36
다음 중 차세대 이동통신망의 특징이 아닌 것은?

① All IP ② All Optic
③ BroadBand ④ Low Speed Data

차세대 이동통신 네트워크
① 차세대 이동통신 네트워크는 하나의 무선 단말기가 인터넷, 무선 LAN, 위성 네트워크 및 무선 PAN 등을 액세스할 수 있고, 글로벌 네트워크가 구축되어 다양한 무선 멀티미디어 서비스를 제공해야 한다.
② 차세대 이동통신 네트워크의 특징
㉠ All-IP : 네트워크 통합 IP
㉡ AON(All Optical Network) : 모든 통신 방식이 광통신화한 망
㉢ High Speed Data, Broadband : 광대역화를 통해 멀티미디어 정보를 인터넷망과 연동하여 고속, 고품질로 전송한다.

[정답] ④

37
다음중 CDMA기반 이동통신망에서 Multi-path 페이딩을 방지하는데 가장 효율적인 것은?

① 레이크 수신기 ② 헤테로다인 수신기
③ 압신기 ④ 반전 및 사치

레이크 수신기(Rake receiver)
① 다중경로 페이딩(Multipath fading) : 다중경로에 의한 페이딩은 서로 다른 경로로 수신기에 도착한 신호의 위상차이(시간 지연 차이)에 의해서 발생하는 것이다. 이러한 페이딩은 신호의 크기를 감소시키므로 전송 에러를 집중적으로 발생시킨다.
② Rake receiver란?
㉠ 서로 시간차(지연)가 있는 두 신호를 분리해 낼 수 있는 기능을 가진 수신기를 말한다.
㉡ 서로 다른 경로로 도착한 시간차(지연)가 있는 다중경로 신호들을 결합해서 보다 좋은 신호를 얻을 수 있도록 해주는 수신기이다.
㉢ CDMA방식에서 다중반사파 문제를 극복할 수 있게 해주는 기술이다.

[정답] ①

38 멀티미디어용 디스크 어레이(Disk array) 구현 방법 중 별도의 패리티 디스크를 사용하는 방식은?

① RAID-0　　② RAID-1
③ RAID-3　　④ RAID-5

> RAID(Redundant Array of Inexpensive
> ① RAID는 여러 개의 하드디스크를 하나의 하드디스크처럼 사용하는 방식이다. 즉, 여러 개의 하드 디스크에 일부 중복된 데이터를 나눠서 저장하는 기술이다.
> ② RAID의 종류를 나누는 방법을 레벨이라고 한다.
>
> | 레벨 | 개념 | 특징 |
> |---|---|---|
> | RAID 0 (스트라이핑) | 하나의 데이터를 여러 드라이브에 분산 저장을 함으로써 빠른 입출력을 가능하게 한다. | 매우 빠르다 안정성 저하 |
> | RAID 1 (미러링) | 2개의 하드디스크(HDD)에 같은 데이터를 중복 저장한다. | 신뢰성이 높다 공간효율 나쁨 |
> | RAID 3 (패리티) | RAID 3 / RAID 4 ㉠ RAID 0과 같은 striping 구성을 하여 성능을 보완하고 디스크 용량을 온전히 사용할 수 있게 한다. ㉡ 추가로 에러 체크 및 수정을 위해서 패리티 정보를 별도의 디스크에 따로 저장한다. ㉢ RAID 3 : 데이터를 Byte 단위로 기록 RAID 4 : 데이터를 Block 단위로 기록 | 패리티 사용 디스크 병렬 처리 |
> | RAID 4 (패리티) | | 각 디스크가 한 개의 패리티 블록 사용 |
> | RAID 5 | 데이터의 블록은 모든 디스크에 나뉘어 저장되지만 항상 균등하진 않고, 패리티 정보도 모든 디스크에 나뉘어 저장 | 1개가 HDD 고장나도 데이터 복구 가능 |
>
> ③ RAID 6/10/50등 다양한 레벨 존재
>
> [정답] ③

39 다음 중 유선 기반의 홈네트워크 기술이 아닌 것은?

① Home PNA
② PLC(Power Line Communication)
③ Ethernet
④ Bluetooth

> ① Home PNA : 집안에 설치되어 있는 전화선을 이용해 10[Mbps]의 전송속도로 홈네트워크를 구성하는 것
> ② PLC(Power Line Communication) : 전력선 통신, PLC는 때로 BPL이라고도 불리며, 기존의 전력 송배전선로를 이용해 유선 통신을 하는 방식
> ③ Ethernet : 모든 장치들이 공유한 하나의 케이블로 네트워크상에서 대화 소통하는 것
> ④ Bluetoothe
> ㉠ 블루투스는 디지털 통신 기기를 위한 개인 근거리 무선 통신 산업 표준이다.
> ㉡ 통신 및 정보가전 기기들을 무선으로 상호 연결함으로써 언제나, 어디에서나 서비스를 받을 수 있는 기술이다.
>
> [정답] ④

40 멀티미디어 압축방식 중 동영상 압축기술에 대한 표준규격은?

① TXT　　② DOC
③ JPEG　　④ MPEG

> ① JPEG(Joint Photographics Expert Group) : 흑백 및 컬러 정지화상을 위한 표준
> ② MPEG(Moving Picture Expert Group) : 동영상 압축을 위한 표준
>
> [정답] ④

3 정보전송개론

41 다음 중 음성의 디지털 부호화 기술 중에서 파형 부호화 방식이 아닌 것은?

① LPC　　② PCM
③ DPCM　　④ DM

> 음성의 디지털 부호화 기술은 다음 3가지로 분류할 수 있다.
> ① 파형 부호화 방식(waveform coding) : 음성 파형을 표본화, 양자화, 부호화하여 전송하는 방식으로 양자화 방식에 따라 PCM, DPCM, DM 등으로 나눌 수 있다.
> ② 보코딩 방식(vocoding) : 음성의 특징을 추출하여 전송하고 재생하는 방식으로 channel vocoder, LPC(선형 예측 부호화) vocoder, Formant vocoder등으로 나눌 수 있다.
> ③ 혼합 부호화 방식(hybrid coding) : 파형 부호화 방식과 보코딩 방식의 장점을 혼합한 방식이다.
>
> [정답] ①

42
표본화 주파수가 10[kHz]이고 원신호 파형의 주파수가 1[kHz]라면, 1주기당 PAM신호는 몇 개인가?

① 1개　　② 2개
③ 5개　　④ 10개

> 1주기당 PAM신호의 개수
> $N = \dfrac{\text{표본화 주파수}}{\text{원신호 파형의 주파수}} = \dfrac{10[kHz]}{1[kHz]} = 10$
>
> [정답] ④

43
8진 PSK(Phase Shift Keying)에서 반송파간의 위상차는?

① 25도　　② 45도
③ 90도　　④ 125도

> PSK에서 반송파간의 위상차는 $\dfrac{2\pi}{M}$이다.
> M은 진수로 문제의 경우 8진이므로 반송파간의 위상차는 $\theta = \dfrac{2\pi}{8} = \dfrac{\pi}{4} = 45$도이다.
>
> [정답] ②

44
다음중 OFDM 방식을 사용하고 있지 않은 것은?

① 지상파 HDTV　　② LTE 이동통신
③ WiFi IEEE 802.11n　　④ 지상파 DMB

> OFDM(Orthogonal Frequency Division Multiplexing)은 직교 주파수분할 다중화로 많은 수의 직교 부반송파를 사용하여 심볼 블록들을 병렬로 전송하는 방법으로, 데이터는 블록 단위로 나누어져 직교 부반송파상에 병렬로 전송한다.
> OFDM은 디지털 멀티미디어 방송인 지상파 DMB, 무선 LAN인 W-LAN(무선 LAN으로 IEEE802.11로 규격화 되어 있으며 IEEE802.11b, IEEE 802.11g, IEEE 802.11a, IEEE 802.11n이 있다.) 무선 광대역 인터넷서비스(또는 무선 휴대인터넷)인 WiBro, 무선 데이터 전송 시스템인 WiFi, LTE 이동통신 등에 널리 사용된다.
>
> [정답] ①

45
다음 중 SONET의 설명으로 틀린 것은?

① SONET은 미국 내 공업 표준을 마련하는 기구인 ANSI 산하 ECSA에 의해 마련된 광통신 전송표준이다.
② SONET의 기본 전송단위인 STS-1은 90열 9행의 2차원 논리적 배열구조를 가지는 프레임이다.
③ SONET은 ITU-T에서 국제표준으로 채택되었다.
④ 전체 810바이트의 영역에서 36바이트는 프레임의 올바른 전송에 필요한 프로토콜 오버헤드로 이용된다.

> SONET(Synchronous Optical Network)
> ① ANSI(미국표준협회) 산하 ECSA(통신교환사업자표준화협회)에 의해 마련된 광통신 전송표준(북미 표준)으로 기본 전송속도는 STS-1이며 9행*90열(810바이트)의 2차원 논리적 배열구조를 갖는 정방형 프레임이다.
> ② 오버헤드는 전체 810바이트이고, 프레임 반복 주기는 125[μS] 즉 초당 8,000개 전송이므로 프레임 주파수는 (초당 전송하는 프레임 개수)는 8[KHz]가 된다. 따라서 전송속도는 8,000개*810바이트*8=51.84[Mb/s]가 된다.
> ③ ITU-T에서는 SONET을 기본 기술로 채택하여 국제 SDH(Synchronous Digital Hierarchy) 표준으로 개발하였으며 ITU-T에서는 SDH라고 부른다.
> ④ 북미 표준인 SONET과는 프레임 구조 및 용어상에서 약간의 차이가 존재한다.
> ⑤ ITU-T에서는 기존의 비동기식 PCM 하이어라키에서 많이 사용되는 139.264[Mb/s] 전송속도까지 고려하여 155.52[Mb/s]를 기본 전송속도로 채택하였으며 이를 STM-1이라 부른다.
> 즉, STS-3(51.84[Mb/s]*3=155.52[Mb/s])과 STM-1의 전송속도가 같은 것이다.
>
> [정답] ③

46
길이 500[m] 광섬유 4개를 융착 접속하여 하나의 광섬유로 사용하고자 한다. 연결한 광섬유의 총 손실은 몇 [dB]인가? (단, 광섬유의 손실 : 2[dB/km], 융착접속 손실 : 0.1[dB])

① 2.3[dB]　　② 2.4[dB]
③ 4.3[dB]　　④ 4.4[dB]

> 500[m]짜리를 4개 연결하면 총 길이가 2[km]가 된다. 1[km]당 2[dB]의 손실이 있다고 하였으므로 4[dB]의 손실이 생긴다. 한편 500[m]짜리 4개를 연결할 때 연결지점은 3군데이며 한 곳에서 0.1[dB] 손실이 생기므로 융착 접속손실은 0.3[dB]가 생긴다. 따라서 광섬유의 총 손실은 4.3[dB]가 된다.
>
> [정답] ③

47
광섬유 기반의 광통신 시스템에서 전송 거리를 제한하는 가장 중요한 원인은 어느 것인가?

① 광 손실   ② 광 분산
③ 광 전반사   ④ 광 굴절

광섬유 기반의 광통신 시스템에서 전송거리를 제한하는 가장 중요한 원인은 광손실이다. 광케이블에서는 광 손실을 나타내기 위해 단위로 [dB/km]를 사용하는데 만약 광 손실이 3[dB/km]라면 광이 1[km]를 진행했을 때 광전력이 반으로 줄어들었다는 것을 의미한다.

[정답] ①

48
지상 마이크로파 설명으로 옳은 것은?

① 주로 단거리 통신서비스에 이용된다.
② TP케이블을 사용한다.
③ 송수신 안테나 간의 조정이 필요하다.
④ 주요 손실의 원인은 누화이다.

마이크로웨이브 전송(통신)의 특징은 다음과 같다.
① 파장이 짧으므로 원거리 통신을 수행하고자 하는 경우에는 도중에 중계기가 필요하다. 또한 지향성과 이득이 큰 안테나를 소형으로 만들 수 있으며 가시거리 통신이므로 송수신 안테나간의 조정이 필요하다.
② 광대역 전송이 가능하다.
③ S/N비가 높다
④ (가시거리 내에서) 전파손실이 적다.
⑤ 회선건설 기간이 짧다.
⑥ 유지보수가 어렵다.(지상 마이크로웨이브의 중계기는 산 정상에, 위성통신의 중계기인 위성은 하늘에 있으므로)
⑦ 보안에 취약하다.

[정답] ③

49
다음 중 비동기 방식의 설명으로 틀린 것은?

① 정보의 송수신을 위해 사용되는 클럭이 상대측과 서로 독립적으로 운용된다.
② 송신할 정보가 있을 때 마다 정보의 시작, 정지를 수신측에 알려준다.
③ 한 문자씩 전송한다.
④ 한 비트씩 전송한다.

비동기식 전송은 데이터 통신에서 정보의 송신 및 수신을 위해 사용되는 클록이 상대측과 서로 독립적으로 운용되면서, 송신할 정보가 있을 때마다 정보의 시작, 정지(start/stop)를 수신측에 알려주는 데이터 전송 형태로 한 문자씩 전송하며 다음과 같은 특징을 갖는다.
① 정보 전송 형태는 문자 단위로 이루어지며, 송신측과 수신측이 항상 동기 상태에 있을 필요는 없다.(문자 전송시에만 동기 유지)
② 각 문의 앞에는 1개의 start bit, 뒤에는 1~2개의 stop bit를 가진다. stop bit란 문자 전송 사이의 idle time을 말하는 것으로 1, 1.5, 2비트 시간을 말한다. 정지 비트(stop bit)는 휴지 상태와 같으므로 송신기는 다음 문자를 보낼(또는 수신할) 준비가 될 때까지 정지비트(stop bit)를 계속 전송하게 된다.
③ 문자와 문자 사이에는 휴지시간이 있을 수 있다.
④ 2,000[bps] 이하의 전송속도에서 사용된다.
⑤ teletype(인쇄 전신기)형 단말기는 대부분 비동기식으로 데이터를 전송한다.
⑥ 전송 성능이 나쁘고 전송 대역도 넓게 차지한다.
⑦ 비동기식 전송은 조보 동기 또는 start-stop 전송이라고도 한다.

[정답] ④

50
다음 중 동기식 전송방식이 아닌 것은?

① Bit 동기방식   ② Character 동기방식
③ ATM 동기방식   ④ Frame 동기방식

동기식 전송방식에는 다음과 같은 것이 있다.
① 비트(Bit)동기방식 : 클록을 이용하여 동기를 맞추는 방식
② 문자(Character) 동기방식 : 특수한 문자인 SYN을 이용하여 동기를 맞추는 방식
③ 프레임(Frame) 동기방식 : 특수한 비트열인 플래그(01111110)를 이용하여 동기를 맞추는 방식

[정답] ③

51
16진 QAM의 대역폭 효율은 얼마인가?

① 2[bps/Hz]   ② 4[bps/Hz]
③ 6[bps/Hz]   ④ 16[bps/Hz]

대역폭 효율(스펙트럼 효율)
$n = \log_2 M = \log_2 16$
$= 4[bps/Hz]$

[정답] ②

52. 브로드밴드 전송방식의 설명으로 다음 중 틀린 것은?

① 변조 기법을 통하여 신호의 주파수 대역을 옮겨서 전송한다.
② 광범위한 주파수 영역을 효과적으로 사용할 수 있다.
③ 무선통신에서 주로 사용한다.
④ 변조 방식에는 기저대역 신호에 반비례하여 변화시킨다.

브로드밴드 전송방식(반송대역 전송방식)은 전송하고자 하는 디지털 정보신호에 따라 반송파의 진폭 또는 주파수 또는 위상을 변화시켜 즉 디지털 변조해서 전송하는 방식을 말한다. 변조는 정보신호의 스펙트럼을 높은 쪽으로 옮기는 조작이므로 변조기법을 통하여 신호의 주파수 대역을 옮겨서 전송하는 것과 같다. 따라서 광범위한 주파수 영역을 효과적으로 사용할 수 있다. 무선통신에서 주로 사용한다.
기저대역 전송(디지털 신호를 그대로 또는 다른 형태의 전송부호로 바꾸어 전송하는 방법 즉, 디지털 변조하지 않고 디지털 신호를 전송하는 방법)에서 사용되는 디지털 신호 또는 전송부호를 기저대역 신호라 표현한 것이며 변조와는 관계없다.

[정답] ④

53. OSI 7계층에서 암복호화, 데이터 압축등을 수행하는 계층은?

① 전송계층　　② 세션계층
③ 표현계층　　④ 응용계층

표현계층은 단말에서의 표현(색깔, 크기, 코드 등)과 관련된 특성을 규정하거나 데이터의 압축 및 암호화, 해독 등의 기능을 수행한다.

[정답] ③

54. OSI 7계층에서 하위 3계층에서 발생한 데이터 분실 등의 오류를 회복시키는 계층은?

① 네트워크 계층　　② 트랜스포터 계층
③ 세션 계층　　④ 데이터링크 계층

하위 3계층의 오류를 회복하는 것은 종단 대 종단에 대해 오류제어와 흐름제어를 수행하는 4계층인 트랜스포트 계층에서 이루어진다.

[정답] ②

55. OSI 7계층 참조모델 중 2계층 프로토콜에 해당하지 않는 것은?

① HDLC　　② PPP
③ SLIP　　④ SNMP

OSI-7계층 모델에서 2계층은 데이터 링크 계층으로 물리(링크)주소 지정, 흐름제어, 전송제어를 수행한다. 2계층에서의 데이터 전송 단위는 프레임이며 노드와 노드사이에 프레임을 전달하는 책임을 갖는다. 데이터링크 계층에서 규정된 이러한 기능을 잘 수행하기 위한 프로토콜이 데이터링크 계층 프로토콜이며 여기에는 BSC, BASIC, SDLC, HDLC, DDCMP, LAP-B, PPP등이 있다.
SNMP(Simple Network Management Protocol)는 네트워크 관리용 프로토콜로 TCP/IP 프로토콜 구조의 응용계층에서 사용된다.

[정답] ④

56. 다음 중 에러정정이 가능한 방식은?

① 수직 패리티 체크방식
② 해밍(Hamming) 부호방식
③ 그룹 계수 검사방식(Group Count Check)
④ 정마크 부호 검사방식

에러정정 부호에는 다음과 같은 것이 있다.
① 해밍코드
② LDPC코드
③ BCH코드
④ convolution코드
이 중 ① ~ ③은 블록 코드이고 ④는 비블록 코드이다.
블록 코드란 현재의 블록을 부호화하는데 있어 그 이전의 블록이 영향을 미치지 않은 코드이고 비블록 코드란 영향을 미치는 코드를 말한다. 이 둘 사이의 가장 큰 차이는 메모리의 유무이다. (비블럭 코드는 메모리가 있고, 블록 코드는 메모리가 없다.)

[정답] ②

57. 입력되는 정보 마지막에 1[bit]를 추가하여 추가된 Bit로 에러를 검사하는 것을 무엇이라고 하는가?

① ASCII　　② Parity Check
③ CRC　　④ ARQ

입력되는 정보 마지막에 1비트의 여분의 비트를 추가하여 전송하고 수신측에서는 이것을 이용하여 에러를 검사하는 것을 패리티 체크(parity check)라 한다. 패리티체크는 에러검출방식의 한 종류이다.

[정답] ②

58

IPv6의 특징으로 틀린 것은?

① 헤더 정보가 IPv4보다 간단하다.
② IPv4보다 패킷 처리가 빨라졌다.
③ Mobility 기능은 IPv4가 더 좋다.
④ 멀티캐스트가 IPv4의 브로드캐스트 역할을 대신한다.

> IPv6 특징은 다음과 같다.
> ① IP주소수의 대폭적인 확장
>   IPv6는 128비트 주소체계를 채택하기 때문에 이론적으로 2의 128승 개의 컴퓨터가 연결될 수 있다. IPv6가 도입되면 클래스가 사라지는 대신에 유니캐스트(unicast), 애니캐스트(anycast), 멀티캐스트(multicast)로 되어 있는 세가지 주소 유형 중 하나를 선택하게 된다. 유니캐스트는 인터넷 개인 사용자들, 애니캐스트는 LAN 등 기업 전산망, 멀티캐스트는 ISP(Internet Service Provider) 등이 이용할 수 있다.(멀티캐스트 주소는 IPv4의 브로드캐스트 역할을 대신한다.)
> ② 실시간 멀티미디어 처리 기능(서비스 품질 개선)
>   멀티미디어 실시간 처리 기능은 비디오 데이터를 전송할 수 있는 광 대역폭을 확보하고 서로 다른 대역폭에서도 무리 없이 동영상 처리가 가능하도록 지원하는 것이다. IPv6에서의 이러한 기능은 IPv4의 10개의 필드로 돼 있던 헤더 부분을 전체 길이가 변하지 않으면서 6개로 줄어들게 하는(따라서 헤더 정보가 IPv4보다 간단하며, IPv4보다 패킷처리가 빨라졌다.) 기술을 채택했기 때문에 가능하다.
> ③ IP 자체의 보안성 확대
>   IPv4는 패킷 스위칭 망에서 단순한 데이터의 이동만을 염두에 두고 제작한 것이기 때문에 보안 기능을 담당하는 상위 프로토콜을 별도로 운영해야만 했다. IPv6는 보안 기능을 확장헤더에 포함하여 보안 기능을 수행하도록 설계되었다. 확장헤더라 authentification header(AH)와 encapsulating security payload(ESP) header를 사용함으로써 인증, 기밀성, 무결성을 제공할 수 있다. 이들 header가 제공하는 기능은 IPSec가 기본(default)으로 제공한다. IPv4에서도 이들 기능을 옵션(patch file)형태로 제공할 수는 있다.
> ④ 자동 환경구성(Auto Configuration)
>   IPv4에서는 호스트를 인터넷에 처음 연결하려면 IP주소 지정, 서브넷 마스크 지정, 디폴트 라우터 지정, 네임서버 지정 등을 각각 수동으로 해주어야 하나 IPv6에서는 호스트를 처음 인터넷에 연결할 때 어떤 서버의 도움없이도 자동으로 네트워크 환경구성이 가능하다.
> ⑤ Mobile IP 기능 개선
>   IPv4에서 사용하는 주소체계는 "netid+hostid"로 되어 있기 때문에 호스트가 인터넷을 이용하기 위해서는 위치가 반드시 고정적으로 지정되어 있어야 하며 만약 호스트의 위치가 바뀌게 되더라도 현재의 IP주소를 바꾸지 않고도 계속해서 인터넷을 사용할 수 있게 만든 IP가 Mobile IP인데 IPv6에서는 Mobile IP가 기본으로 제공된다.
>
> [정답] ③

59

어떤 PC의 네트워크 정보 중 IP주소와 마스크가 각각 다음과 같을 때, 이 PC가 연결되어 있는 서브네트워크 주소는?(단, IP Address : 45.23.21.8 Mask : 255.255.0.0 이다.)

① 45.23.0.0
② 45.23.21.0
③ 45.23.21.8
④ 255.255.21.8

> IP주소가 45.23.21.8이므로 이를 2진수로 나타내면 ①과 같다. 마스크가 255.255.0.0이므로 이를 2진수로 나타내면 ②와 같다.
> ① 00101101 00010111 00010101 00001000
> ② 11111111 11111111 00000000 00000000
> 이제 ①과 ②를 AND연산하면
> 00101101 00010111 00000000 00000000 이 되므로 이를 십진수로 나타내면 45.23.0.0 이 되며 이것이 이 PC가 연결되어있는 서브네트워크 주소가 된다.
>
> [정답] ①

60

물리적으로 동일한 네트워크에 연결되어 있지만 논리적으로 새로운 그룹을 만들어서 각각의 그룹 내에서만 통신이 가능하도록 구성되어 있는 것을 무엇이라 하는가?

① GSM
② VLAN
③ GPRS
④ DECT

> IEEE 802.1P는 LAN 스위치를 사용한 브리지 LAN에서의 우선 제어 구조 규격만 주력하여 표준화하기 위해 IEEE 802.1 작업 그룹 내에 설립된 테스크 포스이다. MAC 프레임 안에 삽입하는 태그를 붙인 프레임에 관해 LAN 스위치 간에 교환하는 방법 등을 GARP(Generic Attribute Registration Protocol)로 규정한다.
> VLAN은 이더넷 스위치가 논리적으로 버스를 분할하는 기능을 제공한다. 논리적인 버스의 분할은 이더넷 네트워크의 물리적인 구조를 변경하지 않더라도 논리적으로 네트워크의 형태를 자유롭게 변경하게 한다. 따라서 한 대의 스위치를 마치 여러 대의 분리된 스위치처럼 사용할 수 있으며 더 작은 LAN으로 세분화시킴으로써 과부하 감소도 가능하고 여러 개의 네트워크 정보를 하나의 포트를 통해 전송할 수 있는 기술도 제공한다.
>
> [정답] ②

4 정보설비기준

61 과학기술정보통신부장관이 방송통신 기자재의 규격 등을 정확하게 적용하고 방송통신서비스의 품질을 확보하기 위하여 실시하는 기술 지도 대상에 포함되지 않는 것은?
① 새로운 방송통신기자재의 개발 및 채택 응용
② 방송통신기자재에 대한 기술표준의 적용
③ 방송통신기자재에 대한 생산기술의 효율화
④ 방송통신기자재의 기능 및 특성의 개선

> 과학기술정보통신부장관은 방송통신기자재의 방송통신 방식 및 규격 등을 생산단계에서부터 정확하게 적용하고 방송통신서비스의 품질을 확보하기 위하여 필요한 경우에는 방송통신기자재의 생산을 업(業)으로 하는 자에게 기술의 표준화, 기술훈련, 기술정보의 제공 또는 국제기구와의 협력 등에 관하여 기술지도를 할 수 있다. 기술지도의 대상 및 방법은 다음과 같다.
> ① 방송통신기자재에 대한 기술표준의 적용
> ② 방송통신기자재에 대한 생산기술의 효율화
> ③ 방송통신기자재의 기능 및 특성의 개선
> ④ 방송통신기자재의 설치 및 운영에 적용하는 표준공법
> ⑤ 방송통신기자재의 품질보증
> ⑥ 새로운 방송통신기술의 채택 응용 및 개발
>
> [정답] ①

62 기간통신사업자가 국선수용단자반에 케이블로 접속 수용하여야 하는 최소 국선 수는?
① 5회선   ② 8회선
③ 10회선   ④ 13회선

> ① 기간통신사업자는 해당 역무에 사용되는 방송통신설비가 벼락 또는 강전류전선과의 접촉 등으로 그에 접속된 이용자방송통신설비 등에 피해를 줄 우려가 있는 경우에는 이를 방지하기 위하여 국선접속설비 또는 보호기를 설치하여야 한다.
> ② 기간통신사업자는 국선을 5회선 이상으로 인입하는 경우에는 케이블로 국선수용단자반에 접속 수용하여야 한다.
> ③ 기간통신사업자는 국선 등 옥외회선을 지하로 인입하여야 한다. 다만, 같은 구내에 5회선 미만의 국선을 인입하는 경우에는 그렇지 않다.
>
> [정답] ①

63 공동주택에 홈네트워크 설비를 설치하기 위한 공간으로 알맞지 않은 것은?
① 세대단자함 또는 세대통합관리반
② 통신배관실(TPS실)
③ 집중구내통신실(MDF실)
④ 공시청단자함

> 홈네트워크 설비 설치공간
> ① 세대단자함 또는 세대통합관리반
> ② 통신배관실(TPS실)
> ③ 집중구내통신실(MDF실)
> ④ 단지서버실
> ⑤ 방재실
>
> [정답] ④

64 방송통신발전기본법에 따른 방송통신설비의 기술 기준 적합여부 조사 시험에 관한 설명이다. 괄호에 들어 갈 내용으로 맞는 것은?

> 과학기술정보통신부장관은 방송통신설비가 기술기준에 적합하게 설치 운영되는지 조사 시험할 경우 그 계획을 ( )전까지 방송통신설비를 설치 운용하는 자에게 알려야 한다.

① 7일   ② 10일
③ 15일   ④ 25일

> ① 방송통신설비를 설치 운영하는 자는 그 설비를 대통령령으로 정하는 기술기준에 적합하게 하여야 한다.
> ② 과학기술정보통신부장관은 방송통신설비가 기술기준에 적합하게 설치 운영되는지를 확인하기 위하여 소속 공무원으로 하여금 방송통신설비를 설치 운영하는 자의 설비를 조사하거나 시험하게 할 수 있다.
> ③ 조사 또는 시험을 하는 경우에는 조사 또는 시험 7일 전까지 그 일시, 이유 및 내용 등 조사 시험계획을 방송통신설비를 설치 운용하는 자에게 알려야 한다.
>
> [정답] ①

65 인터넷에서 국제표준방식 또는 국가표준방식에 의하여 일정한 통신규약에 따라 인터넷 프로토콜 주소를 사람이 기억하기 쉽도록 하기위하여 만들어진 것을 무엇이라 하는가?
① 인터넷 네이밍(Naming)   ② 트위터(Twitter)
③ 도메인(Domain)   ④ 블로그(Blog)

> 감리원의 배치기준
> "인터넷주소"란 인터넷에서 국제표준방식에 의하여 일정한 통신규약에 따라 특정 정보시스템을 식별하여 접근할 수 있도록 하는 숫자 문자 부호 또는 이들의 조합으로 구성되는 정보체계로서 다음 중 하나에 해당하는 것을 말한다.
> ① 인터넷 프로토콜(protocol) 주소 : 인터넷에서 컴퓨터 및 정보통신설비가 인식하도록 만들어진 것
> ② 도메인(domain) 이름 : 인터넷에서 인터넷 프로토콜 주소를 사람이 기억하기 쉽도록 하기위하여 만들어진 것
>
> [정답] ③

66. 다음 중 전기통신사업법에서 정의하는 "보편적 역무"란?

① 전기통신사업법에 의한 허가 또는 등록이나 신고를 받거나 제공하는 전기통신역무를 말한다.
② 모든 이용자가 언제 어디서나 적절한 요금으로 제공받을 수 있는 기본적인 전기통신역무를 말한다.
③ 전기통신사업자와 이용자가 이용에 관한 계약을 체결한 전기통신 역무를 말한다.
④ 정부가 선정한 기간통신사업자가 제공하는 공중용 전기통신역무를 말한다.

> "보편적 역무"란 모든 이용자가 언제 어디서나 적절한 요금으로 제공받을 수 있는 기본적인 전기통신역무를 말한다.
> [정답] ②

67. 전기통신사업법에서 사용하는 용어에 대해 설명한 것이다. 괄호에 들어갈 내용으로 맞게 나열된 것은?

"전기통신회선설비"란 전기통신설비 중 전기통신을 행하기 위한 송신 수신 장소간의 통신로 구성설비로서 전송설비 ( )설비 및 이것과 일체로 설치되는 ( )설비와 이들의 부속설비를 말한다.

① 선로, 교환   ② 전원, 교환
③ 선로, 접지   ④ 전원, 접지

> "전기통신회선설비"란 전기통신설비 중 전기통신을 행하기 위한 송신 수신 장소 간의 통신로 구성설비로서 전송설비 선로설비 및 이것과 일체로 설치되는 교환설비와 이들의 부속설비를 말한다.
> [정답] ①

68. 다음 중 방송통신설비의 안정성 신뢰성 및 통신규약에 대한 기술 기준에 따른 통신국사 선정 조건으로 옳지 않은 것은?

① 임차 통신국사는 내진구조의 건축물을 선정한다.
② 사업자 공동사용이 가능한 조건이어야 한다.
③ 지진대책 기준에 적합하여야 한다.
④ 내화구조의 건축물을 선정한다.

> ① "통신국사"라 함은 방송통신설비를 안전하게 설치 운영 관리하기 위한 건축물로서 통신기계실 등으로 구성되며 특히 중요한 방송통신설비를 수용하는 경우에는 중요통신국사라 한다.
> ② 중요한 통신설비의 설치를 위한 통신국사 및 통신기계실은 다음 사항을 고려하여 구축하거나 선정한다.
> ㉠ 풍수해로부터 영향을 많이 받지 않는 곳.
> ㉡ 강력한 전자파장해의 우려가 없는 곳.
> ㉢ 주변지역의 영향으로 인한 진동발생이 적은 장소.
> [정답] ②

69. 전기통신역무와 이를 이용하여 정보를 제공하거나 정보의 제공을 매개하는 것을 무엇이라 하는가?

① 정보보호산업
② 정보통신서비스
③ 통신과금서비스
④ 정보통신망 응용서비스

> ① "정보통신망"이란 전기통신설비를 이용하거나 전기통신설비와 컴퓨터 및 컴퓨터의 이용기술을 활용하여 정보를 수집·가공·저장·검색·송신 또는 수신하는 정보통신체제를 말한다.
> ② "정보통신서비스"란 전기통신역무와 이를 이용하여 정보를 제공하거나 정보의 제공을 매개하는 것을 말한다.
> [정답] ②

70. 방송통신설비의 기술기준에 관한 규정에 의거하여 50세대 이상 500세대 이하 단지 공동주택의 구내통신실면적 확보 기준으로 알맞은 것은?

① 10제곱미터 이상으로 1개소
② 15제곱미터 이상으로 2개소
③ 20제곱미터 이상으로 1개소
④ 25제곱미터 이상으로 2개소

공동주택의 구내통신실 면적확보 기준

구분	확보면적
50세대 이상 500세대 이하 단지	10제곱미터 이상으로 1개소
500세대 초과 1,000세대 이하 단지	15제곱미터 이상으로 1개소
1,000세대 초과 1,500세대 이하 단지	20제곱미터 이상으로 1개소
1,500세대 초과 단지	25제곱미터 이상으로 1개소

> [정답] ①

5 전자계산기일반

71 이것은 CPU를 구성하는 하드웨어 중 명령어 실행에 반드시 필요한 핵심 모듈로서 명령어 파이프라인들로 이뤄진 슈퍼스칼라 모듈과 ALU 및 레지스터 집합 등을 의미하기도 한다. 최근 이와 같은 것을 하나의 칩에 여러 개 넣은 것들이 출시되고 있다. 여기서 '이것이' 의미하는 것으로 옳은 것은?

① 스칼라
② 캐쉬(Cache)
③ 파이프라인
④ 코어(Core)

CPU 코어(Core)
① CPU 코어란 기존의 CPU 칩에 포함되던 하드웨어 중에서 명령어 실행에 반드시 필요한 핵심 모듈 즉, 명령어 파이프라인들로 이루어진 슈퍼 스칼라 모듈과 ALU 및 레지스터 세트 등을 말한다.
② 네 개의 CPU 코어를 포함시킨 칩을 Qual-core, 6개의 코어를 가지면 Hexa-core processor 등으로 불린다.
③ 코어란 CPU에 내장된 처리 회로의 핵심 부분으로 코어 수가 많을수록 고성능 CPU라 할 수 있다.
④ CPU 성능 평가 지수 : 코어와 쓰레드, 클럭(동작속도), 캐시 메모리

[정답] ④

72 다음 중 가상기억(Virtual Memory)체계에 대한 설명으로 틀린 것은?

① 하드웨어에 의한 것이 아니라 소프트웨어에 의해 실현된다.
② 주기억장치와 보조기억장치가 계층 기억 체제를 이루고 있다.
③ 컴퓨터의 속도를 개선하기위한 방법이다.
④ 컴퓨터의 기억 용량을 확장하기위한 방법이다.

가상기억장치(Virtual Storage System)
① 가상기억장치는 논리 주소 공간을 실제 사용할 수 있는 주기억장치 공간보다 훨씬 크게 설정하여 보조기억장치에 논리 주소 공간상의 모든 데이터를 저장해 두고, 당장 실행에 필요한 부분만을 물리 공간에 적재시켜 사용하는 방식이다.
② 가상기억장치는 제한된 주기억장치의 용량을 가지고 있는 컴퓨터에서 보조기억장치를 이용하여, 사용자로 하여금 주기억장치의 용량보다 훨씬 큰 가상 기억공간을 쓸 수 있게 하는 개념이다.
③ 가상기억장치는 그 동작원리가 캐시기억장치와 유사하나 캐시기억장치는 컴퓨터의 속도 향상이 목적이지만 가상 기억 차제는 컴퓨터 주소 공간의 확대가 목적이다.

[정답] ③

73 디스크 시스템의 성능과 신뢰성을 향상시키기 위해서 디스크 드라이브의 배열을 구성하여 하나의 유니트로 패키지 함으로써 액세스 속도를 크게 향상시키고 신뢰도를 높인 것을 무엇이라 하는가?

① 자기 디스크 장치(Magnetic Disk Unit)
② RAID(Redundant Array of Inexpensive Disks)
③ 자기 테이프 장치(Magnetic Tape Unit)
④ 램. 디스크 장치(RAM Disk Unit)

RAID(Redundant Array of Inexpensive Disks)
① RAID는 여러 개의 하드디스크에 일부 중복된 데이터를 나눠서 저장하는 기술이며, 복수 배열 독립 디스크라고도 한다.
② RAID는 여러 개의 디스크 드라이브를 마치 하나의 드라이브처럼 작동하도록 하는 일련의 시스템으로 구성되어 있다. 이때 각각의 디스크들은 병렬적으로 작동하기 때문에 액세스 동작이 개선되고 사고에 의한 축적된 정보의 손실도 방지할 수 있게 된다.
③ RAID는 비용 절감, 신뢰성은 향상, 성능 향상에 도움을 준다. 램 디스크(RAM disk)는 램을 보조기억장치로 쓰는 것을 말한다.

[정답] ②

74 다음은 CPU에 서비스를 받으려고 도착한 순서대로 프로세스와 그 서비스 시간을 나타낸다. FCFS(First Come First Served) CPU Scheduling에 의해서 프로세스를 처리한다고 했을 경우 프로세스의 평균 대기 시간은 얼마인가?

프로세스	버스트 시간(초)
P1	24
P2	3
P3	3

① 15초
② 16초
③ 17초
④ 18초

FCFS(First Come First Service) 스케줄링
① FCFS는 큐(Queue)에 먼저 도착한 프로세스에게 먼저 CPU를 할당해주며, CPU를 할당받은 프로세스는 스스로 CPU를 반납할 때까지 CPU를 독점하는 비선점 방식이다. CPU를 요청한 순서대로 할당하는 방식이다.
② 선입선처리(FIFO) 방식이기 때문에 구현하기는 쉽지만, process의 평균 대기시간이 길어질 수 있다.
③ 프로세스의 대기시간은 $P_1 = 0[s]$, $P_2 = 24[s]$, $P_3 = 27[s]$이므로,
평균 대기 시간은 $\frac{(0+24+27)}{3} = 17[s]$

[정답] ③

75. 다음 중 선점 스케줄링 방식에 대한 설명으로 틀린 것은?

① 빠른 응답을 요구하는 시분할 시스템에 적합하다.
② 우선순위가 높은 프로세스들이 빠르게 처리될 수 있다.
③ 일단 프로세서를 할당 받으면 완료될 때까지 점유한다.
④ 오버헤드가 발생한다.

CPU 스케줄링(Scheduling)은 현재 실행 중인 프로세스로부터 다른 프로세스로 CPU를 넘길 때, 기다리고 있는 여러 프로세스 중 누구를 선택해야 할지에 대한 방식을 정하는 기법이다.
선점(preemptive) 스케줄링
① 한 프로세스가 CPU를 할당받아 실행중이라도 우선순위가 높은 다른 프로세스가 현재 프로세스를 중지 시키고 CPU를 강제적으로 뺏을 수 있는 스케줄링 방식
② 빠른 응답시간을 요구하는 시분할 시스템에 유용
③ 선점으로 인한 많은 오버헤드를 초래함
④ 종류 : SRT, 선점 우선순위, RR(Round Robin), 다단계 큐, 다단계 피드백 큐 등 알고리즘
비선점(non-preemptive) 스케줄링
① 이미 할당된 CPU를 다른 프로세스가 강제로 빼앗아 사용할 수 없는 스케줄링 기법
② 모든 프로세스에 대한 요구를 공정하게 처리가 가능
③ 일괄 처리 방식에 적합하며, 응답시간의 예측이 가능
④ 종류 : FCFS(FIFO), SJF, 우선순위, HRN, 기한부 등 알고리즘

[정답] ③

76. 다음과 같은 운영체제의 운용 기법은?

데이터 발생 또는 처리요구가 발생했을 경우에 즉시, 처리결과를 산출하는 운용기법을 말하며, 처리시간을 단축하고, 비용이 절감되기 때문에 은행과 같이 온라인 업무에 시간제한을 두고 수행하는 작업 등에 사용된다.

① 단일 사용자 시스템
② 실시간 처리 시스템
③ 분산처리 시스템
④ 시분할 시스템

정보처리 시스템의 형태
① 실시간 처리 시스템(Real time processing system)
데이터 발생 즉시, 또는 데이터 처리 요구가 있는 즉시 처리하여 결과를 산출하는 방식 ex)항공기나 열차의 좌석 예약, 온라인 예금의 입/출금 등)
② 분산처리 시스템(Distributed processing system)
여러 개의 컴퓨터(프로세스)를 통신 회선으로 연결하여 하나의 작업을 처리하는 방식
③ 시분할처리 시스템(Time-sharing system)
중앙의 컴퓨터 1대를 원거리에 있는 여러 장소의 단말 장치에서 공동 이용하는 방식

[정답] ②

77. Shift Register에 있는 이진수 Number가 5번 Shift-left 되었을 때 결과값으로 알맞은 것은?

① Number*5
② Number/5
③ Number*32
④ Number/32

시프트 레지스터(Shift Register)
① 시프트 레지스터는 비트들을 좌측 혹은 우측으로 이동시키는 기능을 가진 레지스터이다.
② 시프트 레지스터를 이용하면 곱셈과 나눗셈을 할 수 있다. 왼쪽(left)으로 한 번 시프트하면 2로 곱한(*2) 결과가 된다. 오른쪽(right)으로 한 번 시프트하면 2로 나눈(/2) 결과가 된다.
∴ 5번 shift-left
원래의 값(number)×2^5=원래의 값(number)×32

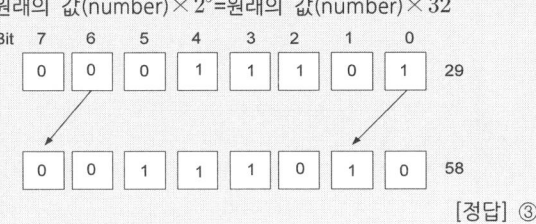

[정답] ③

78. 다음 중 데드락(Deadlock)을 발생시키는 원인이 아닌 것은?

① 점유와 대기(Hold and Wait)
② 순환 대기(Circular Wait)
③ 상호배제(Mutual Exclusion)
④ 선점 방식(Preemption)

교착 상태(deadlock)
교착상태란 여러 프로세스들이 각자 자원을 점유하고 있으면서 다른 프로세스가 점유하고 있는 자원을 요청하면서 무한하게 대기하는 상태이다. 두 개 이상의 작업이 서로 상대방의 작업이 끝나기만을 기다리고 있기 때문에 결과적으로 아무것도 완료되지 못하는 상태를 말한다.
교착상태 발생 조건
① 상호 배제(Mutual exclusion) 조건 : 한 번에 오직 한 프로세스만이 자원을 사용할 수 있다.
② 점유와 대기(Hold and wait) 조건 : 프로세스가 적어도 하나의 자원을 점유하면서 다른 프로세스가 점유하고 있는 자원을 추가로 얻기 위해 대기한다.
③ 비선점(No preemption) 조건 : 점유된 자원은 강제로 해제 될 수 없고, 점유하고 있는 프로세스가 작업을 마치고 자원을 자발적으로 해제한다.
④ 순환 대기 조건 : 프로세스와 자원들이 원형을 이루며, 각 프로세스는 자신에게 할당된 자원을 가지면서 상대방의 자원을 상호 요청하는 경우를 말한다.

[정답] ④

79 마이크로프로세스 병렬 처리에서 단계로써 맞는 것은 무엇인가?

① Fetch-Execute-Decode-Write
② Execute-Decode-Fetch-Write
③ Fetch-Decode-Execute-Write
④ Decode-Execute-Fetch-Write

> 명령어 사이클(Instruction cycle)
> CPU가 한 개의 명령어를 실행하는 데 필요한 전체 저리 과정으로서, CPU가 프로그램 실행을 시작한 순간부터 전원을 끄거나 회복 불가능한 오류가 발생하여 중단될 때까지 반복한다.
> Instruction cycle
> ① Fetch(인출) : 메모리 상의 프로그램 카운터가 가리키는 명령어를 CPU로 인출하여 적재
> ② Decode(해석) : 명령어의 해석, 이 단계에서 명령어의 종류와 목표 등을 판단
> ③ Execute(실행) : 해석된 명령어에 따라 데이터에 대한 연산을 수행
> ④ Writeback(쓰기) : 명령어대로 처리 완료된 데이터를 메모리에 기록
> ∴ Fetch -> Decode -> Execution -> Writeback 순으로 동작한다.
> [정답] ③

80 다음 중 어셈블리 명령어(MOV R0, R1)에 대한 설명으로 옳은 것은?

① 레지스터간 R0, R1데이터의 덧셈 수행
② R0, R1을 스택에 저장
③ R1을 R0 번지에 저장
④ 레지스터 R1의 데이터를 R0로 이동

> ① 어셈블리어(Assemble Language)는 기계어에 1 : 1로 대응되는 니모닉 심벌화한 언어로서, 코드 대신에 기호를 사용하기 때문에 기호언어라고도 부른다.
> ② 'MOV' 명령 : 데이터를 복사(이동)하는 명령어
> MOV R0, R1 : 두 번째 인자(R1)에 주어진 데이터를 첫 번째 인자(R0)에 복사한다.
> ③ MOV 명령이 실행되어도 R1의 데이터가 삭제되지 않으며, 복사만 하는 것이다.
> [정답] ④

④ 2020년 1회

1 디지털 전자회로

01 다음 그림의 정전압 다이오드 회로에서 입력이 $\pm 2[V]$ 변화할 때, 출력전압의 변화는? (단, 제너 다이오드의 내부 저항은 $r_d = 4[\Omega]$, 저항은 $R_s = 200[\Omega]$이다.)

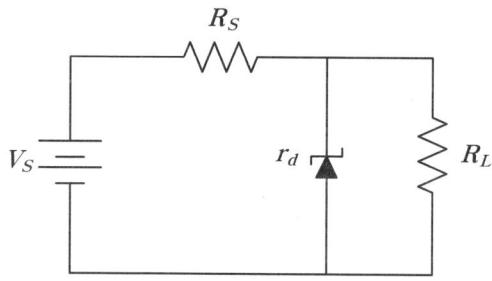

① $\pm 10[mV]$
② $\pm 20[mV]$
③ $\pm 30[mV]$
④ $\pm 40[mV]$

> 전압 안전계수 S_v는 입력 전압의 변동분에 대한 출력 전압의 변동분의 비이다.
> $$S_v = \frac{\partial V_L}{\partial V_S} = \frac{r_d}{R_s + r_d}$$
> $$= \frac{V_L}{\pm 2[V]} = \frac{4}{200+4} = \frac{2}{51} = 약\ 0.02$$
> $$\therefore V_L = \pm 40[mV]$$
> [정답] ④

02 제너다이오드에서 제너전압이 10[V], 전력이 5[W]인 경우 최대전류의 크기는?

① 0.05[A]
② 0.5[A]
③ 0.05[mA]
④ 0.5[mA]

> 제너 다이오드 최대전류
> $$I = \frac{P_Z}{V_Z} = \frac{5[W]}{10[V]} = 0.5[A]$$
> [정답] ②

03
다음 그림은 정전압 기본구성도를 나타낸 것이며, 빈 칸 (a), (b), (c)에 가장 바람직한 회로는?

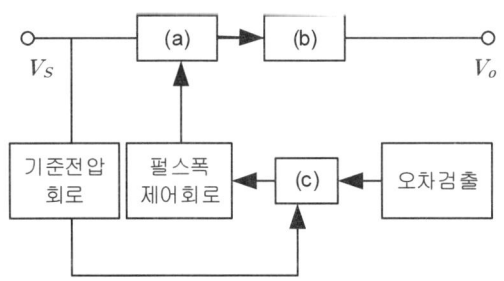

① (a) 스위칭회로, (b) 오차증폭회로, (c) 필터회로
② (a) 스위칭회로, (b) 필터회로, (c) 오차증폭회로
③ (a) 필터회로, (b) 스위칭회로, (c) 오차증폭회로
④ (a) 오차증폭회로, (b) 필터회로, (c) 스위칭회로

> 스위칭 정전압 회로 (SMPS, Switched Mode Power)는 반도체 소자를 이용하여 교류 전원을 직류 전원으로 변환하는 스위치 제어 방식의 전원공급 장치이다.
>
>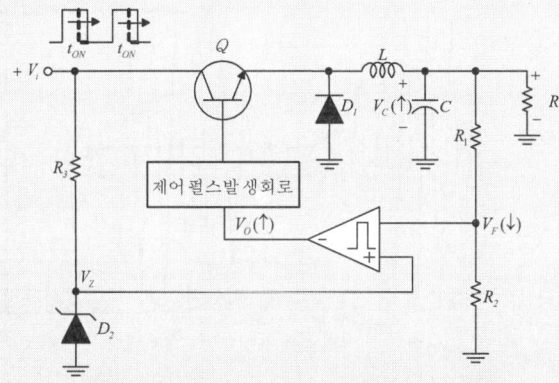
>
> ① 부하 변동에 대응하는 펄스 유지 기간 동안 스위칭 정전압 제어기에서 제어 트랜지스터가 도통된다.
> ② 저역필터(LPF)를 통하여 제어된 직류 출력 전압을 얻는다.
>
> [정답] ②

04
베이스 공통 증폭회로의 특징으로 틀린 것은?
① 입력저항이 작다.
② 출력저항이 크다.
③ 전류이득은 0.96~0.98 정도이다.
④ 출력전압과 입력전압은 역 위상이다.

> 베이스 접지 증폭기의 입력과 출력 간의 위상은 동상이다.
>
> | 구 분 | 베이스 접지 | 에미터 접지 | 콜렉터 접지 (에미터 플로어) |
> |---|---|---|---|
> | 전류이득 A_i | 약 1 | 중간 | 최대 |
> | 전압이득 A_v | 최대 | 중간 | 최소 |
> | 입력저항 R_i | 최소 | 중간 | 최대 |
> | 출력저항 R_o | 최대 | 중간 | 최소 |
> | 입·출력 위상 | 동상 | 역상 | 동상 |
>
> [정답] ④

05
다음 중 공통 컬렉터 증폭기의 특징으로 옳은 것은?
① 입력저항이 매우 작다.
② 출력저항이 매우 작다..
③ 전류이득이 매우 작다.
④ 입출력간 전압위상을 다르게 할 수 있다.

> 접지에 방식에 따른 증폭회로의 특징
>
> | 구 분 | 베이스 접지 | 에미터 접지 | 콜렉터 접지 (에미터 플로어) |
> |---|---|---|---|
> | 전류이득 A_i | 약 1 | 중간 | 최대 |
> | 전압이득 A_v | 최대 | 중간 | 최소 |
> | 입력저항 R_i | 최소 | 중간 | 최대 |
> | 출력저항 R_o | 최대 | 중간 | 최소 |
> | 입·출력 위상 | 동상 | 역상 | 동상 |
>
> [정답] ②

06
다음 중 부궤환(Negative Feedback) 효과로 옳지 않은 것은?
① 안정도가 개선된다.
② 이득이 감소한다.
③ 왜곡이 개선된다.
④ 입력 임피던스가 작아진다.

> 부궤환 증폭기의 특성
> ① 이득이 감소한다
> ② 안정도가 개선된다.
> ③ 증폭기의 주파수 대역폭이 증대된다.
> ④ 일그러짐과 잡음이 감소한다.
> ⑤ 주파수 특성이 개선된다.
> ⑥ 입출력 임피던스가 변화된다.
>
> [정답] ④

07
차동증폭기의 동위상 신호 제거비(CMRR)를 나타내는 식으로 옳은 것은?

① CMRR = 차동 이득 + 동위상 이득
② CMRR = 차동 이득 - 동위상 이득
③ CMRR = 동위상 이득 / 차동 이득
④ CMRR = 차동 이득 / 동위상 이득

이상적인 연산 증폭기의 동위상 신호제거비(CMRR)

$$CMRR = \frac{A_d(차동신호이득)}{A_c(동상신호이득)}$$

[정답] ④

08
다음 중 발진기에 주로 사용되는 것으로 출력신호의 일부를 입력으로 되돌리는 것을 무엇이라고 하는가?

① 정궤환   ② 부궤환
③ 종단저항   ④ 고이득

정궤환(positive feedback)
증폭기의 출력 전압의 일부를 입력 전압과 동위상이 되도록 입력측에 되돌리는 방식의 증폭기

[정답] ①

09
다음 회로에서 정현파를 발생시키는 발진기로 동작하기 위한 저항 Rf의 값은? (단, $C_1 = C_2 = C_3 = 0.001[\mu F]$이고, $R_1 = R_2 R_3 = 10[k\Omega]$, $R_4 = 5[k\Omega]$이다.)

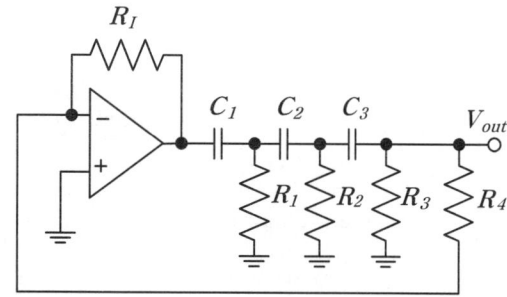

① $5[k\Omega]$ ② $10[k\Omega]$
③ $145[k\Omega]$ ④ $290[k\Omega]$

$$f = \frac{1}{2\pi\sqrt{6}\,CR}$$
$$= \frac{1}{2\pi\sqrt{6} \times 0.001 \times 10^{-6} \times 10 \times 10^3}$$
$$= 145[kHz]$$

[정답] ③

10
다음 중 하틀리 발진기에서 궤환 요소에 해당하는 것은?

① 저항성   ② 용량성
③ 유도성   ④ 결합성

하틀리 발진기는 유도성 분배기를 통해 궤환이 이루어진다.

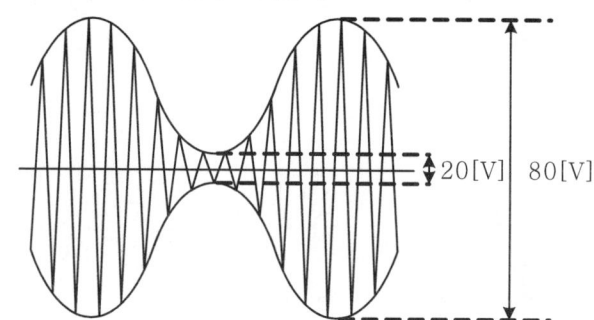

[정답] ③

11
진폭변조(Amplitude Modulation)의 송신기가 그림과 같은 변조파형을 가질 때 반송파전력이 460[mW]이면, 변조된 출력은 몇 [mW]인가?

① 442.8[mW]   ② 469.4[mW]
③ 524.6[mW]   ④ 542.8[mW]

포락선의 최대치를 A, 최저치를 B라고 했을 때,

변조지수 $m = \dfrac{A-B}{A+B} = \dfrac{80-20}{80+20} = 0.6$

$$P_m = P_c\left(1 + \frac{m^2}{2}\right)$$
$$P_m = 460[mW] \times \left(1 + \frac{(0.6)^2}{2}\right) = 542.8[mW]$$

[정답] ④

12
주파수변조(Frequency Modulation) 방식에서 다음 중 주파수 대역폭과 최대 주파수 편이의 관계가 옳은 것은?

① 주파수 대역폭은 최대 주파수 편이의 2배이다.
② 주파수 대역폭은 최대 주파수 편이의 3배이다.
③ 주파수 대역폭은 최대 주파수 편이의 4배이다.
④ 주파수 대역폭은 최대 주파수 편이의 5배이다.

주파수변조 대역폭
$$B_{FM} = 2f_m(m_f+1) = 2f_m(\frac{\triangle f}{f_m}+1) = 2(\triangle f + f_m)$$
(B_{FM}: 주파수 대역폭, $\triangle f$: 주파수 편이)

[정답] ①

13
펄스의 주기와 진폭은 일정하고, 펄스의 폭을 입력신호에 따라 변화시키는 변조 방식은?

① PAM(Pulse Amplitude Modulation)
② PWM(Pulse Width Modulation)
③ PPM(Pulse Position Modulation)
④ PCM(Pulse Code Modulation)

펄스 변조(Pulse Modulation)의 분류
① 펄스 진폭(Amplitude) 변조 (PAM)
  : 신호레벨에 따라 펄스 진폭 변화
② 펄스 폭(Width)변조 (PWM)
  : 신호레벨에 따라 펄스 시간폭을 변화
③ 펄스 위상(Phase)변조 (PPM)
  : 신호레벨에 따라 펄스 위상을 변화.
④ 펄스 주파수(Frequency)변조(PFM)
  : 신호레벨에 따라 펄스 주파수가 변화
⑤ 펄스 수(Number)변조 (PNM)
  : 신호레벨에 따라 펄스 수를 변화.
⑥ 펄스 부호(Code)변조 (PCM)
  : 신호 레벨에 따라 펄스 열의 유무를 변화.

[정답] ②

14
QPSK에서 반송파의 위상차는?

① $\pi/2$
② π
③ 2π
④ $3\pi/2$

QPSK에서 반송파 간의 위상차
$$\frac{2\pi}{M} = \frac{2\pi}{4} = \frac{\pi}{2} = 90°\text{ 이다}$$

[정답] ①

15
다음 중 멀티바이브레이터의 특징으로 옳은 것은?

① 파형에 고차의 고조파를 포함하고 있다.
② 부성저항을 이용한 발진기이다.
③ 극초단파 발생에 적합하다.
④ 회로의 시정수로 신호의 진폭이 결정된다.

멀티바이브레이터의 출력파형은 구형파이므로 수많은 고차의 고조파가 포함되어 있다.

[정답] ①

16
슈미트 트리거 회로에서 최대 루프 이득을 1이 되도록 조정하면 어떻게 되는가?

① 회로의 응답속도가 떨어진다.
② 루프 이득을 정확하게 1로 유지하면서 높은 안정도를 갖는다.
③ 스스로 Reset 할 수 있다.
④ 아날로그 정현파가 발생한다.

슈미트 트리거 회로에서 최대 루프 이득을 1이 되도록 조정하면 높은 안정도를 갖는 방형파를 발진할 수 있지만 회로의 응답속도는 떨어진다.

[정답] ①

17
TTL 게이트에서 스위칭 속도를 높이기 위해 사용하는 다이오드는?

① 바랙터 다이오드
② 제너 다이오드
③ 쇼트키 다이오드
④ 정류 다이오드

쇼트키 다이오드
금속과 반도체의 접촉면에 생기는 장벽(쇼트키 장벽)의 정류소자로서 낮은 전압 강하와 매우 빠른 스위칭 전환이 특징인 반도체 다이오드이다.

[정답] ③

18 다음 중 순서 논리 회로에 대한 설명으로 틀린 것은?

① 입력 신호와 순서 논리 회로의 현재 출력상태에 따라 다음 출력이 결정된다.
② 조합 논리 회로와 결합하여 사용할 수 없다.
③ 순서 논리 회로의 예로 카운터, 레지스터 등이 있다.
④ 데이터의 저장 장소로 이용 가능하다.

순서논리회로 (Sequential Logic Circuit,순차/순서회로)
: 현재 입력 및 과거의 입,출력 신호 모두에 의해서 출력 논리가 결정되는 회로다.

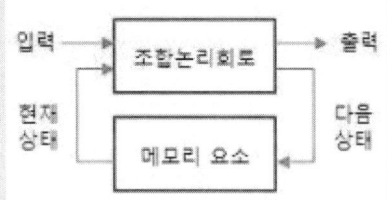

조합논리회로는 오직 입력에 의해서만 출력이 결정되는 논리회로이다.

[정답] ②

19 3개의 T 플립플롭이 직렬로 연결되어 있다. 첫 단에 1,000[Hz]의 구형파를 가해주면 최종 플립플롭에서의 출력 주파수는 얼마인가?

① 3,000[Hz] ② 333[Hz]
③ 167[Hz]   ④ 125[Hz]

T 플립플롭 출력주파수 = 입력주파수 ÷ 2^3
출력주파수 = 1000[Hz] ÷ 8 = 125[Hz]
3개의 플립플롭을 사용했으므로 출력에는
$2^3 = 8$ 분주된 출력 주파수가 나온다.
$f = \dfrac{1,000[KHz]}{8} = 125[Hz]$

[정답] ④

20 다음 중 Access Time이 가장 짧은 것은?

① 자기 디스크   ② RAM
③ 자기 테이프   ④ 광 디스크

RAM은 주기억 장치이며, 자기 디스크, 자기 테이프, 광 디스크는 보조기억 장치이다. 주기억 장치는 가까운 시간 내에 사용될 데이터를 기억하기 위한 장치로, Access Time이 가장 짧다. Access Time이란 중앙 처리 장치에서 데이터를 요구하는 명령을 내린 순간부터 데이터를 주고받는 것이 끝나는 순간까지의 시간이다.

[정답] ②

2 정보통신 기기

21 다음 중 DTE와 DCE를 상호 연결하기 위해 기계적, 전기적, 기능적, 절차적인 조건들을 표준화한 것은?

① 토폴로지   ② DCC 아키텍처
③ DTE/DCE 인터페이스 ④ 참조 모형

DTE와 DCE Interface
DTE와 DCE 사이에 기계적, 전기적, 기능적, 절차적인 조건을 표준화한 것으로 컴퓨터와 모뎀을 연결하는 RS-232C 표준안이 대표적이다.

[정답] ③

22 다음 중 정보단말기의 구성 부분 중 전송제어장치의 구성요소가 아닌 것은?

① 입출력 제어부   ② 회선 제어부
③ 입출력 변환부   ④ 회선 접속부

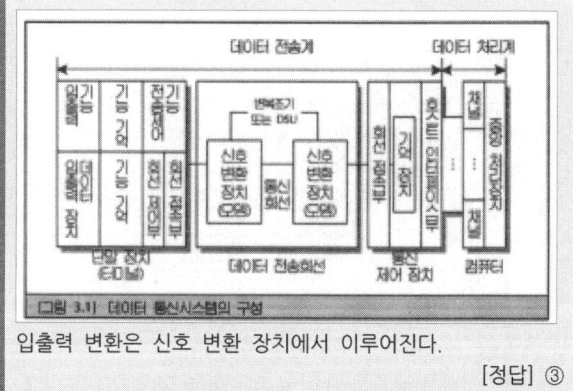

입출력 변환은 신호 변환 장치에서 이루어진다.

[정답] ③

23 정보 단말기의 고기능화 요소로 틀린 것은?

① 다기능화   ② 고가화
③ 지능화   ④ 복합화

고가화는 정보 단말기의 기능적인 측면에서 직접적인 관련이 있다고 보기 어렵다.

[정답] ②

24
모뎀과 제한된 기능의 다중화기가 혼합된 형태의 변복조기로서 고속 동기식 모뎀에 시분할 다중화 기기를 하나로 합친 것은?

① 멀티포트 모뎀　② 멀티포인트 모뎀
③ 고속 모뎀　　　④ 광대역 모뎀

> 멀티포트 모뎀은 하나의 기기에 모뎀과 제한된 기능의 다중화기를 결합시킨 것으로, 적은 수의 채널을 다중화할 때 유용하게 사용된다. 고속 동기식 모뎀과 시분할 다중화 장치를 혼합한 형태를 멀티포트모뎀이라고 한다.
>
> [정답] ①

25
국내에서 종합유선방송을 포함한 방송공동수신설비에 사용되지 않고 있는 디지털 변·복조방식은?

① PAL　　② 8VSB
③ QPSK　④ 256QAM

> PAL(Phase Alternating Line)방식은 유럽 아날로그 방송 시스템에서 사용되었던 컬러 TV방식이다.
>
> [정답] ①

26
다음 중 DSU(Digital Service Unit)의 특징이 아닌 것은?

① LAN 또는 WAN 상에서 디지털 전용회선 연결에 사용된다.
② 단말기가 디지털 네트워크 서비스를 이용하고자 할 때 필요하다.
③ 정확한 동기 유지를 위한 Clock 추출회로가 있다.
④ 음성급 전용망에서 디지털 신호를 전송하기 위하여 등화기와 AGC가 필요하다.

> DSU와 Modem의 비교
>
> | 분류 | DSU | Modem |
> |---|---|---|
> | 사용 네트워크 | DDS, 부호급 전용망 | 음성급 전용망, 교환망 |
> | 전송신호형태 | Digital 신호 | Analog 신호 |
> | 변조방식 | 주로 AMI(Bipolar) | 주로 QAM, Dpsk |
>
> AGC(Automatic Gain Control)회로는 무선 수신기에서 출력신호가 일정하게 나오도록 자동적으로 조절하는 회로이다. 등화기는 전송채널에서 발생하는 진폭감소나 전송지연에 따른 왜곡을 보상하기 위하여 수신기에서 사용한다.
>
> [정답] ④

27
가입자와 직접 연결되지 않고 시내교환기를 서로 연결해 주는 기능을 수행하는 것은?

① 가입자선로　② 시외중계선
③ 중계교환기　④ 시외교환기

> 중계교환기
> 교환기의 입출력 단자에 직접 가입자선을 수용하지 않고 둘 이상의 전화 교환국에서의 중계선을 수용하여, 그것을 상호 간에 교환 접속하는 교환기
>
> [정답] ③

28
두 개의 랜을 연결하여 확장된 랜을 구성하는데 사용되며 ISO 7 Layer의 2계층에서 이용되는 장비는?

① 게이트웨이　② 리피터
③ 라우터　　　④ 브리지

> 네트워크 장비의 종류와 특징
>
> | 장비종류 | 계층 | 특징 |
> |---|---|---|
> | 리피터(Repeater) | 물리계층 | 수신신호증폭, 재전송 기능 |
> | 브리지(Bridge) | Datalink 계층 | 혼잡한 네트워크상에서 전송량을 분리할 수 있음 |
> | 라우터(Router) | 네트워크 계층 | 데이터의 전달경로 설정 |
> | 허브(HUB) | 물리계층 | 네트워크에서 다수단말 집선 |
>
> [정답] ④

29
다음 중 계층별로 일반적으로 소요될 인터네트워킹 장비를 알맞게 구성한 것은?

상위 계층	ⓐ	상위 계층
네트워크 계층	ⓑ	네트워크 계층
데이터링크 계층	ⓒ	데이터링크 계층
물리 계층	ⓓ	물리 계층

① ⓐ 리피터, ⓑ 브리지
② ⓑ 브리지, ⓒ 라우터
③ ⓒ 라우터, ⓓ 게이트웨이
④ ⓐ 게이트웨이, ⓓ 리피터

> 인터네트워킹 장비
> ① 허브/리피터 - 1계층 장비 (물리계층)
> ② 브리지/스위치 - 2계층 장비 (데이타링크계층)
> ③ 라우터 - 3계층 장비 (네트워크계층)
> ④ Gateway - 7계층 장비 (응용계층)
>
> [정답] ④

30 전화기의 주요 성능으로 접속률(Make Radio)과 절단률(Break Radio)이 있다. 접속률[%]을 구하는 공식으로 맞는 것은? (단, a : 접속시간, b : 절단시간)

① $\left(\dfrac{a}{a+b} \times 100\right)$　　② $\left(\dfrac{a+b}{a} \times 100\right)$

③ $\left(\dfrac{b}{a+b} \times 100\right)$　　④ $\left(\dfrac{a+b}{b} \times 100\right)$

접속률 = 접속시간 / (접속시간+절단시간)

[정답] ①

31 다음 중 교환기에서 가입자 선을 정합하는 가입자 회로의 기능이 아닌 것은?

① Charging　　② Battery Feed
③ Coding, Decoding　　④ Over-voltage Protection

가입자선 정합부의 기능

기호	명칭	기능
B	Battery Feed	전류공급
O	Over Voltage Protection	과전압 보호
R	Ringing	호출신호 송출
S	Supervision	가입자선 감시
C	Coding/Decoding	AD, DA 변환
H	Hybrid	2선/4선 변환
T	Testing	내외선 시험

[정답] ①

32 다음 중 화상통신회의 시스템의 기본적인 구성요소가 아닌 것은?

① 영상 시스템부　　② 제어 시스템부
③ 음향 시스템부　　④ 망분배 시스템부

화상통신회의 시스템 구성
① 음향부 시스템 : 전화기, 마이크로폰, 스피커 및 음향신호 처리부로 구성
② 영상부 시스템 : 카메라, 모니터, 영상신호 처리부로 구성
③ 모니터
④ 제어부 시스템

[정답] ④

33 다음 중 디지털TV와 IPTV 방송의 영상압축 전송기술 방식이 아닌 것은?

① MPEG4　　② H.264
③ MPEG2　　④ AC3

MPEG2, MPEG4, H.264, WMT9은 영상압축방식이고, Dolby AC3는 오디오압축방식이다.

[정답] ④

34 위성의 통신영역은 위성의 고도(h)와 지구국 안테나의 통신가능 최저 양각(θ)의 함수관계로 표시할 수 있다. 다음 중 수식으로 옳은 것은? (단, R : 지구의 반경, β : 커버하는 범위의 중심각)

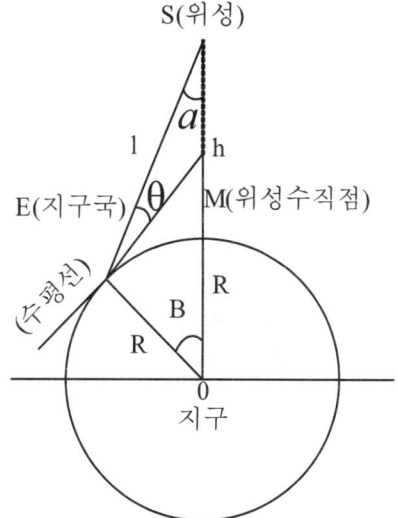

① $\left(\dfrac{R}{R+h} = \dfrac{\cos\theta}{\sin(\beta+\theta)}\right)$

② $\left(\dfrac{R}{R+h} = \dfrac{\cos\theta}{\cos(\beta+\theta)}\right)$

③ $\left(\dfrac{R}{R+h} = \dfrac{\cos(\beta+\theta)}{\cos\theta}\right)$

④ $\left(\dfrac{R}{R+h} = \dfrac{\cos(\beta+\theta)}{\sin\theta}\right)$

통신 영역
위성의 통신영역은 다음 함수처럼 위성의 고도와 지구국 ANT의 통신기능 최저 양각의 함수이고 다음의 관계가 있다.
$\dfrac{R}{R+h} = \dfrac{\cos(\beta+\theta)}{\cos\theta}$
R : 지구 반경, h : 위성 고도, θ : 안테나 최저 양각, β : 커버리지의 중심각

[정답] ③

35 위성에 정착되는 안테나의 종류와 기능이 틀리게 연결된 것은?

① 무지향성 안테나 - 명령 및 텔리메트리 신호 통신
② 파라볼라 안테나 - 스폿빔(Spot Beam)을 만드는데 사용
③ 혼 안테나 - 넓은 지역을 커버하는 빔(Beam)을 만드는데 사용
④ 야기 안테나 - 위성 궤도상 위치 및 자세제어로 사용

야기 안테나는 TV수신용 안테나이다.
[정답] ④

36 다음 중 이동통신망에서 전력제어의 목적과 거리가 먼 것은?

① 자기 기지국 통화용량의 최대화
② 단말기 배터리 수명 연장
③ 인접 기지국 통화용량의 최대화
④ 기지국 소모전력의 최소화

전력제어
기지국의 통화용량 극대화(셀 내의, 셀 간의 간섭의 최소화로 가능함), 단말기 배터리 수명 연장, 균일한 통화품질 유지를 위해 기지국과 이동국 사이에서 전력을 수행한다.
[정답] ④

37 다음 중 멀티미디어 저작도구의 종류 구분으로 거리가 먼 것은?

① 타임라인 방식   ② 페이지 방식
③ 광학저장 방식   ④ 아이콘 방식

멀티미디어 저작도구는 그림, 소리, 동영상 제작 및 편집을 위한 저작용 소프트웨어이다.
광학저장장치는 레이저광원으로 디스크를 읽거나 쓰는 방식이며, 대표적으로 CD ROM에 해당된다.
[정답] ③

38 작업에 필요한 정보가 클라우드에 저장되어 있기 때문에 작업자가 스마트기기를 가지고 있으면 언제 어디서나 일을 할 수 있는 체계를 무엇이라 하는가?

① 스마트 워크(Smart Work)
② 스마트 러닝(Smart Learning)
③ 스마트 뱅킹(Smart Bank)
④ 스마트 상점(Smart Store)

스마트 워크(Smart Work)란 네트워크에 연결할 수 있는 모바일 기기를 이용하여 시간과 장소에 얽매이지 않고 언제 어디서나 일할 수 있는 체제이다.
[정답] ①

39 다음 미디어 분류 중 프리젠테이션 매체의 출력장치로서 거리가 먼 것은?

① 프린터   ② 스피커
③ 플래시 메모리   ④ 모바일 기기

플래시 메모리(Flash Memory)는 전원이 끊겨도 저장된 정보가 지워지지 않는 비휘발성 기억장치이다.
[정답] ③

40 3DTV의 안경식 디스플레이 종류가 아닌 것은?

① 편광방식   ② 셔터글라스방식
③ 광학입체방식   ④ 렌티큘라방식

3DTV는 2D영상에 입체감을 주어 생동감 있는 영상을 제공하는 기술이다.
① 안경방식 - 편광방식, 셔터글라스, 광학입체방식
② 무안경방식 - 렌티큘라방식, 시차베리어방식
[정답] ④

3 정보전송 개론

41 T1 전송시스템은 한 프레임 당 $125[\mu s]$ 시간 동안 총 24 채널을 다중화한다. 이때 전송로 상의 전송속도는 얼마인가?

① 1.544[Mbps]   ② 2.048[Mbps]
③ 6.312[Mbps]   ④ 1.536[Mbps]

전송속도
R=(24×8Bit+1bit)×8KHz = 193bit × 8 kHz
 = 1.544[Mbps]
[정답] ①

42 PCM은 어떤 디지털 부호화 기술을 사용하는가?
① 압축 부호화 방식　　② 보코딩 방식
③ 채널 부호화 방식　　④ 파형 부호화 방식

> 파형 부호화는 신호원 출력인 디지털 부호를 전송 채널에 적합한 파형(모양)으로 변환하는 신호 부호화이다. 주요 기법으로 PCM, DPCM, ADPCM, DM등이 있다.
> [정답] ④

43 다음 중 예측 양자화를 사용하지 않는 것은?
① DPCM　　② DM
③ PCM　　④ ADM

> 비예측 양자화와 예측 양자화
>
> | 비예측 양자화 | 예측 양자화 |
> |---|---|
> | PCM | DPCM / ADPCM
DM / ADM |
>
> [정답] ③

44 다음 중 입력 신호에 따라 반송파의 진폭과 위상을 동시에 변조하는 변조방식은?
① QAM　　② PSK
③ ASK　　④ FSK

> 디지털 변조방식
> ① ASK : 진폭변화
> ② FSK : 주파수변화
> ③ PSK : 위상변화
> ④ QAM : 진폭+위상변화
> [정답] ①

45 다음 중 TP케이블의 설명으로 틀린 것은?
① 두 가닥의 절연 구리선이 감겨 있는 케이블이다.
② STP케이블과 UTP케이블이 있다.
③ 근거리 통신망에서 가장 대중화된 전송매체이다.
④ 전기적 신호의 간섭이나 잡음에 매우 강하다.

> 트위스트 페어(Twisted Pair) 케이블은 다른 전기적 신호의 간섭이나 잡음에 매우 민감하다.
> [정답] ④

46 UTP 케이블을 이용하여 공장 내 통신기기를 직접 연결하고자 한다. UTP 케이블의 손실이 5[dB]일 때 케이블의 길이는? (단, UTP 케이블 감쇠 손실은 2.5[dB/km]이다.)
① 0.5[km]　　② 1[km]
③ 1.5[km]　　④ 2[km]

> UTP 케이블 감쇠 손실이 1km당 2.5[dB]이므로, 손실이 5[dB]일 때 케이블의 길이는 2[km]이다.
> [정답] ④

47 다음 중 광통신에서 사용되는 발광소자는?
① VD(Varactor Diode)
② PIN 다이오드(PIN Diode)
③ APD(Avalanche Photo Diode)
④ LD(Laser Diode)

> 광통신 발광소자, 수광소자
> ① 광통신 발광소자(전광변환) - LD와 LED
> ② 광통신 수광소자(광전변환) - APD와 PIN Diode
> [정답] ④

48 이동통신에서 MSC(Mobile Switching Center)가 단말기의 위치를 탐색하는 것을 무엇이라고 하는가?
① 핸드오프　　② 핸드온
③ 페이징　　④ 수신

> 페이징은 이동통신에서 착신호 발생시에 해당 이동 단말의 위치 (기지국, 교환국 등)을 파악하는 기능이다.
> [정답] ③

49
HDLC(High-Level Data Link Control) 프로토콜의 전송 방식은?

① 문자(중심)방식 ② 바이트(중심)방식
③ 비트(중심)방식 ④ 혼합동기방식

> HDLC 특징
> ① 비트 방식 프로토콜이다.
> ② 단방향, 반이중, 전이중 통신방식 모두 가능해 전송효율이 향상된다.
> ③ 포인 투 포인트, 멀티 포인트, 루프방식이 가능하다.
> ④ Go-back-N ARQ 방식을 사용한다.
> ⑤ HDLC는 전송제어상의 제한을 받지 않고 자유롭게 정보를 전송한다.
> ⑥ 통신을 위한 명령과 응답 모든 정보에 대하여 오류를 검출한다.(신뢰성)
>
> [정답] ③

50
전화교환기에서 신호 정보를 집중 처리하는 특성에 의해 적용되는 방식으로 신호 회선과 통화 회선이 분리되어 있는 신호 방식은?

① 집중 신호 방식 ② 통화로 신호 방식
③ 개별선 신호 방식 ④ 공통선 신호 방식

> 전화교환방식
> ① 통화로(개별선)신호방식은 신호회선과 통화회선을 하나로 사용하는 신호방식이다.
> ② 공통선신호방식은 신호회선과 통화회선을 별도로 분리하여 사용하는 신호방식으로 능동적인 망구성이 가능하여, 지능망, 부가서비스망 구성이 가능하다.
>
> [정답] ④

51
디지털 정보통신시스템이 9,600[bps]로 동작하여야 할 경우 신호요소가 4[bit]로 인코드된다면 이상적인 전송채널에서 최소 얼마의 대역폭을 지녀야 하는가?

① 1,200[Hz] ② 2,400[Hz]
③ 4,800[Hz] ④ 9,600[Hz]

> $$B = \frac{r_b(\text{데이터신호속도})}{n(\text{한번에 전송하는 비트수})} = \frac{r_b}{\log_2 M}$$
> $$= \frac{r_b}{\log_2 16} = \frac{9600}{4} = 2,400\,[Hz]$$
>
> [정답] ②

52
Baseband의 설명으로 맞는 것은?

① 신호가 원래 가지고 있는 주파수 범위이다.
② 신호의 주파수 내역을 옮기는 것이다.
③ 주파수 영역에서 신호의 스펙트럼을 이동시키는 것이다.
④ 변조방식을 말한다.

> Baseband(기저대역)전송이란 변조과정 없이 원래 디지털 신호를 유선 전송로에 맞게 변경(unipoloar, polar, bipolar 형태)하여 통신하는 방식이다.
>
> [정답] ①

53
다음 중 OSI 7계층에서 상위계층에 해당되는 것은?

① 물리계층, 전달계층, 표현계층, 응용계층
② 전달계층, 세션계층, 표현계층, 응용계층
③ 네트워크계층, 세션계층, 표현계층, 응용계층
④ 네트워크계층, 전달계층, 표현계층, 응용계층

> OSI 7Layer의 구조
>
> | 계층 | 명칭 | 기능 |
> |---|---|---|
> | 7 | 응용계층 | 응용프로그램 |
> | 6 | 프리젠테이션계층 | 데이터 압축 및 암호화 |
> | 5 | 세션계층 | 세션 설정, 해제 |
> | 4 | 트랜스포트계층 | End to End 제어 |
> | 3 | 네트워크계층 | 라우팅,주소설정 |
> | 2 | 데이터링크계층 | 동기, 에러, 흐름제어 |
> | 1 | 물리계층 | 물리적 인터페이스 |
>
> [정답] ②

54
ISO에서 제정한 OSI 7계층 중 제 6계층에 해당되는 것은?

① 응용계층 ② 물리계층
③ 표현계층 ④ 전송계층

> 프리젠테이션계층(6계층)
> 데이터를 표준 포맷으로 교환하고, 정확히 데이터를 전송하며 데이터의 압축과 복원, 암호화와 복호화를 수행하는 계층
>
> [정답] ③

55 OSI 계층(Layer) 중 네트워크계층에 대한 설명으로 틀린 것은?

① 계층(Layer) 3에 해당한다.
② 경로를 선택하고, 주소를 정하고, 경로에 따라 패킷을 전달한다.
③ 이 계층에 속하는 장비로 라우터가 있다.
④ 통신케이블, 리피터, 허브 등의 장비가 이 계층에 속한다.

> 통신케이블, 리피터, 허브 등의 장비는 물리계층(1계층)에 속한다.
>
> [정답] ④

56 다음의 정보통신망 구성방식 중 각 컴퓨터나 터미널 들이 서로 이웃하는 것끼리만 연결하는 방식은?

① 메시형(Mesh Type) ② 성형(Star Type)
③ 링형(Ring Type)   ④ 버스형(Bus Type)

> 링형은 각 장치들이 원형(환형) 경로를 따라 연결되는 네트워크 형상을 가진다.
>
> [정답] ③

57 다음 중 IP address 체계의 C class에 유효한 주소는 무엇인가?

① 35.152.68.39   ② 202.96.48.5
③ 36.224.250.92   ④ 128.96.48.5

> IPv6 클래스 주소범위
> A class: 0 ~ 127.x.x.x
> B class: 128 ~ 191.x.x.x
> C class: 192 ~ 223.x.x.x
> D class: 224 ~ 239.x.x.x
> E class: 240 ~ 255.x.x.x
>
> [정답] ②

58 VLAN에서 트래픽을 전달하도록 설계된 표준 프로토콜로 옳은 것은?

① ISL   ② VNET
③ 802.1Q   ④ 802.11A

> IEEE 802.1Q는 하나의 이더넷 네트워크에서 가상 랜(VLAN)을 지원하는 네트워크 표준이다.
>
> [정답] ③

59 서로 다른 컴퓨터에서 동작하고 있는 두 개의 응용 계층 프로토콜 개체가 데이터를 전송하는데 필요한 대화를 관리하고 조정하는 계층으로 옳은 것은?

① 표현 계층   ② 응용 계층
③ 전송 계층   ④ 세션 계층

> 세션 계층 (session layer)
> ① 세션 접속 설정, 데이터 전송, 세션 접속 해제 등의 기능을 가진다.
> ② 반이중과 전이중 통신 모드의 설정을 결정한다.
> ③ 전송 데이터의 중간에 동기점을 삽입하여 오류가 발생하면, 쌍방의 합의에 의하여 동기점부터 다시 재전송한다.
>
> [정답] ④

60 두 부호어의 비트열이 A=(100100), B=(010100)일 때 두 부호어의 해밍거리는?

① 1   ② 2
③ 3   ④ 4

> 해밍거리는 같은 bit수를 갖는 2진 부호 비교 시 대응되는 bit 값이 일치되지 않는 것의 개수이다.
> A=(100100)
> B=(010100)
> 즉, A, B에서 2개의 비트가 서로 다르므로 해밍거리는 2이다.
>
> [정답] ②

4 전자계산기 일반 및 정보설비기준

61 주 기억장치에 저장된 명령어를 하나하나씩 인출하여 연산코드 부분을 해석한 다음 해석한 결과에 따라 적합한 신호로 변환하여 각각의 연산 장치와 메모리에 지시 신호를 내는 것은?

① 연산 논리 장치(ALU)   ② 입출력 장치(I/O Unit)
③ 채널(Channel)   ④ 제어 장치(Control Unit)

> 제어장치의 기능
> ① CPU의 외부에 제어 신호를 보내어 메모리 및 입출력 모듈과 CPU 사이에 데이터를 교환
> ② CPU 내부에 제어 신호를 보내어 레지스터들 사이에 데이터를 이동
> ③ ALU로 하여금 요구하는 기능을 수행
> ④ 그 밖의 CPU 내부 오퍼레이션들을 조정하는 역할
>
> [정답] ④

62
2진수 10101101.0101을 8진수로 변환한 것 중 옳은 것은?

① 255.22 ② 255.23
③ 255.24 ④ 3E.A1

2진수 10101101.0101을 8진수로 변환 방법
소수점을 시작으로 3bit씩 나눈다.
010/101/101.010/100
∴ $(255.24)_8$

[정답] ③

63
수치 데이터의 표현방식에 대한 설명 중 틀린 것은?

① 수치 데이터를 표현할 때는 부호, 크기, 소수점 등으로 표시하는데 소수점은 고정소수점 표현방식과 부동소수점 표현방식이 있다.
② 고정소수점 방식에서 정수는 소수점이 수의 맨 왼쪽 끝에 있다고 가정한 것이고, 소수는 소수점이 맨 오른쪽 끝에 있다고 가정한 것이다.
③ 소수점의 위치가 어느 한곳에 고정되어 있는 것을 의미하는 것을 고정소수점 방식이라 한다.
④ 고정소수점 방식은 주로 정수로 표현하는데 사용된다.

고정소수점 방식은 소수점(.)을 기준으로 왼쪽에는 정수부, 오른쪽에는 실수부를 적는다.

[정답] ②

64
원시 프로그램에서 나타난 토큰의 열을 그 언어의 문법에 맞도록 만든 트리(Tree)는?

① Parse Tree ② Binary Tree
③ Binary Search Tree ④ Skewed Tree

파스트리 (Parse Tree)는 어떤 문장을 트리구조로 나타낸 것으로, 모든 문맥 자유 문법은 파스 트리를 사용하여 나타낼 수 있다

[정답] ①

65
다음 중 운영체제의 기능에 대한 설명이 아닌 것은?

① 사용자와 컴퓨터 간의 인터페이스 기능을 제공한다.
② 소프트웨어의 오류를 처리한다.
③ 사용자간의 자원 사용을 관리한다.
④ 입출력을 지원한다.

운영체제의 기능

기능	특 징
메모리 관리	메모리 상태와 운영관리
주변장치 관리	하드웨어장치 관리 와 제어
파일과 디스크 관리	프로그램이나 데이터 저장
프로세스 관리	프로그램 수행 제어

[정답] ②

66
컴퓨터가 인식하는 명령어를 논리적으로 순서에 맞게 나열하여, 어떤 기능을 처리하게 해주는 것을 무엇이라고 하는가?

① 하드웨어 ② 소프트웨어
③ 부울대수 ④ 논리회로

마이크로컴퓨터의 기본 정보는 '0'과 '1'로만 표현되며, 이러한 부호의 조합을 명령(instruction) 이라고 한다. 소프트웨어는 이러한 명령들을 어떤 목적과 규칙에 따라 나열하여 그에 따른 기능을 처리하게 해준다.

[정답] ②

67
다음 중 32비트 컴퓨터에서 8 Full Word와 6 Nibble은 각각 몇 비트인가?

① 256비트, 48비트 ② 128비트, 24비트
③ 256비트, 24비트 ④ 128비트, 48비트

데이터 크기 단위
32 Bit = 8 Nibble = 4 Byte = 1 Word

[정답] ③

68
다음 중 마이크로컨트롤러에 대한 설명으로 틀린 것은?

① ALU와 CU, Register를 포함하고 있다.
② 자동적으로 제품이나 장치를 제어하는데 사용한다.
③ 제품군에는 AVR시리즈와 PIC, 8051 이 있다.
④ 구성요소 중에는 타이머와 SPI, ADC, UART, RS-232 등의 입출력 모듈도 필요하다.

마이크로컨트롤러는 마이크로프로세서의 기능과 기억장치(RAM,ROM), 입출력장치가 하나의 칩에 내장된 것이다. 단일칩 또는 원칩 마이크로 컴퓨터라고 불리며, 전자제품을 제어할 수 있다.
ALU와 CU, Register를 포함하고 있는 것은 마이크로프로세서이다. 또한, 마이크로프로세서는 컴퓨터의 중앙처리장치(CPU)의 반도체 소자이다.

[정답] ①

69
마이크로프로세서가 직접 이해할 수 있는 프로그램 언어를 무엇이라고 하는가?
① 기계어
② 어셈블리어
③ C 언어
④ Verilog HDL

> 기계어(Machine code)
> ① 기계어는 0과 1의 연속으로 구성되어 있는 컴퓨터의 기본언어이다. 어떠한 프로그래밍 언어라도 그것을 분석하고 처리한 결과는 결국 기계어가 된다. 프로그램이 작성되고 나면, 원시 프로그램 문장들은 기계어로 컴파일(compile)된다.
> ② 기계어는 이진수로 되어 있어 직접 실행이 가능한 언어로 하드웨어에 의존적이며 매우 빠른 성능을 보인다.
> ③ 기계어와 어셈블리어는 저급언어.
>
> [정답] ①

70
명령어의 주소 부분이 그래도 유효 명령어의 주소 필드에 나타나고 분기 형식의 명령어에서는 실제 분기할 주소를 나타내는 주소 모드를 무엇이라고 하는가?
① 상대 주소 모드
② 직접 주소 모드
③ 간접 주소 모드
④ 베이스 레지스터 어드레싱 모드

> 주소지정방식(Addressing Mode)의 종류
>
> | 방식 | 특징 |
> |---|---|
> | 직접(Direct) 주소지정 | 실제 Data의 주소가 있음 |
> | 간접(Indirect) 주소지정 | Pointer의 주소가 있음 |
> | 상대 (Relative) 주소지정 | 어느 지정된 주소를 기준하여 프로그램에서 사용하는 임의의 주소 |
> | 레지스터(Register) 주소시정 | 주소부의 레지스터를 지정 * PC와는 관련 없음 |
>
> [정답] ②

71
전기통신을 효율적을 관리하고 그 발전을 촉진하기 위한 목적으로 전기통신에 관한 기본적인 사항을 규정하고 있는 법률은?
① 전기통신사업법
② 전기통신기본법
③ 정보통신공사업법
④ 정보화촉진기본법

> 전기통신기본법 제1조(목적)
> 전기통신에 관한 기본적인 사항을 정하여 전기통신을 효율적으로 관리하고 그 발전을 촉진함으로써 공공복리의 증진에 이바지함을 목적으로 한다
>
> [정답] ②

72
자기 또는 타인에게 이익을 주거나 타인에게 손해를 가할 목적으로 전기통신설비에 의하여 공연히 허위의 통신을 한 자에 대한 벌칙으로 옳은 것은?
① 1년 이하의 징역 또는 1천만원 이하의 벌금
② 3년 이하의 징역 또는 3천만원 이하의 벌금
③ 5년 이하의 징역 또는 5천만원 이하의 벌금
④ 10년 이하의 징역 또는 1억원 이하의 벌금

> 전기통신기본법 제47조(벌칙)
> 자기 또는 타인에게 이익을 주거나 타인에게 손해를 가할 목적으로 전기통신설비에 의하여 공연히 허위의 통신을 한 자는 3년이하의 징역 또는 3천만원이하의 벌금에 처한다.
>
> [정답] ②

73
다음 중 전기통신기본법에서 정의하는 전기통신사업자에 해당하는 것은?
① 기간통신사업자
② 이동통신사업자
③ 별정통신사업자
④ 가상통신사업자

> 전기통신기본법 제7조(전기통신사업자의 구분)
> 전기통신사업자는 전기통신사업법이 정하는 바에 의하여 기간통신사업자 및 부가통신사업자로 구분한다.
>
> [정답] ①

74
다음 중 방송통신설비의 기술수준에 관한 규정으로 잘못 설명된 것은?
① "특고압"이란 6,000볼트를 초과하는 전압을 말한다.
② "선로설비"란 일정한 형태의 방송통신콘텐츠를 전송하기 위하여 사용하는 동선·광섬유 등의 전송매체로 제작된 선조·케이블 등과 전주·관로·통신터널·배관·맨홀·핸드홀·배선반 등과 그 부대설비를 말한다.
③ "전력유도"란 전철시설 또는 전기공작물 등이 그 주위에 있는 방송통신설비에 정전유도나 전자유도 등으로 인한 전압이 발생되도록 하는 현상을 말한다.
④ "국선단자함"이란 국선과 구내간선케이블 또는 구내케이블을 종단하여 상호 연결하는 통신용 분배함을 말한다.

> 방송통신설비의 기술기준에 관한 규정
> "특고압"이란 7,000볼트를 초과하는 전압을 말한다.
>
> [정답] ①

75
다음 중 정보통신공사의 하자담보 책임기간이 다른 것은?

① 터널식 통신구공사 ② 전송실비공사
③ 교환기설치공사 ④ 위성통신설비공사

> 정보통신공사업법 시행령 제37조(공사의 하자담보책임)
> 1. 터널식 또는 개착식 등의 통신구공사: 5년
> 2. 「전기통신기본법」제2조제4호에 따른 사업용전기통신설비에 관한 공사로서 다음 각 목의 공사: 3년
> 가. 케이블 설치공사(구내에서 시공되는 공사는 제외한다)
> 나. 관로공사
> 다. 철탑공사
> 라. 교환기 설치공사
> 마. 전송설비공사
> 바. 위성통신설비공사
> 3. 제1호 및 제2호의 공사 외의 공사: 1년
>
> [정답] ①

76
용역업자는 발주자에게 정보통신공사에 대한 감리결과를 공사가 완료된 날부터 며칠 이내에 통보하여야 하는가?

① 3일 ② 5일
③ 7일 ④ 10일

> 정보통신공사업법 시행령 제14조(감리결과의 통보)
> 용역업자는 법 제11조에 따라 공사에 대한 감리를 완료한 때에는 공사가 완료된 날부터 7일 이내에 다음 각 호의 사항이 포함된 감리결과를 발주자에게 통보하여야 한다.
>
> [정답] ③

77
다음 중 기간통신사업자가 전기통신업무에 제공되는 선로 등을 설치하기 위하여 타인의 토지 또는 이에 정착한 건물·공작물을 사용하는 경우 취하여야 할 조치로서 옳은 것은?

① 토지의 소유자 또는 점유자와 사전에 협의를 하여야 한다.
② 선로설비 등을 설치한 후 토지의 소유자 또는 점유자와 협상한다.
③ 미리 토지의 소유자 또는 점유자에게 공시가로 보상을 하여야 한다.
④ 선로설비 등을 설치한 후 토지의 소유자 또는 점유자에게 통지한다.

> 전기통신사업법 제63조(전기통신설비의 공동구축)
> ① 기간통신사업자는 전기통신설비의 공동구축을 위하여 국가, 지방자치단체, 「공공기관의 운영에 관한 법률」에 따른 공공기관(이하 이 조에서 "공공기관"이라 한다) 또는 다른 기간통신사업자 소유의 토지 또는 건축물 등의 사용이 필요한 경우로서 이에 관한 협의가 성립되지 아니하는 경우에는 과학기술정보통신부장관에게 해당 토지 또는 건축물 등의 사용에 관한 협조를 요청할 수 있다.
> ② 과학기술정보통신부장관은 제7항에 따른 협조 요청을 받은 경우에는 국가기관·지방자치단체 또는 공공기관의 장이나 다른 기간통신사업자에게 제7항에 따라 협조를 요청한 기간통신사업자와 해당 토지 또는 건축물 등의 사용에 관한 협의에 응할 것을 요청할 수 있다. 이 경우 국가기관·지방자치단체 또는 공공기관의 장이나 다른 기간통신사업자는 정당한 사유가 없으면 기간통신사업자와의 협의에 응하여야 한다.
>
> [정답] ①

78
다음 중 자가전기통신설비를 설치하고자 하는 사람은 어떠한 절차를 거쳐야 하는가?

① 관할 시, 도지사에게 등록하여야 한다.
② 방송통신위원회에 등록하여야 한다.
③ 관할 시, 도지사에게 신고하여야 한다.
④ 과학기술정보통신부장관에게 신고하여야 한다.

> 전기통신사업법 제64조(자가전기통신설비의 설치)
> 자가전기통신설비를 설치하려는 자는 대통령령으로 정하는 바에 따라 주된 설비가 설치되어 있는 사무소 소재지를 관할하는 특별시장·광역시장·특별자치시장·도지사·특별자치도지사(이하 "시·도지사"라 한다)에게 신고하여야 한다. 신고 사항 중 대통령령으로 정하는 중요한 사항을 변경하려는 경우에도 또한 같다.
>
> [정답] ③

79
전기통신사업자가 제공하는 보편적 역무의 구체적 내용을 정할 때 고려해야 할 사항이 아닌 것은?

① 사업자의 통신회선 보유량
② 정보통신기술의 발전 정도
③ 공공의 이익과 안전
④ 정보화 촉진

> 보편적 역무의 제공
> 보편적 역무의 구체적 내용은 다음 각 호의 사항을 고려하여 대통령령으로 정한다.
> 1. 정보통신기술의 발전 정도
> 2. 전기통신역무의 보급 정도
> 3. 공공의 이익과 안전
> 4. 사회복지 증진
> 5. 정보화 촉진
>
> [정답] ①

80 다음 중 방송통신설비의 안정성·신뢰성을 확보하기 위해 통신의 접속규제를 의무적으로 만족해야 하는 설비는 무엇인가?

① 기타역무설비
② 주파수를 할당받아 제공하는 역무설비
③ 부가통신사업설비
④ 자가통신설비

통신의 접속 규제
교환설비는 트래픽 소통능력을 현저히 저하시키는 이상폭주 또는 특정교환설비등에 발생된 이상 트래픽이 전체망에 파급되는 것을 방지하기 위해 통신의 접속을 규제하는 기능 또는 이와 동등한 기능을 구비한다.
주파수를 할당받아 제공하는 역무설비는 의무사항이다.

[정답] ②

⑤ 2020년 2회

1 디지털 전자회로

01 무부하시 출력전압이 25[V]인 정전압회로에 임의의 부하를 연결했을 때 20[V]이면 전압 변동률은 몇 [%]인가?

① 10[%] ② 15[%]
③ 20[%] ④ 25[%]

전압변동률

$$\delta = \frac{V_0(무부하시\ 출력전압) - V_L(부하시출력전압)}{V_L(부하시\ 출력전압)} \times 100[\%]$$

$$= \frac{300-250}{250} \times 100[\%] = 20[\%]$$

[정답] ④

02 전파정류회로에서 실효값을 나타내는 식은?

① $\left(\dfrac{V_m}{2}\right)$ ② $\left(\dfrac{V_m}{\sqrt{2}}\right)$
③ $\left(\dfrac{\sqrt{V_m}}{2}\right)$ ④ $\left(\dfrac{2}{V_m}\right)$

전파정류회로 파라미터

실효값	$\dfrac{1}{\sqrt{2}}V_m$	파형율	$\dfrac{\pi}{2\sqrt{2}}$
평균값	$\dfrac{2}{\pi}V_m$	파고율	$\sqrt{2}$
최대값	V_m		

[정답] ②

03 다음 중 정류회로에서 다이오드의 순방향 저항(rd)에 의해 전압변동률이 제일 큰 것은?

① 반파 정류회로 ② 브리지 정류회로
③ 반파 배전압 정류회로 ④ 중간탭 정류회로

정류회로에서 다이오드의 순방향 저항(r_d)에 의해 전압변동률이 제일 큰 회로는 다이오드가 4개 사용되는 브리지 정류회로이다.

[정답] ②

04
다음 중 활성영역에서 능동 트랜지스터를 동작시키기 위해 요구되는 조건이 아닌 것은?
① 이미터 다이오드는 반드시 순방향 바이어스가 걸려야 한다.
② 베이스전류를 가장 크게 해야 한다.
③ 컬렉터 다이오드는 반드시 역바이어스가 걸려야 한다.
④ 컬렉터 다이오드 양단에 걸리는 전압은 반드시 항복전압보다 낮아야만 한다.

컬렉터 전류는 크게 베이스전류는 작게 해야 한다.
[정답] ②

05
다음 그림과 같은 전압궤환 바이어스회로에서 콘덴서 'C'에 대한 설명으로 틀린 것은?

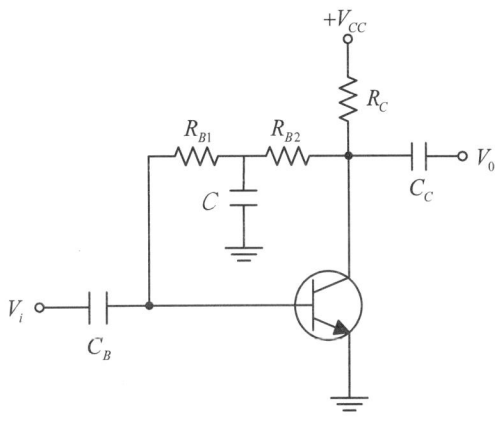

① 교류신호 이득 감소방지용 바이패스 콘덴서
② 콘덴서 C는 직류적으로 개방(Open)
③ 콘덴서 C는 교류적으로 단락(Short)
④ 교류신호 입력 시 베이스로 부궤환을 유도키 위한 소자

콘덴서 C는 출력신호가 베이스로 궤환되는 것을 방지하는 역할을 한다.
[정답] ④

06
전압증폭기의 전압이득이 $1,000 \pm 100$일 때, 이 전압 이득의 변화를 0.1[%]로 하기 위한 부궤환 증폭기의 궤환량 β는 얼마인가?
① 10
② 0.879
③ 0.422
④ 0.099

궤환 증폭회로의 증폭도 $A_f = \dfrac{A}{1+\beta A}$을 A에 대하여 미분하면

$\left|\dfrac{dA_f}{A_f}\right| = \dfrac{1}{|1+\beta A|}\left|\dfrac{dA}{A}\right|$, $\dfrac{0.1}{100} = \dfrac{1}{|1+\beta A|}\dfrac{100}{1000}$

$\therefore 1+\beta A = 100,\ \beta = \dfrac{99}{1000} \simeq 0.099$
[정답] ④

07
B급 푸시풀 전력증폭기에서 평균 직류 컬렉터 전류는 어떻게 되는가?
① 입력신호전압이 커짐에 따라 줄어든다.
② 입력신호전압이 작으면 흐르지 않는다.
③ 입력신호전압이 커짐에 따라 증가 된다.
④ 입력전압의 대소에 불구하고 항상 일정하다.

B급 푸시풀 회로의 특징
① B급 동작이므로 직류바이어스 전류가 매우 작다.
② 입력이 없을 때 컬렉터 손실이 작으며 큰 출력을 낼 수 있다.
③ 우수차 고조파 성분은 서로 상쇄되어 출력단에 나타나지 않는다.
④ crossover 일그러짐이 있다.
⑤ 평균직류컬렉터 전류는 입력신호에 비례한다.
[정답] ③

08
다음 중 가변 직류전원에 의해 주파수 가변이 가능한 것은?
① 수정 발진기
② VCO
③ 암스트롱 발진기
④ 이상 발진기

전압제어 발진기 (VCO, Voltage Conrolled Oscillator)는 입력 제어 전압에 선형 비례하는 가변 주파수를 발생시키는 발진기이다.
[정답] ②

09
다음 그림과 같은 발진기는?

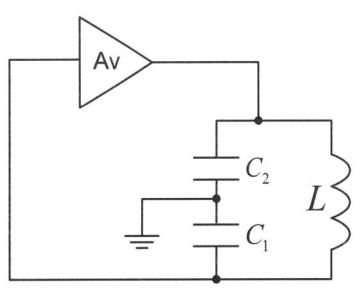

① 콜피츠 발진기
② 하틀리 발진기
③ 이상 발진기
④ 클랩 발진기

콜피츠 발진기(Colpitts Oscillator)는 용량성 분배기를 통해 궤환이 이루어지는 발진기이다.
[정답] ①

10
다음 발진회로의 설명으로 틀린 것은?

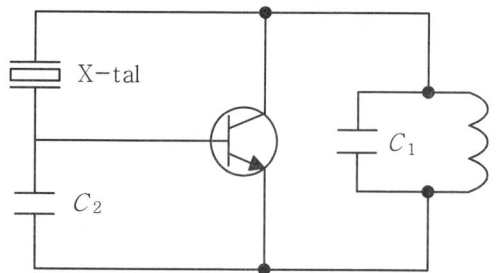

① 수정 진동자는 유도성으로 발진한다.
② Pierce-BC형 발진회로이다.
③ 동조회로 LC의 공진 주파수는 발진주파수보다 조금 높게 한다.
④ 콜피츠 발진회로를 변형한 회로로 컬렉터와 베이스 사이에 수정진동자를 넣어 발진회로를 구성하였다.

Pierce-BC형 발진회로이므로 LC 동조회로는 용량성이 되어야 한다. 따라서 LC의 공진 주파수는 발진주파수보다 조금 낮게 조정해야 안정된 발진이 가능하다.

[정답] ③

11
다음 변조방식 중 아날로그 변조 방식이 아닌 것은?
① PPM   ② PAM
③ PCM   ④ PWM

PCM은 디지털변조(변환)방식이다.

[정답] ③

12
15[kHz]까지 전송할 수 있는 PCM 시스템에서 요구되는 최소 표본화 주파수는?
① 10[kHz]   ② 20[kHz]
③ 30[kHz]   ④ 40[kHz]

표본화 정리
최대 신호주파수의 2배 이상의 주파수로 표본화해야 원신호를 복원할 수 있다.
$f_s = 2 \times f_m = 2 \times 15[kHz] = 30[kHz]$

[정답] ③

13
다음 중 PPM파를 복조하여 신호파를 얻기 위한 방법으로 알맞은 것은?
① 저역 여파기를 통과시킨다.
② PAM으로 변환하여 저역 여파기를 통과시킨다.
③ 가산 회로를 통과시킨 후 Clipper 회로를 통과시키고 여파기를 통과시킨다.
④ PWM으로 변환하여 고역 여파기를 통과시킨다.

PPM파는 PAM으로 변환하여 저역 여파기를 통과시키면 신호파를 얻을 수 있다.

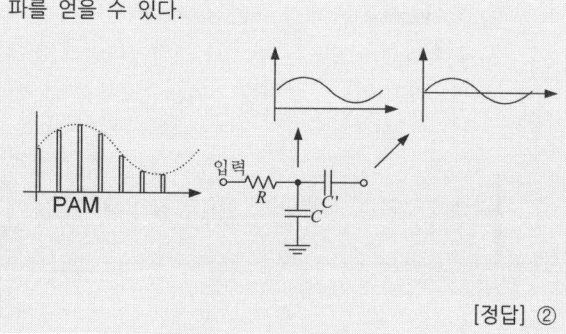

[정답] ②

14
진폭 변조에서 변조 지수가 1인 경우 변조 출력은 반송파 전력의 몇 배가 되는가?
① 1.5배   ② 2배
③ 2.5배   ④ 3배

피변조파 전력(변조 출력) $= (1 + \frac{m^2}{2})P_c$
m=1일 때 변조 출력은 반송파 전력(P_c)의 1.5배이다.

[정답] ①

15
다음 중 톱니파 발생회로에 주로 사용되는 것은?
① Varactor   ② MOS FET
③ FET   ④ UJT

톱날파를 발생하는 회로에는 UJT, SCR, 스위칭 트랜지스터를 이용한 회로가 있다.

[정답] ④

16
일반적인 무안정 멀티바이브레이터(Unstable Multi vibrator)에서 $R_1 = R_2 = 10[k\Omega]$, $C_1 = C_2 = 100[pF]$로 하면 출력 신호의 주파수는?
① 0.35[kHz]   ② 0.71[kHz]
③ 0.35[MHz]   ④ 0.71[MHz]

비안정(astable) 회로에서 주파수 f는
$f = \frac{1}{T_1 + T_2} = \frac{1}{0.7R_1C_1 + R_2C_2} = \frac{14}{R_1C_1 + R_2C_2}$

R과 C가 동일한 값을 가지고 있으므로

$$f = \frac{0.7}{RC} = \frac{0.7}{10 \times 10^3 \times 100 \times 10^{-12}}$$

$$= 0.7 \times 10^6 = 700[\text{kHz}]$$

[정답] ④

17
10진수 10을 그레이코드(Gray code)로 변환한 것은?

① 1010　　② 1110
③ 1011　　④ 1111

① 10진수 10을 2진수로 변환 → $(1010)_2$
② Binary code → Gray code

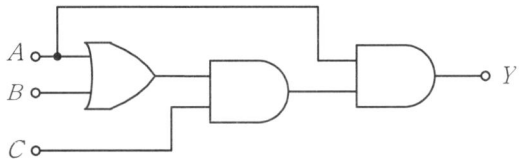

[정답] ④

18
다음 논리회로에서 출력 Y의 방정식을 간략하게 한 것은?

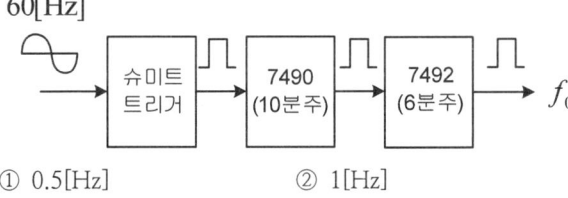

① Y=AC　　② Y=ABC
③ Y=AB+AC　　④ Y=AB+BC+AC

$Y = (A+B)C \times A$
　　$= (AC+BC)A$
　　$= AC + ABC$
　　$= AC(1+B) = AC$

[정답] ①

19
다음의 회로에서 가정용 전원의 주파수 60[Hz]인 정현파를 적용했을 때 최종 구형파의 출력 주파수(Fo)는?

① 0.5[Hz]　　② 1[Hz]
③ 1.5[Hz]　　④ 2.0[Hz]

주파수 분주기(Frequency Divider)는 입력 주파수의 분수 1/N배 되는 출력 주파수를 만들어낸다.
60[Hz] → 6[Hz] → 1[Hz] (10분주, 6분주)

[정답] ②

20
2×4 디코더 회로도로 옳은 것은?

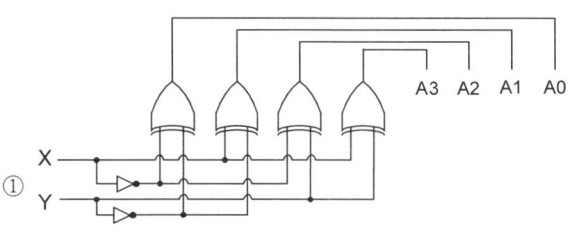
①

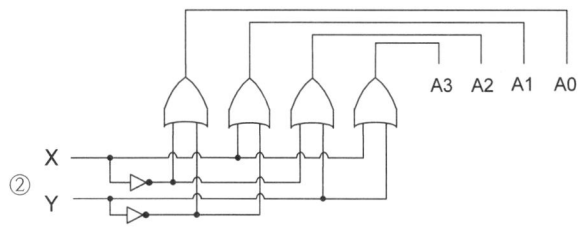
②

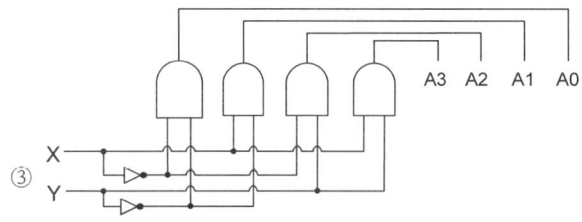
③

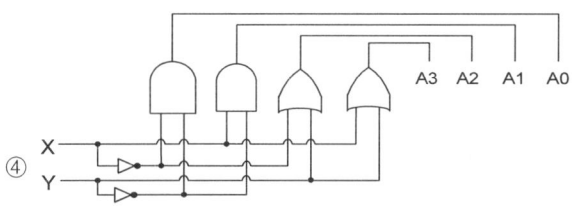
④

n비트의 2진 코드 값을 받아 2^n개의 서로 다른 정보로 바꿔주는 디코더(Decoder)회로이다.

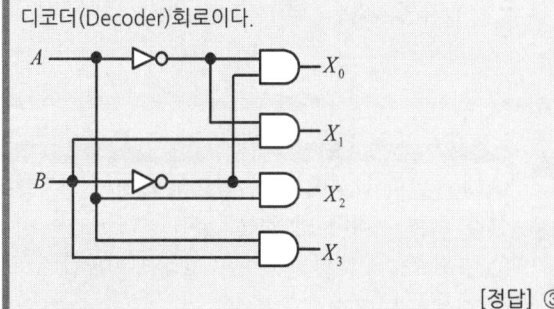

[정답] ③

2 정보통신 기기

21 다음 중 정보 단말기의 기능이 아닌 것은?
① 송·수신 제어 기능
② 출력 변환 기능
③ 에러 제어 기능
④ 다중화 기능

정보단말기기 기능

입·출력기능	전송 제어기능
데이터 신호 (2진신호)로 변환 또는 역변환	입·출력 제어기능 에러 제어기능 송수신 제거기능

[정답] ④

22 송 제어 장치(TCU)의 구성요소 중 회선 접속부를 통해 들어온 데이터를 직렬과 병렬 신호로 변환하는 것은?
① 신호 변환부
② 직·병렬 신호부
③ 회선 제어부
④ 입·출력 장치부

전송제어장치(TCU)의 회선 제어부에서 데이터의 조립, 분해, 에러제어 등을 수행한다.
[정답] ③

23 말기의 구성 중 전송 제어 장치(TCU)의 구성요소가 아닌 것은?
① 회선 접속부
② 입출력 제어부
③ 회선 제어부
④ 신호 변환부

전송제어장치 (TCU)
① 데이터 전송시에 발생되는 에러를 검출/정정 하는 장치이다
② 회선 접속부 : 변복조기의 인터페이스
③ 회선 제어부 : 데이터의 조립, 분해, 에러제어
④ 입·출력 제어부 : 입출력장치를 직접 제어
[정답] ④

24 U(Digital Service Unit)가 필요한 데이터 전송방식의 특징과 가장 거리가 먼 것은?
① 전송하고자 하는 비트열을 그대로 전송한다.
② 회선용량이 크다.
③ 각종 전송신호의 왜곡이 최소화된다.
④ 반송파 주파수를 사용한다.

베이스 밴드 전송 방식의 대표적인 전송장비는 DSU(Digital Service Unit)다. 베이스 밴드 전송은 디지털 신호를 원신호 형태 그대로 전송하거나 또는 전송로의 특성에 알맞은 전송부호로 변환하여 전송하는 것을 뜻한다.
[정답] ④

25 다음 보기의 전송제어 단계를 순서대로 나열한 것은?

1. 데이터 링크의 설정
2. 회선의 절단
3. 데이터 전송회선의 접속
4. 데이터 링크의 종결
5. 정보메세지의 전송

① 3→1→5→4→2
② 1→3→5→2→4
③ 3→5→1→2→4
④ 1→3→5→4→2

전송제어 절차의 5단계
1단계 : 일반 교환망에서의 회선접속
2단계 : 데이터링크의 확립
3단계 : 정보의 전송
4단계 : 데이터링크의 해제
5단계 : 일반교환망 에서의 회선절단
[정답] ①

26 N 위상 변조에서 동기식 모뎀의 신호 속도가 M[baud/sec]인 경우 비트 속도를 구하는 식은?
① $M\log_2 N$
② $N\log_2 M$
③ $M\log_{10} N$
④ $N\log_{10} M$

비트속도 R[bps] = $M \times \log_2 N$
[정답] ①

27 다음 중 다중화기의 종류에 대한 설명으로 옳지 않은 것은?
① 주파수 분할 다중화기(FDM)는 하나의 채널에 주파수 대역별로 전송로를 구성한다.
② 역다중화기(Inverse Multiplexer)는 협대역 통신으로 2,400[bps] 이하의 전송속도를 얻는다.
③ 비동기 시분할 다중화기는 실제로 보낼 데이터가 있는 단말장치에만 동적으로 각 채널에 타임 슬롯을 할당한다.
④ 광대역 다중화기는 여러 가지 다른 속도의 동기식 데이터를 묶어 광대역 전송이 가능하다.

역 다중화기는 9600bps 이상의 광대역 속도를 얻을 수 있어 통신비용을 절감 할 수 있다.
[정답] ②

28
다음 중 주파수분할다중화(FDM)기의 설명이 아닌 것은?

① 동기식 데이터 다중화에 사용된다.
② 1,200[bps] 이하에서 사용된다.
③ 채널간 완충지역으로 가드밴드(Guard Band)를 주어야 한다.
④ 별도의 모뎀이 필요 없다.

> FDM의 특징.
> ① 1,200보호(Baud) 이하의 비동기에서만 사용한다.
> ② FDM 자체가 모뎀 역할까지 하기 때문에 별도의 모뎀이 필요 없다.
> ③ 구조가 간단하고 가격이 저렴하다.
> ④ 채널 간 완충 지역으로 가드 밴드(Guard Band)가 있어 대역폭 낭비가 된다.
> [정답] ①

29
다음 중 고속 데이터 스트림을 두 개 이상의 저속 데이터 스트림으로 변환하여 음성대역 등의 변·복조기를 통해 전송하는 장치는?

① 광대역 다중화기 ② 역 다중화기
③ 지능 다중화기 ④ 음성 다중화기

> 역 다중화기는 광대역 회선대신 2개의 음성대역 회선을 사용하여 고속데이터를 전송할 수 있도록 하는 장치이다.
> [정답] ②

30
다음 중 전화기 회로의 기본 구성이 아닌 것은?

① 통화 회로 ② 신호 회로
③ 가입자 교환회로 ④ 측음 방지회로

> 전화기의 기본구성
> ① 통화회로
> ② 신호회로
> ③ 측음 방지회로
> 가입자 교환회로는 교환기에서 사용되는 구성장치이다.
> [정답] ③

31
다음 중 전화기의 기능과 구성으로 적합하지 않은 것은?

① 통화상태와 신호상태를 분리하는 것은 훅(Hook) 스위치이다.
② 전화에 사용되는 주파수 대역은 국제적으로 300~3400[Hz]이다.
③ 수화기는 전기에너지를 음성에너지로 바꾸어주는 장치로서 진동판은 자유진동이 커야 한다.
④ 송화기는 음성에너지를 전기에너지로 바꾸어주는 장치이다.

> 진동판의 구비조건
> ① 자유 진동이 극히 적을 것
> ② 진동수에 무관하게 진동판은 외력에 비례해서 되도록 큰 폭으로 진동할 것
> ③ 주파수 특성이 평탄할 것
> ④ 진동판의 평면 면적은 가급적 클 것
> ⑤ 온도 특성이 안정할 것
> [정답] ③

32
CATV에서 입력측 (C/N)=20이고, 출력측 (C/N)=10이라고 가정하면 잡음지수(Noise Factor)는?

① 0.5 ② 1
③ 2 ④ 3

> 잡음지수(NF : Noise Factor)
> $$NF = \frac{입력측}{출력측} \frac{\frac{C}{N_i}}{\frac{C}{N_o}} = \frac{20}{10} = 2$$
> [정답] ③

33
"TV세트 위에 놓고 이용하는 상자"라는 뜻으로 가입자 신호변환 장치라고도 하며, 일반적으로 VOD, 홈쇼핑, 네트워크 게임 등 차세대 쌍방향 멀티미디어 통신서비스를 하는데 필요한 가정통신용 단말기를 무엇이라 하는가?

① Set-top Box ② Divix
③ MODEM ④ MP3

> Set-top Box (셋톱 박스)
> 디지털 콘텐츠를 TV 또는 이용자 단말장치를 통해 볼 수 있게 해주는 장치로서 이용자와 직접 인터페이스 하는 IPTV의 핵심 요소로 TV 위에 설치된 상자라는 의미에서 명명된 용어이다.
> [정답] ①

34
AM 수신기의 선택도를 향상하기 위한 설명으로 거리가 먼 것은?

① 동조회로의 Q를 증가시킴
② 고주파 및 중간주파 증폭단수 증가
③ 공중선 회로의 밀결합
④ 고주파 증폭회로의 부가

> 선택도의 향상
> ① 동조 회로의 Q를 높게 한다.
> ② 고주파 증폭단을 부가하다.
> ③ 중간 주파 변성기(IFT)는 1,2차 동조형으로 한다.
> ④ 공중선 회로를 소결합한다.
>
> [정답] ③

35
다음 중 위성통신의 특징으로 옳지 않은 것은?

① 서비스지역의 광역성
② 통신품질의 균일성
③ 통신거리에 무관한 경제성
④ 통신용량에 무제한 광대역성

> 위성통신의 주요 특징
>
> | | | |
> |---|---|---|
> | ① | 동보성 | 동일 내용의 정보를 복수 지점에서 동시 수신 |
> | ② | 유연성 | 회선설정이 용이하고 회선를 쉽게 변경 가능 |
> | ③ | 광대역성 | 대용량 통신 가능(영상 전송에의 적용) |
> | ④ | 경제성 | 통신 비용이 기존 망에 비해 저렴 |
> | ⑤ | 고신뢰성 | 재해에 강함(Back-up망에의 적용) |
> | ⑥ | 융통성 | 다원 접속 기술로 회선을 효율적으로 이용 |
> | ⑦ | 광역성 | 하나의 위성으로 넓은 지역 커버 |
> | ⑧ | 신속성 | 즉시 회선 구성 가능 |
>
> [정답] ④

36
이동통신에서 PAPR(Peak Average Power Rate)은 첨두전력 대 평균전력비를 말하는데, 첨두전력이 10이고, 평균전력이 1일 때 PAPR은?

① 0[dB]   ② 1[dB]
③ 10[dB]   ④ 100[dB]

> $$PAPR[dB] = 10\log_{10}\frac{Peak\,power}{Average\,power}$$
> $$= 10\log_{10}\frac{10}{1} = 10[dB]$$
>
> [정답] ③

37
다음 중 스마트폰, 태플릿, e-Book 단말기 등의 각종 스마트기기를 이용한 학습을 의미하는 것은?

① 스마트 러닝(Smart Learning)
② 스마트 워크(Smart Work)
③ 스마트 사회(Smart Society)
④ 클라우드

> 스마트 러닝(Smart Learning)은 스마트 디바이스와 이러닝 신기술이 융합된 개념으로 학습자 중심의 맞춤형 학습방법이다.
>
> [정답] ①

38
VOD(Video On Demand) 시스템의 구성 중 전체 시스템의 리소스를 조정하고 운용하는 시스템의 중앙 처리부를 담당하는 구간은?

① Pumping부   ② 전송부
③ 사용자부   ④ Main Control부

> VOD(Video On Demand) 시스템의 Main Control부
> ① 전체시스템 관리의 머리역할을 담당한다.
> ② 각 시스템과의 유기적 관계를 관리한다.
> ③ 시스템의 중앙 처리부를 담당한다.
>
> [정답] ④

39
다음 중 VOD(Video On Demand) 시스템의 사용자부에 대한 설명으로 틀린 것은?

① 세션에 대한 물리적 관리를 진행한다.
② '클라이언트부'라고도 한다.
③ 헤드엔드와 통신이 가능한 셋탑박스가 있다.
④ 고객이 요청하는 시간과 콘텐츠를 상기 시스템과 실시간으로 통신하여 이용자에게 서비스를 제공한다.

> 세션에 대한 논리적 관리를 진행한다.
>
> [정답] ①

40
GPS 위성을 통한 위치정보와 이동통신망을 활용하여 운전자 및 탑승자에게 각종 서비스를 제공하는 것은?

① 텔레메터링   ② 텔레텍스
③ 텔레메틱스   ④ 비디오텍스

> 텔레메틱스는 통신(telecommunication)과 정보과학(informatics)의 합성어로, 자동차와 무선통신을 결합한 새로운 개념의 차량 무선인터넷 서비스이다.
>
> [정답] ③

3 정보전송 개론

41. PCM방식에서 입력신호의 최대신호가 2[kHz]인 경우, 나이퀴스트(Nyquist) 표본화 주파수(f_s)와 표본화 주기(T_s)의 계산값은?

① $f_s = 2[kHz]$, $T_s = 500[\mu s]$
② $f_s = 4[kHz]$, $T_s = 250[\mu s]$
③ $f_s = 6[kHz]$, $T_s = 167[\mu s]$
④ $f_s = 8[kHz]$, $T_s = 125[\mu s]$

표본화 주파수
$f_s = 2f_m = 2 \times 2000 = 4[kHz]$
표본화주기
$T_s = \dfrac{1}{2f_m} = \dfrac{1}{2 \times 2000} = \dfrac{1}{4} \times 10^{-3} = 250 \times 10^{-6}$
$= 250[us]$
[정답] ②

42. 주파수대역폭이 $f_d[Hz]$이고 통신로의 채널용량이 $6f_d[bps]$인 통신로에서 필요한 S/N비는?

① 15 ② 31
③ 63 ④ 127

샤논의 전송률
$C = B\log_2(1 + \dfrac{S}{N})[bps]$
$6f_d = f_d \log_2(1 + \dfrac{S}{N})[bps]$
[정답] ③

43. 코드분할 다중화(CDM) 방식에 대한 설명으로 틀린 것은?

① 가드밴드(Guard Band)가 필요하다.
② 신호간의 간섭이 거의 없다.
③ 주파수 확산대역방식을 사용한다.
④ 보다 많은 가입자를 수용할 수 있다.

CDMA(코드분할 다중접속)
각 사용자가 고유의 확산부호를 할당받아 송신 신호를 스펙트럼 확산 부호화 하여 전송하면, 사용자 확산부호를 알고 있는 수신기에서 이를 복원하는 방식으로 확산대역 다중접속(SSMA : Spread Spectrum Multiple Access)이라고도 한다.
*가드밴드(Guard Band)가 필요한 방식은 FDM 방식이다.
[정답] ①

44. 다음 중 다원접속방식에서 이동통신 가입자 수용 용량이 가장 많은 것은?

① FDMA   ② SDMA
③ CDMA   ④ TDMA

CDMA방식은 이론적으로 무한대의 가입자용량을 가지지만, 간섭/잡음의 영향으로 무한대에 가깝다.
[정답] ③

45. ADSL 인터넷 회선에서 가장 큰 주파수 대역을 사용하는 것은?

① POTS   ② 상향 스트림
③ 하향 스트림   ④ 인밴드 시그널링

ADSL 사용주파수 대역

ADSL 채널	사용내역
0 채널	음성통신(POTS)
1채널-5 채널	Guard Frequency
6채널-30 채널	상향채널 (가입자 → 서버)
31채널-255채널	하향채널 (서버 → 가입자)

[정답] ③

46. 동축케이블을 이용한 케이블TV 망에서 케이블TV 회선과 인터넷 사용을 위한 사용자 PC를 연결해 주는 장치는?

① 광중계기   ② 케이블 모뎀
③ 헤드앤드   ④ 트랜시버

광케이블 모뎀을 통해서 CATV망에서 인터넷 서비스를 할 수 있다. 전송표준은 DOCSIS 표준을 사용한다.
[정답] ②

47. 플라스틱 광섬유(PoF : Plastic optical Fiber)의 특성을 설명한 것 중 틀린 것은?

① 시공이 용이하므로 홈네트워크에 활용하면 효율적이다.
② 기존 유리 광섬유에 비하여 손실이 크다.
③ 접속 등 다루기가 용이하므로 장거리 백본망용으로 활용 가능하다.
④ 가격이 저렴하다.

플라스틱 광섬유는 전송거리가 짧아(100m 이내) 소규모 통신망에 적합하다.
[정답] ③

48 다음 중 지상 마이크로파의 설명으로 틀린 것은?

① 전송매체의 설치가 불가능하거나 설치 비용이 고가일 때 사용한다.
② 장거리에 대해 높은 데이터 전송률을 제공한다.
③ 대기를 통한 가시거리의 마이크로웨이브 통신은 50킬로미터 이상 가능하다.
④ 높은 구조물이나 좋지 않은 기상 조건에 영향을 받지 않는다.

> 마이크로파 통신의 특징
> ① 광대역 전송이 가능하다.
> ② 가시거리통신에 적합하다.
> ③ 외부잡음의 영향이 적다.
> ④ 기상조건에 따라 전송품질의 차이가 발생한다.
> ⑤ Point to Point 통신이 가능하다.
>
> [정답] ④

49 다음 중 동기식 전송에 대한 설명으로 틀린 것은?

① 수신 장치와 송신 장치가 계속 클럭 주파수로 동작한다.
② 한 블록씩 전송한다.
③ 한 문자씩 전송한다.
④ 블록 앞에는 동기문자를 사용한다.

> 동기식 전송 방식
> ① 한 문자 단위가 아니라 여러 문자를 수용하는 데이터 블록 단위로서 전송하는 방식이다.
> ② 블록 간에는 유휴 간격이 없다.
> ③ 동기 신호는 변복조기, 터미널 등에서 공급된다.
> ④ 전송 속도가 보통 2,400[bps]가 넘는 경우에 사용된다.
>
> [정답] ③

50 문자 동기 방식에서 문자동기를 유지시키거나 어떤 데이터 또는 제어문자가 없을 때 채우기 위해서 사용하는 문자 기호는?

① STX ② ETX
③ SYN ④ SOH

> 문자동기방식 문자명칭과 기능
>
> | 부호 | 명칭 | 기능 |
> |---|---|---|
> | SYN | Synchronous Idle | 문자동기 |
> | SOH | Start Of Heading | 시작 |
> | STX | Start of Text | 종료 |
> | ETX | End of Text | Text 끝 |
> | ETB | End of Transmission Block | Block 끝 |
> | EOT | End Of Transmission | 전송 끝 |
> | ENQ | Enquiry | 회선사용요구 |
> | DLE | Data Link Escape | Option 제어 |
> | ACK | Acknowledge | 긍정응답 |
> | NAK | Negative Acknowledge | 부정응답 |
>
> [정답] ③

51 다음 중 공통선 신호 방식에 대한 설명으로 옳지 않은 것은?

① 신호 송수신만을 위한 독립된 루트와 독립된 프로토콜을 사용하는 방식이다.
② 송신 및 수신 선로로 구분할 필요 없이 하나의 선로를 통해 송수신한다.
③ 양방향의 통신이 가능한 신호방식이다.
④ 통화로와 신호로가 같아 통화 중 신호 전달이 불가능하다.

> 공통선 신호 방식(common channel signalling system)은 신호(신호망)와 트래픽을 분리하여 통신망을 운용하는 신호 방식이다.
>
> [정답] ④

52 Baseband 전송방식의 설명으로 다음 중 틀린 것은?

① 반송파가 없는 무변조 전송이다.
② 신호전력 스펙트럼이 고주파 대역에 집중되어 전송된다.
③ 아날로그와 디지털 신호 모두에 사용이 가능하다.
④ Baseband 신호는 에너지의 대부분이 DC 근처 내에 있는 신호를 의미한다.

> 베이스밴드 전송부호 조건
> ① Timing 정보가 충분해야 한다.
> ② DC성분이 포함되지 않아야 한다.
> ③ 전송도중에 발생하는 에러 검출 및 정정가능하다.
> ④ 전력밀도스펙트럼 상에서 높은 주파수와 낮은 주파수는 제거되어야 한다.
> ⑤ 전송대역폭이 압축되어야 한다.
> ⑥ 전송부호의 코딩효율이 우수해야 한다.
> ⑦ 누화, ISI, 왜곡 등에 강인한 특성을 가져야 한다.
>
> [정답] ②

53
다음 중 프로토콜의 기본 구성요소로 틀린 것은?
① 구분
② 의미
③ 타이밍
④ 규직

프로토콜의 구성요소
① 구문 : 데이터 형식, 부호화, 신호크기 등 규정
② 의미 : 제어와 오류복원을 위한 제어정보
③ 타이밍 : 속도 맞춤이나 정보의 순서

[정답] ④

54
라우팅 프로토콜에 대한 설명으로 틀린 것은?
① 라우팅은 패킷이 어떤 경로를 통해 가게 할 것인지를 결정한다.
② RIP는 전송경로가 멀어도 전송 품질이 좋은 경로로 라우팅한다.
③ 정적 라우팅은 입력된 정보가 재입력 하기 전까지 변하지 않는다.
④ 동적 라우팅은 인접한 라우터들 사이에서 네트워크 정보를 교환한다.

라우팅 프로토몰 RIP와 OSPF 비교

	RIP	OSPF
사용 Algorithm	Distance Vector	Link state
경로선택기준	Router수	다양한 접속정보
구성	간단	복잡
Routing 정보송출간격	30초	Routing 정보변화시
최적 경로 선택	곤란	가능
적용	소규모 LAN	대규모 LAN

[정답] ②

55
OSI 참조모델에 대한 설명으로 틀린 것은?
① 4개의 계층 구조를 갖는다.
② 시스템 간 상호접속을 위한 개념을 규정한다.
③ 특정 시스템에 대한 프로토콜의 의존도를 줄여준다.
④ 개방형 시스템들 간의 접속을 위해 ISO에서 만들었다.

OSI 참조모델은 7개의 계층 구조를 가지며 개방(open)화된 데이터 통신 환경에서 사용하는 계층적 구현 모델의 표준이다.

[정답] ①

56
IPv4 주소 클래스 중 연구를 우해 예약되어 있어 인터넷에서 사용할 수 없는 것은?
① A 클래스
② B 클래스
③ C 클래스
④ D 클래스

D클래스와 E클래스
① D클래스는 멀티캐스트를 위한 클래스이다. 따라서 공인망의 주소로 사용되지 않으며 D클래스가 가질 수 있는 IP주소는 224.0.0.0~239.255.255.255이다.
② E클래스는 예약이 되어있지 않으며 연구용으로 사용된다. IP주소는 240.0.0.0~255.255.255.255

[정답] ④

57
IPv4 주소에 대한 설명 중 틀린 것은?
① 1과 0의 16비트 열로 저장된다.
② 마침표에 의해 구분되는 네 부분의 10진수로 나타낸다.
③ 주소의 각 부분은 8개의 2진수로 구성된다.
④ 네트워크와 호스트 부분으로 구성된다.

IPv4와 IPv6의 비교

구분	IPv4	IPv6
주소길이	32비트	128비트
표시방법	8비트씩 4부분으로 10진수로 표시	16비트씩 8부분으로 16진수 표시
주소개수	약 43억개	무한대
주소할당	A, B, C, D등 클래스 단위의 비순차적 할당(비효율적)	네트워크서 규모 및 단말기 수에 따른 수차적 할당(효율적)
품질(Qos)	품질 보장 곤란 (Qos 일부 지원)	품질보장이 용이(트래픽 클래스, Qos지원)
보안기능	IPSec 프로토콜 별도 설치	확장기능에서 기본으로 제공
모바일IP	상당치 곤란(비효율적)	용이(효율적)
웹캐스팅	곤란	용이(스코프 필드 증가)

[정답] ②

58 VLAN(Virtual Lan)을 나누는 기반에 해당되지 않는 것은?

① IP 기반 ② MAC 기반
③ FTTH 기반 ④ 포트(Port) 기반

> VLAN의 종류
> ① Port 기반
> 스위치 Port에 VLAN을 할당한다.
> (가장 일반적인 방식, static LAN)
> ② MAC 기반
> 각 호스트들의 MAC 주소를 VMPS (VLAN Membership Policy Server) 에 등록한 후, 호스트가 스위치에 접속하면 등록된 정보를 바탕으로 VLAN을 할당한다.
> ③ 네트워크 주소 기반
> 같은 네트워크에 속한 호스트들 간에만 통신이 되도록 VLAN을 할당한다.
> ④ 프로토콜 기반
> 같은 프로토콜을 가진 호스트들 간에만 통신이 되도록 VLAN을 할당한다.
>
> [정답] ③

59 통신방식에 의한 분류 중 양방향으로 송신이 가능하지만 동시에 송신이 불가능한 방식은?

① 단방향 전송방식 ② 반이중 전송방식
③ 전이중 전송방식 ④ 병렬 전송방식

> 데이터 전송을 전송방향에 따라 분류하면,
>
> | 전송분류 | 특징 |
> |---|---|
> | 단방향통신 | 한쪽으로만 송신, 수신하는 통신 (TV, 라디오 등) |
> | 반이중통신 (Half-Duplex) | 동시에 송신, 수신이 불가한 통신 (무전기) |
> | 전이중통신 (Full-Duplex) | 동시에 송신, 수신이 가능한 통신 (휴대전화, Videotex) |
>
> [정답] ②

60 오류 검출 방법 중 Block 단위의 1의 수가 짝수 또는 홀수가 되도록 각 행에 Check bit를 부가하는 방식으로 옳은 것은?

① 수직 Parity Check 방식
② 수평 Parity Check 방식
③ 정 마크 정 스페이스 방식
④ 군계수 Check 방식

> 패리티 체크방식 : 데이터블록의 1비트에 패리티 비트를 추가하는 방식이다. 짝수(우수)패리티와 홀수(기수)패리티 방식이 있다.

> ① 수직 패리티 체크(VRC: Vertical Redundancy Check) 수직 방향으로 패리티를 부여하는 방식.
> ② 수평 패리티 체크(LRC: Longitudinal Redundancy Check) 수평방향으로 패리티를 부여하는 방식.
>
> [정답] ②

4 전자계산기 일반 및 정보설비기준

61 컴퓨터의 하드웨어 구성 중 중앙처리장치에 해당하는 것은?

① 제어장치 ② 입출력장치
③ 보조기억장치 ④ 주기억장치

> 중앙처리장치(CPU:Central Processing Unit)
> ① CPU는 컴퓨터 시스템 전체의 작동을 통제하고 프로그램의 모든 연산을 수행하는 가장 핵심적인 장치이다.
> ② CPU의 기능 : 제어기능, 연산기능, 기억기능, 전달기능
> ③ CPU의 구성 : 제어장치, 연산장치 그리고 이들을 연결하여 데이터를 주고받는 버스(내부버스)
>
> [정답] ①

62 다음의 보조기억장치 중 가상메모리(Virtual Memory)로 사용한다면 가장 우수한 것은?

① 자기디스크(Magnetic Disk Unit)
② 자기드럼장치(Magnetic Drum Unit)
③ 자기테이프(Magnetic Tape)
④ CCD 기억장치(Charge Coupled Device Memory)

> 가상 메모리는 물리적 메모리 크기의 한계를 극복하기 위해 실제 물리적 메모리보다 더 큰 용량의 메모리 공간을 제공하는 메모리 관리 기법이다. 가상 메모리를 사용한다면 고속, 대용량의 보조 기억장치인 자기디스크가 적합하다.
>
> [정답] ①

63 2진수 00010111_2을 10진수, 8진수, 16진수로 표현한 것은?

① $(23)_{10}, (27)_8, (17)_{16}$ ② $(23)_{10}, (28)_8, (18)_{16}$
③ $(33)_{10}, (29)_8, (19)_{16}$ ④ $(33)_{10}, (30)_8, (20)_{16}$

> 8진수 표현 : $(000/010/111) \rightarrow (0/2/7)_8 = (27)_8$
> 16진수 표현: $(0001/0111) \rightarrow (1/7)_{16} = (17)_{16}$
> 10진수 표현: $(17)_{16} = 1 \times 16^1 + 7 \times 16^0 = 16 + 7 = (23)_{10}$
>
> [정답] ①

64
다음 중 바이너리(Binary) 연산을 행하는 것은?
① OR ② Shift
③ Rotate ④ Complement

여기서 바이너리는 0과 1의, 두 숫자로만 이루어진 이진법을 의미하는 것으로, OR연산은 0과 1의 이진연산으로 이루어진다.
[정답] ①

65
다음 중 컴퓨터에서 한번에 처리할 수 있는 명령의 단위를 Word라 할 때, 풀 워드(Full-Word)의 Btye 수는?
① 2[byte] ② 4[byte]
③ 8[byte] ④ 16[byte]

word란 한 단위로 취급되는 일련의 비트 또는 문자열로서, 하나의 기억 장소에 기억시킬 수 있는 것이다. 문자의 표현 단위로는 2바이트 단위인 반단어(half-word), 4바이트 단위인 전단어(full-word), 8바이트 단위인 2배 단어(double-word) 등이 있다.
[정답] ②

66
10진수 9를 그레이코드로 변환한 결과로 옳은 것은?
① 1100 ② 1101
③ 1110 ④ 1111

① 10진수 9를 2진수로 변환 → $(1001)_2$
② Binary code → Gray code
  2진수: 1→0→0→1
  Gray Code: 1 1 0 1
[정답] ②

67
운영체제의 기능 중 프로세서 상태에 따른 특성이 다른 것은?
① 활동 상태(Active, Swapped-in) - 기억장치를 할당 받은 상태
② 지연 대기 상태(Suspennded Blocked) - 기억장치를 할당 받은 상태
③ 준비상태(Ready) - 기억장치를 할당 받은 상태
④ 지연 준비 상태(Suspennded Ready) - 기억장치를 잃은 상태

지연 대기 상태(Suspennded Blocked): 대기 상태에서 기억장치를 잃은 상태를 의미한다.
[정답] ②

68
CPU에서 처리되는 작업 중 메모리 장치 접근에 지나치게 페이지 폴트가 발생하여, 프로세스 수행에 소요되는 시간보다 페이지 교환에 소요되는 시간이 더 커지는 현상은?
① 워킹 세트(Working Set) ② 세마포어(Semaphore)
③ 교환(Swapping) ④ 스레싱(Thrashing)

다중 프로그래밍정도가 늘어나 페이지 부재(page fault)가 발생하여 페이지 교체(page replacement)시간이 늘어나는 현상을 스레싱(Thrashing)이라고 하며, 스레싱을 예방하기 위한 방법으로 워킹 셋(working set)이 있다.
워킹 셋(Working Set)은 지역성을 기반으로 가장 많이 사용하는 페이지를 미리 저장해둔 것이다.
[정답] ④

69
다음 중 태스크별 고유의 시간제약 이내에 확실한 출력처리가 필요한 국방, 항공분야 시스템에 적합한 운영체제는?
① 일괄처리 운영체제 ② 대화형 운영체제
③ 실시간 운영체제 ④ 분산 운영체제

실시간 운영체제(Real-Time Operating System)란 주어진 작업을 정해놓은 시간 안에 작업을 완료하는 운영체제로, 결과값에 대한 예측이 가능하고 일정한 시간을 요구하는 곳에 쓰인다.
[정답] ③

70
다음 중 C 언어의 변수에 대한 설명으로 틀린 것은?
① 변수는 값을 저장하는 기억장소의 주소, 길이, 타입의 세 가지 속성을 지닌다.
② 변수 이름은 영어 알파벳 문자나 밑줄 문자(_)로 시작해야 한다.
③ 변수 이름은 영문 대문자와 소문자는 서로 구별되지 않는다.
④ C 언어의 키워드는 변수 이름으로 사용될 수 없다.

C언어의 변수
① 변수는 대소문자를 구분한다
② 변수에는 특수기호, 공백문자, 이미 사용 중인 키워드를 사용하면 안된다.
③ 변수를 사용하기 전에는 반드시 변수를 초기화 해야 한다.
[정답] ③

71. 다음 중 과학기술정보통신부장관에게 등록을 하여야 하는 사업자는?

① 기간통신사업자
② 지상파방송사업자
③ 부가통신사업자
④ 정보통신공사업자

전기통신사업법 제6조(기간통신사업의 등록 등)
 기간통신사업을 경영하려는 자는 대통령령으로 정하는 바에 따라 다음 각 호의 사항을 갖추어 과학기술정보통신부장관에게 등록(정보통신망에 의한 등록을 포함한다)하여야 한다.

[정답] ①

72. 다음 중 전력유도로 인한 피해가 없도록 전송설비 및 선로설비의 전력유도 전압에 대한 방지조치 대상 제한치로 잘못된 것은? (단, 예외 조항은 제외)

① 상시 유도위험종전압 : 60[V]
② 기기 오동작 유도종전압 : 15[V]
③ 이상시 유도위험전압 : 300[V]
④ 잡음전압 : 0.5[mV]

전기통신설비의 기술기준에 관한 규칙
제9조 (전력유도의 방지)
전력유도의 전압이 다음 각호의 제한치를 초과하거나 초과할 우려가 있는 경우에는 전력유도 방지조치를 하여야 한다.
1. 이상시 유도위험전압 : 650볼트. 다만, 고장시 전류제거시간이 0.1초 이상인 경우에는 430볼트로 한다.
2. 상시 유도위험종전압 : 60볼트
3. 기기 오동작 유도종전압 : 15볼트. 다만, 해당 전기통신설비의 통신선로가 왕복 2개의 선으로 구성되어 있는 경우에는 적용하지 아니하되, 통신선로의 2개의 선 중 1개의 선이 대지를 통하도록 구성되어 있는 경우(대지귀로방식)에는 적용하지 아니한다.
4. 잡음전압 : 0.5밀리볼트. 다만, 전철시설로 인한 잡음전압이 0.5밀리볼트보다 크고 2.5밀리볼트 보다 작은 경우에는 1분 동안에 0.5밀리볼트보다 크고 2.5밀리볼트보다 작은 잡음전압과 그 잡음전압이 지속되는 시간(초)을 곱한 전압의 총 합계가 30밀리볼트·초를 초과하지 아니하여야 한다.

[정답] ③

73. 구내통신설로설비의 구내통신 회선수 확보기준 중 대상 건축물이 주거용인 경우 회선수 확보기준을 바르게 나타낸 것은?

① 국선단자함에서 세대단자함 또는 인출구 구간까지 단위세대 당 1회선 이상 또는 광섬유케이블 2코어 이상
② 국선단자함에서 세대단자함 또는 인출구 구간까지 단위세대 당 3회선 이상 또는 광섬유케이블 5코어 이상
③ 국선단자함에서 세대단자함 또는 인출구 구간까지 10제곱미터 당 1회선 이상 또는 광섬유케이블 2코어 이상
④ 국선단자함에서 세대단자함 또는 인출구 구간까지 10제곱미터 당 3회선 이상 또는 광섬유케이블 5코어 이상

방송통신설비의 기술기준에 관한 규정
구내통신 회선 수 확보기준
주거용건축물
다음 각 목의 기준 중 어느 하나 이상을 충족할 것
가. 국선단자함에서 세대단자함 또는 인출구까지 단위세대당 1회선(4쌍 꼬임케이블 기준) 이상 또는 광섬유케이블 2코아 이상
나. 광다중화 기능을 갖는 국선단자함과 동단자함이 있는 경우에는 국선단자함에서 동단자함까지 광섬유케이블 8코아 이상, 동단자함에서 세대단자함이나 인출구까지 단위세대당 1회선(4쌍 꼬임케이블 기준) 이상 또는 광섬유케이블 2코아 이상

[정답] ①

74. 다음 중 분계점과 분계점에서의 접속기준에 관한 사항으로 잘못된 것은?

① 국선과 구내선의 분계점은 사업용 방송통신설비의 국선접속설비와 이용자 방송통신설비가 최초로 접속되는 점으로 한다.
② 방송통신망간 접속기준은 사업자 상호 간의 합의에 따른다. 다만, 과학기술정보통신부장관이 접속기준을 고시한 경우에는 이에 따른다.
③ 분계점에서의 접속방식은 사업자 상호 간 접속방식을 정하는 경우를 제외하고는 간단하게 분리하거나 시험할 수 없도록 조치하여야 한다.
④ 방송통신설비가 다른 사람의 방송통신설비와 접속되는 경우에는 그 건설과 보전에 관한 책임 등의 한계를 명확하게 하기 위한 분계점의 설정이 필요하다.

전기통신설비의기술기준에관한규칙
제4조 (분계점) ①전기통신설비가 다른 사람의 전기통신설비와 접속되는 경우에는 그 건설과 보전에 관한 책임등의 한계를 명확하게 하기 위하여 분계점이 설정되어야 한다.
각 설비간의 분계점은 다음 각호와 같다.
1. 사업용전기통신설비의 분계점은 사업자 상호간의 합의에 의한다. 이 경우 정보통신부장관의 승인을 얻어야 한다. 다만, 공정성을 확보하기 위하여 정보통신부장관이 분계점을 고시한 경우에는 이에 의한다.
2. 사업용전기통신설비와 이용자전기통신설비의 분계점은 도로와 택지 또는 공동주택단지의 각 단지와의 경계점으로 한다. 다만, 국선과 구내선의 분계점은 사업용전기통신설비의 국선접속설비와 이용자전기통신설비가 최초로 접속되는 점으로 한다
제5조 (분계점에서의 접속기준등) ①분계점에서의 접속방식은 간단하게 분리·시험할 수 있어야 하며, 정보통신부장관이 그 접속방식을 정하여 고시한 경우에는 이에 의하여야 한다.

[정답] ③

75 통신공동구 등의 설치기준에 있어서 관로는 차도의 경우 지면으로부터 얼마 이상의 깊이에 매설하여야 하는가?

① 0.5[m]   ② 1[m]
③ 1.5[m]   ④ 2[m]

방송통신설비의 기술기준에 관한 규정
제25조(통신공동구 등의 설치기준)
통신공동구·맨홀 등은 통신케이블의 수용과 설치 및 유지·보수 등에 필요한 공간과 부대시설을 갖추어야 하고, 관로는 차도의 경우 지면으로부터 1미터 이상의 깊이에 매설하여야 한다.

[정답] ②

76 통신국사 및 통신기계실의 입지조건으로 가장 부적절한 것은?

① 풍수해의 영향이 적은 곳
② 진동발생이 적은 곳
③ 전자파장해의 우려가 없는 곳
④ 통신정보 보호와 무관한 곳

통신국사 및 통신기계실의 조건
1. 입지조건
중요한 통신설비의 설치를 위한 통신국사 및 통신기계실은 다음 사항을 고려하여 구축하거나 선정한다.
풍수해로부터 영향을 많이 받지 않는 곳. 다만, 부득이한 경우로서 방풍, 방수 등의 조치를 강구하는 경우에는 그러하지 아니하다.
강력한 전자파장해의 우려가 없는 곳. 다만, 전자차폐등의 조치를 강구하는 경우에는 그러하지 아니하다.
주변지역의 영향으로 인한 진동발생이 적은 장소

[정답] ④

77 다음 중 비상사태가 발생한 경우 방송통신설비의 안전성 및 신뢰성을 확보하기 위한 대응대책으로 옳지 않은 것은?

① 임시 응급복구가 가능하도록 한다.
② 임시 방송통신회선을 설정한다.
③ 저장된 데이터를 즉시 파괴한다.
④ 광역응급구호 체제를 명확히 한다.

비상사태의 대응
① 중요한 통신설비에 고장 등이 발생할 경우 임시 통신설비 배치 및 임시 통신회선 설정 등에 의한 응급복구대책을 강구한다.
② 복구대책의 실시방법 및 순서를 정하여 시행한다.
③ 연락체계, 권한의 범위 등 비상사태시의 체제를 명확히 한다.
④ 직원의 집합, 응급 및 복구활동 등에 관련된 연락을 위해 필요한 조치를 강구한다.
⑤ 광역 응급구호 체제를 명확히 한다.
⑥ 응급 및 복구활동 등에 대하여 정부부처 또는 관계기관과의 연락체계를 명확히 한다.

[정답] ③

78 영상정보처리기기를 설치목적과 다른 목적으로 임의로 조작하거나 녹음기능을 사용하다 적발될 경우 적용되는 벌칙으로 맞는 것은?

① 1년 이하의 징역 또는 1천만원 이하 벌금
② 2년 이하의 징역 또는 2천만원 이하 벌금
③ 3년 이하의 징역 또는 3천만원 이하 벌금
④ 5년 이하의 징역 또는 5천만원 이하 벌금

개인정보 보호법
영상정보처리기기의 설치 목적과 다른 목적으로 영상정보처리기기를 임의로 조작하거나 다른 곳을 비추는 자 또는 녹음기능을 사용한 자는 3년 이하의 징역 또는 3천만원 이하의 벌금에 처해집니다.

[정답] ③

79 감리원이 업무를 성실히 수행하지 않아 공사가 부실하게 될 우려가 있을 때 시정지시 또는 감리원의 변경요구 등 필요한 조치를 취할 수 있는 사람은 누구인가?

① 공사업자   ② 공사발주자
③ 공사용역업자   ④ 공사설계업자

정보통신공사업법 제10조 (감리원에 대한 시정조치)
발주자는 감리원이 업무를 성실하게 수행하지 아니하여 공사가 부실하게 될 우려가 있을 때에는 대통령령이 정하는 바에 의하여 당해 감리원에 대하여 시정지시등 필요한 조치를 할 수 있다.

[정답] ②

80 다음 중 기간통신사업자가 타인의 토지를 일시 사용하고자 미리 점유자에게 사용목적과 사용기간을 통지하고자 하였으나, 점유자의 주소 불명 등으로 통지할 수 없는 경우 취하여야 할 조치로 맞는 것은?

① 공고하여야 한다.
② 보증인을 세워야 한다.
③ 공탁을 걸어야 한다.
④ 해당 지자체에 신고하여야 한다.

전기통신사업법 제73조(토지등의 일시 사용)
기간통신사업자는 제1항에 따라 사유 또는 국유·공유 재산을 일시 사용하려면 미리 점유자에게 사용목적과 사용기간을 알려야 한다. 다만, 미리 알리는 것이 곤란한 경우에는 사용을 할 때 또는 사용 후 지체 없이 알리고, 점유자의 주소나 거소를 알 수 없어 사용목적과 사용기간을 알릴 수 없는 경우에는 이를 공고하여야 한다.

[정답] ①

6 2020년 4회

1 디지털 전자회로

01 제너다이오드에서 불순물의 도핑 레벨을 높게 했을 때 나타나는 현상 중 틀린 것은?

① 역방향 제너 전압이 감소한다.
② 매우 좁은 공핍층이 형성된다.
③ 강한 전계가 공핍층 내부에 존재하게 된다.
④ 역방향 제너저항이 감소한다.

제너 다이오드
① 일반 다이오드는 순방향 전압에서 전류가 흐르고, 역방향 전압에서는 전류가 흐르지 않는다.
② 제너 다이오드는 역방향 전압의 특정 전압(제너전압, 항복전압)에서 전류가 흐르는 특성을 갖는다. 항복영역에서 역방향 전류가 변해도 제너 다이오드 양단에는 일정한 전압이 나타나는 정전압 특성을 갖는다.
③ 항복전압은 불순물 도핑 레벨에 의해 조절가능하다.
불순물 도핑농도를 높게 해서 좁은 공핍층을 형성시켜 매우 강한 전계가 공핍층에 존재하게 하여 터널링 현상으로 역방향 전류가 흐르게 된다. 불순물이 많을수록 항복전압은 낮아진다.

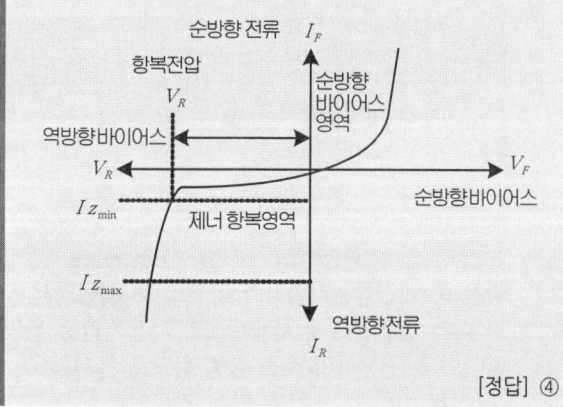

[정답] ④

02 브리지 정류기에서 입력전압이 (+)인 반사이클 동안에 사용되는 다이오드와 바이어스 형태는?

① 한 개의 다이오드가 순방향 바이어스이다.
② 모든 다이오드가 순방향 바이어스이다.
③ 2개의 다이오드가 순방향 바이어스이다.
④ 모든 다이오드가 역방향 바이어스이다.

브리지 정류기
브리지(Bridge) 정류 회로 교류 입력 전압의 (+) 반주기가 동안에는 D_2 과 D_3 가 동작하고, (-) 반주기 동안에는 D_1와 D_4 로 동작하여 전류가 흐른다.

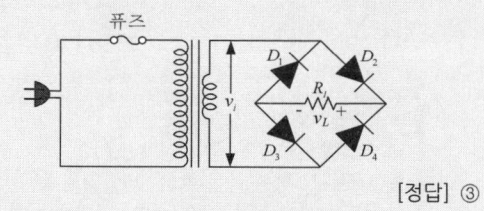

[정답] ③

03 다음 중 전파정류회로의 특징이 아닌 것은?

① 정류 전류는 반파 정류의 2배가 된다.
② 리플 주파수는 전원 주파수의 2배이다.
③ 리플률이 반파정류회로보다 적다.
④ 전원 전압의 직류 자화가 있다.

반파정류와 전파정류의 비교
반파정류회로는 전파정류회로에서의 반주기 파형이기 때문에 정류효율이 낮고, 맥동률도 나쁘며, 부하를 흐르는 직류전류가 전원 트랜스의 2차 권선에 흐르므로 철심이 직류로 자화된다.

	반파정류회로	전파정류회로
회로구성		
출력파형		
평균값	V_m/π	$2V_m/\pi$
리플주파수	$f(60[Hz])$	$2f(120[Hz])$
리플률	1.21	0.482
정류효율	40.6%	81.2%

[정답] ④

04
증폭도가 20[dB], 잡음지수가 4[dB]인 전치 증폭기를 잡음지수가 6[dB]인 종속 증폭기에 연결할 때 종합 잡음지수는 얼마인가?

① 2.55[dB] ② 3.50[dB]
③ 4.25[dB] ④ 4.45[dB]

다단증폭기의 종합잡음지수(NF : Noise Figure)
- 단일 트랜지스터 증폭기를 종속 연결하여 다단 증폭기를 구성하면, 단일 증폭단의 장점들이 결합된 우수한 성능의 증폭기를 구현할 수 있다.
- 다단증폭기의 초단의 잡음지수와 이득(증폭도)을 각각 NF_1, G_1, 다음단의 잡음지수와 이득을 각각 NF_2, G_2라 하면 종합잡음지수는 다음과 같다

$$NF = NF_1 + \frac{NF_2-1}{G_1} + \frac{NF_3-1}{G_1 G_2} + \cdots$$

$$\therefore NF = 4 + \frac{6-1}{20} + 4 + 0.25 = 4.25[dB]$$

[정답] ③

05
저역 통과 RC회로에 스텝입력을 공급할 때 출력 파형은 어떻게 나타나는가?

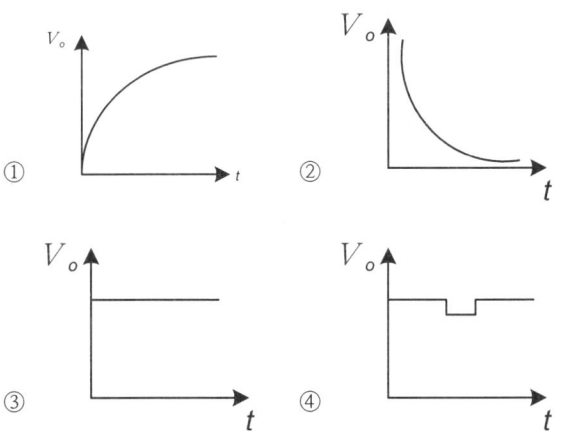

저역통과 RC회로
① RC 1차 회로의 C에서 출력을 얻음으로 LPF(저역통과필터)를 구현하는 회로이다.
② 저역통과 RC회로는 적분회로의 역할을 한다.

$$V_o = \frac{1}{RC} \int V_i(t) dt$$

[정답] ①

06
다음 중 FET 증폭회로의 응용으로 적합한 것은?

① 신호원 임피던스가 높은 증폭기의 초단
② 주파수 안정도를 높일 필요가 있는 증폭기의 끝단
③ 신호원 임피던스가 높은 증폭기의 중간단
④ 신호원 임피던스가 높은 증폭기의 끝단

전기장 효과 트랜지스터(FET)
① FET는 단극성 트랜지스터로서, 전류는 다수 캐리어의 이동에 의해 이루어진다.
② FET는 전압제어 소자이므로 입력 임피던스가 높으며, 트랜지스터보다 열적으로 안정하고 잡음도 적다.
③ FET는 gate와 source 사이의 입력 임피던스가 매우 높아서 다단 증폭기의 임피던스 정합을 위해 사용된다.

[정답] ①

07
다음 중 가장 효율이 좋은 증폭방식은?

① A급   ② B급
③ C급   ④ AB급

C급 전력증폭회로
① 전력증폭회로는 동작점에 따라 A급, B급, C급, AB급으로 구분된다.
② 고전력을 부하에 전달하기 위해서 C급을 사용한다.
③ C급 증폭은 증폭기의 효율이 좋기 때문에 고주파 전력증폭, FM증폭기에서 사용된다.

[정답] ③

08
다음 발진기 중 정현파 발진기에 속하는 것은?

① 하틀리 발진기   ② 멀티 바이브레이터
③ 블로킹 발진기   ④ 톱니파 발진기

발진회로(Oscillator)
① 발진은 외부로부터의 입력신호가 없어도 회로 자신이 지속적으로 교류신호를 발생하는 것을 말한다.
② 발진회로에는 정현파를 발생하는 회로와 펄스 등의 비정현파를 발생하는 회로가 있다.

발진기		
정현파 발진기	LC 발진기	동조형 발진기
		하틀리 발진기
		콜피츠 발진기
	수정 발진기	피어스 BE형 발진기
		피어스 CB형 발진기
	RC 발진기	이상형 발진기
		빈(Wien)브리지
비정현파 발진기		멀티바이브레이터
		블로킹 발진기
		톱니파 발진기

[정답] ①

09
다음 회로에서 출력(V_{out}) 진폭을 결정하는데 직접적인 영향을 주지 않는 것은?

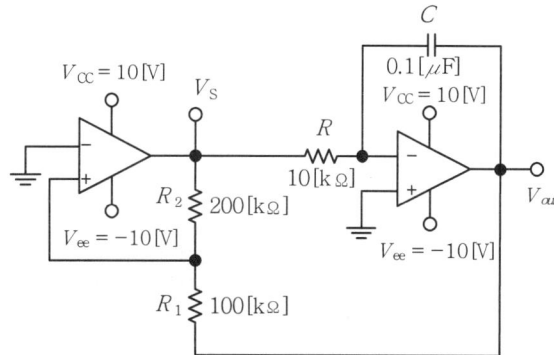

① R_1
② R_2
③ R
④ V_s

삼각파 발생기
Schmitt Trigger의 구형파 출력이 R을 통해 적분기의 $V_{in}(-)$로 가해지고, 적분기에서는 출력 V_{out}이 (−)방향으로 적분되며, R_1과 R_2사이의 전압은 Schmitt Trigger의 출력과 적분기의 출력을 중첩한 전압이 된다. 결국 삼각파의 출력을 얻게 된다.
$$V_{TH} = \frac{R_1(V_s - V_{out})}{R_1 + R_2} + V_{out}$$
Integrator frequency : $\frac{1}{4 \times R \times C}\left(\frac{R_2}{R_1}\right)$[Hz]

[정답] ③

10
수정발진기는 어떤 현상을 이용하는가?
① 피에조(Piezo) 현상
② 과도(Transient) 현상
③ 지연(Delay) 현상
④ 히스테리시스(Hysteresis) 현상

수정발진 회로의 특징
① 수정이나 로셀염 등의 결정에 압력을 가하면 전압이 발생하는데 이것을 압전효과라고 한다.
② 수정의 결정체에서 적절하게 끊어낸 수정편의 양면에 전극을 설치하고, 전극간에 교류를 통할 때, 주파수가 수정편의 기계적 고유진동수와 일치하면, 공진을 일으키게 된다.
③ 수정발진회로는 수정공진자의 압전기 현상을 이용한 것으로 발진 주파수의 안정도가 매우 높다.

[정답] ①

11
다음 중 음성 신호의 송신측 PCM(Pulse Code Modulation)과정이 아닌 것은?
① 표본화
② 부호화
③ 양자화
④ 복호화

펄스부호변조(PCM)
① PCM은 아날로그 입력신호를 디지털신호로 변환시키는 A/D(Analog to Digital)변환기술이다.
② PCM은 표본화, 양자화, 부호화의 3과정을 통해 아날로그 신호를 디지털신호로 변환한다.

[정답] ④

12
30[%] 변조된 진폭 변조파의 출력이 200[W]일 때 반송파 전력은 약 몇 [W]인가?
① 154.1[W]
② 191.4[W]
③ 227.4[W]
④ 258.2[W]

AM(Amplitude Modulation)의 전력
① AM은 DSB(Double Sideband)방식으로 반송파, 상・하측 파대의 3가지 신호를 동시에 전송하는 변조방식이다.
② 피변조파 전력 = 반송파 전력 + 상측파대 전력 + 하측파대 전력 = $\left(1 + \frac{m^2}{2}\right)P_c$
여기서 P_c : 반송파전력, m : 변조도
③ $m = 0.3$(30[%]변조)을 대입하면
피변조파 전력$(P) = \left(1 + \frac{0.3^2}{2}\right)P_c = \frac{2.09}{2}P_c$
$\therefore P_c = \frac{2}{2.09}P = \frac{2}{2.09} \times 200[W] = 191.4[W]$

[정답] ②

13

1[MHz]의 반송파를 2[kHz]의 신호주파수로 진폭변조하는 경우 출력측에 나타나는 주파수 성분은?(단, 변조도 $m=1$이다.)

① 상측파대 : 1,002[kHz] ② 상측파대 : 900[kHz]
③ 하측파대 : 500[kHz]   ④ 하측파대 : 500[MHz]

진폭변조(AM : Amplitude Modulation)
① 반송파를 $A_c \sin 2\pi f_c t$, 신호파를 $A_s \sin 2\pi f_s t$ 라 하면 AM의 피변조파는 다음과 같다. 여기서 $\omega = 2\pi f$

$$f(t) = (A_c + A_s \sin \omega_s t)\sin \omega_c t = A_c\left(1 + \frac{A_s}{A_c}\sin\omega_s t\right)\sin\omega_c t = A_c(1+m\sin\omega_s t)\sin\omega_c t$$

$$= A_c \sin 2\pi f_c t + \frac{m}{2}A_c \cos 2\pi (f_c - f_s)t + \frac{m}{2}A_c \cos 2\pi (f_c + f_s)t$$

$A_c \sin 2\pi f_c t$ => 반송파

$\frac{m}{2}A_c \cos 2\pi (f_c - f_s)t$ => 하측파

$\frac{m}{2}A_c \cos 2\pi (f_c + f_s)t$ => 상측파

여기서 m은 변조지수이다.
∴ 출력측에 나타나는 주파수는 반송파주파수(f_c : 1[MHz]), 상측파대 주파수($f_c + f_s$: 1,002[kHz]), 하측파대 주파수($f_c - f_s$: 998[kHz])이다.

[정답] ①

14

다음 중 PPM을 PAM이나 PWM으로 변환하기 위해 사용되는 회로로 알맞은 것은?

① 미분회로
② 적분회로
③ 쌍안정 멀티바이브레이터
④ 단안정 멀티바이브레이터

펄스 위치 변조(PPM : Pulse Position Modulation)
① PPM은 펄스의 진폭과 폭은 일정하게 하고 펄스 위치를 정보 신호에 비례하게 하는 변조방식이다.
② PPM은 펄스를 일정한 폭과 크기로 전송하므로 통신용도로서는 PWM에 비해 더 효율적이다.
③ PPM수신기에서 샘플링 시간을 찾기 위한 클럭 타이밍을 재구성해야 한다는 점이 PAM과 PWM에 비해 단점이다. PAM이나 PWM에서는 클럭 타이밍이 펄스 자체내에 직접 포함되어 있기 때문이다.
∴ PPM 신호를 Flip-Flop 또는 쌍안정 멀티바이브레이터를 이용하여 PWM으로 변환하여 복조한다.

[정답] ③

15

다음 중 펄스의 지연 시간(Delay Times)으로 옳은 것은?

① 최대 진폭의 10[%]에서 90[%]까지 상승하는데 걸리는 시간
② 최대 진폭의 90[%]에서 10[%]까지 하강하는데 걸리는 시간
③ 입력펄스가 들어온 후 출력 펄스가 최대 진폭의 10[%]가 되기까지 걸리는 시간
④ 입력펄스가 끝난 후 출력 펄스가 최대 진폭의 90[%]로 감소하는데 걸리는 시간

펄스의 특징
① 상승시간(rise time, t_r) : 펄스가 최대진폭 10[%]에서 90[%]까지 상승하는데 소요되는 시간
② 하강시간(fall time, t_f) : 펄스가 최대진폭 90[%]에서 10[%]까지 하강하는데 소요되는 시간
③ 지연시간(delay times, t_d) : 입력펄스가 들어온 후 출력펄스가 최대진폭의 10[%] 되기까지의 시간

[정답] ③

16

다음 중 슈미트 트리거(Schmitt Trigger)회로와 관련 없는 것은?

① 전압 비교회로   ② 쌍안정 회로
③ 방형파 발생회로 ④ 무안정 회로

슈미트 트리거(Schmitt Trigger)회로
① 슈미트 트리거란 증폭기에 양(+)궤환을 걸어 입력신호의 진폭에 따른 2개의 안정 상태를 이루가 한 회로이다.
② 입력이 어느 레벨이 되면 비약하여 방형파형을 발생하는 회로로, 이미터 결합 쌍안정 멀티바이브레이터의 일종이다.
③ 전압 비교회로(voltage comparator), 쌍안정회로, 방형파 발생회로, A/D 변환회로 등에 응용되고 있다.

[정답] ④

17 다음 그림의 논리 회로는 어떠한 기능을 수행하는가?

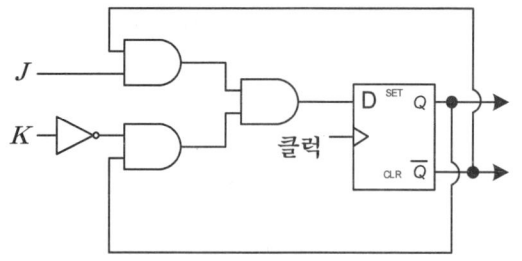

① 존슨 카운터
② D플립플롭을 이용한 J-K플립플롭의 구현
③ 클록 신호의 2분주기
④ 플립플롭을 이용한 랜덤 수 발생기

주어진 회로를 진리표를 작성하여 간략화하면
D플립플롭을 이용한 J-K플립플롭 임을 알 수 있다.
$D = J\overline{Q} + \overline{K}Q$

[정답] ②

18 다음에 열거하는 회로 중에서 일반적으로 플립플롭을 이용하여 구성하는 회로가 아닌 것은?
① 시프트 레지스터   ② 카운터
③ 분주기   ④ 전가산기

조합논리회로와 순서논리회로
① 조합논리회로
  현재의 입력값들만 이용하여 출력값을 결정하는 회로로서, 입력신호들을 받는 즉시 그들을 조합하여 출력을 발생한다.
  종류 : 인코더, 디코더, 멀티플렉서, 가산기, 감산기 등
② 순서논리회로
  현재의 입력들 뿐 아니라 과거의 입력 혹은 출력 값도 함께 고려하여 현재의 출력 값을 결정하는 회로로서, 조합회로에 기억소자, 즉 플립플롭을 추가하여 구성한다.
  종류 : 데이터 레지스터, 시프트 레지스터, 계수기, 직렬/병렬 변환기, 주파수 분주기 등

[정답] ④

19 다음 중 레지스터의 주기능에 해당하는 것은
① 스위칭 기능   ② 데이터의 일시 저장
③ 펄스 발생기   ④ 회로 동기장치

레지스터
① 레지스터란CPU가 컴퓨터를 작동시키는데 필요한 정보를 임시로 저장하는 곳이다.
② 레지스터의 종류는 많은데, 보통 데이터를 일시적으로 저장한 후 필요한 때 불러내어 쓸 수 있으며 각종 논리·산술 연산결과를 저장하거나 연산의 결과를 판단 할때 사용한다.

③ 레지스터는 여러 자리의 정보를 기억하고 필요에 따라서 그 내용을 수시로 사용할 수 있는 회로이다.

[정답] ②

20 다음 중 BCD부호를 10진수로, 2진수를 8진수나 16진수로 변환하기 위해 사용되는 회로는?
① 디코더   ② 인코더
③ 멀티플렉서   ④ 디멀티플렉서

디코더(Decoder, 복호기)
① 디코더란 n비트의 2진 코드 값을 입력으로 받아들여 최대 2^n개의 서로 다른 정보로 바꿔주는 조합회로이다.
② 디코더는 부호화된 2진 정보를 부호화되지 않은 10진수로 변환시키거나, 부호화된 2진 정보를 다른 형식(8진수, 16진수)으로 바꾸는 회로로서 명령 해독이나 번지를 해독 할 때 사용한다.

[정답] ①

2 정보통신 기기

21 다음 정보 단말기의 기능 중 성격이 다른 것은?
① 입·출력 기능
② 에러 제어 기능
③ 입·출력 제어 기능
④ 송·수신 제어 기능

정보 단말기기(Terminal)
① 정보 단말기는 데이터 전송시스템에서 최종적으로 데이터를 보내거나 받는 기능을 수행하는 장치이다.
② 정보 단말기의 기능
- 입·출력 기능(입력 변환 기능, 출력 변환 기능) : 사람이 식별 가능한 데이터를 통신 장비가 처리 가능한 2진 신호로 변환하거나 그 역을 행하는 기능
- 전송 제어 기능(입·출력제어 기능, 에러제어 기능, 송·수신 제어 기능) : 선택된 전송 제어 절차에 따라 정확한 데이터의 송수신하기 위한 기능

[정답] ①

22
다중화기와 집중화기의 차이점에 대한 설명 중 옳은 것은?

① 기능이 동일하므로 같은 의미이다.
② 다중화기는 저채널 속도의 합과 고속채널 속도의 합이 고속채널 속도와 같으나, 집중화기는 크거나 같다.
③ 다중화기는 전송로의 동적인 이용을 하나 집중화기는 정적인 이용을 한다.
④ 집중화기는 다중화기보다 큰 대역폭을 요구한다.

다중화기(Multiplexer)와 집중화기(Concentrator)	
다중화기	- 다수의 단말(DTE)들이 하나의 통신회선을 정적인 방법으로 분할하여 이용할 수 있도록 하는 장비 - 특징 : 전송로의 정적 이용 / 구성간단 / 전송효율 떨어짐 / 입출력 대역폭 동일 / 입력 회선수 = 출력 회선수 - 종류 : FDM, TDM, STDM(지능 다중화기), 광대역 다중화기, 역 다중화기
집중화기	- 하나의 고속 통신회선에 다수의 저속 통신회선을 동적으로 연결하기 위한 장비 - 특징 : 전송로의 동적 이용 / 구성이 복잡 / 전송효율 높음 / 입출력 대역폭 다름 / 입력 회선수 ≥ 출력 회선수 - 구성 : 단일 회선 제어기, 중앙처리장치(CPU), 다수 선로 제어기 등

[정답] ②

23
신호의 변조과정 없이 단순히 디지털 Unipolar 신호를 Bipolar 신호로 변환해 주는 장치는?

① CSU　　② DSU
③ HSM　　④ Modem

디지털 서비스 유닛(DSU : Digital Service Unit)
① DSU는 디지털 데이터를 디지털 회선에 적합한 디지털 신호로 변환하는 과정과 그 반대 과정을 수행한다.
② 신호는 변조 과정 없이 단순히 유니폴라 신호를 바이폴라 신호로 변환해주는 기능만 제공하기 때문에 모뎀에 비해 구조가 간단하다.

[정답] ②

24
통신망 보안 시스템으로 악의적인 의도를 가진 내부 사용자가 외부로 내부 정보를 전송하는 것을 방지하기 위해 중요한 내부 정보 메시지를 감시하고 탐지하는 시스템은?

① Message Monitoring System
② Virus Management System
③ Anti-Virus System
④ Internet Vulnerability System

발신 로깅 시스템(Message Monitoring System)
① 발신로깅시스템은 네트워크를 통과하는 모든 메시지를 분석하고, 중요 정보인지를 판단하여 보고하는 기능을 제공한다.
② 발신로깅시스템은 모든 메시지를 수집 가능하여야 하며, 해당 프로토콜에 대한 분석이 가능하여야 한다.

[정답] ①

25
일반적으로 라우터가 외부 망과 연결할 때, DSU나 CSU라는 전용모뎀과 연결되는 라우터의 연결 포트(또는 인터페이스)는?

① 직렬(Serial) 포트
② 병렬(Parallel) 포트
③ 이더넷(또는 RJ-45) 포트
④ DVI 포트

라우터의 인터페이스
① 라우터는 LAN과 LAN을 연결하는 장치로 목적지까지의 최적 경로를 결정하여 통신 할 수 있도록 도와주는 인터넷 접속장비이다.
② 인터페이스(포트)란 네트워크 라우터에서 직접 연결되는 부분이다.

종류	기능
Ethernet Port	- 내부 네트워크 간 접속시 사용되는 인터페이스 - 허브나 스위치와 연결
Serial Port	- WAN접속을 위해 사용되는 인터페이스 - DSU또는 CSU라는 전용선 모뎀에 연결

[정답] ①

26 다음 중 데이터 링크 장비에 대한 설명으로 옳지 않은 것은?

① 네트워크 장비는 MAC 주소를 기반으로 작동한다.
② LAN카드, 자체는 물리 계층에서 작동하지만, 드라이버를 포함하면 데이터링크 계층에서 작동한다.
③ 데이터링크 계층과 관련된 장비는 리피터, 스위치, 허브가 있다.
④ 브리지(Bridge)는 두 개의 근거리통신망(LAN)을 서로 연결해 주는 통신망 연결 장치이다.

두개의 서로 다른 네트워크 구조를 갖는 컴퓨터끼리 데이터 송수신을 하는 경우 OSI의 7계층을 서로 맞추어야 하는데 이와 같이 이기종간을 상호 접속하여 통신이 가능하도록 해주는 장비를 인터네트워킹 기기라 한다.

계층 구분	사용장비
제3계층(네트워크 계층)	라우터
제2계층(데이터링크 계층)	브리지, 스위치
제1계층(물리 계층)	리피터, 허브

[정답] ③

27 전송로의 약해진 신호를 증폭하여 전달하는 기능을 제공하는 장비는?

① 허브   ② 리피터
③ 라우터   ④ 브리지

인터네트워킹 장비
① 허브 또는 이더넷 허브 : 여러 대의 컴퓨터와 네트워크 장비들을 연결하는 장치이다.
② 리피터
- 제1계층에서 망을 물리적으로 연결하고 신호재생의 역할을 수행한다.
전송로의 감쇄와 잡음으로 손상된 데이터를 원래 데이터로 재생하여 수신측으로 전송함으로써 전송매체의 물리적 거리를 연장시켜준다.
③ 라우터 : 네트워크 주소(IP주소)를 기반으로 목적지까지의 경로를 선택하며, 라우팅 테이블에 따라 효율적인 경로를 선택하여 패킷을 전송한다.
④ 브리지 : 하나의 랜을 이더넷이나 토큰링과 같이 서로 같은 프로토콜을 쓰고 있는 다른 랜과 연결시켜주는 장비이다.

[정답] ②

28 집중화기에서 프로그램 제어형 다수선로제어기(MLC)의 설명으로 틀린 것은?

① 중앙처리장치에 부담을 주지 않는다.
② 선로의 접속을 위한 하드웨어를 줄여 선로비용을 최소화한다.
③ 표본화 제어, 비트 감지, 버퍼링 등은 모두 중앙처리장치에서 처리된다.
④ 프로그램의 처리시간에 따라 집중화기에 연결 가능 선로의 수가 결정된다.

집중화기의 구성요소
① 단일 제어기(SLC) : 집중화기가 각각의 데이터 통신회선과 접속하기 위해 필요한 제어 감시신호 등을 공급한다.
② 다수의 선로 제어기(MLC)
- 선로의 수, 선로의 속도 등의 용량과 여러 가지 요인(H/W, S/W, 문자 제어용, 블록 제어용)에 의해 구분된다.
- 표본화 제어 비트감지 등 모두가 중앙처리장치(CPU)에서 처리되므로 CPU에 부담을 준다.

[정답] ①

29 다음 중 가상사설망(VPN)에서 기본적으로 필요한 요소로 틀린 것은?

① VPN에 접근하는 사용자의 인증
② 주소의 비공개성을 보호하기 위한 주소 관리
③ 공용망을 통과하는 데이터에 대한 비인증 클라이언트의 데이터 활용
④ 서버와 클라이언트 상호간에 사용될 암호화 키를 생성하거나 갱신하는 관리

가상 사설망(VPN)
① 사설망이란 특정한 회사나 조직이 소유하고 독점적으로 사용하는 네트워크를 의미한다.
② 가상 사설망의 구성요소

구성요소	내용
터널링 기술	- 송신자와 수신자 사이에 아무도 올 수 없는 터널을 뚫는 것처럼 송신자가 보내는 데이터를 캡슐화해서 수신자 외에는 알아 볼 수 없도록 데이터를 전송하는 것 - 터널링 프로토콜 : PPTP, L2TP, IPSEC, Sock v5 등
키 관리 기술	보안문제를 보다 철저히 하기 위한 안전한 키 생성과 키 교환방식
VPN관리 기술	효과적이고 안정적으로 VPN 서비스를 지원하는 기술이며 QoS를 보장하는 기술
인증	초기 VPN접속을 시도할 때 보안서버로부터 인증 획득
암호화	정보의 외부 유출을 보호하기 위하여 암호화를 적용

[정답] ③

30
VoIP 서비스에서 H.323의 구성요소로 H.323단말과 게이트웨이 등록, 주소변환, 주소록 관리 및 호연결 제어, 자원관리 등을 하는 장치는?

① H323단말
② 게이트키퍼(Gate Keeper)
③ 게이트웨이(Gateway)
④ MCU(Multipoint Control Unit)

VoIP(Voice over Internet Protocol)란 공중 전화망(PSTN)을 통해 이루어졌던 음성 서비스를, IP 네트워크에 음성을 패킷 형태로 전송하는 음성서비스이다. IP전화, 인터넷 전화 등으로 불린다.
VoIP의 구성요소
① 게이트웨이 : 회선교환망(전화, PSTN)과 패킷교환망(컴퓨터, IP)을 연결시키는 브리지 역할
② 게이트키퍼 : 인터넷 망과의 통신을 관리, 통제한다. 또한 서비스 관리, 게이트웨이와 단말기 등의 관리 및 호 인증 등을 수행
- H.232단말 : VoIP 사용 가능 단말

[정답] ②

31
특정다수의 공동목적을 위해 호텔, 병원, 학교 등에서 특정대상을 감시하는 기능을 갖는 시스템은?

① CCTV   ② CATV
③ SDTV   ④ HDTV

폐쇄회로 TV(CCTV : Closed Circuit Television)
① CCTV는 특정 상호간만을 연결한 TV에 의한 통신 시스템으로서 방송 TV에 대비되는 용어이다.
② CCTV는 사무실, 병원, 대학 등 제한된 구역 내에 설치된 텔레비전 시스템이다.
③ 호텔, 병원 등 특정 대상에 대해 VTR또는 자체 스튜디오를 통해 특정 프로그램을 제공하는 시스템 또는 사람이 접근할 수 없는 산업 현장 등의 감시용 시스템으로 사용된다.

[정답] ①

32
다음 중 화상통신에서의 전송 순서로 올바른 것은?

① 송신화상 → 광전변환 → 전송로 → 전광변환 → 수신화상
② 송신화상 → 변조 → 전광변환 → 광전변환 → 복조 → 수신화상
③ 송신화상 → 전광변환 → 변조 → 복조 → 광전변환 → 수신화상
④ 송신화상 → 광전변환 → 전광변환 → 변조 → 복조 → 수신화상

화상통신 시스템
① 화상통신이란 그래픽 또는 동영상 등의 정보전송을 말하며, 서비스 형태로는 화상회의, 팩시밀리 전송 등이 있다.
② 화상통신 시스템의 송신측에서는 시각 정보를 전기적 신호로 변환하여 전송하고 수신측에서는 이를 시각 정보로 재생하는 통신을 말한다.

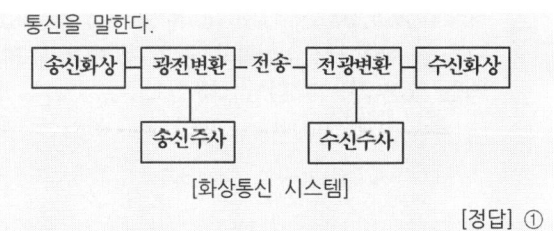

[화상통신 시스템]

[정답] ①

33
다음 중 공통선 신호방식에 대한 설명으로 틀린 것은?

① No.6 신호방식과 No.7 신호방식이 있다.
② 공통선 신호방식으로 R2 MFC 방식이 있다.
③ 프로토콜 계층으로 MTP, SCCP 및 TCAP등의 구조로 되어있다.
④ 공통된 신호선을 이용하여 신호를 데이터 형식으로 전송한다.

공통선 신호방식(CCS : Common Channel Signaling)
① 신호방식이란 통신망을 구성하고 있는 각 시스템간 호에 관련된 정보, 망관리 및 유지보수를 위한 정보 등을 전달하는 일련의 신호 전달을 위한 규칙을 말한다.
② 신호방식은 그것이 적용되는 구간에 따라 가입자 신호방식과 국간 신호방식으로 나누어진다.
③ 공통선 신호방식은 통화용 회선과 신호용 회선을 분리시킴으로써 많은 중계선의 신호정보를 시분할 다중화 하여 전송하는 신호 방식이다.
④ 공통선 신호 방식으로는 ITU-T No.6 방식과 No.7 방식이 표준화되어 사용되고 있다.

[정답] ②

34
다음 중 위성통신에서 자유공간 전파손실에 대한 설명으로 옳은 것은?

① 전파거리의 제곱에 비례한다.
② 전자밀도의 제곱에 반비례한다.
③ 파장의 제곱에 비례한다.
④ 주파수의 제곱에 반비례한다.

자유공간의 전파손실(FSPL : Free Space Propagation Loss)
① 자유공간 전파손실은 전자파가 자유공간을 퍼져 나가면서 잔자파 에너지가 흡수 또는 산란 등에 의해서 신호의 세기가 점점 약해지는 전자파 복사 손실을 말한다.
② 자유공간 전파손실 계산
$$L = \left(\frac{4\pi d}{\lambda}\right)^2 = \left(\frac{4\pi d f}{c}\right)^2$$
여기서
λ : 신호의 파장[m],
f : 신호의 주파수[Hz]
d : 통신(전파) 거리[m]
c : 빛의 속도(3×10^8[m/s])
∴ 전파손실은 송, 수신기 간의 거리인 전파거리의 자승에 비례한다.

[정답] ①

35
다음 중 AM, FM 수신기의 구성도를 비교 시 FM 수신기에만 있는 기능이 아닌 것은?

① 진폭 제한기(Limiter) ② 저주파증폭기
③ 디엠파시스회로 ④ 스켈치회로

FM수신기
① FM수신기는 고주파 증폭부, 주파수 변환부, 중간주파 증폭부, 디엠파시스회로, 진폭제한기, FM검파부, 스켈치회로, 저주파 증폭부 등으로 구성된다.
② 저주파 증폭기는 저주파의 신호를 증폭하는 것을 목적으로 하는 것으로, AM및 FM에서 사용된다.

[정답] ②

36
위성통신시스템에서 송신신호와 수신신호를 분리하는 장치로서 일종의 방향성 결합기 역할을 하는 것은?

① 다이플렉서 ② 주파수 변환기
③ 전력증폭기 ④ 안테나

위성통신용 다이플렉서
① 다이플렉서는 하나의 신호를 두 개의 주파수 대역으로 분리 또는 반대로 신호를 결합하는 기능을 한다.
② 다이플렉서는 서로 다른 신호를 채널 간섭을 방지하며 결합 또는 분리·분할시키는 장치이다. 여기서 서로 다른 신호라는 것은 음성 및 영상신호, 상향 및 하향신호, 송신 및 수신신호 등이다.
③ 듀플렉서가 대역폭이 좁은 송·수신 BPF를 이용하여 하나의 안테나를 공유하기 위한 목적인 반면, Diplexer는 LPF와 HPF의 조합으로 하나의 선로에 주파수가 다른 두 개의 신호를 보내기 위한 목적으로 사용된다.

[정답] ①

37
이동통신망에서 중계기(Repeater)의 가장 중요한 역할은 무엇인가?

① 셀간 핸드오버를 신속하게 한다.
② 셀 서비스 커버리지 내부의 전파 음영 지역을 해소시킨다.
③ 다른 기지국으로 통화 채널을 중계해준다.
④ 동일 셀 내부에서 섹터간에 핸드오버를 지원한다.

이동통신 중계기
① CDMA 무선망 설계에 있어 특정 지역을 기지국으로 커버할 것인가 또는 중계기로 커버할 것인가를 결정하는 일은 무선망의 품질과 투자의 경제성을 비교, 분석하여 신중히 결정하여야 하는 중요한 설계 결정 요소이다.
② 이동통신 중계기는 전파의 음영지역 해소를 위해 주파수를 받아 증폭하여 송출하는 장치로, 전계강도가 부족하여 발생하는 부분적인 음영지역을 커버하기 위해서는 기지국 신호를 재 증폭하여주는 중계기를 설치하는 것이 이동통신 무선망의 일반적인 설계 방법이다.

∴ 이동통신용 중계기 사용은 음영지역 해소 및 이동통신 셀 크기(커버리지) 확대를 위함이다.

[정답] ②

38
이동통신 시스템의 구성 요수 중 이동전화 교환국의 기능이 아닌 것은?

① 핸드오버 및 로밍 기능
② 단말기와 이동전화 교환국을 연결하는 기능
③ PSTN 교환기와 연결할 수 있는 기능
④ 기지국에 할당된 채널을 관리 통제하는 기능

셀룰러 이동전화 시스템
① 셀룰러 이동통신시스템에서는 서비스영역을 복수의 셀로 분할하고, 각 셀에서는 셀 영역 내에서 통신을 할 수 있도록 하나의 기지국을 설치한다.
② 셀룰러시스템의 구성
- 이동국(MS : Mobile Station) : 무선가입자 단말기로서 기지국과 무선채널을 통하여 통신한다.
- 기지국(BS : Base Station) : 이동국과 이동전화교환국 중간에 위치하여 이동국과의 무선전송과 교환국과의 유선전속에 적합하도록 신호를 변환시켜 주는 역할을 한다.
- 이동전화교환국(MTSO : Mobile Telephone Switching Office) : MTSO는 PSTN과 이동통신간의 인터페이스 역할을 하며 이동가입자와 일반전화 가입자간, 이동가입자간의 통화를 연결시켜주고 각 기지국에 할당된 채널을 관리 통제하는 중앙제어 역할을 하며, 요금계산, Handover, Roaming, 이동국 감시기능 등을 수행한다.

[정답] ②

39
다음 중 인터넷 서핑은 물론 다양한 멀티미디어의 이용이 가능한 TV는?

① 스마트TV ② 케이블TV
③ 흑백TV ④ 칼라TV

스마트TV
① 스마트TV란 TV와 휴대폰, PC등 3개 스크린을 자유자재로 넘나들면서 데이터의 끊김 없이 동영상을 볼 수 있는 TV를 말한다.
② TV에 인터넷 접속 기능을 결합, 각종 앱을 설치해 인터넷 서핑 및 VOD시청, 소셜 네트워크 서비스, 게임 등의 다양한 기능을 활용할 수 있는 다기능 TV이다.

[정답] ①

40
샤논의 통신용량 공식에서 통신용량은 대역폭에 몇배 비례하는가
① 1배   ② 1.5배
③ 2배   ④ 3배

통신용량(Channel Capacity)
① 통신(채널)용량은 해당 전송매체가 가질 수 있는 최대 정보전송 능력을 나타낸다.
② Shannon의 통신용량의 정의
$$C = B\log_2\left(1+\frac{S}{N}\right)[\text{bps}]$$
즉, 통신용량(C)은 채널 대역폭(B), 신호대잡음비(S/N)에 비례한다.
∴ 통신용량은 대역폭(B)의 1배에 비례한다.

[정답] ①

3 정보전송 개론

41
다음 중 예측 양자화를 위한 예측기가 없는 것은?
① DPCM   ② ADPCM
③ PCM   ④ ADM

양자화 방법에는 비예측 양자화 방법과 예측 양자화 방법이 있다. 비예측 양자화는 예측기를 사용하지 않는 양자화 방법으로 PCM에서 이용되며, 예측 양자화는 예측기를 사용하는 양자화 방법으로 DPCM, DM, ADM, ADPCM 등에서 이용된다.
DPCM과 DM은 정보전송량을 줄이기 위해 예측 양자화를 사용하는 파형부호화 방식들로 PCM보다 정보전송량은 적으나 S/N_q(신호대 양자화 잡음비)가 나쁘므로 이를 개선하기 위해 양자화기 및 예측기를 상황에 따라 변화시키는 적응형 양자화 기법을 사용하게 된다. ADPCM은 양자화기 및 예측기 모두를 적응형으로 만든 DPCM이고 ADM은 양자화기만 적응형으로 만든 DM을 말한다.

[정답] ③

43
SONET망의 구성요소로 옳은 것은?
① 어댑터 - PTE - STE - LTE
② 어댑터 - Section - STE - LTE
③ 어댑터 - PTE - Line - LTE
④ 어댑터 - PTE - STE - Path

SONET(Synchronous Optical Network)은 ANSI(미국표준협회)산하 ECSA(통신교환사업자표준화협회)에 의해 마련된 북미의 광통신 전송표준으로 SONET망은 어댑터 - PTE - STE - LTE 로 구성되어 있다.
① STE : Section Terminating Equipment(repeater)
② LTE : Line Terminating Equipment(Mux)
③ PTE : Path Terminating Equipment

[정답] ①

44
2개 반송파의 진폭과 위상을 상호 변환하여 정보를 전송하는 변조방식은?
① ASK   ② FSK
③ PSK   ④ QAM

QAM은 디지털 정보신호에 따라 반송파의 진폭과 위상을 변화시켜 전송하는 방식으로 APK(Amplitude Phase Keying)의 한 종류이다. APK는 ASK+PSK로 진폭편이변조 ASK와 위상편이변조 PSK를 결합한 방식이며 QAM도 ASK와 PSK를 결합한 방식이라 할 수 있으며 주로 중고속도 전송의 변조방식으로 사용된다.

[정답] ④

45
5[dBm] 레벨의 신호가 전송 매체상의 A지점, B지점, C지점을 거쳐서 D지점까지 전달되는 경우, A지점-B지점 간에서 3[dB]의 손실이 발생하고, B지점-C지점 사이에서는 증폭기가 있어서 7[dB]의 이득이 있고, C지점-D지점 간에 3[dB]의 손실이 발생한다면, D지점에서의 신호의 전력 레벨은?
① 0[dBm]   ② 1[dBm]
③ 3[dBm]   ④ 6[dBm]

손실은(-)로 이득은 (+)로 표시하면 5[dBm] - 3[dB] + 7[dB] - 3[dB] = 6[dB]이 된다.

[정답] ④

46
다음 동축케이블 측정값 중 특성 임피던스가 가장적은 것은?(단, D[mm] : 외부도체 직경, d[mm] : 내부도체 직경
① D=2, d=1   ② D=8, d=3
③ D=3, d=1   ④ D=8, d=2

동축케이블의 특성 임피던스
$$Z_o = \frac{138}{\sqrt{varelpsilon_s}}\log\frac{D}{d}$$
D가 작을수록, d가 클수록($\frac{D}{d}$의 비가 작을수록) 작게 된다.

[정답] ①

47. 혼합형 동기식 방식의 설명으로 옳은 것은?

① 비동기식의 경우와 같은 스타트 비트를 갖지 않는다.
② 비동기식의 경우와 같은 스톱 비트를 갖지 않는다.
③ 비동기식의 경우처럼 스타트 비트와 스톱 비트를 가진다.
④ 비동기식의 경우보다 전송속도가 느리다.

> 동기방법에 따른 분류
> ① 비동기식 전송(Asynchronous Transmission)
>   데이터통신에서 정보의 송신 및 수신을 위해 사용되는 clock이 상대측과 서로 독립적으로 운용되면서, 송신될 정보가 있을 때마다 정보의 시작, 정지를 수신측에 알려주는 데이터 전송 형태로 한 문자씩 전송하며 다음과 같은 특징을 갖는다.
> - 정보 전송 형태는 문자 단위로 이루어지며, 송신측과 수신측이 항상 동기 상태에 있을 필요 없다.
> - 2,000[bps] 이하의 전송속도에서 사용한다.
> - teletype(인쇄 전신기)형 단말기는 대부분 비동기식으로 데이터를 전송한다.
> - 전송 성능이 나쁘고 전송 대역이 넓어진다.
>
> ② 동기식 전송(Synchronous Transmission)
>   수신장치와 송신장치가 계속 같은 clock주파수(또는 timing)로 동작하며 일정 시간 간격으로 위상을 조절 또는 보완하는 데이터 전송 형태로 한 block씩 전송하며 다음과 같은 특징을 갖는다.
> - 정보 전송 형태는 block단위로 이루어지며 송신측과 수신측이 항상 동기 상태를 유지한다.
> - block앞에는 동기 문자를 사용하며 단말 등에 의해 제공되는 timing 신호를 이용하여 송수신측이 동기를 유지한다.
> - block과 block 사이에는 휴지 간격이 없다.
> - 2,000[bps] 이상의 전송속도에서 사용된다.
> - 송신이 block단위로 이루어지기 때문에 수신측 단말에는 반드시 buffer 기억장치를 갖고 있어야 한다.
> - 전송 성능이 좋고 전송 대역이 좁아진다.
>
> 동기식 전송의 종류에는 다음과 같은 것이 있다.
> - bit동기(digit동기 또는 clock동기) : 송신되어온 동기 timing 신호, 수신데이터로부터 추출한 timing 신호를 이용하여 각 bit의 위치를 맞추는 동기방식이다.
> - 문자 지향성 동기 : frame의 앞뒤에 flag라는 특수 bit열을 사용하는 동기방식으로 bit oriented라 하며 SDLC또는 HDLC protocol에서 사용된다.
>
> ③ 혼합형 동기식 전송(Isochronous Transmisiion)
>   비동기식 전송의 특성과 동기식 전송의 특성을 혼합한 방식으로 한 문자씩 전송하며 다음과 같은 특징을 갖는다.
> - 정보 전송 형태는 문자 단위로 이루어지며 송신측과 수신측이 동기 상태에 있어야 한다.
> - 비동기식의 경우처럼 start bit와 stop bit를 가진다.
> - 문자와 문자 사이에 휴지 간격이 있을 수 있다.
> - 비동기식의 경우보다 전송속도가 빠름 : 혼합형 동기식 전송은 비동기식 전송의 경우보다 전송속도가 빠르다는 점과 송수신측이 동기 상태에 있어야 한다는 점을 제외하고는 비동기식 전송과 동일하다.
>
> [정답] ③

48. 대역 내 통신신호와의 간섭이 없다는 이점이 있으나 다중전송방식의 주파수 이용효율이 낮고 다중분리 필터가 복잡해지는 단점이 있는 통화로 신호방식은?

① 직류방식　　　　② In-Band방식
③ Out-of-Band 방식　　④ 혼합방식

> 통화로 신호방식에는 직류방식, In-Band방식, Out-of-Band방식이 있다.
> ① In-Band 방식은 1개 또는 다수의 신호주파수를 음성주파수 대역 내에 두는 방식으로 주파수 이용효율은 좋으나 통신신호와의 간섭에 대한 처리가 필요한 단점이 있다.
> ② Out-of-Band 박식은 통신용 주파수대역의 외측에 신호주파수를 두고 신호를 전송하는 방법으로 대역 내 통신신호와의 간섭이 없다는 이점이 있으나 다중전송방식의 주파수 이용효율이 낮고 다중분리 필터가 복잡해지는 단점이 있다.
>
> [정답] ③

49. 다음 중 Broadband 변조방식의 설명으로 틀린 것은?

① Baseband 전송방식과는 상대적이다.
② 디지털 신호를 가지고 반송파의 진폭, 주파수, 위상 중 어느 하나 또는 둘을 변화시켜 전송하는 방식이다.
③ ASK, FSK, PSK 또는 QAM변조를 하여 전송하는 방식이다.
④ 아날로그 신호를 가지고 AM, FM, PM변조를 하여 전송하는 방식이다.

> Broad band(또는 Band pass)전송방식은 전송하고자 하는 디지털 정보신호에 따라 반송파의 진폭, 주파수, 위상 중 어느 하나 또는 둘을 변화시켜 전송하는 즉 ASK, FSK, PSK, QAM과 같은 디지털 변조를 수행한 후 전송하는 방식을 말한다.
> Base band 전송방식은 디지털 신호를 그대로 또는 다른 형태의 전송부호로 바꾸어 전송하는 방법 즉, 디지털 변조하지 않고 디지털 신호를 전송하는 방법으로 Broad band 전송방식과는 상대적이며 기저대역전송이라 한다.
>
> [정답] ④

50

다음 중 프로토콜의 기능으로 맞지 않는 것은?

① 다중화 ② 단순화
③ 연결 제어 ④ 전송 제어

프로토콜의 기능은 다음과 같다.
① 데이터의 분할 및 조립
   하위계층에서는 상위계층에서의 큰 데이터를 받아 효율적 전송을 위해 분할하여 송신하고 수신측의 하위계층에서는 수신한 데이터를 다시 조립하여 상위계층에 전달한다.
② 캡슐화 및 비캡슐화
   캡슐화란(N+1)계층으로부터 PDU(Protocol Data Unit)를 받아 N SUD에[(N+1)계층에서는 이를(N+1)PDU라 하며 N 계층에서는 이를 N SDU라 한다.] N계층의 제어정보를 덧붙여 N PDU를 만들게 되는데 이 같이 데이터가 상위계층에서 하위계층으로 내려가면서 데이터에 제어정보를 덧붙이는 과정을 캡슐화라 하고 수신측에서(또는 전송과정에서) 반대로 제어정보를 하나씩 떼어가면서 제어정보에 따라 필요한 기능을 수행함으로써 상위계층에 서비스를 제공하게 되는데 이를 비캡슐화라 한다.
③ framing
   전송하고자 하는 데이터를 규정된 포맷(format)으로 만드는 것을 말한다.
④ 연결제어(Connection control)
   연결형 서비스 및 비연결형 서비스를 제공한다. 연결형 서비스란 패킷을 전송하기 전에 연결을 설정한 다음 패킷을 전송하고 패킷전송이 끝난 다음에는 전송경로를 해제하는 방식을 말하는 것으로 OSI-7계층 프로토콜 기준모델이나 B-ISDN프로토콜 기준모델을 사용하는 시스템에서 이용한다. 비연결형 서비스란 패킷을 전송하는데 있어 물리적 회선을 설정하지 않고 상대방 주소 및 원천지 주소를 이용하여 패킷을 전송하는 서비스로 랜 프로토콜 기준모델이나 TCP/IP프로토콜 기준모델을 사용하는 시스템에서 이용된다.
⑤ 흐름제어
   송신측에서의 데이터 전송속도나 양을 수신측에서 제어할 수 있는 기능을 말하는 것으로 일정 개수의 PDU를 보낸 다음 수신측으로부터의 응답을 받아 다음 PDU 전송을 결정하는 가변창 방식을 많이 사용한다. 흔히 흐름제어는 연결형 서비스를 제공하는 시스템에서 사용된다.
⑥ 전송제어
   전송제어란 입출력장치제어, 회선제어, 동기제어, 착오제어 등을 총칭하여 말하는 것으로 입출력장치제어에는 입출력에 관계되는 하드웨어장치를 제어하는 것이고 회선제어란 회선상태감시, 회선의 접속과 절단, 회선의 전송대기기능을 말한다. 동기제어란 전체 시스템에서 동기식으로 데이터를 주고받기 위한 클록발생 및 클록회복을 말하며 착오제어란 착오(에러)의 검출과 정정을 말한다. 에러의 검출은 단지 에러가 있었는지 없었지만 판단하는 것이고 에러정정은 에러를 검출한 다음 정상적인 데이터가 되도록 에러가 발생한 데이터를 수정하는 것이다.
⑦ 전달순서제어(또는 순서바로잡기)
   연결형 서비스를 행하는 망 또는 시스템에서는 전송하려는 PDU마다 번호를 부여해 전송하는 것이 가능하므로 수신측에서도 데이터의 순서화된 수신이 가능하게 되어 데이터의 순서를 바로 잡을 수 있다.

⑧ 다중화
   서로 다른 형태의 정보를 디지털 신호로 바꾼 다음 이를 일정 포맷을 가진 데이터로 바꾸어 동시에 전송할 수 있는데 이를 다중화라 한다.
⑨ 라우팅
   전송되는 패킷이 어떤 경로를 통해 가게 할 것인지 결정하는 것으로 전송경로의 길이가 가장 짧도록 라우팅하는 방법도 있고, 전송품질이 가장 양호하도록 라우팅 하는 방법도 있다.
⑩ 주소부여
   주소는 랜이나 TCP/IP처럼 비연결형 서비스를 제공하는 시스템에서는 아주 중요한 기능으로 원천지 주소와 목적지 주소로 구성되며 사용되는 프로토콜에 따라 주소방식이 약간씩 다르다. 주소부여는 OSI-7계층에서는 네트워크 계층의 기능을 수행하는 X.25가, TCP/IP에서는 IP 프로토콜이 이 기능을 수행한다.

[정답] ②

51

다음 중 프로토콜 표준화의 원칙으로 틀린 것은?

① 표준화 ② 단순화
③ 전문화 ④ 암호화

프로토콜 표준화의 3S원칙
표준화하면 단순화 해지고 전문화된다.

[정답] ④

52

OSI 7계층 중 네트워크계층에 사용되는 경로선택(Routing)방법에 해당되지 않는 것은?

① ABP(Alternating Bit Protocol)
② 계층화 방식
③ 분산형 방식
④ 플러딩(Flooding)

OSI 7계층중 네트워크 계층에서 사용되는 경로 선택 방법에는 다음과 같은 것이 있다.
① 소스형 방식(소스 라우팅) : 패킷 전송 호스트가 목적지 호스트까지 전달경로를 스스로 결정하는 방식
② 분산형 방식(분산 라우팅) : 라우팅 정보가 분산되는 방식으로 패킷 전송경로에 있는 각 라우터가 효율적인 경로선택에 참여하는 방식)
③ 중앙형 방식(중앙 라우팅) : RCC라는 호스트로 전송경로 정보를 관리하는 방식
④ 계층화 방식(계층 라우팅) : 분산형 방식과 중앙형 방식의 혼합방식
⑤ 플러딩(Flooding) : 라우터가 자신에게 입력된 패킷을 출력 가능한 모든 경로로 중개하는 방식
* ABP(Alternating Bit Protocol) : 데이터링크 계층에서 사용되는 프로토콜로 송신노드가 수신노드에 패킷을 전송하고서 수신노드로부터 ACK가 도착할 때까지 송신노드의 버퍼에 데이터를 간직하는 역할을 수행한다.

[정답] ①

53
한 건물 안이나 제한된 지역 내에서 컴퓨터 및 주변장치 등을 연결하여 정보와 프로그램으로 공유할 수 있도록 해주는 네트워크를 무엇이라 하는가?

① LAN ② MAN
③ WAN ④ PON

① LAN의 정의
LAN(Local Area Network : 근거리 통신망)이란 한정된 지역내에서 고속으로 물리적인 통신채널을 이용해 독립된 장치들 간의 직접적인 통신수단을 제공하는 데이터 통신시스템이다. 여기서 한정된 지역이란 공장, 학교, 건물 등에 구축되어 10[km]이내의 지역에서 사용된다는 의미이고, 고속이란 100[Mb/s] 또는 1[Gb/s]정도의 전송속도를 제공할 수 있음을 의미한다.
물리적인 통신채널이란 UTP, 동축케이블 및 광케이블을 주요 전송로로 이용하고(무선 LAN도 있음) 있다는 뜻이고 독립된 장치들 간의 직접적인 통신이란 LAN에 연결된 장치 상호간에는 동등한 입장에서 직접통신을 수행한다는 것을 의미한다.
② LAN의 특징
- 구내 통신망으로 사용된다.
- 통신속도가 빠르며(대량의 데이터 전송에 이용된다.)다양한 데이터를 처리할 수 있다.
- 사설 통신망이다.(개인 및 기관이 구축)
- 전송매체를 공유한다.(MAC프로토콜이 필요)
- 비연결형 서비스를 제공한다.
- 단일 기관의 소유이다.
- 장비의 확장 및 재배치가 비교적 쉽다.

[정답] ①

54
AS(Autonomous System) 내부에서 사용하는 라우팅 프로토콜이 아닌 것은?

① RIP(Routing Information Protocol)
② IGRP(Interior Gateway Routing Protocol)
③ OSPF(Open Shortest Path First)
④ BGP(Border Gateway Protocol)

AS(Autonomous System)란 단위 네트워크의 집합을 말하는 것으로 다음과 같은 라우팅 프로토콜이 사용된다.
① AS 내부에서 사용되는 라우팅 프로토콜에는 IGP(Interior Gateway Protocol),IGRP가 있고 IGP에는 RIP와 OSPF가 있다.
② AS간에 사용되는 라우팅 프로토콜에는 EGP(Exterior Gateway Protocol)가 있다. EGP의 예로 BGP를 들 수 있다.

[정답] ④

55
IP address 체계 중 C class에서 네트워크 하나의 최대 호스트 ID 수는 몇개인가?

① 64개 ② 128개
③ 254개 ④ 510개

C class에서 호스트에 할당되는 비트수는 8비트이므로 이론상 하나의 네트워크에 할당 할 수 있는 호스트 수는 2^8 즉 256개이다. 그러나 모든 비트가 0인 0000 0000과 비트가 모두 1인 1111 1111은 할당하지 않으므로 256-2=254개이다.

[정답] ③

56
매체 접속 제어기술(Media Access Control)에 대한 설명으로 틀린 것은?

① 동일한 매체를 여러 단말들이 공유 할 때 사용한다.
② 매체사용에 대한 단말 간 충돌 및 경합 발생을 제어한다.
③ 매체 접속 제어방식으로 집중 제어방식과 분산 제어방식이 있다.
④ TCP/IP 통신에서는 IP주소가 있더라도 이를 MAC주소로 바꾸는 절차를 거치지 않는다.

MAC(Media Access Control 또는 Medium Access Control)은 동일한 전송매체를 여러 단말들이 공유하여 사용하는 경우 데이터의 충돌 및 데이터 전송 경합이 발생할 수 있으므로 이를 제어하기 위해 사용하는 프로토콜이다.
MAC은 데이터 링크 계층 프로토콜로 전송매체 접속제어 방식으로는 집중제어방식과 분산제어방식이 있다.
인터넷망에서는 IP주소가 사용되지만 컴퓨터 단말은 AC주소(하드웨어주소)를 사용하므로 IP주소와 AC 주소간의 변환이 필요하며 이때 사용되는 프로토콜이 ARP와 RARP이다.

[정답] ④

57
노드나 링크에 이상이 발생했을 경우, 동작이 중단되지 않고 계속 유지될 수 있도록 하는 네트워크의 특성으로 옳은 것은?

① 신뢰성(Reliability)
② 보안성(Security)
③ 시간지연성(Latency)
④ 처리율(Throughput)

① 신뢰성(Reliability) : 노드나 링크에 이상이 발생했을 경우, 동작이 중단되지 않고 계속 유지될 수 있도록 하는 네트워크의 특성
② 처리율(Throughput) : 어떤 장치, 망, 링크 또는 시스템이 입력으로 받아들인 데이터를 출력으로 처리하는 단위시간당 처리능력

[정답] ①

58
다음 중 패리티검사 방법에서 에러의 발생을 검출 할 수 없는 경우는 몇 개의 오류가 동시에 발생할 경우인가?

① 4개　　　　② 3개
③ 5개　　　　④ 1개

1차원 패리티검사를 사용하는 경우 기수 패리티 체크방식 또는 우수 패리티 체크방식을 사용하므로 짝수개의 에러가 동시에 발생하는 경우에는 에러의 발생을 검출할 수 없다.
이러한 문제를 해결하기 위해 수평과 수직으로 패리티 검사를 하는 2차원 패리티 검사방식이 사용된다.

[정답] ①

59
해빙거리(Hamming Distance)가 7일 때, 정정할 수 없는 에러수의 최소값은?

① 1　　　　② 2
③ 3　　　　④ 4

해밍거리 d가 홀수인 경우 정정가능한 에러개수는 $\frac{d-1}{2}$이고, 짝수인 경우 정정 가능한 에러개수는 $\frac{d-2}{2}$이다.
따라서 $d=7$인 경우 정정 가능한 에러개수는 $\frac{7-1}{2}=\frac{6}{2}=3$개이다. 정정 가능한 에러개수가 3개이므로(1개, 2개, 3개는 정정 가능)정정할 수 없는 에러수의 최솟값은 4개이다.

[정답] ④

60
종단 시스템 간 신뢰성 있는 패킷전송을 감시하고 제어하는 계층으로 옳은 것은?

① 전송 계층　　　　② 응용 계층
③ 물리 계층　　　　④ 데이터 링크 계층

OSI 7계층 중 4계층인 전송계층은 논리적인 통신로의 설정, 종단시스템간의 흐름제어 및 신뢰성 있는 패킷전송을 감시하고, 종단 시스템간에 발생하는 오류의 검출 및 정정기능(제어하는 기능)을 제공한다.

[정답] ①

4 전자계산기 일반 및 정보설비기준

61
방송통신설비에 사용하는 용어 중 전원설비에 대한 설명이다. 괄호에 들어 갈 내용으로 맞게 나열된 것은?

"전원설비"란( ), 정류기, 축전지, 전원반, 예비용 발전기 및 ( ) 등 방송통신용 전원을 공급하기 위한 설비를 말한다.

① 수변전장치, 배선　　　　② 수변전장치, 접지
③ 변압장치, 배선　　　　④ 변압장치, 접지

"전원설비"는 수변전장치, 정류기, 축전지, 전원반, 예비용 발전기 및 배선 등 방송통신용전원을 공급하기 위한 설비이다.

[정답] ①

62
다음 중 방송통신기자재 등에 대한 조치명령 중에서 적합성평가를 반드시 취소하여야 하는 경우는?

① 적합성평가의 변경신고를 하지 않은 경우
② 적합성평가표시를 거짓으로 표시한 경우
③ 적합성평가표시를 하지 않고 진열한 경우
④ 거짓이나 그 밖의 부정한 방법으로 적합성평가를 받은 경우

적합성평가를 반드시 취소하여야 하는 경우
① 방송통신기자재등의 적합성평가란 국내 전파환경, 방송통신망 및 이용자 보호를 위해 방송통신기자재등을 판매하기 전에 정부가 해당 기자재의 기술기준 적합여부를 사전에 확인하여 증명하는 제도이다.
② 과학기술정보통신부장관은 적합성평가를 받은 자가 다음의 어느 하나에 해당하는 경우에는 해당 기자재에 대한 적합성평가를 취소하거나 개선, 시정, 수거, 철거, 파기 또는 생산중지, 수입중지, 판매중지, 사용중지 등 필요한 조치를 명할 수 있다.
- 적합성평가기준에 적합하지 아니하게 된 경우
- 적합성평가표시를 하지 아니하거나 거짓으로 표시한 경우
- 적합성평가의 변경신고를 하지 아니한 경우
- 적합등록자가 관련 서류를 비치하지 아니한 경우
③ 과학기술정보통신부장관은 적합성평가를 받은 자가 다음의 어느 하나에 해당하는 경우에는 해당 기자재에 대한 적합성평가를 취소하여야 한다.
- 거짓이나 그 밖의 부정한 방법으로 적합성평가를 받은 경우
- 개선명령 등 조치명령을 이행하지 아니한 경우

[정답] ④

63 다음 중 방송통신사업자가 이용자에게 안전하고 신뢰성 있는 방송통신서비스를 제공하기 위하여 구비·운용하여야 하는 사항으로 잘못된 것은?

① 방송통신설비를 수용하기 위한 건축물 또는 구조물의 안전 및 화재대책에 관한 사항
② 방송통신설비를 이용 또는 운용하는 자의 안전확보에 필요한 사항
③ 방송통신설비 운용현황에 대한 정보를 제공하기 위해 필요한 사항
④ 방송통신설비의 운용에 필요한 시험, 감시 및 통제를 할 수 있는 기능에 관한 사항

> 방송통신 사업자는 이용자가 안전하고 신뢰성 있는 방송통신서비스를 제공받을 수 있도록 다음 사항을 구비하여 운용하여야 한다.
> ① 방송통신설비를 수용하기 위한 건축물 또는 구조물의 안전 및 화재대책 등에 관한 사항
> ② 방송통신설비를 이용 또는 운용하는 자의 안전 확보에 필요한 사항
> ③ 방송통신설비의 운용에 필요한 시험, 감시 및 통제를 할 수 있는 기능에 관한 사항
>
> [정답] ③

64 다음 중 전기통신의 원활한 발전과 정보사회의 촉진을 위하여 전기통신기본계획을 수립하고 공고하여야 하는 사람은?

① 문화관광부 장관   ② 과학기술정보통신부장관
③ 지식경제부장관   ④ 기간통신사업자

> 전기통신기본계획의 수립
> 과학기술정보통신부장관은 전기통신의 원활한 발전과 정보사회의 촉진을 위하여 전기통신기본계획을 수립하여 이를 공고하여야 하며, 기본계획에는 다음의 사항이 포함되어야 한다.
> ① 전기통신의 이용효율화에 관한 사항
> ② 전기통신의 질서유지에 관한 사항
> ③ 전기통신사업에 관한 사항
> ④ 전기통신설비에 관한 사항
> ⑤ 전기통신기술의 진흥에 관한 사항
> ⑥ 기타 전기통신에 관한 기본적인 사항
>
> [정답] ②

65 다음 중 전기통신사업법에 따른 전기통신역무와 이를 이용하는 정보를 제공하거나 정보의 제공을 매개하는 것을 무엇이라 하는가?

① 전기통신서비스   ② 전기통신서비스 제공자
③ 정보통신서비스   ④ 정보통신서비스 제공자

> ① "정보통신서비스"란 '전기통신사업법'에 따른 전기통신역무와 이를 이용하여 정보를 제공하거나 정보의 제공을 매개하는 것을 말한다.
> ② 전기통신역무란 전기통신설비를 이용하여 타인의 통신을 매개하거나 전기통신설비를 타인의 통신용으로 제공하는 것을 말한다.
>
> [정답] ③

66 다음은 정보보호의 용어해설에 관한 설명으로 알맞은 말은?

> 정보의 (　　　　)등을 방지하기 위한 관리적, 기술적 수단을 마련하는 것.

① 수집·가공·저장·검색·송신·수신 중 발생할 수 있는 정보의 훼손, 변조, 유출
② 수집·이용·저장·검색·송신·수신 중 발생할 수 있는 정보의 오손, 변조, 유출
③ 수집·가공·저축·송신·수신·중계 중 발생할 수 있는 정보의 훼손, 변환 유출
④ 수집·이용·저축·송신·수신·중계 중 발생할 수 있는 정보의 오손, 변환, 유출

> 정보 보호
> ① 정보보호(정보보안)는 정보의 수집, 가공, 저장, 검색, 송신, 수신 도중에 정보의 훼손, 변조, 유출 등을 방지하기 위한 관리적, 기술적 방법을 의미한다.
> ② 정보 보안의 원칙인 기밀성, 무결성, 신뢰성 등을 통해 데이터 손실 및 변경을 보호한다.
>
> [정답] ①

67 다음 중 어린이집에 설치된 폐쇄회로 텔레비전으로 수집된 영상정보의 안전성 확보 조치로 잘못된 것은?

① 영상정보를 관리하는 컴퓨터에 대한 부팅암호 및 로그인 암호 설정
② 민원발생시 신속한 해결을 위해 영상정보 접근 권한은 어린이집 직원과 학부모에게 허용
③ 영상정보가 열람재생되는 장소의 경우 접근 권한이 부여된 자에 대해서만 접근을 허용
④ 저장장치를 보관할 공간이 부족할 경우 저장장치를 훼손하기 어려운 케이스 등에 넣어서 보관

영상정보의 안전성 확보 조치
① 접속기록의 보관 및 위조, 변조 방지를 위한 조치
- 영상정보를 관리하는 컴퓨터에 대한 부팅암호 및 로그인 암호 설정
- 영상정보를 관리하는 컴퓨터에 대한 로그인 기록이 남도록 설정하고 관리
② 접근 통제 및 접근 권한의 제한 조치
- 영상정보처리기에 의하여 수집, 처리되는 영상정보로의 접근 권한을 관리책입자, 운영 담당자 및 실시간 모니터링 전담자로 지정된 최소한의 인원으로 제한
- 영상정보가 열람, 재생되는 장소의 경우 접근 권한이 부여된 자에 대해서만 접근을 허용하여야 하며, 권한이 부여된 자 외의 접근을 엄격히 통제 하여야함
③ 안전한 물리적 보관을 위한 조치
- 저장장치는 접근이 제한된 구획된 장소에 보관
- 저장장치 보관시설에 잠금장치 설치
- 저장장치를 보관할 별도의 공간이 부족할 경우 저장장치를 훼손하기 어려운 케이스 등에 넣어서 보관

[정답] ②

68
정보통신공사의 감리에 관한 기술 또는 기능을 가진 사람으로 과학기술정보통신부장관의 인정을 받은 자는?

① 발주자　　　　② 수급인
③ 용역원　　　　④ 감리원

① "감리"란 공사에 대하여 발주자의 위탁을 받은 용역업자가 설계도서 및 관련 규정의 내용대로 시공되는지를 감독하고, 품질관리·시공관리 및 안전관리에 대한 지도 등에 관한 발주자의 권한을 대행하는 것을 말한다.
② 감리원이란 정보통신공사의 감리에 관한 기술 또는 기능을 가진 사람으로서 과학기술정보통신부장관의 인정을 받은 사람을 말한다.
③ 감리원의 등급 : 특급감리원, 고급감리원, 중급감리원, 초급감리원

[정답] ④

69
다음은 방송통신설비 관리규정에 포함되어야 할 사항을 나열한 것이다. 잘못된 것은?

① 방송통신설비 관리조직의 구성·직무 및 책임에 관한 사항
② 방송통신설비의 설치·검사·운용 점검과 유지·보수에 관한 사항
③ 방송통신설비 장애 시의 조치 및 대책에 관한 사항
④ 방송통신설비 이용요금 부과방법에 관한 사항

방송통신설비 관리규정에 포함되어야 할 사항
① 방송통신설비 등을 직접 설치, 보유하고 방송통신서비스를 제공하는 방송통신사업자 중 대통령령으로 정하는 자는 방송통신 서비스를 안정적으로 제공하기 위하여 방송통신설비의 관라규정을 정하고 그 규정에 따라 방송통신설비를 관리하여야 한다.

② 관리규정에는 다음의 사항이 포함되어야 한다.
- 방송통신설비 관리조직의 구성·직무 및 책임에 관한 사항
- 방송통신설비의 설치·검사·운용·점검과 유지·보수에 관한 사항
- 방송통신설비 장애 시의 조치 및 대책에 관한 사항
- 방송통신서비스 이용자의 통신비밀보호대책에 관한 사항

[정답] ④

70
다음은 6층 이상이고 연면적 5천제곱미터 이상인 업무용 건축물의 구내통신실 면적확보기준이다. 각 층별 전용면적 대비 층구내통신실의 면적이 잘못 연결된 것은?

① 각 층별 전용면적이 1천제곱미터 이상인 경우 : 10.2제곱미터 이상
② 각 층별 전용면적이 800제곱미터 이상인 경우 : 8.4제곱미터 이상
③ 각 층별 전용면적이 500제곱미터 이상인 경우 6.6 제곱미터 이상
④ 각 층별 전용면적이 500제곱미터 미만인 경우 : 4.4제곱미터 이상

건축물 규모	확보대상	확보면적
6층 이상이고 연면적 5천 제곱미터 이상인 업무용 건축물	집중 구내통신실	10.2제곱미터 이상으로 1개소 이상
	층 구내통신실	① 각층별 전용면적이 1천 제곱미터 이상인 경우에는 각 층별로 10.2 제곱미터 이상으로 1개소 이상 ② 각 층별 전용면적이 800 제곱미터 이상인 경우에는 각 층별로 8.4제곱미터 이상으로 1개소 이상 ③ 각 층별 전용면적이 500 제곱미터 이상인 경우에는 각 층별로 6.6제곱미터 이상으로 1개소 이상 ④ 각 층별 전용면적이 500 제곱미터 미만인 경우에는 각 층별로 5.4제곱미터 이상으로 1개소 이상

[정답] ④

71 다음 보기의 3-주소 명령어에 대한 설명이 옳은 것은? (단, R2와 R3는 Source Operand, R1은 Des-tination Operand라 가정한다.)

```
ADD R1, R2, R3
```

① R1과 R3을 더하여 R2에 넣고, 이후 R2와 R3을 더한 값을 R1에 넣는다.
② R2와 R3을 더하여 R2에 넣고, 이후 R2와 R1을 더한 값을 R1에 넣는다.
③ R2와 R3을 더하여 R1에 값을 넣는다.
④ R1과 R2, R3을 더하여 R1에 값을 넣는다.

주소 명령어
명령어는 하나의 명령코드(OP code) 부분과 몇 개의 주소부(Operand)로 구성되는데, 주소의 수에 따라 0, 1, 2, 3-주소 명령어가 있다.
3주소 명령어

| OP-Code | Operand1 | Operand2 | Operand3 |

여기서 연산자(OP code)는 연산 동작을 지정하며, 주소(번지)부(Operand)는 연산의 대상이 되는 데이터의 위치를 나타낸다.
ADD R1, R2, R3 ; R1=R2+R3
(R2, R3에 저장된 값을 더해서 R1에 저장한다.)

[정답] ③

72 다음과 같은 상황에서 FCFS 알고리즘을 적용하였을 때 프로세스 완료 순서는?

프로세스 번호	CPU 요구시간
P1	24
P2	3
P3	3
P4	10

① P1-P2-P3-P4
② P2-P3-P4-P1
③ P4-P3-P2-P1
④ P1-P4-P2-P3

FCFS(First Come First Served) 스케줄링
① 스케줄링(Scheduling)
효율적인 자원의 활용을 위해 어떤 작업을 메모리에 올리고 어떤 작업에게 자원을 할당해야하는지를 결정하는 것이다.
② FCFS 스케줄링
먼저 요청한 프로세스를 먼저 처리한다. 즉, 먼저 CPU를 요청하는 프로세스를 먼저 처리하는 방식이다.
③ 프로세스들이 P_1, P_2, P_3, P_4 순으로 도착하는 경우
Gantt 차트 :

| P_1 | P_2 | P_3 | P_4 |
| 0   24   27   30   40 |

∴ P_1이 완료되는데 걸리는 시간은 24이다.
P_2는 24를 대기한 후 작업을 수행하고, P_3는 P_2의 CPU 요구시간 3을 더 기다린 27을 대기하게 된다.

이런 식으로 프로세스가 CPU를 차지하면 완료될 때 까지 수행한다.
④ 프로세스의 대기시간은 P_1=0, P_2=24, P_3=27, P_4=30이므로

∴ 평균 대기 시간은 $\frac{(0+24+27+30)}{4}$=20.25

[정답] ①

73 프로그램의 에러나 디버깅 등의 목적을 수행하기 위해 메모리에 저장된 내용의 일부 또는 전부를 화면이나 프린터, 디스크 파일 등으로 출력하는 것을 무엇이라 하는가?

① 링커(Linker)
② 디버거(Debugger)
③ 로더(Loader)
④ 메모리 덤프(Memory Dump)

메모리 덤프(Memory Dump)
① 메모리 덤프는 컴퓨터 프로그램이 특정 시점에 작업 중이던 메모리 상태를 기록한 것으로, 보통 프로그램이 비정상적으로 종료했을 때 만들어진다.
② 메모리 덤프가 생성되어야 디버깅을 통해 문제 원인을 파악할 수 있다.
③ 링커(Linker)란 여러 파일을 합쳐서 하나의 프로그램으로 만드는 것이다.
④ 로더(Loader)란 목적 프로그램을 입력받아 컴퓨터에 의해 수행될 수 있도록 만들고 수행을 시작시키는 프로그램이다.

[정답] ④

74 다음 문장이 설명하는 장치는?

> 자성을 띤 특수 잉크로 인쇄된 문자를 읽어 들이는 입력 장치로 주로 수표나, 어음과 같은 승차권 판독에 사용되는 장치를 말한다.

① OMR(Optical Mark Reader)
② OCR(Optical Character Recognition)
③ MICR(Magnetic Ink Character Recognition)
④ Digitizer

입력 장치

입력 장치	기 능
광학 마크 판독기 (OMR, Optical Mark Reader)	• 수성 사인펜 등으로 사람이 직접 표시(마크)한 것을 인식하여 입력하는 장치 • 시험 답안지용 등에 사용
광학 문자 판독기 (OCR, Optical Character Reader)	• 사람이 직접 손으로 쓴 글씨나 인쇄된 글자에 빛을 비추어 빛의 각도로 읽어낸 후 미리 기억시켜둔 문자와 비교하여 글자를 판독하는 패턴 인식 장치 • 공공요금 청구서나 결산 등에 사용
자기 문자 판독기 (MICR, Magnetic Ink Character Reader)	• 자성을 띤 특수 잉크로 쓰여진 문자나 기호를 판독하는 장치 • 기록된 내용을 수정하기 힘들어 변조를 막을 수 있음 • 은행의 수표나 어음 및 승차권 등에 이용
디지타이저 (Digitizer)	• 화면 위의 X, Y 좌표를 디지털화 하여 도형 등의 데이터를 컴퓨터로 판독하게 하는 장치 • 스마트폰, 태블릿 PC 등 IT 장치에서 펜 등의 도구 움직임을 디지털 신호로 변환하여 주는 장치

[정답] ③

75 다음 중 비선형 구조와 선형 구조가 옳게 짝지어진 것은?

> (1) 스택(Stack) (2) 큐(Queue) (3) 트리(Tree)
> (4) 연결 리스트(Linked list) (5) 그래프(Graph)

① 비선형 : (1), (2), (5)   선형 : (3), (4)
② 비선형 : (3), (5)   선형 : (1), (2), (4)
③ 비선형 : (1), (2), (3)   선형 : (4), (5)
④ 비선형 : (3)   선형 : (1), (2), (4), (5)

> 자료 구조(Data Structure)는 자료를 효율적으로 이용할 수 있도록 컴퓨터에 저장하는 방법이다.
> 선형(linear) 자료구조
> ① 하나의 자료 뒤에 하나의 자료가 존재하는 것이다. 즉, 자료들 간의 앞뒤 관계가 1:1의 선형관계인 경우이다.
> ② 종류 : 순차 리스트(스택, 큐, 데크, 배열), 연결 리스트
> [선형구조] : ①-②-③-④-⑤
>
> 비선형(nonlinear) 자료구조
> ① 하나의 자료 뒤에 여러개의 자료가 존재할 수 있는 것이다. 즉, 자료들 간의 앞뒤 관계가 1:n, 또는 n:n의 관계인 경우이다.
> ② 종류 : 트리, 그래프, 힙

[정답] ②

76
2개의 자료 '11101100'과 '01101110'이 ALU에서 AND 연산이 이루어졌을 때, 그 결과는 어떻게 되는가?

① 01101111 ② 00101100
③ 01101101 ④ 01101100

산술논리 연산장치(ALU : Arithmetic Logic Unit)는 CPU의 일부로서 컴퓨터 명령어 내에 있는 연산자들에 대해 연산과 논리 동작을 담당한다.
① AND 연산은 Mask bit를 이용하여 특정 비트의 정보를 삭제하는데 이용한다.
② OR 연산은 특정한 비트에 정보를 추가하거나 두 개 이상의 자료를 결합하는데 이용한다.
③ XOR 연산(Compare)은 두 개의 데이터를 비교할 때나 자료의 특정 비트를 반전시키고자 할 때 사용한다.

연산자	AND							
기능	Mask bit를 이용하여 특정 비트의 정보를 삭제하는데 이용							
진리표	X		0	0	1	1		
	Y		0	1	0	1		
	$Z=X\cdot Y$		0	0	0	1		
예제	A	1	1	1	0	1	1	0	0
	B	0	1	1	1	0	1	1	0
	AND	0	1	1	0	0	1	0	0
비고	1, 4, 8번 비트 '0'으로 Clear							

연산자	OR							
기능	특정한 비트에 정보를 추가하거나 두 개 이상의 자료를 결합하는데 이용							
진리표	X		0	0	1	1		
	Y		0	1	0	1		
	Z=XY		0	1	1	1		
예제	A	1	1	1	0	1	1	0	0
	B	0	1	1	1	0	1	1	0
	AND	1	1	1	0	1	1	1	0
비고	7번 비트를 '1'로 Set							

연산자	NOT							
기능	특정 비트를 반전 기능 / Compare 연산 기능							
진리표	X		0	1				
	$Z=\overline{X}$		1	0				
예제	A	1	1	1	0	1	1	0	0
	NOT	0	0	0	1	0	0	1	1
비고	비트 반전							

[정답] ④

77
다음 중 Access Time이 빠른 순서로 나열된 것은?

(ㄱ) 캐시 메모리 (ㄴ) 레지스터
(ㄷ) 메인 메모리 (ㄹ) 자기 디스크

① (ㄴ)-(ㄱ)-(ㄷ)-(ㄹ)
② (ㄱ)-(ㄴ)-(ㄹ)-(ㄷ)
③ (ㄴ)-(ㄷ)-(ㄹ)-(ㄱ)
④ (ㄴ)-(ㄷ)-(ㄱ)-(ㄹ)

접근시간(Access Time)
① 접근시간
메모리에 읽기/쓰기 요청이 있은 후 실제 읽기/쓰기 동작이 완료될 때까지 걸리는 시간이다.
② 기억장치 접근 속도(빠른>느린 순서)
레지스터(CPU)>캐시메모리(SRAM)>주기억장치(DRAM)>버퍼, 디스크 캐시>보조기억장치(자기디스크)>자기테이프
③ 기억장치 용량 순서(대용량>소용량 순서)
보조기억장치(자기테이프, 자기디스크)>주기억장치(DRAM)>캐시메모리(SRAM)>레지스터(CPU)

[정답] ①

78
10진수 20에 대해 2진법, 8진법 및 16진법의 표현으로 옳은 것은?

① 10010, 23, 13 ② 10010, 24, 14
③ 10100, 23, 13 ④ 10100, 24, 14

진법의 변환

2) 20
2) 10 … 나머지 0
2) 5 … 나머지 0 ↑
2) 2 … 나머지 1
　 1 … 나머지 0
→
$(20)_{10} = (10100)_2$

8) 20
　 2 … 나머지 4 ↑
→
$(20)_{10} = (24)_8$

16) 20
　 1 … 나머지 4 ↑
→
$(20)_{10} = (14)_{16}$

[정답] ④

79

다음 중 Memory Mapped I/O 방식에 대한 설명으로 틀린 것은?

① I/O 장치를 메모리에 접근하는 것처럼 접근하는 방식이다.
② 메모리 제어선(Memory Control Line)과 I/O 제어선(I/O Control Line)이 분리되어 있다.
③ 메모리의 일부 공간을 I/O 포트에 할당한다.
④ 메모리의 I/O가 주소 공간(Address Space)을 공유한다.

CPU가 입출력 포트(I/O port)가 사용하는 입출력 주소와 주기억장치가 사용하는 주소를 분리하는지에 따라 2가지로 분류한다.

구 분	내 용
메모리 맵 입출력 (Memory Mapped I/O)	• 주기억장치들의 일부 주소를 입출력장치에 할당하는 방법 • 입출력과 메모리의 주소 공간을 분리하지 않고 하나의 메모리 공간에 취급하여 배치 • 주소 영역을 공유하므로 전체 메모리 사용하는데 제약이 있음 즉, 기억장치 주소공간 이용효율이 떨어진다 • H/W가 간단
입출력 맵 입출력 (I/O Mapped I/O)	• 주기억장치들의 주소와 입출력의 주소를 구별하여 지정하는 방법 • 메모리와 입출력의 주소 공간을 분리하여 액세스하는 방식 • 별도로 분리된 메모리 영역을 사용하므로 기억장치 주소공간을 효율적으로 사용 가능 • H/W가 복잡

[정답] ②

80

다음 중 동적 램(Dynamic FAM)의 특성이 아닌 것은?

① 정적 램(Static RAM)에 비하여 회로 구조가 간단하고 집직도가 높다.
② 정적 램(Static RAM)에 비하여 속도가 빠르다.
③ 정적 램(Static RAM)에 비하여 대용량 기억장치에 주로 사용된다.
④ 정적 램(Static RAM)에 비하여 소비전력이 비교적 적다.

① 램(RAM : Random Access Memory)은 임의의 영역에 접근하여 읽고 쓰기가 가능한 주기억장치다. 반도체 회로로 구성되어 있으며 휘발성 메모리다.
② 반도체 기억 장치인 램(RAM)에는 데이터의 보존 방식에 따라 동적 램(DRAM)과 정적 램(SRAM)의 2종류가 있다.

	동적 RAM(Dynamic RAM)	정적 RAM(Static RAM)
특 징	하나의 콘덴서(C)와 Tr로 구성된 셀에 데이터 저장	플립플롭(Flip-Flop)에 데이터 저장
재충전	전원이 공급되어도 일정시간 지나면 내용이 지워짐 : 재충전(Refresh) 필요	전원이 공급되는 동안 내용 유지 : 재충전(Refresh) 필요 없음
소비전력	소비전력 적음	소비전력 큼
접근속도	느림	빠름
집적도	높음 (고밀도)	낮음 (저밀도)
구 조	간단	복잡
가 격	저렴	고가
용 도	주기억장치	고속의 캐시 메모리

[정답] ②